高等学校电子信息类系列教材

电路分析基础

（第五版）

张永瑞　编著

西安电子科技大学出版社

内 容 简 介

本书是作者结合50余年的教学经验，并参考国内外同类优秀教材好的编写理念，精心编著的一本适应当代电子科技发展需要的著作。该书内容符合教育部修订颁布的《高等工业学校电路分析基础课程教学基本要求》，适应新工科、以学为中心的新教学理念。

本书共7章，内容包括电路的基本概念、电阻电路分析、一阶动态电路时域分析、正弦稳态电路分析、互感与理想变压器、电路频率响应、二端口网络等。

本书内容丰富，章节顺序衔接自然，基本概念讲述清晰，重点突出、循序渐进，基本分析方法讲解透彻，步骤明确，举例类型多并联系工程实际，经典内容选取合理，新器件、新方法介绍适度；每节后的思考题能启发读者深思联想，帮助读者深刻理解概念；每章后的习题难易度适中，归类恰当，方便读者练习；各章小结归纳提纲挈领，主次点鲜明，易于读者掌握；线上、线下资料齐全，方便读者查阅。

本书可作为通信工程、电子信息工程、应用电子技术、自动控制、测控技术与仪器、计算机科学与技术等专业的本科生教材，也可供电子类专业的工程技术人员参考。

为便于教师施教和读者自学，与本书配套的教学指导书——《〈电路分析基础(第五版)〉教与学指导书》也由西安电子科技大学出版社出版。

★ 本书配有编著者制作的电子教案，需要者可登录出版社网站，免费下载。

图书在版编目(CIP)数据

电路分析基础/张永瑞编著. —5版. —西安：
西安电子科技大学出版社，2021.7(2024.10重印)
ISBN 978-7-5606-6066-0

Ⅰ. ①电…　Ⅱ. ①张…　Ⅲ. ①电路分析　Ⅳ. ①TM133

中国版本图书馆CIP数据核字(2021)第144400号

策　　划　李惠萍
责任编辑　王　瑛　李惠萍
出版发行　西安电子科技大学出版社(西安市太白南路2号)
电　　话　(029)88202421　88201467　　邮　　编　710071
网　　址　www.xduph.com　　电子邮箱　xdupfxb001@163.com
经　　销　新华书店
印刷单位　陕西天意印务有限责任公司
版　　次　2021年7月第5版　2024年10月第62次印刷
开　　本　787毫米×1092毫米　1/16　印张　20
字　　数　472千字
定　　价　49.00元
ISBN 978-7-5606-6066-0

XDUP　6368005-62

前　言

在当今信息化、智能化的社会活动中，电路无时无处不在。例如，人们看电视、打电话，机器人抬手搬物、翻滚跳舞，我国首颗火星探测器“天问一号”精准实施近火捕获制动，“嫦娥五号”实现月面自动采样返回，我国伟大潜海工程“奋斗者”号创造载人深潜万米新纪录，等等，其中都广泛应用着电路。因此，对于当代大学生，特别是通信工程、电子信息工程、电子技术、自动控制、计算机科学与技术等专业的大学生，学好电路十分重要。

电子科技发展迅猛，尤其是互联网＋、大数据、人工智能等现代信息技术，使得人们的生活、生产、科学研究等方方面面都发生了巨大的变化，高等学校教育也不例外。

为了适应新形势的需要，围绕“立德树人”“创新创业”“课堂革命”，培养德智体美劳全面发展的社会主义建设者和接班人，各学校在新一轮的教学计划修订中增开了一些顺应时代发展的崭新课程，缩减了原有的一些课程的学时数。例如，有的学校将某些专业的“电路分析基础”主干课程的理论教学缩减为48学时，但教育部制订的课程教学内容和基本要求又不能减少，这就迫使在教材的修订、课堂的教学形式、课下的辅导答疑等方面必须做出改变，与之相适应。鉴于以上背景，本版做了以下几点修订：

(1) 为满足培养新工科人才的需要，新版教材增加了与实际工程结合紧密的内容。例如在讲授电路元件(如电阻元件、电源元件、电感元件、电容元件、互感元件、变压器元件等)的理论模型时，将工程实际中该元件的部分图片以二维码的形式呈现给读者，以增加读者对该电路元件的感性认识。

(2) 考虑到课程学时数大量缩减，删去了第四版书中加星号供选讲的内容及索引(中、英文电路名词对照表)部分，以减少纸质教材的篇幅。对于所删内容，如确有个别读者想参阅，可上网搜索。

(3) 各章后的习题讨论课是电路分析基础课程教学中的重要环节，但现行的课程学时数有限，“挤”不出习题讨论课的时间。鉴于此，作者将习题讨论课的内容做成了PPT，以二维码的形式放在各章小结中，读者可通过扫描二维码查阅相关内容。其内容包括本章要点归纳、基本概念题练习、综合概念应用举例。

(4) 对第四版中各章的文字进行了再润色，删除或增加了某些词、句或段落，更换、增补了书中个别例题，订正了书中极个别的印刷错误。

本书在编辑过程中得到了李惠萍编辑和王瑛编辑的热情帮助，在此表示诚挚的谢意。此外，对多年来使用《电路分析基础(第四版)》的诸位老师，以及本书所列参考文献的诸位作者，也在此一并表示感谢。

由于编著者水平有限，书中难免存在不妥之处，恳请广大读者批评指正。

编著者　张永瑞

2021年3月于西安电子科技大学

前 言

常用符号表

符号	中文表义
q	电荷
ϕ或Φ	磁通
φ	相位差
ψ或Ψ	磁链
ψ	初相位
$i(t)$或i	电流瞬时值
I	直流电流；交流电流的有效值
$\dot{I}$	正弦交流电流的有效值形式相量
I_m	正弦交流电流的振幅值
$\dot{I}_m$	正弦交流电流的振幅值形式相量
$u(t)$或u	电压瞬时值
U	直流电压；交流电压的有效值
$\dot{U}$	正弦交流电压的有效值形式相量
U_m	正弦交流电压的振幅值
$\dot{U}_m$	正弦交流电压的振幅值形式相量
$p(t)$或p	功率瞬时值
P	直流功率；交流功率的平均功率或有功功率
Q	无功功率；品质因数
$\tilde{S}$	复功率
S	视在功率
λ	功率因数
$w(t)$或w	瞬时能量
W	直流能量
W_{Lav}	电感L的平均储能
W_{Cav}	电容C的平均储能
R，r	电阻
R_s	电源内阻
R_L	负载电阻
R_{in}	输入电阻
R_o	输出电阻
R_0	戴维宁等效电源内阻

符号	中文表义
G，g	电导
L	电感
C	电容
M	互感
Z	阻抗
Z_{f1}	次级回路向初级回路的反映阻抗
Z_{f2}	初级回路向次级回路的反映阻抗
Z_{in}	输入阻抗
Z_{out}	输出阻抗
Z_L	负载阻抗
$\mathbf{Z}$	二端口网络z参数常数矩阵
Z_c	二端口电路的特性阻抗
Z_{c1}	二端口电路输入端口的特性阻抗
Z_{c2}	二端口电路输出端口的特性阻抗
Z_T	二端口网络的传输阻抗；转移阻抗
X	电抗
X_L	感抗
X_C	容抗
X_{f1}	次级回路向初级回路的反映电抗
X_{f2}	初级回路向次级回路的反映电抗
Y	导纳
$\mathbf{Y}$	二端口网络y参数常数矩阵
Y_T	二端口网络的传输导纳；转移导纳
Y_{in}	输入导纳
Y_{out}	输出导纳
f	频率
f_c	截止频率
f_{c1}	下截止频率
f_{c2}	上截止频率
f_0	谐振频率
ω	角频率
ω_c	截止角频率

符　号	中文表义
ω_{c1}	下截止角频率
ω_{c2}	上截止角频率
BW	通频带宽度
ω_0	谐振角频率
ρ	特性阻抗
A	放大倍数
$\mathbf{A}$	二端口网络 a 参数常数矩阵
K_u	二端口网络电压传输比；电压转移比
K_i	二端口网络电流传输比；电流转移比
τ	时间常数
$y(t)$	电路响应；电路输出
$y_h(t)$	自由响应；固有响应
$y_p(t)$	强迫响应
$y_r(t)$	暂态响应
$y_s(t)$	稳态响应

符　号	中文表义
$y_x(t)$	零输入响应
$y_f(t)$	零状态响应
$y(0_+)$	响应在换路后瞬间的数值，即一阶电路的初始值
$y(\infty)$	响应在换路后 $t=\infty$ 时的数值，即直流激励一阶电路的稳态值
$\varepsilon(t)$	单位阶跃函数
$g(t)$	单位阶跃响应
$H(\mathrm{j}\omega)$	网络函数
$\boldsymbol{H}$	二端口网络 h 参数常数矩阵
OL	欧姆定律
KCL	基尔霍夫电流定律
KVL	基尔霍夫电压定律
KL	基尔霍夫定律
VAR	伏安关系
VCR	电压电流关系

目　录

第1章 电路的基本概念

学习"电路分析基础"课程，首先要掌握电路的基本概念。本章从建立电路模型、认识电路变量等最基本的问题出发，重点讨论理想电源、欧姆定律、基尔霍夫定律、电路等效等重要概念。本章末介绍了受控源。

1.1 电路模型

"模型"是现代各个自然学科、社会学科分析研究中普遍使用的重要概念。如，没有宽窄厚薄的"直线"是数学学科研究中的一种模型；不占空间尺寸却有一定质量的"质点"是物理学科研究中的一种模型。研究电路问题也是如此，我们首先要建立电路模型，然后进行定量分析。

1.1.1 实际电路的组成与功能

在现代工农业生产、国防建设、科学研究以及日常生活中，使用着各种各样的电气设备，如电动机、雷达导航设备、计算机、电视机、手机等，广义上说，这些电气设备都是实际中的电路。

图1.1-1是一种简单的实际照明电路。它由3部分组成：①是提供电能的能源，简称电源，它的作用是将其他形式的能量转换为电能(图中干电池电源是将化学能转换为电能)；②是用电装置，统称其为负载，它将电源供给的电能转换为其他形式的能量(图中灯泡将电能转换为光能和热能)；③是连接电源与负载传输电能的金属导线，简称导线。图中S是为了节约电能所加的控制开关。需要照明时将开关S闭合，不需要照明时将S打开。电源、负载与连接导线是任何实际电路都不可缺少的3个组成部分。

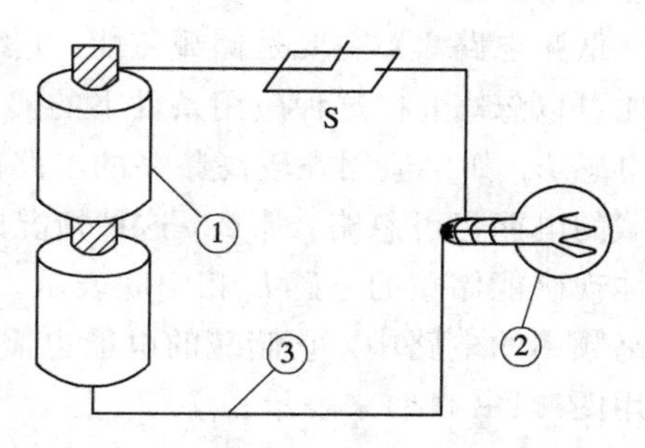

图1.1-1 手电筒电路

实际电路种类繁多，但就其功能来说可概括为两个方面。其一，进行能量的传输、分配与转换。典型的例子是电力系统中的输电电路。发电厂的发电机组将其他形式的能量(或热能、或水的势能、或原子能等)转换成电能，通过变压器、输电线等输送给各用户负载，在那里又把电能转换成机械能(如负载是电动机)、光能(如负载是灯泡)、热能(如负载是电炉)等，为人们生产、生活所利用。其二，实现信息的传递与处理。这方面典型的例子有电话、收音机、电视机、手机等中的电路。接收天线把载有语言、音乐、图像信息的电磁波接收后，通过电路把输入信号(又称激励)变换或处理为人们所需要的输出信号(又称响应)，送到扬声器或显示器，再还原为语言、音乐或图像。

实际电路多种多样，具体的功能也各不相同，但它们有其共性，正是在这种共性的基础上，形成了电路理论这一学科。

1.1.2 电路模型

在实际电路中使用着各种电气元器件（又统称为电路部件），如电阻器、电容器、电感器、灯泡、电池、晶体管、集成电路芯片、变压器等。实际的电路部件虽然种类繁多，但在电磁现象方面却有许多共同的地方。譬如，电阻器、灯泡、电炉等，它们主要是消耗电能的，这样我们可用一个具有两个端钮的理想电阻来反映消耗电能的特征，当电流通过它时，在它内部进行着把电能转换为其他形式能量的过程。理想电阻的模型符号如图 1.1－2(a)所示。类似地，各种实际电容器主要是储存电能的，用一个理想的二端电容来反映储存电能的特征。理想电容的模型符号如图 1.1－2(b)所示。用一个理想的二端电感来反映储存磁能的特征。理想电感的模型符号如图 1.1－2(c)所示。

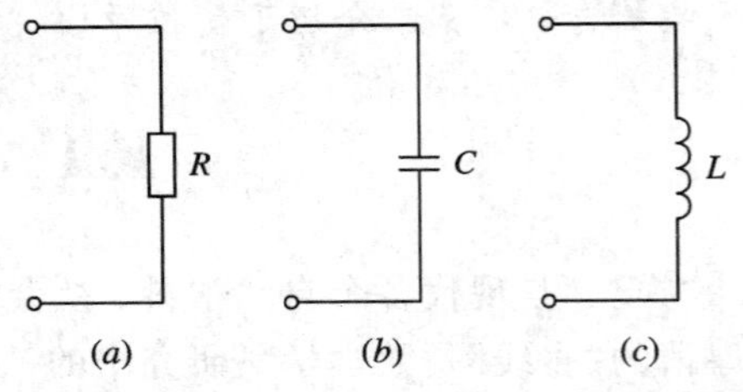

图 1.1－2　理想电阻、电容、电感元件模型

有了上述定义的理想电阻、理想电容、理想电感元件模型，对于任何一个实际的电阻器、电容器、电感器部件，都能用足以反映其电磁性能的一些理想元件模型或其组合来表示，构成实际部件的电路模型。譬如，灯泡、电炉、电阻器，都消耗电能，这些实际部件的电路模型都可用图 1.1－2(a)中的理想电阻 R 来表示。这样，就抽掉了这些实际部件的外形、尺寸等的差异性，而抓住了它们所表现出来的共性的东西，即消耗电能。再如一个实际的电感器，它是在一个骨架上用良金属导线绕制而成的，如图 1.1－3(a)所示。如果应用在低频电路里，主要是储藏磁能，它所消耗的电能与储藏的电能都很小，与储藏的磁能相比可以忽略，在这种应用条件下的实际电感器，它的模型可视作图 1.1－3(b)所示的理想电感 L。如果应用在较高频率的电路中，绕制该线圈的导线所消耗的电能需要考虑，它储藏的电能仍可忽略，那么，这种情况的实际电感器的模型就可用体现电能消耗的电阻 R 与体现磁能储藏的电感 L 相串联表示，如图 1.1－3(c)所示。如果这个实际电感器应用在更高频率的电路中，它储藏的电能也需要考虑，那么这种情况下的实际电感器的电路模型可用图1.1－3(d)来表示。

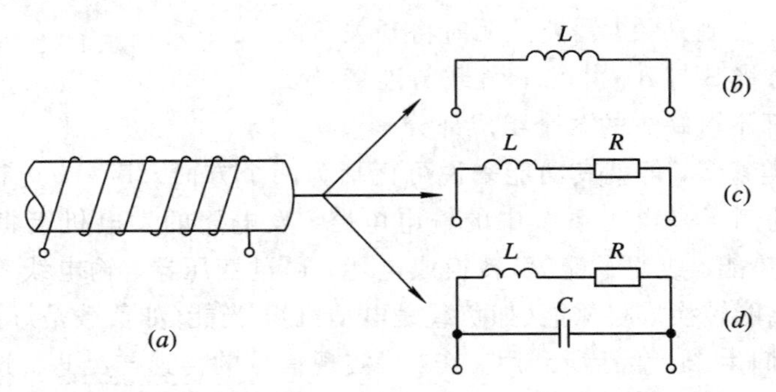

图 1.1－3　实际电感元件在不同应用条件下之模型

其他的实际电路部件都可类似地将其表示为应用条件下的模型，这里不一一列举。关

于电路部件的模型概念还需强调说明 3 点：

（1）理想电路元件是具有某种确定的电磁性能的理想元件：理想电阻元件只消耗电能（既不储藏电能，也不储藏磁能）；理想电容元件只储藏电能（既不消耗电能，也不储藏磁能）；理想电感元件只储藏磁能（即不消耗电能，也不储藏电能）。理想电路元件是一种理想的模型并具有精确的数学定义，实际中并不存在。但是不能说所定义的理想电路元件模型理论脱离实际，是无用的。这犹如实际中并不存在"质点"，但"质点"这种理想模型在物理学科运动学原理分析与研究中举足轻重一样，人们所定义的理想电路元件模型在电路理论问题分析与研究中担任着重要角色。

（2）不同的实际电路部件，只要具有相同的主要电磁性能，在一定条件下可用同一个模型表示，如上述的灯泡、电炉、电阻器这些不同的实际电路部件在低频电路里都可用电阻 R 表示。

（3）同一个实际电路部件在不同的应用条件下，它的模型也可以有不同的形式，如图 1.1－3 所示实际电感元件在不同应用条件下之模型。

将实际电路中各个部件用其模型符号表示，这样画出的图称作实际电路的电路模型图，亦称作电原理图。如图 1.1－4 就是图 1.1－1 实际电路的电路模型。

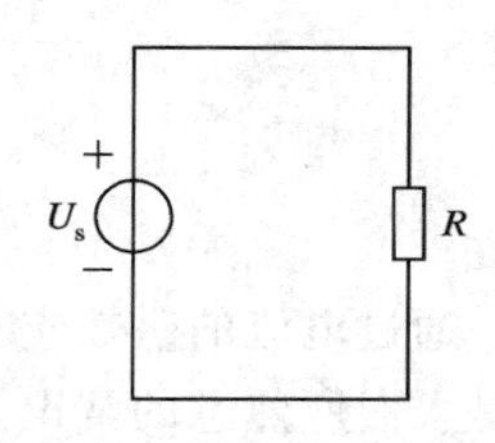

图 1.1－4　电路模型图

还应指出，实际电路部件的运用一般都和电能的消耗现象及电、磁能的储存现象有关，它们交织在一起并发生在整个部件中。这里所谓的"理想化"指的是：假定这些现象可以分别研究，并且这些电磁过程都分别集中在各元件内部进行；这样的元件（电阻、电容、电感）称为集总参数元件，简称集总元件。由集总元件构成的电路称为集总参数电路。集总参数电路中的电流在一根导线上流动不需要时间，即刻到达；或者说在同一根导线上的电流处处相等。这是集总参数电路的一个标志性特点。

用集总参数电路模型来近似地描述实际电路是有条件的，它要求实际电路的尺寸 l（长度）要远小于电路工作时电磁波的波长 λ，即

$$l \ll \lambda \qquad (1.1-1)$$

如果不满足这个条件，实际电路便不能按集总参数电路模型来处理。本书只讨论集总参数电路。

∵ 思考题 ∵

1.1－1　集总参数电路标志性特点是什么？

1.1－2　我国电力网的频率是 50 Hz，50 km 长的电力供电线路算不算集总参数电路？3000 km 长的供电线路呢？

1.1－3　室内墙壁上公用天线插孔和电视机上天线插孔之间有一根 3 m 长的电缆线，设电视某频道频率为 500 MHz，这 3 m 长的电缆线算集总参数电路吗？为什么？

1.2　电路变量

在电路问题分析中，人们所关心的物理量是电流、电压和功率。在具体展开分析、讨论电路问题之前，首先建立并深刻理解与这些物理量有关的基本概念是很重要的。

1.2.1 电流

电荷有规则的定向运动，形成传导电流。我们知道，一段金属导体内含有大量的带负荷的自由电子，通常情况下，这些自由电子在其内部作无规则的热运动，如图 1.2-1(*a*)所示。在这种情况下，金属导体内虽有电荷运动，但由于电荷运动是杂乱无规则的，因而不能形成传导电流。如果在 AB 段金属导体的两端连接上电源，那么带负电荷的自由电子就要逆电场方向运动，这样，AB 段金属导体内就有电荷作规则的定向运动，于是就形成传导电流，如图 1.2-1(*b*)所示，图中 E 为电场强度(表示电荷受到的力与其携带的电荷量的比值)。在其他场合，如电解溶液中的带电离子作规则定向运动也会形成传导电流。

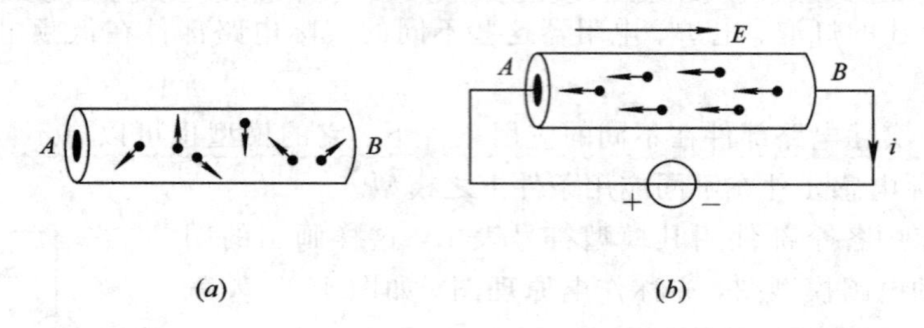

图 1.2-1 电流形成示意图

通过电流的磁效应、热效应来感知它的客观存在，这是人们所熟悉的常识。所以，毫无疑问，电流是客观存在的物理现象。为了从量的方面量度电流的大小，引入电流强度的概念。单位时间内通过导体横截面的电荷量定义为电流强度，如图 1.2-2 所示。电流强度用 $i(t)$表示，即

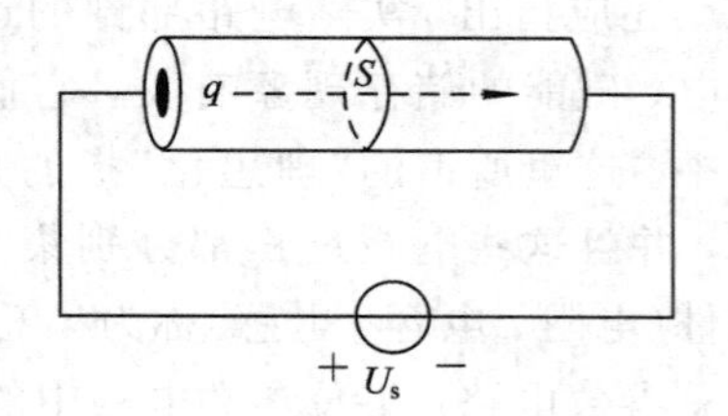

图 1.2-2 电流强度定义说明图

$$i(t)=\frac{\mathrm{d}q(t)}{\mathrm{d}t} \tag{1.2-1}$$

式中 $q(t)$为通过导体横截面的电荷量。若 $\mathrm{d}q(t)/\mathrm{d}t$ 为常数，即是直流电流，常用大写字母 I 表示。电流强度的单位是安培(A)，简称“安”。电力系统中嫌安培单位小，有时取千安(kA)为电流强度的单位。而无线电系统中(如晶体管电路中)又嫌安培这个单位太大，常用毫安(mA)、微安(μA)作电流强度单位。它们之间的换算关系是

$$1\ \text{kA}=10^{3}\ \text{A}$$
$$1\ \text{mA}=10^{-3}\ \text{A}$$
$$1\ \mu\text{A}=10^{-6}\ \text{A}$$

在电路问题分析中，电流强度是经常使用的物理量，为了简便，简称为电流。所以“电流”一词不仅表示一种物理现象，而且也代表一个物理量。

电流不但有大小，而且有方向。规定正电荷运动的方向为电流的实际方向。在一些很简单的电路中，如图 1.1-4 所示，电流的实际方向是显而易见的，它是从电源正极流出，流向电源负极的。但在一些稍复杂的电路里，如图 1.2-3 所示的桥形电路中，R_5上的电流实际方向并不是一看便知的。不过，R_5上电流的实际方向只有 3 种可能：① 从 a 流向 b；② 从 b 流向 a；③ 既不从 a 流向 b，又不从 b 流向 a(R_5上的电流为零)。所以说，对电流这个物理现象可以用代数量来描述它。简言之，电流是代数量，当然可以像研究其他代数量

问题一样选择正方向，即参考方向。假定正电荷运动的方向为电流的参考方向，用箭头标在电路图上。今后若无特殊说明，就认为电路图上所标箭头是电流的参考方向。对电路中电流设参考方向还有另一方面的原因，那就是在交流电路中电流的实际方向在不断地改变，因此很难在这样的电路中标明电流的实际方向，而引入电流的参考方向也就解决了这一难题。在对电路中电流设出参考方向以后，若经计算得出电流为正值，说明所设参考方向与实际方向一致；若经计算得出电流为负值，说明所设参考方向与实际方向相反。电流值的正与负在设定参考方向的前提下才有意义。

在直流电路中，测量电流时要根据电流的实际方向将电流表串联接入待测支路里，即如图 1.2－4 所示那样接入电路。Ⓐ$_1$、Ⓐ$_2$两旁所标“＋”“－”号是直流电流表的正、负极。

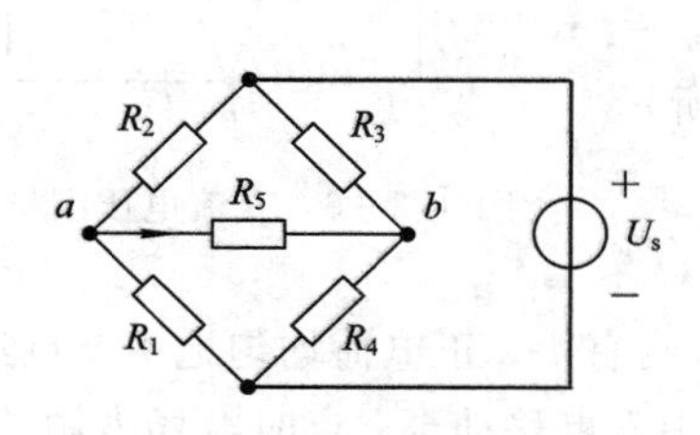

图 1.2－3　桥形电路

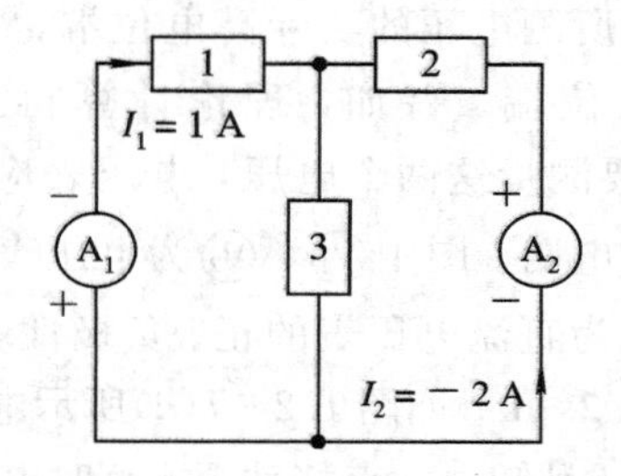

图 1.2－4　直流电流测试电路

1.2.2　电压

物理学中我们已经知道，将单位正电荷自某一点 a 移动到参考点（物理学中习惯选无穷远处作参考点）时电场力做功的大小称为 a 点的电位。在电路中，电位的物理意义同物理静电场中所讲电位是一样的，只不过电路中某点之电位，是将单位正电荷沿电路所约束的路径移至参考点（习惯选电路中某点而不选无穷远）时电场力所做功的大小。

两点之间的电位之差即是两点间的电压。从电场力做功概念定义，电压就是将单位正电荷从电路中一点移至电路中另一点时电场力做功的大小，如图 1.2－5 所示。用数学式表示，即为

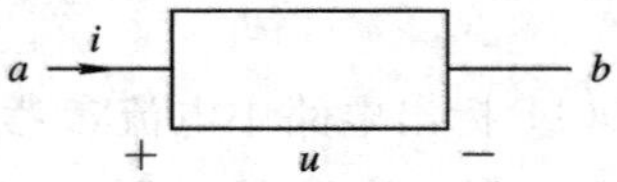

图 1.2－5　定义电压示意图

$$u(t)=\frac{\mathrm{d}w(t)}{\mathrm{d}q(t)} \qquad (1.2-2)$$

式中 $\mathrm{d}q(t)$[①]为由 a 点移至 b 点的电荷量，单位为库仑(C)；$\mathrm{d}w(t)$是为移动电荷 $\mathrm{d}q(t)$电场力所做的功，单位为焦耳(J)。电位、电压的单位都是伏特(V)，1 V 电压相当于移动 1 C 正电荷电场力所做的功为 1 J。电力系统中嫌伏特单位小，有时用千伏(kV)。而无线电系统中又嫌伏特单位太大，常用毫伏(mV)、微伏(μV)作电压单位。

从电位、电压定义可知它们都是代数量，因而也有参考方向问题。电路中，规定电位真正降低的方向为电压的实际方向。但在复杂的电路里，如图 1.2－3 中 R_5 两端电压的实际方向是不易判别的，或在交流电路里，两点间电压的实际方向是经常改变的，这给实际电路问题的分析计算带来困难，所以也常常对电路中两点间电压设出参考方向。所谓电压

① 为简化起见，$\mathrm{d}q(t)$常写为 $\mathrm{d}q$，后面讨论中，凡与时间有关的变量，也作如上简化。

参考方向，就是所假设的电位降低之方向，在电路图中用“+”“-”号标出，或用带下脚标的字母表示。如电压 u_{ab}，脚标中第一个字母 a 表示假设电压参考方向的正极性端，第二个字母 b 表示假设电压参考方向的负极性端。以后如无特殊说明，电路图中“+”“-”标号就认为是电压的参考方向。在设定电路中电压参考方向以后，若经计算得电压 u_{ab} 为正值，则说明 a 点电位实际比 b 点电位高；若 u_{ab} 为负值，则说明 a 点电位实际比 b 点电位低。同电流一样，两点间电压数值的正与负，在设定参考方向的条件下才是有意义的。

电压大小、方向均恒定不变时为直流电压，常用大写字母 U 表示。对直流电压的测量，是根据电压的实际方向，将直流电压表并联接入被测电路，使直流电压表的正极接所测电压的实际高电位端，负极接所测电压的实际低电位端。譬如，理论计算得 $U_{ab}=5\ \text{V}$，$U_{bc}=-3\ \text{V}$，要测量这两个电压，电压表应如图 1.2-6 所示那样接入电路。图中Ⓥ₁、Ⓥ₂为电压表，两旁的“+”“-”标号分别为直流电压表的正、负极性端。

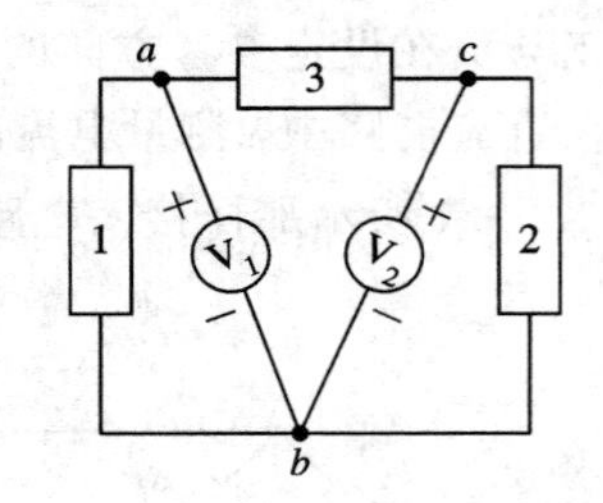

图 1.2-6 直流电压测量电路

例 1.2-1 如图 1.2-7(a)所示电路，若已知 2 s 内有 4 C 正电荷均匀地由 a 点经 b 点移动至 c 点，且知由 a 点移动至 b 点时电场力做功 8 J，由 b 点移动至 c 点时电场力做功 12 J。

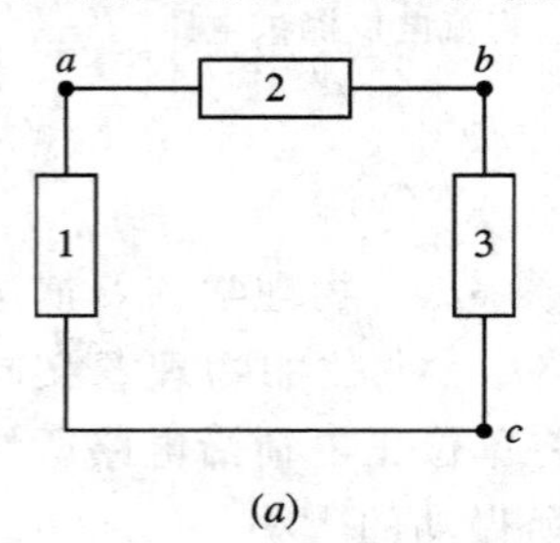

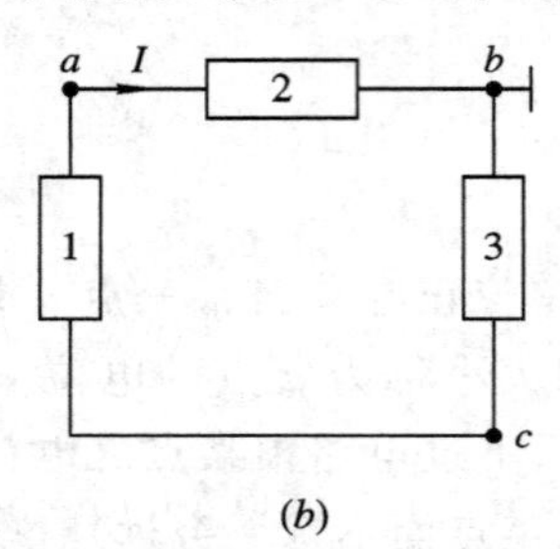

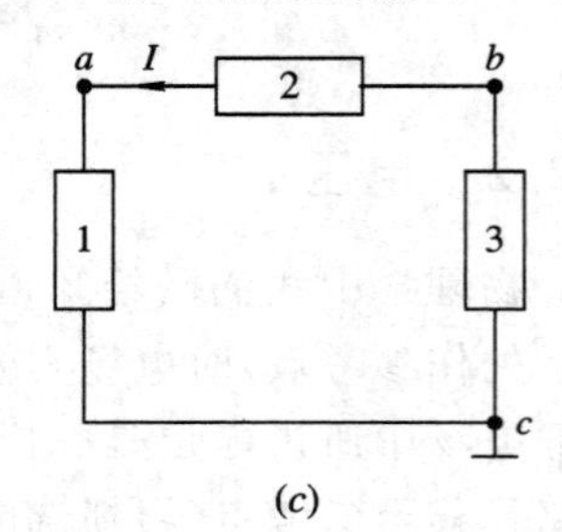

图 1.2-7 例 1.2-1 用图

(1) 标出电路中电流参考方向并求出其值，若以 b 点作参考点(又称接地点)，求电位 V_a、V_b、V_c，电压 U_{ab}、U_{bc}；

(2) 标电流参考方向与(1)时相反并求出其值，若以 c 点作参考点，再求电位 V_a、V_b、V_c，电压 U_{ab}、U_{bc}。

解 (1) 设电流参考方向如图 1.2-7(b)所示，并在 b 点画上接地符号。依题意并由电流强度定义得

$$I=\frac{q}{t}=\frac{4}{2}=2\ \text{A}$$

由电位定义，得

$$V_a=\frac{W_{ab}}{q}=\frac{8}{4}=2\ \text{V}$$

$$V_b=0\qquad(b\ 点为参考点)$$

$$V_c=\frac{W_{cb}}{q}=-\frac{W_{bc}}{q}=-\frac{12}{4}=-3\ \text{V}$$

题目中已知 4 C 正电荷由 b 点移动至 c 点时电场力做功 12 J，本问是以 b 点为参考点求 c

点电位，就是说，若将 4 C 正电荷由 c 点移动至 b 点，电场力做功应为 -12 J，所以计算 c 点电位时算式中要用 -12。利用电压等于电位之差关系，求得

$$U_{ab}=V_a-V_b=2-0=2\text{ V}$$
$$U_{bc}=V_b-V_c=0-(-3)=3\text{ V}$$

(2) 按题目中第 2 问要求设电流参考方向如图 1.2-7(c)所示，并在 c 点画上接地符号。由电流强度定义得

$$I=-\frac{q}{t}=-\frac{4}{2}=-2\text{ A}$$

电位

$$V_a=\frac{W_{ac}}{q}=\frac{8+12}{4}=5\text{ V}$$

$$V_b=\frac{W_{bc}}{q}=\frac{12}{4}=3\text{ V}$$

$$V_c=0\qquad(c\text{ 点为参考点})$$

所以电压

$$U_{ab}=V_a-V_b=5-3=2\text{ V}$$
$$U_{bc}=V_b-V_c=3-0=3\text{ V}$$

通过这个例子，我们可以归纳总结出有关电流、电位、电压概念带有共性的 3 个重要结论：

(1) 电路中电流数值的正与负与参考方向密切相关，参考方向设的不同，计算结果仅差一负号。

(2) 电路中各点电位数值随所选参考点的不同而改变，但参考点一经选定，各点电位数值就是唯一的，这就是电位的相对性与单值存在性。

(3) 电路中任意两点之间的电压数值不因所选参考点的不同而改变。今后在分析电路问题时，如只求电压，并不需要知道参考点选在何处，往往电路图上不标出参考点(这种情况下两点间电压的计算方法见 1.5 节)；而求电位，则必须要有参考点，没有参考点，谈论电位数值大小是没有意义的。

1.2.3 电功率

单位时间做功大小称作功率，或者说做功的速率称为功率。在电路问题中涉及的电功率即是电场力做功的速率，以符号 $p(t)$表示。功率的数学定义式可写为

$$p(t)=\frac{\mathrm{d}w(t)}{\mathrm{d}t}\tag{1.2-3}$$

式中 $\mathrm{d}w(t)$为 $\mathrm{d}t$ 时间内电场力所做的功。功率的单位为瓦(W)。1 瓦功率就是每秒做功 1 焦耳，即 1 W=1 J/s。

在电路中，人们更关注的是功率与电流、电压之间的关系。以图 1.2-5 所示电路为例加以讨论。图中矩形框代表任意一段电路，其内可以是电阻，可以是电源，也可以是若干电路元件的组合。电流的参考方向设成从 a 流向 b，电压的参考方向设成 a 为高电位端，b 为低电位端，这样所设的电流、电压参考方向称为参考方向关联。设在 $\mathrm{d}t$ 时间内在电场力作用下由 a 点移动至 b 点的正电荷量为 $\mathrm{d}q$，a 点至 b 点电压 u 意味着单位正电荷从 a 点移

动至b点时电场力所做的功，那么移动$\mathrm{d}q$正电荷电场力做的功为$\mathrm{d}w=u\mathrm{d}q$。电场力做功说明电能损耗，损耗的这部分电能被ab这段电路所吸收。下面具体推导出ab这段电路吸收的电功率与其上电压、电流之间的关系。

由
$$u=\frac{\mathrm{d}w}{\mathrm{d}q}$$
得
$$\mathrm{d}w=u\mathrm{d}q$$
再由
$$i=\frac{\mathrm{d}q}{\mathrm{d}t}$$
得
$$\mathrm{d}t=\frac{\mathrm{d}q}{i}$$
根据功率定义$p(t)=\dfrac{\mathrm{d}w}{\mathrm{d}t}$，得
$$p(t)=ui \tag{1.2-4}$$

需要强调的是，在电压、电流参考方向关联的条件下，一段电路所吸收的电功率为该段电路两端电压、电流之乘积。代入u、i数值，经计算，若p为正值，该段电路吸收功率；若p为负值，该段电路吸收负功率，即该段电路向外供出功率，或者说产生功率。例如算得ab这段电路吸收功率为-3 W，那么说成ab段电路产生3 W的功率也是正确的。如果遇到电路中电压、电流参考方向非关联情况，如图1.2-8所示，在计算吸收功率的公式中需冠以负号，即

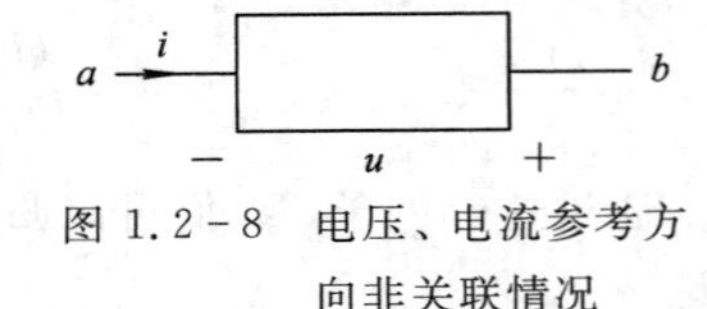

图1.2-8　电压、电流参考方向非关联情况

$$p(t)=-ui \tag{1.2-5}$$

应根据电压、电流参考方向是否关联，来选用相应计算吸收功率的公式。

有时，要计算一段电路产生功率(供出功率)，无论u，i参考方向关联或非关联情况，所用公式与计算吸收功率时的公式恰恰相反。即u，i参考方向关联，计算产生功率用$-ui$计算；u，i参考方向非关联，计算产生功率用ui计算。这是因为“吸收”与“供出”二者就是相反的含义，所以计算吸收功率与供出功率的公式符号相反是理所当然的事。表1.2-1所示为计算功率公式表。

表1.2-1　计算功率公式表

功率	u，i	
	参考方向关联	参考方向非关联
吸收功率	$p(t)=u(t)i(t)$	$p(t)=-u(t)i(t)$
产生功率	$p(t)=-u(t)i(t)$	$p(t)=u(t)i(t)$

例1.2-2　如图1.2-9所示电路，已知$i=1$ A，$u_1=3$ V，$u_2=7$ V，$u_3=10$ V，求ab、bc、ca三部分电路上各吸收的功率p_1、p_2、p_3。

解　对ab段、bc段电路，电压、电流参考方向关联，所以吸收功率
$$p_1=u_1i=3\times1=3\ \text{W}$$
$$p_2=u_2i=7\times1=7\ \text{W}$$

对 ca 段电路，电压、电流参考方向非关联，所以这段电路吸收功率

$$p_3=-u_3 i=-10\times 1=-10\ \text{W}$$

实际上 ca 这段电路产生功率为 10 W。

由此例可以看出：$p_1+p_2+p_3=0$，即对一完整的电路来说，它产生的功率与消耗的功率总是相等的，这称为功率平衡。这一点通过能量守恒原理是容易理解的。

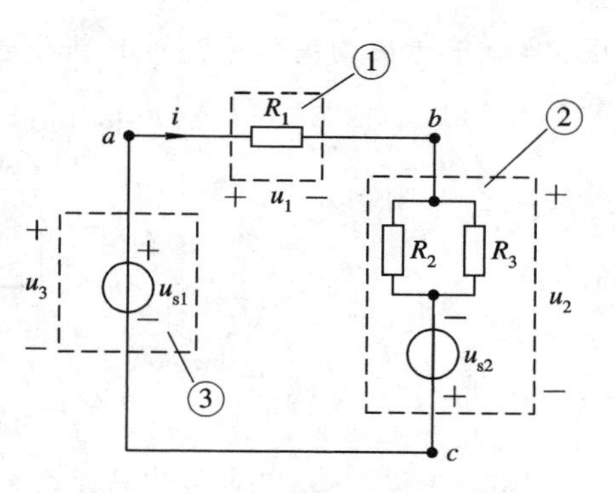

图 1.2-9　例 1.2-2 用图

以上我们阐述了电路分析中常用的电流、电压和功率的基本概念。由于这些量可以取不同的时间函数，因而又称它们为变量。这里还需指出：对电路中电流、电压设参考方向是非常必要的。后面我们将会知道，不设电流、电压参考方向，电路中的基本定律就不便应用，电路问题的分析计算就无法进行下去。本节计算一段电路吸收功率时就遇到此问题，如果不设电流、电压参考方向，就不知选用哪种公式形式来计算功率。如何设电路中电流、电压参考方向是容易掌握的，原则上电路中电流、电压的参考方向可以任意假设。不过习惯上凡是一看便知电流、电压实际方向的，就设参考方向与实际方向一致；对于不易看出实际方向的，只需在这些支路上任意假设一个参考方向。还习惯把元件上电流、电压参考方向设成关联；有时为了简化，一个元件只设出电流或电压一个量的参考方向，意味着省略不设量的参考方向与设出量的参考方向关联。

最后谈一下辅助单位。上面讲了电流、电压和功率的基本单位为安(A)、伏(V)、瓦(W)，也简单介绍了几种电流、电压的辅助单位，今后在本课程及后续课程里还会遇到其他一些量的单位问题。作为单位换算问题常识，表 1.2-2 给出部分 SI(即国际单位制)词头表，供读者换算单位时查阅(表中[ ]内文字为可省略的中文词头名称部分)。

表 1.2-2　部分 SI 词头表

因数	词头名称		符号
	英文	中文	
10^{9}	giga	吉[咖]	G
10^{6}	mega	兆	M
10^{3}	kilo	千	k
10^{-3}	milli	毫	m
10^{-6}	micro	微	μ
10^{-9}	nano	纳[诺]	n
10^{-12}	pico	皮[可]	p

∵ 思考题 ∵

1.2-1　简述对电路中电流、电压设参考方向的意义。

1.2-2　图示电路，电压 u、电流 i 的参考方向如图中所标，请回答：对 A 部分电路电

压、电流参考方向关联否？对B部分电路呢？

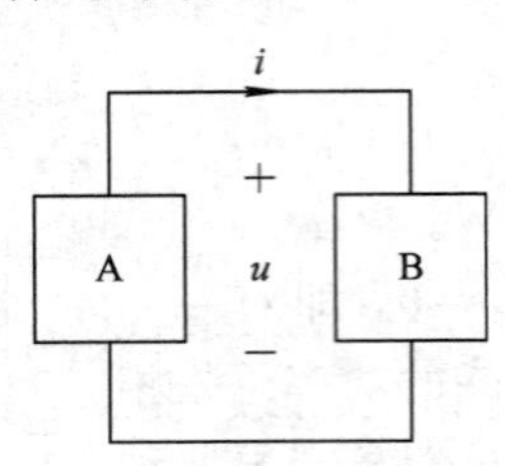

思考题 1.2-2 图

1.2-3 有人说：电路中两点之间的电压等于该两点之间的电位差，因这两点的电位数值随参考点不同而改变，所以这两点间的电压数值亦随参考点的不同而改变。你同意他的观点吗？为什么？

1.2-4 如思考题 1.2-2 图所示电路，试用 u、i 分别写出 A、B 两部分电路各自吸收功率 $p_{吸}$ 与产生功率 $p_{产}$ 的表示式。

1.3 欧姆定律

电流在实际电路中流动并不是畅通无阻的。例如，在金属材料绕制的电阻器中，电流实际上是由电子的定向移动形成的。图 1.2-1(b)中，为了突出说明电子定向移动形成电流，而未画出金属材料内部存在的更大量的原子、离子。事实上，电子在受电场力作用作定向运动过程中，必然会碰撞到金属内部存在的原子、离子，也就是说，这种碰撞对电流要呈现一定的阻力，当然也就有能量损耗。电路参数之一——电阻，实际上是表征材料(或器件)对电流呈现阻力、损耗能量的一种参数。

电阻值不随其上电压或电流数值变化的电阻，称为线性电阻。电阻值不随时间 t 变化的线性电阻，称为线性时不变电阻。一般实际中使用的诸如碳膜电阻、金属膜电阻、线绕电阻等都可近似看作是这类电阻。今后如无特殊说明，电阻一词就指线性时不变电阻，我们只讨论这类电阻。

1.3.1 欧姆定律

欧姆定律(Ohm's Law，OL)是电路分析中重要的基本定律之一，它说明流过线性电阻的电流与该电阻两端电压之间的关系，反映了电阻元件的特性。这里我们联系电流、电压参考方向讨论欧姆定律。图 1.3-1(a)是理想电阻模型，设电压、电流参考方向关联，图 1.3-1(b)是它的伏安特性，为处在 $u-i$ 平面一、三象限过原点的直线。写该直线的数学解析式，即有

$$u(t) = Ri(t) \qquad (1.3-1)$$

此式就是欧姆定律公式。电阻的单位为欧姆(Ω)。

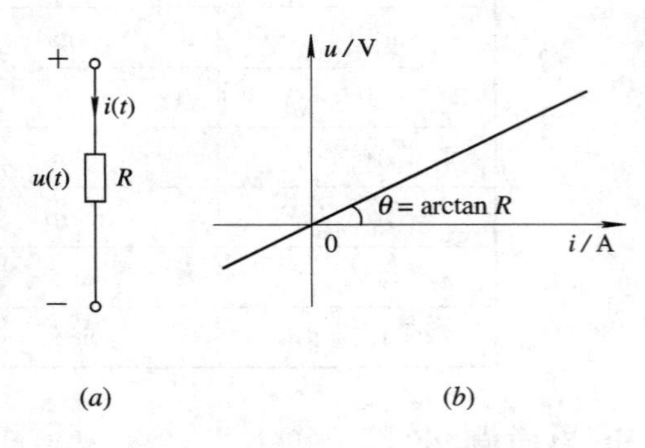

图 1.3-1 理想电阻模型及伏安特性

电阻的倒数称为电导，以符号 G 表示，即

$$G=\frac{1}{R} \tag{1.3-2}$$

在国际单位制中，电导的单位是西门子，简称西(S)。从物理概念上看，电导是反映材料导电能力强弱的参数。电阻、电导是从相反的两个方面来表征同一材料特性的两个电路参数，所以，定义电导为电阻之倒数是有道理的。应用电导参数来表示电流和电压之间的关系时，欧姆定律形式可写为

$$i(t)=Gu(t) \tag{1.3-3}$$

应当明确：

① 欧姆定律只适用于线性电阻；

② 如果电阻 R 上的电流、电压参考方向非关联，如图1.3-2所示，则欧姆定律公式中应冠以负号，即

$$u(t)=-Ri(t) \tag{1.3-4}$$

或

$$i(t)=-Gu(t) \tag{1.3-5}$$

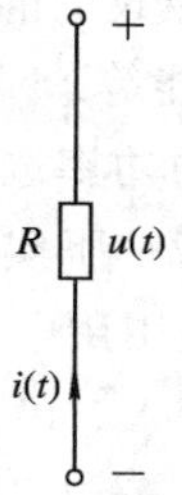

图 1.3-2 电流、电压参考方向非关联

③ 由(1.3-1)式、(1.3-3)式或(1.3-4)式、(1.3-5)式可见，在参数值不等于零、不等于无限大的电阻、电导上，电流与电压是同时存在、同时消失的。或者说，在这样的电阻、电导上，t 时刻的电压(或电流)只决定于 t 时刻的电流(或电压)。这说明电阻、电导上的电压(或电流)不能记忆电阻、电导上的电流(或电压)在“历史”上(t 时刻以前)所起过的作用。所以说，电阻、电导元件是无记忆性元件，又称即时元件。

1.3.2 电阻元件上消耗的功率与能量

将(1.3-1)式代入(1.2-4)式，可得电阻 R 上吸收的电功率为

$$p(t)=u(t)i(t)=Ri(t)\cdot i(t)=Ri^2(t) \tag{1.3-6}$$

或

$$p(t)=u(t)i(t)=u(t)\cdot\frac{u(t)}{R}=\frac{u^2(t)}{R} \tag{1.3-7}$$

同理，将(1.3-3)式代入(1.2-4)式，可得电导 G 上吸收的电功率为

$$p(t)=Gu^2(t) \tag{1.3-8}$$

或

$$p(t)=\frac{i^2(t)}{G} \tag{1.3-9}$$

由(1.3-6)式～(1.3-9)式可以看出，对正电阻(或正电导)来说，它吸收的功率总是大于等于零。

电阻(或其他的电路元件)上吸收的能量与时间区间相关。设 $t_0\sim t$ 区间电阻 R 吸收的能量为 $w(t)$，则它应等于从 t_0 到 t 对它吸收的功率 $p(t)$ 作积分，即

$$w(t)=\int_{t_0}^{t}p(\xi)\mathrm{d}\xi \tag{1.3-10}$$

上式中，为避免积分上限 t 与积分变量 t 相混淆，将积分变量换为 ξ。

联系电阻 R 上吸收的功率与其上电压、电流关系，将(1.3-6)式或(1.3-7)式代入(1.3-10)式，得

$$w(t)=\int_{t_0}^{t}Ri^2(\xi)\mathrm{d}\xi \tag{1.3-11}$$

或

$$w(t)=\int_{t_0}^{t}\frac{u^2(\xi)}{R}\mathrm{d}\xi \tag{1.3-12}$$

由于电阻 R 上吸收的功率对任意时间 t 都是非负的，从(1.3-11)式或(1.3-12)式不难看出电阻 R 吸收的能量 $w(t)$ 也一定是非负的。从物理概念看，电阻吸收的电能转换为非电能(热能、光能等)，基于这一点，通常把电阻吸收的电能说成电阻消耗的电能。与此相应，把电阻吸收的功率也说成电阻消耗的功率。

最后说一下实际用电器具(元件)的额定值问题。实际用电器具的额定值就是为保证安全、正常使用用电器具，制造厂家所给出的电压、电流或功率的限制数值。例如，一只灯泡上标明 220 V、40 W，即说明这样的含义：这只灯泡接 220 V 电压，消耗功率为 40 W。如果所接电压超过 220 V，灯泡消耗功率大于 40 W，就有可能将灯泡烧坏(不安全)；如果所接电压低于 220 V，灯泡消耗功率小于 40 W(较暗)，应用不正常，显然这样使用也是不合理的。市售的碳膜、金属膜电阻，除标明电阻值以外，通常还标有 1/8 W、1/4 W、1/2 W 及 2 W 各挡，线绕电阻额定功率较大。在实际设计装配电路时，不但应按所需电阻值大小来选电阻，还应根据电阻在电路中所消耗的功率适当选择电阻型号。

例 1.3-1 阻值为 2 Ω 的电阻上的电压、电流参考方向关联，已知电阻上电压 $u(t)=4\cos t$ V，求其上电流 $i(t)$、消耗的功率 $p(t)$。

解 因电阻上电压、电流参考方向关联，所以其上电流

$$i(t)=\frac{u(t)}{R}=\frac{4\cos t}{2}=2\cos t\ \mathrm{A}$$

消耗的功率

$$p(t)=Ri^2(t)=2\cdot(2\cos t)^2=8\cos^2 t\ \mathrm{W}$$

例 1.3-2 求一只额定功率为 100 W、额定电压为 220 V 的灯泡的额定电流及电阻值。

解 由

$$P=U\cdot I=\frac{U^2}{R}$$

得

$$I=\frac{P}{U}=\frac{100}{220}\approx 0.455\ \mathrm{A}$$

$$R=\frac{U^2}{P}=\frac{220^2}{100}=484\ \Omega$$

例 1.3-3 某学校有 5 个大教室，每个大教室配有 16 个额定功率为 40 W、额定电压为 220 V 的日光灯管，平均每天用 4 h(小时)，问每月(按 30 天计算)该校这 5 个大教室共用电多少 kW·h?

解 kW·h 读作千瓦小时，它是计量电能的一种单位。1000 W 的用电器具加电使用 1 h，它所消耗的电能为 1 kW·h，即日常生活中所说的 1 度电。有了这一概念，计算本问

题就是易事。

$$W = pt = 5 \times 16 \times 40 \times 4 \times 30 = 384\ 000\ \text{W} \cdot \text{h} = 384\ \text{kW} \cdot \text{h}$$

❖ 思考题 ❖

实际工程应用中部分电阻器图片

1.3-1　有人说：电阻值随时间 t 变化的电阻称时变电阻，对于线性、时变电阻，欧姆定律也是适用的。你同意他的观点吗？并说明理由。

1.3-2　甲同学联想，若二端元件上电压 u、电流 i 参考方向关联，其关系曲线为 $u-i$ 平面上处在Ⅱ、Ⅳ象限过坐标原点的直线，称这样的电路元件为负电阻元件。他讲，对于线性的负电阻欧姆定律亦可使用。你同意他的这一联想论述吗？为什么？

1.3-3　线性电阻有两种特殊情况，即 $R=0$ 和 $R=\infty$ 的情况，其伏安特性有何特点？若是这两种特殊的线性电阻，还能否说其上电压、电流同时存在同时消失呢？为什么？

1.3-4　有一个 100 Ω、额定功率为 1 W 的电阻使用在直流电路中，问在使用时电流、电压不得超过多大的数值？

1.4　理 想 电 源

任何一种实际电路必须由电源提供能量。实际中的电源各种各样，如干电池、蓄电池、光电池、发电机及电子线路中的信号源等。本节所要讲述的理想电源，是在一定条件下从实际电源抽象而定义的一种理想模型。

1.4.1　理想电压源

不管外部电路如何，其两端电压总能保持定值或一定的时间函数的电源定义为理想电压源。其模型如图 1.4-1(a)或(b)所示。图 1.4-1(a)中圆圈外的"+""-"号是其参考极性，$u_s(t)$为理想电压源的电压。若 $u_s(t)$是不随时间变化的常数，即是直流理想电压源，也常用图 1.4-1(b)所示的模型。

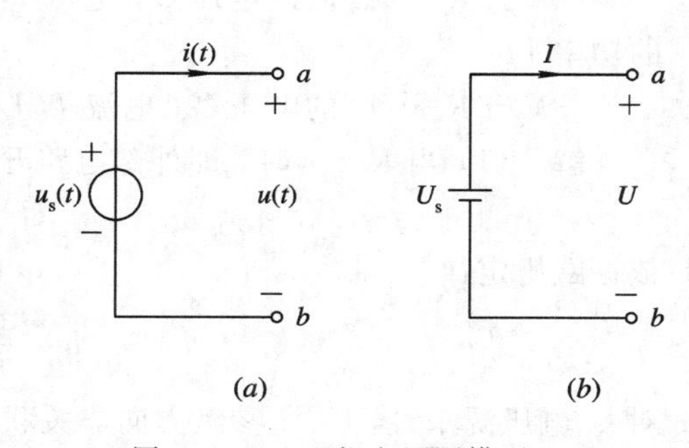

图 1.4-1　理想电压源模型

为了深刻理解理想电压源概念，这里强调说明以下 3 点：

(1) 对任意时刻 t_1，理想电压源的端电压与输出电流的关系曲线(称伏安特性)是平行于 i 轴、其值为$u_s(t_1)$的直线，如图 1.4-2 所示。

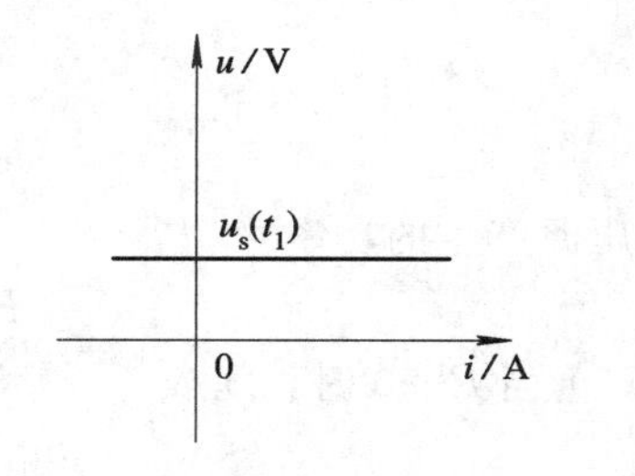

图 1.4-2　理想电压源的伏安特性

(2) 由伏安特性可进一步看出，理想电压源的端电压与流经它的电流方向、大小无关，即使流经它的电流为无穷大，其两端电压仍为 $u_s(t_1)$(对 t_1时刻)。若理想电压源 $u_s(t)=0$，则伏安特性为 $i-u$ 平面上的电流轴，它相当于短路。

(3) 理想电压源的端电压由自身决定，而流经它的电流由它及外电路所共同决定，或者说它的输出电流随外电路变化。电流可以不同的方向流过电源，因此理想电压源可以对电路提供能量(起电源作用)，也可以从外电路接受能量(当做其他电源的负载)，这要看流经理想电压源电流的实际方向而定。理论上讲，在极端情况下，理想电压源可以供出无穷大能量，也可以吸收无穷大能量。

真正理想的电压源在实际中是不存在的，因为按照定义要求这种电源在其内部储存着无穷大的其他形式能量，这显然是不可能做到的。然而，对于新的干电池，或发电机等许多实际的电源，当外电路负载在一定范围之内变化时(实际电压源决不可短路!)，确实能视端电压近似为定值(直流源)或一定的时间函数(交流源)。这种情况，把这些实际电源看作理想电压源也是工程计算允许的。即使外电路负载变化范围条件限制不存在，也就是说，不能把实际电压源看作理想电压源的话，亦可用理想电压源模型串联一适当的内阻，作为表示实际电压源伏安关系的模型。关于这个问题，将在本章 1.7 节实际电源模型中详细讨论。由此可见，虽然理想电压源在实际中并不存在，但这里所定义的理想电压源模型还是有重要的理论价值和实际意义的。

例 1.4-1 图 1.4-3 所示电路中，A 部分电路为理想电压源，$U_s=6$ V；B 部分电路即负载电阻 R 是电压源 U_s 的外部电路，它可以改变。电流 I、电压 U 的参考方向如图中所标。求：

(1) 当 $R=\infty$ 时的电压 U，电流 I，U_s 电压源产生的功率 P_s；

(2) 当 $R=6\ \Omega$ 时的电压 U，电流 I，U_s 电压源产生的功率 P_s；

(3) 当 $R\to 0$ 时的电压 U，电流 I，U_s 电压源产生的功率 P_s。

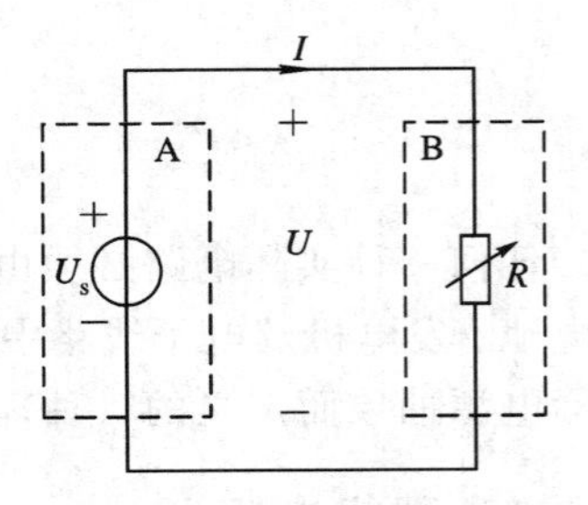

图 1.4-3 例 1.4-1 用图

解 (1) 当 $R=\infty$ 时，即外部电路开路，U_s 为理想电压源，所以

$$U=U_s=6\ \text{V}$$

依据欧姆定律

$$I=\frac{U}{R}=\frac{6}{\infty}=0\ \text{A}$$

对 U_s 电压源来说，U、I 参考方向非关联，所以 U_s 电压源产生的功率

$$P_s=UI=6\times 0=0\ \text{W}$$

(2) 当 $R=6\ \Omega$ 时，

$$U=U_s=6\ \text{V}$$

$$I=\frac{U}{R}=\frac{6}{6}=1\ \text{A}$$

U_s 电压源产生的功率

$$P_s=UI=6\times 1=6\ \text{W}$$

(3) 当 $R\to 0$ 时，显然

$$U=U_s=6\ \text{V}$$

$$I=\frac{U}{R}\to\infty$$

此时 U_s 电压源产生的功率

$$P_s = UI \to \infty$$

由此例可以看出：

（1）理想电压源的端电压不随外部电路变化。本例三种情况的端电压 $U=U_s=6$ V。

（2）理想电压源输出电流 I 随外部电路变化。本例中，当 $R\to 0$ 的极端情况时，$I\to\infty$，从而使 U_s 产生的功率 $P_s\to\infty$。

例 1.4-2　图 1.4-4 所示电路中，B 部分电路是由电阻 R 与另一理想电压源 $U_{s2}=12$ V 串联构成的，并作为 A 部分电路 $U_{s1}=6$ V 的理想电压源的外部电路，电压 U、电流 I 参考方向如图中所标。求：

（1）当 $R=6\ \Omega$ 时的电流 I 和理想电压源 U_{s1} 吸收的功率 P_{s1}；

（2）当 $R\to 0$ 时的电流 I 和理想电压源 U_{s1} 吸收的功率 P_{s1}。

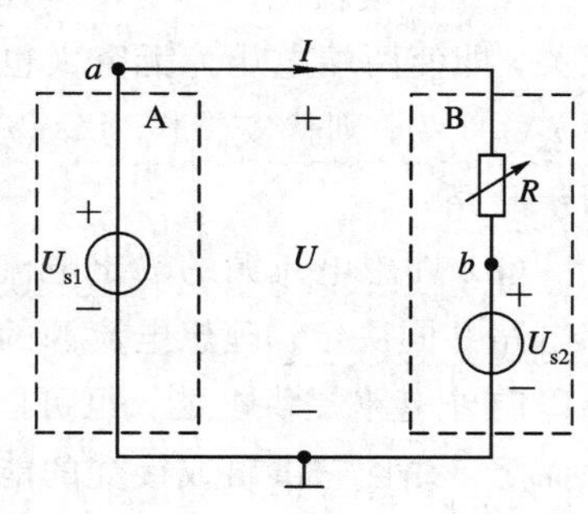

图 1.4-4　例 1.4-2 用图

解　选参考点，如图 1.4-4 所示。

（1）a 点电位 $V_a=6$ V，b 点电位 $V_b=12$ V，电压 $U_{ab}=V_a-V_b=6-12=-6$ V，根据欧姆定律，得电流

$$I=\frac{U_{ab}}{R}=\frac{-6}{6}=-1\ \text{A}$$

对 U_{s1} 电压源来说，U、I 参考方向非关联，所以 U_{s1} 吸收的功率

$$P_{s1}=-UI=-6\times(-1)=6\ \text{W}$$

此时 U_{s1} 不起电源作用，事实上它成了 12 V 理想电压源的负载。

（2）当 $R\to 0$ 时，显然

$$U=U_{s1}=6\ \text{V}$$

$$I=\frac{U_{ab}}{R}\to -\infty$$

此时 U_{s1} 吸收的功率

$$P_{s1}=-UI\to\infty$$

由此例可以看出，理想电压源 U_{s1} 供出的电流为负值，当 $R\to 0$ 的极端情况时，U_{s1} 电压源吸收的功率为无穷大。

1.4.2　理想电流源

理想电流源是另一种理想电源，它也是一些实际电源抽象、理想化的模型。

不管外部电路如何，其输出电流总能保持定值或一定的时间函数的电源定义为理想电流源，其模型用图 1.4-5(a)或(b)表示。模型中箭头表示理想电流源 $i_s(t)$ 的方向，$i(t)$ 表示理想电流源的输出电流。若 $i_s(t)$ 是不随时间变化

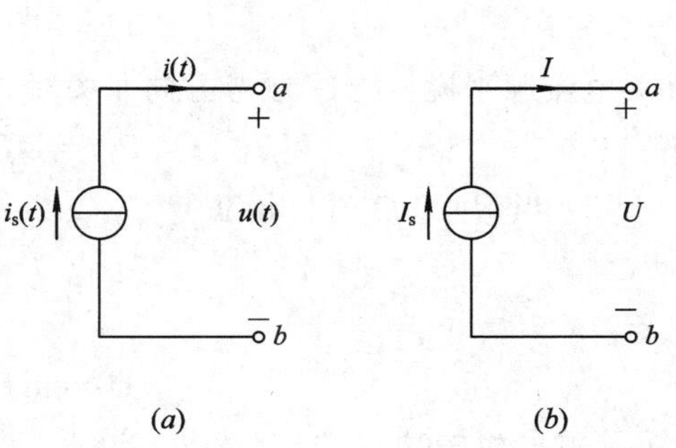

图 1.4-5　理想电流源模型

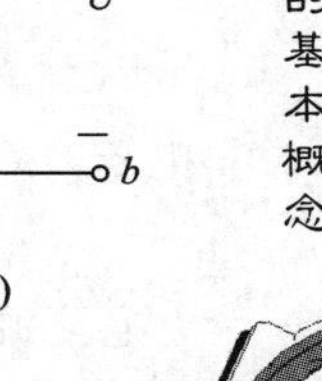

的常数，即是直流理想电流源，常用图1.4-5(b)所示的模型。

为了深刻理解理想电流源概念，这里也强调说明以下3点：

(1) 对任意时刻t_1，理想电流源的伏安特性是平行于u轴、其值为$i_s(t_1)$的直线，如图1.4-6所示。

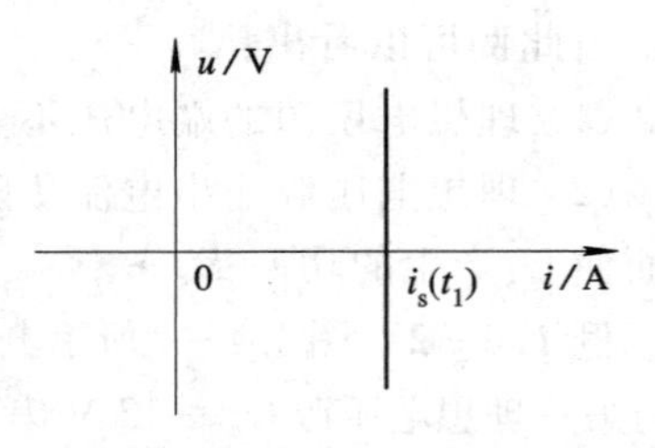

图1.4-6 理想电流源的伏安特性

(2) 由理想电流源伏安特性可进一步看出，理想电流源发出的电流$i(t)=i_s(t)$与其两端电压大小、方向无关，即使两端电压为无穷大也是如此。如果理想电流源$i_s(t)=0$，则伏安特性为u-i平面上的电压轴，它相当于开路。

(3) 理想电流源的输出电流由它本身决定，而它两端的电压由其本身的输出电流与外部电路共同决定。理想电流源的两端电压可以有不同的极性，如同理想电压源一样，它亦可以向外电路提供电能，也可以从外电路接受能量，这要视理想电流源两端电压的真实极性而定，并且它供出或接受的能量，在极端情况下，理论上讲也可以为无穷大。

当然，真正理想的电流源实际中也是不存在的，其道理类同理想电压源情况。但是，实际中有一些电源，当外电路负载在一定范围内变化时(实际电流源决不可开路!)，它们输出的电流近似为定值或一定的时间函数。实际中的光电池电源、电子线路中一些等效信号源电源就是这样的。

例1.4-3 图1.4-7所示电路中，A部分电路为直流理想电流源，$I_s=2$ A；B部分电路即负载电阻R为理想电流源I_s的外部电路。设U、I参考方向如图中所标，求：

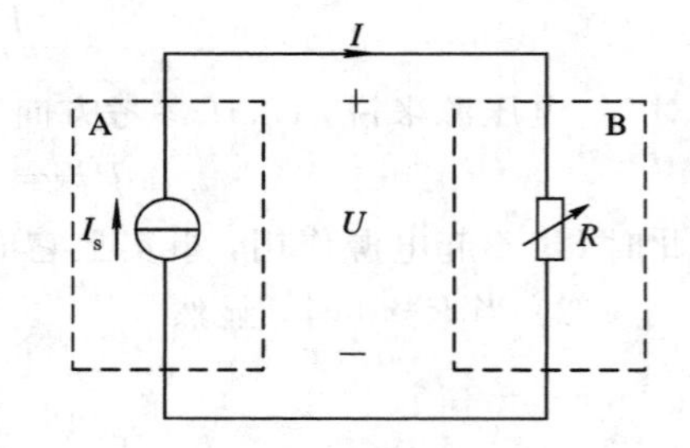

图1.4-7 例1.4-3用图

(1) 当$R=0$时的电流I，电压U及I_s电流源产生的功率P_s；

(2) 当$R=3\ \Omega$时的电流I，电压U及I_s电流源产生的功率P_s；

(3) 当$R\to\infty$时的电流I，电压U及I_s电流源产生的功率P_s。

解 (1) 当$R=0$时，即外部电路短路，I_s为理想电流源，所以电流

$$I=I_s=2\ \text{A}$$

由欧姆定律算得电压

$$U=RI=0\times2=0\ \text{V}$$

对I_s电流源来说，I、U参考方向非关联，所以I_s电流源产生的功率

$$P_s=UI=0\times2=0\ \text{W}$$

(2) 当$R=3\ \Omega$时，电流

$$I=I_s=2\ \text{A}$$

电压

$$U=RI=3\times2=6\ \text{V}$$

I_s电流源产生的功率

$$P_s = UI = 6 \times 2 = 12\ \text{W}$$

(3) 当 $R \to \infty$ 时，根据理想电流源定义，

$$I = I_s = 2\ \text{A}$$

电压

$$U = RI \to \infty$$

I_s电流源产生的功率

$$P_s = UI \to \infty$$

由此例可以看出：

(1) 理想电流源的输出电流不随外电路变化。本例三种情况的输出电流 $I=I_s=2$ A。

(2) 理想电流源的端电压 U 随外部电路变化。本例中，当 $R \to \infty$ 的极端情况时，$U \to \infty$，从而使 I_s产生的功率 $P_s \to \infty$。

∵思考题∵

实际工程应用中部分电源图片

1.4-1　甲同学说：本节所讲述的两种理想电源在现实社会中都找不到，是理论脱离实际，是无用的。乙同学不同意他的说法，并简明有力地对甲同学作了反驳，你知道乙同学如何说的吗？

1.4-2　请回想物理学科中的"质点"是如何定义的？现实世界中可否找到那样严格定义的"质点"呢？"质点"这种理想模型在分析、研究运动学、动力学问题中是无用的吗？

1.4-3　丙同学由此联想这样一个问题，他说：我国发射的"嫦娥五号"若放在教室里这样一个空间，显然它不能看作质点，而把它发射到月球绕行轨道，距地球有 38 万公里，在这样一个大宇宙空间，视它为质点来研究它的飞行速度和运动轨迹，显然是合理的。这就是我们常说的要具有"工程观点"。说得更通俗一点，"工程观点"就是在满足一定的工程允许误差条件下合情合理地"四舍五入"。你赞同丙同学的观点吗？若不赞同，请加以驳斥。

1.5　基尔霍夫定律

基尔霍夫定律(简称基氏定律)是分析一切集总参数电路的根本依据。一些重要的电路定理、有效的分析方法，都是以基氏定律(连同元件上电压、电流关系)为"源"推导、证明、归纳总结得出的。无疑，基尔霍夫定律是电路理论中重要的基本概念。

为了叙述问题方便起见，在具体讲述基尔霍夫定律之前，先介绍电路模型图中的一些术语。

1. 支路

将两个或两个以上的二端元件依次连接称为串联。如图 1.5-1 中 R_1 与 R_2 的连接即是串联。单个电路元件或是若干个电路元件的串联，构成电路的一个分支，一个分支上流经的是同一个电流。电路中每个分支都称作支路。如图 1.5-1 中 ad、ab、bd、bc、cd、aec 都是支路，其中 aec 是由两个电路元件串联构成的支路[①]，其余 5 个都是由单个电路元件构成

① 文献[2]中把每一个二端元件定义为一个支路。对于 aec 支路，按这种定义应是 ae、ec 两条支路。

的支路。

2. 节点

电路中3个或更多的支路公共连接点称为节点。如图1.5－1中a、b、c、d都是节点。

3. 回路

电路中任一闭合路径称为回路。如图1.5－1中$abda$、$bcdb$、$abcda$、$adcea$等都是回路。

4. 网孔

对于平面电路[①]，其内部不包含任何支路的回路称网孔。如图1.5－1中$abcea$、$abda$、$bcdb$这3个回路是网孔，其余的回路都不是网孔。可以这样讲，网孔一定是回路，但回路不一定是网孔。

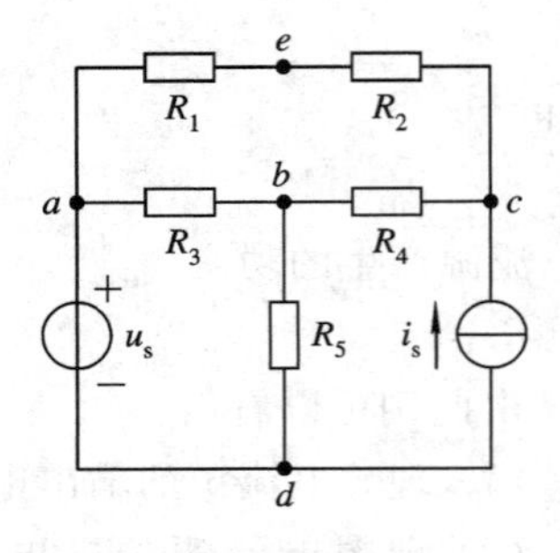

图1.5－1 介绍电路术语用图

电路元件的伏安关系(Volt Ampere Relation，VAR)仅与元件的性质有关，如前面讲述过的理想电压源、理想电流源的VAR，电阻元件的VAR都是如此，后面章节讲述的其他电路元件的VAR也是如此。然而，各种元件若组合连接构成一个具体的电路之后，所有连接在同一个节点的各支路电流之间，或者任意闭合回路中各元件上电压之间，就要受到另外两种所谓的结构约束(亦称拓扑约束)，这种约束关系与构成电路的元件性质无关。基尔霍夫电流定律(Kirchhoff's Current Law，KCL)和基尔霍夫电压定律(Kirchhoff's Voltage Law，KVL)就是概括这两种约束关系的基本定律。

1.5.1 基尔霍夫电流定律(KCL)

KCL是描述电路中与节点相连的各支路电流间相互关系的定律。它的基本内容是：对于集总参数电路的任意节点，在任意时刻流出该节点的电流之和等于流入该节点的电流之和。例如，对于图1.5－2所示电路中的节点b，有

$$i_1(t)+i_2(t)=i_3(t)+i_4(t)$$

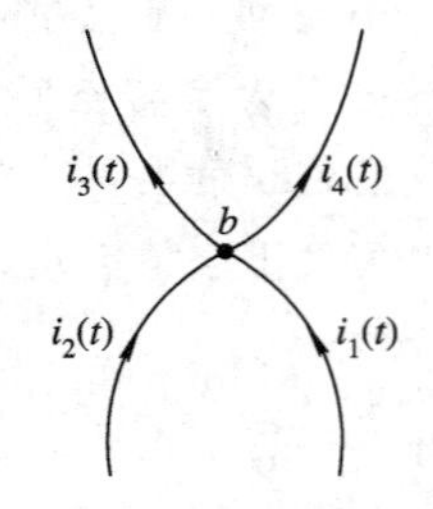

图1.5－2 电路中的节点b

若规定流出节点的电流取正号(这是代数式中的取号规定，与电流本身的正负值无关，只看参考方向)，流入节点的电流取负号(或作相反规定)，则KCL又可叙述为：对于集总参数电路中的任意节点，在任意时刻，流出或流入该节点电流的代数和等于零。如果连接到某节点有m条支路，第k条支路的电流为$i_k(t)$，$k=1, 2, \cdots, m$，则KCL可写为

$$\sum_{k=1}^{m} i_k(t)=0 \qquad (1.5-1)$$

(1.5－1)式称为节点电流方程，简写为KCL方程。

KCL是电荷守恒定律和电流连续性在集总参数电路中任一节点处的具体反映。所谓电荷守恒定律，即电荷既不能创造，也不能消灭。基于这条定律，对集总参数电路中某一支路的横截面来说，它的“收支”是完全平衡的。即流入横截面多少电荷即刻又从该横截面

① 可经任意扭动变形画在一个平面上而不使任何两条支路交叉的电路，称平面电路。

流出多少电荷，$\mathrm{d}q/\mathrm{d}t$ 在一条支路上应处处相等，这就是电流的连续性。对于集总参数电路中的节点，在任意时刻 t，它的“收支”也是完全平衡的，所以 KCL 是成立的。

以上讨论中对各支路的元件性质并无要求，只要是集总参数电路，KCL 总是成立的。事实上 KCL 不仅适用于电路中的节点，对电路中任一假设的闭合曲面它也是成立的。如图 1.5-3(*a*)所示电路，对闭曲面 S，有

$$i_1(t)+i_2(t)-i_3(t)=0$$

这里闭曲面 S 看作广义节点。若两部分电路只有一根线相连，由 KCL 可知，该支路中无电流。如图 1.5-3(*b*)所示电路，作闭曲面 S，因只有一条支路穿出 S 面，根据 KCL，有 $i=0$。

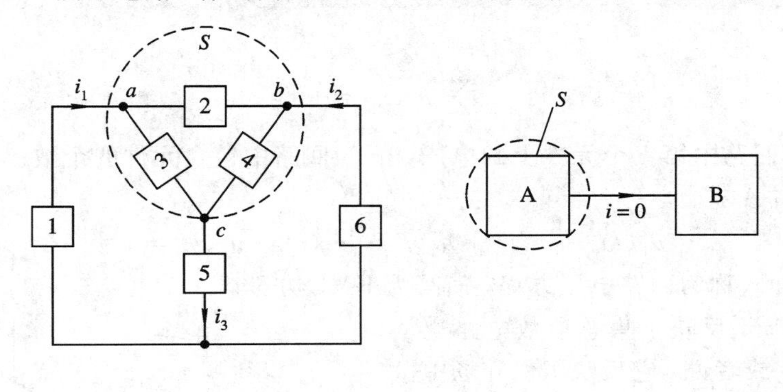

图 1.5-3 *KCL* 应用于闭曲面 S

关于 KCL 的应用，应再明确以下几点：

(1) KCL 具有普遍意义，它适用于任意时刻、任何激励源(直流、交流或其他任意变动激励源)情况的一切集总参数电路中的节点或闭曲面。

(2) 应用 KCL 列写节点或闭曲面电流方程时，首先要设出每一支路电流的参考方向，然后依据参考方向是流入或流出取号(若选流出者取正号，则选流入者取负号，或者反之)列写出 KCL 方程。应注意，在列写一个节点的 KCL 方程时取号规则应一致。另外，对连接有较多支路的节点列写 KCL 方程时不要遗漏了某些支路。

例 1.5-1 如图 1.5-4 所示电路，已知 $i_1=4$ A，$i_2=7$ A，$i_4=10$ A，$i_5=-2$ A，求电流 i_3、i_6。

解 选流出节点的电流取正号。对节点 b 列写 KCL 方程，有

$$-i_1+i_2-i_3=0$$

则

$$i_3=-i_1+i_2=-4+7=3\ \text{A}$$

对节点 a 列写 KCL 方程，有

$$i_3-i_4+i_5+i_6=0$$

则

$$i_6=-i_3+i_4-i_5=-3+10-(-2)=9\ \text{A}$$

还可应用闭曲面 S 列写 KCL 方程求出 i_6，如图

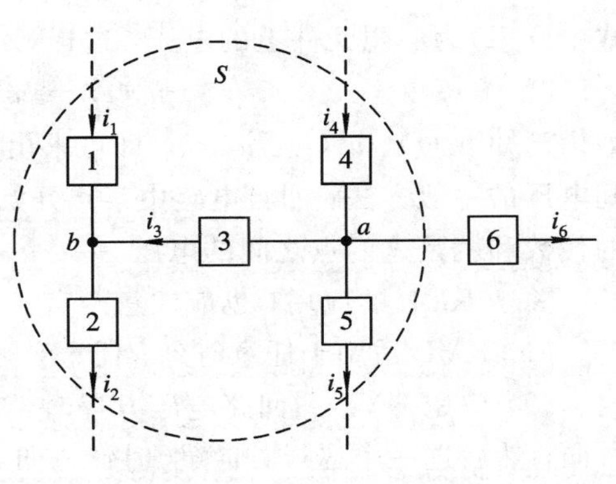

图 1.5-4 例 1.5-1 用图

中虚线所围闭曲面 S，设流出闭曲面的电流取正号，列写方程

$$-i_1+i_2-i_4+i_5+i_6=0$$

所以

$$i_6=i_1-i_2+i_4-i_5=4-7+10-(-2)=9\ \text{A}$$

1.5.2 基尔霍夫电压定律(KVL)

KVL 是描述回路中各支路(或各元件)电压之间关系的。它的基本内容是：对任何集总参数电路，在任意时刻，沿任意闭合路径巡行一周，各段电路电压的代数和恒等于零。其数学表示式为

$$\sum_{k=1}^{m}u_k(t)=0 \qquad (1.5-2)$$

式中 $u_k(t)$代表回路中第 k 个元件上的电压，m 为回路中包含元件的个数。如图 1.5－5 所示电路，对回路 A 有

$$u_1(t)+u_2(t)+u_3(t)-u_4(t)-u_5(t)=0$$

通常把(1.5－2)式称为回路电压方程，简写为 KVL 方程。

KVL 的实质，反映了集总参数电路遵从能量守恒定律，或者说，它反映了保守场中做功与路径无关的物理本质。从电路中电压变量的定义容易理解 KVL 的正确性。参看图 1.5－5，如果自 a 点出发移动单位正电荷，沿着构成回路的各支路又"走"回到 a 点，相当于求电压 u_{aa}，显然应是 $V_a-V_a=0$。

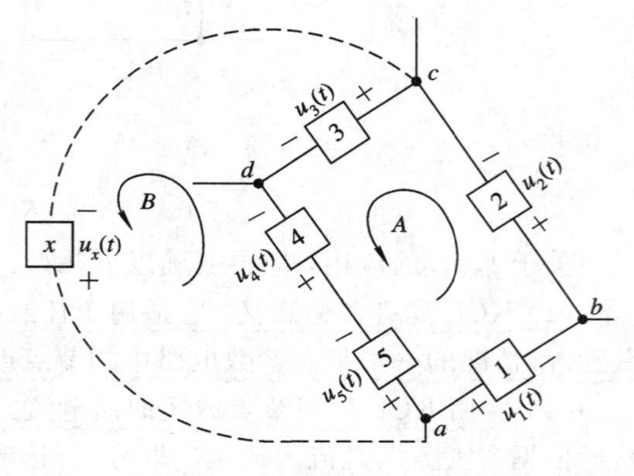

图 1.5－5　某电路中一个回路

以上论述，对回路中各元件的性质、种类并不加限制，只要是集总参数电路，KVL 总是成立的。事实上，KVL 不仅适用于电路中的具体回路，对于电路中任何一假想的回路，它也是成立的。例如对图 1.5－5 中假想回路 B(x 不是真实存在于电路中的元件，所以 B 回路也不是电路中真实存在的回路，称它为假想回路)，可列如下方程：

$$-u_3(t)-u_x(t)+u_5(t)+u_4(t)=0$$

式中 $u_x(t)$为假想元件上的电压，这样

$$u_x(t)=u_5(t)+u_4(t)-u_3(t)$$

如果已知 $u_3(t)$、$u_4(t)$、$u_5(t)$，即可求出电压 $u_x(t)$。据此可归纳总结出求电路中任意两点间电压的一般方法：即自电路中某点开始，沿任意路径巡行至另一点，沿途各元件上电压的代数和就是这两点之间的电压。

关于 KVL 的应用，也应注意两点：

(1) KVL 适用于任意时刻、任意激励源情况的一切集总参数电路中的回路。

(2) 应用 KVL 列回路电压方程时，首先设出回路中各元件(或各段电路)上电压参考方向，然后选一个巡行方向(顺时针方向或逆时针方向均可)，自回路中某一点开始，按所选巡行方向沿着回路"走"一圈。"走"的过程中遇各元件取号法则是："走"向先遇元件上电

压参考方向的“+”端取正号，反之取负号。若回路中有电阻 R 元件，电阻元件上又只标出了电流参考方向，这时列写 KVL 方程，若“走”向与电流方向一致，则电阻上电压为 $+Ri$，反之为 $-Ri$。

例 1.5-2 如图 1.5-6 所示电路，已知 $I=0.3$ A，求电阻 R。

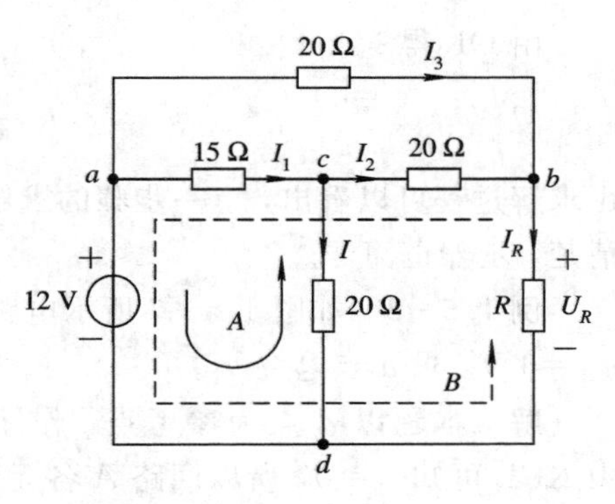

图 1.5-6 例 1.5-2 用图

解 在求解电路时为了叙述、书写方便，需要的话，可以在电路上设出一些点，如图中 a、b、c、d 点。用到的电流、电压一定要在电路上标出参考方向(切记)，如图中电流 I_1、I_2、I_3、I_R，电压 U_R。应该说在动手解答之前还要把问题分析清楚。这里所说的分析问题包含这样两个内容。一是明确题意，即明确哪些是已知条件，哪些是待求量，若遇文字叙述的题目更应如此。就求解的一般电路问题来说，题意是容易清楚的。分析问题的第二个内容是确定解题的思路：根据什么概念、定律求什么量，先求什么量后求什么量做好安排。问题分析中确定好解题思路，动手解算起来就可以做到逻辑条理性好，解答过程简洁明了。分析问题的过程是不需要写出来的，但却是解题之前应该做到的，也是读者“能力”训练的一部分。这里以本例作示范，看如何确定解题的思路，以简图的形式给出。图中“→”符号表示“应先求”之意，括号后两个量不对齐书写，表示居前者先求。本问题求解流程图如下：

$$\text{求 } R \rightarrow \begin{cases} I_R \rightarrow \begin{cases} I_2 \rightarrow I_1 \rightarrow U_{ac} = 12 - 20I \text{(参见回路 } A\text{)} \\ \quad I_3 \rightarrow U_{ab} \rightarrow U_{cb} = 20I_2 \end{cases} \\ U_R = 12 - U_{ab} \text{(参见回路 } B\text{)} \end{cases}$$

根据待求的 R 由左向右(看箭头方向)分析过去，求解的顺序是由右向左(逆箭头方向)求解过来。具体计算(需要写出来的步骤)：

由 KVL 得

$$U_{ac} = 12 - 20I = 12 - 20 \times 0.3 = 6 \text{ V}$$

由 OL 得

$$I_1 = \frac{U_{ac}}{15} = \frac{6}{15} = 0.4 \text{ A}$$

由 KCL 得

$$I_2 = I_1 - I = 0.4 - 0.3 = 0.1 \text{ A}$$

由 OL 得

$$U_{cb} = 20I_2 = 20 \times 0.1 = 2 \text{ V}$$

由 KVL 得

$$U_{ab} = U_{ac} + U_{cb} = 6 + 2 = 8 \text{ V}$$

由 OL 得

$$I_3 = \frac{U_{ab}}{20} = \frac{8}{20} = 0.4 \text{ A}$$

由 KCL 得

$$I_R = I_2 + I_3 = 0.1 + 0.4 = 0.5\ \text{A}$$

由 KVL 得

$$U_R = 12 - U_{ab} = 12 - 8 = 4\ \text{V}$$

由 OL 得

$$R = \frac{U_R}{I_R} = \frac{4}{0.5} = 8\ \Omega$$

由求解过程可以看出，上一步骤的求解结果下一步骤(或以后步骤)就用得上，所以条理很清楚，步骤也简洁。

例 1.5-3 如图 1.5-7 所示电路，已知 $R_1=2\ \Omega$，$R_2=4\ \Omega$，$u_{s1}=12$ V，$u_{s2}=10$ V，$u_{s3}=6$ V，求 a 点电位 v_a。

解 本题以 d 点为参考点，作闭曲面 S，由 KCL 可知 $i_1=0$，所以回路 A 各元件上流经的是同一个电流 i，由 KVL 列写方程

$$R_1 i + u_{s3} + R_2 i - u_{s1} = 0$$

代入已知的各电阻及电源的数据，得

$$2i + 6 + 4i - 12 = 0$$

所以

$$i = 1\ \text{A}$$

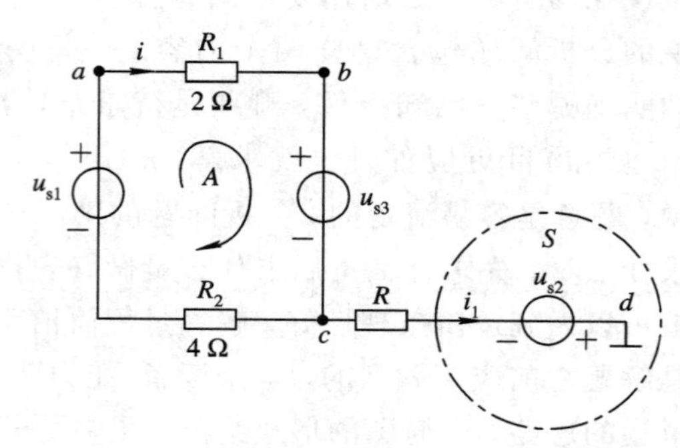

图 1.5-7 例 1.5-3 用图

求电位 v_a，就是求 a 点到参考点的电压，它是自 a 点沿任一条可以到“地”的路径“走”至“地”的沿途各段电路电压的代数和，所以有

$$\begin{aligned} v_a &= u_{ab} + u_{bc} + u_{cd} = 2i + 6 + (-10) \\ &= 2 \times 1 + 6 - 10 = -2\ \text{V} \end{aligned}$$

由上可知，计算电路中某点的电位数值，一定要有确定的参考点才能进行。

例 1.5-4 如图 1.5-8 所示电路，已知 $U_R=18$ V，求电阻 R。

解 设电流 I_1、I_R 的参考方向及回路 A 的绕行方向如图中所标。由欧姆定律，得

$$I_R = \frac{U_R}{R} = \frac{18}{R}$$

由 KCL 得

$$I_1 = 5 - I_R = 5 - \frac{18}{R}$$

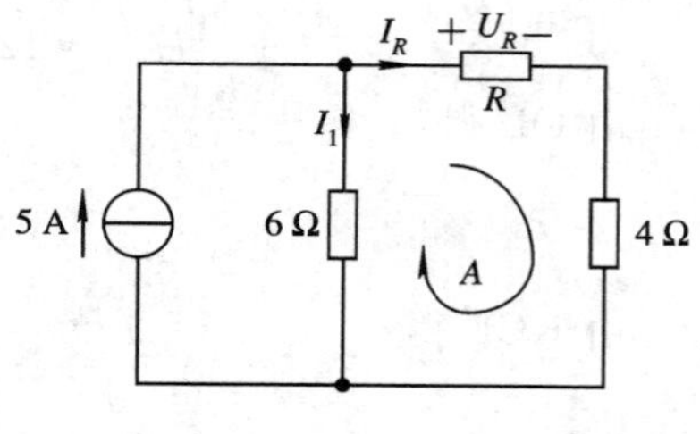

图 1.5-8 例 1.5-4 用图

对回路 A 列写 KVL 方程，有

$$U_R + 4I_R - 6I_1 = 0$$

将 $U_R=18$ V，$I_R=\dfrac{18}{R}$，$I_1=5-\dfrac{18}{R}$代入上式，得

$$18 + \frac{4 \times 18}{R} - 6 \times \left(5 - \frac{18}{R}\right) = 0$$

解得

$$R = 15\ \Omega$$

例 1.5-5 如图 1.5-9 所示电路，已知 $I_1=2$ A，求网络 N 吸收的功率 P_N。

解 设电流 I、电压 U 参考方向如图中所标。由 KCL 得

$$I=I_1+3=2+3=5\ \text{A}$$

由 OL、KVL 得

$$\begin{aligned}U&=-10-5\times I_1+60-10I_1-2I\\&=-10-5\times 2+60-10\times 2-2\times 5\\&=10\ \text{V}\end{aligned}$$

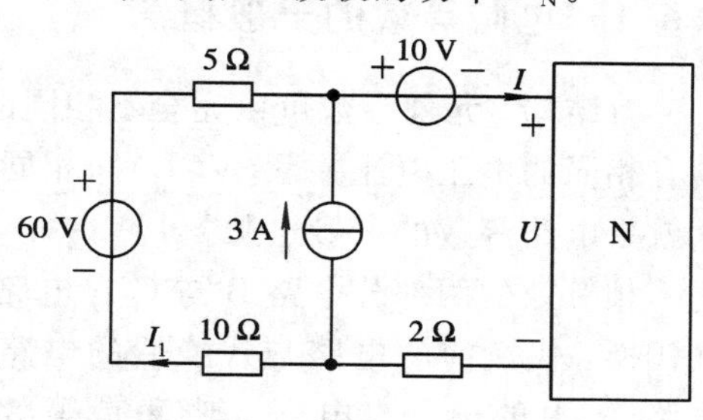

图 1.5-9 例 1.5-5 用图

对于网络 N，U、I 参考方向关联，所以 N 吸收的功率

$$P_N=UI=10\times 5=50\ \text{W}$$

顺便说及，电路原理图也常用电位简略图表示，如图 1.5-10(*a*)、(*c*)分别用图 1.5-10(*b*)、(*d*)作简化表示。在图 1.5-10(*b*)中，+10 V 表示该点电位是 10 V，可以看作该点接 10 V 理想电压源的正极，它的负极意味着接“地”；−6 V 表示该点电位是 −6 V，可以看作该点接 6 V 理想电压源的负极，它的正极意味着接“地”。刚开始接触到这类电位表示的电路时可能不习惯，可以先按上述说明恢复原电路图，然后再进行计算。

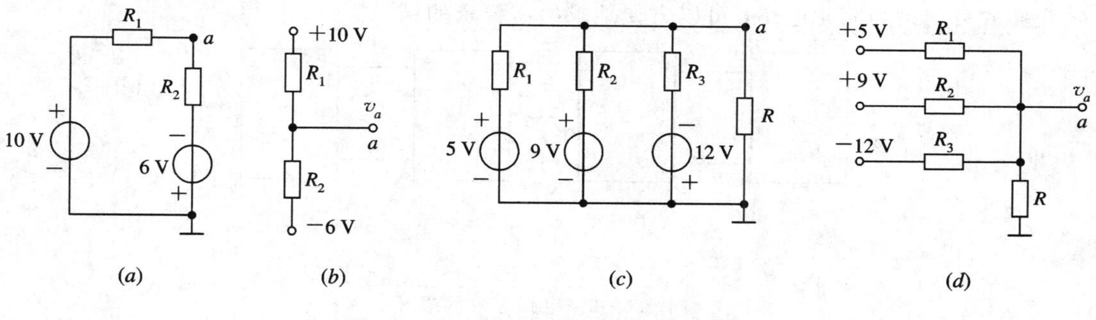

图 1.5-10 电路原理图的电位表示法

∵ 思考题 ∵

1.5-1 试述基尔霍夫电流定律的内容，说明应用条件范围，结合自己的体会归纳应用基尔霍夫电流定律时应注意的问题。

1.5-2 试述基尔霍夫电压定律的内容，说明应用条件范围，结合自己的体会归纳应用基尔霍夫电压定律时应注意的问题。

1.5-3 请回答：基尔霍夫两个定律可以应用于非线性集总参数电路吗？可以应用于时变集总参数电路吗？可以应用于分布参数电路吗？

1.6 电路等效

“等效”在电路理论中是很重要的概念，电路等效变换方法是电路问题分析中经常使用的方法。本节首先阐述电路等效的一般概念，即等效定义、等效条件、等效对象以及等效的目的，然后具体讨论两种重要的常用二端电路等效变换方法。

1.6.1 电路等效的一般概念

有结构、元件参数可以完全不相同的两部分电路 B 与 C，如图 1.6-1 所示。若 B 与 C 具有相同的电压电流关系（VCR）即相同的伏安关系（VAR），则称 B 与 C 是互为等效的。这就是电路等效的一般定义。

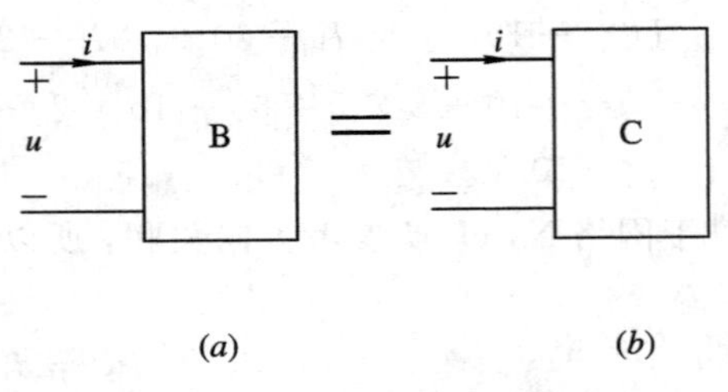

图 1.6-1 具有相同 VAR 的两部分电路

相等效的两部分电路 B 与 C 在电路中可以相互代换，代换前的电路与代换后的电路对任意外电路 A 中的电流、电压、功率是等效的，如图 1.6-2(*a*)、(*b*)所示。就是说，用图 1.6-2(*b*)求 A 中的电流、电压、功率，与用图 1.6-2(*a*)求 A 中的电流、电压、功率是具有同等效果的。习惯把图 1.6-2(*a*)与图 1.6-2(*b*)说成是互为等效变换电路。这里所说的"等效"即指对求 A 中的电流、电压、功率效果而言是等同的，"变换"即指因 C 代换了 B 致使图 1.6-2(*b*)与图 1.6-2(*a*)形状发生了变化。这里再次明确：电路等效变换的条件是相互代换的两部分电路具有相同的 VAR；电路等效的对象是 A（也就是电路未变化的部分）中的电流、电压、功率；电路等效变换的目的是为简化电路，可以方便地求出需要求的结果。

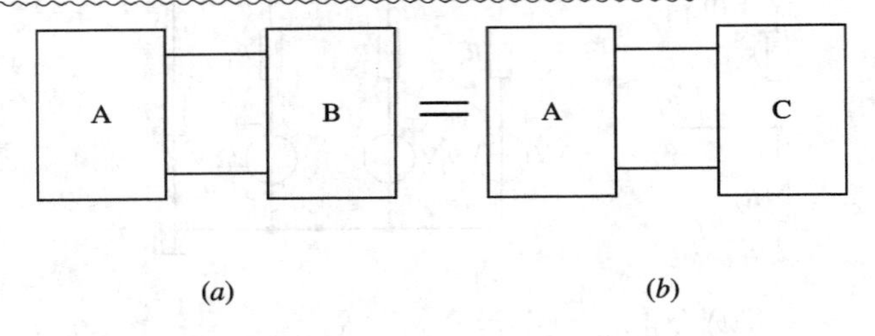

图 1.6-2 电路等效示意图

还需要说及的是，若需要求图 1.6-2(*a*)中 B 部分电路中的电流、电压、功率，能否用它的等效电路图 1.6-2(*b*)求呢？C 代换了 B 以后的图 1.6-2(*b*)中 B 已不存在，当然在该图中求 B 中的电流、电压、功率是不可能的。但可以这样处理：因图 1.6-2(*a*)、(*b*)两电路是等效变换电路，应满足等效变换条件（B 与 C 具有相同的 VAR），由此可知图 1.6-2(*b*)中 C 与 A 连接处的电流、电压等于图 1.6-2(*a*)中 B 与 A 连接处的电流、电压；基于此点，我们可以先从图 1.6-2(*b*)中求得 C 与 A 连接处的电流、电压，以此作为图 1.6-2(*a*)中 B 与 A 连接处的电流、电压，然后回到图 1.6-2(*a*)中再求出 B 中所需要求的电压、电流、功率。

1.6.2 电阻的串联与并联等效

1. 电阻的串联等效

图 1.6-3(*a*)是两个电阻串联的电路，设电压、电流参考方向关联，由欧姆定律及 KVL，得

$$u = u_1 + u_2 = R_1 i + R_2 i = (R_1 + R_2) i \tag{1.6-1}$$

若把图 1.6－3(a)看作等效电路定义中所述的 B 电路，(1.6－1)式就是它的 VAR。另有单个电阻 R_{eq} 的电路，视它为等效电路定义中所述的 C 电路，如图 1.6－3(b)所示。由欧姆定律写它的 VAR 为

$$u = R_{eq} i \tag{1.6-2}$$

根据电路等效条件，令(1.6－1)式与(1.6－2)式相等，即

$$(R_1 + R_2)i = R_{eq} i$$

所以等效电阻

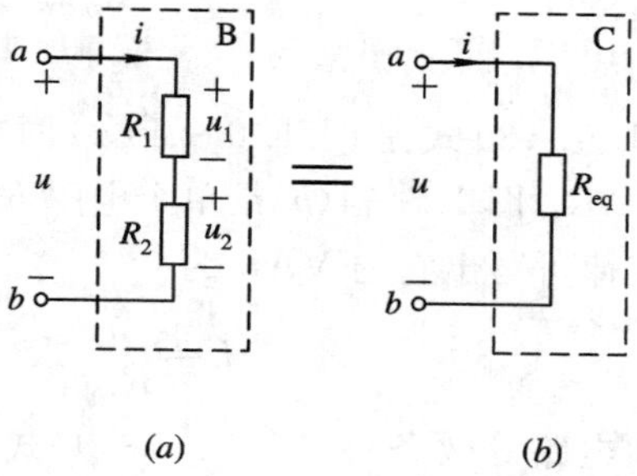

图 1.6－3　电阻串联及等效电路

$$R_{eq} = R_1 + R_2 \tag{1.6-3}$$

由(1.6－3)式可以看出：电阻串联，其等效电阻等于相串联各电阻之和。这一结论对两个以上电阻串联亦成立。

电阻串联有分压关系。若知串联电阻两端的总电压，求相串联各电阻上的电压，则称为分压。参看图 1.6－3，由(1.6－2)式可得

$$i = \frac{u}{R_{eq}}$$

由欧姆定律，得

$$\left.\begin{aligned} u_1 &= R_1 i = \frac{R_1}{R_{eq}} u \\ u_2 &= R_2 i = \frac{R_2}{R_{eq}} u \end{aligned}\right\} \tag{1.6-4}$$

将(1.6－3)式代入(1.6－4)式，得最经常使用的两个电阻串联时的分压公式

$$\left.\begin{aligned} u_1 &= \frac{R_1}{R_1 + R_2} u \\ u_2 &= \frac{R_2}{R_1 + R_2} u \end{aligned}\right\} \tag{1.6-5}$$

由(1.6－4)式或(1.6－5)式不难得到

$$\frac{u_1}{u_2} = \frac{R_1}{R_2} \tag{1.6-6}$$

由(1.6－6)式可以看出：电阻串联分压与电阻值成正比，即电阻值大者分得的电压大。若知串联电阻的分电压，由分压关系式也容易求出串联电阻两端的总电压。

电阻串联电路功率关系为：电阻串联电路消耗的总功率等于相串联各电阻消耗功率之和，且电阻值大者消耗的功率大。参看图 1.6－3(a)所示电路，将(1.6－1)式两端同乘 i 并考虑(1.2－4)式、(1.3－6)式，即得

$$\left.\begin{aligned} p &= p_1 + p_2 \\ \frac{p_1}{p_2} &= \frac{R_1}{R_2} \end{aligned}\right\} \tag{1.6-7}$$

2. 电阻的并联等效

图 1.6－4(a)是两个电阻相并联的电路，设电压、电流参考方向关联，由欧姆定律及 KCL，得

$$i = i_1 + i_2 = \frac{u}{R_1} + \frac{u}{R_2} = \left(\frac{1}{R_1} + \frac{1}{R_2}\right)u \qquad (1.6-8)$$

(1.6－8)式是图 1.6－4(a)两电阻并联电路的 VAR。图 1.6－4(b)是单个电阻 R_{eq} 的电路，由欧姆定律可写出它的 VAR 为

$$i = \frac{u}{R_{eq}} \qquad (1.6-9)$$

由电路等效条件，令(1.6－9)式与(1.6－8)式相等，即

$$\frac{1}{R_{eq}}u = \left(\frac{1}{R_1} + \frac{1}{R_2}\right)u$$

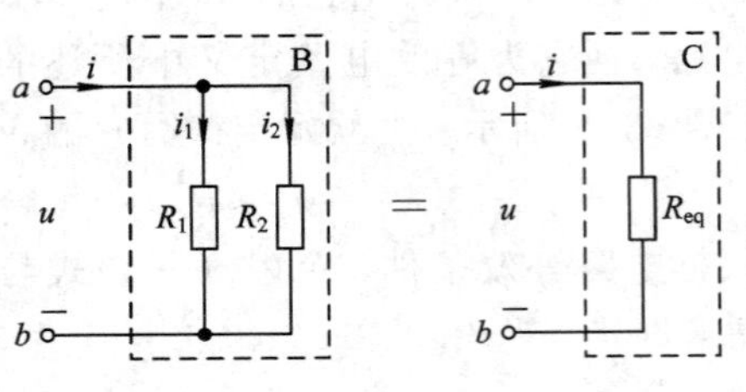

图 1.6－4　两电阻并联及等效电路

所以

$$\frac{1}{R_{eq}} = \frac{1}{R_1} + \frac{1}{R_2} \qquad (1.6-10)$$

由(1.6－10)式可知：电阻并联，其等效电阻之倒数等于相并联各电阻倒数之和。这一结论也适用于两个以上电阻并联的情况。将(1.6－10)式右端通分并两端取倒数，得最常用的两个电阻并联时求等效电阻的公式

$$R_{eq} = \frac{R_1 R_2}{R_1 + R_2} \qquad (1.6-11)$$

电阻并联有分流关系。若知并联电阻电路的总电流，求相并联各电阻上的电流，则称为分流。参看图 1.6－4(a)，由(1.6－9)式，得

$$u = R_{eq} i$$

应用欧姆定律，得

$$\left.\begin{aligned} i_1 &= \frac{u}{R_1} = \frac{R_{eq}}{R_1} i \\ i_2 &= \frac{u}{R_2} = \frac{R_{eq}}{R_2} i \end{aligned}\right\} \qquad (1.6-12)$$

将(1.6－12)式中 i_1 与 i_2 相比，可得

$$\frac{i_1}{i_2} = \frac{R_2}{R_1} \qquad (1.6-13)$$

若将(1.6－11)式代入(1.6－12)式，于是得常用的两个电阻并联时求分电流的计算公式

$$\left.\begin{aligned} i_1 &= \frac{R_2}{R_1 + R_2} i \\ i_2 &= \frac{R_1}{R_1 + R_2} i \end{aligned}\right\} \qquad (1.6-14)$$

(1.6－13)式、(1.6－14)式表明：电阻并联分流与电阻值成反比，即电阻值大者分得的电流小。如果已知电阻并联电路中某一电阻上的分电流，可应用 OL 及 KCL 方便地求出总电流。

电阻并联电路功率关系为：电阻并联电路消耗的总功率等于相并联各电阻消耗功率之和，且电阻值大者消耗的功率小。参看图 1.6－4(a)所示电路，将(1.6－8)式两端同乘 u 并

考虑(1.2-4)式、(1.3-7)式，即得

$$\left.\begin{aligned} p &= p_1 + p_2 \\ \frac{p_1}{p_2} &= \frac{R_2}{R_1} \end{aligned}\right\} \tag{1.6-15}$$

3. 电阻的混联等效

既有电阻串联又有电阻并联的电路称电阻混联电路。电阻相串联的部分具有电阻串联电路的特点，电阻相并联的部分具有电阻并联电路的特点，无须赘述。分析混联电路的关键问题是如何判别串并联关系，这是初学者感到较难掌握的地方。判别混联电路的串并联关系一般应掌握下述3点：

(1) 看电路的结构特点。若两电阻是首尾相连且无分岔，则为串联；若两电阻是首首尾尾相连，则为并联。

(2) 看电压电流关系。若流经两电阻的电流是同一个电流，则为串联；若两电阻上承受的是同一个电压，则为并联。

常遇到的电路联接结构是纵横交错的复杂形式，仅用上述两点对有些电阻之间的联接关系仍判别不出来，这时用下面所述的第三点还是很有效的。

(3) 对电路作变形等效。即对电路作扭动变形，如左边的支路可以扭到右边，上面的支路可以翻到下面，弯曲的支路可以拉直等；对电路中的短路线可以任意压缩与伸长；对多点接地点可以用短路线相连。一般，如果是真正电阻串并联电路的问题，都可以判别出来。

有时也会遇到电导的串联与并联。关于电导串联、并联的特点及有关公式，完全可以采用与电阻串联、并联电路类似的思路导出，亦可根据电导是电阻之倒数关系由电阻串联、并联相应公式直接导出。

4. 电导的串联

对于如图1.6-5(a)所示的两电导相串联的电路，可得等效电导

$$G_{eq} = \frac{G_1 G_2}{G_1 + G_2} \tag{1.6-16}$$

分压公式

$$\left.\begin{aligned} u_1 &= \frac{G_2}{G_1 + G_2} u \\ u_2 &= \frac{G_1}{G_1 + G_2} u \end{aligned}\right\} \tag{1.6-17}$$

功率关系

$$\left.\begin{aligned} p &= p_1 + p_2 \\ \frac{p_1}{p_2} &= \frac{G_2}{G_1} \end{aligned}\right\} \tag{1.6-18}$$

5. 电导的并联

对于图1.6-5(b)所示的两电导相并联的电路，可得等效电导

$$G_{eq} = G_1 + G_2 \tag{1.6-19}$$

分流公式

$$\left.\begin{aligned} i_1 &= \frac{G_1}{G_1+G_2}i \\ i_2 &= \frac{G_2}{G_1+G_2}i \end{aligned}\right\} \tag{1.6-20}$$

功率关系

$$\left.\begin{aligned} p &= p_1 + p_2 \\ \frac{p_1}{p_2} &= \frac{G_1}{G_2} \end{aligned}\right\} \tag{1.6-21}$$

图 1.6-5 电导的串联与并联

6. 电压表和电流表的量程扩展

实际中用于测量电压、电流的多量程(指针式)电表是由微安计(基本电流表头)与一些电阻联接组成的。微安计所能测量的最大电流为该微安计的量程(电表指针偏转到最大)，例如一个微安计，如它测量的最大电流为 50 μA，就说该微安计的量程为 50 μA。在测量时，通过电流表的电流不能超过电流表的量程，否则将损坏电表。那么如何用它来测量更大的电流或电压呢？现通过以下例题说明多量程电流、电压表的原理，也是电阻串、并联电路的实际应用。

例 1.6-1 对如图 1.6-6 所示微安计与电阻串联组成的多量程电压表，已知微安计内阻 $R_1=1\ \text{k}\Omega$，各挡分压电阻分别为 $R_2=9\ \text{k}\Omega$，$R_3=90\ \text{k}\Omega$，$R_4=900\ \text{k}\Omega$；这个电压表的最大量程(用“0”“4”端钮测量，“1”“2”“3”端钮均断开)为 500 V。试计算表头所允许通过的最大电流及其他量程的电压值。

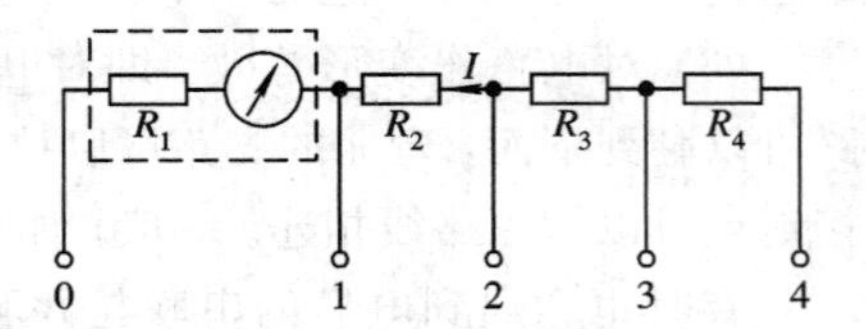

图 1.6-6 多量程电压表

解 当用“0”“4”端钮测量时，电压表的总电阻

$$R = R_1 + R_2 + R_3 + R_4 = 1 + 9 + 90 + 900 = 1000\ \text{k}\Omega$$

若这时所测的电压恰为 500 V(这时表头也达到满量程)，则通过表头的最大电流

$$I = \frac{U_{40}}{1000} = \frac{500}{1000} = 0.5\ \text{mA}$$

当开关在“1”挡时(“2”“3”“4”端钮断开)

$$U_{10} = R_1 I = 1 \times 0.5 = 0.5\ \text{V}$$

当开关在“2”挡时(“1”“3”“4”端钮断开)

$$U_{20} = (R_1 + R_2)I = (1+9) \times 0.5 = 5\ \text{V}$$

当开关在“3”挡时(“1”“2”“4”端钮断开)

$$U_{30} = (R_1 + R_2 + R_3)I = (1+9+90) \times 0.5 = 50\ \text{V}$$

由此可见，直接利用该表头测量电压，它只能测量 0.5 V 以下的电压，而串联了分压电阻 R_2、R_3、R_4 以后，作为电压表，它就有 0.5 V、5 V、50 V、500 V 四个量程，实现了电压表的量程扩展。

例 1.6-2 多量程电流表如图 1.6-7 所示，已知表头内阻 $R_A=2300\ \Omega$，量程为 50 μA，各分流电阻分别为 $R_1=1\ \Omega$，$R_2=9\ \Omega$，$R_3=90\ \Omega$。求扩展后各量程。

解 基本表头偏转满刻度为 50 μA。当用“0”“1”端钮测量时，“2”“3”端钮开路，这时 R_A、R_2、R_3 是相串联的，而 R_1 与它们相并联，根据分流公式(1.6-14)可得

$$I_A = \frac{R_1}{R_1 + R_2 + R_3 + R_A} I_1$$

所以

$$I_1 = \frac{R_1 + R_2 + R_3 + R_A}{R_1} I_A$$

$$= \frac{1 + 9 + 90 + 2300}{1} \times 0.05$$

$$= 120 \text{ mA}$$

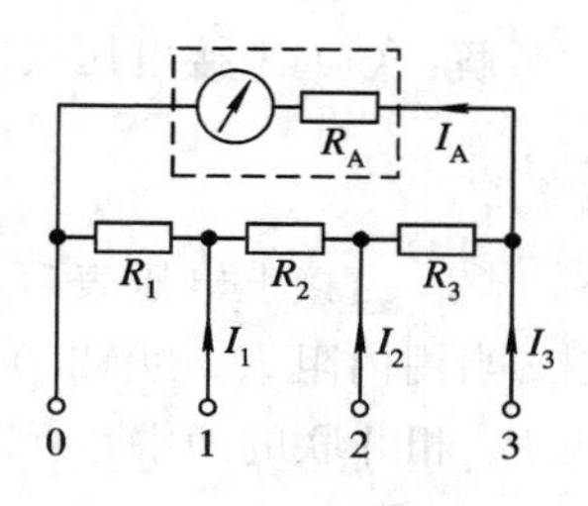

图 1.6-7　多量程电流表

同理，用“0”“2”端钮测量时，“1”“3”端钮开路，这时流经表头的电流仍为 50 μA，由分流公式(1.6-14)得

$$I_A = \frac{R_1 + R_2}{R_1 + R_2 + R_3 + R_A} I_2 = 0.05 \text{ mA}$$

所以

$$I_2 = \frac{R_1 + R_2 + R_3 + R_A}{R_1 + R_2} I_A = \frac{2400}{10} \times 0.05 = 12 \text{ mA}$$

当用“0”“3”端钮测量时，“1”“2”端钮开路，这时流经表头的电流 I_A（满刻度）仍是 0.05 mA，由分流公式(1.6-14)得

$$I_A = \frac{R_1 + R_2 + R_3}{R_1 + R_2 + R_3 + R_A} I_3$$

则有

$$I_3 = \frac{R_1 + R_2 + R_3 + R_A}{R_1 + R_2 + R_3} I_A = \frac{2400}{1 + 9 + 90} \times 0.05 = 1.2 \text{ mA}$$

由此例可以看出，直接利用该表头测量电流，它只能测量 0.05 mA 以下的电流，而并联了分流电阻 R_1、R_2、R_3 以后，作为电流表，它就有 120 mA、12 mA、1.2 mA 三个量程，实现了电流表的量程扩展。

例 1.6-3　图 1.6-8(a)所示的是一个常用的简单分压器电路。电阻分压器的固定端 a、b 接到直流电压源上。固定端 b 与活动端 c 接到负载上。利用分压器上滑动触头 c 的滑动可在负载电阻上输出 0 ～ U 的可变电压。已知直流理想电压源电压 U=18 V，滑动触头 c 的位置使 R_1=600 Ω，R_2=400 Ω(见图 1.6-8(a))。

(1) 求输出电压 U_2；

(2) 若用内阻为 1200 Ω 的电压表去测量此电压，求电压表的读数；

(3) 若用内阻为 3600 Ω 的电压表再测量此电压，求这时电压表的读数。

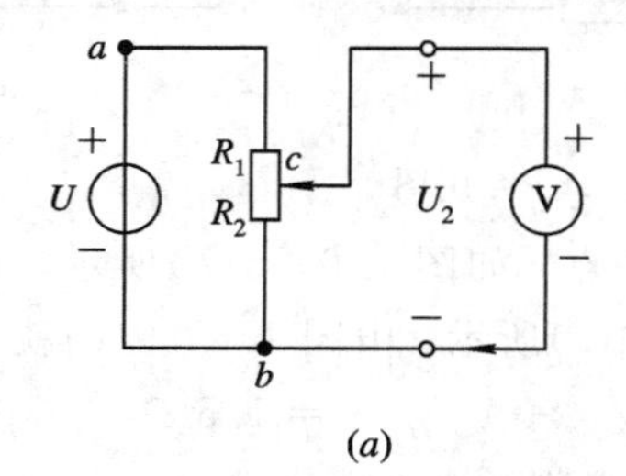

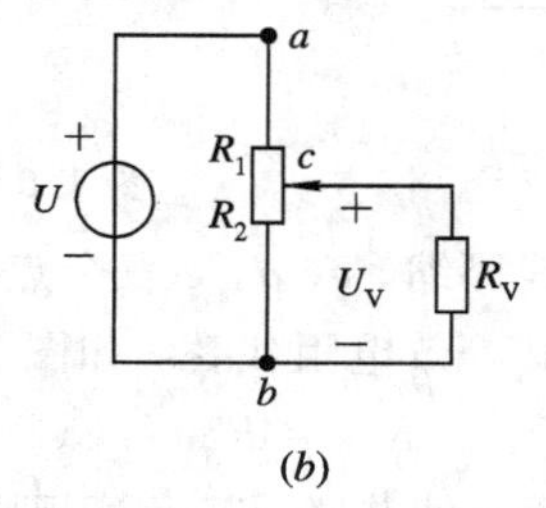

图 1.6-8　电阻分压器电路

解 (1) 未接电压表时，应用分压公式，得

$$U_2 = \frac{R_2}{R_1 + R_2}U = \frac{400}{600 + 400} \times 18 = 7.2\ \text{V}$$

(2) 当接上电压表后，把图 1.6-8(*a*)改画成图 1.6-8(*b*)，其中 R_V 表示电压表的内阻。当用内阻 R_{V1} 为 1200 Ω 的电压表测量时，$R_V = 1200\ \Omega$。参见图 1.6-8(*b*)，*cb* 端为 R_2 与 R_{V1} 相并联的两端，所以等效电阻

$$R_{eq1} = \frac{R_2 R_{V1}}{R_2 + R_{V1}} = \frac{400 \times 1200}{400 + 1200} = 300\ \Omega$$

由分压公式，得

$$U_{V1} = \frac{R_{eq1}}{R_1 + R_{eq1}}U = \frac{300}{600 + 300} \times 18 = 6\ \text{V}$$

这时电压表的读数就是 6 V。

(3) 当用内阻 R_{V2} 为 3600 Ω 的电压表测量时，图 1.6-8(*b*)中 $R_V = 3600\ \Omega$。这时 *cb* 端等效电阻

$$R_{eq2} = \frac{R_2 R_{V2}}{R_2 + R_{V2}} = \frac{400 \times 3600}{400 + 3600} = 360\ \Omega$$

应用分压公式，得

$$U_{V2} = \frac{R_{eq2}}{R_1 + R_{eq2}}U = \frac{360}{600 + 360} \times 18 = 6.75\ \text{V}$$

实际电压表都有一定的内阻，将电压表并到电路上测量电压时，对测试电路都有一定的影响。由此例具体的计算可以看出：电压表内阻越大，对测试电路的影响越小。理论上讲，若电压表内阻无限大，对测试电路无影响，但这属于理想的电压表，实际中并不存在。由此例还可联想到，测量电流时将电流表串联接入电路，实际电流表的内阻越小，对测试电路的影响越小。理想的电流表内阻为零。即使是使用现代的数字电压表、电流表进行测量，上述关于内阻对测试电路影响的论述也是正确的。

例 1.6-4 求图 1.6-9(*a*)所示电路 *ab* 端的等效电阻。

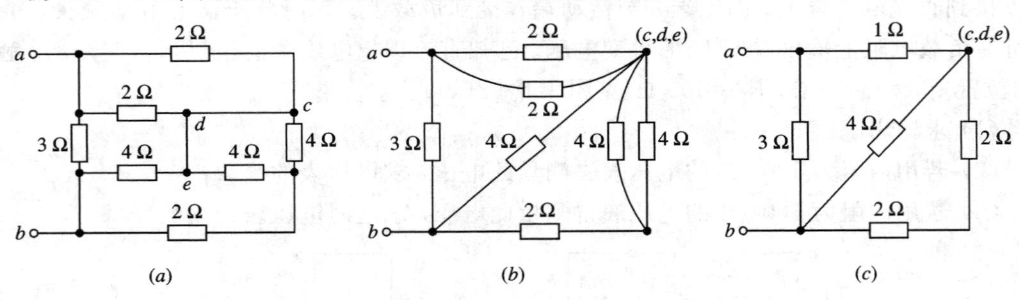

图 1.6-9 例 1.6-4 用图

解 将短路线压缩，*c*、*d*、*e* 三个点合为一点，如图 1.6-9(*b*)所示，再将能看出串并联关系的电阻用其等效电阻代替，如图 1.6-9(*c*)所示，由图 1.6-9(*c*)就可方便地求得

$$R_{eq} = R_{ab} = [(2 + 2) /\!/ 4 + 1] /\!/ 3 = 1.5\ \Omega$$

这里，“//”表示两元件并联，其运算规则遵守该类元件并联公式。

1.6.3 理想电源的串联与并联等效

由理想电压源、电流源的伏安特性，联系电路等效条件，不难得到下列几种情况的等效。

1. 理想电压源串联等效

这时其等效源的端电压等于相串联理想电压源端电压的代数和，即

$$u_s = u_{s1} \pm u_{s2} \quad (\text{代数和}) \tag{1.6-22}$$

如图 1.6-10(*a*)、(*b*)所示。

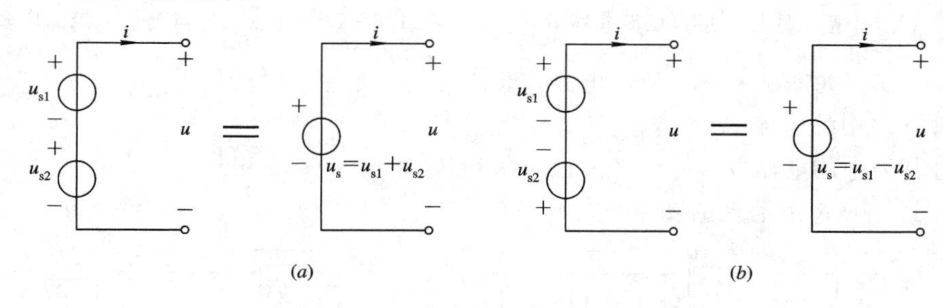

图 1.6-10 理想电压源串联等效

2. 理想电流源并联等效

这时其等效电流源的输出电流等于相并联理想电流源输出电流的代数和，即

$$i_s = i_{s1} \pm i_{s2} \quad (\text{代数和}) \tag{1.6-23}$$

如图 1.6-11(*a*)、(*b*)所示。

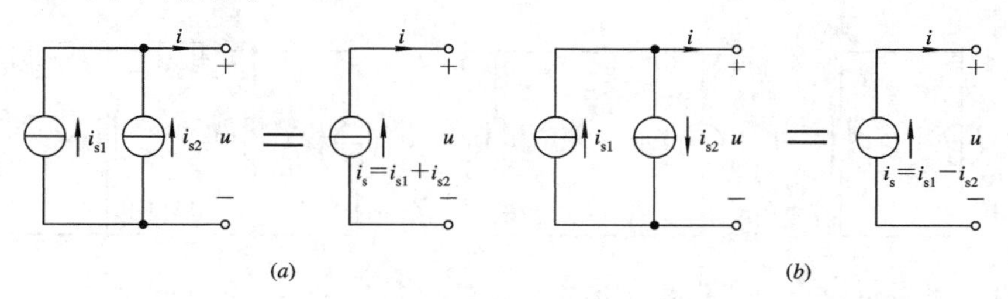

图 1.6-11 理想电流源并联等效

3. 任意电路元件(当然也包含理想电流源元件)与理想电压源 u_s 并联等效

这时均可将其等效为理想电压源 u_s，如图 1.6-12(*a*)、(*b*)所示。应注意：等效是对虚线框起来的二端电路外部等效。图 1.6-12(*b*)中 u_s 电压源流出的电流 i 不等于图 1.6-12(*a*)中 u_s 电压源流出的电流 i'。

4. 任意电路元件(当然也包含理想电压源)与理想电流源 i_s 串联等效

这时均可将其等效为理想电流源 i_s，如图 1.6-13(*a*)、(*b*)所示。应注意：等效是对虚线框起来的二端电路外部等效。图 1.6-13(*b*)中 i_s 电流源两端的电压 u 不等于图 1.6-13(*a*)中 i_s 电流源两端的电压 u'。

除上述 4 种情况的等效以外，还应明确：只有电压值相等、方向一致的理想电压源才允许并联；只有电流值相等、方向一致的理想电流源才允许串联。这一告诫是从不致使理想电压源、电流源的定义自相矛盾的角度提出的。

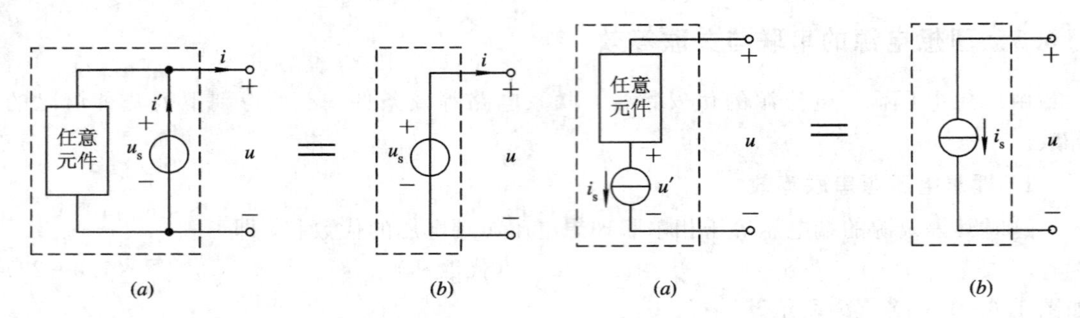

图 1.6-12　任意元件与理想电压源并联等效　　　图 1.6-13　任意元件与理想电流源串联等效

例 1.6-5　如图 1.6-14 所示电路，求：

(1) 图(*a*)中的电流 i；

(2) 图(*b*)中的电压 u；

(3) 图(*c*)中 R 上消耗的功率 p_R。

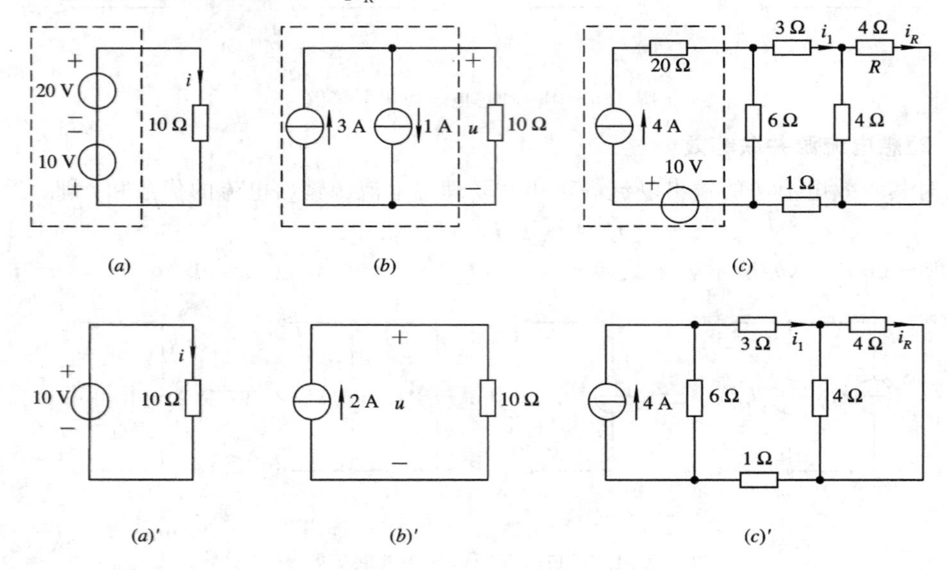

图 1.6-14　例 1.6-5 用图

解　(1) 将图 1.6-14(*a*)中虚线框部分等效为一个理想电压源，如图 1.6-14(*a*)′所示。由图 1.6-14(*a*)′得

$$i=\frac{10}{10}=1\ \text{A}$$

(2) 将图 1.6-14(*b*)中虚线框部分等效为一个理想电流源，如图 1.6-14(*b*)′所示。由图 1.6-14(*b*)′得

$$u=2\times 10=20\ \text{V}$$

(3) 将图 1.6-14(*c*)中虚线框部分等效为 4 A 理想电流源，如图 1.6-14(*c*)′所示。在图 1.6-14(*c*)′中，应用并联分流公式(注意分流两次)，得

$$i_1=\frac{6}{6+[3+4\,/\!/\,4+1]}\times 4=2\ \text{A}$$

$$i_R = \frac{4}{4+4} \times i_1 = \frac{1}{2} \times 2 = 1 \text{ A}$$

所以电阻 R 上消耗的功率

$$p_R = Ri_R^2 = 4 \times 1^2 = 4 \text{ W}$$

❖ 思考题 ❖

1.6-1　何谓电路等效？两电路等效必须满足什么条件？等效的对象、等效的目的又是什么？

1.6-2　在计算电阻混联的电路时，你是如何判别各电阻之间的联接关系的？有没有总结出自己的几条小“经验”？在应用分压公式、分流公式时需不需要考虑电压、电流的参考方向？若遇电压、电流参考方向非关联，分压公式、分流公式应如何变化？

1.6-3　你是如何应用理想电压源、电流源的伏安特性，联系电路等效条件理解理想电源的串联与并联等效的？

1.7　实际电源的模型及其互换等效

1.4 节中我们介绍了两种理想电源模型及其外特性。一个实际电源的外特性究竟是什么样呢？它的模型能不能用理想电源模型来表示呢？本节将深入讨论这个问题。

1.7.1　实际电源的模型

一个实际电源的模型所呈现的外特性应与实际电源工作时所表现出的外特性相吻合。基于这种想法，对一个实际电源做实验测试。图 1.7-1(a)是对实际电源测试外特性的电路。当每改变一次负载电阻 R 的数值时，从电流、电压表读取一对数据，这样可得数据表，如表 1.7-1 所示。

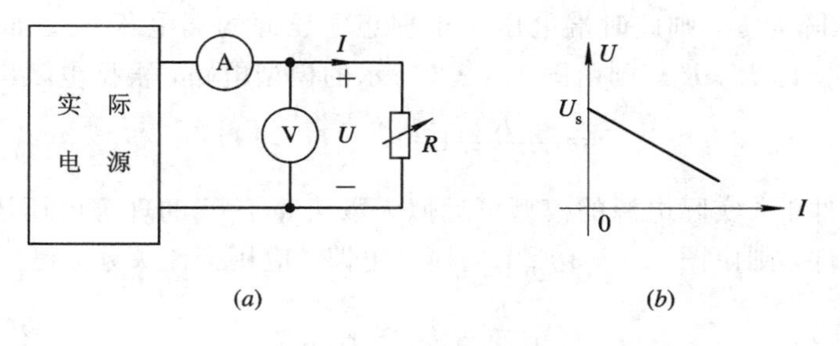

图 1.7-1　实际电源外特性测试

表 1.7-1　数据表

R	∞(开路)	R_1	R_2	R_3	R_4	…	0
I	0	I_1	I_2	I_3	I_4	…	I_s
U	U_s	U_1	U_2	U_3	U_4	…	0

由表 1.7-1 所列数据画得实际电源的测试外特性即 $U-I$ 关系曲线如图 1.7-1(b)所示。由此特性可以看出，实际电源的端电压在一定范围内随着输出电流的增大而逐渐下降

(斜率为负的直线)。可以写出实验测试出的外特性的解析表示式(直线方程)为

$$U = U_s - R_s I \tag{1.7-1}$$

式中 U_s 为实际电源两端子开路($R=\infty$)时的开路电压，把它看作数值为 U_s 的一个理想电压源；R_s 为实际电源的内阻。根据(1.7-1)式画出相应的电路模型，如图1.7-2所示。这就得到了一个实际电源的一种模型形式，它用数值等于 U_s 的理想电压源串联内阻 R_s 来表示。称这种模型形式为实际电源的电压源模型。

如果对(1.7-1)式两端同除以 R_s，并经移项整理，得

$$I = \frac{U_s}{R_s} - \frac{U}{R_s}$$

令 $I_s = U_s/R_s$ 并代入上式，得

$$I = I_s - \frac{U}{R_s} \tag{1.7-2}$$

由(1.7-2)式画出相应的电路模型，如图1.7-3所示，它用数值等于 I_s 的理想电流源并联内阻 R_s 表示。这种模型形式称为实际电源的电流源模型。

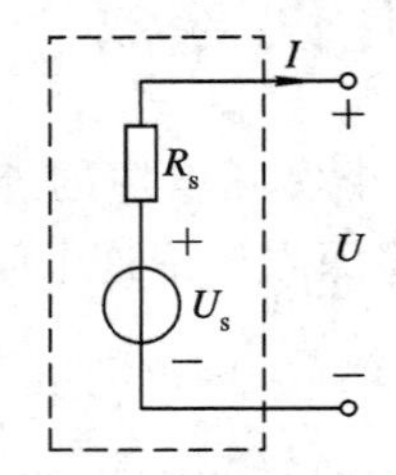

图 1.7-2　实际电源的电压源模型

图 1.7-3　实际电源的电流源模型

从实际电源的电压源模型形式(参见图1.7-2)可以看出，实际电源供出电流 I 越大，内阻上压降就越大，实际电源两端的电压也就越低；若实际电源供出电流为零(外部开路)，内电阻上压降为零，则此时端电压等于理想电压源的端电压 U_s。如果满足负载电阻远远大于内阻 R_s，即 $R \gg R_s$，则由图1.7-2所示的模型电路，根据电阻串联分压关系，得

$$U = \frac{R}{R+R_s}U_s \approx \frac{R}{R}U_s = U_s$$

在这样的使用条件下，实际电源的模型可近似为数值等于 U_s 的理想电压源模型。反之，如果满足 $R \ll R_s$ 条件，则由图1.7-3所示的模型电路，应用分流关系，得

$$I = \frac{R_s}{R+R_s}I_s \approx \frac{R_s}{R_s}I_s = I_s$$

在这样的应用条件下，实际电源的模型可近似为数值等于 I_s 的理想电流源模型表示。

1.7.2　实际电压源、电流源模型互换等效

一个实际电源的外特性是客观存在的，可由实验测绘出来。用以表示实际电源的两种模型都反映实际电源的外特性，就是说它们反映同一个实际电源的外特性，只是表示形式不同而已。因而实际电源的这两种模型之间必然存在着内在联系。(1.7-1)式是图1.7-2所示电压源模型电路的VAR，(1.7-2)式是图1.7-3所示电流源模型电路的VAR，它们都与图1.7-1(b)所示的VAR等同。根据“两部分电路具有相同的VAR则相互等效”的条

件可知：实际电源的这两种模型电路是相互等效的。图 1.7－4(a)、(b)表述了它们之间的相互等效变换关系。图中，$U_s=R_sI_s$，$I_s=U_s/R_s$。

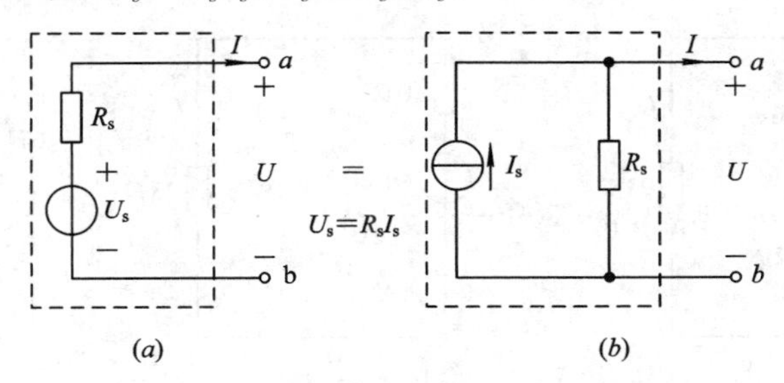

图 1.7－4　电压源、电流源模型互换等效

应用电源互换等效分析电路问题时还应注意以下 3 点：

(1) 电源互换是电路等效变换的一种方法。这种等效是对电源输出电流 I、端电压 U 的等效，或者说是对虚线框的外部等效。如果 ab 端接相同的负载(外电路)，用图 1.7－4(a)所示电路求电流 I、电压 U 或负载(外电路)中的电压、电流、功率，与用图 1.7－4(b)所示电路求电流 I、电压 U 或负载中的电压、电流、功率，结果应是一样的。

(2) 有内阻 R_s 的实际电源，它的电压源模型与电流源模型之间可以互换等效；理想的电压源与理想的电流源之间不便互换，原因是这两种理想电源定义本身是相互矛盾的，二者不会具有相同的 VAR。

(3) 电源互换等效的方法可以推广运用，如果理想电压源与外接电阻串联，可把外接电阻看作内阻，即可互换为电流源形式。如果理想电流源与外接电阻并联，可把外接电阻看作内阻，即可互换为电压源形式。电源互换等效在推广应用中要特别注意等效端子。

例 1.7－1　如图 1.7－5(a)所示电路，求 b 点电位 V_b。

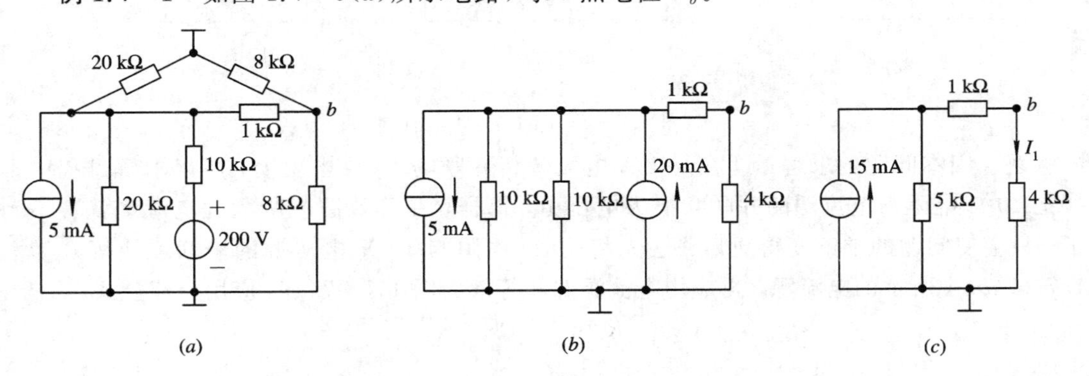

图 1.7－5　例 1.7－1 用图

解　一个电路若有几处接地，可以将这几点用短路线连在一起，连接以后的电路与原电路是等效的。应用电阻并联等效、电压源互换为电流源等效，将图 1.7－5(a)等效为图 1.7－5(b)。再应用电阻并联等效与电流源并联等效，将图 1.7－5(b)等效为图 1.7－5(c)。由图 1.7－5(c)应用分流公式求得

$$I_1=\frac{5}{5+4+1}\times 15=7.5\ \text{mA}$$

所以，再应用欧姆定律求得 b 点电位

$$V_b = 4I_1 = 4 \times 7.5 = 30\ \text{V}$$

例 1.7-2 如图 1.7-6(*a*)所示电路，求电流 I。

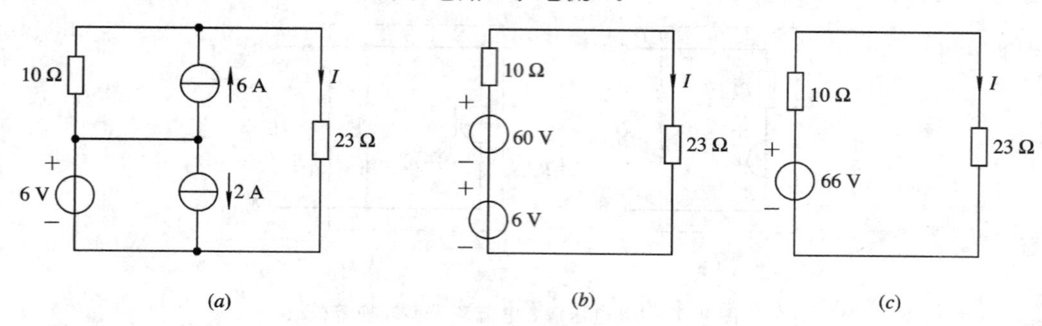

图 1.7-6 例 1.7-2 用图

解 应用任意元件(也可是任意二端电路)与理想电压源并联可等效为该电压源及电源互换等效，将图 1.7-6(*a*)等效为图 1.7-6(*b*)，再应用理想电压源串联等效，将图 1.7-6(*b*)等效为图 1.7-6(*c*)。由图 1.7-6(*c*)算得

$$I = \frac{66}{10 + 23} = 2\ \text{A}$$

例 1.7-3 图 1.7-7(*a*)所示电路，求电流 I。

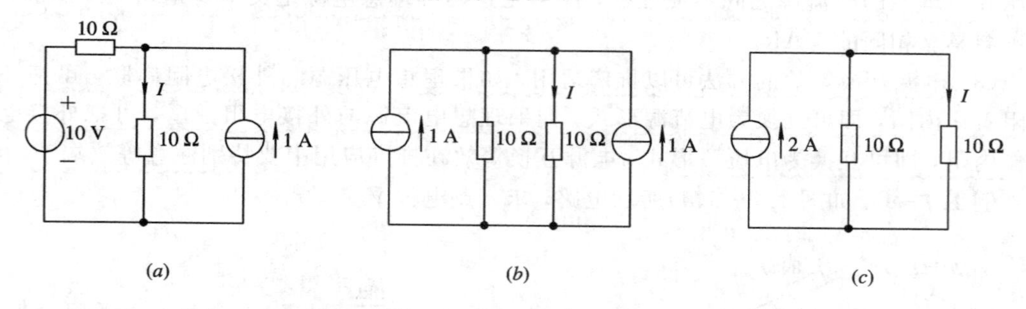

图 1.7-7 例 1.7-3 用图

解 因本问题的求解量 I 在与 1 A 电流源相并联的 10 Ω 电阻上，所以求解过程中不要把 10 Ω 电阻与电流源的并联互换为电压源，那样，在等效图中所示的电流 I 就看不到了，只会使问题的求解变得更麻烦。先将 10 Ω 电阻与 10 V 电压源的串联互换等效为图 1.7-7(*b*)中所示的电流源，再应用电流源并联等效为图 1.7-7(*c*)。应用分流公式，得

$$I = \frac{10}{10 + 10} \times 2 = 1\ \text{A}$$

⁂ 思考题 ⁂

1.7-1 有人说：理想电压源可看作内阻为零的电源，理想电流源可看作内阻为无限大的电源。你同意这种观点吗？并简述理由。

1.7-2 一实际电源的两端子间 VAR，常说为电源的外特性。有人说：实际电源外特性与外电路无关系，与端子上电压、电流参考方向如何假设也无关系。这种说法正确否？为什么？

1.7-3 某实际电源，当外电路开路时两端电压为 10 V，当外电路接 R=5 Ω 电阻时

两端电压为 5 V。试画出该实际电源的电压源模型与电流源模型。

1.8 受控源与含受控源电路的分析

1.8.1 受控源的定义及模型

为了描述一些电子器件实际性能的需要，在电路模型中常包含有另一类电源——受控源。所谓受控源，即电压或电流的大小和方向受电路中其他地方的电压或电流控制的电源。这种电源有两个控制端钮（又称输入端），两个受控端钮（又称输出端）。就其输出端所呈现的性能看，受控源可分为受控电压源与受控电流源两类，而受控电压源又分为电压控制电压源与电流控制电压源两种，受控电流源又分为电压控制电流源与电流控制电流源两种。大家所熟悉的晶体管集电极电流受基极电流所控制的现象，在画晶体管的电路模型时就要用到电流控制的电流源。基极电流就是控制量，基极电流所在的端子就是受控源的控制端；集电极电流就是受控量，集电极电流所在的端子就是受控源的受控端。

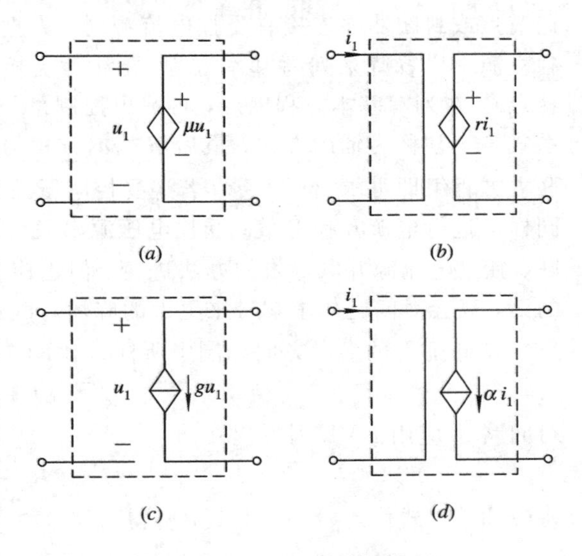

图 1.8-1 理想受控源模型

图 1.8-1(*a*)、(*b*)、(*c*)、(*d*)分别表示上述 4 种理想受控源的模型。图 1.8-1(*a*)是理想电压控制电压源(Voltage Controlled Voltage Source，VCVS)模型。这种理想受控源，仅有输入支路电压即能控制输出支路中电压源的电压，不需要输入支路中有电流，所以输入支路应看作开路，而输出端的电压只取决于输入端的电压。也就是说，如果输入支路电压为 u_1，在输出端的电压就等于 μu_1，这里 μ 是无量纲的控制系数。u_1 控制着 μu_1 的大小、方向：若 $u_1=0$，则 $\mu u_1=0$；若 u_1 增大，则 μu_1 亦增大；若 u_1 改变极性，则 μu_1 亦改变极性。所以就输出端电压源 μu_1 来说，又可称它为非独立电源。为了标明受控特点，并与理想电压源(电流源)予以区分，受控源模型符号改用菱形表示。图 1.8-1(*b*)是理想电流控制电压源(Current Controlled Voltage Source，CCVS)模型。这种理想受控源，仅有输入支路电流即能控制输出支路中电压源的电压，不需要输入支路中有电压，所以输入支路应看作短路。模型图中输出电压为 ri_1，这里 r 为控制系数，其单位为 Ω。图 1.8-1(*c*)是理想电压控制电流源(Voltage Controlled Current Source，VCCS)模型，模型图中输出电流为 gu_1，这里 g 为控制系数，其单位为 S(西门子)。受控电流源的模型符号为其带箭头的菱形表示。图 1.8-1(*d*)是理想电流控制电流源(Current Controlled Current Source，CCCS)模型，模型图中输出电流为 αi_1，这里 α 为控制系数，无量纲。

图 1.8-1 所示的 4 种理想受控源中的输入端、输出端还要与外电路有关元件相连接。这里还应明确，独立源与受控源在电路中的作用有着本质的区别。独立源作为电路的输

入，代表着外界对电路的激励作用，是电路中产生响应的“源泉”。受控源是用来表征在电子器件中所发生的物理现象的一种模型，它反映了电路中某处的电压或电流控制另一处的电压或电流的关系。在电路中，受控源不是激励。顺便指出，受控源的控制参数(μ, r, g, α)若为常数，则称此类受控源为线性受控源。本书中所涉及的受控源均为线性受控源。

1.8.2 含受控源电路的分析

要求对给出的含有受控源的电路模型会分析计算就行，至于由一个实际器件(如晶体管、场效应管等)如何得到包含有受控源的电路模型，是后续课程中所讨论的问题，在此不必深究。虽说受控源属于多端元件，但就输出端来说，它相当于一个二端子电源，只不过要时时注意这类电源的大小、方向受另外地方的电压或电流控制的特点。

例 1.8-1 如图 1.8-2 所示电路，求 ab 端开路电压 U_{oc}。

解 会处理受控源，对于求解含有受控源的电路问题是很重要的。从概念上应清楚：受控源亦是电源，所以在应用 KCL、KVL 列写电路方程时遇回路内含有受控电压源，遇节点或封闭曲面连接有受控电流源时，先把受控源当做独立源一样看待来列写基本方程(要注意受控源受控制的特点)；在列写基本方程以后，再写出控制量与待求量之关系式——常称为辅助方程；最后解基本方程与辅助方程的联立方程组即可求出所求量。若遇受控电压源与电阻串联，或受控电流源与电阻并联，则同样可进行电源互换等效；受控电压源串联、受控电流源并联等效均可仿效独立电压源串联、独立电流源并联等效的办法进行。但也应注意，控制量所在的支路不要变。若要是变的话，只会对问题的求解带来更大的麻烦与困难。下面进行本例的具体求解。

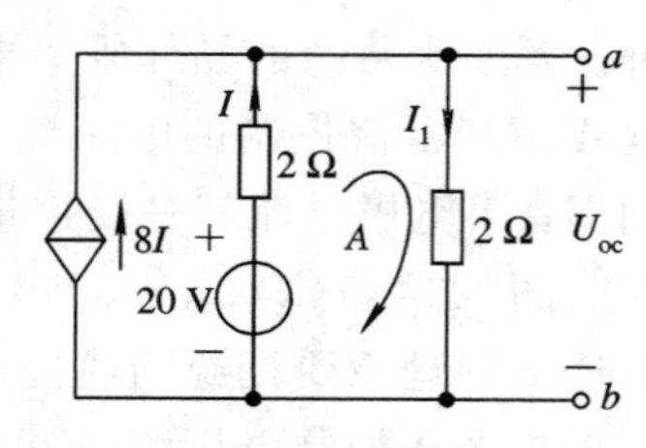

图 1.8-2　例 1.8-1 用图

设电流 I_1 的参考方向如图中所标，由 KCL，得

$$I_1 = 8I + I = 9I \tag{1.8-1}$$

对回路 A 应用 KVL 列方程

$$2I + 2I_1 - 20 = 0 \tag{1.8-2}$$

将(1.8-1)式代入(1.8-2)式，解得

$$I_1 = 9\ \text{A}$$

由欧姆定律得开路电压

$$U_{oc} = 2I_1 = 2\times 9 = 18\ \text{V}$$

例 1.8-2 对如图 1.8-3(a)所示电路，求电压 U。

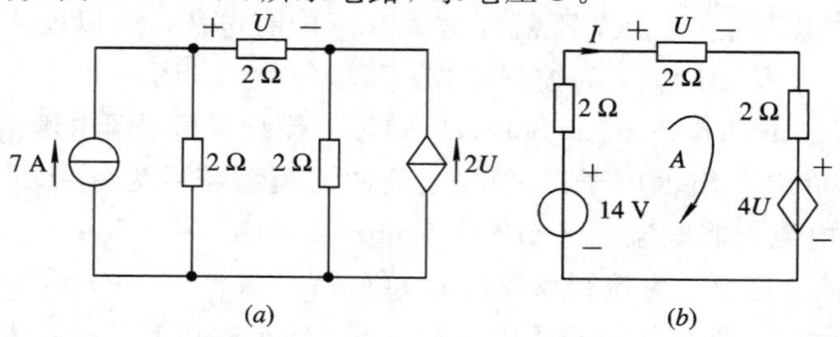

图 1.8-3　例 1.8-2 用图

解 将电流源互换等效为电压源，如图 1.8－3(b)所示。设电流 I 的参考方向及回路 A 的绕行方向如图 1.8－3(b)中所示。

由 OL 得

$$U = 2I$$

由 KVL 得

$$2I + U + 2I + 4U - 14 = 0$$

将 $2I=U$ 代入上式，有

$$U + U + U + 4U = 14$$

解得

$$U = 2\ \text{V}$$

例 1.8－3 对如图 1.8－4(a)所示电路，求 ab 端的输出电阻 R_o。

解 结合这个例子介绍二端电路输入电阻、输出电阻的概念。在电路中一般把加激励源(信号)的端子称为输入端。由输入端子看，不含独立源的电阻电路(其内也可以含受控源)的等效电阻，称二端电路的输入电阻，记为 R_i。电路中接负载的端子称为输出端，由输出两个端子看，不含独立源的电阻电路(也可以含受控源)的等效电阻，称二端电路的输出电阻，记为 R_o。求二端电路的输入电阻、输出电阻的方法是完全一样的。对于仅含有受控源、电阻的二端电路在求等效电阻(即输入电阻或输出电阻)时，不能简单地用电阻串、并联等效的方法，而应该用端子间加电源的办法来求：加电压源 u，求电流 i；加电流源 i，求电压 u(注意：所设 u、i 的参考方向对二端电路来说是关联的)，则其等效电阻为

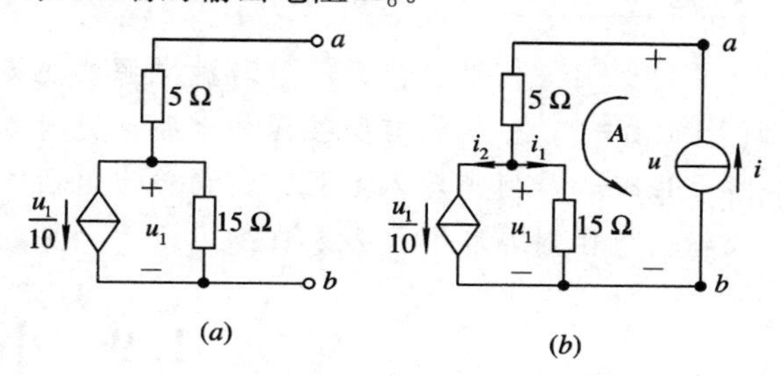

图 1.8－4 例 1.8－3 用图

$$R_{eq} = \frac{u}{i} \tag{1.8-3}$$

对于既不含独立源又不含受控源的电阻二端电路在求等效电阻时，当然亦可用端子间加电源的办法，但常用更简便的串并联等效方法来求。这里还应提醒读者：由于受控源的作用(原因)，含有受控源的电阻二端电路的输入电阻(或输出电阻)可以是正值，可以是负值，当然亦可以为零，今后若遇到求出的这类二端电路的输入(或输出)电阻的值为负值，不必大惊小怪。下面具体求本问题的输出电阻。

在 ab 端外加电流源 i，设电压 u 使 u、i 对二端电路来说参考方向关联，并设电流 i_1、i_2 参考方向如图 1.8－4(b)上所标。因

$$u_1 = 15i_1,\ i_2 = \frac{u_1}{10} = \frac{15}{10}i_1 = 1.5i_1$$

又

$$i_1 + i_2 = i$$

所以

$$i_1 = \frac{1}{2.5}i$$

由KVL列回路A的KVL方程

$$5i+15i_1-u=0$$

即

$$5i+15\times\frac{1}{2.5}i=u$$

所以输出电阻

$$R_o=\frac{u}{i}=11\ \Omega$$

若将图1.8-4(a)中受控电流源的方向改为向上流，则求得$R_o=-25\ \Omega$。读者可自行练习验证。

思考题

1.8-1　何谓受控源？它与独立源的主要区别是什么？

1.8-2　分析含有受控源的电路问题时如何处理受控源？

1.8-3　何谓输入电阻？何谓输出电阻？在求含有受控源的电阻二端电路的输入电阻或输出电阻时，常用什么方法？

1.9　小　结

1. 电路模型与电路中的基本变量

第1章习题讨论PPT

1）电路模型

在集总假设的条件下，定义一些理想电路元件(如R、L、C等)，这些理想电路元件在电路中只起一种电磁性能作用，它有精确的数学解析式描述，也规定有模型表示符号。对实际的元器件，根据它应用的条件及所表现出的主要物理性能，对其作某种近似与理想化(要有实际工程观点)，用所定义的一种或几种理想元件模型的组合连接，构成实际元器件的电路模型。

若将实际电路中各实际部件都用它们的模型表示，这样所画出的图称为电路模型图(又称电原理图)。本课程分析、研究的电路均为电路模型。

2）电路中的基本变量

(1) 电流。电荷有规则的定向运动形成传导电流。其大小用电流强度，即$i=\mathrm{d}q/\mathrm{d}t$表示，单位为安(A)；规定正电荷运动的方向为电流的实际方向；假定正电荷运动的方向为电流的参考方向。

(2) 电压。电位之差称电压。用移动单位正电荷电场力做功来定义，即$u=\mathrm{d}w/\mathrm{d}q$，单位为伏(V)；规定电位真正降低的方向为电压的实际方向；假定电位降低的方向为电压的参考方向。在分析电路时，务必设出使用到的电流、电压的参考方向(切记!)。原则上电流电压的参考方向可任意假设；习惯上凡一眼就看出实际方向的电流、电压，就设它们的参考方向与实际方向一致，看不出的就任意设一个方向作为它们的参考方向；还习惯将元件上的电流、电压参考方向设成关联。

(3) 功率。做功的速率称功率，即 $p=\mathrm{d}w/\mathrm{d}t$，单位为瓦(W)。对二端电路，若电流、电压参考方向关联，该段电路吸收功率 $p_{吸}=ui$，供出功率 $p_{供}=-ui$(供出功率也称产生功率)；若电流、电压参考方向非关联，则计算该段电路吸收功率和供出功率公式与参考方向关联时均差一负号，即该段电路供出功率 $p_{供}=ui$，吸收功率 $p_{吸}=-ui$。

2. 电源

电源可归纳如图 1.9-1 所示。

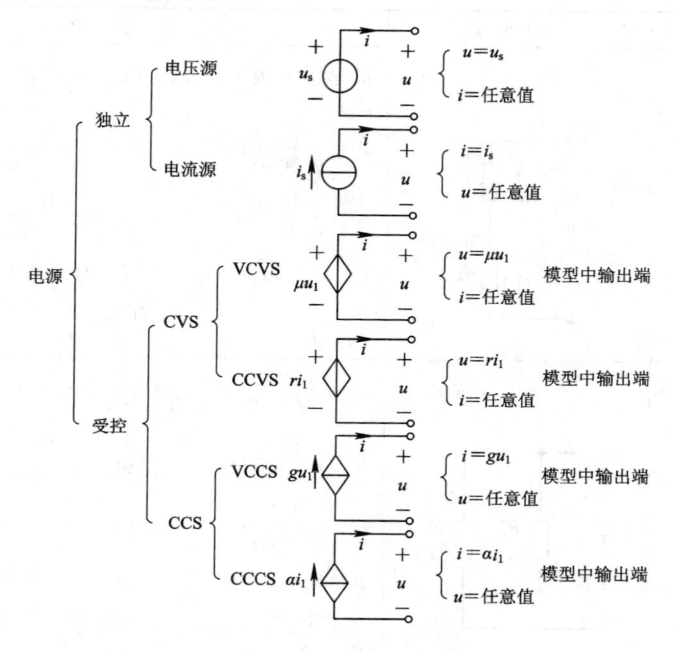

图 1.9-1　电源小结图

3. 基本定律

基本定律可归纳如表 1.9-1 所示。

表 1.9-1　基本定律

定律名称	描述对象	定律形式	应用条件
OL	电阻(电导)	$u=Ri$ ($i=Gu$)	线性电阻(电导)；u、i 参考方向关联，若非关联，公式中冠以负号
KCL	节点	$\sum i(t)=0$	任何集总参数电路(含线性、非线性、时变、时不变电路)
KVL	回路	$\sum u(t)=0$	(同 KCL)

4. 电路等效

1) 等效定义

两部分电路 B 与 C，若对任意外电路 A，二者相互代换能使外电路 A 中有相同的电压、电流、功率，则称 B 电路与 C 电路是互为等效的。

2) 等效条件

B 与 C 电路具有相同的 VAR。

3）等效对象

任意外电路 A 中的电流、电压、功率。

4）等效目的

将电路由繁化简，方便分析求解。

本章所讲等效变换法归纳如表 1.9－2 所示。

表 1.9－2　等效变换法归纳

<table>
<tr><td rowspan="8">二端电路等效</td><td rowspan="3">电阻（电导）串并联</td><td>类别</td><td>结构形式</td><td colspan="2">重要公式</td></tr>
<tr><td>串联</td><td></td><td>$R_{eq}=R_1+R_2$
$u_1=\frac{R_1}{R_1+R_2}u$
$u_2=\frac{R_2}{R_1+R_2}u$
$p=p_1+p_2$
$\frac{p_1}{p_2}=\frac{R_1}{R_2}$</td><td>$\left(G_{eq}=\frac{G_1G_2}{G_1+G_2}\right)$
$\left(u_1=\frac{G_2}{G_1+G_2}u\right)$
$\left(u_2=\frac{G_1}{G_1+G_2}u\right)$
$(p=p_1+p_2)$
$\left(\frac{p_1}{p_2}=\frac{G_2}{G_1}\right)$</td></tr>
<tr><td>并联</td><td></td><td>$R_{eq}=\frac{R_1R_2}{R_1+R_2}$
$i_1=\frac{R_2}{R_1+R_2}i$
$i_2=\frac{R_1}{R_1+R_2}i$
$p=p_1+p_2$
$\frac{p_1}{p_2}=\frac{R_2}{R_1}$</td><td>$(G_{eq}=G_1+G_2)$
$\left(i_1=\frac{G_1}{G_1+G_2}i\right)$
$\left(i_2=\frac{G_2}{G_1+G_2}i\right)$
$(p=p_1+p_2)$
$\left(\frac{p_1}{p_2}=\frac{G_1}{G_2}\right)$</td></tr>
<tr><td rowspan="5">理想电源串联与并联</td><td>类别</td><td>等效形式</td><td colspan="2">重要关系</td></tr>
<tr><td rowspan="2">理想电压源串联</td><td></td><td colspan="2">$U_s=U_{s1}+U_{s2}$</td></tr>
<tr><td></td><td colspan="2">$U_s=U_{s1}-U_{s2}$</td></tr>
<tr><td rowspan="2">理想电流源并联</td><td></td><td colspan="2">$I_s=I_{s1}+I_{s2}$</td></tr>
<tr><td></td><td colspan="2">$I_s=I_{s1}-I_{s2}$</td></tr>
</table>

续表

<table>
<tr><td rowspan="6">二端电路等效</td><td rowspan="3">理想电源串联与并联</td><td>类别</td><td>等效形式</td><td>重要关系</td></tr>
<tr><td>任意元件与理想电压源并联</td><td> 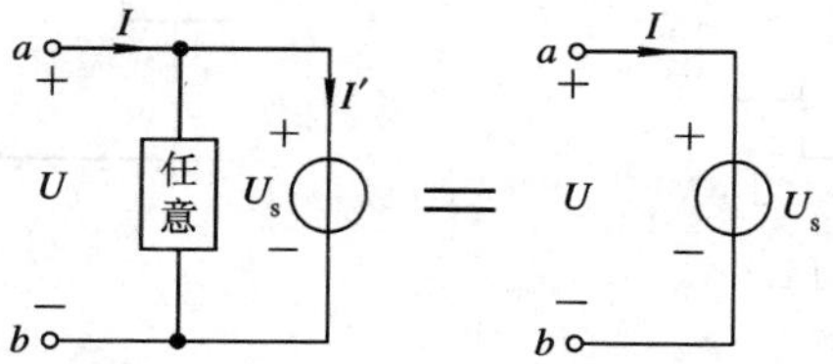</td><td>$U=U_s$
$I\neq I'$</td></tr>
<tr><td>任意元件与理想电流源串联</td><td> 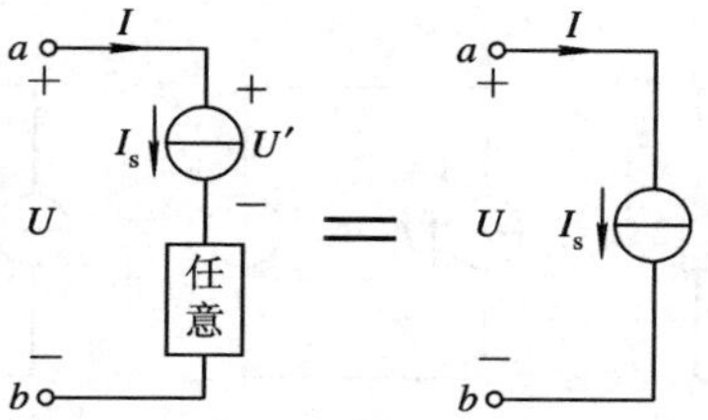</td><td>$I=I_s$
$U\neq U'$</td></tr>
<tr><td rowspan="2">电源互换等效</td><td colspan="2">等效形式</td><td>重要关系</td></tr>
<tr><td colspan="2"></td><td>$U_s=R_sI_s$
$I_s=\frac{U_s}{R_s}$</td></tr>
</table>

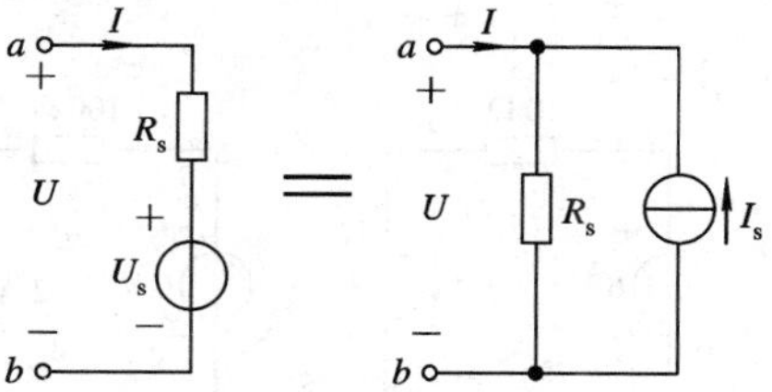

习 题 1

1.1 图示一段电路 N，电流、电压参考方向如图中所标。

(1) 当 $t=t_1$ 时，$i(t_1)=1$ A，$u(t_1)=3$ V，求 $t=t_1$ 时 N 吸收的功率 $P_N(t_1)$；

(2) 当 $t=t_2$ 时，$i(t_2)=-2$ A，$u(t_2)=4$ V，求 $t=t_2$ 时 N 产生的功率 $P_N(t_2)$。

1.2 图示直流电路中，各矩形框图泛指二端元件或二端电路，已知 $I_1=3$ A，$I_2=-2$ A，$I_3=1$ A，电位 $V_a=8$ V，$V_b=6$ V，$V_c=-3$ V，$V_d=-9$ V。

(1) 欲验证 I_1、I_2 电流数值是否正确，直流电流表应如何接入电路？并标明电流表极性。

(2) 求电压 U_{ac}、U_{db}；要测量这两个电压，应如何连接电压表？并标明电压表极性。

(3) 分别求元件 1、3、5 所吸收的功率 P_1、P_3、P_5。

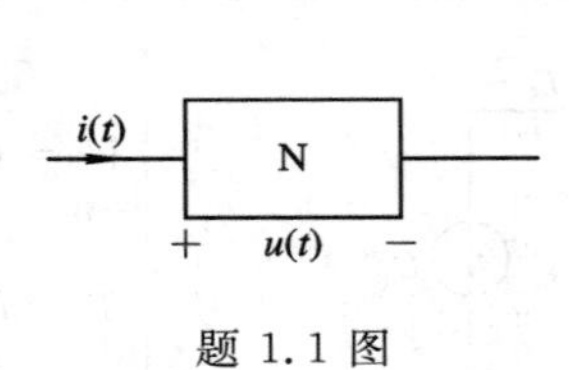

题 1.1 图

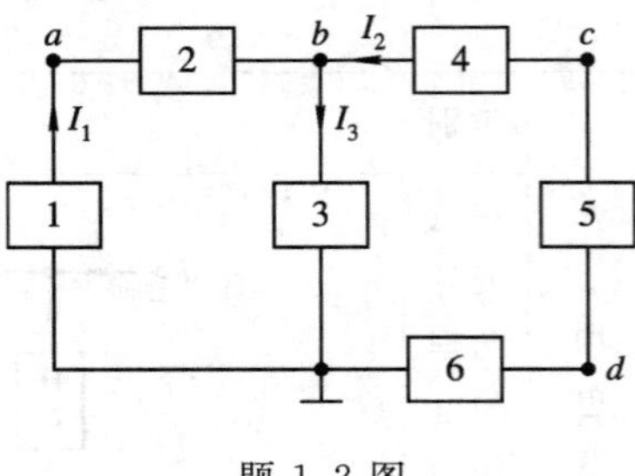

题 1.2 图

1.3　图示电路中，一个 3 A 的理想电流源与不同的外电路相接，求 3 A 电流源 3 种情况下供出的功率 P_s。

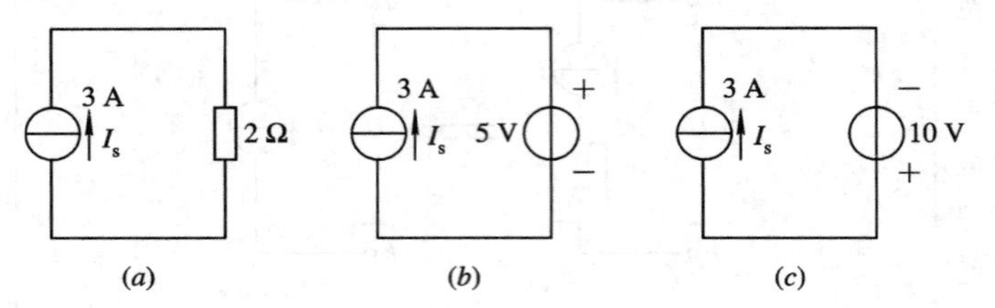

题 1.3 图

1.4　图示电路中，一个 6 V 的理想电压源与不同的外电路相接，求 6 V 电压源 3 种情况下供出的功率 P_s。

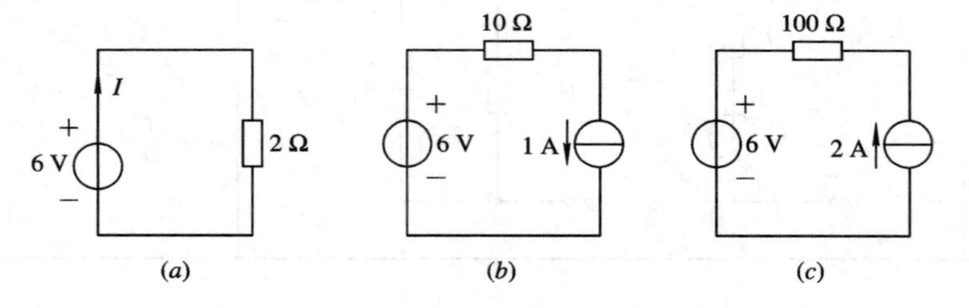

题 1.4 图

1.5　图示为某电路的部分电路，各已知的电流及元件值已标示在图中，求电流 I、电压源 U_s和电阻 R。

1.6　图示电路，求 ab 端开路电压 U_{ab}。

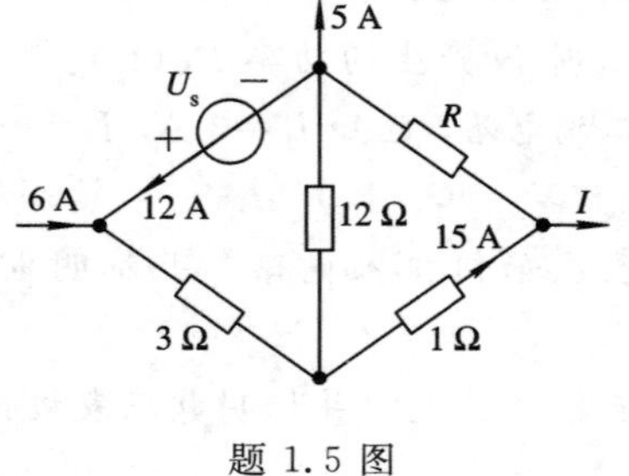

题 1.5 图

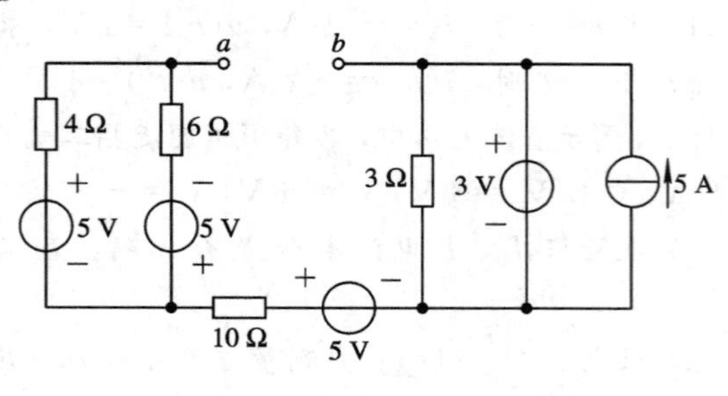

题 1.6 图

1.7　求图示各电路中的电流 I。

1.8　求图示各电路中的电压 U。

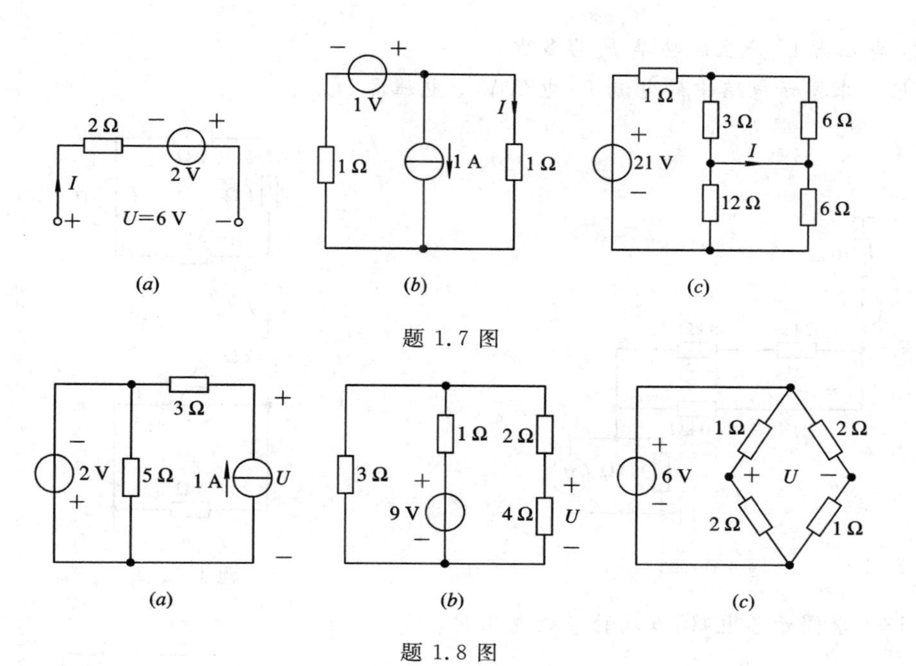

题 1.7 图

题 1.8 图

1.9　图示各电路，求：

(1) 图(a)中电流源 I_s 产生的功率 P_s；

(2) 图(b)中电压源 U_s 产生的功率 P_s。

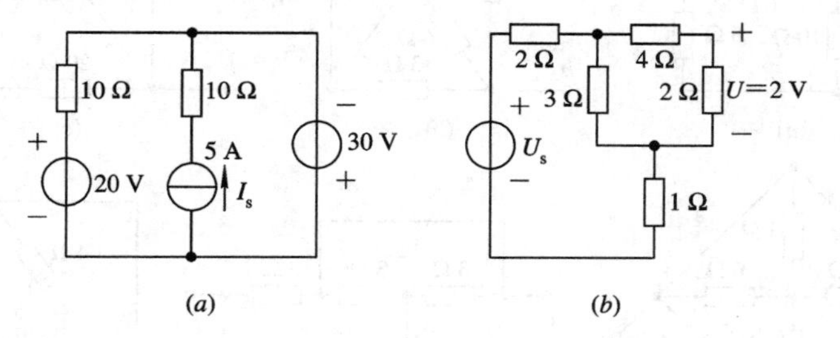

题 1.9 图

1.10　求图示各电路中的电流 I。

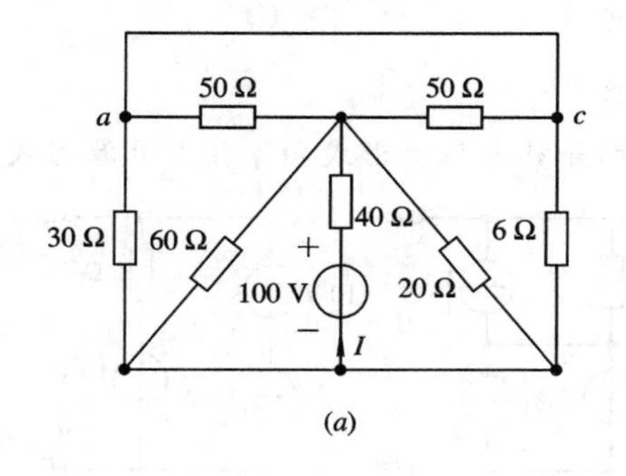

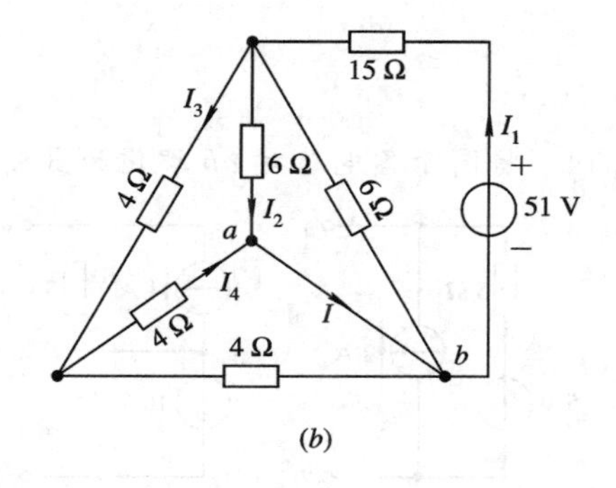

题 1.10 图

1.11　图示直流电路，图中电压表、电流表均是理想的，并已知电压表读数为 30 V。

(1) 电流表的读数为多少？并标明电流表的极性；

(2) 电压源 U_s 产生的功率 P_s 为多少？

1.12　求图示电路中的电流 I、电位 V_a、电压源 U_s。

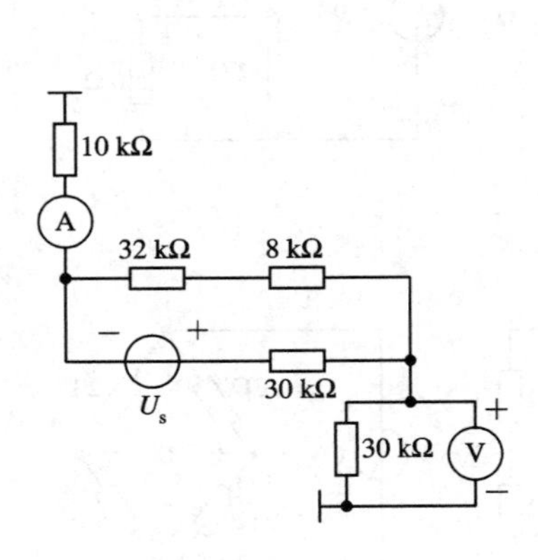

题 1.11 图

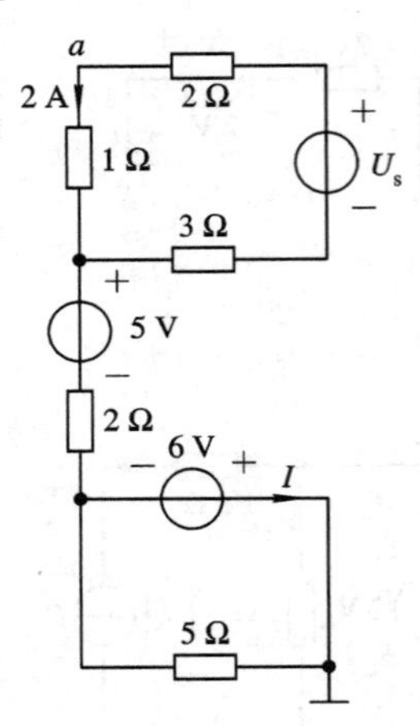

题 1.12 图

1.13　求图示各电路 ab 端的等效电阻 R_{ab}。

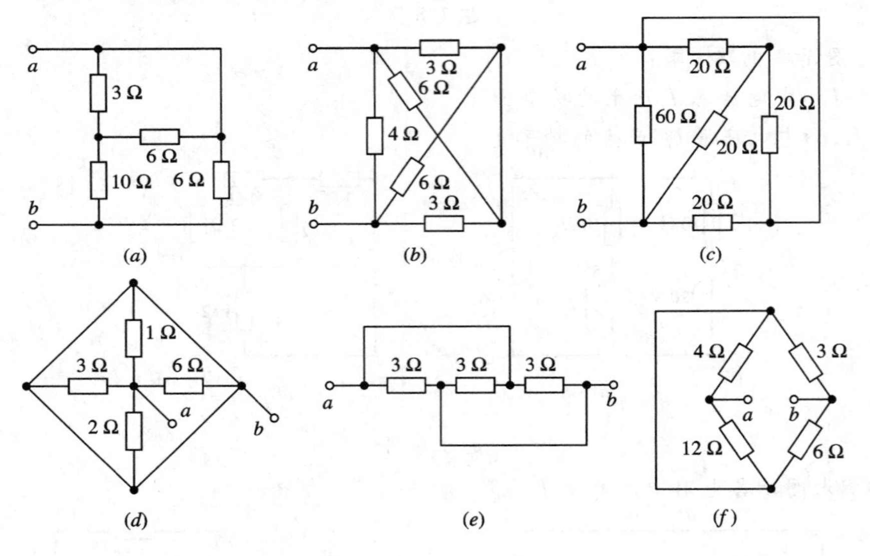

题 1.13 图

1.14　将图示各电路对 ab 端化为最简形式的等效电压源形式和等效电流源形式。

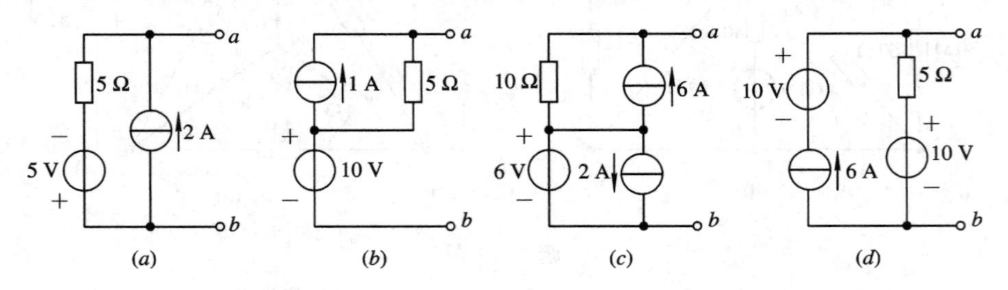

题 1.14 图

1.15　图示电路，求：

(1) 图(a)电路中的电流 i_3；

(2) 图(b)电路中 2 mA 电流源产生的功率 P_s。

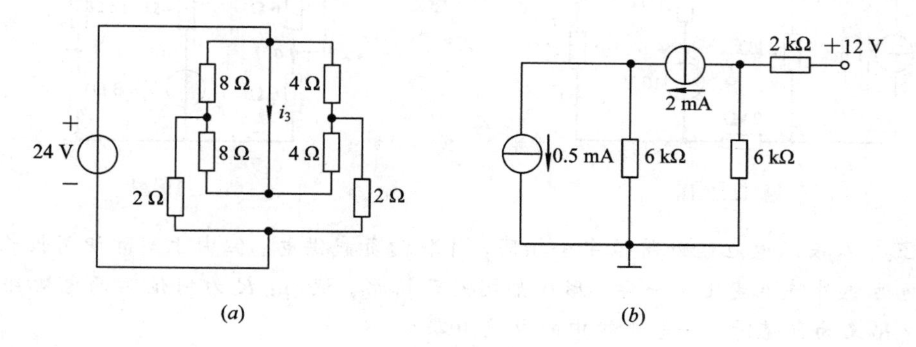

题 1.15 图

1.16　图示电路为含有受控源的电路，求：

(1) 图(a)中电流 i；

(2) 图(b)中开路电压 U_{oc}。

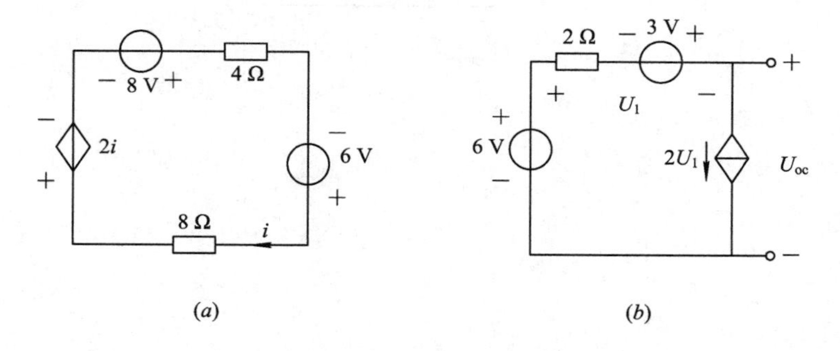

题 1.16 图

1.17　图示电路为含有受控源的电路，求：

(1) 图(a)电路中的电压 u；

(2) 图(b)电路中 2 Ω 电阻上消耗的功率 P_R。

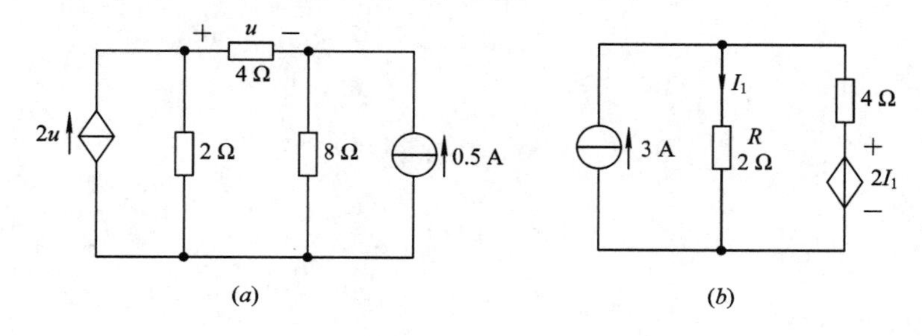

题 1.17 图

1.18　图示电路，已知 $U=3$ V，求电阻 R。

1.19　图示电路，已知图中电流 $I_{ab}=1$ A，求电压源 U_s 产生的功率 P_s。

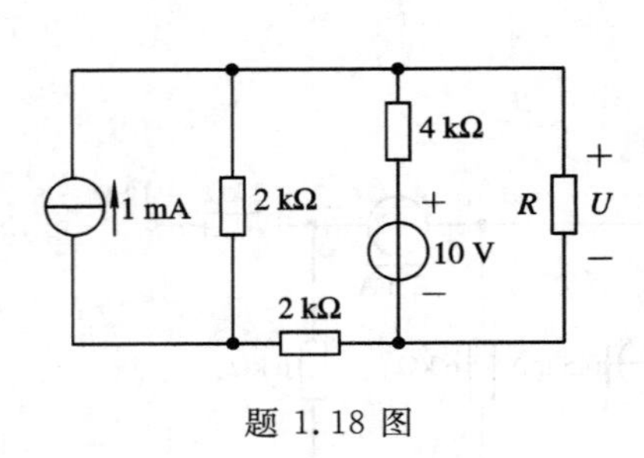

题 1.18 图

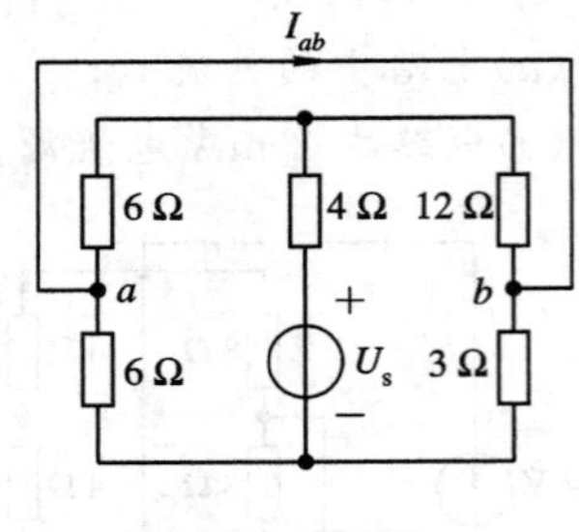

题 1.19 图

1.20　本来两电池组外特性完全相同，并联向负载供电。但由于实际使用较长时间之后，两电池组外特性变化不一样，形成如图所示情形。试问：R 为何值时两电池组中的电流相等？R 又为何值时，一电池组中的电流为零？

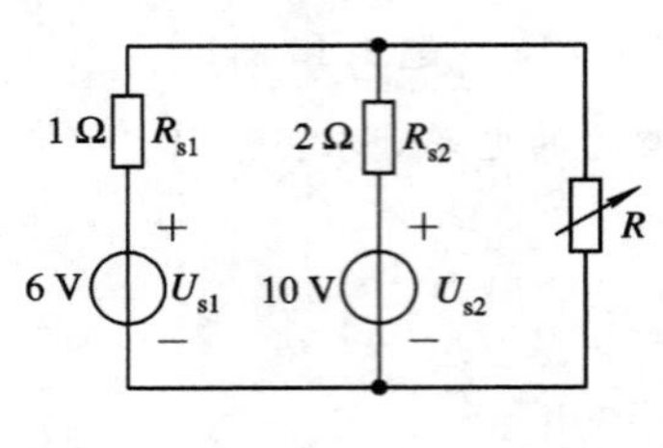

题 1.20 图

第 2 章　电阻电路分析

在第 1 章中已建立了电路的基本概念，从本章开始讨论各种类型电路的分析方法。电路中最常用也最基本的电路是电阻电路，遵循先易后难、循序渐进的教学规律，本章先讨论电阻电路分析法。电路分析中以元件约束特性(VAR)和拓扑约束特性(KCL、KVL)为依据，建立所需的电路方程组，并进一步解算出所要求的电流、电压、功率等，这类求解电路的方法可归结为方程法。本章只讨论线性电阻电路，一方面线性电阻电路所建立的方程是线性代数方程，求解起来简单，而且有许多实际电路可以看作是线性电阻电路；另一方面它也是学习非线性电阻电路、动态电路的基础。

与方程法相对应的另一类电路分析法，称为等效法。这类方法即是应用各种电路等效变换方法，将电路由繁化简能快速求解出欲求的电流、电压、功率等。这类分析法在第 1 章应用串并联等效、电源互换等效求解电路中已“小试牛刀”。更重要的是，本章要讨论几个常用的电路定理，特别是戴维宁定理、诺顿定理，二者在等效法分析电路中“大显身手”。当然，这些定理本身就是构成电路理论的重要部分。

电阻电路具有即时性，且任意处的响应都与激励有相同的波形，所以本章所讨论的问题中，激励与响应可以是任意的时间函数，并不局限于直流电或正弦交流电情况。通常，电流、电压均用小写字母 i、u 表示。

本章先讲述属方程法分析的支路电流法、网孔法、节点法，然后讨论电路理论中重要的叠加定理、齐次定理、替代定理、戴维宁定理、诺顿定理等及应用这些定理分析电路的等效分析方法。

2.1　支路电流法

为了完成一定的电路功能，在实际电路中，人们总是将电路元件组合连接成一定的结构形式，于是电路中就出现如前所述的支路、节点、回路、网孔。与节点相连的各支路电流要受到 KCL 约束，构成回路的各支路电压要受到 KVL 约束。

在一个支路的各元件上流经的只能是同一个电流，支路两端电压等于该支路上相串联各元件上电压的代数和，由元件约束关系(VAR)不难得到每个支路上的电流与支路两端电压的关系，即支路的 VAR。如图 2.1－1 所示，它的 VAR 为

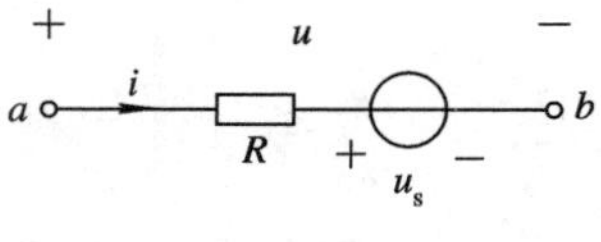

图 2.1－1　电路中的一条支路

$$u = Ri + u_s \quad (2.1-1)$$

由(2.1－1)式可见，如果知道电流 i 就可算得电压 u；反之，如果知道电压 u 也可算得电流 i。这就是说，对如上支路上的电压、电流变量来说，二者是线性相关的。所以在求解电路时，以支路电流或以支路电压作未知量都是可以的，因为它们都是完备的变量。所谓完备性，就是说如果知道了支路电流，就可计算出电路中任何处的电压、功率等；如果知道了

支路电压，也可计算出电路中任何处的电流、电压、功率等。可以说，知道了支路电流或支路电压，对解算电路就完备无缺了。

如果以支路电流(或支路电压)作未知量列写方程求解电路，就称作支路电流法(或支路电压法)。这里我们只介绍支路电流法，支路电压法解算问题的过程与支路电流法是类同的。

2.1.1 支路电流法

以完备的支路电流变量为未知量，根据元件的 VAR 及 KCL、KVL 约束，建立数目足够且相互独立的方程组，解出各支路电流，进而再根据电路有关的基本概念求得人们期望得到的电路中任意处的电压、功率等，这种求解电路的方法，称为支路电流法。为了叙述方便，下面以一个具体例子描述用支路电流法分析电路的全过程。

如图 2.1-2 所示电路，它有 3 条支路，设各支路电流分别为 i_1、i_2、i_3，其参考方向标示在图中。就本例而言，问题是如何找到包含未知量 i_1、i_2、i_3 的 3 个相互独立的方程组。

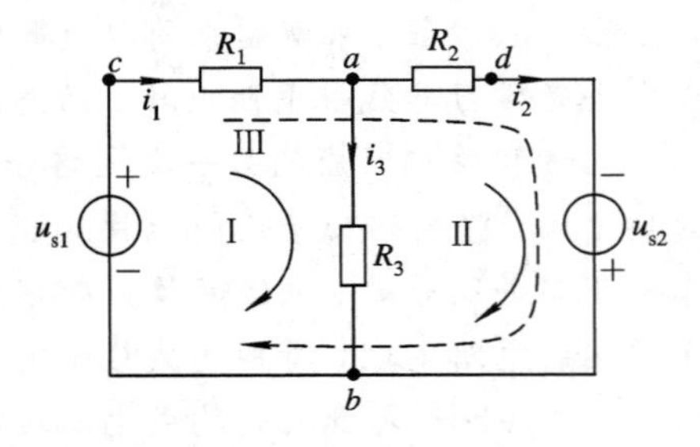

图 2.1-2 支路电流法分析用图

根据 KCL，对节点 a 和 b 分别建立电流方程。设流出节点的电流取正号，则有

节点 a $\qquad -i_1+i_2+i_3=0 \qquad$ (2.1-2)

节点 b $\qquad i_1-i_2-i_3=0 \qquad$ (2.1-3)

显然，(2.1-2)式乘以−1 就得到(2.1-3)式，因而二式是相互不独立的。为得到独立方程只能取其中之一，例如取(2.1-2)式。

根据 KVL，按图中所标巡行方向(或称绕行方向)对回路Ⅰ、Ⅱ、Ⅲ分别列写 KVL 方程(注意：在列写方程中，若遇到电阻，两端电压就应用欧姆定律表示为电阻与电流乘积)，得

回路 Ⅰ $\qquad R_1i_1+R_3i_3=u_{s1} \qquad$ (2.1-4)

回路 Ⅱ $\qquad R_2i_2-R_3i_3=u_{s2} \qquad$ (2.1-5)

回路 Ⅲ $\qquad R_1i_1+R_2i_2=u_{s1}+u_{s2} \qquad$ (2.1-6)

观察上述所列出的 3 个 KVL 方程可知，它们也是相互不独立的，任何一式可由其他两式相加减而得到。例如，(2.1-4)式加(2.1-5)式即得(2.1-6)式，所以只能取其中的两个方程作为独立方程。数学中已有结论：当未知变量数目与独立方程数目相等时，未知变量才可能有唯一解。我们从上述 5 个方程中选取出 3 个相互独立的方程如下：

$$\left.\begin{aligned}-i_1+i_2+i_3&=0\\R_1i_1+0+R_3i_3&=u_{s1}\\0+R_2i_2-R_3i_3&=u_{s2}\end{aligned}\right\} \tag{2.1-7}$$

(2.1-7)式即是图 2.1-2 所示电路以支路电流为未知量的足够的相互独立的方程组之一，它完整地描述了该电路中各支路电流和支路电压之间的相互约束关系。应用克莱姆法则求解(2.1-7)式。系数行列式 Δ 和各未知量所对应的行列式 Δ_j($j=1, 2, 3$)分别为

$$\Delta=\begin{vmatrix}-1 & 1 & 1\\R_1 & 0 & R_3\\0 & R_2 & -R_3\end{vmatrix}=R_1R_2+R_2R_3+R_1R_3$$

$$\Delta_1 = \begin{vmatrix} 0 & 1 & 1 \\ u_{s1} & 0 & R_3 \\ u_{s2} & R_2 & -R_3 \end{vmatrix} = R_2 u_{s1} + R_3 u_{s1} + R_3 u_{s2}$$

$$\Delta_2 = \begin{vmatrix} -1 & 0 & 1 \\ R_1 & u_{s1} & R_3 \\ 0 & u_{s2} & -R_3 \end{vmatrix} = R_1 u_{s2} + R_3 u_{s1} + R_3 u_{s2}$$

$$\Delta_3 = \begin{vmatrix} -1 & 1 & 0 \\ R_1 & 0 & u_{s1} \\ 0 & R_2 & u_{s2} \end{vmatrix} = -R_1 u_{s2} + R_2 u_{s1}$$

所以求得支路电流分别为

$$i_1 = \frac{\Delta_1}{\Delta} = \frac{R_2 u_{s1} + R_3 u_{s1} + R_3 u_{s2}}{R_1 R_2 + R_2 R_3 + R_1 R_3}$$

$$i_2 = \frac{\Delta_2}{\Delta} = \frac{R_1 u_{s2} + R_3 u_{s1} + R_3 u_{s2}}{R_1 R_2 + R_2 R_3 + R_1 R_3}$$

$$i_3 = \frac{\Delta_3}{\Delta} = \frac{-R_1 u_{s2} + R_2 u_{s1}}{R_1 R_2 + R_2 R_3 + R_1 R_3}$$

解出支路电流之后，再求解电路中任何两点之间的电压或任何元件上的消耗功率那就很容易了。例如，若要求解图 2.1-2 所示电路中的 c 点与 d 点之间的电压 u_{cd} 及电压源 u_{s1} 所产生的功率 p_{s1}，可由解出的电流 i_1、i_2、i_3 方便地求得为

$$u_{cd} = R_1 i_1 + R_2 i_2$$

$$p_{s1} = u_{s1} i_1$$

2.1.2 独立方程的列写

以上对图 2.1-2 所示电路列方程时，是先列出了所有节点电流方程，所有回路电压方程，然后观察比较，从中找出所需的 3 个相互独立的方程。如果电路复杂，节点数、回路数较多，那么这样找所需的独立方程就是很麻烦的事。有没有一个可遵循的规律能迅速、准确地列写出所需的独立方程呢？下面我们来说明这个问题。

一个有 n 个节点、b 条支路的电路，若以支路电流作未知变量，可按如下方法列写出所需独立方程。

(1) 从 n 个节点中任意择其 $n-1$ 个节点，依 KCL 列节点电流方程，则 $n-1$ 个方程将是相互独立的。这一点是不难理解的，因为任一条支路一定与电路中的两个节点相连，它上面的电流总是从一个节点流出，流向另一个节点。当对所有 n 个节点列 KCL 方程时，规定流出节点的电流取正号，流入节点的电流取负号，每一个支路电流在 n 个方程中一定出现两次，一次为正号$(+i_j)$，一次为负号$(-i_j)$，若把这 n 个方程相加，它一定是等于零的恒等式，即

$$\sum_{k=1}^{n} \left(\sum i\right)_k = \sum_{j=1}^{b} [(+i_j) + (-i_j)] \equiv 0 \qquad (2.1-8)$$

式中：n 表示节点数；$\left(\sum i\right)_k$ 表示第 k 个节点电流代数和；$\sum_{k=1}^{n}\left(\sum i\right)_k$ 表示对 n 个节点电流

和再求和；$\sum_{j=1}^{b}[(+i_j)+(-i_j)]$表示 b 条支路一次取正号、一次取负号的电流和。

(2.1-8)式说明，依 KCL 列出的 n 个 KCL 方程不是相互独立的。但从这 n 个方程中任意去掉一个节点电流方程，那么与该节点相连的各支路电流在余下的 $n-1$ 个节点电流方程中只出现一次。如果将剩下的 $n-1$ 个节点电流方程相加，其结果不可能恒为零，所以这 $n-1$ 个节点电流方程是相互独立的。习惯上把电路中所列方程相互独立的节点称为独立节点。

(2) n 个节点、b 条支路的电路，用支路电流法分析时需 b 个相互独立的方程，由 KCL 已经列出了 $n-1$ 个相互独立的 KCL 方程，那么剩下的 $b-(n-1)$个独立方程当然应该由 KVL 列出。可以证明，由 KVL 能列写且仅能列写的独立方程数为 $b-(n-1)$个。习惯上把能列写独立方程的回路称为独立回路。独立回路可以这样选取：使所选各回路都包含一条其他回路所没有的新支路。对平面电路，如果它有 n 个节点、b 条支路，也可以证明它的网孔数恰为 $b-(n-1)$个，按网孔由 KVL 列出的电压方程相互独立 。为了突出列写独立方程方法的掌握，我们这里不做证明。

最后，我们归纳、明确支路电流法分析电路的步骤。

第一步：设出各支路电流，标明参考方向，任取 $n-1$ 个节点，依 KCL 列写独立节点电流方程(n 为电路节点数)。

第二步：选取独立回路(平面电路一般选网孔)，并选定巡行方向，依 KVL 列写所选独立回路电压方程。

第三步：若电路中含有受控源，还应将控制量用未知电流表示，多加一个辅助方程。

第四步：求解一、二、三步列写的联立方程组，得到各支路电流。

第五步：如果需要，再根据元件约束关系等计算电路中任意处的电压、功率。

用支路电流法求解电路的上述 5 个步骤只适用于电路中每一条支路电压都能用支路电流来表示的情况。具体说，如果电路中各支路是由电阻、电压源或受控电压源串联组成的，都可以使用上述 5 个步骤求解；若电路中含有仅由独立电流源或受控电流源构成的支路，因这些支路的支路电压不能用电流表示，所以不能直接使用上述 5 个步骤求解。

例 2.1-1 如图 2.1-3 所示电路中，已知 $R_1=15\ \Omega$，$R_2=1.5\ \Omega$，$R_3=1\ \Omega$，$u_{s1}=15$ V，$u_{s2}=4.5$ V，$u_{s3}=9$ V，求电压 u_{ab} 及各电源产生的功率。

解 设支路电流 i_1、i_2、i_3的参考方向如图中所标。依 KCL 列写节点 a 的电流方程为

$$-i_1+i_2-i_3=0 \quad (2.1-9)$$

选网孔作为独立回路，并设绕行方向于图上，由 KVL 列写网孔Ⅰ、Ⅱ的电压方程分别为

网孔Ⅰ $\quad 15i_1+0-i_3=6 \quad (2.1-10)$

网孔Ⅱ $\quad 0+1.5i_2+i_3=4.5 \quad (2.1-11)$

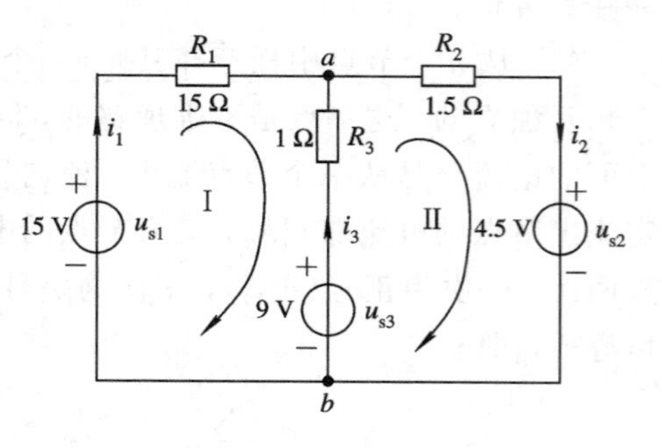

图 2.1-3 例 2.1-1 用图

用克莱姆法则求解由(2.1-9)式、(2.1-10)式、(2.1-11)式组成的三元一次方程组。Δ 与 Δ_j 分别为

$$\Delta = \begin{vmatrix} -1 & 1 & -1 \\ 15 & 0 & -1 \\ 0 & 1.5 & 1 \end{vmatrix} = -39$$

$$\Delta_1 = \begin{vmatrix} 0 & 1 & -1 \\ 6 & 0 & -1 \\ 4.5 & 1.5 & 1 \end{vmatrix} = -19.5$$

$$\Delta_2 = \begin{vmatrix} -1 & 0 & -1 \\ 15 & 6 & -1 \\ 0 & 4.5 & 1 \end{vmatrix} = -78$$

$$\Delta_3 = \begin{vmatrix} -1 & 1 & 0 \\ 15 & 0 & 6 \\ 0 & 1.5 & 4.5 \end{vmatrix} = -58.5$$

所以电流 i_1、i_2、i_3分别为

$$i_1 = \frac{\Delta_1}{\Delta} = \frac{-19.5}{-39} = 0.5\ \text{A}$$

$$i_2 = \frac{\Delta_2}{\Delta} = \frac{-78}{-39} = 2\ \text{A}$$

$$i_3 = \frac{\Delta_3}{\Delta} = \frac{-58.5}{-39} = 1.5\ \text{A}$$

电压

$$u_{ab} = -i_3 \times 1 + u_{s3} = -1.5 \times 1 + 9 = 7.5\ \text{V}$$

设电源 u_{s1}、u_{s2}、u_{s3}产生的功率分别为 p_{s1}、p_{s2}、p_{s3}，由求得的支路电流，可算得

$$p_{s1} = u_{s1} i_1 = 15 \times 0.5 = 7.5\ \text{W} \qquad (u_{s1}、i_1\ \text{参考方向非关联})$$

$$p_{s2} = -u_{s2} i_2 = -4.5 \times 2 = -9\ \text{W} \qquad (u_{s2}、i_2\ \text{参考方向关联})$$

$$p_{s3} = u_{s3} i_3 = 9 \times 1.5 = 13.5\ \text{W} \qquad (u_{s3}、i_3\ \text{参考方向非关联})$$

例 2.1-2 如图 2.1-4 所示电路中含有一电流控制电压源，求电流 i_1、i_2和电压 u。

解 本电路虽有 3 个支路，但有一个支路的电流是 6 A 的电流源，所以只有两个未知电流 i_1、i_2。(二者的参考方向在图中已经标出，无须自行再标)。另外，虽然本电路中含有受控电压源，但它的控制量是电路中的一个未知电流，不需要再另外增加辅助方程。对 b 点列写 KCL 方程，有

$$i_2 = i_1 + 6 \qquad (2.1-12)$$

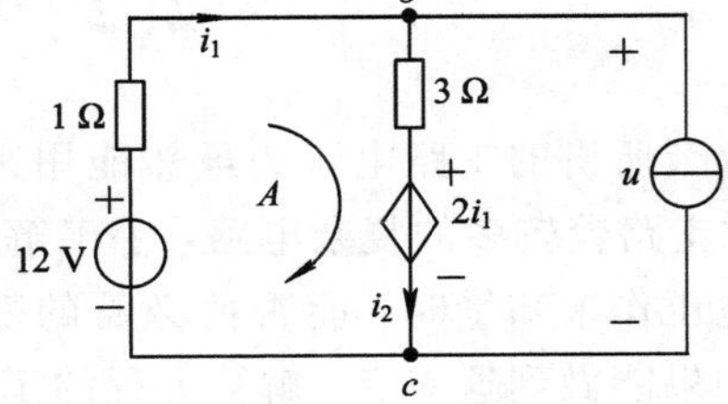

图 2.1-4 例 2.1-2 用图

对回路 A 列写 KVL 方程(注意把受控电压源视为独立电压源一样看待参与列写基本方程)，有

$$1 \times i_1 + 3i_2 + 2i_1 = 12 \qquad (2.1-13)$$

联立(2.1-12)式和(2.1-13)式，解得

$$i_1 = -1\ \text{A}, \quad i_2 = 5\ \text{A}$$

再应用 KVL 求得电压为

$$u = 3i_2 + 2i_1 = 3 \times 5 + 2 \times (-1) = 13\ \text{V}$$

如果受控源的控制量是另外的变量，那么需对含受控源的电路先按前面讲述的步骤一、二去列写基本方程，然后再加一个控制量用未知电流表示的辅助方程，这一点应特别注意。

例 2.1-3 如图 2.1-5 所示电路中包含有电压控制的电压源，试以支路电流作为求解变量，列写出求解本电路所必需的独立方程组。(对所列方程不必求解。)

解 设各支路电流、各网孔绕向如图所示。应用 KCL、KVL 及元件 VAR 列写方程为

对节点 a $-i_1 + i_2 + i_3 = 0$

对网孔 Ⅰ $R_1 i_1 + R_2 i_2 + 0 = u_s$

对网孔 Ⅱ $0 - R_2 i_2 + (R_3 + R_4) i_3 = \mu u_1$

上述 3 个方程有 i_1、i_2、i_3 及 u_1 4 个未知量，无法求解，还必须寻求另一个独立方程。将控制量 u_1 用支路电流表示，即

$$u_1 = R_1 i_1$$

则由上述 4 个相互独立方程就可求解本问题。

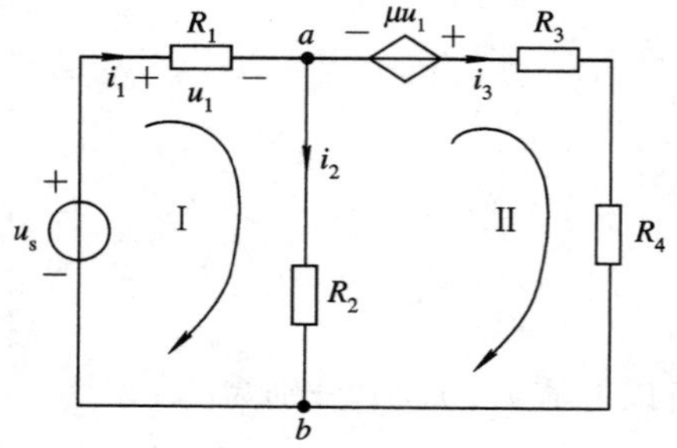

图 2.1-5 例 2.1-3 用图

∵ 思考题 ∵

2.1-1 什么是支路的 VAR? 为什么说支路电流是完备的变量，而不是相互独立的变量? 与此联想，支路电压变量呢?

2.1-2 支路电流法求解电路的基本步骤是什么? 你能仿效支路电流法的步骤归纳总结出支路电压法的步骤吗? 试试看!

2.1-3 电路中含有受控源，在应用支路电流法列方程时应如何处置受控源? 若控制量是某一支路电流，需要增加相互独立的方程数吗? 若控制量为电路中某两点间的电压，又该如何处理?

2.2 网孔分析法

上节所讲的支路电流法虽然能用来求解电路，但由于独立方程数目等于电路的支路数，对支路数较多的复杂电路，手工解算方程的工作量较大。这里提出一个问题：在用电流或电压作未知量时，能否使必需的变量数目最少，从而使相应的独立方程数目也最少呢? 如果能做到这一点，解算方程的工作量就可大大减小，这当然是我们分析电路时所期望的。本节要讨论的网孔分析法就是基于这样的思想提出的一种改进的方程分析法。

2.2.1 网孔电流

欲使方程数目减少，必使求解的未知量数目减少。在一个平面电路里，因为网孔是由若干条支路构成的闭合回路，所以它的网孔个数必定少于支路个数。如果我们设想在电路的每个网孔里有一假想的电流沿着构成该网孔的各支路循环流动，如图 2.2-1 中实线箭头所示，把这一假想的电流称作网孔电流。

网孔电流是完备的电路变量。因为如果知道了各网孔电流，我们就可以求得电路中任一条支路的电流，进而可以求得电路中任意两点之间的电压，任意元件上的功率等。这由图 2.2-1 可以很清楚地看出来。因为任何一条支路一定属于一个或两个网孔，如果某支路只属于某一网孔，那么该支路电流就等于该网孔电流，例如在图 2.2-1 所示电路中，$i_1=i_A$，$i_2=i_B$，$i_3=i_C$。如果某支路属于两个网孔所共有，则该支路上的电流就等于流经该支路二网孔电流的代数和。例如图 2.2-1 所示电路中支路电流 i_4，它等于流经该支路的 A、C 网孔电流的代数和。与支路电流方向一致的网孔电流取正号，反之取负号，即有

$$i_4=i_A-i_C$$

其他的支路电流都可类似求出。当然电路中任意两点之间的电压、任意元件吸收或产生的功率都可通过支路电流再进一步求出。所以说网孔电流是完备的电路变量。

网孔电流是相互独立的电路变量。如图 2.2-1 所示电路中的 3 个网孔电流 i_A、i_B、i_C，知其中任意两个求不出第三个。这是因为每个网孔电流在它流进某一节点的同时又流出该节点，它自身满足了 KCL，所以不能通过节点 KCL 方程建立各网孔电流之间的关系，也就说明了网孔电流是相互独立的电路变量。

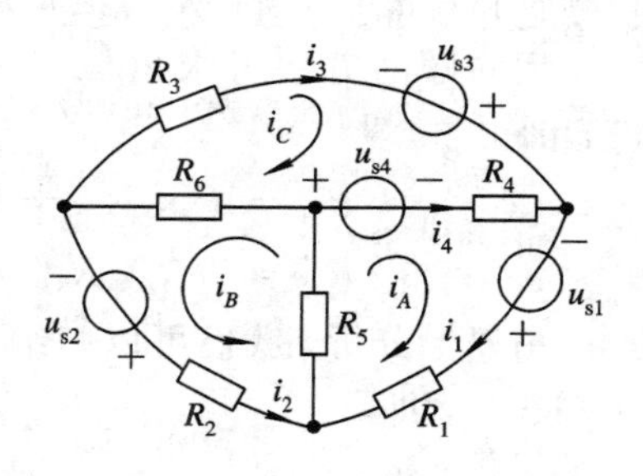

图 2.2-1　网孔法分析用图

2.2.2　网孔电流法

对平面电路，以假想的网孔电流作未知量，依 KVL 列出网孔电压方程式(网孔内电阻上的电压通过欧姆定律换算为电阻乘电流表示)，求解出网孔电流，进而求得各支路电流、电压、功率等，这种求解电路的方法称网孔电流法(简称网孔法)。应用网孔法分析电路的关键是如何简便、正确地列写出网孔电压方程(在 2.1 节中已经明确过网孔电压方程是相互独立的)。这里通过图 2.2-1 所示电路具体的例子列写网孔 KVL 方程并从中归纳总结出简便列写网孔 KVL 方程的方法。

设图 2.2-1 所示电路中网孔电流 i_A、i_B、i_C，其参考方向即作为列写方程的巡行方向。按网孔列写 KVL 方程如下：

网孔 A　　$R_1i_A+R_5i_A+R_5i_B+R_4i_A-R_4i_C+u_{s4}-u_{s1}=0$

网孔 B　　$R_2i_B+R_5i_B+R_5i_A+R_6i_B+R_6i_C-u_{s2}=0$

网孔 C　　$R_3i_C-R_4i_A+R_4i_C+R_6i_C+R_6i_B-u_{s4}-u_{s3}=0$

为了便于应用克莱姆法则求解(或在计算机上应用 MATLAB 工具软件求解)上述 3 个方程，需要按未知量顺序排列并加以整理，同时将已知激励源也移至等式右端。这样，整理改写上述 3 个式子得

$$(R_1+R_4+R_5)i_A+R_5i_B-R_4i_C=u_{s1}-u_{s4} \tag{2.2-1}$$

$$R_5i_A+(R_2+R_5+R_6)i_B+R_6i_C=u_{s2} \tag{2.2-2}$$

$$-R_4i_A+R_6i_B+(R_3+R_4+R_6)i_C=u_{s3}+u_{s4} \tag{2.2-3}$$

解上述方程组即可得电流 i_A、i_B、i_C，进而确定各支路电流或电压、功率。如果用网孔法分析电路都有如上的方程整理过程，也嫌麻烦，能不能做到观察电路即可写出不需要整理的

(2.2－1)式～(2.2－3)式呢？不妨先看(2.2－1)式～(2.2－3)式有何规律。

观察(2.2－1)式，可以看出：i_A前的系数$(R_1+R_4+R_5)$恰好是网孔A内所有电阻之和，称它为网孔A的自电阻，以符号R_{11}表示；i_B前的系数$(+R_5)$是网孔A和网孔B公共支路上的电阻，称它为网孔A与网孔B的互电阻，以符号R_{12}表示，由于流过R_5的网孔电流i_A、i_B方向相同，故R_5前取“＋”号；i_C前系数$(-R_4)$是网孔A和网孔C公共支路上的电阻，称它为网孔A与网孔C的互电阻，以符号R_{13}表示，由于流经R_4的网孔电流i_A、i_C方向相反，故R_4前取“－”号；等式右端$u_{s1}-u_{s4}$表示网孔A中电压源的代数和，以符号u_{s11}表示。计算时遇到各电压源的取号法则是，在巡行中先遇到电压源正极性端取负号，反之取正号。

用同样的方法可求出(2.2－2)式、(2.2－3)式的自电阻、互电阻及网孔等效电压源，即

$$R_{21}=R_5,\ R_{22}=R_2+R_5+R_6,\ R_{23}=R_6,\ u_{s22}=u_{s2}$$

$$R_{31}=-R_4,\ R_{32}=R_6,\ R_{33}=R_3+R_4+R_6,\ u_{s33}=u_{s3}+u_{s4}$$

由以上分析，我们可以归纳总结得到应用网孔法分析具有3个网孔电路的方程通式(一般式)，即

$$\left.\begin{aligned}R_{11}i_A+R_{12}i_B+R_{13}i_C&=u_{s11}\\R_{21}i_A+R_{22}i_B+R_{23}i_C&=u_{s22}\\R_{31}i_A+R_{32}i_B+R_{33}i_C&=u_{s33}\end{aligned}\right\}\qquad(2.2-4)$$

如果电路有m个网孔，也不难得到列写网孔方程的通式为

$$\left.\begin{aligned}R_{11}i_A+R_{12}i_B+\cdots+R_{1m}i_M&=u_{s11}\\R_{21}i_A+R_{22}i_B+\cdots+R_{2m}i_M&=u_{s22}\\&\vdots\\R_{m1}i_A+R_{m2}i_B+\cdots+R_{mm}i_M&=u_{smm}\end{aligned}\right\}\qquad(2.2-5)$$

有了方程通式，只需设出网孔电流，观察电路，求出自电阻、互电阻及等效电压源并代入(2.2－4)式或(2.2－5)式，即得到按未知量顺序排列的相互独立的方程组，这当然对求解电路是方便的。在应用方程通式列方程时要特别注意“取号”问题：因取网孔电流方向作为列写KVL方程的巡行方向，所以各网孔的自电阻恒为正；为了使方程通式形式整齐统一，故把公共支路电阻上电压的正负号归纳在有关的互电阻中，使(2.2－4)式或(2.2－5)式的左端各项前都是“＋”号，但求互电阻时就要注意取正号或取负号的问题。两网孔电流在流经公共支路时方向一致，互电阻等于公共支路上电阻相加取正号，反之，取负号；求等效电压源时遇电压源的取号法则表面上看起来与应用$\sum u=0$列方程时遇电压源的取号法则相反，实际上二者是完全一致的，因为网孔方程的u_{s11}(或u_{s22}、u_{s33})是直接放在等式右端的。下面通过具体例子说明应用网孔法分析电路的步骤。

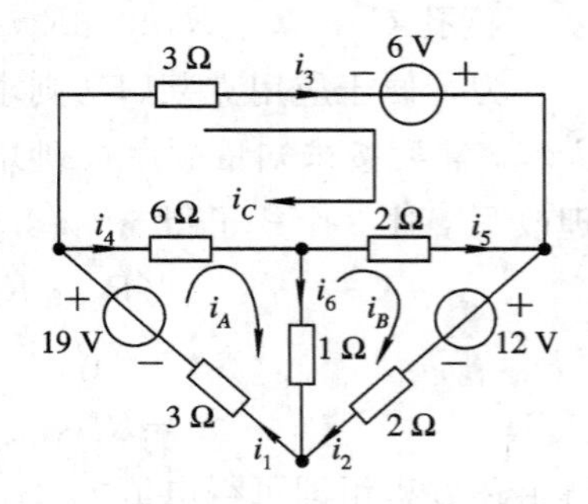

图 2.2－2　例 2.2－1 用图

例 2.2－1　如图 2.2－2 所示电路，求各支路电流。

解　本问题有6个支路，3个网孔，用上节讲的支路电流法需解六元方程组，而用网孔法只需解三元方程组，显然网孔法要比支路电流法简单得多。今后用手工解算

电路的话，一般用网孔法而不用支路电流法。

第一步：设网孔电流 i_A、i_B、i_C如图所示。一般网孔电流方向即认为是列 KVL 方程时的巡行方向。

第二步：观察电路直接列写方程。观察电路心算求自电阻、互电阻、等效电压源数值，代入方程通式即写出所需要的方程组。就本例，把自电阻、互电阻、等效电压源写出如下：

$$R_{11}=10\ \Omega,\ R_{12}=-1\ \Omega,\ R_{13}=-6\ \Omega,\ u_{s11}=19\ \text{V}$$
$$R_{21}=-1\ \Omega,\ R_{22}=5\ \Omega,\ R_{23}=-2\ \Omega,\ u_{s22}=-12\ \text{V}$$
$$R_{31}=-6\ \Omega,\ R_{32}=-2\ \Omega,\ R_{33}=11\ \Omega,\ u_{s33}=6\ \text{V}$$

代入(2.2-4)式得

$$\left.\begin{aligned}10i_A-i_B-6i_C&=19\\-i_A+5i_B-2i_C&=-12\\-6i_A-2i_B+11i_C&=6\end{aligned}\right\}\qquad(2.2-6)$$

第三步：解方程得各网孔电流。用克莱姆法则解(2.2-6)式方程组，各相应行列式为

$$\Delta=\begin{vmatrix}10&-1&-6\\-1&5&-2\\-6&-2&11\end{vmatrix}=295,\quad \Delta_A=\begin{vmatrix}19&-1&-6\\-12&5&-2\\6&-2&11\end{vmatrix}=885$$

$$\Delta_B=\begin{vmatrix}10&19&-6\\-1&-12&-2\\-6&6&11\end{vmatrix}=-295,\quad \Delta_C=\begin{vmatrix}10&-1&19\\-1&5&-2\\-6&-2&6\end{vmatrix}=590$$

于是各网孔电流分别为

$$i_A=\frac{\Delta_A}{\Delta}=\frac{885}{295}=3\ \text{A}$$

$$i_B=\frac{\Delta_B}{\Delta}=\frac{-295}{295}=-1\ \text{A}$$

$$i_C=\frac{\Delta_C}{\Delta}=\frac{590}{295}=2\ \text{A}$$

第四步：由网孔电流求各支路电流。设各支路电流参考方向如图所示，根据支路电流与网孔电流之间的关系，得

$$i_1=i_A=3\ \text{A},\qquad i_2=i_B=-1\ \text{A}$$
$$i_3=i_C=2\ \text{A},\qquad i_4=i_A-i_C=3-2=1\ \text{A}$$
$$i_5=i_B-i_C=-1-2=-3\ \text{A},\qquad i_6=i_A-i_B=3-(-1)=4\ \text{A}$$

第五步：如果需要，可由支路电流求电路中任意处的电压、功率。

例 2.2-2 如图 2.2-3 所示电路，求电阻 R 上消耗的功率 p_R。

解 本题并不需要求出所有支路电流，为求得 R 上消耗的功率，只需求出 R 上的电流即可。如果按图 2.2-3(a)设网孔电流，需解出 i_A、i_C两个网孔电流才能求得 R 上的电流，即 $i_R=i_A-i_C$。若对电路做伸缩扭动变形，由图 2.2-3(a)变换为图 2.2-3(b)(注意节点 2、4 的变化)，按图 2.2-3(b)设网孔电流 i_A、i_B、i_C，使所求支路电流 i_R恰为网孔C 的网孔电流。按(2.2-4)式列写方程：

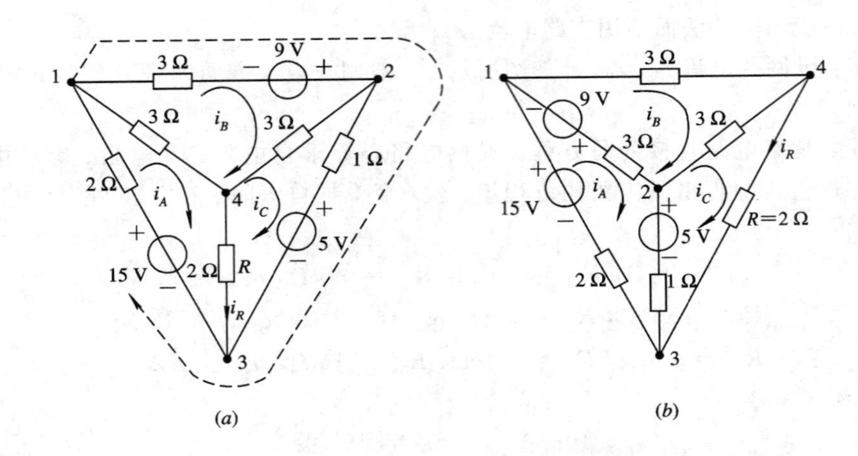

图 2.2-3　例 2.2-2 用图

$$\left.\begin{aligned} 6i_A - 3i_B - i_C &= 19 \\ -3i_A + 9i_B - 3i_C &= -9 \\ -i_A - 3i_B + 6i_C &= 5 \end{aligned}\right\} \tag{2.2-7}$$

化简(2.2-7)式(第二个方程可两端相约化简)得

$$\left.\begin{aligned} 6i_A - 3i_B - i_C &= 19 \\ -i_A + 3i_B - i_C &= -3 \\ -i_A - 3i_B + 6i_C &= 5 \end{aligned}\right\}$$

由化简的方程组求得

$$\Delta = \begin{vmatrix} 6 & -3 & -1 \\ -1 & 3 & -1 \\ -1 & -3 & 6 \end{vmatrix} = 63$$

$$\Delta_C = \begin{vmatrix} 6 & -3 & 19 \\ -1 & 3 & -3 \\ -1 & -3 & 5 \end{vmatrix} = 126$$

进而可求得

$$i_R = i_C = \frac{\Delta_C}{\Delta} = \frac{126}{63} = 2\ \text{A}$$

$$p_R = Ri_R^2 = 2 \times 2^2 = 8\ \text{W}$$

上述伸缩扭动变形使图 2.2-3(a)变换为图 2.2-3(b)，目的很明确，是为了少展开一个三阶行列式而使计算简单。能否不改画电路直接从图 2.2-3(a)列写与(2.2-7)式同解的方程组呢？用一般的回路电流法就可做到这一点。回路法是找出独立回路(它不一定是网孔)，设出回路电流，按独立回路列写方程求解电路的方法。独立回路的找取方法如同支路电流法时所介绍的一样，使所选回路都包含一条其他回路所没有的新支路(这是充分条件，但不是必要条件)，如将图 2.2-3(a)所示的网孔电流 i_A 改选为虚线所示的独立回路电流，其他两网孔电流不变，则按所选独立回路，类似地套用(2.2-4)式即可列写出与(2.2-7)式有相同解的方程组。

这里再明确两点：

(1) 网孔法是回路法的特殊情况。网孔只是平面电路的一组独立回路，不过许多实际电路都属于平面电路，选取网孔作独立回路方便易行，所以把这种特殊条件下的回路法归纳为网孔法。

(2) 回路法更具有一般性，它不仅适用于分析平面电路，而且也适用于分析非平面电路，在使用中还具有一定的灵活性，例 2.2-2 已表明了这一点。

例 2.2-3 求如图 2.2-4 所示电路中的电压 u_{ab}。

解 本题含有受控电压源，在列方程时，先把受控电压源像独立电压源一样看待，参加列写基本方程(按(2.2-4)式列方程)，然后把控制量 u_x 用网孔电流变量表示出来，多加一个辅助方程。

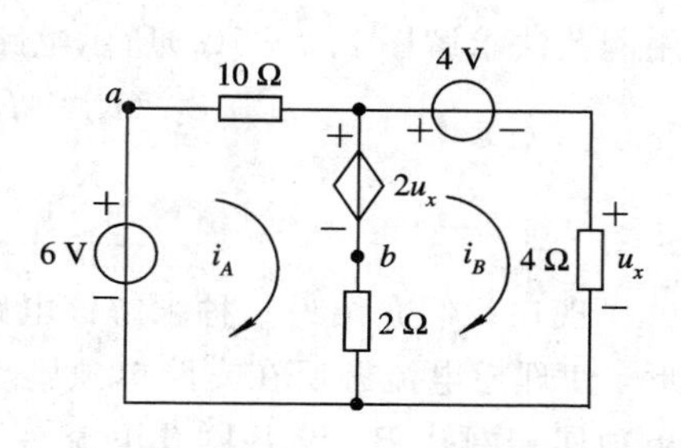

图 2.2-4 例 2.2-3 用图

设网孔电流 i_A、i_B 如图中所标，观察电路，应用方程通式列基本方程为

$$\left.\begin{aligned} 12i_A - 2i_B &= 6 - 2u_x \\ -2i_A + 6i_B &= 2u_x - 4 \end{aligned}\right\} \qquad (2.2-8)$$

由图可以看出，控制量 u_x 仅与回路电流 i_B 有关。由欧姆定律可得辅助方程：

$$u_x = 4i_B \qquad (2.2-9)$$

将(2.2-9)式代入(2.2-8)式并经化简整理，得

$$\left.\begin{aligned} 2i_A + i_B &= 1 \\ -i_A - i_B &= -2 \end{aligned}\right\} \qquad (2.2-10)$$

解(2.2-10)方程组，得

$$i_A = -1\ \text{A}, \quad i_B = 3\ \text{A}$$

$$u_x = 4i_B = 4 \times 3 = 12\ \text{V}$$

所以

$$u_{ab} = 10i_A + 2u_x = 10 \times (-1) + 2 \times 12 = 14\ \text{V}$$

例 2.2-4 如图 2.2-5 所示电路，求各支路电流。

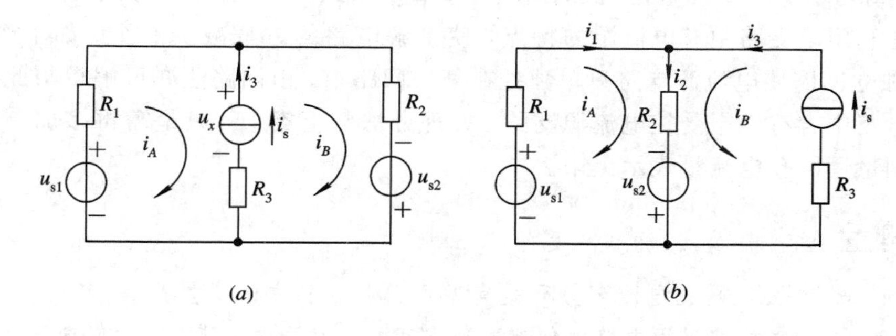

图 2.2-5 例 2.2-4 用图

解 本题图 2.2-5(*a*)所示的两个网孔的公共支路上有一理想电流源。如果按图 2.2-5(*a*)所示电路设出网孔电流，如何列写网孔方程呢？这里需注意，网孔方程实际上是依KVL列写的回路电压方程，即网孔内各元件上电压代数和等于零，那么在巡行中遇到理想电流源

(或受控电流源),它两端电压取多大呢?根据电流源特性,它的端电压与外电路有关,在电路未求解出之前是未知的。这时可先假设该电流源两端电压为u_x,把u_x当做理想电压源一样看待列写基本方程。因为引入了电流源两端电压u_x这个未知量,所以列出的基本方程就少于未知量数,必须再找一个与之相互独立的方程才可求解。这个方程也是不难找到的,因为理想电流源所在支路的支路电流i_3等于i_s,i_3又等于二网孔电流代数和,这样就可写辅助方程,即

$$i_B - i_A = i_s$$

用网孔法求解图 2.2-5(a)所示电路所需的方程为

$$\left.\begin{aligned}(R_1+R_3)i_A - R_3 i_B &= -u_x + u_{s1}\\ -R_3 i_A + (R_2+R_3)i_B &= u_x + u_{s2}\\ -i_A + i_B &= i_s\end{aligned}\right\}\qquad(2.2-11)$$

现在我们介绍另一种求解该电路的简便方法。将图 2.2-5(a)所示电路做伸缩扭动变形,使理想电流源所在支路单独属于某一网孔,如图 2.2-5(b)所示电路。理想电流源支路单独属于网孔B,设B网孔电流i_B与i_s方向一致,则

$$i_B = i_s$$

所以只需列出网孔A的一个方程即可求解。网孔A的方程为

$$(R_1+R_2)i_A + R_2 i_s = u_{s1} + u_{s2}$$

所以

$$i_A = \frac{u_{s1} + u_{s2} - R_2 i_s}{R_1 + R_2}$$

进一步可求得电流:

$$\left.\begin{aligned}i_1 &= i_A = \frac{u_{s1} + u_{s2} - R_2 i_s}{R_1 + R_2}\\ i_3 &= i_s\\ i_2 &= i_1 + i_s = \frac{u_{s1} + u_{s2} + R_1 i_s}{R_1 + R_2}\end{aligned}\right\}\qquad(2.2-12)$$

读者可自行练习求解(2.2-11)式,其结果应与(2.2-12)式相同。第二种办法利用图 2.2-5(b)求解,就是利用了支路中有电流源的特点,使求解电路的方程减少一个。如不改画电路,应用选取独立回路使电流源支路只单独处在某一回路中,由回路法亦可解得与此相同的结果。如果电路中含有理想受控电流源支路,处理办法与上类似,只是需再多加一个辅助方程,把控制量用网孔电流量表示出来。

∵ 思考题 ∵

2.2-1 为什么说网孔电流变量既是完备而又相互独立的变量?

2.2-2 对一般的非平面电路如何选取独立回路?对平面电路,又如何选取独立回路?

2.2-3 你记住了列写网孔方程的通式了吗?能做到"观察电路,对照通式,直写方程"吗?有人说:自电阻恒为正,互电阻可正可负。你同意他的观点吗?如何求各独立回路的等效电压源?

2.2-4 遇到电路中含有独立电流源的情况,在列写网孔方程时如何处理独立电流源

两端的电压？若电路中含有受控电流源，又该如何处理呢？

2.3 节点电位法

节点电位法是着眼于减少方程个数的另一种改进的方程分析方法。上一节所讲的网孔电流自动满足KCL，是相互独立的变量，是完备的变量，仅应用KVL列方程就可求解电路。那么我们自然也会联想到能否找到另外一种变量，它自动满足KVL，而仅利用KCL列方程就可求解电路呢？这节讨论的节点电位法正是这样的一种电路求解方法。该法有时又简称为节点法。

2.3.1 节点电位

在电路中，任选一节点作参考点，其余各节点到参考点之间的电压称为相应各节点的电位。如图2.3-1所示电路，选节点4作参考点(亦可选其他节点作参考点)，设节点1、2、3的电位分别为v_1、v_2、v_3。显然，这个电路中任何两点间的电压，任何一支路上的电流，都可应用已知的节点电位求出。例如，支路电流

$$i_1 = G_1(v_1 - v_2)$$

$$i_4 = G_4 v_3$$

电导G_5吸收的功率

$$p_5 = G_5(v_1 - v_3)^2$$

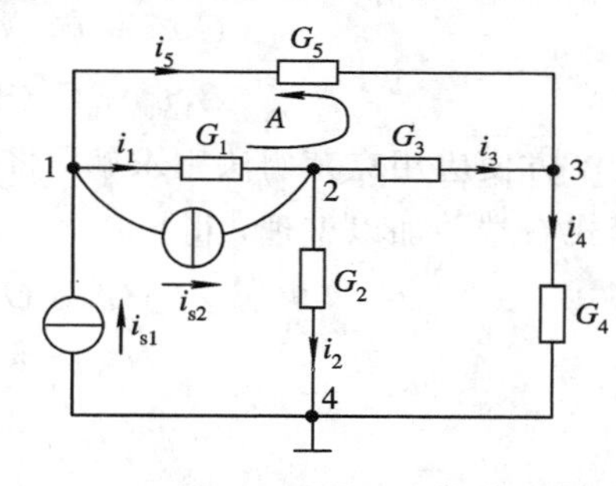

图 2.3-1 节点法分析用图

这就说明了节点电位是完备的变量。观察图2.3-1可见，对电路中任何一个回路列写KVL方程，回路中的节点，其电位一定出现一次正号一次负号。例如图中回路A，由KVL列写方程为

$$u_{12} + u_{23} + u_{31} = 0$$

将上式中各电压改写为用电位差表示，即有

$$v_1 - v_2 + v_2 - v_3 + v_3 - v_1 = 0 \tag{2.3-1}$$

(2.3-1)式说明了节点电位变量是自动满足KVL的，因此各节点电位之间的关系无法通过KVL相联系，这就使得节点电位v_1、v_2、v_3中的任意两两相加减而得不到第三个变量。所以说：节点电位变量是相互独立的变量。

2.3.2 节点电位法

以各独立节点电位为未知量，将各支路电流通过支路VAR用未知节点电位表示，依KCL列节点电流方程(简称节点方程)，求解出各节点电位变量，进而求得电路中需要求的电流、电压、功率等，这种分析法称为节点电位法。下面我们以图2.3-1所示电路为例来看方程的列写过程，并从中归纳总结出简便列写节点方程的方法。参考点与各节点电位如图中所标，设出各支路电流，由支路VAR将各支路电流用节点电位表示，即

$$\left.\begin{aligned} i_1 &= G_1(v_1 - v_2) \\ i_2 &= G_2 v_2 \\ i_3 &= G_3(v_2 - v_3) \\ i_4 &= G_4 v_3 \\ i_5 &= G_5(v_1 - v_3) \end{aligned}\right\} \tag{2.3-2}$$

现在依 KCL 列出节点 1、2、3 的 KCL 方程，设流出节点的电流取正号，流入节点的电流取负号，可得

$$\left.\begin{aligned} &\text{节点 1} \quad & i_1 + i_5 - i_{s1} + i_{s2} = 0 \\ &\text{节点 2} \quad & i_2 + i_3 - i_1 - i_{s2} = 0 \\ &\text{节点 3} \quad & i_4 - i_3 - i_5 = 0 \end{aligned}\right\} \tag{2.3-3}$$

将(2.3-2)式代入(2.3-3)式，得

$$\left.\begin{aligned} G_1(v_1 - v_2) + G_5(v_1 - v_3) - i_{s1} + i_{s2} = 0 \\ G_2 v_2 + G_3(v_2 - v_3) - G_1(v_1 - v_2) - i_{s2} = 0 \\ G_4 v_3 - G_3(v_2 - v_3) - G_5(v_1 - v_3) = 0 \end{aligned}\right\} \tag{2.3-4}$$

为了方便应用克莱姆法则求解，将(2.3-4)式按未知量顺序重新排列，已知的电流源移至等式右端并加以整理，得

$$(G_1 + G_5)v_1 - G_1 v_2 - G_5 v_3 = i_{s1} - i_{s2} \tag{2.3-5}$$

$$-G_1 v_1 + (G_1 + G_2 + G_3)v_2 - G_3 v_3 = i_{s2} \tag{2.3-6}$$

$$-G_5 v_1 - G_3 v_2 + (G_3 + G_4 + G_5)v_3 = 0 \tag{2.3-7}$$

观察整理后的方程，以(2.3-5)式为例，变量 v_1 前的系数(G_1+G_5)恰是与第一个节点相连各支路的电导之和，称为节点 1 的自电导，以符号 G_{11} 表示。变量 v_2 前的系数$-G_1$是节点 1 与节点 2 之间的互电导，以符号 G_{12} 表示，它等于与该两节点相连的公共支路上的电导之和，并取负号。v_3 前的系数$-G_5$是节点 1 与节点 3 之间的互电导，以 G_{13} 表示，它等于与节点 1、3 相连的公共支路上的电导之和，并取负号。等式右端 $i_{s1}-i_{s2}$ 是流入节点 1 的电流源的代数和，以符号 i_{s11} 表示，称为等效电流源。计算 i_{s11} 时是以流入节点 1 的电流源为正，流出节点 1 的电流源为负。同理可找出(2.3-6)式、(2.3-7)式的自电导、互电导、等效电流源，即

$$G_{21} = -G_1, \quad G_{22} = G_1 + G_2 + G_3, \quad G_{23} = -G_3$$

$$G_{31} = -G_5, \quad G_{32} = -G_3, \quad G_{33} = G_3 + G_4 + G_5$$

$$i_{s22} = i_{s2}, \quad i_{s33} = 0$$

由以上分析，我们可以归纳总结得到应用节点法分析具有 3 个独立节点电路的方程通式(一般式)，即

$$\left.\begin{aligned} G_{11}v_1 + G_{12}v_2 + G_{13}v_3 = i_{s11} \\ G_{21}v_1 + G_{22}v_2 + G_{23}v_3 = i_{s22} \\ G_{31}v_1 + G_{32}v_2 + G_{33}v_3 = i_{s33} \end{aligned}\right\} \tag{2.3-8}$$

如果电路有 n 个独立节点，我们也不难得到列写节点方程的通式为

$$
\left.\begin{aligned}
G_{11}v_1+G_{12}v_2+\cdots+G_{1n}v_n&=i_{s11}\\
G_{21}v_1+G_{22}v_2+\cdots+G_{2n}v_n&=i_{s22}\\
&\vdots\\
G_{n1}v_1+G_{n2}v_2+\cdots+G_{nn}v_n&=i_{snn}
\end{aligned}\right\}\qquad(2.3-9)
$$

有了方程通式，在用节点法分析电路时并不需要像前述那样先列写节点电流方程，再代入支路 VAR，然后进行整理得到按顺序排列的方程组，而是在选定参考点并设出节点电位之后，只需观察电路结构，分别求出各独立节点的自电导、互电导及等效电流源，代入(2.3-8)式或(2.3-9)式，即得到可应用行列式求解的方程组。这样，对我们求解电路来说更为方便。下面通过具体例子说明用节点电位法分析求解电路的步骤以及可能遇到的其他的一些特殊电路问题列写节点方程时的处理办法。

例 2.3-1 如图 2.3-2 所示电路，求电导 G_1、G_2、G_3 中的电流及图中 3 个电流源分别产生的功率。

解 采用节点电位法求解。

第一步：选参考点，设节点电位。对本问题，选节点 4 为参考点，设节点 1、2、3 的电位分别为 v_1、v_2、v_3。若电路接地点已给出，就不需要再选参考点，只需设出节点电位就算完成了这一步。

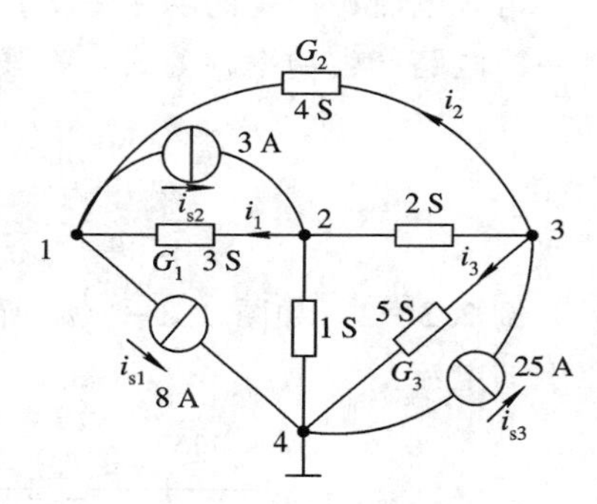

图 2.3-2 例 2.3-1 用图

第二步：观察电路，应用(2.3-8)式或(2.3-9)式直接列写方程。一般用心算求出各节点的自电导、互电导和等效电流源数值，代入通式即写出方程。当然写出(一般不写出)求自电导、互电导、等效电流源的过程亦可以。对本例电路，有

$$
\begin{aligned}
&G_{11}=3+4=7\ \text{S}, && G_{12}=-3\ \text{S}, && G_{13}=-4\ \text{S}\\
&G_{21}=-3\ \text{S}, && G_{22}=1+2+3=6\ \text{S}, && G_{23}=-2\ \text{S}\\
&G_{31}=-4\ \text{S}, && G_{32}=-2\ \text{S}, && G_{33}=5+2+4=11\ \text{S}\\
&i_{s11}=-3-8=-11\ \text{A}, && i_{s22}=3\ \text{A}, && i_{s33}=25\ \text{A}
\end{aligned}
$$

将求得的自电导、互电导、等效电流源代入(2.3-8)式，得

$$
\left.\begin{aligned}
7v_1-3v_2-4v_3&=-11\\
-3v_1+6v_2-2v_3&=3\\
-4v_1-2v_2+11v_3&=25
\end{aligned}\right\}\qquad(2.3-10)
$$

第三步：解方程，求得各节点电位。用克莱姆法则解(2.3-10)式，得

$$
\Delta=\begin{vmatrix}7&-3&-4\\-3&6&-2\\-4&-2&11\end{vmatrix}=191,\qquad \Delta_1=\begin{vmatrix}-11&-3&-4\\3&6&-2\\25&-2&11\end{vmatrix}=191
$$

$$
\Delta_2=\begin{vmatrix}7&-11&-4\\-3&3&-2\\-4&25&11\end{vmatrix}=382,\qquad \Delta_3=\begin{vmatrix}7&-3&-11\\-3&6&3\\-4&-2&25\end{vmatrix}=573
$$

所以，节点电位

$$v_1 = \frac{\Delta_1}{\Delta} = \frac{191}{191} = 1\ \text{V}$$

$$v_2 = \frac{\Delta_2}{\Delta} = \frac{382}{191} = 2\ \text{V}$$

$$v_3 = \frac{\Delta_3}{\Delta} = \frac{573}{191} = 3\ \text{V}$$

第四步：由求得的各节点电位，再求题目中需要求的各量。我们先求3个电导上的电流。设通过电导 G_1、G_2、G_3 的电流分别为 i_1、i_2、i_3，参考方向如图中所标，由欧姆定律电导形式可算得3个电流分别为

$$i_1 = G_1 u_{21} = 3\times(v_2 - v_1) = 3\times(2-1) = 3\ \text{A}$$

$$i_2 = G_2 u_{31} = 4\times(v_3 - v_1) = 4\times(3-1) = 8\ \text{A}$$

$$i_3 = G_3 v_3 = 5\times 3 = 15\ \text{A}$$

再求电流源产生的功率。设 p_{s1}、p_{s2}、p_{s3} 分别代表电流源 i_{s1}、i_{s2}、i_{s3} 产生的功率。由计算一段电路产生功率的公式，考虑对电流源电压、电流参考方向关联与否，分别算得

$$p_{s1} = -i_{s1} v_1 = -8\times 1 = -8\ \text{W}$$

$$p_{s2} = -i_{s2}(v_1 - v_2) = -3\times(-1) = 3\ \text{W}$$

$$p_{s3} = i_{s3} v_3 = 25\times 3 = 75\ \text{W}$$

例 2.3-2　如图 2.3-3(*a*)所示电路中，各电压源、电阻的数值如图上所标，求各支路上的电流。

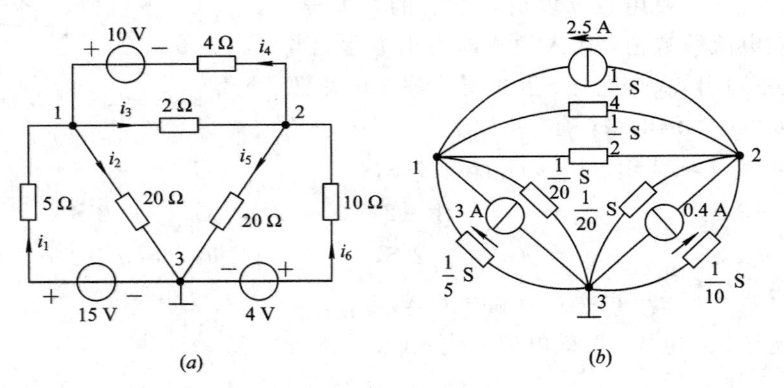

图 2.3-3　例 2.3-2 用图

解　在一些电路里，常给出电阻参数和电压源形式的激励。在这种情况下应用节点法分析时，可先应用电源互换将电压源形式变换为电流源形式，各电阻参数换算为电导参数，如图 2.3-3(*b*)所示。在图 2.3-3(*b*)中，设节点3为参考点，并设节点1、2的电位分别为 v_1、v_2，可得方程组为

$$\left.\begin{aligned} \left(\frac{1}{5}+\frac{1}{20}+\frac{1}{2}+\frac{1}{4}\right)v_1 - \left(\frac{1}{2}+\frac{1}{4}\right)v_2 &= 3+2.5 \\ -\left(\frac{1}{2}+\frac{1}{4}\right)v_1 + \left(\frac{1}{2}+\frac{1}{4}+\frac{1}{10}+\frac{1}{20}\right)v_2 &= 0.4-2.5 \end{aligned}\right\}$$

化简上方程组，得

$$\left.\begin{aligned} v_1 - \frac{3}{4}v_2 &= \frac{11}{2} \\ -\frac{3}{4}v_1 + \frac{9}{10}v_2 &= -\frac{21}{10} \end{aligned}\right\} \tag{2.3-11}$$

解(2.3-11)方程组，得

$$\Delta = \begin{vmatrix} 1 & -\frac{3}{4} \\ -\frac{3}{4} & \frac{9}{10} \end{vmatrix} = \frac{27}{80}$$

$$\Delta_1 = \begin{vmatrix} \frac{11}{2} & -\frac{3}{4} \\ -\frac{21}{10} & \frac{9}{10} \end{vmatrix} = \frac{270}{80}, \quad \Delta_2 = \begin{vmatrix} 1 & \frac{11}{2} \\ -\frac{3}{4} & -\frac{21}{10} \end{vmatrix} = \frac{162}{80}$$

所以，节点电位

$$v_1 = \frac{\Delta_1}{\Delta} = \frac{\frac{270}{80}}{\frac{27}{80}} = 10\ \text{V}, \quad v_2 = \frac{\Delta_2}{\Delta} = \frac{\frac{162}{80}}{\frac{27}{80}} = 6\ \text{V}$$

图 2.3.3(b)所示的各节点电位数值也就是图 2.3-3(a)相应节点的电位值。在图 2.3-3(a)中设出各支路电流，由支路 VAR，得

$$i_1 = \frac{15 - v_1}{5} = \frac{15 - 10}{5} = 1\ \text{A}, \quad i_2 = \frac{v_1}{20} = \frac{10}{20} = 0.5\ \text{A}$$

$$i_3 = \frac{v_1 - v_2}{2} = \frac{10 - 6}{2} = 2\ \text{A}, \quad i_4 = \frac{10 + (v_2 - v_1)}{4} = \frac{10 - 4}{4} = 1.5\ \text{A}$$

$$i_5 = \frac{v_2}{20} = \frac{6}{20} = 0.3\ \text{A}, \quad i_6 = \frac{4 - v_2}{10} = \frac{4 - 6}{10} = -0.2\ \text{A}$$

在熟练掌握节点法之后，可不画如图 2.3-3(b)所示的等效电路，而由图 2.3-3(a)所示电路就可直接列写出方程。但要注意，列写方程时电阻要换算为电导；计算节点等效电流源时，该电流源的数值等于电压源电压除以该支路的电阻，其符号这样确定：若电压源正极性端向着该节点，则电流源电流方向流入该节点，取正号；反之，则电流源电流方向流出该节点，取负号。

例 2.3-3 如图 2.3-4(a)所示电路，求 u 与 i。

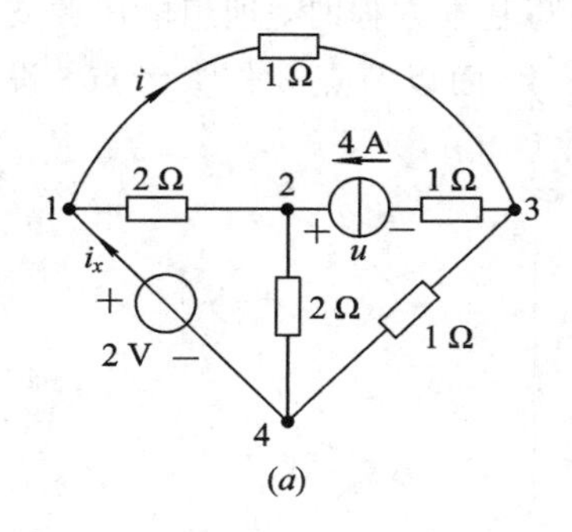

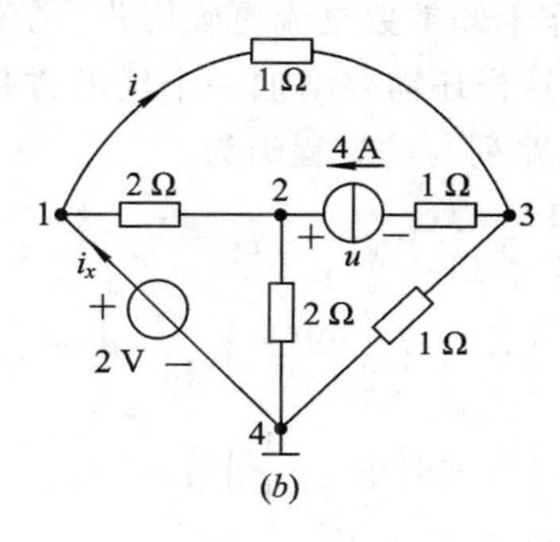

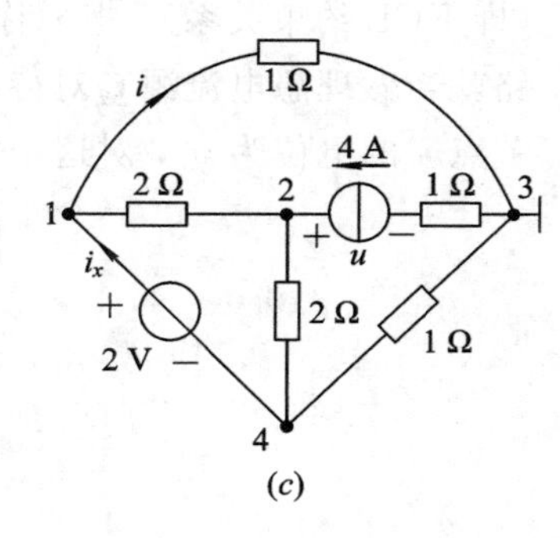

图 2.3-4 例 2.3-3 用图

解 本问题电路的1、4节点间有一理想电压源支路，用节点法分析时可按下列步骤处理。

(1) 若原电路没有指定参考点，可选择其理想电压源支路所连的两个节点之一作参考点。譬如本问题，选节点4作为参考点，如图2.3-4(*b*)所示。这时节点1的电位 $v_1=2$ V，可作为已知量，这样可少列一个方程。设节点2、3的电位分别为 v_2、v_3，由电路可写方程组：

$$\left.\begin{aligned}\left(\frac{1}{2}+\frac{1}{2}\right)v_2-\frac{1}{2}\times 2=4\\ \left(\frac{1}{1}+\frac{1}{1}\right)v_3-\frac{1}{1}\times 2=-4\end{aligned}\right\}\qquad(2.3-12)$$

写(2.3-12)方程组时，把 $v_1=2$ V 当做已知量直接代入了方程组。因为对求电路的节点电位来说，考虑理想电流源可认为是内阻为无穷大的电源，无穷大内阻再串上一个有限值电阻还是无穷大，该支路的支路电导为零，所以可以把电路中1 Ω电阻与4 A电流源相串联的支路等效为一个4 A电流源支路，故与4 A电流源串联的1 Ω电阻不能计入节点2、节点3的自电导里，也不能计入节点2、3之间的互电导里。解(2.3-12)方程组，得

$$v_2=5\ \text{V},\ v_3=-1\ \text{V}$$

由欧姆定律，求得

$$i=\frac{u_{13}}{1}=\frac{v_1-v_3}{1}=\frac{2-(-1)}{1}=3\ \text{A}$$

因为电压

$$u_{23}=-1\times 4+u=v_2-v_3=5-(-1)=6\ \text{V}$$

所以电压

$$u=6+4=10\ \text{V}$$

(2) 若原题电路参考点已给定，譬如本问题给定节点3为参考点，如图2.3-4(*c*)所示。它不是理想电压源支路所连的两个节点之一。在这种情况下，应对理想电压源支路设未知电流 i_x。为什么要设 i_x 呢？这是因为节点方程实际是依KCL列写的节点电流方程，即与该节点相连各支路电流的代数和等于零。根据理想电压源特性知，理想电压源支路上的电流是不能用它两端电位来表示的，它的输出电流与外电路有关，而在电路结构一定的条件下，它供出的电流也是确定的，只是目前还是未知量，所以要设 i_x 来满足拓扑约束关系(即KCL约束关系)。把 i_x 称作未知常数电流更确切些。在列写基本方程时，理想电压源支路就当做理想电流源 i_x 对待，这样还需要增加一个辅助方程。下面以节点3作参考点，设节点4的电位为 v_4，对这个电路列写的方程组为

$$\left.\begin{aligned}&\left(\frac{1}{2}+\frac{1}{1}\right)v_1-\frac{1}{2}v_2=i_x\\ &-\frac{1}{2}v_1+\left(\frac{1}{2}+\frac{1}{2}\right)v_2-\frac{1}{2}v_4=4\\ &-\frac{1}{2}v_2+\left(\frac{1}{2}+\frac{1}{1}\right)v_4=-i_x\\ &v_1-v_4=2\quad(\text{辅助方程})\end{aligned}\right\}$$

解以上方程组，可得

$$v_1 = 3\ \text{V},\quad v_2 = 6\ \text{V},\quad v_4 = 1\ \text{V}$$

进而算得

$$i = 3\ \text{A},\quad u = 10\ \text{V}$$

与采用第一种处理办法算得的结果完全相同。

此例说明了对包含有理想电压源支路的电路应用节点法分析时的处理方法。第一种处理方法是利用两节点间含理想电压源支路的特点，选其中一个节点作参考点即得另一节点电位，因而减少了一个未知量，也就减少了一个方程式(本问题是二元方程)。第二种处理方法虽然增加了一个辅助方程(本问题是四元方程)，使解方程的过程麻烦一些，但应看作也是一种合理的处理办法。因为，有的问题的参考点给定，它不是理想电压源支路所连的一个节点；有的问题可能含有多个理想电压源支路，我们只能选其中一个含理想电压源支路所连的两节点之一作参考点，这两种情况都避免不了对含理想电压源支路的节点列写节点方程。知道了第二种处理办法，遇到这两种情况，应用节点法分析时也就不会束手无策了。当然，在可能的条件下我们总是优先采用第一种处理办法。

例 2.3-4　如图 2.3-5(a)所示电路，求 v_1、i_1。

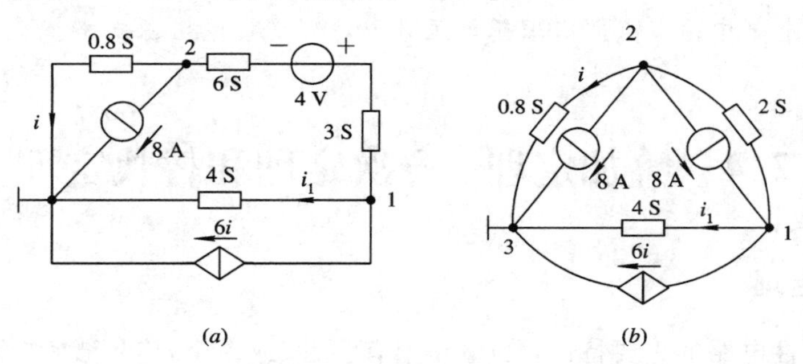

图 2.3-5　例 2.3-4 用图

解　原电路已指定了参考点，就不能另选参考点。由电源互换等效(采用节点法只需将电压源互换为电流源)将图 2.3-5(a)所示电路等效为图 2.3-5(b)所示电路。注意电导串联等效公式的应用，6 S 与 3 S 两电导串联的等效电导为 2 S；并注意电导参数形式欧姆定律的应用，2 S 电导与 4 V 理想电压源串联，等效为 8 A 电流源与 2 S 电导之并联。由图 2.3-5(b)所示电路可列写方程组为

$$\left.\begin{aligned}(2+4)v_1 - 2v_2 &= 8 - 6i\\ -2v_1 + 2.8v_2 &= -8 - 8\\ i &= 0.8v_2 \quad (\text{辅助方程})\end{aligned}\right\}$$

整理以上方程组，得

$$\left.\begin{aligned}3v_1 - v_2 + 3i &= 4\\ -v_1 + 1.4v_2 &= -8\\ 0.8v_2 - i &= 0\end{aligned}\right\}$$

解上述方程组，可得

$$\Delta = \begin{vmatrix} 3 & -1 & 3\\ -1 & 1.4 & 0\\ 0 & 0.8 & -1\end{vmatrix} = -5.6,\quad \Delta_1 = \begin{vmatrix} 4 & -1 & 3\\ -8 & 1.4 & 0\\ 0 & 0.8 & -1\end{vmatrix} = -16.8$$

所以，节点电位

$$v_1 = \frac{\Delta_1}{\Delta} = \frac{-16.8}{-5.6} = 3\ \text{V}$$

电流

$$i_1 = 4v_1 = 4 \times 3 = 12\ \text{A}$$

若电路中含有单独的理想受控电压源支路，处理办法原则上同例 2.3-3，但还应多加一个用节点电位表示控制量的辅助方程。

∴ 思考题 ∴

2.3-1　为什么说节点电位变量亦是既完备而又独立的变量？

2.3-2　具有 n 个节点的电路，如何选择独立节点？若该电路又有 b 条支路，一般情况下当 n 与 b 呈现什么关系时选用节点法分析？何时选用网孔法分析？请说明理由。

2.3-3　使用节点法分析电路受不受平面电路的限制？具有 3 个独立节点的电路的节点方程通式会写吗？自电导、互电导、流入节点的等效电流源如何求？

2.3-4　遇电路中两节点间有理想电压源或理想受控电压源支路情况，如何列写节点方程？

2.4　叠加定理、齐次定理和替代定理

2.4.1　叠加定理

叠加性是线性电路的重要特性，当电路中有多种(或多个)信号激励时，它为研究线性电路中响应与激励的关系提供了理论根据和方法，并经常作为建立其他电路定理的基本依据。

我们先看一个例子。对于图 2.4-1(a)所示电路，如求电流 i_1，我们可采用网孔法。设网孔电流为 i_A、i_B。由图可知 $i_B=i_s$，对网孔 A 列出的 KVL 方程为

$$(R_1+R_2)i_A + R_2 i_s = u_s$$

所以

$$i_A = \frac{u_s}{R_1+R_2} - \frac{R_2}{R_1+R_2}i_s$$

于是

$$i_1 = i_A + i_B = \frac{1}{R_1+R_2}u_s + \frac{R_1}{R_1+R_2}i_s \tag{2.4-1}$$

(2.4-1)式告诉我们，第一项只与 u_s 有关，第二项只与 i_s 有关。如令 $i_1' = u_s/(R_1+R_2)$，$i_1''=R_1 i_s/(R_1+R_2)$，则可将电流 i_1 写为

$$i_1 = i_1' + i_1''$$

式中：i_1' 可看作仅有 u_s 作用而 i_s 不作用($i_s=0$，视为开路)时 R_2 上的电流，如图 2.4-1(b)所示；i_1'' 可看作仅有 i_s 作用而 u_s 不作用($u_s=0$，视为短路)时 R_2 上的电流，如图 2.4-1(c)所示。此例还告诉我们，R_2 上的电流 i_1 可以看作独立电压源 u_s 与独立电流源 i_s 分别单独作

用时在 R_2 上所产生电流的代数和。响应与激励之间关系的这种规律，不仅本例才具有，任何具有唯一解的线性电路(电路方程的系数行列式 $\Delta \neq 0$ 的线性电路)都具有这种特性，它具有普遍意义。将线性电路的这种特性总结为叠加定理。

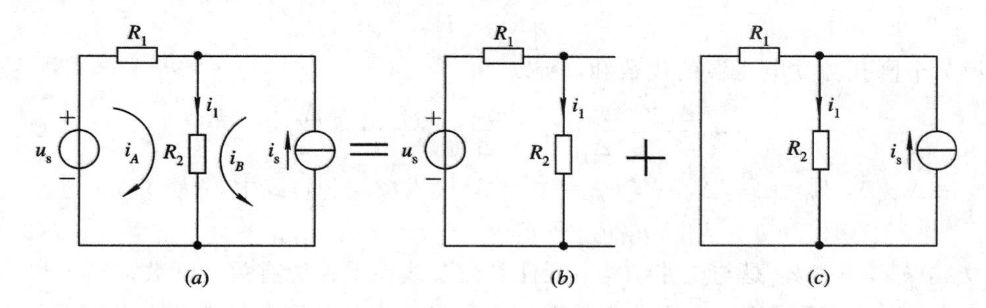

图 2.4-1　说明叠加定理的一个例子

叠加定理可表述为：在任何由线性元件、线性受控源及独立源组成的线性电路中，每一支路的响应(电压或电流)都可以看成是各个独立电源单独作用时，在该支路中产生响应的代数和。

叠加定理的正确性，可通过一任意的具有 m 个网孔的线性电路加以论述。设该电路的网孔方程为(若含有电流源，可仿(2.2-11)式列方程)

$$\left.\begin{aligned} R_{11}i_1 + R_{12}i_2 + \cdots + R_{1m}i_m &= u_{s11} \\ R_{21}i_1 + R_{22}i_2 + \cdots + R_{2m}i_m &= u_{s22} \\ &\vdots \\ R_{m1}i_1 + R_{m2}i_2 + \cdots + R_{mm}i_m &= u_{smm} \end{aligned}\right\} \tag{2.4-2}$$

根据克莱姆法则，解(2.4-2)式求 i_1：

$$\Delta = \begin{vmatrix} R_{11} & R_{12} & \cdots & R_{1m} \\ R_{21} & R_{22} & \cdots & R_{2m} \\ \vdots & \vdots & & \vdots \\ R_{m1} & R_{m2} & \cdots & R_{mm} \end{vmatrix}$$

$$\Delta_1 = \begin{vmatrix} u_{s11} & R_{12} & \cdots & R_{1m} \\ u_{s22} & R_{22} & \cdots & R_{2m} \\ \vdots & \vdots & & \vdots \\ u_{smm} & R_{m2} & \cdots & R_{mm} \end{vmatrix}$$

$$= \Delta_{11}u_{s11} + \Delta_{21}u_{s22} + \cdots + \Delta_{j1}u_{sjj} + \cdots + \Delta_{m1}u_{smm} \tag{2.4-3}$$

(2.4-3)式中：Δ_{j1} 为 Δ 中第一列第 j 行元素对应的代数余子式，$j=1, 2, \cdots, m$，例如：

$$\Delta_{11} = (-1)^{1+1}\begin{vmatrix} R_{22} & R_{23} & \cdots & R_{2m} \\ R_{32} & R_{33} & \cdots & R_{3m} \\ \vdots & \vdots & & \vdots \\ R_{m2} & R_{m3} & \cdots & R_{mm} \end{vmatrix}$$

$$\Delta_{21}=(-1)^{2+1}\begin{vmatrix} R_{12} & R_{13} & \cdots & R_{1m} \\ R_{32} & R_{33} & \cdots & R_{3m} \\ \vdots & \vdots & & \vdots \\ R_{m2} & R_{m3} & \cdots & R_{mm} \end{vmatrix}$$

u_{sjj} 为第 j 个网孔独立电压源的代数和，所以

$$i_1=\frac{\Delta_1}{\Delta}=\frac{\Delta_{11}}{\Delta}u_{s11}+\frac{\Delta_{21}}{\Delta}u_{s22}+\cdots+\frac{\Delta_{m1}}{\Delta}u_{smm} \tag{2.4-4}$$

若令 $k_{11}=\Delta_{11}/\Delta$，$k_{21}=\Delta_{21}/\Delta$，…，$k_{m1}=\Delta_{m1}/\Delta$，代入(2.4-4)式中，得

$$i_1=k_{11}u_{s11}+k_{12}u_{s22}+\cdots+k_{m1}u_{smm} \tag{2.4-5}$$

式中，k_{11}，k_{21}，…，k_{m1}是与电路结构、元件参数及线性受控源有关的常数。

(2.4-5)式说明了第一个网孔中的电流 i_1 可以看作是各网孔等效独立电压源分别单独作用时在第一个网孔所产生电流的代数和。同理，其他网孔电流都可如此看待。因电路中任意支路的电流是流经该支路网孔电流的代数和，又各网孔等效独立电压源等于各网孔内独立电压源的代数和，所以电路中任意支路的电流都可以看作是电路中各独立源单独作用时在该支路中产生电流的代数和；电路中任意支路的电压与支路电流呈一次函数关系，所以电路中任一支路的电压也可看作是电路中各独立源单独作用时在该支路两端产生电压的代数和。由此可见，对任意线性电路，叠加定理都是成立的。

在应用叠加定理时应注意：

(1) 叠加定理仅适用于线性电路求解电压和电流响应而不能用来计算功率。这是因为线性电路中的电压和电流都与激励(独立源)呈一次函数关系，而功率与激励不再是一次函数关系。

(2) 应用叠加定理求电压、电流是代数量的叠加，应特别注意各代数量的符号。若某一独立源单独作用时在某一支路产生响应的参考方向与所求这一支路响应的参考方向一致则取正号，反之则取负号。

(3) 当一独立源作用时，其他独立源都应等于零(即独立理想电压源短路，独立理想电流源开路)。

(4) 若电路中含有受控源，应用叠加定理时，受控源不要单独作用(这是劝告！若要单独作用只会使问题的分析求解更复杂化)，在独立源每次单独作用时受控源要保留其中，其数值随每一独立源单独作用时控制量数值的变化而变化。

(5) 叠加的方式是任意的，可以一次使一个独立源单独作用，也可以一次使几个独立源同时作用，方式的选择取决于对分析计算问题简便与否。

例 2.4-1 如图 2.4-2(a)所示电路，求电压 u_{ab} 和电流 i_1。

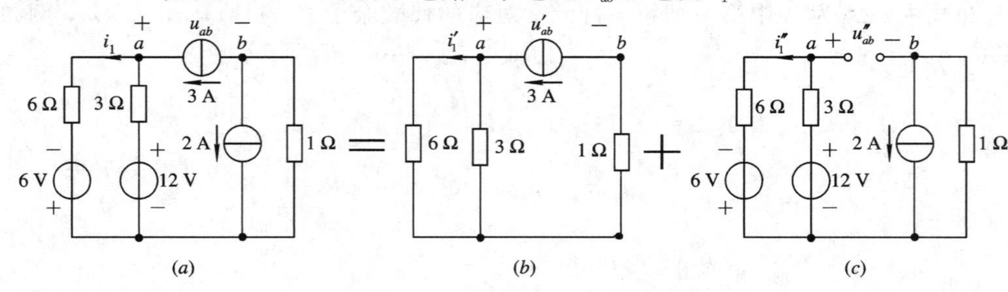

图 2.4-2 例 2.4-1 用图

解　本题独立源数目较多，每一个独立源单独作用一次，需作4个分解图，分别计算4次，比较麻烦。这里我们采用独立源“分组”作用，即3 A独立电流源单独作用一次，其余独立源共同作用一次，作两个分解图，如图2.4-2(*b*)、(*c*)所示。由图2.4-2(*b*)，得

$$u'_{ab}=[6\ /\!/\ 3+1]\times 3=9\ \text{V}$$

$$i'_1=\frac{3}{3+6}\times 3=1\ \text{A}$$

由图2.4-2(*c*)，得

$$i''_1=\frac{6+12}{6+3}=2\ \text{A}$$

$$u''_{ab}=6i''_1-6+2\times 1=6\times 2-6+2=8\ \text{V}$$

所以，由叠加定理得

$$u_{ab}=u'_{ab}+u''_{ab}=9+8=17\ \text{V}$$

$$i_1=i'_1+i''_1=1+2=3\ \text{A}$$

例2.4-2　如图2.4-3(*a*)所示电路，含有一受控源，求电流i和电压u。

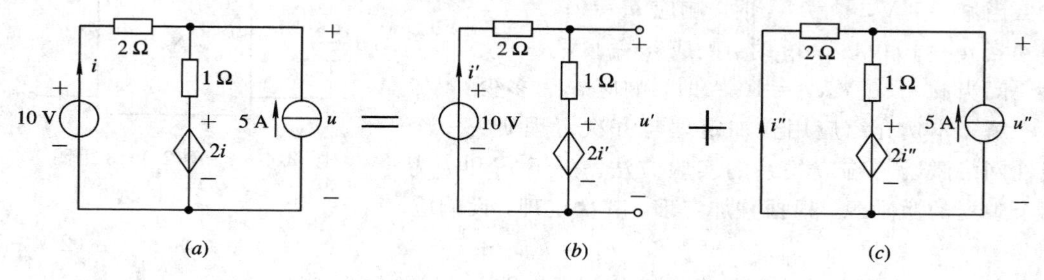

图2.4-3　例2.4-2用图

解　根据应用叠加定理分析含有受控源的电路问题时受控源不要单独作用的劝告，作分解图如图2.4-3(*b*)、(*c*)所示。由图2.4-3(*b*)，得

$$i'=\frac{10-2i'}{2+1},\quad u'=1\times i'+2i'=3i'$$

所以

$$i'=2\ \text{A},\quad u'=3i'=3\times 2=6\ \text{V}$$

由图2.4-3(*c*)，根据KVL，有

$$2i''+1\times(5+i'')+2i''=0$$

可解得

$$i''=-1\ \text{A},\quad u''=-2i''=-2(-1)=2\ \text{V}$$

故得

$$i=i'+i''=2+(-1)=1\ \text{A}$$

$$u=u'+u''=6+2=8\ \text{V}$$

2.4.2　齐次定理

线性电路另一个重要特性就是齐次性(又称比例性或均匀性)，把该性质总结为线性电路中另一重要的定理——齐次定理。

齐次定理表述为：当一个激励源(独立电压源或独立电流源)作用于线性电路时，其任

意支路的响应(电压或电流)与该激励源成正比。

由(2.4-5)式联想，不难看出齐次定理的正确性。设只有一个电压激励源 u_s 且处在第一个网孔内，对照(2.4-5)式，应有

$$u_{s11} = u_s, u_{s22} = 0, \cdots, u_{smm} = 0$$

所以电流

$$i_1 = k_{11} u_s \tag{2.4-6}$$

由(2.4-6)式很容易看出响应 i_1 与激励 u_s 的正比例关系。

若线性电路中有多个激励源作用，由叠加定理和齐次定理的结合应用，不难得到这样的结论：线性电路中，当全部激励源同时增大到 K(K 为任意常数)倍，其电路中任意处的响应(电压或电流)亦增大到 K 倍。

例 2.4-3 图 2.4-4 为一线性纯电阻网络 N_R，其内部结构不详。已知两激励源 u_s、i_s 是下列数值时的实验数据为

当 $u_s=1$ V，$i_s=1$ A 时，响应 $u_2=0$；

当 $u_s=10$ V，$i_s=0$ 时，响应 $u_2=1$ V。

问当 $u_s=30$ V，$i_s=10$ A 时，响应 u_2 为多少？

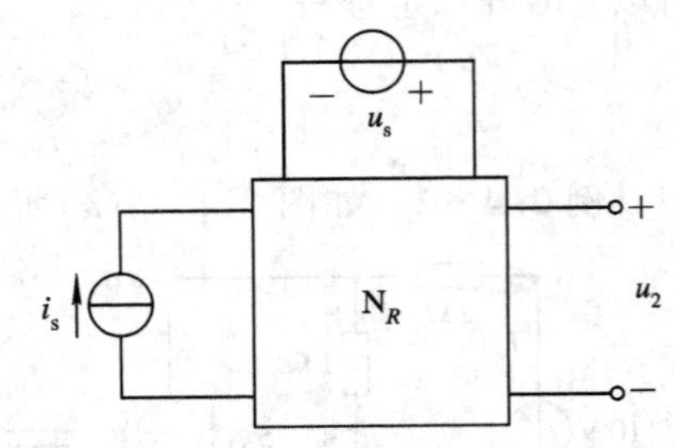

图 2.4-4　例 2.4-3 用图

解　本例介绍应用叠加定理与齐次定理研究一个线性网络激励与响应关系的实验方法。由于 u_s 和 i_s 为两个独立的激励源，根据叠加定理、齐次定理，设响应

$$u_2 = k_1 u_s + k_2 i_s \tag{2.4-7}$$

式中：k_1、k_2 为未知的比例常数，其中 k_1 无量纲，k_2 的单位为 Ω。

将已知的实验数据代入(2.4-7)式，得

$$\left.\begin{aligned} k_1 \times 1 + k_2 \times 1 = 0 \\ k_1 \times 10 + k_2 \times 0 = 1 \end{aligned}\right\} \tag{2.4-8}$$

解(2.4-8)式，得

$$k_1 = 0.1, \quad k_2 = -0.1\ \Omega$$

将 k_1、k_2 的数值及 $u_s=30$ V、$i_s=10$ A 代入(2.4-7)式，即得

$$u_2 = 0.1 \times 30 + (-0.1) \times 10 = 2\ \text{V}$$

由本节所举的几个例子可以看出：叠加定理用来分析线性电路的基本思想是“化整为零”，它将多个独立源作用的复杂电路分解为每一个(或每一组)独立源单独作用的较简单的电路，在分解图中分别计算某支路的电流或电压，然后用代数和相加求出它们共同作用时的响应。对于独立源数目不是很多又不含受控源的线性电路，用叠加定理分析有方便之处。

还需明确的是，叠加定理与齐次定理分别表征线性电路两个相互独立的性质，不能相互包含与代替。既满足叠加性又满足齐次性的电路才是线性电路。

2.4.3　替代定理

替代定理(又称置换定理)是集总参数电路中又一个重要的定理。从理论上讲，无论线性、非线性、时变、时不变电路，替代定理都是成立的。不过在线性时不变电路问题分析中替代定理应用更加普遍，这里着重讨论在这类电路问题分析中的应用。

替代定理可表述为：具有唯一解的电路中，若知某支路 k 的电压为 u_k，电流为 i_k，且该支路与电路中其他支路无耦合①，则无论该支路是由什么元件组成的，都可用下列任何一个元件去替代：

(1) 电压等于 u_k 的理想电压源；

(2) 电流等于 i_k 的理想电流源；

(3) 阻值为 u_k/i_k 的电阻 R_k。

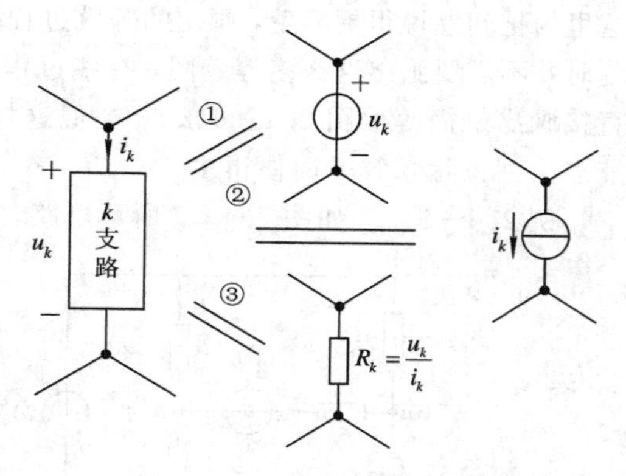

图 2.4-5　替代定理示意图

替代以后该电路中其余部分的电压、电流、功率均保持不变。图 2.4-5 所示是替代定理示意图。

替代定理的正确性可作如下理解：在数学中我们知道，对给定的有唯一解的一组方程，其中任何一个未知量，如用它的解答值来代替，不会引起方程中其他任何未知量的解答在量值上有所改变。对于电路问题，依 KCL、KVL 列出方程，考虑电路是有唯一解的，即所列方程组有唯一解。电路中的支路电流、电压是未知量，把 k 支路用其值等于 k 支路唯一解电压值 u_k 的理想电压源替代(参见图 2.4-5)，就相当于把方程组中某未知量用其解答来代替，而理想电压源的输出电流可以是任意的，它可以满足该电路对支路电流的约束要求。所以，这种替代不会使其余任何一个支路电压、电流发生变化。

同理，也可推断替代定理其他两种形式亦是正确的。下面再举两个例子来看替代定理在电路分析中的应用。

例 2.4-4　如图 2.4-6(a)所示电路，求电流 i_1。

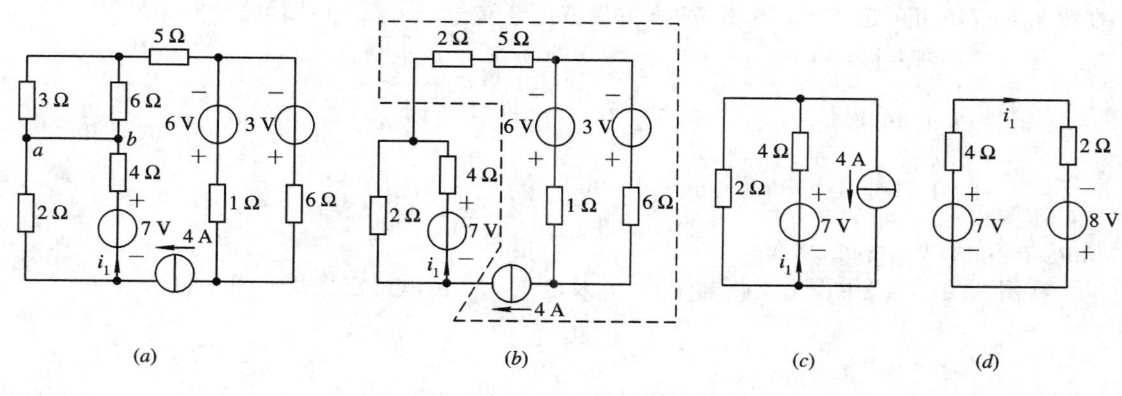

图 2.4-6　例 2.4-4 用图

解　这个电路看起来比较复杂，但如果将短路线压缩，ab 合并为一点，3 Ω 与 6 Ω 电阻并联等效为一个 2 Ω 的电阻，如图 2.4-6(b)所示。再把图 2.4-6(b)中虚线框起来的部分看作一个支路 k，且知这个支路的电流为 4 A(由图 2.4-6(b)中下方 4 A 理想电流源限定)，应用替代定理把支路 k 用 4 A 理想电流源替代，如图 2.4-6(c)所示。再应用电源互

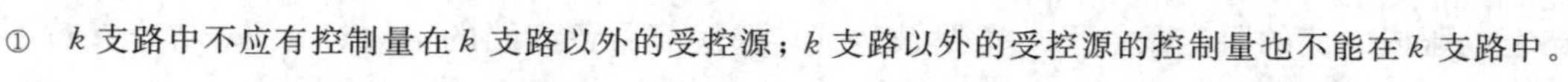

①　k 支路中不应有控制量在 k 支路以外的受控源；k 支路以外的受控源的控制量也不能在 k 支路中。

换将图 2.4－6(c)等效为图 2.4－6(d)，即可解得

$$i_1 = \frac{7+8}{6} = 2.5\ \text{A}$$

这里为把问题说得更清楚，画出的等效过程图较多。其实如果等效概念熟练之后，在求解问题时并不需要画出这么多等效图，有些过程只需心算即可。就本例来说，可由图 2.4－6(a)直接画出最简等效图 2.4－6(d)。类似这样的问题，应用替代定理等效比直接用网孔法、节点法列方程求解要简便得多。

例 2.4－5　如图 2.4－7 所示电路，已知 $u_{ab}=0$，求电阻 R。

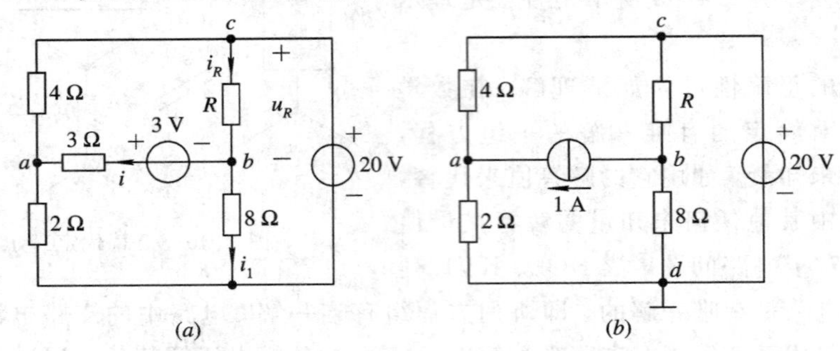

图 2.4－7　例 2.4－5 用图

解　本电路中有一个未知电阻 R，直接应用网孔法或节点法求解比较麻烦。这是因为未知电阻 R 在所列方程的系数里，整理化简方程的工作量比较大。如果根据已知的 $u_{ab}=0$ 条件求得 ab 支路电流 i，即

$$u_{ab} = -3i + 3 = 0 \rightarrow i = 1\ \text{A}$$

先用 1 A 理想电流源替代 ab 支路，如图 2.4－7(b)所示。再应用节点电位法求解就比较简便。在图 2.4－7(b)里，选节点 d 作参考点，并设节点电位 v_a、v_b、v_c。由图可知，$v_c=20$ V。

对节点 a 列方程，有

$$\left(\frac{1}{2}+\frac{1}{4}\right)v_a - \frac{1}{4}\times 20 = 1$$

解之，得

$$v_a = 8\ \text{V}$$

因 $u_{ab}=0$，所以 $v_b=v_a=8$ V。

在图 2.4－7(a)中设出支路电流 i_1、i_R及电压 u_R。由欧姆定律及 KCL，得

$$i_1 = \frac{v_b}{8} = \frac{8}{8} = 1\ \text{A}$$

$$i_R = i_1 + 1 = 1 + 1 = 2\ \text{A}$$

$$u_R = v_c - v_b = 20 - 8 = 12\ \text{V}$$

$$R = \frac{u_R}{i_R} = \frac{12}{2} = 6\ \Omega$$

在分析电路时，常用替代定理化简电路，辅助其他方法求解问题。在推导一些新的定理与等效变换方法时也常用到它。实际工程中，在测试电路或试验设备中采用假负载(或称模拟负载)的理论根据，就是替代定理。但在使用替代定理时也必须清楚：在电路确定并知道 k 支路上电压或电流的限定条件下 k 支路被替代，替代前后各支路的电压、电流、功率保持不

变。严格地说，替代定理并不满足第 1 章 1.6 节中所述等效一般定义中的等效条件。因被替代的 k 支路与替代电路元件(或理想电压源 u_k 或理想电流源 i_k 或电阻 R_k)不具有相同的 VAR。

❖ 思考题 ❖

2.4－1　甲同学说：叠加定理只适用于线性电路，它可以用来求线性电路中的任何量，包括电流、电压、功率。你同意这种观点吗？为什么？

2.4－2　乙同学说：不管是线性电路还是非线性电路，只要是求电流、电压响应均可应用叠加定理。他的观点错在何处？请改正。

2.4－3　丙同学说：线性电路一定具有叠加性，具有叠加性的电路一定是线性电路。你同意这种说法吗？为什么？

2.4－4　有人说：理想电压源与理想电流源之间不便等效互换，但对某一确定的电路，若已知理想电压源 U_s 中的电流为 2 A，则该理想电压源 U_s 可以代换为 2 A 的理想电流源，这种代换不改变原电路的工作状态。你同意这种说法吗？为什么？

2.5　等效电源定理

在电路问题的分析中，有时只研究某一个支路的电压、电流或功率，对所研究的支路来说，电路的其余部分就成为一个有源二端电路(网络)。等效电源定理说明的就是如何将一个线性有源二端电路等效成一个电源的重要定理。如果将有源二端电路等效成电压源形式，应用的则是戴维宁定理；如果将有源二端电路等效成电流源形式，应用的则是诺顿定理。

2.5.1　戴维宁定理

戴维宁定理(Thevenin's Theorem)可表述为：一个含独立源、线性受控源[①]、线性电阻的二端电路 N，对其两个端子来说都可等效为一个理想电压源串联内阻的模型。其理想电压源的数值为有源二端电路 N 的两个端子间的开路电压 u_{oc}，串联的内阻为 N 内部所有独立源等于零(理想电压源短路，理想电流源开路)，受控源保留时两端子间的等效电阻 R_{eq}，常记为 R_0。

以上的表述可用图 2.5－1 来表示。图中：u_{oc} 串联 R_0 的模型称为戴维宁等效电源；负载可以是任意的线性或非线性支路。

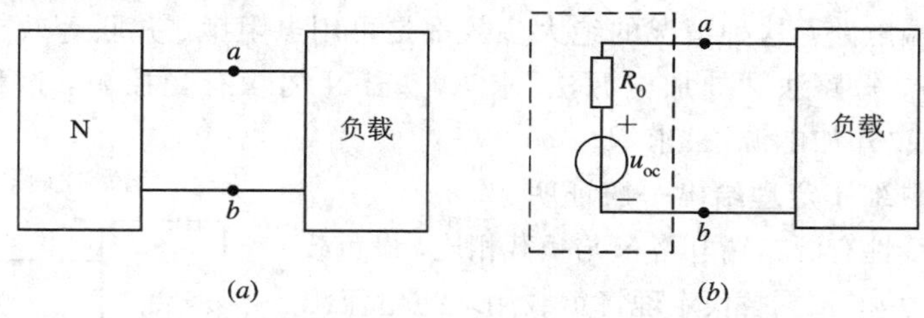

图 2.5－1　戴维宁定理示意图

① 这些受控源的控制量只能在二端电路内部；二端电路内部的电流或电压也不能是外部电路中受控源的控制量。

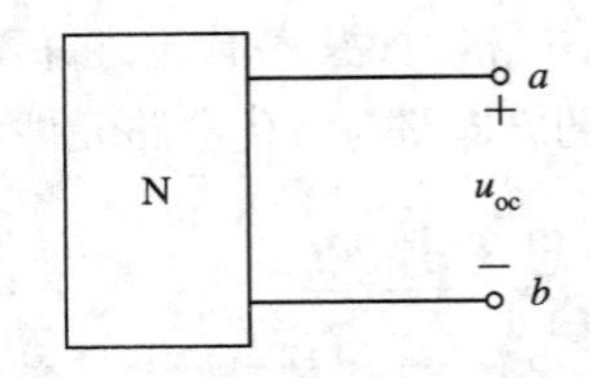

图 2.5-2 求开路电压电路

开路电压 u_{oc} 可以这样求取：先将负载支路断开，设出 u_{oc} 的参考方向，如图 2.5-2 所示，然后计算该电路的端电压 u_{oc}，其计算方法视具体电路形式而定。前面讲过的串、并联等效，分流分压关系，电源互换，叠加定理，网孔法，节点法等都可应用，亦可用戴维宁定理，总之什么方法能简便地求得 u_{oc}，就选用什么方法。

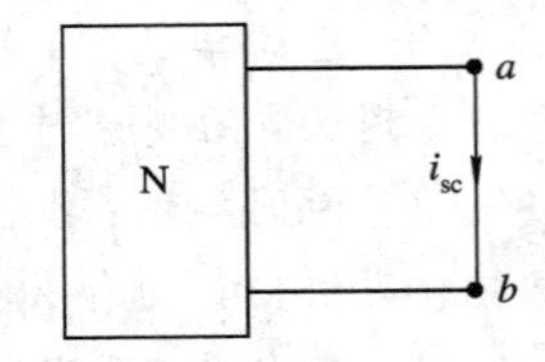

图 2.5-3 求短路电流电路

求 R_0 常用下述方法：

(1) 开路、短路法。即在求得电路 N 两端子间开路电压 u_{oc} 后，将两端子短路，并设端子短路电流 i_{sc} 参考方向(注意：若 u_{oc} 参考方向是 a 为高电位端，则 i_{sc} 的参考方向设成从 a 流向 b)，应用所学的任何方法求出 i_{sc}，如图 2.5-3 所示，则等效内阻

$$R_0 = \frac{u_{oc}}{i_{sc}} \tag{2.5-1}$$

还应注意，求 u_{oc}、i_{sc} 时 N 内所有的独立源、受控源均保留。

(2) 外加电源法。令 N 内所有的独立源为 0(理想电压源短路，理想电流源开路)，若含有受控源，受控源要保留，这时的二端电路用 N_0 表示，在 N_0 两端子间外加电源。若加电压源 u，就求端子上电流 i(i 与 u 对 N_0 二端电路来说参考方向关联)，如图 2.5-4(a)所示；若加电流源 i，就求端子间电压 u，如图 2.5-4(b)所示。N_0 两端子间等效电阻

$$R_{eq} = R_0 = \frac{u}{i} \tag{2.5-2}$$

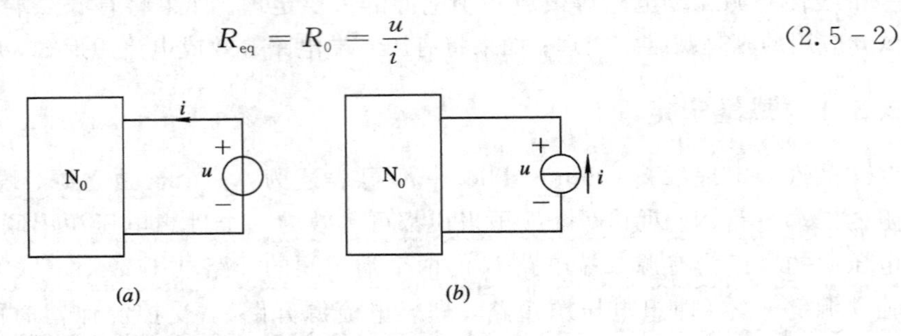

图 2.5-4 外加电源法求内阻 R_0

这里还应指出：上述讲的求 R_0 的两种方法具有一般性，即是说无论 N 内含不含受控源都可用这两种办法求 R_0。若二端电路 N 内不含受控源，则由 N 变为 N_0 的电路是不含受控源的纯电阻二端电路，这种情况的绝大多数都是可用电阻串、并联等效求得 R_0 的，而不再用前述的“开路、短路法”“外加电源法”求 R_0。若 N 内含有受控源，这种情况一般使用“开路、短路法”或“外加电源法”求 R_0。

下面我们对戴维宁定理给出一般证明。

图 2.5-5 为线性有源二端电路 N 与负载相连，设负载上电流为 i，电压为 u。根据替代定理将负载用理想电流源 i 替代，如图 2.5-6(a)所示，替代后应不影响 N 中各处的电压、电流。由叠加定理，电压 u 可分成两部分，写为

$$u = u' + u'' \tag{2.5-3}$$

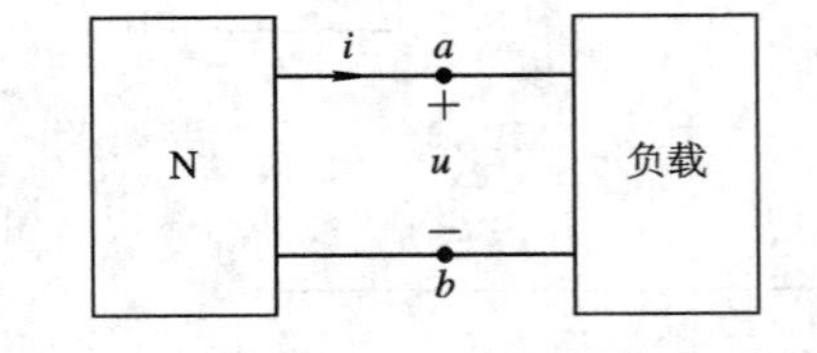

图 2.5-5 二端电路 N 接负载电路

其中：u'是由 N 内所有独立源共同作用时在端子间产生的电压（即端子间的开路电压），如图 2.5-6(b)所示。由图可见：

$$u' = u_{oc} \tag{2.5-4}$$

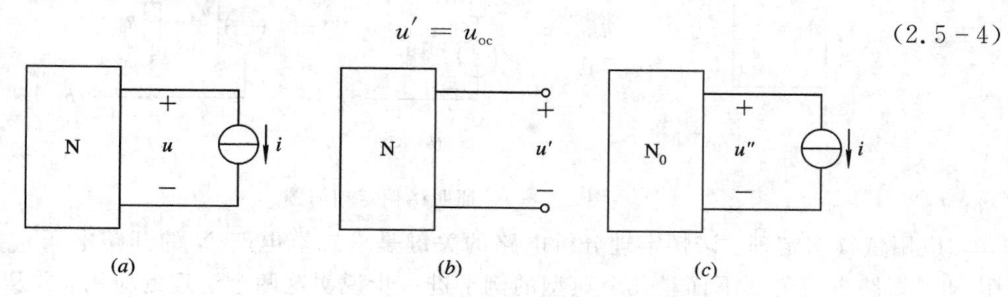

图 2.5-6　证明戴维宁定理用图

u''是 N 内所有独立源为零，仅由电流源 i 作用在端子间产生的电压，如图 2.5-6(c)所示。对 N_0二端电路来说，将其看成一个等效电阻 R_0，且 u''与 i 对 R_0参考方向非关联，由欧姆定律可得

$$u'' = -R_0 i \tag{2.5-5}$$

将 u'、u''代入(2.5-3)式，得

$$u = u_{oc} - R_0 i \tag{2.5-6}$$

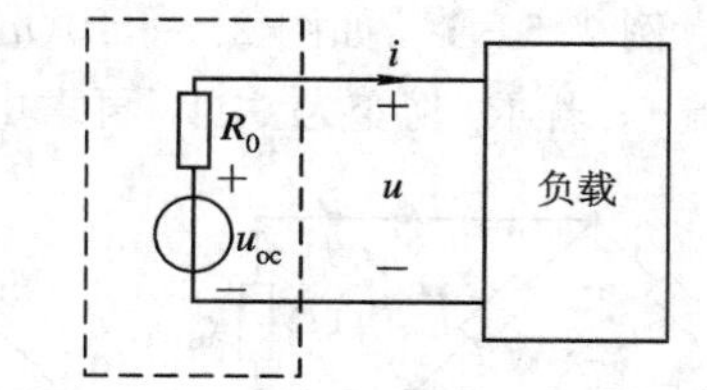

图 2.5-7　戴维宁等效源模型图

根据(2.5-6)式可画出电路模型如图 2.5-7 所示。这就证明了戴维宁定理是正确的。

2.5.2　诺顿定理

诺顿定理(Norton's Theorem)可表述为：一个含独立电源、线性受控源和线性电阻的二端电路 N，对两个端子来说都可等效为一个理想电流源并联内阻的模型。其理想电流源的数值为有源二端电路 N 的两个端子短路时其上的电流 i_{sc}，并联的内阻等于 N 内部所有独立源为零时电路两端子间的等效电阻，记为 R_0。图 2.5-8 为表述诺顿定理的示意图。i_{sc}电流源并联 R_0模型称二端电路 N 的诺顿等效源。i_{sc}，R_0的求法与戴维宁定理中讲述的方法相同。

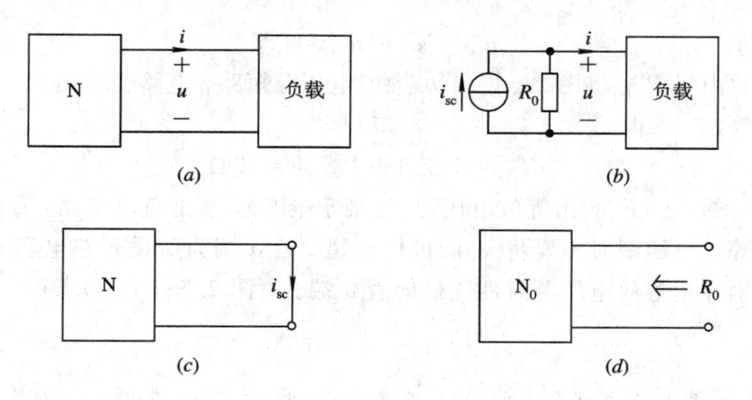

图 2.5-8　诺顿定理示意图

诺顿定理可采用与戴维宁定理类似的方法证明。用理想电压源 u 替代负载，再应用叠加定理求电流 i 即可证明。事实上可采用更简便的方法证明，即根据二端电路 N 的等效电压源形式，通过电源互换即可得到诺顿等效电源形式，如图 2.5-9 所示。

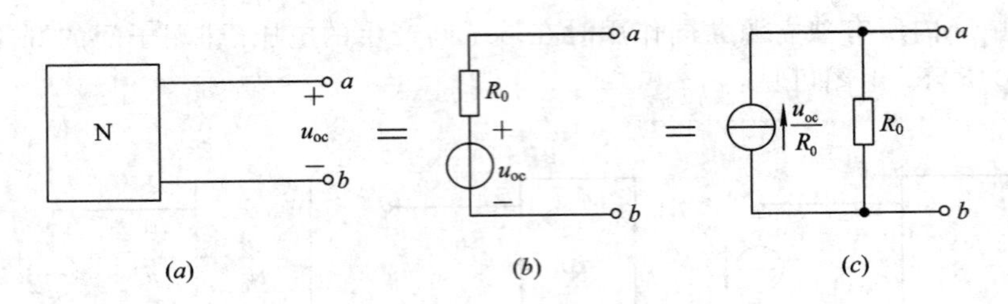

图 2.5-9　证明诺顿定理简图

应用戴维宁定理、诺顿定理分析电路的关键是求二端电路 N 的开路电压 u_{oc}、等效内阻 R_0、短路电流 i_{sc}。下面举几个典型的例子进一步说明这两个定理的应用，并从中归纳出使用这两个定理分析电路的简明步骤。

例 2.5-1　如图 2.5-10(a)所示电路，负载电阻 R_L 可以改变，求 $R_L=1\ \Omega$ 时其上的电流 i；若 R_L 改变为 6 Ω，再求电流 i。

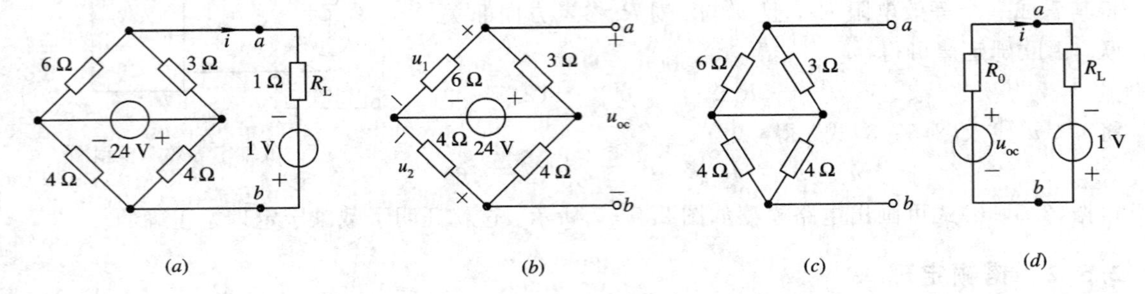

图 2.5-10　例 2.5-1 用图

解　(1) 求开路电压 u_{oc}。自 a、b 处断开待求支路(待求量所在的支路)，设 u_{oc}、u_1、u_2 的参考方向如图 2.5-10(b)所示。由分压关系求得

$$u_1=\frac{6}{6+3}\times 24=16\ \text{V},\quad u_2=\frac{4}{4+4}\times 24=12\ \text{V}$$

所以

$$u_{oc}=u_1-u_2=4\ \text{V}$$

(2) 求等效内阻 R_0。将图 2.5-10(b)中的电压源短路，电路变为图 2.5-10(c)。应用电阻串、并联等效，求得

$$R_0=6\ /\!/\ 3+4\ /\!/\ 4=4\ \Omega$$

(3) 由求得的 u_{oc}、R_0 画出等效电压源(戴维宁电源)，接上待求支路，如图 2.5-10(d)所示。注意画等效电压源时不要将 u_{oc} 的极性画错。若 a 端为所设开路电压 u_{oc} 参考方向的"＋"极性端，则在画等效电压源时使正极向着 a 端。由图 2.5-10(d)求得

$$i=\frac{4+1}{4+1}=1\ \text{A}$$

由于 R_L 在二端电路之外，故当 R_L 改变为 6 Ω 时，二端电路的 u_{oc}、R_0 均不变化，所以只需将图 2.5-10(d)中的 R_L 由 1 Ω 变为 6 Ω，从而可以非常方便地求得此时的电流

$$i=\frac{4+1}{4+6}=0.5\ \text{A}$$

从此例可以看出，如果只求某一支路的电压、电流或功率，应用戴维宁定理(或诺顿定

理)求解还是比较方便的，一般可以避免解多元方程的麻烦。特别是像本例在待求支路中的一些元件参数发生多次改变时，求该支路上的电流、电压或功率，使用戴维宁定理或诺顿定理就更显得优越。如本例若用网孔法需解三元方程组，当 R_L 由 1 Ω 变为 6 Ω 后，使所列方程系数变化了，还要再解一次三元方程组，显然要麻烦很多。

例 2.5-2 如图 2.5-11(*a*)所示电路，求电压 u。

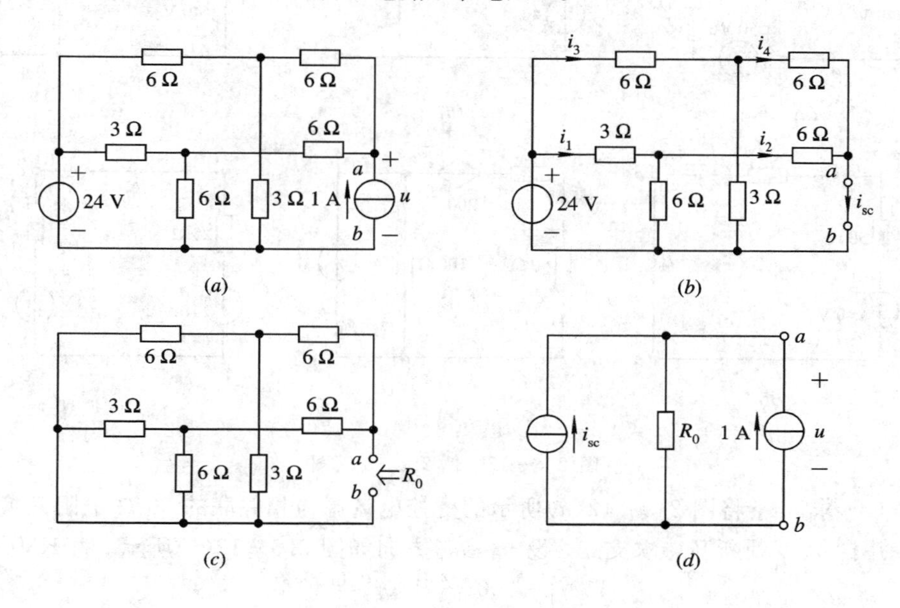

图 2.5-11　例 2.5-2 用图

解　这个问题用诺顿定理求解比较方便。因为自 a、b 处断开待求支路后，开路电压没有短路电流容易求。

(1) 求短路电流 i_{sc}。自 a、b 处断开电流源，再将 a、b 短路，设 i_{sc} 及有关电流参考方向如图 2.5-11(*b*)所示。由电阻串并联等效、分流关系及 KCL 可求得

$$i_1 = \frac{24}{6 /\!/ 6 + 3} = 4 \text{ A}, \quad i_2 = \frac{6}{6+6} i_1 = 2 \text{ A}$$

$$i_3 = \frac{24}{3 /\!/ 6 + 6} = 3 \text{ A}, \quad i_4 = \frac{3}{3+6} \times i_3 = 1 \text{ A}$$

$$i_{sc} = i_2 + i_4 = 3 \text{ A}$$

(2) 求等效内阻 R_0。将图 2.5-11(*b*)中的 24 V 电压源短路，并将 a、b 间短路线断开，如图 2.5-11(*c*)所示。利用串并联等效可求得

$$R_0 = [6 /\!/ 3 + 6] /\!/ [3 /\!/ 6 + 6] = 4 \ \Omega$$

(3) 画出诺顿等效电源，接上待求支路(从哪里断开待求支路，还从哪里接上)，如图 2.5-11(*d*)所示。注意，画诺顿等效电源时，勿将 i_{sc} 电流源的流向画错了。若图 2.5-11(*b*)中 i_{sc} 的参考方向设为由 a 流向 b，则在图 2.5-11(*d*)中电流源画成由 b 流向 a。由图 2.5-11(*d*)，应用 KCL 及欧姆定律求得

$$u = (3+1) \times 4 = 16 \text{ V}$$

例 2.5-3 如图 2.5-12(*a*)所示电路，求负载电阻 R_L 上消耗的功率 p_L。

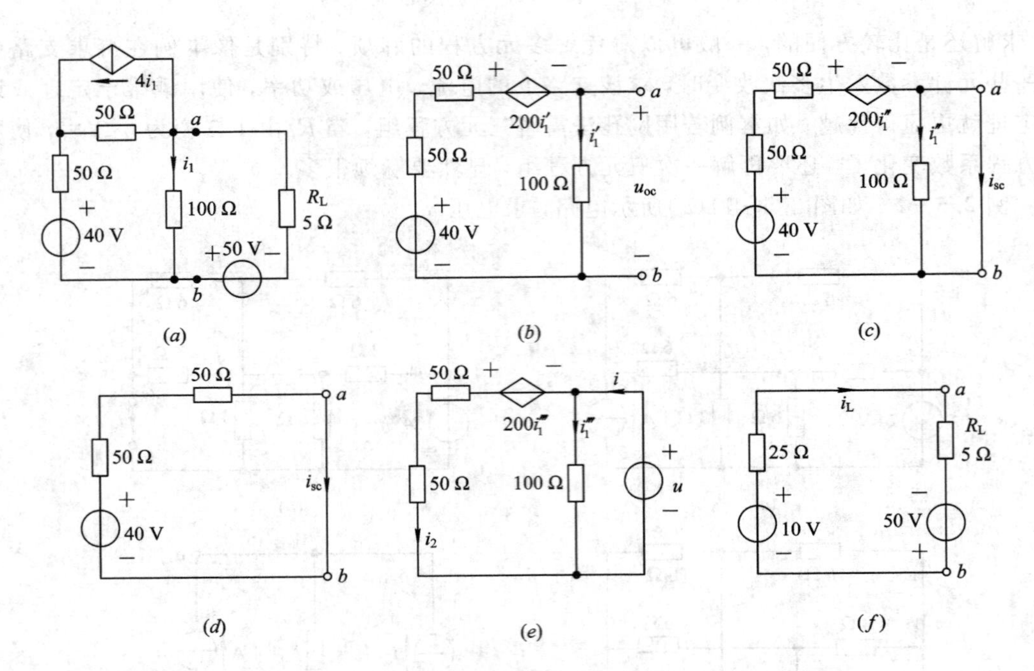

图 2.5－12　例 2.5－3 用图

解　(1) 求 u_{oc}。将图 2.5－12(a)所示的受控电流源与相并联的 50 Ω 电阻互换为受控电压源，并自 a、b 处断开待求支路，设 u_{oc} 参考方向如图 2.5－12(b)所示。由 KVL 得

$$100i_1'+200i_1'+100i_1'=40$$

所以

$$i_1'=0.1\ \text{A},\qquad u_{oc}=100i_1'=100\times0.1=10\ \text{V}$$

(2) 求 R_0。先用开路、短路法求 R_0。将图 2.5－12(b)中的 ab 两端子短路并设短路电流 i_{sc}的参考方向如图 2.5－12(c)所示。由图可知：

$$i_1''=0$$

从而受控电压源

$$200i_1''=0\quad(\text{相当于短路})$$

这样图 2.5－12(c)等效为图 2.5－12(d)，显然

$$i_{sc}=\frac{40}{100}=0.4\ \text{A}$$

所以由(2.5－1)式得

$$R_0=\frac{u_{oc}}{i_{sc}}=\frac{10}{0.4}=25\ \Omega$$

再用外加电源法求 R_0。将图 2.5－12(b)中的 40 V 独立电压源短路，受控源保留，并在 ab 端子间加电压源 u，设出各支路电流如图 2.5－12(e)所示。由图可得

$$i'''_1=\frac{u}{100}$$

由 KVL，解得

$$i_2=\frac{u+200i'''_1}{100}$$

将 i_1'''与 u 关系代入上式得

$$i_2 = \frac{u + 200\dfrac{u}{100}}{100} = \frac{3}{100}u$$

据 KCL，有

$$i = i'''_1 + i_2 = \frac{u}{100} + \frac{3}{100}u = \frac{1}{25}u$$

由(2.5－2)式，得

$$R_0 = \frac{u}{i} = 25\ \Omega$$

(3) 画出戴维宁等效源，接上待求支路，如图 2.5－12(f)所示。由图可得

$$i_L = \frac{u_{oc} + 50}{R_0 + R_L} = \frac{10 + 50}{25 + 5} = 2\ \text{A}$$

所以负载 R_L上消耗的功率

$$p_L = R_L i_L^2 = 5 \times 2^2 = 20\ \text{W}$$

例 2.5－4 如图 2.5－13(a)所示电路，已知当 $R_L = 9\ \Omega$ 时，$I_L = 0.4$ A，若 R_L改变为 7 Ω时，其上的电流又为多大呢?

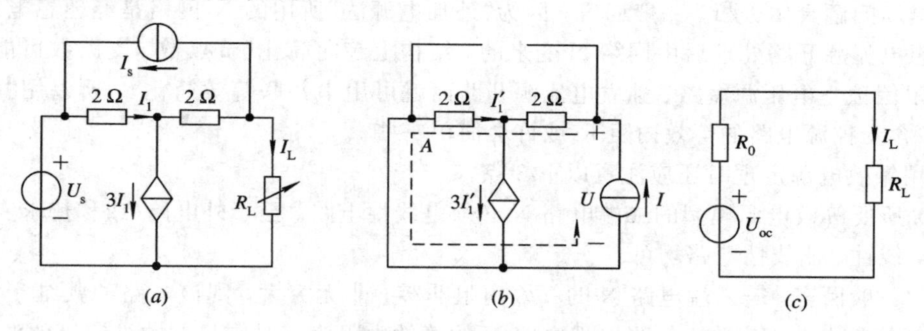

图 2.5－13 例 2.5－4 使用电路

解 本题不要按“常规”的戴维宁定理求解问题的步骤进行，而要先求等效内阻 R_0。请注意，要想通过给定条件去求得 U_s、I_s是不可能的，这是因为给定的是一个条件，而待求量是 U_s、I_s两个变量。

(1) 求 R_0。画外加电源法求 R_0的电路如图 2.5－13(b)所示。由 KCL，得

$$I = 3I'_1 - I'_1 = 2I'_1$$

则

$$I'_1 = \frac{1}{2}I$$

由 KVL，写回路 A 的方程为

$$U = 2I - 2I'_1 = 2I - 2 \times \frac{1}{2}I = I$$

所以

$$R_0 = \frac{U}{I} = 1\ \Omega$$

(2) 画戴维宁等效电源接上 R_L，如图 2.5－13(c)所示，则

$$I_{\mathrm{L}}=\frac{U_{\mathrm{oc}}}{R_0+R_{\mathrm{L}}}=\frac{U_{\mathrm{oc}}}{1+R_{\mathrm{L}}} \tag{2.5-7}$$

将已知条件代入上式，有

$$I_{\mathrm{L}}=\frac{U_{\mathrm{oc}}}{1+9}=0.4$$

解得

$$U_{\mathrm{oc}}=4\ \mathrm{V}$$

(3) 将 $R_{\mathrm{L}}=7\ \Omega$、$U_{\mathrm{oc}}=4$ V 代入(2.5-7)式，得此时的电流

$$I_{\mathrm{L}}=\frac{4}{1+7}=0.5\ \mathrm{A}$$

在分析含受控源的电路时要注意受控源受控制的特点，当电路改变状态时(如端子开路、短路等)控制量将发生变化，它必然引起受控源的变化，在例 2.5-3 的(*b*)、(*c*)、(*e*)图中分别用 i_1'、i_1''、i_1'''表示 100 Ω 电阻上的电流就是出于这种考虑。用"开路、短路法""外加电源法"两种方法当中的一种方法求含受控源电路的等效内阻 R_0 即可，例 2.5-3 是为了示范与比较，所以用两种方法分别求了 R_0。就例 2.5-3 的具体结构特点(参看图 2.5-12(*b*))，当两端子一短路，使控制量 $i_1''=0$，从而受控源 $200i_1''$ 也为零，所以使 R_0 的求解变简单了。由此不能说，今后遇含受控源的电路问题都是用"开路、短路法"求 R_0 简单。不能一概而论，要具体问题具体分析。一般而言，因为"外加电源法"所用的 N_0 网络是经理想电压源短路、理想电流源开路处理后由网络 N 变来的，结构上趋向简化(节点数、支路数可能减少，有的电阻因独立电压源短路、独立电流源开路而就可用串并联等效简化)，所以用"外加电源法"求含受控源电路的等效内阻 R_0 或许会简单一些。

应用等效电源定理时还应注意以下 3 点：

(1) 所要等效电源模型的二端电路 N 必须是线性电路。至于外电路(或称待求支路)没有限制，线性、非线性电路均可。

(2) 一般而言，若二端电路 N 的等效内阻非零、非无穷大，则该电路的戴维宁等效电路和诺顿等效电路都存在。但当二端电路 N 的等效内阻为零时它只有戴维宁等效源，而诺顿等效源不存在；当 N 的等效内阻为无限大时只有诺顿等效源，而戴维宁等效源不存在。请读者回忆，前述的理想电压源可认为是内阻为零的电源，理想电流源可认为是内阻为无限大(内电导为零)的电源，且明确过理想电压源与理想电流源之间不便互换等效，因二者的定义矛盾。联系这些概念，不难理解这一点所述的正确性。

(3) 二端电路 N 与外电路之间只能通过连接端口处的电流、电压来相互联系，而不应有其他耦合，如二端电路 N 中的受控源受到外部电路内的电压或电流控制；或外电路中的受控源，其控制量在二端电路 N 内部。这两种情况就属于二端电路 N 与外部电路有耦合的情况。请看下面一个例子。

例 2.5-5 如图 2.5-14(*a*)所示电路，求电流 I。

解 先用节点法来计算本问题。将 a 点接地，如图 2.5-14(*b*)所示。列节点方程为

$$\left(\frac{1}{3}+\frac{1}{6}+\frac{1}{2}+\frac{1}{1}\right)V_b-\left(\frac{1}{3}+\frac{1}{6}\right)V_d=-\frac{21}{3}+\frac{2}{1}=-5$$

$$V_d=2U_1$$

$$U_1=2-V_b$$

解得

$$\begin{cases} V_b = -1\ \text{V} \\ U_1 = 3\ \text{V} \end{cases}$$

所以

$$I = \frac{U_1}{1} = 3\ \text{A}$$

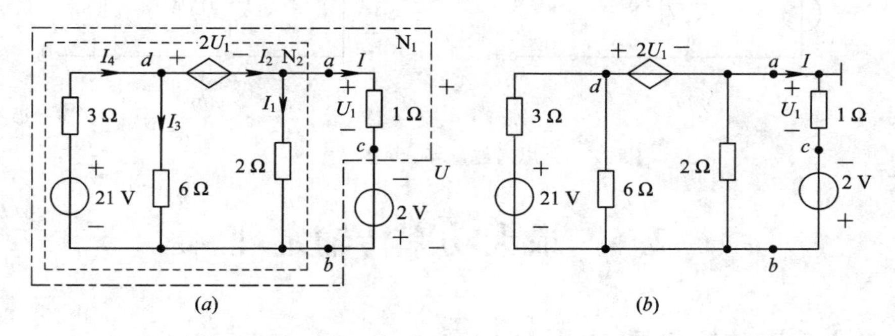

图 2.5-14　例 2.5-5 用图

用等效电源定理求解要注意：若从 c、b 点断开待求支路，二端电路为图 2.5-14(a)中点画线所围的 N_1，控制量 U_1、受控源 $2U_1$ 均在 N_1 内，不存在内、外电路间的耦合问题，可以用戴维宁定理或诺顿定理求解，所求结果和用节点法求得的结果完全一样($U_{oc}=7$ V，$R_0=3\ \Omega$，$I=3$ A，过程省略，读者可演算验证)；若从 a、b 点断开待求支路，二端电路为虚线所围的 N_2，控制量 U_1 在外电路中、受控源 $2U_1$ 在 N_2 内，这样就切断了 N_2 内的受控源与外电路中的控制量之间的控制作用，就无法求二端电路的开路电压 U_{oc} 或等效内阻 R_0 或开路电压等效内阻均求不出(本问题是无法求得 R_0)，这种情况就不便使用等效电源定理求解。如若将原题中的控制量改为如图 2.5-14(a)中所标示的 U 或 I(端子上的电压或电流)，那就可以用等效电源定理求解了。为什么呢？因为当外电路开路或短路时还都能体现控制量对受控源的控制作用。若控制量改为端子两端电压 U，当开路时控制量由 U 换为开路电压 U_{oc}、受控源由 $2U$ 换为 $2U_{oc}$；短路时控制量由 U 换为 0、受控源由 $2U$ 换为 0；若控制量改为端子上的电流 I，当开路时控制量由 I 换为 0、受控源由 $2I$ 换为 0；短路时控制量由 I 换为短路电流 I_{sc}、受控源由 $2I$ 换为 $2I_{sc}$。

∵ 思考题 ∵

2.5-1　简述戴维宁定理与诺顿定理的基本内容，说明它们的使用条件及用来分析电路的基本步骤。

2.5-2　一线性有源二端电路 N 的戴维宁等效源的内阻为 R_0，则 R_0 上消耗的功率就是 N 内所有电阻及受控源所吸收的功率之和。你同意此种说法吗？为什么？

2.5-3　你在什么情况下会选用戴维宁定理求解电路问题？又会在什么情况下选用诺顿定理呢？

2.5-4　甲同学说：含受控源的二端电路有可能等效内阻为零，有可能等效内阻为无限大。乙同学说：同意甲同学讲的情况，但也有不含受控源的二端电路的等效内阻为零或无限大，如思考题 2.5-4 图(a)、(b)所示情况。你是如何考虑的？

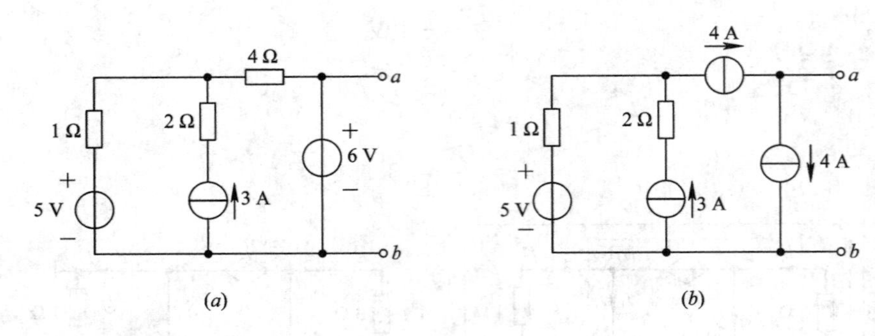

思考题 2.5-4 图

2.6 最大功率传输定理

2.6.1 最大功率传输问题

实际中许多电子设备所用的电源，无论是直流稳压源，还是各种波形的信号发生器，其内部电路结构都是相当复杂的，但它们在向外供电时都引出两个端子接到负载。可以说，它们就是一个有源二端电路。当所接负载不同时，二端电路传输给负载的功率也就不同。现在我们讨论：对给定的有源二端电路，当负载为何值时网络传输给负载的功率最大呢？负载所能得到的最大功率又是多少？

为了回答这两个问题，我们将有源二端电路等效成戴维宁电源模型，如图 2.6-1 所示。由图可知

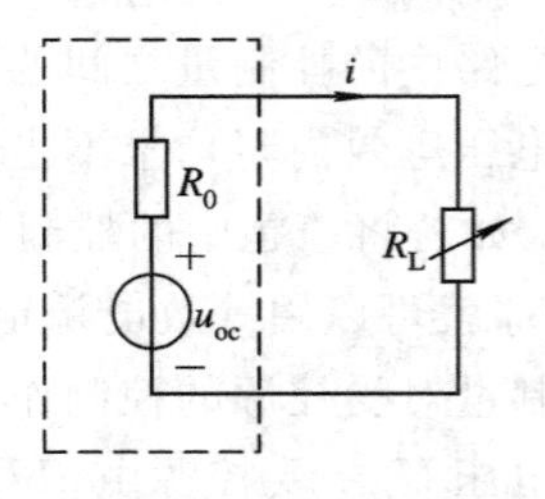

图 2.6-1　等效电压源接负载电路

$$i=\frac{u_{oc}}{R_0+R_L}$$

则电源传输给负载 R_L 的功率

$$p_L=R_L i^2=R_L\left(\frac{u_{oc}}{R_0+R_L}\right)^2 \qquad (2.6-1)$$

为了找 p_L 的极值点，令 $\frac{dp_L}{dR_L}=0$，即

$$\frac{dp_L}{dR_L}=u_{oc}^2\,\frac{(R_L+R_0)^2-2R_L(R_L+R_0)}{(R_L+R_0)^4}=u_{oc}^2\,\frac{R_0-R_L}{(R_L+R_0)^3}=0$$

解上式得

$$R_L=R_0 \qquad (2.6-2)$$

由于 $\frac{d^2 p_L}{dR_L^2}=-\frac{1}{8R_0^3}u_{oc}^2<0$，所以判断 $R_L=R_0$ 为功率函数的极大值点。

2.6.2 最大功率传输定理

由上述数学定量讨论，可归纳总结出最大功率传输定理为：一确定的线性有源二端电路 N，其开路电压为 u_{oc}、等效内阻为 $R_0(R_0>0)$，若两端子间所接负载电阻 R_L 可任意改变，则当且仅当 $R_L=R_0$ 时网络 N 传输给负载的功率最大，此时负载上得到的最大功率为

$$p_{L\max} = \frac{u_{oc}^2}{4R_0} \tag{2.6-3}$$

将(2.6－2)式代入(2.6－1)式即可得到(2.6－3)式。

若有源二端电路等效为诺顿电源，则如图 2.6－2 所示。读者可自行推导，同样可得 $R_L = R_0$ 时二端电路传输给负载的功率最大，且此时最大功率为

$$p_{L\max} = \frac{1}{4}R_0 i_{sc}^2 \tag{2.6-4}$$

通常，称 $R_L = R_0$ 为最大功率匹配条件。

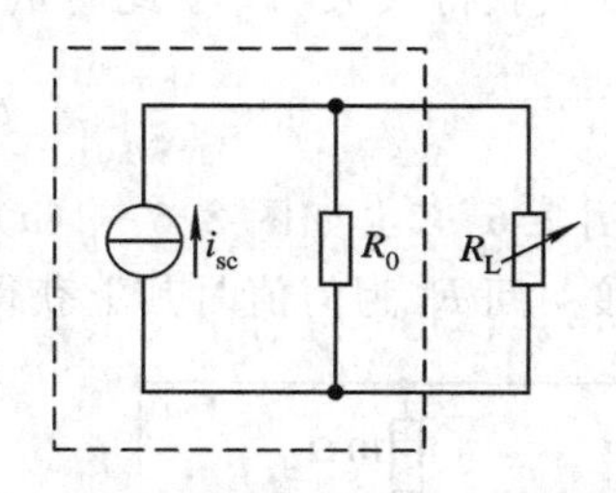

图 2.6－2　等效电流源接负载电路

这里应注意：不要把最大功率传输定理理解为要使负载功率最大应使戴维宁(或诺顿)等效电源内阻 R_0 等于 R_L。由图 2.6－1 不难看出：当 R_L 一定、u_{oc} 一定而改变 R_0 的话，显然只有当 $R_0 = 0$ 时方能使负载 R_L 上获得最大功率；也不能把 R_0 上消耗的功率当做二端电路内部消耗的功率。联系 1.6 节中讲的等效概念就不难理解这个问题。因为二端电路和它的等效电路——戴维宁(或诺顿)等效源，就内部功率而言一般是不等效的，它们相互代换只是对外部电路的电流、电压、功率等效。

例 2.6－1　如图 2.6－3 所示电路，若负载 R_L 可以任意改变，问负载为何值时其上获得的功率为最大？并求出此时负载上得到的最大功率 $p_{L\max}$。

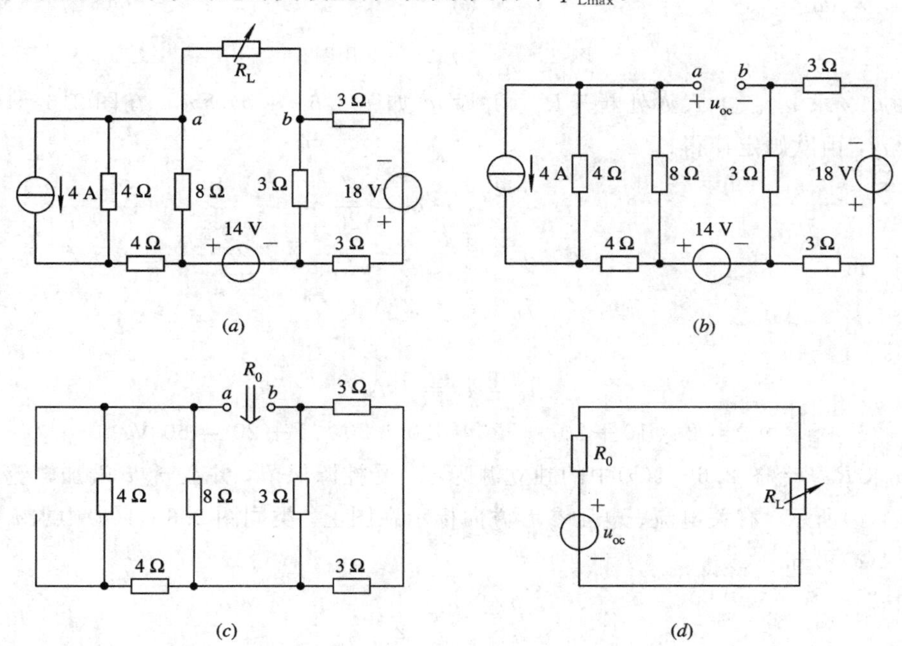

图 2.6－3　例 2.6－1 用图

解　此类问题应用戴维宁定理(或诺顿定理)与最大功率传输定理结合求解最简便。

(1) 求 u_{oc}。从 a、b 处断开 R_L，设 u_{oc} 如图 2.6－3(b)所示。在图 2.6－3(b)中，应用电阻并联分流公式、欧姆定律及 KVL 求得

$$u_{oc}=-\frac{4}{4+4+8}\times4\times8+14+\frac{3}{3+3+3}\times18=12\ \text{V}$$

(2) 求 R_0。令图 2.6-3(b)中的各独立源为零，如图 2.6-3(c)所示，可求得

$$R_0=(4+4)\ /\!/\ 8+3\ /\!/\ (3+3)=6\ \Omega$$

(3) 画出戴维宁等效源，接上待求支路 R_L，如图 2.6-3(d)所示。由最大功率传输定理知，当

$$R_L=R_0=6\ \Omega$$

时，其上获得最大功率。此时负载 R_L 上所获得的最大功率为

$$p_{L\max}=\frac{u_{oc}^2}{4R_0}=\frac{12^2}{4\times6}=6\ \text{W}$$

例 2.6-2 如图 2.6-4(a)所示电路，含有一个电压控制的电流源，负载电阻 R_L 可任意改变，问 R_L 为何值时其上获得最大功率，并求出该最大功率 $p_{L\max}$。

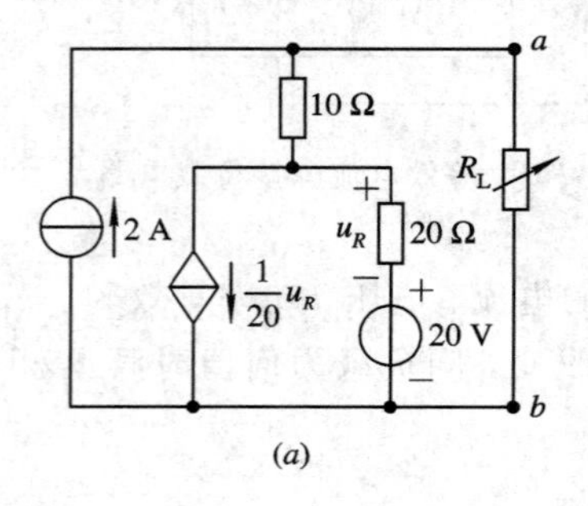

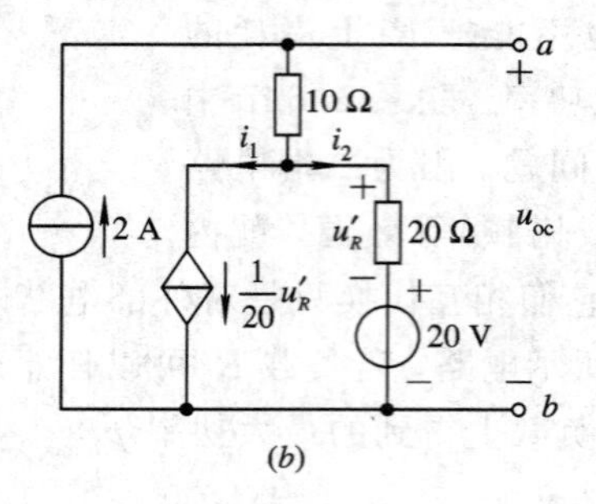

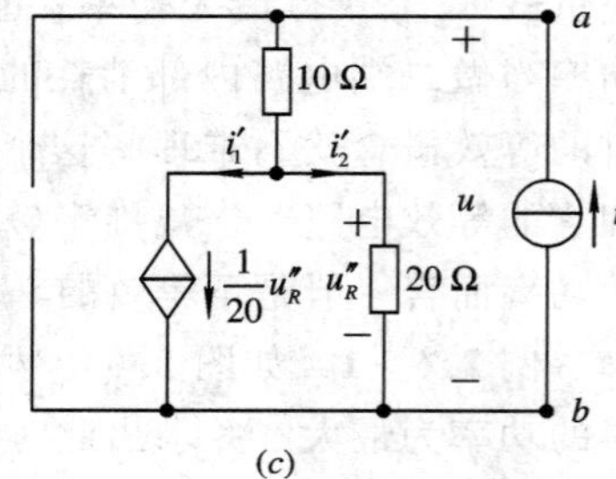

图 2.6-4 例 2.6-2 用图

解 (1) 求 u_{oc}。自 a、b 处断开 R_L，并设 u_{oc} 如图 2.6-4(b)所示。在图 2.6-4(b)中设电流 i_1、i_2，由欧姆定律得

$$i_1=\frac{u'_R}{20},\quad i_2=\frac{u'_R}{20}$$

又由 KCL 得

$$i_1+i_2=2\ \text{A}$$

所以

$$i_1=i_2=1\ \text{A}$$

$$u_{oc}=2\times10+20i_2+20=20+20\times1+20=60\ \text{V}$$

(2) 求 R_0。令图 2.6-4(b)中的独立源为零，受控源保留，并在 a、b 端加电流源 i，如图 2.6-4(c)所示。有关电流、电压参考方向标示在图上。类同图 2.6-4(b)中求 i_1、i_2，由图 2.6-4(c)可知

$$i'_1=i'_2=\frac{1}{2}i$$

$$u=10i+20\times\frac{1}{2}i=20i$$

所以

$$R_0=\frac{u}{i}=20\ \Omega$$

(3) 由最大功率传输定理可知，当

$$R_L = R_0 = 20\ \Omega$$

时，其上可获得最大功率。此时负载R_L上获得的最大功率为

$$p_{Lmax} = \frac{u_{oc}^2}{4R_0} = \frac{60^2}{4 \times 20} = 45\ \mathrm{W}$$

例 2.6-3 如图 2.6-5(*a*)所示电路，负载电阻R_L可任意改变，问R_L为何值时其上获得最大功率，并求出该最大功率p_{Lmax}。

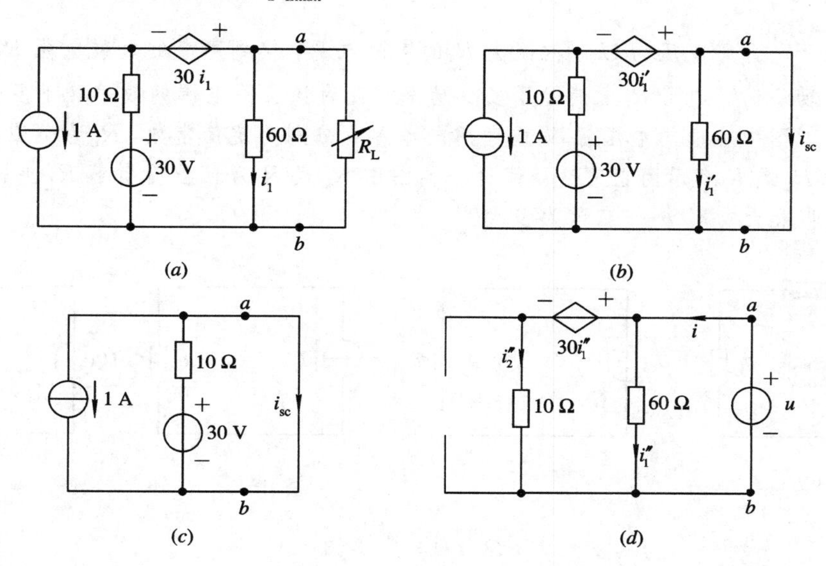

图 2.6-5 例 2.6-3 用图

解 本问题i_{sc}较开路电压u_{oc}容易求，所以选用诺顿定理及最大功率传输定理求解。

(1) 求i_{sc}。自a、b处断开R_L，将其短路并设i_{sc}如图 2.6-5(*b*)所示。由图 2.6-5(*b*)，显然可知$i_1'=0$，则$30i_1'=0$，即受控电压源等于零，视为短路，如图 2.6-5(*c*)所示。应用叠加定理，得

$$i_{sc} = \frac{30}{10} - 1 = 2\ \mathrm{A}$$

(2) 求R_0。令图 2.6-5(*b*)中的独立源为零，受控源保留，a、b端子打开并加电压源u，设i_1''、i_2''及i如图 2.6-5(*d*)所示。由图 2.6-5(*d*)，应用欧姆定律、KVL、KCL 可求得

$$i_1'' = \frac{1}{60}u$$

$$i_2'' = \frac{u - 30i_1''}{10} = \frac{u - 30 \times \frac{1}{60}u}{10} = \frac{1}{20}u$$

$$i = i_1'' + i_2'' = \frac{1}{60}u + \frac{1}{20}u = \frac{4}{60}u$$

所以由(2.6-2)式求得

$$R_0 = \frac{u}{i} = 15\ \Omega$$

(3) 由最大功率传输定理可知，当

$$R_L = R_0 = 15\ \Omega$$

时，其上可获得最大功率。此时，最大功率

$$p_{L\max} = \frac{1}{4}R_0 i_{sc}^2 = \frac{1}{4} \times 15 \times 2^2 = 15\ \text{W}$$

∵ 思考题 ∵

2.6-1　一开路电压为 U_s、内阻为 R_s 的实际电源，接到可变的负载电阻 R_L 上，若 R_L 上获得最大功率时，内阻 R_s 上消耗了多少功率？此时该实际电源的效率等于多少？

2.6-2　图中各理想电压源 U_s 或理想电流源 I_s 分别为定值常数，R_L 为负载电阻，其上带有箭头的 R_L 或 R 表示阻值可变。试讨论各图中 R_L 或 R 为何值时负载 R_L 上得到的功率最大？并说明最大功率 $p_{L\max}$ 应该为多大？

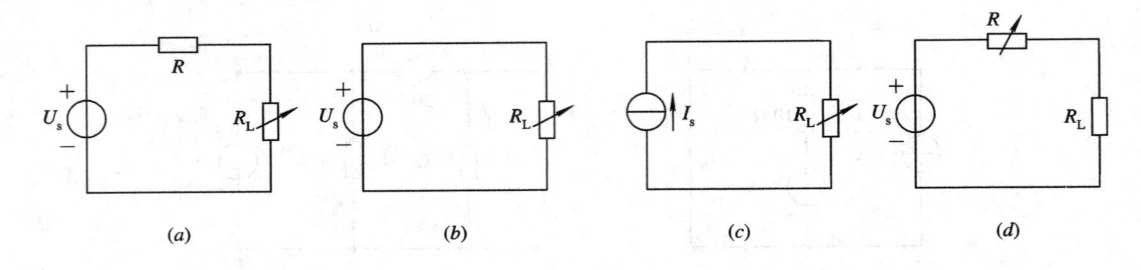

思考题 2.6-2 图

2.7 小　　结

1. 方程分析法

依据电路的基本定律、元件 VAR 来建立方程并进行求解电路的方法统称为方程分析法，本章中所讨论的支路电流法、网孔法、节点法均属于此类方法。

第 2 章习题讨论 *PPT*

1) 支路电流法

具有 n 个节点、b 条支路的电路，以支路电流(是完备变量，但不是相互独立变量)为未知量，依 KCL、KVL 建立 $n-1$ 个独立节点 KCL 方程、$b-n+1$ 个独立回路 KVL 方程，联立求解这 b 个方程即得各支路电流，进而可求得电路中欲求的电压、功率，这就是支路电流法。此法的优点是直观，解得的电流就是各支路电流，可以用电流表测量；缺点是当电路较复杂时用手解算方程的工作量太大。

2) 网孔分析法

以网孔电流(完备且独立变量)作未知量并依 KVL 及元件 VAR 建立 $b-n+1$ 个网孔回路 KVL 方程，解方程得网孔电流，进而求得支路电流、电压、功率，这就是网孔分析法。此法的优点是所需方程个数较支路电流法少，根据归纳总结出的方程通式观察电路直接列写方程的规律易于掌握；缺点是网孔分析法具有只适用于平面电路的局限性。

3个网孔方程通式为

$$\left.\begin{aligned}R_{11}i_A+R_{12}i_B+R_{13}i_C&=u_{s11}\\R_{21}i_A+R_{22}i_B+R_{23}i_C&=u_{s22}\\R_{31}i_A+R_{32}i_B+R_{33}i_C&=u_{s33}\end{aligned}\right\}$$

观察电路，一般心算分别求出自电阻、互电阻、等效电压源代入上式即得直接可用来求解的方程。

3）节点电位法

节点电位法就是择其电路中任意节点作参考点，以 $n-1$ 个独立节点电位（完备且独立变量）作未知量，依KCL、元件VAR建立 $n-1$ 个独立节点电位方程，解方程得节点电位，进而求得支路电流、电压、功率的方法。此法的优点是所需求解方程的个数少于支路电流法，由归纳总结出的节点电位方程通式观察电路直接列写方程的规律易于掌握；缺点是对一般给出的电阻参数、电压源形式的电路，用节点电位法分析时整理方程较繁。

3个独立节点方程通式为

$$\left.\begin{aligned}G_{11}v_1+G_{12}v_2+G_{13}v_3&=i_{s11}\\G_{21}v_1+G_{22}v_2+G_{23}v_3&=i_{s22}\\G_{31}v_1+G_{32}v_2+G_{33}v_3&=i_{s33}\end{aligned}\right\}$$

观察电路，一般心算分别求出自电导、互电导、等效电流源代入上式即得直接可用来求解的方程。

网孔分析法、节点电位法解方程的数目明显少于支路电流法，所以今后用手解算电路，若使用方程分析法，一般选用网孔分析法或节点电位分析法。当平面电路的网孔个数少于或等于独立节点数时，一般选网孔分析法分析较简单；反之，选用节点电位分析法分析较简单。观察电路，会熟练应用“方程通式”写出电路的网孔方程或节点方程是本章的重点之一。

2. 等效分析法

依据等效概念，运用各种等效变换方法，将电路由繁化简，最后能方便地求得欲求的电流、电压、功率等，这类电路分析法统称为等效分析法。

（1）叠加定理是线性电路叠加特性的概括表征，它的重要性不仅在于可用叠加法分析电路本身，而且在于它为线性电路的定性分析和一些具体计算方法提供了理论依据。叠加定理作为分析法用于求解电路的基本思想是“化整为零”，即将多个独立源作用的较复杂的电路分解为一个一个（或一组一组）独立源作用的较简单的电路，在各分解图中分别计算，最后代数和相加求出结果。若电路含有受控源，在作分解图时受控源不要单独作用。

（2）齐次定理是表征线性电路齐次性（又称均匀性）的重要定理，它表述的是线性电路中响应（电压或电流）与激励（独立源）间的正比例关系。齐次定理常辅助叠加定理、戴维宁定理、诺顿定理来分析求解电路问题。

（3）替代定理（又称置换定理）是集总参数电路中的一个重要定理。它虽然不满足电路等效条件，但经常在特定条件下（除置换支路外，整个外电路在置换前、后均不变）化简电路，辅助其他电路分析法求解电路。对有些电路，在关键之处、在最需要的时候，经置换定理化简一步，使读者会有“豁然开朗”或“柳暗花明又一村”之感。在测试电路或实验设备中

使用的假负载代替真负载进行联调与实验的理论根据就是替代定理。

(4) 戴维宁定理、诺顿定理是等效法分析电路最常用的两个定理。解题过程可分为三个步骤：① 求开路电压 u_{oc}或短路电流 i_{sc}；② 求等效内阻 R_0；③ 画出等效电源并接上待求支路，由最简等效电路求得待求量。

(5) 将最大功率传输定理与戴维宁定理或诺顿定理相结合来求解最大功率问题是最简便的方法。最大功率传输定理告诉我们：

功率匹配条件：

$$R_L = R_0$$

最大功率公式：

$$p_{L\max} = \frac{u_{oc}^2}{4R_0} \quad 或 \quad p_{L\max} = \frac{1}{4}R_0 i_{sc}^2$$

3. 选择求解电路方法的几点基本考虑

(1) 简单电路，选用串并联等效结合 KCL、KVL 求解简便。凡能应用串并联等效化简为单一回路或单一节点偶的电路均为简单电路，否则，为复杂电路。简单、复杂并非看电路支路个数的多少。有的电路有 6 条支路或更多的支路也可能属于简单电路；而有的电路尽管只有 3 条支路，也可能属于复杂电路。

(2) 全面求解的复杂电路，选择方程法求解简便。所谓全面求解电路，即求解量比较多。如，图示电路求解各支路电流或求各元件吸收的功率，类似这样的问题均属全面求解的电路问题。例如，一个有 3 个网孔 6 条支路的电路，求各支路电流，选用网孔法需解一次三元联立方程组(过程较费时一些)，但解出 3 个网孔电流之后可以很快捷地求出各支路电流；与之相比较，若选择戴维宁定理求解本问题，需从 6 条支路上断开 6 次，需求 6 个开路电压、等效内阻，还需画出 6 个等效电源，再分别接上待求支路，求出 6 个支路电流。显然，就此问题选用网孔法求解更为简单。

(3) 局部求解的复杂电路，选择戴维宁定理(或诺顿定理)等效法求解简便。所谓局部求解电路，即求解量比较少，更多的是只求一个电流或电压或功率。例如，求解负载上得到最大功率问题，选用戴维宁定理(或诺顿定理)结合最大功率传输定理求解就非常简便；与之相比较，若选用网孔法(或节点法)求解，所列写的方程中包含未知的负载电阻 R_L，求解出的网孔电流(或节点电位)、支路电流、负载上的功率均是 R_L的函数，$dp_L/dR_L=0$ 找到极大值点，最后，将极大值点代入求功率公式得到最大功率。显然，这一求解过程是相当麻烦的。

(4) 就局部求解的复杂电路来说，是选用戴维宁定理或诺顿定理求解也要有个选择。若开路电压 u_{oc}较短路电流 i_{sc}容易求得，就选用戴维宁定理求解，反之，就选用诺顿定理求解。

方程法、等效法是电路中相辅相成的两类分析法。总的说来，方程法比较基本也比较“死板”，掌握方法一般不困难，较麻烦的是手解算多元联立方程组。等效法比较灵活，变换形式多样，目的性强，若等效正确，一般具体求解过程较简单，许多看似复杂的问题，按照某种正确的等效变换思路心算就可得出正确结果。

方程法、等效法也应结合使用。比如说在用方程法求解时，在不影响求解量的情况下尽可能应用简易的等效方法(常用电源互换等效、串并联等效)对电路先行化简，减少一些网孔或节点，然后再列写方程求解。而应用等效法时，例如戴维宁定理求解，在求开路电压 u_{oc} 或用外加电源法求 R_0 时就可能会用到网孔法或节点法。

总而言之，要求解一个具体的电路，采用何种方法可任意选择，哪种方法简便就选用哪种方法。

习　题　2

2.1　图示电路，求支路电流 I_1、I_2、I_3。

2.2　图示电路，已知 $I=2$ A，求电阻 R。

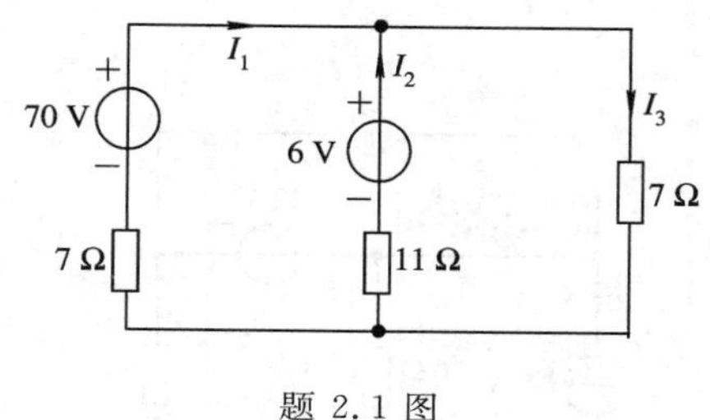

题 2.1 图

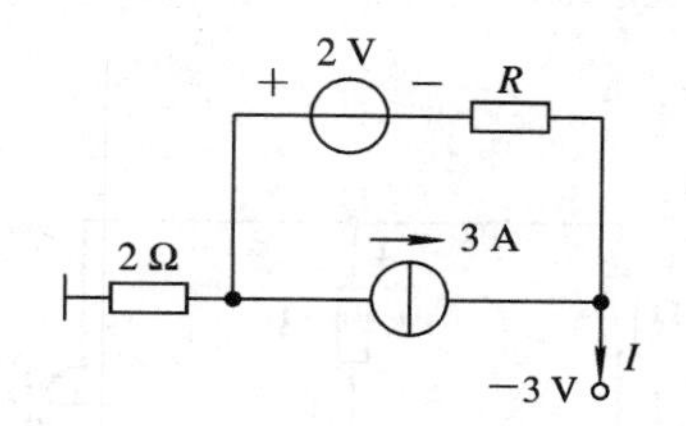

题 2.2 图

2.3　已知图示电路中支路电流 $i_1=2$ A，$i_2=1$ A，求电压 u_{bc}、电阻 R 及电压源 u_s。

2.4　图示电路，求电位 v_a、v_b。

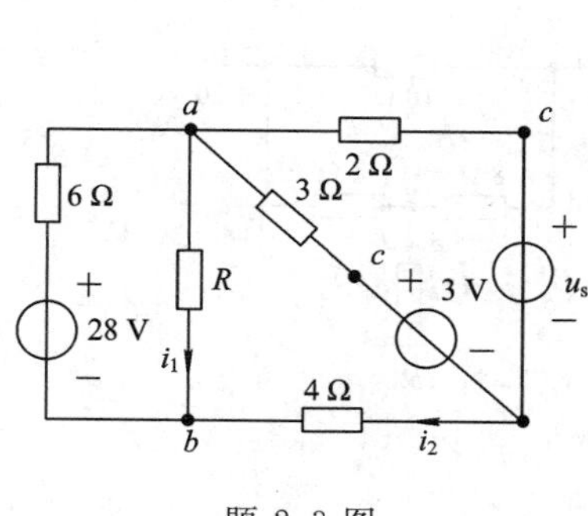

题 2.3 图

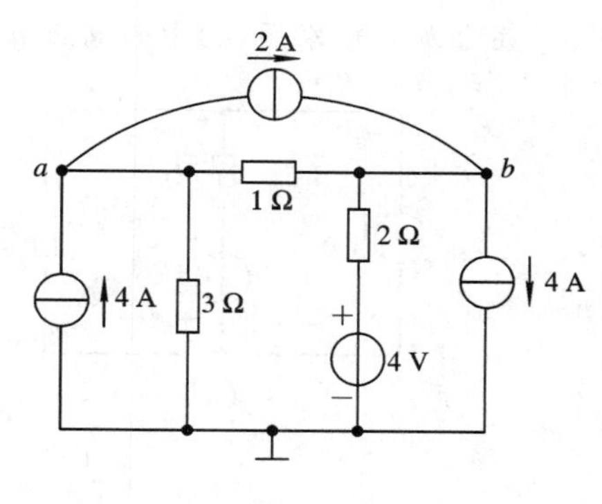

题 2.4 图

2.5　如图所示电路中，负载电阻 R_L 是阻值可变的电气设备。它由一台直流发电机和一串联蓄电池组并联供电。蓄电池组常接在电路内。当用电设备需要大电流（R_L 值变小）时，蓄电池放电；当用电设备需要小电流（R_L 值变大）时，蓄电池充电。假设 $u_{s1}=40$ V，内阻 $R_{s1}=0.5$ Ω，$u_{s2}=32$ V，内阻 $R_{s2}=0.2$ Ω。

(1) 如果用电设备的电阻 $R_L=1$ Ω，求负载吸收的功率和蓄电池组所在支路的电流 i_1。这时蓄电组是充电还是放电？

(2) 如果用电设备的电阻 $R_L=17$ Ω，求负载吸收的功率和蓄电池组所在支路的电流 i_1。这时蓄电池组是充电还是放电？

2.6　求如图所示电路中负载电阻 R_L 上吸收的功率 P_L。

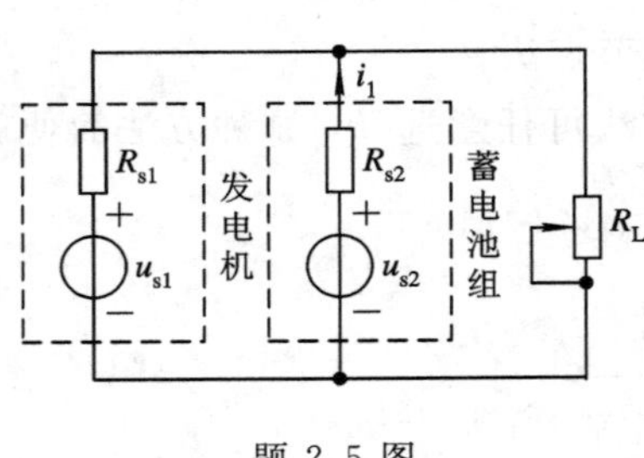

题 2.5 图

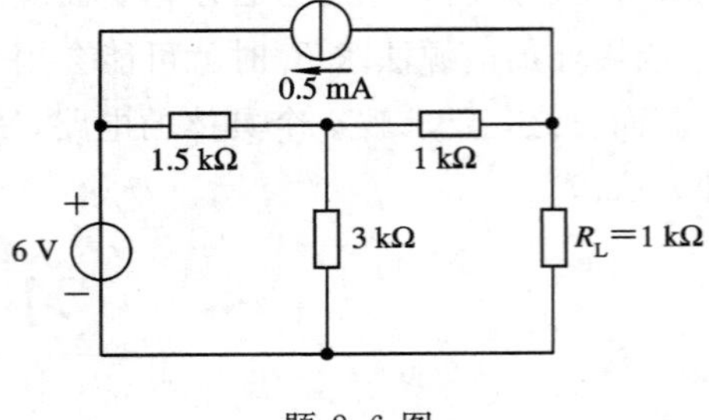

题 2.6 图

2.7　如图所示，电路中含有一电流控制电压源，试求该电路中的电压 u 和电流 i。

2.8　求如图所示电路中的电压 u。

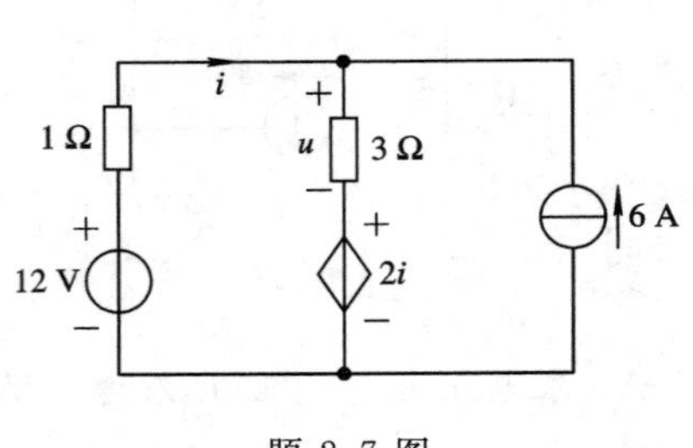

题 2.7 图

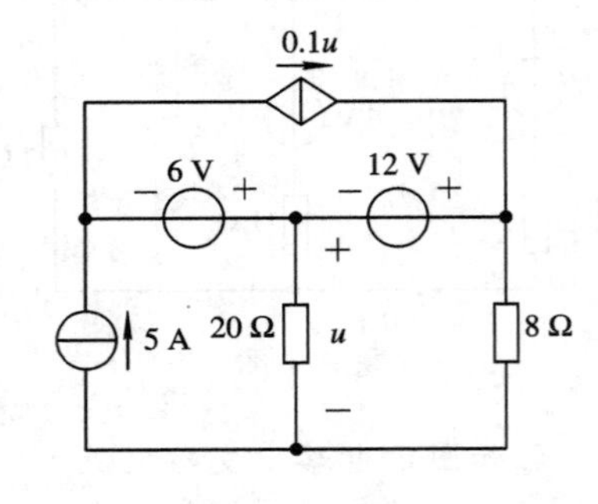

题 2.8 图

2.9　用叠加定理求图(a)中的电压 u 和图(b)中的电流 I。

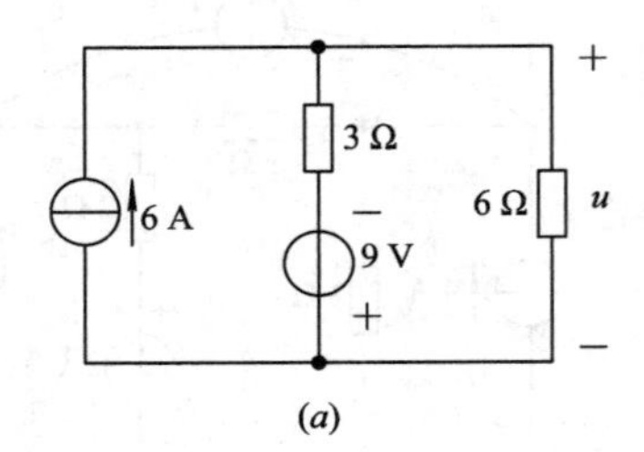

(a)

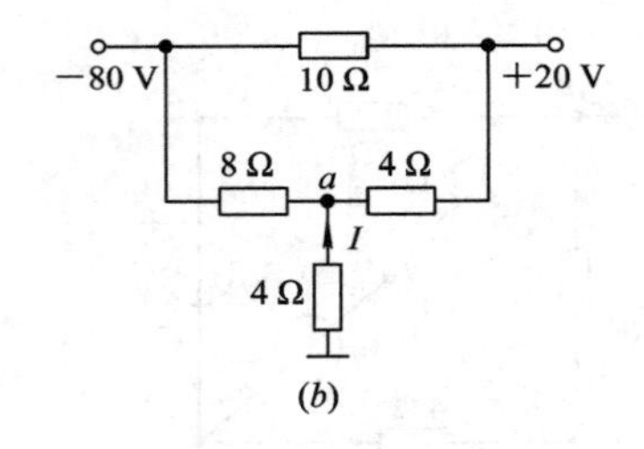

(b)

题 2.9 图

2.10　如图所示电路，求电流 I 及电压 U。

2.11　如图所示电路，应用替代定理与电源互换等效求电压 U。

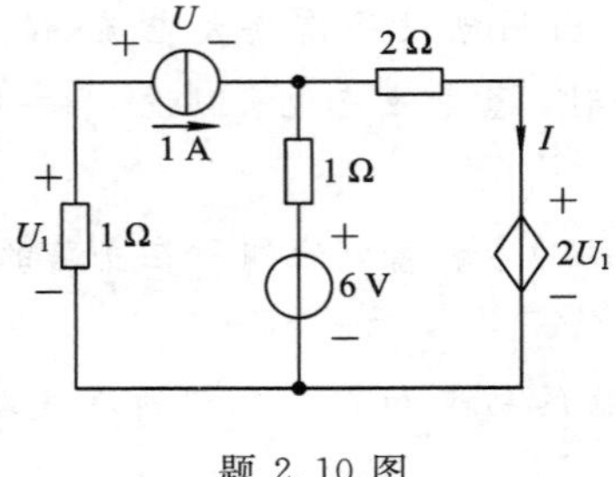

题 2.10 图

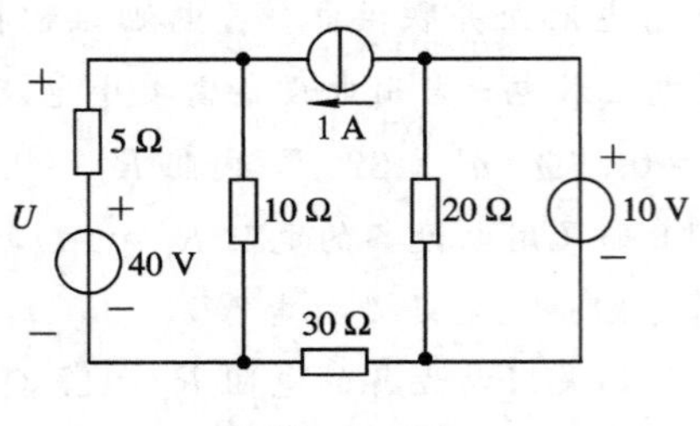

题 2.11 图

2.12　如图所示电路，已知$u_{ab}=0$，求电阻R。

2.13　如图所示电路，若N为只含有电阻的线性网络，已知$i_{s1}=8$ A，$i_{s2}=12$ A时，$u_x=8$ V；当$i_{s1}=-8$ A，$i_{s2}=4$ A时，$u_x=0$。求当$i_{s1}=i_{s2}=20$ A时，u_x的值。

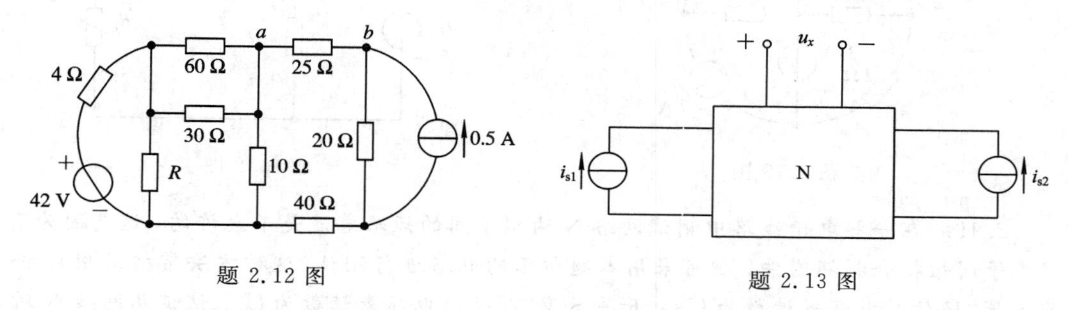

题 2.12 图　　　　题 2.13 图

2.14　如图所示电路，求图(a)电路中$R_L=1$ Ω上消耗的功率P_L及图(b)电路中的电流I。

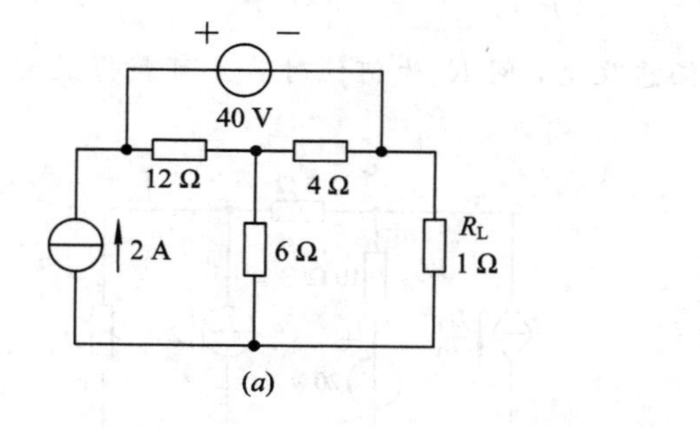

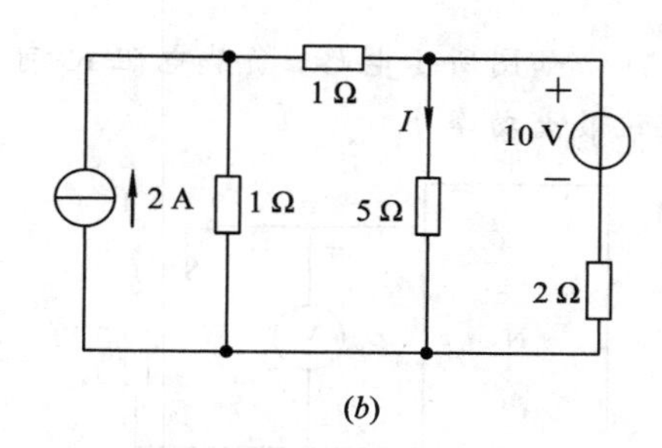

题 2.14 图

2.15　如图所示电路，求电流i。

2.16　如图所示电路，求负载电阻R_L上的电流I_L；若R_L减小，I_L增大，当I_L增大到原来的3倍时，求此时负载电阻R_L之值。

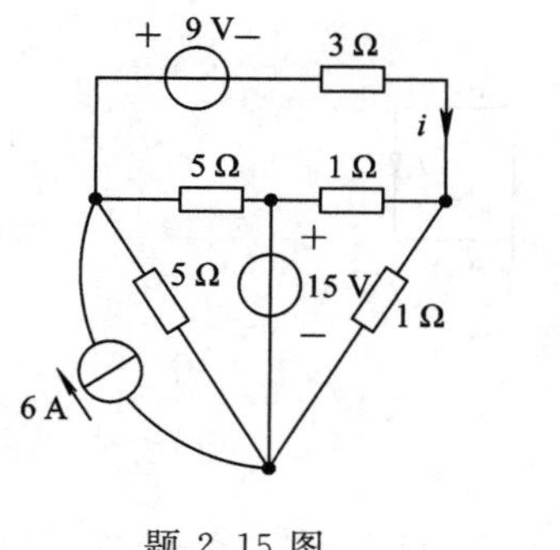

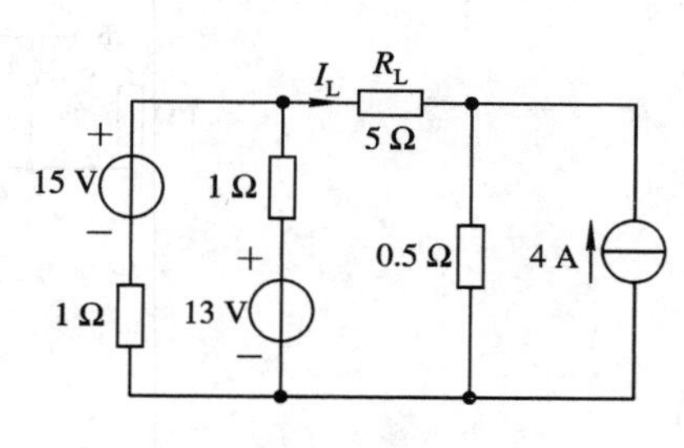

题 2.15 图　　　　题 2.16 图

2.17　如图所示电路，负载电阻R_L可任意改变，问R_L为何值时其上可获得最大功率，并求出该最大功率p_{Lmax}。

2.18　如图所示电路，已知当$R_L=4$ Ω时电流$I_L=2$ A。若改变R_L，问R_L为何值时其上可获得最大功率，并求出该最大功率p_{Lmax}。

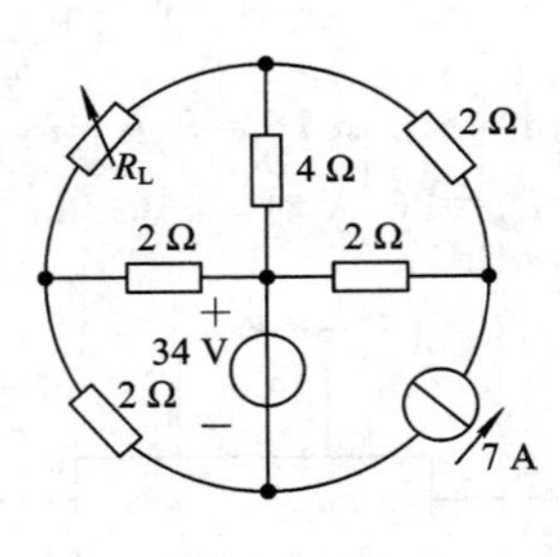

题 2.17 图

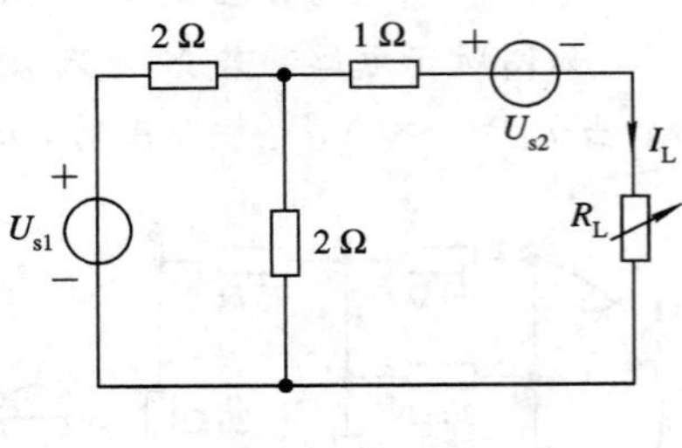

题 2.18 图

2.19　在一些电子线路中测试网络 N 两端子间的短路电流是不允许的，这是因为有时因端子间短接会损坏器件，但可采用本题所示的电路进行测试(这种方法常被采用)。当开关 S 置“1”位时电压表读数为 U_{oc}；开关 S 置“2”位时电压表读数为 U_1。试证明网络 N 对 ab 端子戴维宁等效电源的内阻

$$R_o = \left(\frac{U_{oc}}{U_1} - 1\right)R_L$$

2.20　如图所示电路，负载电阻 R_L 可任意改变，问 R_L 为何值时其上可获得最大功率，并求出该最大功率 p_{Lmax}。

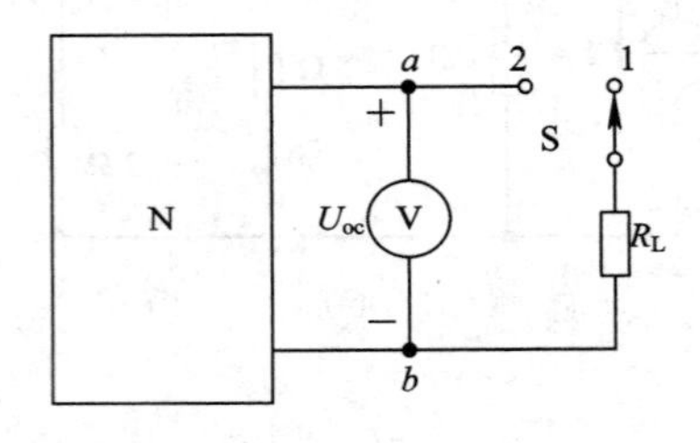

题 2.19 图

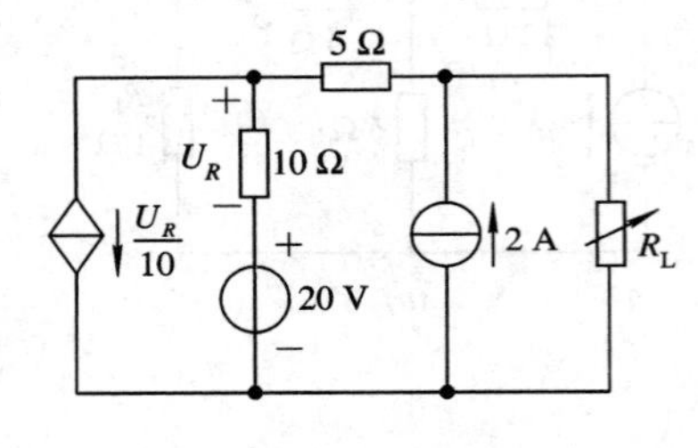

题 2.20 图

2.21　如图所示电路中，N 为线性含源电阻二端口电路，c、d 端短接时自 a、b 端向 N 看的戴维宁等效内阻 $R_0 = 9\ \Omega$。已知开关 S 置 1、2 位时 cd 端子上的电流 I_2 分别为 6 A、9 A，求当开关置 3 位时的电流 I_2。

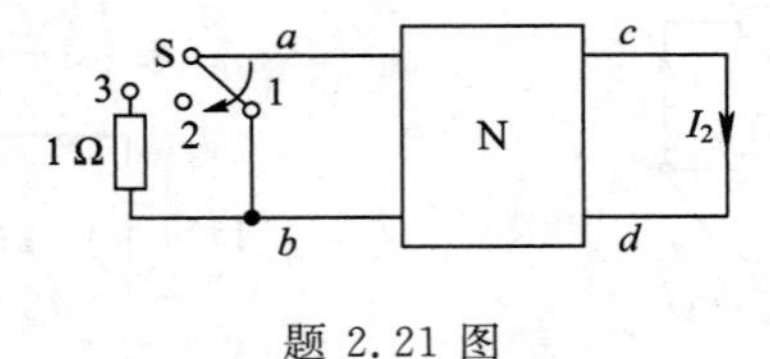

题 2.21 图

第3章　一阶动态电路时域分析

前面两章，讨论了电阻电路的分析和计算。我们知道电阻元件的VAR是代数关系，当元件参数一定时，任一时刻的电压仅取决于这一时刻的电流值，而与其他时间的电流无关；反之亦然，故称电阻元件为瞬时元件。在电阻电路中，利用元件VAR和基尔霍夫定律建立的电路方程是代数方程，如网孔方程、节点方程等。这些方程描述了电路中激励与响应间的代数关系，求解后就可以得到电流和电压响应。

许多实际电路，除电源和电阻元件外，还常常包含电感和电容元件。这类元件的VAR是微分或积分关系。除元件参数外，某一时刻的电压取决于这一时刻电流的微分值或积分值，即取决于电流的动态特性，反之亦然。因此，称这类元件为动态元件。含有动态元件的电路称为动态电路。这类电路描述激励与响应间关系的电路方程是微积分方程，一般归结为微分方程。由n阶微分方程描述的电路称为n阶电路。本章将在时间域中分析动态电路，故称为时域分析。

本章首先讲述电感、电容元件的电压电流关系，然后讨论电路微分方程的建立方法、初始值计算，重点讨论一阶动态电路的时域分析：包括直流激励下一阶电路的三要素法分析，一阶电路的零输入响应和零状态响应分析，阶跃函数与电路的阶跃响应。本章末介绍正弦函数激励下一阶电路的分析。

3.1　电感元件和电容元件

3.1.1　电感元件

电感元件是电感线圈的理想化模型，它反映了电路中磁场能量储存的物理现象。

用良金属导线绕在骨架上就构成了一个实际的电感器，常称为电感线圈，如图3.1-1所示。当电流$i(t)$通过电感线圈时，将激发磁场产生磁通$\Phi(t)$与线圈交链，其中储存有磁场能量。与线圈交链的总磁通称为磁链，记为$\Psi(t)$。若线圈密绕，且有N匝，则磁链$\Psi(t)=N\Phi(t)$。应用磁链与电流的关系(习惯上称为韦安关系)来定义电感元件。

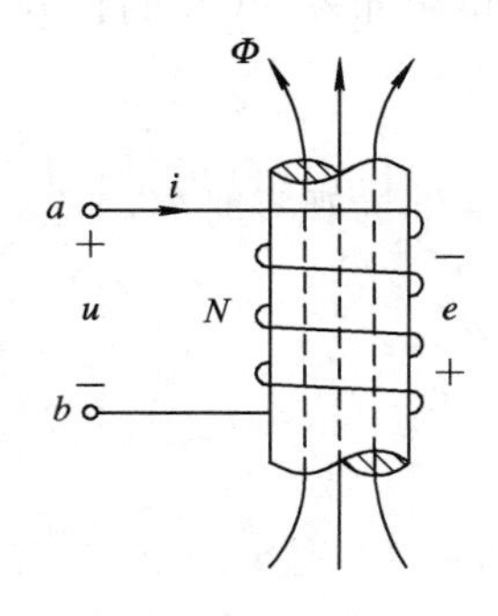

图3.1-1　电感线圈

一个二端元件，如果在任意时刻t，其磁链$\Psi(t)$与电流$i(t)$之间的关系能用$\Psi-i$平面上的韦安关系曲线描述，就称该二端元件为电感元件，简称电感。若曲线是通过原点的一条直线，且不随时间变化，如图3.1-2(*a*)所示，则称该元件为线性时不变电感，其理想电感电路模型符号如图3.1-2(*b*)所示。本书主要讨论线性时不变电感元件。

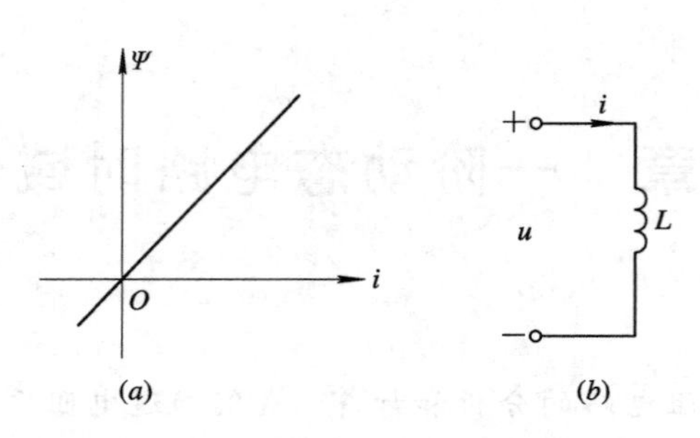

图 3.1-2　线性时不变电感元件的韦安关系及电路模型

设电感元件的磁链 $\Psi(t)$ 与电流 $i(t)$ 的参考方向符合右手螺旋定则，由图 3.1-2(a)可知，磁链与电流的关系满足

$$\Psi(t) = Li(t) \tag{3.1-1}$$

上式称为电感元件的韦安关系式。式中 L 称为电感元件的电感量。在国际单位制中，磁通和磁链的单位都是韦伯(Wb)，简称韦；电感量的单位是亨利(H)，简称亨；电感量的常用单位还有毫亨(mH)和微亨(μH)。通常，电路图中的符号 L 既表示电感元件，也表示元件参数电感量。

电感元件中，变化的电流会产生变化的磁链，并在元件两端产生感应电动势。习惯上，规定感应电动势的参考方向由"－"极指向"＋"极，这与电源的电动势在电路中的物理作用相符合，即在电动势作用下，在电源内部将正电荷从低电位端移至高电位端。

设电感元件的电流 i、电压 u 与感应电动势 e 的参考方向如图 3.1-1 所示，且电流 i 与磁链 Ψ 的参考方向符合右手螺旋定则，则根据电磁感应定律和(3.1-1)式，其感应电动势为

$$e(t) = -\frac{\mathrm{d}\Psi(t)}{\mathrm{d}t} = -L\frac{\mathrm{d}i(t)}{\mathrm{d}t} \tag{3.1-2}$$

而感应电压

$$u(t) = -e(t) = \frac{\mathrm{d}\Psi(t)}{\mathrm{d}t} = L\frac{\mathrm{d}i(t)}{\mathrm{d}t} \tag{3.1-3}$$

该式称为电感元件 VCR 的微分形式。对(3.1-3)式从 $-\infty$ 到 t 进行积分，并设 $i(-\infty)=0$，可得电感元件 VCR 的积分形式

$$i(t) = \frac{1}{L}\int_{-\infty}^{t} u(\xi)\mathrm{d}\xi \tag{3.1-4}$$

设 $t=0$ 为观察时刻，记 $t=0$ 的前一瞬间为 0_-，可将(3.1-4)式改写为

$$\begin{aligned} i(t) &= \frac{1}{L}\int_{-\infty}^{0_-} u(\xi)\mathrm{d}\xi + \frac{1}{L}\int_{0_-}^{t} u(\xi)\mathrm{d}\xi \\ &= i(0_-) + \frac{1}{L}\int_{0_-}^{t} u(\xi)\mathrm{d}\xi \end{aligned} \tag{3.1-5}$$

式中，$i(0_-)$ 是 $t=0_-$ 时刻电感元件的电流，称为电感起始电流。

在电流、电压参考方向关联时，电感元件吸收的功率为

$$p(t) = u(t)i(t) = Li(t)\frac{\mathrm{d}i(t)}{\mathrm{d}t} \tag{3.1-6}$$

对上式从 $-\infty$ 到 t 进行积分并约定 $i(-\infty)=0$，求得电感元件的储能

$$w_L(t) = \int_{-\infty}^{t} p(\xi)\mathrm{d}\xi = L\int_{-\infty}^{t} i(\xi)\frac{\mathrm{d}i(\xi)}{\mathrm{d}\xi}\mathrm{d}\xi$$

$$= L\int_{i(-\infty)}^{i(t)} i(\xi)\mathrm{d}i(\xi) = \frac{1}{2}Li^2(t) \tag{3.1-7}$$

综上所述，对于电感元件有以下重要结论：

(1) 电感元件上的电压、电流关系是微积分关系，因此，电感元件是动态元件。而电阻元件上的电压、电流关系是代数关系，它是瞬时元件。

(2) 由 VCR 的微分形式可知：任意时刻的电感电压与该时刻电流的变化率成正比。当电感电压为有限值时，其 $\mathrm{d}i(t)/\mathrm{d}t$ 也为有限值，相应电流必定是时间 t 的连续函数，此时电感电流不能跃变；当电感电流为直流时，则恒有 $u=0$，即电感对直流相当于短路。

(3) 由 VCR 的积分形式可知：任意时刻的电感电流 $i(t)$ 均与 t 时刻电压及该时刻以前电压的“全部历史”有关。(3.1-5)式中，起始电流 $i(0_-)$ 体现了 $t=0$ 以前电感电压的全部作用效果，积分项 $\frac{1}{L}\int_{0_-}^{t} u(\xi)\mathrm{d}\xi$ 则反映了 $t=0_-$ 以后电压的作用效果。因此，电感电流具有“记忆”电压的作用，电感元件是一种记忆元件。与此不同，电阻元件的电流仅取决于该时刻的电压，是无记忆的元件。

(4) (3.1-7)式表明，对于任一电流 $i(t)$，恒有 $w_L(t)\geqslant 0$，即电感元件是储能元件，它从外部电路吸收的能量，以磁场能量形式储存于自身的磁场中。

(5) 如图 3.1-3 所示，若电感上的电压、电流参考方向非关联，则(3.1-3)式、(3.1-4)式、(3.1-5)式应分别改写为

$$u(t) = -L\frac{\mathrm{d}i(t)}{\mathrm{d}t}$$

$$i(t) = -\frac{1}{L}\int_{-\infty}^{t} u(\xi)\mathrm{d}\xi$$

$$i(t) = i(0_-) - \frac{1}{L}\int_{0_-}^{t} u(\xi)\mathrm{d}\xi$$

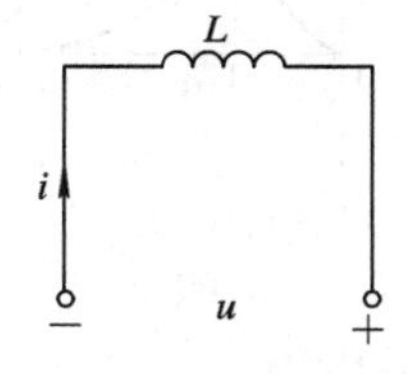

图 3.1-3 电感上电压、电流参考方向非关联

实际工程应用中部分电感器图片

例 3.1-1 如图 3.1-4(*a*)所示电感元件，已知 $L=2$ H，电流 $i(t)$ 的波形如图 3.1-4(*b*)所示。求电感元件上的电压 $u(t)$、吸收功率 $p(t)$ 和储能 $w_L(t)$，并画出它们的波形。

解 写出电流 $i(t)$ 的数学表达式为

$$i(t) = \begin{cases} t \text{ A} & (0 \text{ s} \leqslant t \leqslant 1 \text{ s}) \\ 1.5 - 0.5t \text{ A} & (1 \text{ s} \leqslant t \leqslant 3 \text{ s}) \\ 0 & (\text{其他}) \end{cases}$$

电流、电压参考方向关联，由电感元件 VCR 的微分形式，得

$$u(t) = L\frac{\mathrm{d}i(t)}{\mathrm{d}t} = \begin{cases} 2\ \mathrm{V} & (0\ \mathrm{s} \leqslant t < 1\ \mathrm{s}) \\ -1\ \mathrm{V} & (1\ \mathrm{s} \leqslant t < 3\ \mathrm{s}) \\ 0 & (\text{其他}) \end{cases}$$

将 $i(t)$、$u(t)$表达式代入(3.1-6)式，得

$$p(t) = u(t)i(t) = \begin{cases} 2t\ \mathrm{W} & (0\ \mathrm{s} \leqslant t < 1\ \mathrm{s}) \\ 0.5t - 1.5\ \mathrm{W} & (1\ \mathrm{s} \leqslant t < 3\ \mathrm{s}) \\ 0 & (\text{其他}) \end{cases}$$

将 $i(t)$表达式代入(3.1-7)式，求得

$$w_L(t) = \frac{1}{2}Li^2(t) = \begin{cases} t^2\ \mathrm{J} & (0\ \mathrm{s} \leqslant t \leqslant 1\ \mathrm{s}) \\ (1.5 - 0.5t)^2\ \mathrm{J} & (1\ \mathrm{s} \leqslant t \leqslant 3\ \mathrm{s}) \\ 0 & (\text{其他}) \end{cases}$$

画出 $u(t)$、$p(t)$和 $w_L(t)$的波形如图 3.1-4 中(*c*)、(*d*)、(*e*)所示。由波形图可见，电感电流 i 和储能 w_L 都是 t 的连续函数，其值不会跳变，但电感电压 u 和功率 p 是可以跳变的。在图 3.1-4(*d*)中，$p(t)>0$ 期间，表示电感吸收功率，储藏能量；$p(t)<0$ 期间，表示电感供出功率，释放能量；两部分面积相等，表明电感元件不消耗功率，只与外电路进行能量交换。

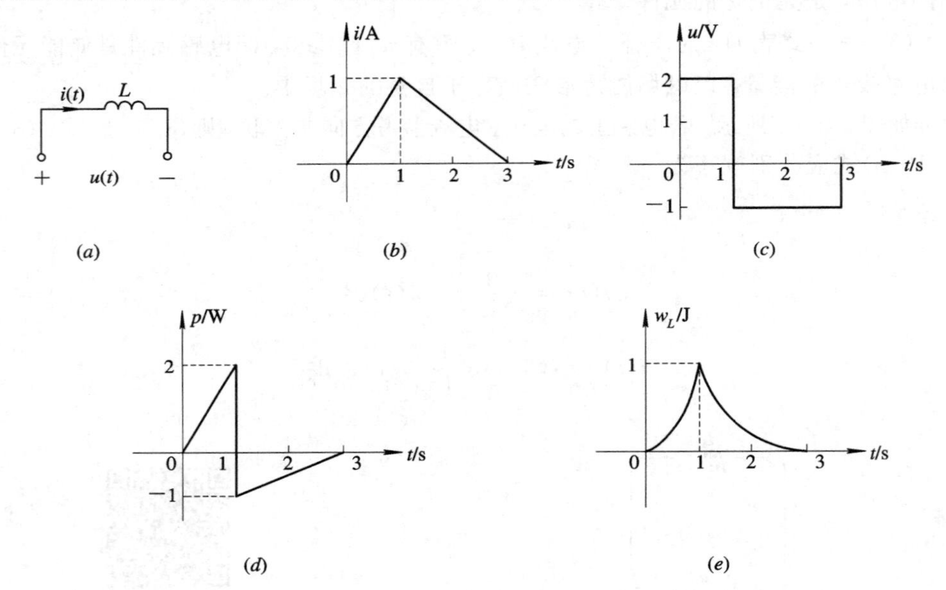

图 3.1-4　例 3.1-1 用图

3.1.2　电容元件

电容元件是电能储存器件的理想化模型，它反映了电路中电场能量储存的物理现象。

电容器是最常用的电能储存器件。在两片金属极板中间填充电介质，就构成一个简单的实际电容器，如图 3.1-5 所示。接通电源后，会在两个极板上聚集起等量的异性电荷，从而在极板之间建立电场，电场中储存有电场能量。此时，即使

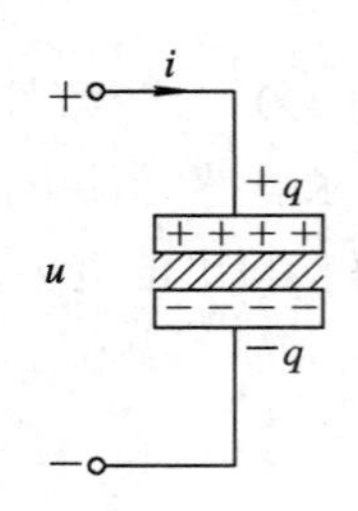

图 3.1-5　电容器元件

移去电源，由于极板上电荷被介质隔离而不能中和，故将继续保留，电场也继续存在。因此，电容器具有储存电场能量的作用。我们可以应用电荷与电压的关系(习惯上称为库伏关系)来定义电容元件。

一个二端元件，如果在任意时刻 t，其电荷 $q(t)$ 与电压 $u(t)$ 之间的关系能用 $q-u$ 平面上的曲线描述，就称该二端元件为电容元件，简称电容。若曲线是通过原点的一条直线，且不随时间变化，如图 3.1-6(a)所示，则称为线性时不变电容，其理想电容的电路模型符号如图 3.1-6(b)所示。本书主要讨论线性时不变电容元件。

在电容上，电压参考极性与带正、负电荷的极板相对应时，由图 3.1-6(a)可知，电荷量 $q(t)$ 与其端电压 $u(t)$ 之间的关系满足

$$q(t)=Cu(t) \tag{3.1-8}$$

上式称为电容的库伏关系式。式中 C 称为电容元件的电容量，单位为法拉(F)，简称法。1 法(F)$=10^6$ 微法(μF)$=10^{12}$ 皮法(pF)。通常，电路图中的符号 C 既表示电容元件，也表示元件参数电容量。

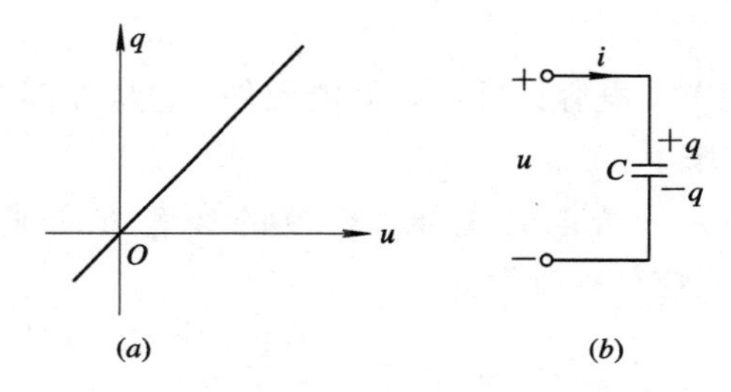

图 3.1-6　线性时不变电容元件的库伏关系及电路模型

在电路分析中，一般关心的是电容元件上的电压、电流关系和储能。若设电容电压、电流参考方向关联，则有

$$i(t)=\frac{\mathrm{d}q(t)}{\mathrm{d}t}=C\frac{\mathrm{d}u(t)}{\mathrm{d}t} \tag{3.1-9}$$

对上式从 $-\infty$ 到 t 进行积分，并设 $u(-\infty)=0$，可得

$$u(t)=\frac{1}{C}\int_{-\infty}^{t}i(\xi)\mathrm{d}\xi \tag{3.1-10}$$

(3.1-9)式和(3.1-10)式分别为电容元件 VCR 的微分形式和积分形式。

设 $t=0$ 为观察时刻，并记 $t=0$ 的前一瞬间为 0_-，(3.1-10)式可改写为

$$\begin{aligned}u(t)&=\frac{1}{C}\int_{-\infty}^{t}i(\xi)\mathrm{d}\xi\\&=u(0_-)+\frac{1}{C}\int_{0_-}^{t}i(\xi)\mathrm{d}\xi\qquad(t\geqslant 0)\end{aligned} \tag{3.1-11}$$

式中

$$u(0_-)=\frac{1}{C}\int_{-\infty}^{0_-}i(\xi)\mathrm{d}\xi \tag{3.1-12}$$

是 $t=0_-$ 时刻电容元件上的电压，称为电容起始电压。

在电压、电流参考方向关联的条件下，电容元件的吸收功率和储能分别为

$$p(t)=u(t)i(t)=Cu(t)\frac{\mathrm{d}u(t)}{\mathrm{d}t} \tag{3.1-13}$$

$$w_C(t)=\int_{-\infty}^{t}p(\xi)\mathrm{d}\xi=\int_{-\infty}^{t}Cu(\xi)\frac{\mathrm{d}u(\xi)}{\mathrm{d}\xi}\mathrm{d}\xi=\int_{u(-\infty)}^{u(t)}Cu(\xi)\mathrm{d}u(\xi)$$

$$=\frac{1}{2}Cu^2(t)-\frac{1}{2}Cu^2(-\infty)=\frac{1}{2}Cu^2(t) \qquad (3.1-14)$$

(3.1-14)式中设 $u(-\infty)=0$。

对于电容元件，我们有以下重要结论：

(1) 与电感元件一样，电容元件也是一种动态元件。

(2) 电容 VCR 的微分形式表明：任意时刻，通过电容元件的电流与该时刻电压的变化率成正比。当电容电流 i 为有限值时，其 $\mathrm{d}u/\mathrm{d}t$ 也为有限值，相应电压必定是时间 t 的连续函数，此时电容电压是不会跃变的；当电容电压为直流电压时，则电流 $i=0$，即电容对于直流而言相当于开路。

(3) 电容 VCR 的积分形式表明：任意时刻，电容电压 $u(t)$ 均与 t 时刻电流及该时刻以前所有时刻的电流即电流的“全部历史”有关。或者说，电容电压具有“记忆”电流的作用，故电容元件是记忆元件。

(4) 由(3.1-14)式可知，电容元件也是储能元件，它从外部电路吸收的能量，以电场能量形式储存于自身的电场中。

(5) 如图 3.1-7 所示，若电容电压、电流的参考方向非关联，则(3.1-9)式、(3.1-10)式、(3.1-11)式应分别改写为

$$i(t)=-C\frac{\mathrm{d}u(t)}{\mathrm{d}t}$$

$$u(t)=-\frac{1}{C}\int_{-\infty}^{t}i(\xi)\mathrm{d}\xi$$

$$u(t)=u(0_-)-\frac{1}{C}\int_{0_-}^{t}i(\xi)\mathrm{d}\xi$$

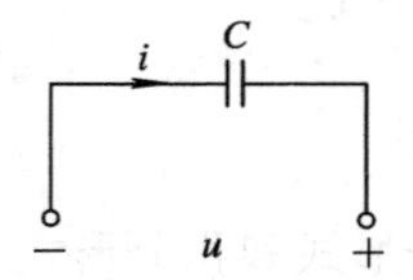

图 3.1-7　电容上电压、电流参考方向非关联

实际工程应用中部分电容器图片

例 3.1-2　电路如图 3.1-8 所示，已知 $i_C(t)=\mathrm{e}^{-2t}$ A $(t\geqslant 0)$，$u_C(0_-)=2$ V，求 $t\geqslant 0$ 时的电压 $u(t)$。

解　首先，根据电容元件 VCR 的积分形式，求得

$$u_C(t)=u_C(0_-)+\frac{1}{C}\int_{0_-}^{t}i_C(\xi)\mathrm{d}\xi$$

$$=2+\frac{1}{0.05}\int_{0_-}^{t}\mathrm{e}^{-2\xi}\mathrm{d}\xi$$

$$=2-10(\mathrm{e}^{-2t}-1)$$

$$=12-10\mathrm{e}^{-2t}\ \mathrm{V}$$

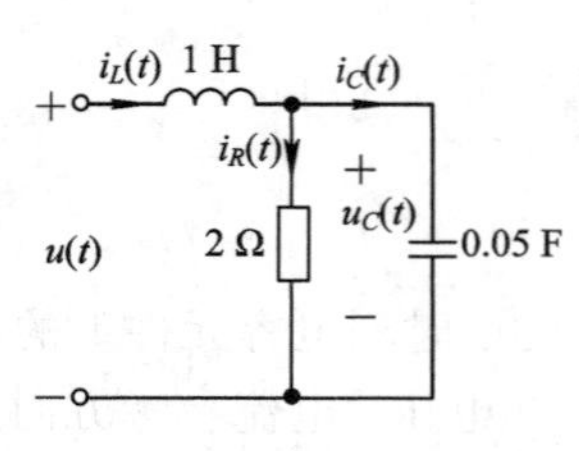

图 3.1-8　例 3.1-2 用图

由欧姆定律，计算电阻电流：

$$i_R(t)=\frac{u_C(t)}{R}=\frac{12-10\mathrm{e}^{-2t}}{2}=6-5\mathrm{e}^{-2t}\ \mathrm{A}$$

然后，应用 KCL，求得电感电流为

$$i_L(t)=i_R(t)+i_C(t)=(6-5\mathrm{e}^{-2t})+\mathrm{e}^{-2t}=6-4\mathrm{e}^{-2t}\ \mathrm{A}$$

依据电感元件 VCR 的微分形式，计算电感电压：

$$u_L(t)=L\frac{\mathrm{d}i_L(t)}{\mathrm{d}t}=1\times 8\mathrm{e}^{-2t}=8\mathrm{e}^{-2t}\ \mathrm{V}$$

最后，应用 KVL，得到电压为

$$u(t)=u_L(t)+u_C(t)=8\mathrm{e}^{-2t}+(12-10\mathrm{e}^{-2t})=12-2\mathrm{e}^{-2t}\ \mathrm{V}\quad (t\geqslant 0)$$

3.1.3 电感元件和电容元件的串并联等效

图 3.1-9(a)所示是 n 个电感相串联的电路，流经各电感的电流是同一电流 i。根据电感元件 VCR 的微分形式，第 k ($k=1, 2, \cdots, n$) 个电感的端电压为

$$u_k=L_k\frac{\mathrm{d}i}{\mathrm{d}t}\quad (k=1, 2, \cdots, n) \tag{3.1-15}$$

由 KVL，得端口电压

$$u=u_1+u_2+\cdots+u_n=(L_1+L_2+\cdots+L_n)\frac{\mathrm{d}i}{\mathrm{d}t}=L\frac{\mathrm{d}i}{\mathrm{d}t} \tag{3.1-16}$$

式中

$$L=L_1+L_2+\cdots+L_n=\sum_{k=1}^{n}L_k \tag{3.1-17}$$

称为 n 个电感串联的等效电感。由(3.1-16)式画出等效电路如图 3.1-9(b)所示。由(3.1-16)式或者等效电感 VCR 的微分形式可得

$$\frac{\mathrm{d}i}{\mathrm{d}t}=\frac{1}{L}u$$

将上式代入(3.1-15)式，得各电感上电压与端口电压的关系为

$$u_k=\frac{L_k}{L}u\quad (k=1, 2, \cdots, n) \tag{3.1-18}$$

(3.1-18)式即是电感串联分压公式，该式表明：电感量大者分得的电压大。

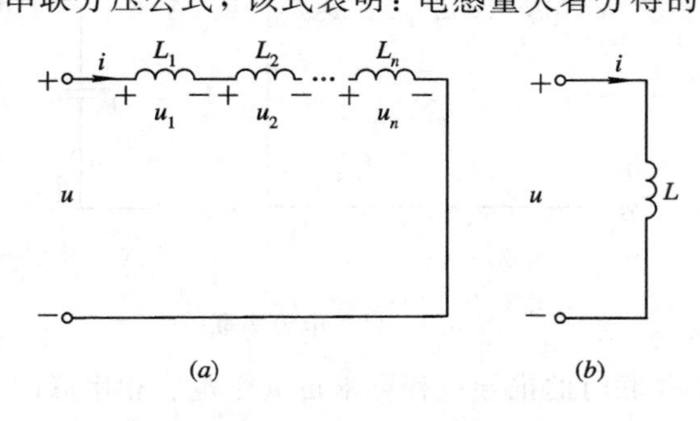

图 3.1-9 电感串联

图 3.1-10(a)所示是 n 个电感相并联的电路，各电感的端电压为同一电压 u。根据电感 VCR 的积分形式，有

$$i_k = \frac{1}{L_k}\int_{-\infty}^{t} u(\xi)\mathrm{d}\xi \qquad (k = 1, 2, \cdots, n) \tag{3.1-19}$$

由 KCL，得端口电流

$$i = i_1 + i_2 + \cdots + i_n = \left(\frac{1}{L_1} + \frac{1}{L_2} + \cdots + \frac{1}{L_n}\right)\int_{-\infty}^{t} u(\xi)\mathrm{d}\xi = \frac{1}{L}\int_{-\infty}^{t} u(\xi)\mathrm{d}\xi \tag{3.1-20}$$

式中

$$\frac{1}{L} = \frac{1}{L_1} + \frac{1}{L_2} + \cdots + \frac{1}{L_n} = \sum_{k=1}^{n}\frac{1}{L_k} \tag{3.1-21}$$

L 称为 n 个电感并联的等效电感。由(3.1-20)式画出其等效电路如图 3.1-10(b)所示。

由(3.1-20)式或者等效电感 VCR 的积分形式可得

$$\int_{-\infty}^{t} u(\xi)\mathrm{d}\xi = Li$$

将上式代入(3.1-19)式，得各电感电流与端口电流的关系为

$$i_k = \frac{L}{L_k}i \qquad (i = 1, 2, \cdots, n) \tag{3.1-22}$$

(3.1-22)式即是电感并联分流公式，该式表明：电感量大者分得的电流小。

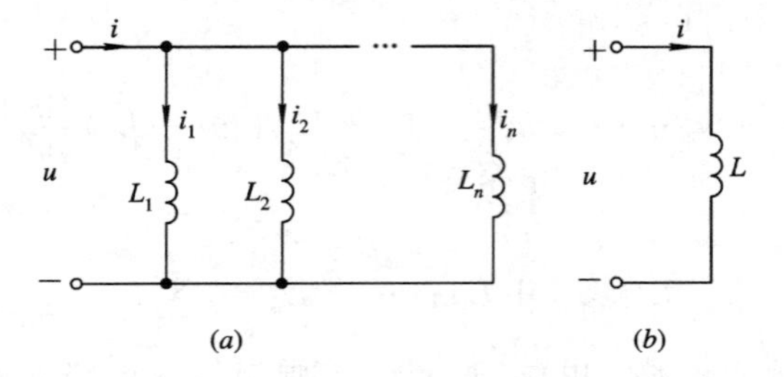

图 3.1-10　电感并联

图 3.1-11(a)所示是 n 个电容相串联的电路，流经各电容的电流为同一电流 i。根据电容 VCR 的积分形式，有

$$u_k = \frac{1}{C_k}\int_{-\infty}^{t} i(\xi)\mathrm{d}\xi \qquad (k = 1, 2, \cdots, n) \tag{3.1-23}$$

图 3.1-11　电容串联

应用 KVL，经类似电感并联时的推导过程可求得 n 个电容相串联的等效电容 C，其倒数表示式为

$$\frac{1}{C} = \frac{1}{C_1} + \frac{1}{C_2} + \cdots + \frac{1}{C_n} = \sum_{k=1}^{n}\frac{1}{C_k} \tag{3.1-24}$$

相应等效电路如图 3.1-11(b)所示。

再将等效电容 VCR 的积分形式写成

$$\int_{-\infty}^{t} i(\xi)\mathrm{d}\xi = Cu$$

代入(3.1-23)式，求得各电容电压与端口电压的关系为

$$u_k = \frac{C}{C_k}u \qquad (k = 1, 2, \cdots, n) \tag{3.1-25}$$

(3.1-25)式即是电容串联分压公式，该式表明：电容量大者分得的电压小。

图 3.1-12(a)所示是 n 个电容相并联的电路，各电容的端电压是同一电压 u。根据电容 VCR 的微分形式，有

$$i_k = C_k \frac{\mathrm{d}u}{\mathrm{d}t} \qquad (k = 1, 2, \cdots, n) \tag{3.1-26}$$

应用 KCL，经类似电感串联时的推导过程可求得 n 个电容并联的等效电容 C 为

$$C = C_1 + C_2 + \cdots + C_n = \sum_{k=1}^{n} C_k \tag{3.1-27}$$

相应等效电路如图 3.1-12(b)所示。

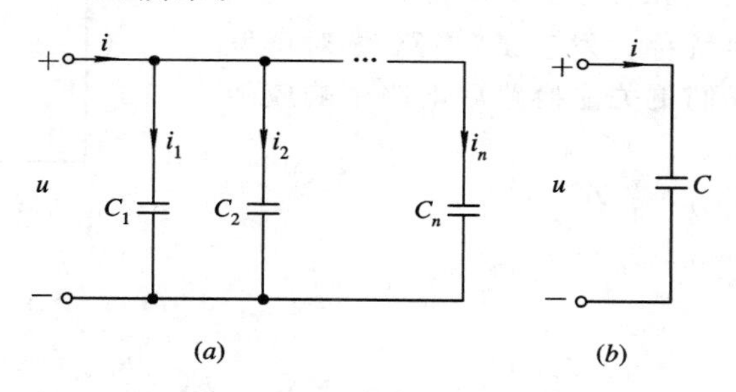

图 3.1-12　电容并联

再将等效电容 VCR 的微分形式写成

$$\frac{\mathrm{d}u}{\mathrm{d}t} = \frac{1}{C}i$$

并代入(3.1-26)式，求得各电容电流与端口电流的关系为

$$i_k = \frac{C_k}{C}i \qquad (k = 1, 2, \cdots, n) \tag{3.1-28}$$

(3.1-28)式即是电容并联分流公式，该式表明：电容量大者分得的电流大。

∵ 思考题 ∵

3.1-1　有人说：电阻、电感、电容元件都能从外部电路吸收功率，所以它们都是耗能元件。你同意这一观点吗？并说明理由。

3.1-2　根据动态元件电压、电流的微分关系式和积分关系式判断下列命题正确否，并解释原因。

(1) 电感电压为有限值时，电感电流不能跃变；

(2) 电感电流为有限值时，电感电压不能跃变；

(3) 电容电压为有限值时，电容电流不能跃变；

(4) 电容电流为有限值时，电容电压不能跃变。

3.1－3　某同学说：电容上的电荷、电压、储能三者是同时存在，同时消失的。你同意这种观点吗？为什么？

3.2　动态电路方程及其解

包含有动态元件的电路称为动态电路，因动态元件上电压、电流关系为微积分关系，所以对动态电路所建立的方程为微积分方程，一般归结为微分方程。

3.2.1　动态电路方程

列写动态电路方程的依据仍然是KCL、KVL和元件上的VAR(也常称VCR)。下面由具体的动态电路来看微分方程的列写过程。

如图3.2－1所示的RC串联电路，$t=0$时开关S闭合，我们讨论$t\geqslant 0$时电容上的电压$u_C(t)$。通常，电路中开关的接通、断开或元件参数、电源数值的突然变化，这些现象的发生统称为发生了"换路"。对于发生换路的动态电路，我们更关注换路后电路中响应随时间t的变化情况。

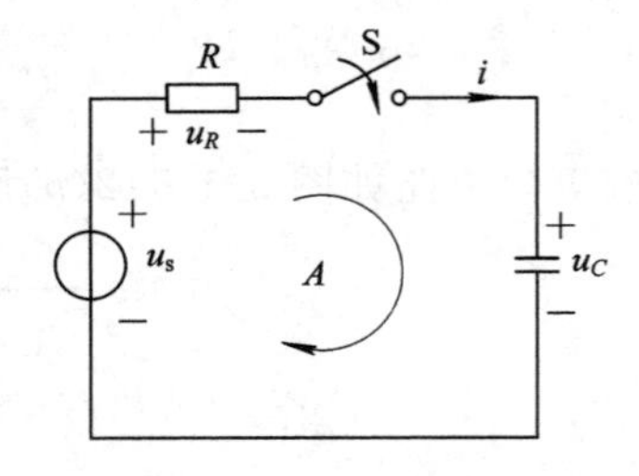

图3.2－1　RC串联电路

对回路A列KVL方程，有

$$u_R(t)+u_C(t)=u_s(t)$$

由于

$$i=C\frac{\mathrm{d}u_C}{\mathrm{d}t},\quad u_R=Ri=RC\frac{\mathrm{d}u_C}{\mathrm{d}t}$$

将它们代入上式，整理后得

$$\frac{\mathrm{d}u_C}{\mathrm{d}t}+\frac{1}{RC}u_C=\frac{1}{RC}u_s \tag{3.2-1}$$

如图3.2－2所示的RL并联电路，以$i_s(t)$作为激励，以$i_L(t)$作为响应，试列写该电路方程。对节点a列写KCL方程，有

$$i_R(t)+i_L(t)=i_s(t)$$

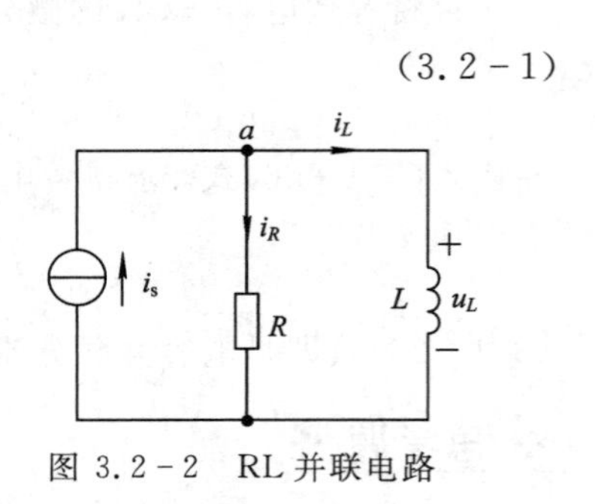

图3.2－2　RL并联电路

由于

$$u_L=L\frac{\mathrm{d}i_L}{\mathrm{d}t},\quad i_R=\frac{u_L}{R}=\frac{L}{R}\frac{\mathrm{d}i_L}{\mathrm{d}t}$$

将它们代入上式，整理后得

$$\frac{\mathrm{d}i_L}{\mathrm{d}t}+\frac{R}{L}i_L=\frac{R}{L}i_s \tag{3.2-2}$$

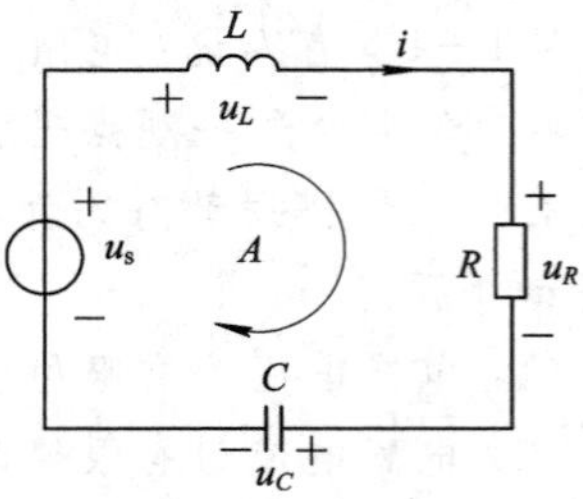

因(3.2－1)式和(3.2－2)式均为一阶线性常系数微分方程，所以图3.2－1和图3.2－2所示的RC和RL电路均称为一阶电路，此二电路中分别只含一个独立的动态元件。

图3.2－3　RLC串联电路

如图3.2-3所示的RLC串联电路中含有两个独立的动态元件。下面若仍以$u_s(t)$作为激励，以$u_C(t)$作为响应，我们来列写电路方程。根据KVL对回路A列写方程，有

$$u_L(t)+u_R(t)+u_C(t)=u_s(t)$$

由于

$$i=C\frac{\mathrm{d}u_C}{\mathrm{d}t}$$

$$u_R=Ri=RC\frac{\mathrm{d}u_C}{\mathrm{d}t}$$

$$u_L=L\frac{\mathrm{d}i}{\mathrm{d}t}=LC\frac{\mathrm{d}^2u_C}{\mathrm{d}t^2}$$

将它们代入上述KVL方程，整理后得

$$\frac{\mathrm{d}^2u_C}{\mathrm{d}t^2}+\frac{R}{L}\frac{\mathrm{d}u_C}{\mathrm{d}t}+\frac{1}{LC}u_C=\frac{1}{LC}u_s \tag{3.2-3}$$

这是二阶常系数微分方程，所以该电路称为二阶电路。一般而言，如果电路中含有n个独立的动态元件，那么描述该电路的微分方程就是n阶的，就称相应的电路为n阶电路。根据以上列写动态方程的例子，我们可归纳总结出如下结论：n阶线性时不变动态电路，其任何处的响应与激励间的电路方程均是n阶线性常系数微分方程。

3.2.2 动态电路方程解

应用方程法求解动态电路响应，首先要列写出微分方程。要求解微分方程还需要知道初始条件。求解动态电路微分方程所需要的初始条件就是电路响应的初始值。许多问题中初始值并不已知，需要我们根据题意应用电路基本概念来求得。

1. 初始值的计算

动态电路的初始值即是动态电路在发生换路后瞬间响应的各阶导数值。若发生换路的时刻记为t_0，常取$t_0=0$。0_+表示换路后瞬间，0_-表示换路前瞬间。设电路响应为$y(t)$(或电流响应或电压响应)，电路初始值即指$y(0_+)$，$y'(0_+)$，…，一阶动态电路有意义的初始值就只有$y(0_+)$一个，二阶电路的初始值有$y(0_+)$、$y'(0_+)$两个，依此类推，n阶电路的初始值应有n个。这与解相应阶次微分方程所需要的初始条件个数完全一致。

由(3.1-5)式和(3.1-11)式可分别写得$t=0_+$时刻电感电流和电容电压为

$$i_L(0_+)=i_L(0_-)+\frac{1}{L}\int_{0_-}^{0_+}u_L(\xi)\mathrm{d}\xi$$

$$u_C(0_+)=u_C(0_-)+\frac{1}{C}\int_{0_-}^{0_+}i_C(\xi)\mathrm{d}\xi$$

如果电感电压u_L和电容电流i_C在无穷小区间$0_-\sim0_+$内为有限值，那么上两式中等号右端积分项的值为零，从而有

$$\left.\begin{aligned}i_L(0_+)&=i_L(0_-)\\u_C(0_+)&=u_C(0_-)\end{aligned}\right\} \tag{3.2-4}$$

(3.2-4)式常称为换路定律(或开闭定律)。该定律表明，若在换路时刻$t=0$处电感电压u_L和电容电流i_C为有限值，则电感电流i_L和电容电压u_C在该处连续，其值不能跃变。这里还特别指出，除电感电流和电容电压之外，电路中其余各处的电流、电压值，在换路前后是

可以发生跃变的。

若求得 $i_L(0_-)$、$u_C(0_-)$，由换路定律就很容易得到 $i_L(0_+)$、$u_C(0_+)$。那么又如何求得 $i_L(0_-)$、$u_C(0_-)$呢？这里再明确这样一个重要结论：直流电源作用的线性时不变渐近稳定的电路(微分方程特征根的实部小于零的电路)，电路达到稳态(定)，电感相当于短路，电容相当于开路。直流电源作用的这类电路达到稳态，即是说电路中任何处的电流、电压均不再随时间 t 变化，所以由它们的电压、电流微分关系式容易得到电感相当于短路、电容相当于开路的结论。本课程中所遇到的动态电路大都属于这类电路。

因电容电压 $u_C(0_-)$、电感电流 $i_L(0_-)$的值决定于电路原有的储能(换路前 $t=0_-$ 时刻的储能 $w_C(0_-)=(1/2)Cu_C^2(0_-)$，$w_L(0_-)=(1/2)Li_L^2(0_-)$)，与 $t\geqslant 0_+$(换路以后)所加的激励无关，即是说 $u_C(0_+)=u_C(0_-)$、$i_L(0_+)=i_L(0_-)$相对 $t\geqslant 0_+$ 所加激励源是独立的，称 $u_C(0_+)$、$i_L(0_+)$为独立初始值。其余变量的初始值称为非独立初始值，它们由 $t\geqslant 0_+$ 时所加激励及独立初始值共同决定。求动态电路初始值的步骤如下：

(1) 求独立初始值 $u_C(0_+)$、$i_L(0_+)$。在 $t=0_-$ 时刻，若为直流电源作用达稳态的电路，将 L 视为短路、C 视为开路，按电阻电路所学方法，容易求得 $u_C(0_-)$、$i_L(0_-)$。再应用换路定律求得 $u_C(0_+)$、$i_L(0_+)$。

(2) 画 $t=0_+$ 时的等效电路。依据替代定理，在 $t=0_+$ 时刻，将电容 C 用数值等于 $u_C(0_+)$的电压源替代；将电感 L 用数值等于 $i_L(0_+)$的电流源替代；直流电压源或电流源及电阻在换路后若仍存在于电路中，将它们照原数值画出。这样所画出的等效电路是电阻电路，电路中所有的电流、电压值都是在 $t=0_+$ 时刻的值。若 $t\neq 0_+$，该等效电路不成立，即失去意义。

(3) 在 $t=0_+$ 等效电路中，应用电阻电路所学各种方法求出欲求的各非独立初始值。

例 3.2-1 如图 3.2-4(a)所示电路已处于稳态，$t=0$ 时开关 S 打开，求初始值 $u_C(0_+)$、$i_1(0_+)$、$i_C(0_+)$和 $u_2(0_+)$。

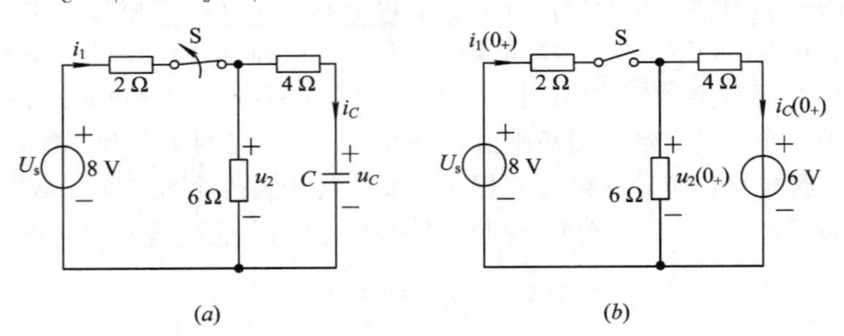

图 3.2-4 例 3.2-1 用图

解 (1) 计算独立初始值 $u_C(0_+)$。先计算 $u_C(0_-)$。由于开关打开前电路处于直流稳态，由前述结论知，在 $t=0_-$ 时刻视电容为开路，所以

$$u_C(0_-)=\frac{6}{2+6}\times 8=6\ \text{V}\Rightarrow u_C(0_+)=u_C(0_-)=6\ \text{V}$$

(2) 画 $t=0_+$ 时刻的等效电路如图 3.2-4(b)所示(注意电容 C 用 6 V 电压源替代)。

(3) 计算欲求的各非独立初始值。由图 3.2-4(b)电阻电路可知

$$i_1(0_+)=0,\qquad i_C(0_+)=-\frac{6}{6+4}=-0.6\ \text{A}$$

$$u_2(0_+) = -6i_C(0_+) = -6\times(-0.6) = 3.6\ \text{V}$$

例 3.2-2 如图 3.2-5(*a*)所示电路，$t<0$ 时，开关 S 处于位置 1，且电路已达稳态。在 $t=0$ 时，开关 S 切换至位置 2，求初始值 $i_R(0_+)$、$i_C(0_+)$和 $u_L(0_+)$。

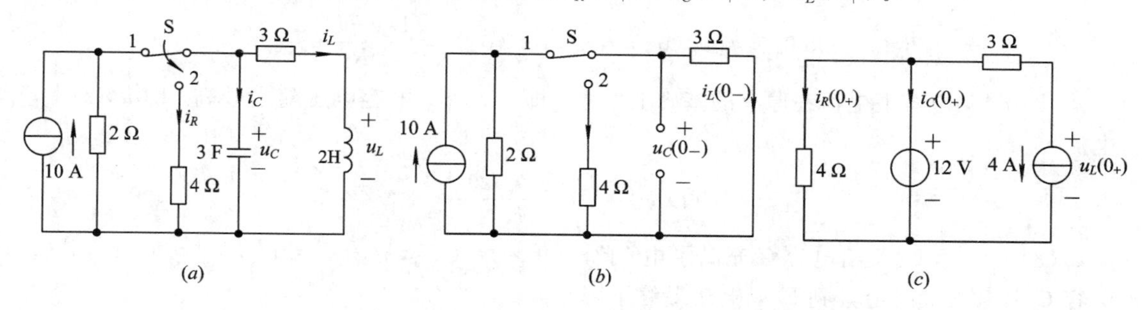

图 3.2-5 例 3.2-2 用图

解 本问题中要求的初始值都是非独立初始值，但也必须先求独立初始值。若原题中电容上无电压参考方向、电感上无电流参考方向，解题者应先设上参考方向，再按求初始值的三个步骤求解下去。设 u_C、i_L参考方向如图 3.2-5(*a*)中所标。

(1) 计算独立初始值 $u_C(0_+)$、$i_L(0_+)$。由于 $t<0$ 时电路已达直流稳态，所以 $t=0_-$ 时电容视为开路，电感视为短路，如图 3.2-5(*b*)所示。应用电阻并联分流公式及欧姆定律分别计算，得

$$i_L(0_-) = \frac{2}{2+3}\times 10 = 4\ \text{A}$$

$$u_C(0_-) = 3i_L(0_-) = 3\times 4 = 12\ \text{V}$$

所以由换路定律，得

$$i_L(0_+) = i_L(0_-) = 4\ \text{A}$$

$$u_C(0_+) = u_C(0_-) = 12\ \text{V}$$

(2) 画 $t=0_+$ 时的等效电路如图 3.2-5(*c*)所示(注意 C 用 12 V 电压源替代，L 用4 A 电流源替代)。

(3) 计算非独立初始值。由欧姆定律、KCL、KVL 分别求得各非独立初始值为

$$i_R(0_+) = \frac{12}{4} = 3\ \text{A},\quad i_C(0_+) = -(4+3) = -7\ \text{A},\quad u_L(0_+) = (-3)\times 4 + 12 = 0\ \text{V}$$

2. 微分方程经典解法

在这个问题中我们用经典的方法求解由一阶动态电路所列写的微分方程，对求解出的结果，联系电路中的有关量值赋予明确的电路响应意义。

如图 3.2-6 所示电路已处于稳态，$t=0$ 时开关 S 由 a 切换至b，求 $t\geqslant 0$ 时电容电压 $u_C(t)$，电流 $i_C(t)$(设图中 $U_s>U_0$)。为了概念上更清晰，采用定性讨论与定量分析相结合求解。

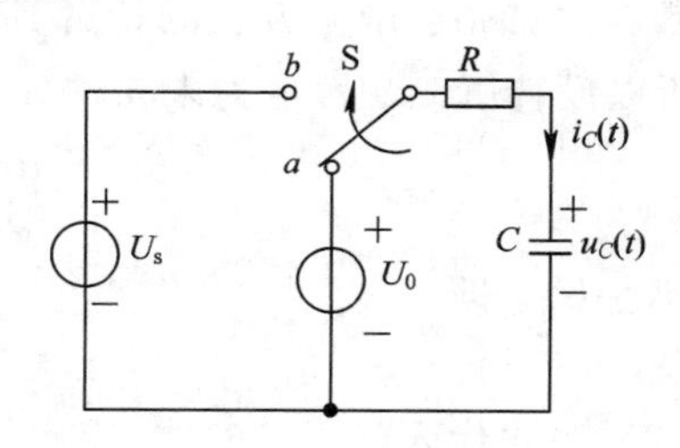

图 3.2-6 一阶 RC 电路

1) 定性分析

$t\leqslant 0_-$，开关 S 合于 a，U_0电压源给电容 C 充电。由题意知电路已达稳定，即是说给 C 充满了

电，$t=0_-$时电压$u_C(0_-)=U_0$，电容上电荷$q(0_-)=CU_0$，电流$i_C(0_-)=0$。

$t\geqslant 0_+$，开关S合于b，U_s电源接着再对电容C充电(因$U_s>U_0$)。再看几个特定时刻：

(1) $t=0_+$，由换路定律知

$$u_C(0_+)=u_C(0_-)=U_0,\ i_C(0_+)=\frac{U_s-U_0}{R}$$

(2) $t\uparrow$，电容上电荷在原有的基础上增多，即$q(t)\uparrow$，电容电压随之升高，即$u_C(t)\uparrow$，电流

$$i(t)\downarrow=\frac{U_s-u_C(t)\uparrow}{R}$$

(3) $t=\infty$，U_s又给电容C充满了电。此时$q(\infty)=CU_s$，$u_C(\infty)=U_s$，$i_C(\infty)=0$，显然电容C上电压最终上升到U_s，电流最终下降至0。

现在要问换路后电容上电压按什么规律上升？电流又按什么规律下降？仅由定性讨论是不能给出满意的回答的。这要由电路建立方程施以数学求解的结果来回答。

2) 定量分析

换路后的电路如图3.2-7所示。由图中所设出的各电压、电流参考方向，应用各元件上的VCR和KVL，列写出的方程为

$$\frac{\mathrm{d}u_C(t)}{\mathrm{d}t}+\frac{1}{RC}u_C(t)=\frac{1}{RC}U_s \tag{3.2-5}$$

定性讨论中已求得解(3.2-5)式所需要的初始条件：

$$u_C(0_+)=U_0$$

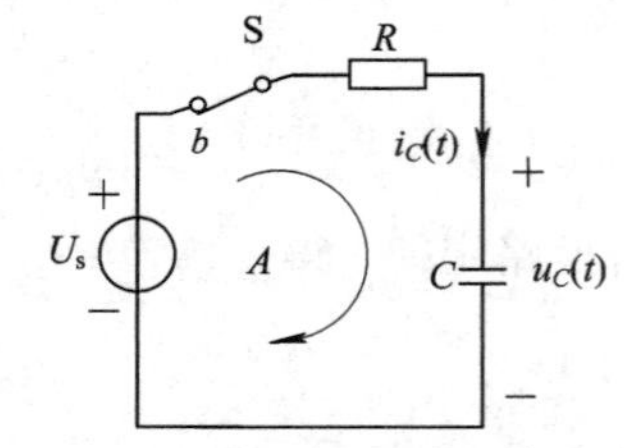

图3.2-7　$t\geqslant 0_+$时U_s对C充电电路($u_C(0_+)=U_0$)

由数学知识写(3.2-5)式对应的特征方程

$$\lambda+\frac{1}{RC}=0$$

解得特征根

$$\lambda=-\frac{1}{RC}$$

于是(3.2-5)式的解为

$$u_C(t)=u_{Ch}(t)+u_{Cp}(t)=A\mathrm{e}^{-\frac{1}{RC}t}+K=A\mathrm{e}^{-\frac{1}{\tau}t}+K \tag{3.2-6}$$

式中：$\tau=RC$，具有时间量纲(欧·法=(伏/安)(库/伏)=库/(库/秒)=秒)，故称它为时间常数；$u_{Ch}(t)=A\mathrm{e}^{-\frac{1}{\tau}t}$，称为方程的齐次解；$u_{Cp}(t)=K$，称为方程的特解。

数学中知道：微分方程的特解具有与激励源相同的函数形式。因激励源U_s是常数电源，所以设特解$u_{Cp}(t)$也为未知常数K。将$u_{Cp}(t)=K$代入(3.2-5)式，有

$$\frac{\mathrm{d}K}{\mathrm{d}t}+\frac{1}{RC}K=\frac{1}{RC}U_s$$

解得$K=U_s$。即

$$u_{Cp}(t)=U_s \tag{3.2-7}$$

将(3.2-7)式代入(3.2-6)式，得

$$u_C(t)=A\mathrm{e}^{-\frac{1}{\tau}t}+U_s \tag{3.2-8}$$

再将初始条件 $u_C(0_+)=U_0$ 代入上式，解得待定系数 $A=U_0-U_s$，所以

$$u_C(t)=(U_0-U_s)e^{-\frac{1}{\tau}t}+U_s\ \mathrm{V}\qquad (t\geqslant 0)\tag{3.2-9}$$

严格来讲，(3.2-9)式的条件应为 $t\geqslant 0_+$，但习惯上常写为 $t\geqslant 0$。

$$i_C(t)=C\frac{\mathrm{d}u_C(t)}{\mathrm{d}t}=\frac{U_s-U_0}{R}e^{-\frac{1}{\tau}t}\ \mathrm{A}\qquad (t\geqslant 0)\tag{3.2-10}$$

由(3.2-9)式、(3.2-10)式分别画得 $u_C(t)$、$i_C(t)$ 波形如图 3.2-8(*a*)、(*b*)所示。

由(3.2-9)式、(3.2-10)式或图 3.2-8(*a*)、(*b*)所示的波形图均能明确回答我们：$u_C(t)$随时间按指数规律上升且从最初的 U_0 值最终上升至 U_s；$i_C(t)$随时间上升按指数规律下降且从最初的$(U_s-U_0)/R$ 值最终下降至 0。

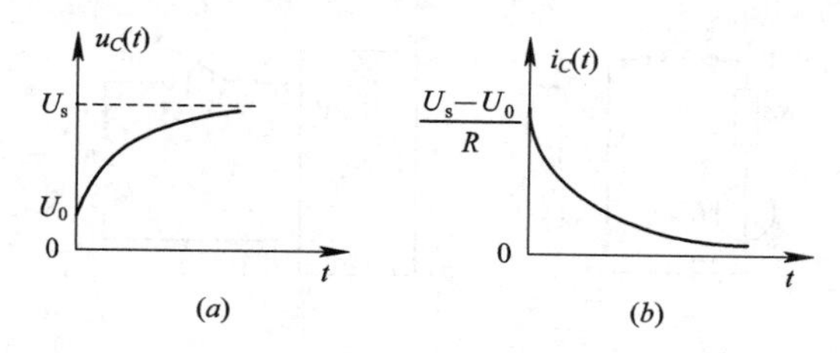

图 3.2-8 图 3.2-7 所示电路中电容电压电流波形图

为讨论问题方便我们重写(3.2-9)式

$$u_C(t)=\underbrace{(U_0-U_s)e^{-\frac{1}{\tau}t}}_{\substack{(\text{Ⅰ})\\ u_{Ch}(t)}}+\underbrace{U_s}_{\substack{(\text{Ⅱ})\\ u_{Cp}(t)}}\tag{3.2-11}$$

式中：(Ⅰ)部分对应数学解的齐次解，函数形式为取决于电路元件(R、C)固有参数的指数函数形式，称这部分为电路的固有响应，又因为这部分响应函数形式相对所加激励的函数形式是自由的，所以也称它为自由响应；(Ⅱ)部分对应数学解的特解，函数形式受限于电路激励源的函数形式，称这部分为电路的强迫响应，或理解为这部分响应是电路在激励源的“强迫”下所作出的响应。

如果自由响应为指数衰减函数($\tau=RC>0$)，且特解为稳定有界函数，则把这种情况的自由响应称为暂态响应，记为 $u_{Cr}(t)$；把这种情况的强迫响应称为稳态响应，记为 $u_{Cs}(t)$。其实，暂态响应态、稳态响应是人为赋予的称谓。人们在观察响应波形时，对于波形随时间 t 衰减或上升处于变动之中的过程称为过渡过程，习惯称为暂态过程；对于波形不再随时间 t 衰减或上升而稳定在一定的数值上(对于直流电源作用的电路)或稳定为有界的时间函数(如正弦函数作用的电路)，称这样的响应为稳态响应。

理论上讲当 $t\to\infty$ 时暂态过程才结束，而实际工程中，当 $t\geqslant(3\sim5)\tau$ 时就近似认为暂态过程已结束，达到了稳定状态。结合上例，若 $t=3\tau$、5τ 时

$$u_C(3\tau)=(U_0-U_s)e^{-3}+U_s=0.05(U_0-U_s)+U_s\approx U_s$$

$$u_C(5\tau)=(U_0-U_s)e^{-5}+U_s=0.0067(U_0-U_s)+U_s\approx U_s$$

再改写(3.2-9)式

$$u_C(t)=\underbrace{U_0e^{-\frac{1}{\tau}t}}_{(\text{Ⅰ}')}+\underbrace{U_s(1-e^{-\frac{1}{\tau}t})}_{(\text{Ⅱ}')}\tag{3.2-12}$$

观察(3.2-12)式可以看出：(Ⅰ′)部分只与U_0有关，即只与电路的初始状态有关，与激励源U_s无关，称为零输入响应；(Ⅱ′)部分只与激励源U_s有关，与电路初始状态无关，称为零状态响应。

3.2.3 一阶动态电路的三要素法

对于一般的直流电源作用的一阶RC或一阶RL动态电路，均可从动态元件两端作戴维宁定理等效或诺顿定理等效，如图3.2-9(a)、(b)所示。图3.2-9(a)中R_0、U_{oc}分别为N_1网络的戴维宁等效内阻与开路电压，图3.2-9(b)中R_0与I_{sc}分别为N_2网络的诺顿等效内阻与短路电流。

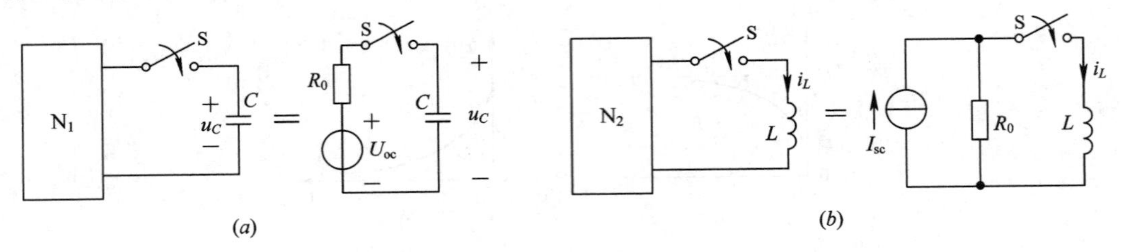

图3.2-9 一阶RC、RL电路等效

对图3.2-9(a)、(b)分别应用KVL、KCL列写方程

$$\frac{\mathrm{d}u_C}{\mathrm{d}t}+\frac{1}{\tau_C}u_C=\frac{1}{\tau_C}U_{oc}\qquad(\tau_C=R_0C)\tag{3.2-13}$$

$$\frac{\mathrm{d}i_L}{\mathrm{d}t}+\frac{1}{\tau_L}i_L=\frac{1}{\tau_L}I_{sc}\qquad\left(\tau_L=\frac{L}{R_0}\right)\tag{3.2-14}$$

将(3.2-13)式、(3.2-14)式与(3.2-5)式对照比较，可以看出它们具有相同的方程结构形式。为了方程的求解更具有一般性，抽去它们各自具体元件参数的物理意义，概括为更数学化的一般方程形式。若电路响应、激励分别用$y(t)$、$f(t)$表示，于是方程为

$$\frac{\mathrm{d}y(t)}{\mathrm{d}t}+\frac{1}{\tau}y(t)=bf(t)\tag{3.2-15}$$

式中：b为常数；τ为电路的时间常数(对于RC电路，$\tau=R_0C$；对于RL电路，$\tau=L/R_0$)。设$y(t)$的初始值为$y(0_+)$，(3.2-15)式是一阶非齐次微分方程，其解

$$y(t)=y_h(t)+y_p(t)=A\mathrm{e}^{-\frac{1}{\tau}t}+y_p(t)\tag{3.2-16}$$

式中：$y_h(t)$、$y_p(t)$分别为微分方程的齐次解、特解。令上式中$t=0_+$，有

$$y(0_+)=A+y_p(0_+)\Rightarrow A=y(0_+)-y_p(0_+)$$

将$A=y(0_+)-y_p(0_+)$代入(3.2-16)式，得

$$y(t)=[y(0_+)-y_p(0_+)]\mathrm{e}^{-\frac{1}{\tau}t}+y_p(t)\tag{3.2-17}$$

(3.2-17)式是一阶线性常系数微分方程解的一般形式，对任何函数形式的激励源情况都适用。比如，$f(t)$为直流激励源、正弦函数激励源等。读者应清楚，不同的激励源函数形式，有不同的特解函数形式$y_p(t)$。

如果电路的时间常数$\tau>0$，$f(t)$为直流激励源，则这时特解$y_p(t)$等于常数B，有$y_p(t)=y_p(0_+)=y_p(\infty)=B$，$y_h(\infty)=0$，所以将$t=\infty$代入(3.2-17)式，得

$$y(\infty)=y_p(\infty)$$

所以对于这种条件下的电路，可以用 $y(\infty)$ 代替 $y_p(\infty)$，亦可代替 $y_p(0_+)$ 与 $y_p(t)$，改写(3.2-17)式为

$$y(t)=[y(0_+)-y(\infty)]e^{-\frac{1}{\tau}t}+y(\infty) \tag{3.2-18}$$

(3.2-18)式就是归纳总结出的直流电源作用下一阶动态电路求响应的三要素公式。今后遇到这类一阶电路问题的求解，可直接求出初始值 $y(0_+)$、稳态值 $y(\infty)$ 及时间常数 τ 三个要素，将其代入三要素公式即可快捷地求出所要求的响应 $y(t)$，如果需要，再画出所求响应的波形图。

例 3.2-3 图 3.2-10(a)所示电路已处于稳态，$t=0$ 时开关 S 由 a 切换至 b，求 $t\geqslant0$ 时电压 $u(t)$，并画出 $u(t)$ 的波形。

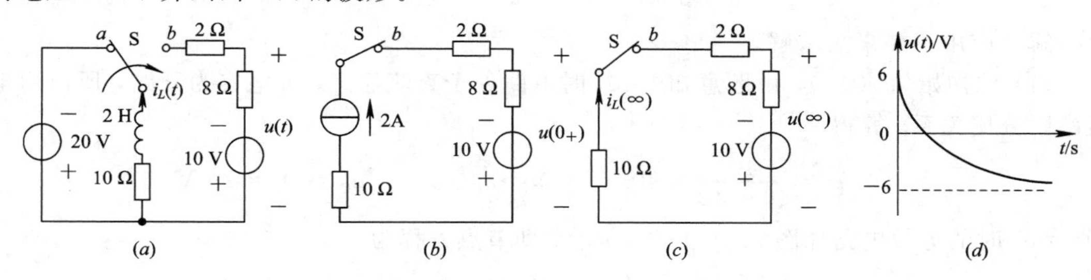

图 3.2-10　例 3.2-3 用图

解　应用三要素法求解。

(1) 求初始值 $u(0_+)$。由题意知 $t=0_-$ 时处于直流稳态，可将电感 L 视为短路，所以

$$i_L(0_-)=\frac{20}{10}=2\ \text{A}$$

由换路定律知

$$i_L(0_+)=i_L(0_-)=2\ \text{A}$$

画 $t=0_+$ 时的等效电路如图 3.2-10(b)所示，由欧姆定律及 KVL 可求得

$$u(0_+)=8\times2-10=6\ \text{V}$$

(2) 求稳态值 $u(\infty)$。开关 S 由 a 切换至 b 且当 $t=\infty$ 时，电路又达到新的直流稳态，此时视电感为短路，画这时的等效电路如图 3.2-10(c)所示。显然

$$i_L(\infty)=\frac{10}{2+8+10}=0.5\ \text{A}$$

$$u(\infty)=8\times0.5-10=-6\ \text{V}$$

(3) 求时间常数 τ。对换路后电路，求从电感 L 两端看的戴维宁等效电源内阻 R_0，显然

$$R_0=2+8+10=20\ \Omega \qquad \text{（本问题求 } R_0 \text{ 电路太简单省略未画出）}$$

$$\tau=\frac{L}{R_0}=\frac{2}{20}=0.1\ \text{s}$$

利用三要素公式，得

$$\begin{aligned}u(t)&=u(\infty)+[u(0_+)-u(\infty)]e^{-\frac{1}{\tau}t}\\&=-6+[6-(-6)]e^{-\frac{1}{0.1}t}=-6+12e^{-10t}\ \text{V}\qquad(t\geqslant0)\end{aligned}$$

由函数表达式画波形图如图 3.2-10(d)所示。

例 3.2-4 如图 3.2-11(a)所示动态电路已处于稳态，$t=0$ 时开关 S 闭合，求 $t\geqslant 0$ 时的电流 $i(t)$。

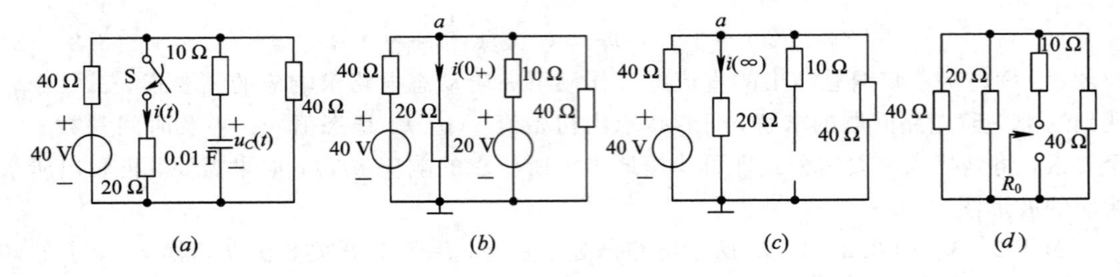

图 3.2-11　例 3.2-4 用图

解　应用三要素法求解。

(1) 求初始值 $i(0_+)$。由题意知 $t=0_-$ 时电路处于直流稳态，视电容为开路，所以由电阻串联分压关系，算得

$$u_C(0_-)=\frac{40}{40+40}\times 40=20\ \text{V}\Rightarrow u_C(0_+)=u_C(0_-)=20\ \text{V}$$

画 $t=0_+$ 时的等效电路如图 3.2-11(b)所示。列节点方程为

$$\left(\frac{1}{40}+\frac{1}{20}+\frac{1}{10}+\frac{1}{40}\right)u_a(0_+)=\frac{40}{40}+\frac{20}{10}$$

解得

$$u_a(0_+)=15\ \text{V}$$

所以

$$i(0_+)=\frac{u_a(0_+)}{20}=0.75\ \text{A}$$

(2) 求稳态值 $i(\infty)$。$t=\infty$时电路又达新的直流稳态，视电容 C 为开路，如图 3.2-11(c)所示。再列节点方程为

$$\left(\frac{1}{40}+\frac{1}{20}+\frac{1}{40}\right)u_a(\infty)=\frac{40}{40}$$

解得

$$u_a(\infty)=10\ \text{V}$$

故得

$$i(\infty)=\frac{u_a(\infty)}{20}=\frac{10}{20}=0.5\ \text{A}$$

(3) 求时间常数 τ。对换路后的电路，画从电容 C 两端看的求戴维宁等效电源内阻的电路如图 3.2-11(d)所示。应用电阻串并联等效，求得

$$R_0=[40\ /\!/\ 40\ /\!/\ 20]+10=20\ \Omega$$

所以

$$\tau=R_0C=20\times 0.01=0.2\ \text{s}$$

利用三要素公式，得

$$\begin{aligned}i(t)&=i(\infty)+[i(0_+)-i(\infty)]\text{e}^{-\frac{1}{\tau}t}=0.5+(0.75-0.5)\text{e}^{-\frac{1}{0.2}t}\\&=0.5+0.25\text{e}^{-5t}\ \text{A}\qquad(t\geqslant 0)\end{aligned}$$

例 3.2-5 如图 3.2-12 所示电路已处于稳态，$t=0$ 时开关 S 闭合，求 $t\geqslant 0$ 时的电流 $i(t)$，并画出其波形。

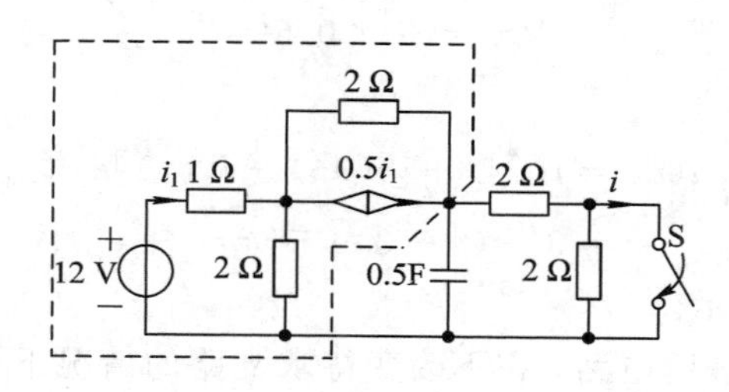

图 3.2-12 例 3.2-5 用图

解 这是复杂的一阶动态电路换路问题，这里应用三要素法，结合戴维宁定理等效求解。将图 3.2-12 中虚线所围部分应用戴维宁定理等效为图 3.2-13(a)中虚线所围部分。

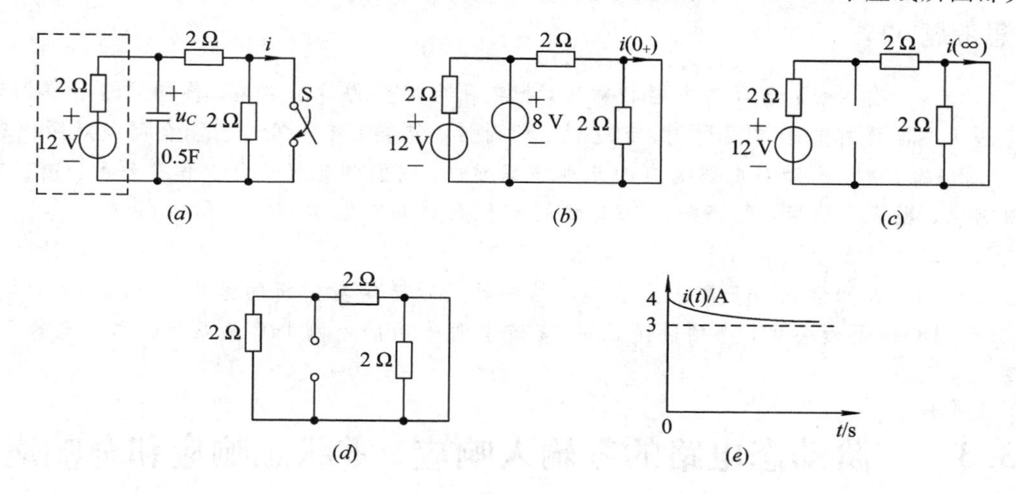

图 3.2-13 解例 3.2-5 用图

求解开路电压、等效内阻的过程可在草稿纸上进行，这里只给出结果。

(1) 求初始值 $i(0_+)$。因 $t=0_-$ 时电路处于直流稳态，视电容 C 为开路，所以由图 3.2-13(a)可得

$$u_C(0_-)=\frac{2+2}{2+2+2}\times 12=8\ \text{V}$$

由换路定律，得

$$u_C(0_+)=u_C(0_-)=8\ \text{V}$$

画 $t=0_+$ 时的等效电路，如图 3.2-13(b)所示，显然

$$i(0_+)=\frac{8}{2}=4\ \text{A}$$

(2) 求稳态值 $i(\infty)$。换路后，$t=\infty$ 时电路又达新的直流稳态，视电容 C 为开路，画 $t=\infty$ 时的等效电路，如图 3.2-13(c)所示。容易求得

$$i(\infty)=\frac{12}{2+2}=3\ \text{A}$$

(3) 求时间常数 τ。画从电容 C 两端看的求等效电阻 R_0 的电路，如图 3.2-13(d)所

示，则

$$R_0 = 2 /\!/ 2 = 1\ \Omega$$

$$\tau = R_0 C = 1 \times 0.5 = 0.5\ \text{s}$$

利用三要素公式，得

$$\begin{aligned} i(t) &= i(\infty) + [i(0_+) - i(\infty)]e^{-\frac{1}{\tau}t} \\ &= 3 + (4-3)e^{-\frac{1}{0.5}t} = 3 + e^{-2t}\ \text{A} \qquad (t \geqslant 0) \end{aligned}$$

其波形如图 3.2-13(*e*)所示。

说明：对于较复杂的一阶电路，在不改变待求支路的情况下可以先对电路作等效，然后利用三要素法进行求解。等效的过程可以简略。本问题的求解正是这样的。

最后，还必须提醒读者，今后若遇有的题目图中电容上未设电压参考方向或电感上未设电流参考方向，解题者必须先设它们的参考方向，再按三要素步骤求解下去。

思考题

3.2-1　有人说：与动态电路相对应，把电阻电路称为静态电路。你同意这一称谓吗？请将这两类电路就电路方程形式、记忆性、即时性、储能、耗能等诸性能全面做对照比较。

3.2-2　请写出动态电路响应的几种分解形式，它们各着眼于什么作分解的？请说明：自由响应、零输入响应、暂态响应三者之间是什么关系？强迫响应、零状态响应、稳态响应这三者之间又是什么关系？

3.2-3　某同学认为三要素法求解的结果就是数学定量分析的结果，他(她)讲，使用式(3.2-18)三要素公式，必须满足正 τ、直流电源作用的一阶电路的条件。你同意这种观点吗？

3.3　一阶动态电路的零输入响应、零状态响应和全响应

如果动态电路在换路前已经具有初始储能，那么换路后即使输入(激励源)为零，电路在初始储能作用下也会产生响应。这种输入为零仅由初始储能产生的响应，称为电路的零输入响应。

如果动态电路在换路前不具有初始储能，换路后仅有 $t \geqslant 0$ 时的输入作用在电路中所产生的响应，称为电路的零状态响应。

若电路响应(电流或电压)用一般的表示符号 $y(t)$，则 $y_x(t)$、$y_f(t)$分别表示零输入响应、零状态响应。本节只讨论直流电源作用一阶电路的零输入响应、零状态响应和全响应。

3.3.1　一阶电路的零输入响应

1. 一阶 RC 电路的零输入响应

图 3.3-1(*a*)所示一阶 RC 电路已处于稳态，$t=0$ 时开关 S 由 a 切换至 b，求 $t \geqslant 0$ 时的电压 $u_C(t)$和电流 $i_C(t)$。

定性分析：参看图 3.3-1(*a*)可见 $t \leqslant 0_-$ 时为电压源 U_s 给 C 充电电路，题意告知已达稳态即是说 $t=0_-$ 时给 C 充满了电，此时 $u_C(0_-)=U_s$，$w_C(0_-)=\frac{1}{2}CU_s^2$。对于 $t \geqslant 0_+$ 时，参看

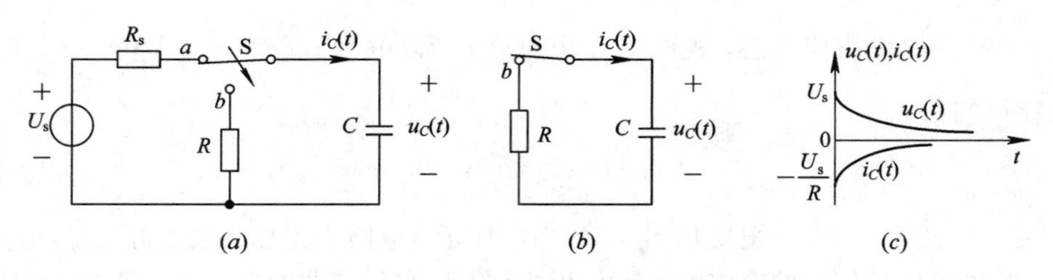

图 3.3-1　一阶 RC 电路的零输入响应例

图 3.3-1(*b*)，为电容 C 放电电路，电路中无任何输入(激励源)，所以对于图 3.3-1(*b*)电路中任何处的响应，都是由电容上的初始储能产生的，属于零输入响应。$t=0_+$ 时由换路定律知：

$$u_C(0_+)=u_C(0_-)=U_s,\quad i_C(0_+)=-\frac{u_C(0_+)}{R}=-\frac{U_s}{R}$$

$$t\uparrow\rightarrow q(t)\downarrow\rightarrow u_C(t)\downarrow\quad \text{(电容放电致使电容上的电荷减少，电压下降)}$$

$$i_C(t)=\left[-\frac{u_C(t)\downarrow}{R}\right]\uparrow$$

$$t=\infty\rightarrow q(\infty)=0\rightarrow u_C(\infty)=0,\quad i_C(\infty)=-\frac{u_C(\infty)}{R}=0$$

电容 C 放电完毕，C 上原来储藏的能量在放电过程中被电阻消耗完。由上述定性分析可得出这样的结论：开关 S 由 a 切换至 b 以后电压 $u_C(t)$ 随时间 t 增长而下降，从开始的 U_s 下降到零；电流 $i_C(t)$ 随时间 t 增长而上升，从最初的 $-U_s/R$(负值)上升至零。但要问 $u_C(t)$、$i_C(t)$ 分别以什么规律随时间 t 的增长而变化？这就要由定量分析的结果来回答。

定量分析：对本问题，三要素法求解的结果即是定量分析的结果，不需要列写方程求解。以后再求解这类问题时也不必如本例这样经定性、定量分析过程求解，直接用三要素法求解即可。时间常数 $\tau=RC$，结合定性分析中得到 $u_C(t)$、$i_C(t)$ 的初始值和稳态值，分别利用三要素公式，得

$$u_C(t)=u_C(\infty)+[u_C(0_+)-u_C(\infty)]\mathrm{e}^{-\frac{1}{\tau}t}=U_s\mathrm{e}^{-\frac{1}{RC}t}\ \mathrm{V}\qquad (t\geqslant 0)$$

$$i_C(t)=i_C(\infty)+[i_C(0_+)-i_C(\infty)]\mathrm{e}^{-\frac{1}{\tau}t}=-\frac{U_s}{R}\mathrm{e}^{-\frac{1}{RC}t}\ \mathrm{A}\qquad (t\geqslant 0)$$

依据 $u_C(t)$、$i_C(t)$ 的函数表达式画二者的波形图如图 3.3-1(*c*)所示。由图可见，换路后随时间 t 增长电压 $u_C(t)$ 按指数规律下降，最终下降至零；电流 $i_C(t)$ 按指数规律上升，最终上升至零。

2. 一阶 *RL* 电路的零输入响应

如图 3.3-2(*a*)所示一阶 *RL* 电路已处于稳态，$t=0$ 时开关 S 由 a 切换至 b，求 $t\geqslant 0$ 时的电流 $i_L(t)$ 和电压 $u_L(t)$。

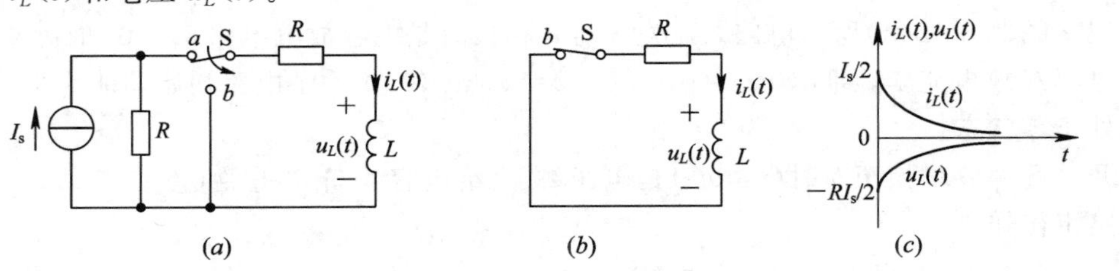

图 3.3-2　一阶 RL 电路的零输入响应例

因 $t=0_-$ 时处于直流稳态，视电感 L 为短路，所以电流 $i_L(0_-)=\frac{R}{R+R}I_s=\frac{1}{2}I_s$，根据换路定律可知

$$i_L(0_+)=i_L(0_-)=\frac{1}{2}I_s$$

开关 S 切换至 b 点后，电路如图 3.3-2(b)所示，电路中无任何激励源(输入为零)，对于 $t\geqslant 0_+$ 时电路中任何处的响应，都是由电感 L 上原有的储藏能量产生，属于零输入响应。当 $t=\infty$ 时，原有的储能消耗已尽，所以

$$i_L(\infty)=0$$

时间常数

$$\tau=\frac{L}{R}$$

利用三要素公式，得

$$i_L(t)=i_L(\infty)+[i_L(0_+)-i_L(\infty)]e^{-\frac{1}{\tau}t}=\frac{1}{2}I_s e^{-\frac{R}{L}t}\ \text{A}\qquad (t\geqslant 0)$$

由电感上的电压与电流的微分关系，得电压

$$u_L(t)=L\frac{di_L(t)}{dt}=-\frac{1}{2}RI_s e^{-\frac{R}{L}t}\ \text{V}\qquad (t\geqslant 0)$$

根据 $i_L(t)$、$u_L(t)$ 函数式画得二者的波形如图 3.3-2(c)所示。

如上述讨论的 RC、RL 一阶电路的零输入响应例，在换路后($t\geqslant 0_+$)的电路中无任何激励源，所求的任何响应都属于零输入响应，这种情况的响应虽无标示零输入"x"下脚标表示符号，但不会引起读者误会。

3.3.2 一阶电路的零状态响应

1. 一阶 RC 电路的零状态响应

如图 3.3-3(a)所示电路已处于稳态，$t=0$ 时开关 S 由 a 切换至 b，求 $t\geqslant 0$ 时的电压 $u_C(t)$ 和电流 $i(t)$。

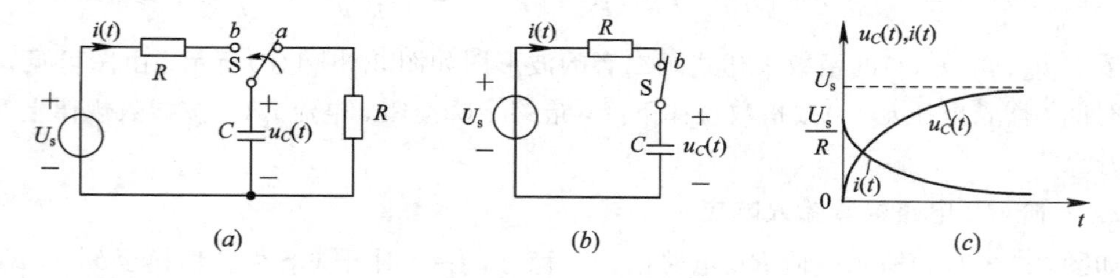

图 3.3-3 一阶 RC 电路的零状态响应例

观察图 3.3-3(a)所示电路，开关 S 与 a 相接时是电容放电电路，$t=0_-$ 时处于稳态意味着电容 C 放电完毕，即 $q(0_-)=0$，$u_C(0_-)=0$，$w_C(0_-)=0$，电路初始储能为零，或称为电路处于零状态。

开关 S 由 a 切换至 b 时($t\geqslant 0_+$)是电压源 U_s 给电容 C 充电电路(参看图 3.3-3(b))，由换路定律知

$$u_C(0_+)=u_C(0_-)=0$$

$$i(0_+) = \frac{U_s - u_C(0_+)}{R} = \frac{U_s}{R}$$

当 $t=\infty$ 时电路达到直流稳态(U_s 给 C 充满了电)，视电容 C 为开路，所以

$$u_C(\infty) = U_s$$

$$i(\infty) = \frac{U_s - u_C(\infty)}{R} = \frac{U_s - U_s}{R} = 0$$

时间常数

$$\tau = RC$$

分别利用三要素公式，得

$$\begin{aligned} u_C(t) &= u_C(\infty) + [u_C(0_+) - u_C(\infty)]e^{-\frac{1}{\tau}t} \\ &= U_s + (0 - U_s)e^{-\frac{1}{RC}t} = U_s(1 - e^{-\frac{1}{RC}t})\text{V} \qquad (t \geqslant 0) \end{aligned}$$

$$i(t) = i(\infty) + [i(0_+) - i(\infty)]e^{-\frac{1}{\tau}t} = \frac{U_s}{R}e^{-\frac{1}{RC}t}\ \text{A} \qquad (t \geqslant 0)$$

由 $u_C(t)$、$i(t)$ 函数表达式画二者的波形如图 3.3-3(c)所示。当然，这里的 $u_C(t)$、$i(t)$ 虽未加下脚标"f"，但它们是零状态响应。

2. 一阶 RL 电路的零状态响应

如图 3.3-4(a)所示一阶 RL 电路已处于稳态，$t=0$ 时开关 S 由 a 切换至 b，求 $t \geqslant 0$ 时的 $i_L(t)$、$u_L(t)$、$i_R(t)$。

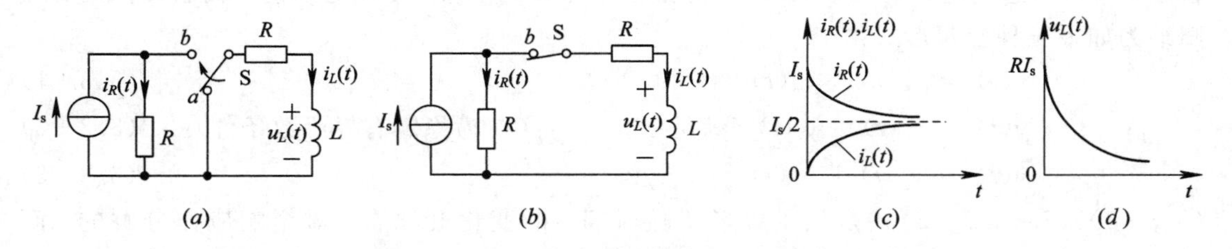

图 3.3-4　一阶 RL 电路的零状态响应例

观察图 3.3-4(a)所示电路，$t \leqslant 0_-$ 时开关 S 与 a 相接为电感 L 释放能量电路，$t=0_-$ 时电路处于稳态即是说 L 上能量释放完，$w_L(0_-)=0$，$i_L(0_-)=0$，电路初始能量为零，或称电路处于零状态。

开关 S 由 a 切换至 b 时($t \geqslant 0_+$)为电流源 I_s 给电感 L 储能的电路(参看图 3.3-4(b))。由换路定律知：在 $t=0_+$ 时，

$$i_L(0_+) = i_L(0_-) = 0$$

由 KCL、OL、KVL 得

$$i_R(0_+) = I_s - i_L(0_+) = I_s$$

$$u_L(0_+) = -Ri_L(0_+) + Ri_R(0_+) = RI_s$$

在 $t=\infty$ 时电路达直流稳态，视电感 L 为短路，故得

$$i_L(\infty) = i_R(\infty) = \frac{R}{R+R}I_s = \frac{1}{2}I_s$$

$$u_L(\infty) = 0$$

时间常数

$$\tau = \frac{L}{R+R} = \frac{L}{2R}$$

分别利用三要素公式，得

$$i_L(t) = i_L(\infty) + [i_L(0_+) - i_L(\infty)]e^{-\frac{1}{\tau}t} = \frac{1}{2}I_s(1 - e^{-\frac{2R}{L}t})\text{A} \qquad (t \geqslant 0)$$

$$u_L(t) = u_L(\infty) + [u_L(0_+) - u_L(\infty)]e^{-\frac{1}{\tau}t} = RI_s e^{-\frac{2R}{L}t}\ \text{V} \qquad (t \geqslant 0)$$

$$i_R(t) = i_R(\infty) + [i_R(0_+) - i_R(\infty)]e^{-\frac{1}{\tau}t} = \frac{1}{2}I_s(1 + e^{-\frac{2R}{L}t})\text{A} \qquad (t \geqslant 0)$$

由 $i_L(t)$、$i_R(t)$、$u_L(t)$ 函数表达式分别画它们的波形图如图 3.3-4(*c*)、(*d*)所示。本问题也可以按这样的思路求解：先用三要素法求出电感电流 $i_L(t)$，然后应用 KCL 求得 $i_R(t)$，再应用 KVL 求得 $u_L(t)$。

3.3.3 一阶电路的全响应

由动态元件上的初始储能和 $t \geqslant 0$ 时外加输入(激励)共同作用所产生的响应，称为电路的全响应。其实，在例 3.2-3、例 3.2-4 和例 3.2-5 中所求的响应就是电路的全响应。对于这类线性动态电路，我们也可以分别单独求出零输入响应、零状态响应。如果需要，再将二者相加得到全响应。如果不局限于某具体的电路、某具体的电压或电流响应，用 $y(t)$ 表示全响应；用 $y_h(t)$、$y_p(t)$ 分别表示自由响应、强迫响应；用 $y_r(t)$、$y_s(t)$ 分别表示暂态响应、稳态响应；用 $y_x(t)$、$y_f(t)$ 分别表示零输入响应、零状态响应。我们可将全响应归纳为如下三种分解形式：

$$y(t) = y_h(t) + y_p(t) \tag{3.3-1}$$

$$y(t) = y_r(t) + y_s(t)\ (\text{满足 } \tau > 0,\ y_p(t) \text{ 为稳定有界函数条件}) \tag{3.3-2}$$

$$y(t) = y_x(t) + y_f(t) \tag{3.3-3}$$

(3.3-1)式和(3.3-2)式是从函数形式随时间 t 的变化规律看，对全响应作分解的。而(3.3-3)式是就产生响应的原因对全响应作分解的，这种分解形式因果关系明确，物理概念清晰，是现代电路理论学习、研究中使用最多的一种全响应分解形式。

例 3.3-1 如图 3.3-5(*a*)所示电路已处于稳态，$t=0$ 时开关 S 由 a 切换至 b，求 $t \geqslant 0_+$ 时的电压 $u(t)$ 的零输入响应 $u_x(t)$、零状态响应 $u_f(t)$ 及全响应 $u(t)$，并画出它们的波形图。

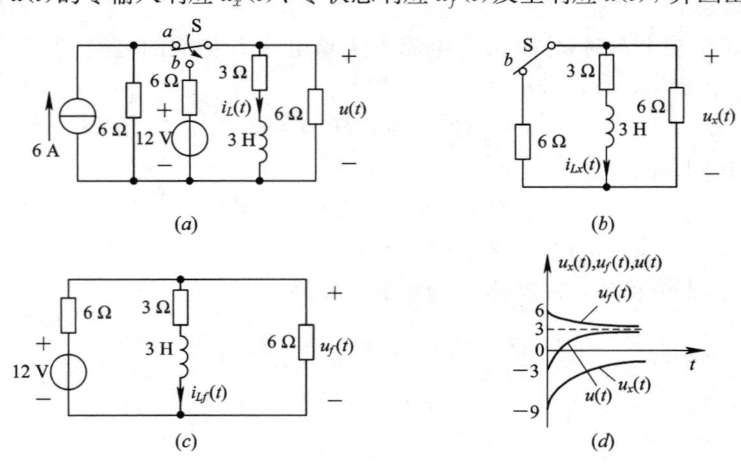

图 3.3-5 例 3.3-1 用图

解 设电流 i_L 的参考方向如图 3.3-5(a)中所标。由题意知 $t=0_-$ 时电路已处于直流稳态，L 相当于短路，所以应用电阻并联分流公式，得

$$i_L(0_-)=\frac{6 /\!/ 6}{3+6 /\!/ 6}\times 6=3\ \text{A}$$

由换路定律知

$$i_L(0_+)=i_L(0_-)=3\ \text{A}$$

(1) 计算零输入响应 $u_x(t)$。当 $t\geqslant 0_+$ 时，令输入为零(将 12 V 电压源短路)的电路如图 3.3-5(b)所示。3 个要素显然容易求得，分别为

$$i_{Lx}(0_+)=i_L(0_+)=3\ \text{A}$$

$$i_{Lx}(\infty)=0$$

$$\tau=\frac{3}{6 /\!/ 6+3}=0.5\ \text{s}$$

利用三要素公式，得

$$i_{Lx}(t)=i_{Lx}(\infty)+[i_{Lx}(0_+)-i_{Lx}(\infty)]\mathrm{e}^{-\frac{1}{\tau}t}=3\mathrm{e}^{-2t}\ \text{A}\qquad (t\geqslant 0_+)$$

再应用电阻并联等效及欧姆定律，算得

$$u_x(t)=-[6 /\!/ 6]\times i_{Lx}(t)=-9\mathrm{e}^{-2t}\ \text{V}\qquad (t\geqslant 0_+)$$

(2) 计算零状态响应 $u_f(t)$。当 $t\geqslant 0_+$ 时，设电感元件上的储能为零，即初始状态为零($i_{Lf}(0_+)=0$)，仅由 $t\geqslant 0_+$ 时的输入作用的电路如图 3.3-5(c)所示。因

$$i_{Lf}(0_+)=0\qquad (t=0_+\ \text{时刻}\ L\ \text{相当于开路})$$

所以由电阻串联分压关系，得

$$u_f(0_+)=\frac{6}{6+6}\times 12=6\ \text{V}$$

当 $t=\infty$ 时，电路又达新的直流稳态，电感又视为短路，再次应用电阻串、并联等效及分压关系，求得

$$u_f(\infty)=\frac{3 /\!/ 6}{6+3 /\!/ 6}\times 12=3\ \text{V}$$

图 3.3-5(c)中的时间常数与图 3.3-5(b)中的时间常数相同，τ 仍为 0.5 s。利用三要素公式，得

$$u_f(t)=u_f(\infty)+[u_f(0_+)-u_f(\infty)]\mathrm{e}^{-\frac{1}{\tau}t}=3+3\mathrm{e}^{-2t}\ \text{V}\qquad (t\geqslant 0_+)$$

(3) 计算全响应 $u(t)$。将零输入响应 $u_x(t)$ 与零状态响应 $u_f(t)$ 相加，便得全响应：

$$u(t)=u_x(t)+u_f(t)=-9\mathrm{e}^{-2t}+3+3\mathrm{e}^{-2t}=3-6\mathrm{e}^{-2t}\ \text{V}\qquad (t\geqslant 0_+)$$

画 $u_x(t)$、$u_f(t)$、$u(t)$ 的波形图如图 3.3-5(d)所示。

还需要说明的是，严格说来，对所求响应 $u_x(t)$、$u_f(t)$、$u(t)$ 应加的时间区间条件为 $t\geqslant 0_+$，正如本例这样。但更多的情况，从题目条件到所求响应加注的条件习惯书写为 $t\geqslant 0$，这成了同行中的共识，所以也就不必苛求书写形式上的严密性。

例 3.3-2 如图 3.3-6(a)所示为含受控源的电路已处于稳态，$t=0$ 时开关 S 由 b 切换至 a，求 $t\geqslant 0$ 时的电压 $u_C(t)$ 和电流 $i(t)$，并画出波形图。

解 本例为含有受控源的一阶动态电路，一般在用三要素法求解之前先要将电路中含受控源部分用戴维宁定理等效，如图 3.3-6(b)所示电路，由 KVL 得

$$(2+6)i'+4i'=12$$

解得

$$i'=1\ \text{A}$$

故开路电压为

$$u_{oc}=6i'+4i'=10i'=10\ \text{V}$$

将图 3.3-6(b)中 a、d 端短接并设短路电流 i_{sc} 如图 3.3-6(c)电路所示，由于 $i''=12\div2=6$ A，所以

$$i_{sc}=i''+\frac{4i''}{6}=6+4=10\ \text{A}$$

等效电阻

$$R_0=\frac{u_{oc}}{i_{sc}}=\frac{10}{10}=1\ \Omega$$

画出图 3.3-6(a)所示电路的等效电路，如图 3.3-6(d)所示。

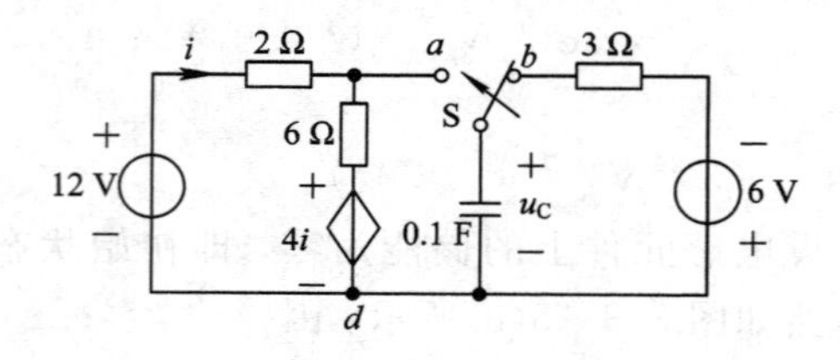

(a)

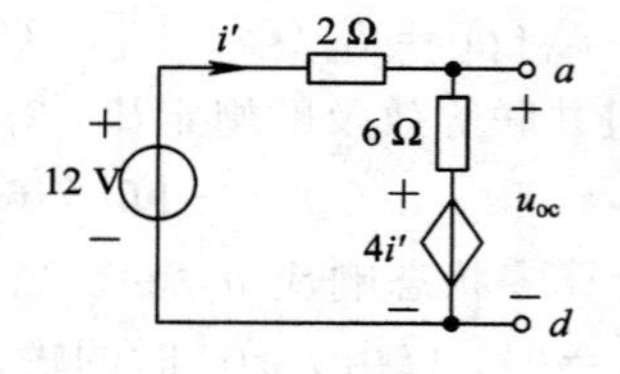

(b)

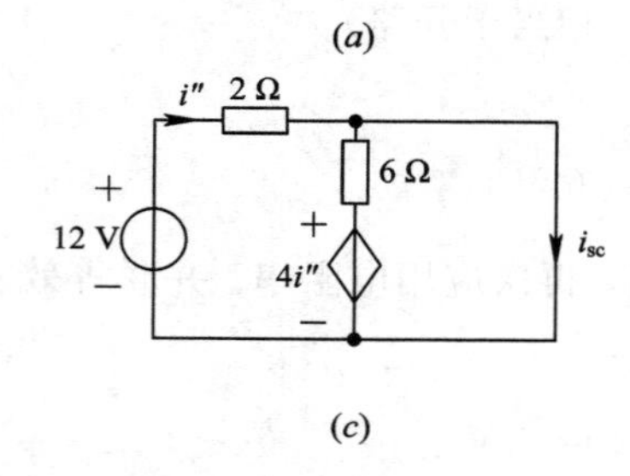

(c)

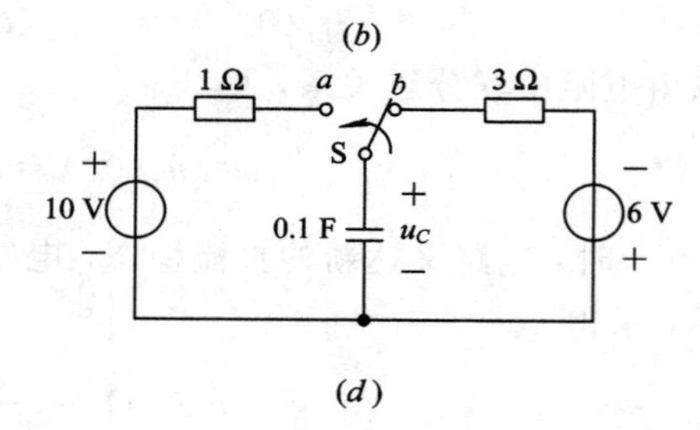

(d)

图 3.3-6　例 3.3-2 用图

(1) 应用三要素法求 $u_C(t)$。由图 3.3-6(d)所示电路分别求得

$$u_C(0_+)=u_C(0_-)=-6\ \text{V}$$
$$u_C(\infty)=10\ \text{V}$$
$$\tau=R_0C=1\times0.1=0.1\ \text{s}$$

利用三要素公式，得

$$\begin{aligned}u_C(t)&=u_C(\infty)+[u_C(0_+)-u_C(\infty)]e^{-\frac{1}{\tau}t}\\&=10+(-6-10)e^{-10t}=10-16e^{-10t}\ \text{V}\qquad(t\geqslant0)\end{aligned}$$

(2) 回到图 3.3-6(a)求电流 $i(t)$。应用 KVL 求得电流

$$i(t)=\frac{12-u_C(t)}{2}=1+8e^{-10t}\ \text{A}\qquad(t\geqslant0)$$

画 u_C、i 的波形如图 3.3-7(a)、(b)所示。

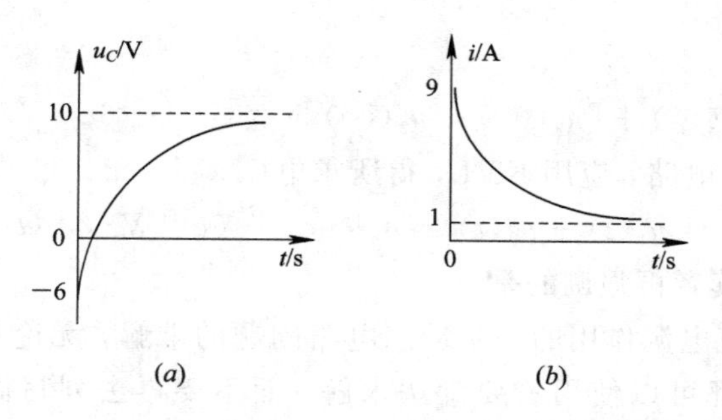

图 3.3－7　例 3.3－2 电路中 u_C、i 的波形图

例 3.3－3　如图 3.3－8(*a*)所示电路已处于稳态，$t=0$ 时开关 S 闭合，求 $t\geqslant 0$ 时的电压 $u(t)$。

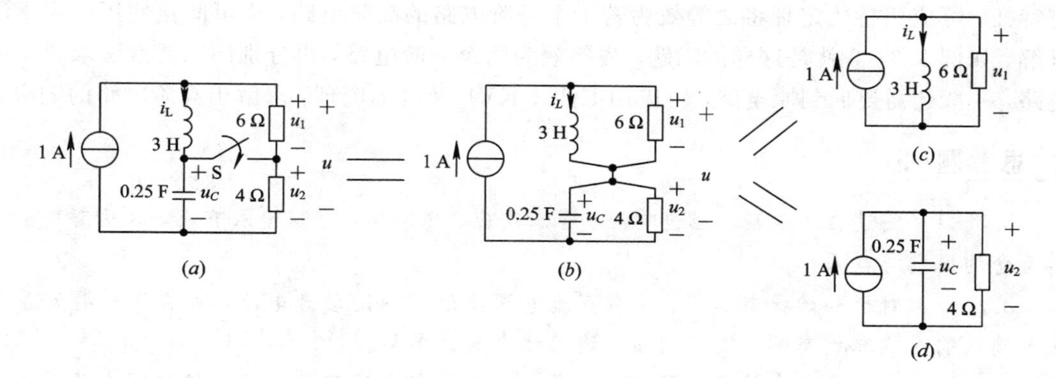

图 3.3－8　例 3.3－3 用图

解　设 i_L、u_C、u_1、u_2的参考方向如图 3.3－8(*a*)中所标。由题意知图 3.3－8(*a*)所示电路在 $t=0_-$ 时刻处于直流稳态，将 L 看作短路，将 C 视为开路，所以容易求得

$$i_L(0_-)=0,\quad u_C(0_-)=1\times(6+4)=10\ \mathrm{V}$$

对求 $t\geqslant 0_+$ 时的 u_1、u_2，应用对短路线压缩、伸长变形等效将图 3.3－8(*a*)等效为图 3.3－8(*b*)；再依据替代定理将图3.3－8(*b*)分别等效为图 3.3－8(*c*)(对求 u_1 等效)、(*d*)(对求 u_2 等效)。

图 3.3－8(*c*)是一阶 *RL* 电路，应用三要素法求 u_1。它的三个要素容易求得，即

$$i_L(0_+)=i_L(0_-)=0\qquad (\text{在 } t=0_+ \text{ 时 } L \text{ 相当于开路})$$

$$u_1(0_+)=1\times 6=6\ \mathrm{V}$$

$$u_1(\infty)=0\qquad (t=\infty \text{ 时电路又达直流稳态，} L \text{ 又相当于短路})$$

$$\tau_L=\frac{3}{6}=0.5\ \mathrm{s}$$

利用三要素公式，得

$$u_1(t)=u_1(\infty)+[u_1(0_+)-u_1(\infty)]\mathrm{e}^{-\frac{1}{\tau_L}t}=6\mathrm{e}^{-2t}\ \mathrm{V}\qquad (t\geqslant 0)$$

图 3.3－8(*d*)是一阶 *RC* 电路，应用三要素法求 u_2。它的三个要素也容易求得，即

$$u_2(0_+)=u_C(0_+)=u_C(0_-)=10\ \mathrm{V}$$

$$u_2(\infty)=1\times 4=4\ \mathrm{V}\qquad (t=\infty \text{ 时电路又达直流稳态，} C \text{ 相当于开路})$$

$$\tau_C=4\times 0.25=1\ \mathrm{s}$$

再利用三要素公式，得

$$u_2(t) = u_2(\infty) + [u_2(0_+) - u_2(\infty)]e^{-\frac{1}{\tau_C}t} = 4 + 6e^{-t}\ \text{V} \qquad (t \geqslant 0)$$

回到图 3.3-8(*a*)所示电路，应用 KVL，得所求电压

$$u(t) = u_1(t) + u_2(t) = 4 + 6e^{-t} + 6e^{-2t}\ \text{V} \qquad (t \geqslant 0)$$

本节最后必须给读者再强调的是：

(1) 今后遇到直流电源作用的一阶动态电路问题的求解，无论是求零输入响应、零状态响应还是求全响应都可以使用三要素法求解，而不要再去列写微分方程、解微分方程了。三要素法求解的结果与通过列方程解方程得到的结果完全相同，但它的求解过程简单明了、易于掌握。

(2) 原则上讲三要素法只适用于直流电源作用的一阶动态电路的求解，但对于某些具有特征、可应用替代定理将之等效为若干个一阶电路的高阶电路，亦可间接使用三要素法求解。如例 3.3-3 就是这样的问题，先等效为两个一阶电路，再分别用三要素法求解一阶电路，一般还需要回到原电路，再应用 KCL、KVL 及叠加定理，求解出高阶电路的响应。

思考题

3.3-1 简述自由响应、强迫响应、暂态响应、稳态响应、零输入响应、零状态响应这些概念的区别与联系。

3.3-2 对于初始状态非零、又有直流电源作用的一阶动态电路，可否用三要素法只求零输入响应或零状态响应？若可以，请简述求解的思路。

3.3-3 三要素法中的三个要素指的是什么？如何求这三个要素？请默写出三要素公式，并归纳应用三要素法求解动态电路的点滴体会。

3.4 阶跃函数与阶跃响应

3.4.1 阶跃函数

单位阶跃函数用 $\varepsilon(t)$表示，其定义为

$$\varepsilon(t) = \begin{cases} 0 & (t \leqslant 0_-) \\ 1 & (t \geqslant 0_+) \end{cases} \tag{3.4-1}$$

式中，符号 $0_- = \lim\limits_{x\to 0}(0-x)$，$0_+ = \lim\limits_{x\to 0}(0+x)$。$\varepsilon(t)$波形如图 3.4-1 所示。它在 $t \leqslant 0_-$ 时恒为 0，$t \geqslant 0_+$ 时恒为 1。$t = 0$ 时则由 0 阶跃到 1，这是一个跃变过程，其函数值不定。从数学上看，$t = 0$ 为第一类间断点，函数间断点处左极限值为 0，右极限值为 1。

$\varepsilon(t)$乘以常数 A，所得结果 $A\varepsilon(t)$称为阶跃函数，其表达式为

$$A\varepsilon(t) = \begin{cases} 0 & (t \leqslant 0_-) \\ A & (t \geqslant 0_+) \end{cases} \tag{3.4-2}$$

波形如图 3.4-2(*a*)所示，其中阶跃幅度 A 称为阶跃量。阶跃函数在时间上延迟 t_0，称为延迟阶跃函数，波形如图 3.4-2(*b*)所示，它在 $t = t_0$处出现阶跃，数学上可表示为

$$A\varepsilon(t-t_0)=\begin{cases}0 & (t\leqslant t_{0_-})\\ A & (t\geqslant t_{0+})\end{cases} \qquad (3.4-3)$$

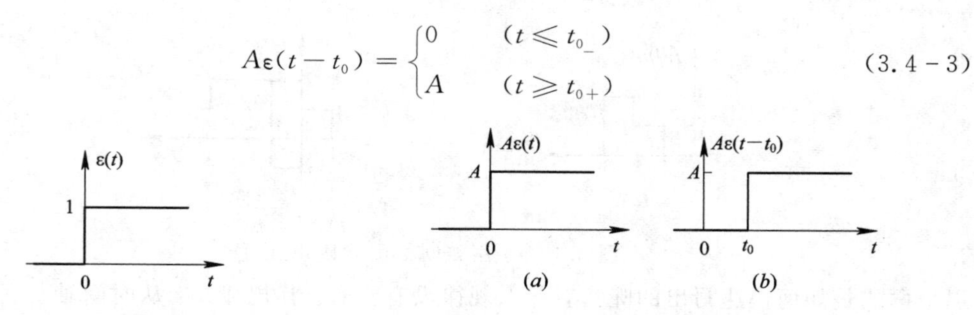

图 3.4-1　单位阶跃函数　　　　图 3.4-2　阶跃函数

阶跃函数的应用之一是描述某些情况下的开关动作。例如在图 3.4-3(*a*)中，阶跃电压 $U_s\varepsilon(t)$表示电压源 U_s在 $t=0$ 时接入二端电路 N。类似地，图 3.4-3(*b*)中的阶跃电流 $I_s\varepsilon(t-t_0)$表示电流源 I_s在 $t=t_0$时接入二端电路 N。可见，单位阶跃函数可以作为开关动作的数学模型，因此 $\varepsilon(t)$也常称为开关函数。

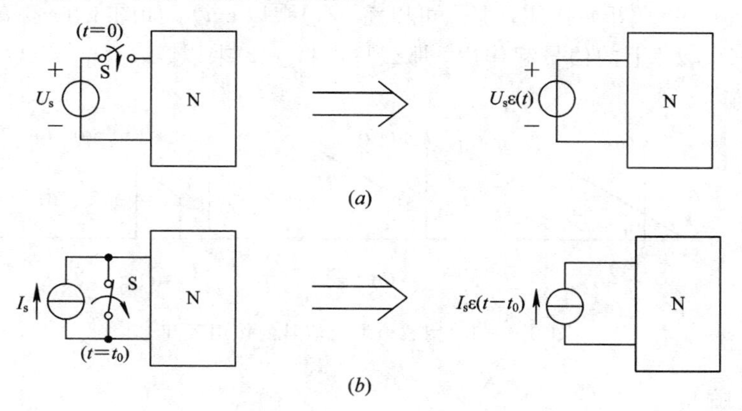

图 3.4-3　用 ε(t)表示开关动作

阶跃函数的另一个重要应用是以简洁的形式表示某些信号。如图 3.4-4(*a*)所示矩形脉冲信号，可以看成是图 3.4-4(*b*)、(*c*)所示两个延迟阶跃信号的叠加，即

$$\begin{aligned}f(t)&=f_1(t)-f_2(t)=A\varepsilon(t-t_1)-A\varepsilon(t-t_2)\\&=A[\varepsilon(t-t_1)-\varepsilon(t-t_2)]\end{aligned}$$

图 3.4-4　用 ε(t)表示矩形脉冲信号

依据上例叠加单位阶跃函数移位加权代数和的思想，用阶跃函数还可以简洁表示“台阶式”或称“楼梯式”的更为复杂的信号，如图 3.4-5(*a*)、(*b*)中的 $f_1(t)$、$f_2(t)$，不必画叠加过程图即可写出用 $\varepsilon(t)$简洁表示的形式，即

$$f_1(t)=\varepsilon(t-1)+\varepsilon(t-2)-2\varepsilon(t-3)$$

$$f_2(t)=\varepsilon(t+1)-2\varepsilon(t)+3\varepsilon(t-1)-\varepsilon(t-3)$$

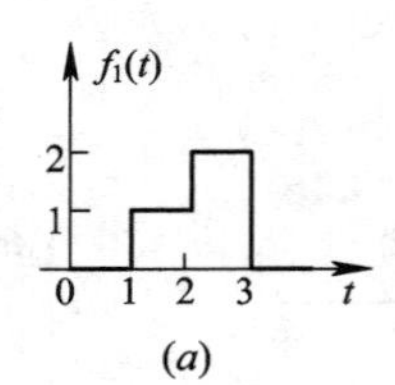

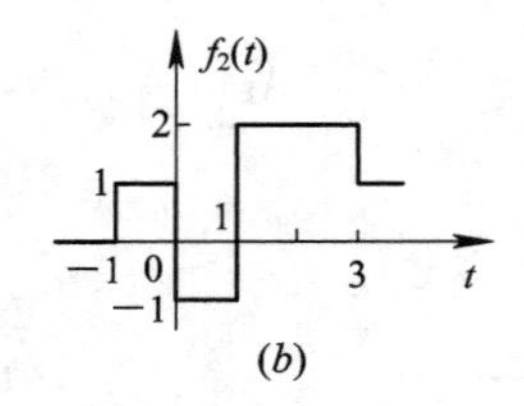

图 3.4-5 用 ε(t)表示"台阶式"信号

以上两式是如何快速写出的呢？有什么规律没有？有。其规律是：从时间轴负无穷向正方向"走"，若遇 $t=t_1$ 处是突跳点(第一类间断点)且向上跳，此处就出现正阶跃函数，跳的高度就是正阶跃函数的权系数；若遇 $t=t_2$ 处是向下跳的突跳点，此处就出现负阶跃函数，下跳的高度就是负阶跃函数的权系数。上两式就是按此规律快速写出的。读者可以画出代数和叠加过程图来验证其正确性。

此外，还可用 $\varepsilon(t)$表示任意函数的作用区间。设给定信号 $f(t)$如图 3.4-6(*a*)所示，如果要求 $f(t)$在 $t=0$ 开始作用，那么可以将 $f(t)$乘以 $\varepsilon(t)$，如图 3.4-6(*b*)所示。如果要求 $f(t)$在区间(t_1, t_2)上的信号起作用，那么只需将 $f(t)$乘以$[\varepsilon(t-t_1)-\varepsilon(t-t_2)]$即可，如图 3.4-6(*c*)所示。

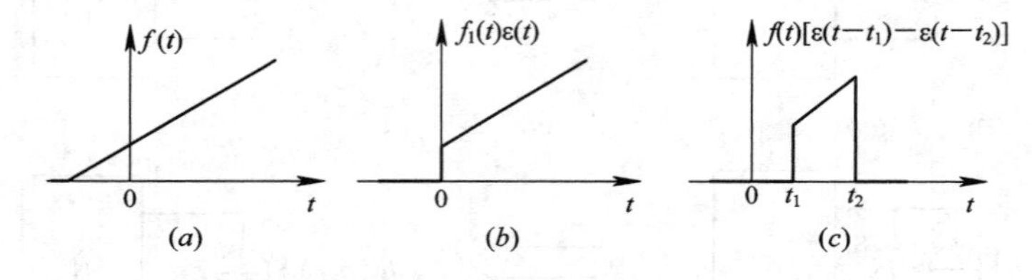

图 3.4-6 用 ε(t)表示信号的作用区间

3.4.2 阶跃响应

电路在单位阶跃函数激励下产生的零状态响应定义为单位阶跃响应，简称为阶跃响应，以符号 $g(t)$表示。用数学式描述这一定义可表示为

$$g(t) = y_f(t)\big|_{f(t)=\varepsilon(t)} \tag{3.4-4}$$

单位阶跃函数 $\varepsilon(t)$作用于电路相当于单位直流源(1 V 或 1 A)在 $t=0$ 时接入电路，因此对于一阶电路，阶跃响应 $g(t)$仍可用三要素法求解。

如果电路结构和元件参数均不随时间变化，那么该电路就称为时不变电路。时不变电路标志性的特征是其零状态响应的函数形式与激励接入电路的时间无关。若用下列符号表示激励与零状态响应之间的关系：

$$f(t) \to y_f(t)$$

则时不变性质可表示为

$$f(t-t_0) \to y_f(t-t_0) \tag{3.4-5}$$

即若激励 $f(t)$延迟了 t_0时间，则零状态响应也延迟了 t_0时间，图 3.4-7 更直观地表明了时不变电路的这一特征。

在线性时不变动态电路中，零状态响应与激励之间的关系满足齐次、叠加和时不变性质。若单位阶跃函数 $\varepsilon(t)$激励下的零状态响应(即单位阶跃响应)是 $g(t)$，则在阶跃函数 $A\varepsilon(t)$

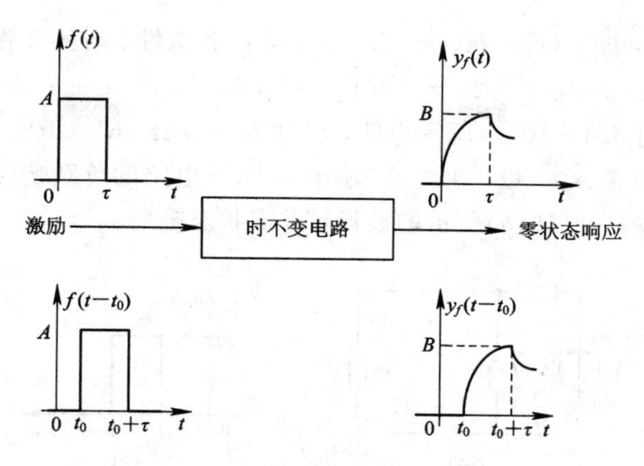

图 3.4-7　电路的时不变性质

激励下的零状态响应是 $Ag(t)$；在延迟阶跃函数 $A\varepsilon(t-t_0)$激励下的零状态响应是 $Ag(t-t_0)$。在和阶跃$[A\varepsilon(t)+B\varepsilon(t)]$函数激励下的零状态响应是$[Ag(t)+Bg(t)]$。上述文字叙述线性时不变电路的齐次、时不变、叠加三性质可以用图 3.4-8 简明表示。

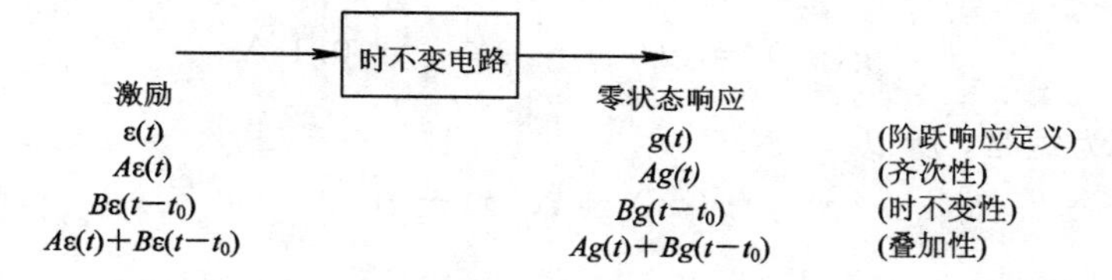

图 3.4-8　齐次、时不变、叠加三性质简图表示

例 3.4-1　如图 3.4-9(a)所示的一阶电路，已知 $R_1=6\ \Omega$，$R_2=4\ \Omega$，$C=0.02$ F。

(1) 若以 $i_s(t)$为输入，以 $u_C(t)$为输出，求阶跃响应 $g(t)$；

(2) 若激励电流源 i_s的波形如图 3.4-9(b)所示，求零状态响应 $u_{Cf}(t)$。

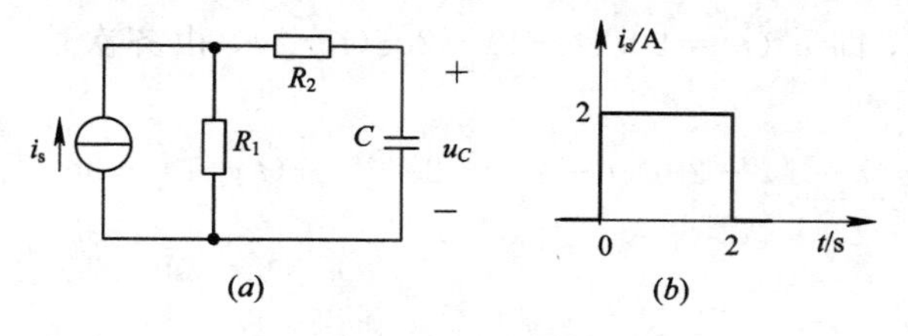

图 3.4-9　例 3.4-1 用图

解　(1) 用三要素法求 $g(t)$。令 $i_s(t)=\varepsilon(t)$A，并考虑零状态条件及阶跃响应定义，因零状态($u_C(0_+)=u_C(0_-)=0$)，$t=0_+$时 C 视为短路，所以

$$g(0_+)=g(0_-)=0$$

又 $t=\infty$时 C 视为开路，所以

$$g(\infty)=1\times6=6\ \mathrm{V}$$

时间常数

$$\tau=(R_1+R_2)C=(6+4)\times0.02=0.2\ \mathrm{s}$$

利用三要素公式，得

$$g(t)=\{g(\infty)+[g(0_+)-g(\infty)]\mathrm{e}^{-\frac{1}{\tau}t}\}\varepsilon(t)=6(1-\mathrm{e}^{-5t})\varepsilon(t)\ \mathrm{V}$$

(2) 将信号分解，即 $i_s(t)=2\varepsilon(t)-2\varepsilon(t-2)$，由齐次性、时不变性及叠加性，显然

$$u_{Cf}(t)=2g(t)-2g(t-2)=12(1-\mathrm{e}^{-5t})\varepsilon(t)-12[1-\mathrm{e}^{-5(t-2)}]\varepsilon(t-2)\ \mathrm{V}$$

例 3.4-2 如图 3.4-10(*a*)所示电路，已知 $R_1=6\ \Omega$，$R_2=4\ \Omega$，$L=1.2\ \mathrm{H}$。

(1) 以 u_s 为激励(输入)，以 i 为响应(输出)，求该电路的阶跃响应 $g(t)$；

(2) 若 u_s 为如图 3.4-10(*b*)所示的波形，求零状态响应 $i_f(t)$。

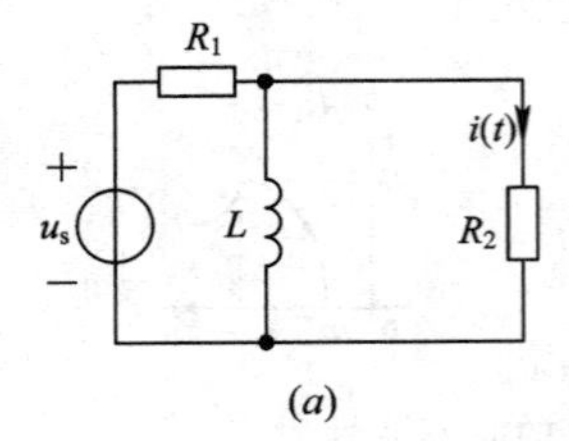

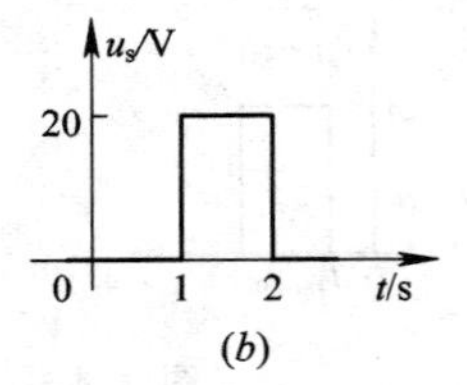

图 3.4-10 例 3.4-2 用图

解 (1) 用三要素法求 $g(t)$。令 $u_s(t)=\varepsilon(t)\mathrm{V}$，并考虑零状态条件及阶跃响应定义，因零状态，$t=0_+$ 时 L 视为开路，所以

$$g(0_+)=g(0_-)=\frac{1}{6+4}=0.1\ \mathrm{A}$$

又 $t=\infty$ 时 L 视为短路，所以

$$g(\infty)=i(\infty)=0$$

时间常数

$$\tau=\frac{L}{R_1\ /\!/\ R_2}=\frac{1}{2}=0.5\ \mathrm{s}$$

利用三要素公式，得

$$g(t)=\{g(\infty)+[g(0_+)-g(\infty)]\mathrm{e}^{-\frac{1}{\tau}t}\}\varepsilon(t)=0.1\mathrm{e}^{-2t}\varepsilon(t)\mathrm{A}$$

(2) 将信号分解，即 $u_s(t)=20\varepsilon(t-1)-20\varepsilon(t-2)$，由齐次性、时不变性及叠加性，显然

$$i_f(t)=20g(t-1)-20g(t-2)=2\mathrm{e}^{-2(t-1)}\varepsilon(t-1)-2\mathrm{e}^{-2(t-2)}\varepsilon(t-2)\mathrm{A}$$

∵ 思考题 ∵

3.4-1 如何理解单位阶跃函数定义式(即(3.4-1)式)？定义单位阶跃函数的意义何在？

3.4-2 时不变电路的基本特性是什么？甲同学说：电路中的元件参数都是不随时间 t 变化的常数，这样的电路即是时不变电路。你同意这样的说法吗？

3.4-3 电路的零状态响应 $y_f(t)$ 与激励 $f(t)$ 满足下列关系：

(1) $y_f(t)=tf(t)$；

(2) $y_f(t)=\dfrac{\mathrm{d}}{\mathrm{d}t}[f(t)]$；

(3) $y_f(t)=\displaystyle\int_{-\infty}^{t}f(\tau)\mathrm{d}\tau+|f(t)|$，

判断与以上各式相对应的电路是否为线性电路？是否为时不变电路？并说明理由。

3.5 正弦激励下一阶电路的响应

在实际电路中，正弦电源也是最常用的。下面我们将以一阶电路为例，讨论在正弦电源激励下的完全响应。

3.5.1 正弦激励下一阶 *RC* 电路的全响应

如图 3.5-1(*a*)所示的一阶 *RC* 电路，$t=0$ 时开关闭合。若电容电压的初始值 $u_C(0_-)=U_0$，正弦电压源为

$$u_s(t)=U_{sm}\cos(\omega t+\psi_s)\text{V} \tag{3.5-1}$$

其波形如图 3.5-1(*b*)所示。式中，U_{sm}称为正弦电压的振幅；ψ_s称为正弦电压源的初相位角，其大小与选择开关闭合的时间 $t=0$ 有关。

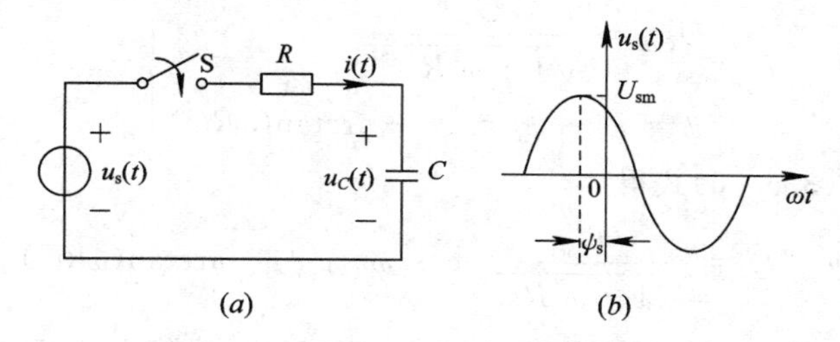

图 3.5-1 正弦电压源作用于 RC 电路

讨论 $t\geqslant 0_+$ 时的电容电压 $u_C(t)$。根据 KVL 和元件的 VCR，得

$$RC\frac{\mathrm{d}u_C(t)}{\mathrm{d}t}+u_C(t)=U_{sm}\cos(\omega t+\psi_s) \tag{3.5-2}$$

其完全解由齐次解和特解两部分组成，即

$$u_C(t)=u_{Ch}(t)+u_{Cp}(t) \tag{3.5-3}$$

齐次解为

$$u_{Ch}(t)=A\mathrm{e}^{-\frac{1}{RC}t} \tag{3.5-4}$$

式中 A 为积分常数。由于(3.5-2)式的右端是正弦函数，其特解为相同频率的正弦函数，即

$$u_{Cp}(t)=U_{Cm}\cos(\omega t+\psi) \tag{3.5-5}$$

式中 U_{Cm} 和 ψ 为特解中的待定常数。由数学知识知道特解应满足原方程，将(3.5-5)式代入(3.5-2)式，得

$$-RCU_{Cm}\omega\sin(\omega t+\psi)+U_{Cm}\cos(\omega t+\psi)=U_{sm}\cos(\omega t+\psi_s) \tag{3.5-6}$$

应用三角公式：$\cos(\alpha+\beta)=\cos\alpha\cos\beta-\sin\alpha\sin\beta$，配项改写上式为

$$\sqrt{1+\omega^2R^2C^2}\,U_{Cm}\left[\frac{1}{\sqrt{1+\omega^2R^2C^2}}\cos(\omega t+\psi)-\frac{\omega RC}{\sqrt{1+\omega^2R^2C^2}}\sin(\omega t+\psi)\right]$$
$$=U_{sm}\cos(\omega t+\psi_s) \tag{3.5-7}$$

令上式中

$$\cos\psi_x = \frac{1}{\sqrt{1+\omega^2R^2C^2}}, \ \sin\psi_x = \frac{\omega RC}{\sqrt{1+\omega^2R^2C^2}}$$

则

$$\psi_x = \arctan(\omega RC) \tag{3.5-8}$$

应用三角公式改写式(3.5-7)左端，即得

$$\sqrt{1+\omega^2R^2C^2}U_{Cm}\cos(\omega t+\psi+\psi_x) = U_{sm}\cos(\omega t+\psi_s) \tag{3.5-9}$$

比较上式两端对应项，得

$$\left.\begin{aligned} \sqrt{1+\omega^2R^2C^2}U_{Cm} &= U_{sm} \\ \psi+\psi_x &= \psi_s \end{aligned}\right\}$$

解得

$$\left.\begin{aligned} U_{Cm} &= \frac{U_{sm}}{\sqrt{1+\omega^2R^2C^2}} \\ \psi &= \psi_s-\psi_x = \psi_s-\arctan(\omega RC) \end{aligned}\right\} \tag{3.5-10}$$

将(3.5-10)式代入(3.5-5)式得

$$u_{Cp}(t) = \frac{U_{sm}}{\sqrt{1+\omega^2R^2C^2}}\cos[\omega t+\psi_s-\arctan(\omega RC)] \tag{3.5-11}$$

至此，完全确定了特解 $u_{Cp}(t)$。将(3.5-11)式、(3.5-4)式代入(3.5-3)式，得

$$u_C(t) = Ae^{-\frac{1}{RC}t}+\frac{U_{sm}}{\sqrt{1+\omega^2R^2C^2}}\cos[\omega t+\psi_s-\arctan(\omega RC)] \tag{3.5-12}$$

令上式中 $t=0_+$，有

$$u_C(0_+) = A+\frac{U_{sm}}{\sqrt{1+\omega^2R^2C^2}}\cos[\psi_s-\arctan(\omega RC)] = U_0$$

解得

$$A = U_0-\frac{U_{sm}}{\sqrt{1+\omega^2R^2C^2}}\cos[\psi_s-\arctan(\omega RC)] \tag{3.5-13}$$

将(3.5-13)式代入(3.5-12)式，得

$$u_C(t) = \overbrace{\left\{U_0-\frac{U_{sm}}{\sqrt{1+\omega^2R^2C^2}}\cos[\psi_s-\arctan(\omega RC)]\right\}e^{-\frac{1}{RC}t}}^{\text{暂态响应}} + \underbrace{\frac{U_{sm}}{\sqrt{1+\omega^2R^2C^2}}\cos[\omega t+\psi_s-\arctan(\omega RC)]}_{\text{正弦稳态响应}} \tag{3.5-14}$$

3.5.2 一个重要结论

若电路的微分方程所有特征根的实部都小于零，这样的电路称为渐近稳定电路。对于这类电路，(3.5-14)式等号右端第一项为暂态响应，当 $t\to\infty$ 时将衰减为零；等号右端的

第二项为正弦激励下的稳态响应。当暂态过程结束，电路进入稳态时，响应是与激励源频率相同的正弦函数。$u_C(t)$的波形如图 3.5-2 所示。

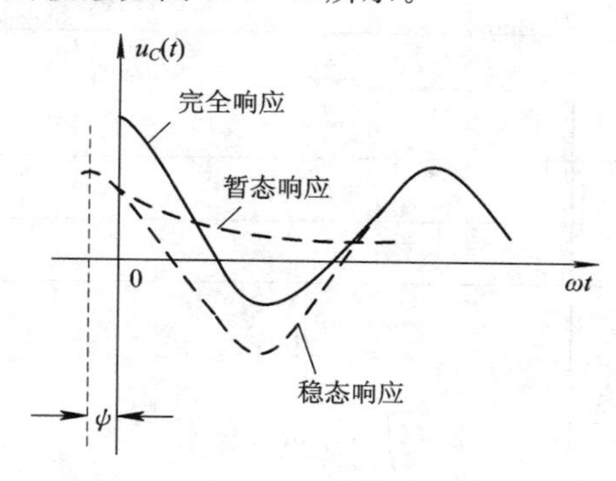

图 3.5-2　正弦激励下的 $u_C(t)$波形

由(3.5-14)式可见，就这么个简单的一阶 RC 电路，在正弦函数激励下的求解过程就这样的烦琐、结果式这么的冗长！若是正弦函数激励下的高阶电路，其求解过程的繁杂程度更是不可想象！这里越是感到求解烦琐，就更渴望寻求简单的求解新方法，下一章重点要讲的正弦稳态相量分析法正是这样的好方法。

一般认为实际电路的暂态过程经历(3～5)τ 的时间，它是很短暂的。我们更关注正弦稳态响应的求解，如对电路只求稳态响应的分析属正弦稳态分析。许多电子设备都工作在正弦稳态情况，如正弦波振荡器、电力系统的交流发电机等。同时，正弦稳态分析也是线性时不变电路频率域分析的基础，因此讨论电路的正弦稳态响应具有十分重要的意义。

通过本节简单 RC 一阶电路在正弦函数激励下的求解过程，我们得出一个带有共性的重要结论：对于线性时不变渐近稳定的电路，其任何处的正弦稳态响应都是与激励正弦电源具有相同频率的正弦函数。这一结论是在正弦稳态电路分析中引入相量法分析的重要基础。

思考题

3.5-1　正弦函数激励的线性时不变渐近稳定电路，当电路达稳态时其任何处的电流、电压响应具有什么特点？

3.5-2　如图 3.5-1 所示的 RC 电路，若正弦激励源的振幅、频率、初相位均为已知常数，元件参数 R、C 一定，请分析(3.5-14)式，问电容上的初始电压 U_0为何值时方能在开关闭合后无暂态过程？

3.5-3　简述线性电路特点、线性时不变电路的特点。什么是渐近稳定电路？

3.6　小　结

第 3 章习题讨论 PPT

1. 电感、电容动态元件的性能

电感、电容动态元件的性能对照归纳于表 3.6-1。

表 3.6－1　电感、电容动态元件的性能对照表

性　　能	元件模型	
	i L + u −	i C + u −
韦安关系	$\psi=Li$	—
库伏关系	—	$q=Cu$
电压、电流关系	$u=L\dfrac{\mathrm{d}i}{\mathrm{d}t}$ $i=\dfrac{1}{L}\int_{-\infty}^{t}u(\xi)\mathrm{d}\xi$	$i=C\dfrac{\mathrm{d}u}{\mathrm{d}t}$ $u=\dfrac{1}{C}\int_{-\infty}^{t}i(\xi)\mathrm{d}\xi$
储能	$w_L=\dfrac{1}{2}Li^2(t)$	$w_C=\dfrac{1}{2}Cu^2(t)$
记忆性	电流记忆电压	电压记忆电流

2. 换路、换路定律与初始值计算

1）换路

电路在 t_0 时刻有开关闭合或打开，或者电路元件值突然变化，或者电源电压突然升高或降低等现象发生，这种现象称为动态电路发生了换路。t_0 称为发生换路的时刻，通常取 $t_0=0$。

2）换路定律

换路定律用来表述动态电路在换路时刻所呈现的规律。用简明的数学式表示为

$$u_C(0_+)=u_C(0_-)\qquad (i_C\ \text{为有限值})$$

$$i_L(0_+)=i_L(0_-)\qquad (u_L\ \text{为有限值})$$

求解动态电路微分方程需要初始条件即这里所说的初始值。电路响应 $y(t)$ 及其各阶导数在换路后一瞬间（$t=0_+$ 时刻）的数值，称为电路的初始值。对一阶动态电路初始值即是 $y(0_+)$。

求电路初始值的步骤如下：

（1）由换路前一瞬间（$t=0_-$ 时刻）电路求出 $u_C(0_-)$、$i_L(0_-)$。

（2）应用换路定律求得独立初始值即 $u_C(0_+)=u_C(0_-)$，$i_L(0_+)=i_L(0_-)$。

（3）画出换路后一瞬间（$t=0_+$ 时刻）的等效电路：L 用数值为 $i_L(0_+)$ 的电流源替换，C 用数值为 $u_C(0_+)$ 的电压源替换。这样，在 $t=0_+$ 时刻的电路为电阻电路。

（4）在 $t=0_+$ 时刻的等效电路中，选用一种简便的电阻电路分析法求出欲求的初始值。

提醒读者注意：在计算 $u_C(0_-)$、$i_L(0_-)$ 时经常使用“直流稳态电路中电感相当于短路、电容相当于开路”的重要结论。

3. 电路全响应的三种分解形式

由电路的初始储能与 $t\geqslant 0$ 所加的激励源共同作用产生的电路响应，称为动态电路的

全响应，记为 $y(t)$。对于我们所讨论的线性时不变动态电路，其全响应有以下三种分解形式：

$$y(t)=\underbrace{y_h(t)}_{\substack{\text{齐次解}\\ \text{(自由响应)}}}+\underbrace{y_p(t)}_{\substack{\text{特解}\\ \text{(强迫响应)}}} \tag{3.6-1}$$

(3.6-1)式中的 $y_h(t)$对应于电路齐次方程的解，数学上称它为齐次解。从电路响应意义上看，$y_h(t)$为电路方程特征根的指数函数形式，不受激励约束，所以称它为自由响应。(3.6-1)式中的 $y_p(t)$对应于电路方程的特别解，简称特解。$y_p(t)$的函数形式类同于激励源的函数形式，从电路响应的角度看，这部分响应可视为在激励的"强迫"下电路所作出的响应，故称它为强迫响应。

若 $y_h(t)$为指数衰减函数，$y_p(t)$为稳定有界的函数，则称这时的 $y_h(t)$为暂态响应，记为 $y_r(t)$；称这时的 $y_p(t)$为稳态响应，记为 $y_s(t)$。这样就有全响应的第二种分解形式，即

$$y(t)=\underbrace{y_r(t)}_{\text{暂态响应}}+\underbrace{y_s(t)}_{\text{稳态响应}} \tag{3.6-2}$$

以上两种全响应的分解形式是着眼于各部分响应随时间变化的特征来作分解的。

若从因果关系对全响应作分解：将输入为零、仅由电路初始储能作用产生的电路响应部分称为零输入响应，记为 $y_x(t)$；将电路初始储能为零、仅由 $t\geqslant 0$ 所加的输入作用产生的电路响应部分称为零状态响应，记为 $y_f(t)$。这样，全响应又可分解为

$$y(t)=\underbrace{y_x(t)}_{\text{零输入响应}}+\underbrace{y_f(t)}_{\text{零状态响应}} \tag{3.6-3}$$

(3.6-3)式是全响应的第三种分解形式。因这种分解形式因果关系明确，物理概念清晰，所以它是现代电路理论学习和研究中使用最多的一种全响应分解形式。

4. 一阶电路的三要素解法

对于直流电源作用的一阶电路，推导总结出的三要素公式是求解这种类型电路的重要公式，即

$$y(t)=y(\infty)+[y(0_+)-y(\infty)]e^{-\frac{1}{\tau}t}\qquad (t\geqslant 0) \tag{3.6-4}$$

式中，$y(0_+)$为初始值，其求法见本小结"2"；$y(\infty)$为稳态值，它是换路后 $t=\infty$时的响应数值，若是直流电源作用，换路后 $t=\infty$时电路又达新的稳定状态，将 L 视为短路，电容视为开路，求出 $y(\infty)$；τ 为时间常数，先从动态元件两端看，求出戴维宁等效电源内阻 R_0，再应用 R_0C 或 L/R_0求出时间常数 τ。

将求得的 $y(0_+)$、$y(\infty)$、τ 值代入(3.6-4)式即求得所求电路响应 $y(t)$。如果需要，由 $y(t)$函数式便可画出它的波形图。这种求解电路的方法称为三要素法。三要素法可用来求一阶动态电路的零输入响应、零状态响应、全响应以及阶跃响应。

5. 阶跃函数 $\varepsilon(t)$与电路的阶跃响应 $g(t)$

单位阶跃函数 $\varepsilon(t)$定义为

$$\varepsilon(t)=\begin{cases}0 & (t\leqslant 0_-)\\ 1 & (t\geqslant 0_+)\end{cases}$$

用单位阶跃函数的加权、移位代数和可表示复杂的“台阶式”或“楼梯式”信号。其快速书写表示式的规律为：若“台阶式”复杂信号有 n 个第一类间断点，代数和表达式中应有 n 个移位阶跃函数，其各移位阶跃函数的加权系数可这样确定，从时间轴负无穷向正方向“走”，若在 $t=t_1$ 处向上跳的高度为 A，则在此处出现的阶跃函数为 $A\varepsilon(t-t_1)$；若在 $t=t_2$ 处向下跳的高度为 B，则在 t_2 处出现的阶跃函数为 $-B\varepsilon(t-t_2)$……以此类推。

电路的阶跃响应 $g(t)$ 定义为

$$g(t)=y_f(t)\big|_{f(t)=\varepsilon(t)} \qquad (3.6-5)$$

一阶电路的阶跃响应可应用三要素法求解。

6. 电路的时不变性质

电路的零状态响应形状与激励接入的时间无关，或者说电路的激励延迟多长时间，其电路的零状态响应也延迟多长时间，这样的电路称为时不变电路。用简洁数学式定义，即若

$$f(t)\rightarrow y_f(t)$$

有

$$f(t-t_0)\rightarrow y_f(t-t_0) \qquad (3.6-6)$$

则称时不变电路。(3.6-6)式也就是时不变电路所具有的时不变性质。

如果是“台阶式”的复杂信号作用于线性时不变一阶电路，求零状态响应，可这样处理：先应用三要素法求电路的阶跃响应 $g(t)$，再将“台阶式”信号表示为移位阶跃信号的加权代数和，应用时不变性、齐次性、叠加性求得欲求的零状态响应。

7. 重要结论

“正弦函数激励的线性时不变渐近稳定的电路，电路达稳态，其任何处的稳态响应均为与激励源具有相同频率的正弦函数。”这一重要结论是在正弦稳态电路分析中引入相量法分析的基础。

习 题 3

3.1 如图(a)所示的 $C=4$ F 的电容器，其电流 i 的波形如图(b)所示。

(1) 若 $u(0)=0$，求 $t\geqslant 0$ 时的电容电压 $u(t)$，并画出其波形；

(2) 计算 $t=2$ s 时电容吸收的功率 $p(2)$；

(3) 计算 $t=2$ s 时电容的储能 $w(2)$。

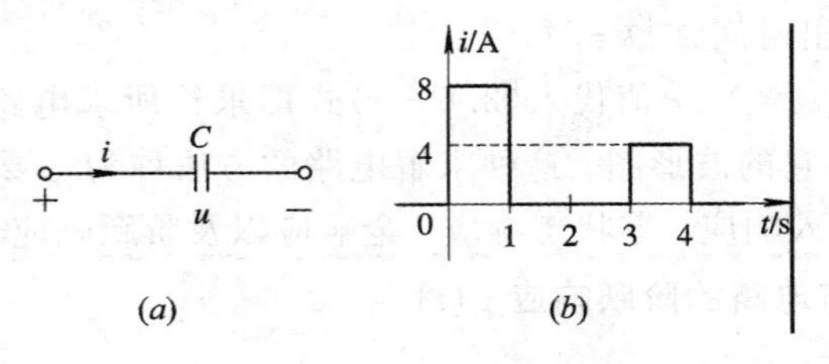

题 3.1 图

3.2　如图(a)所示的$L=0.5$ H的电感器，其端电压u的波形如图(b)所示。

(1) 若$i(0)=0$，求电流i，并画出其波形；

(2) 计算$t=2$ s时电感吸收的功率$p(2)$；

(3) 计算$t=2$ s时电感的储能$w(2)$。

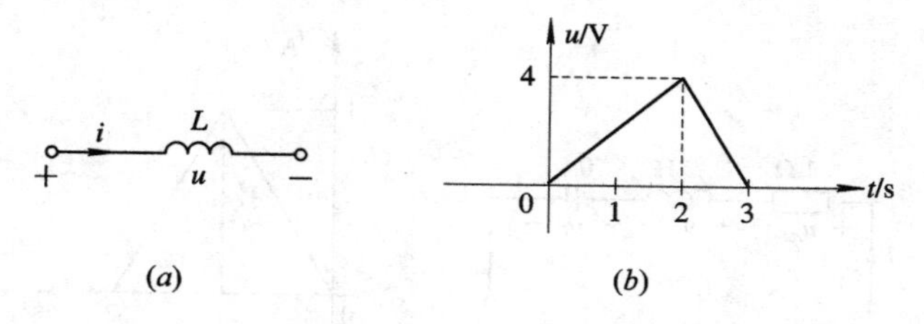

题3.2图

3.3　如图(a)所示电路，电压u的波形如图(b)所示，求电流i。

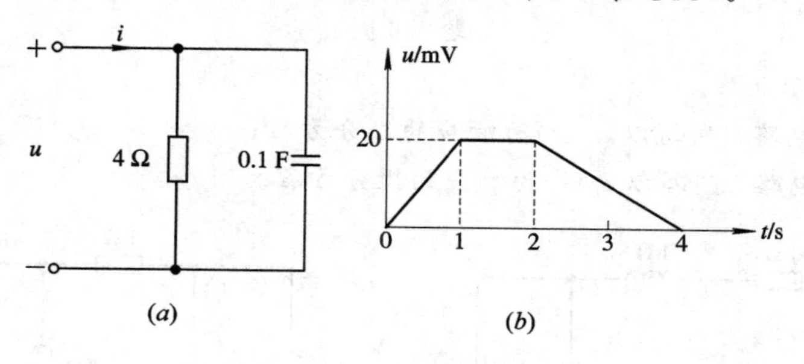

题3.3图

3.4　电路如图所示，求：

(1) 图(a)中ab端的等效电感L_{ab}；

(2) 图(b)中ab端的等效电容C_{ab}。

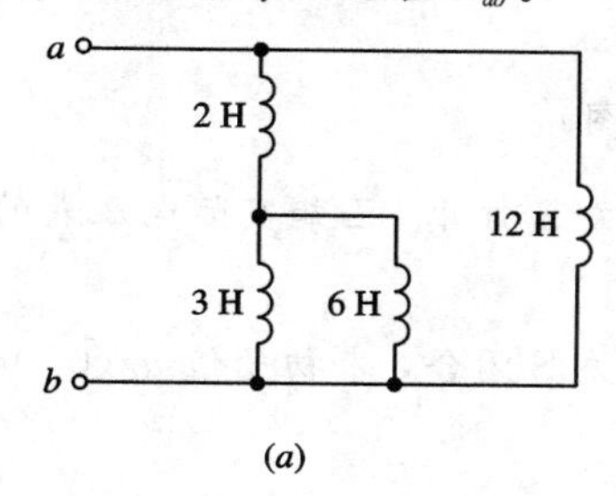

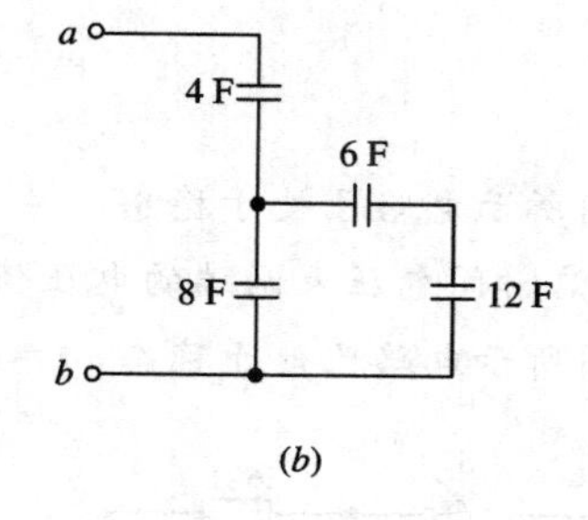

题3.4图

3.5　如图所示电路，已知$i_R(t)=\mathrm{e}^{-2t}$ A，求电压$u(t)$。

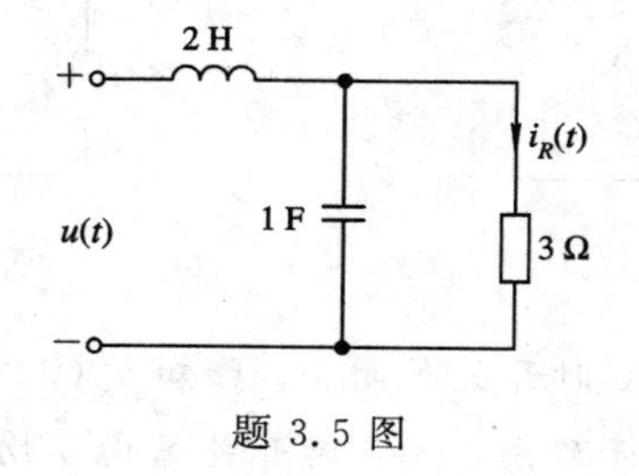

题3.5图

3.6　如图(a)所示电路中，已知 $u_C(0_-)=0$，$i(t)$的波形如图(b)所示。

(1) 求各元件电压 u_R、u_L和 u_C，并绘出它们的波形；

(2) 求 $t=0.5$ s 时各元件吸收的功率；

(3) 求 $t=0.5$ s 时电感和电容元件的储能。

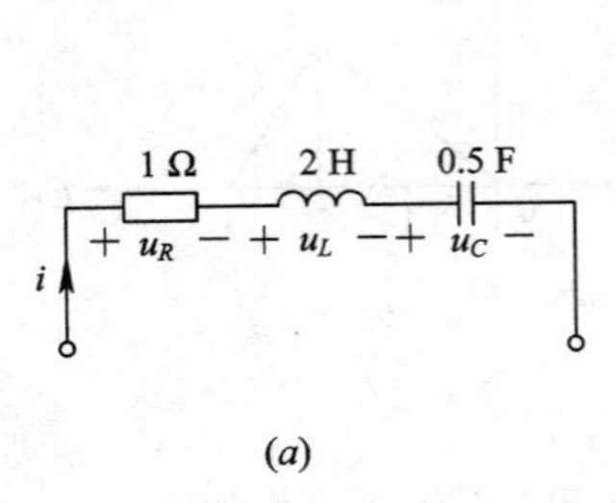

(a)

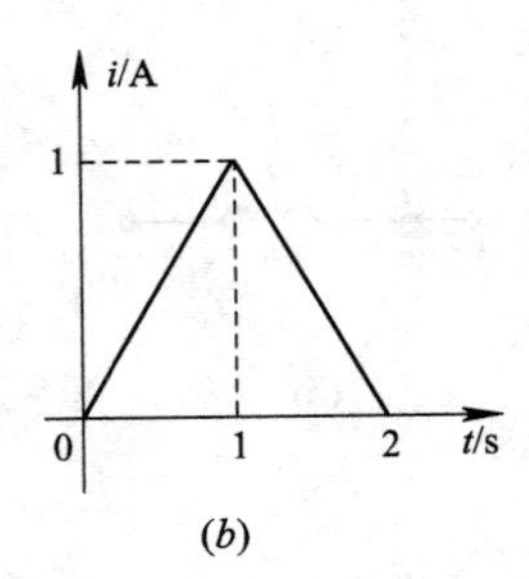

(b)

题 3.6 图

3.7　如图所示电路。

(1) 对图(a)电路，列写以 $u_C(t)$为响应的微分方程；

(2) 对图(b)电路，列写以 $i_L(t)$为响应的微分方程。

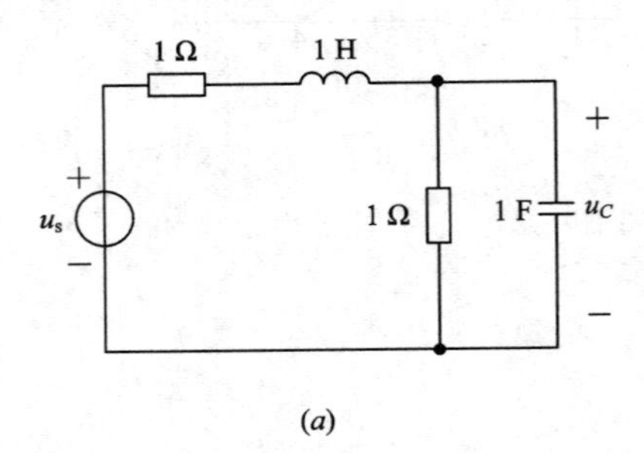

(a)

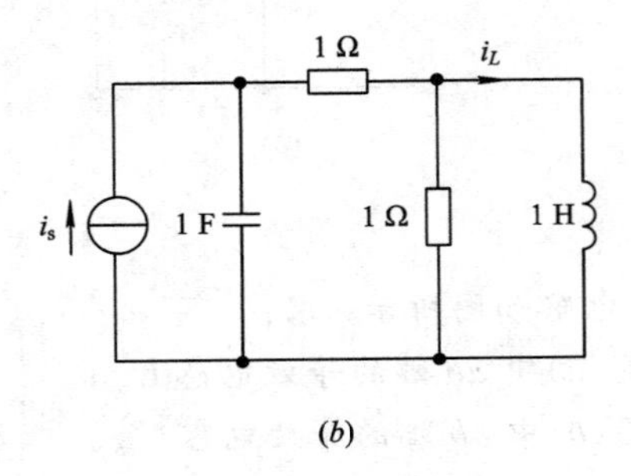

(b)

题 3.7 图

3.8　如图所示电路已处于稳态，$t=0$ 时开关 S 打开，已知实际电压表的内阻为 2 kΩ。试求开关 S 开启瞬间电压表两端的电压值。

3.9　如图所示电路已处于稳态，$t=0$ 时开关 S 闭合，求初始值 $u_C(0_+)$和 $i(0_+)$。

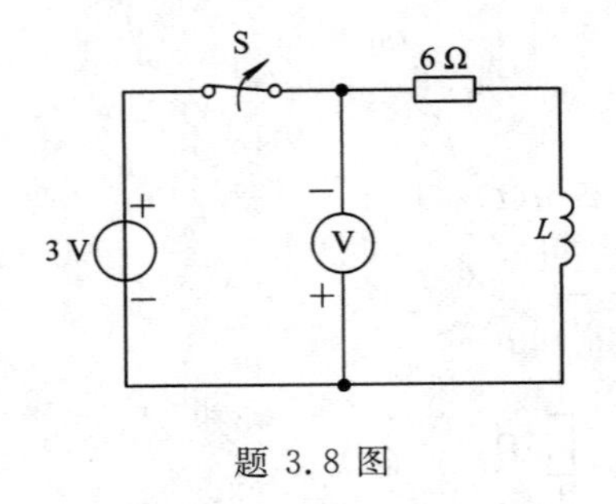

题 3.8 图

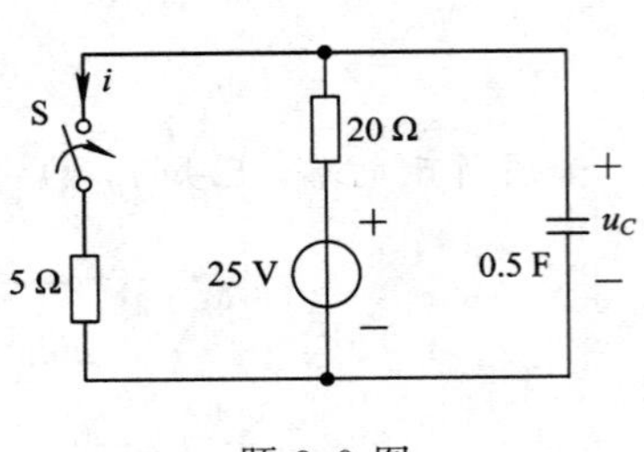

题 3.9 图

3.10　如图所示电路，$t=0$ 时开关 S 闭合。已知 $u_C(0_-)=6$ V，求 $i_C(0_+)$和 $i_R(0_+)$。

3.11　如图所示电路已处于稳态，$t=0$ 时开关 S 由 a 切换至 b，求 $i(0_+)$和 $u(0_+)$。

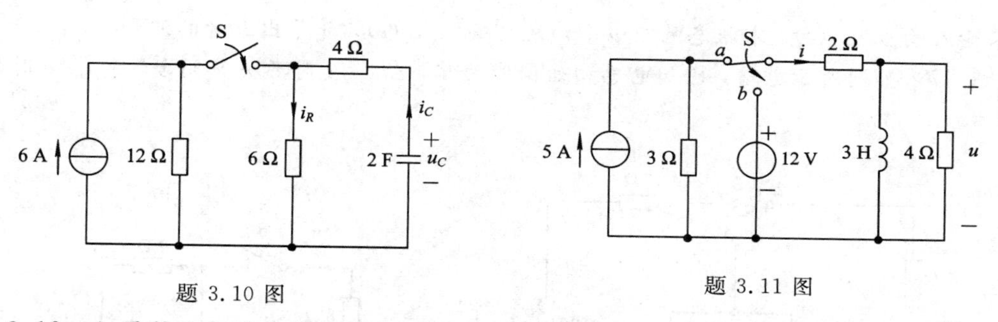

题 3.10 图　　　　　　　　　　题 3.11 图

3.12　如图所示电路已处于稳态，$t=0$ 时开关 S 开启，求初始值 $i(0_+)$、$u(0_+)$。

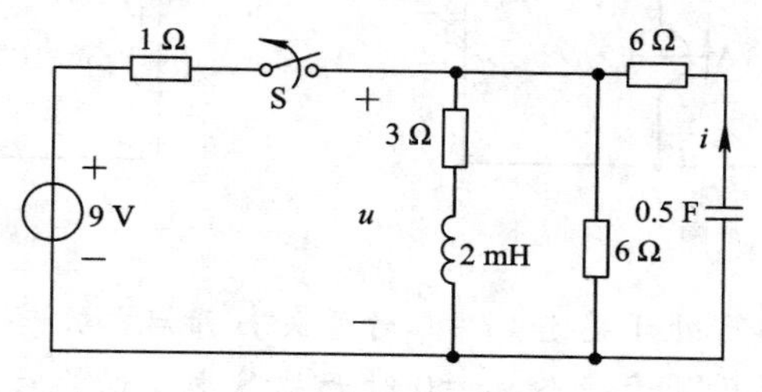

题 3.12 图

3.13　如图所示电路已处于稳态，$t=0$ 时开关 S 闭合，求 $t \geqslant 0$ 时的电压 $u(t)$，并画出其波形。

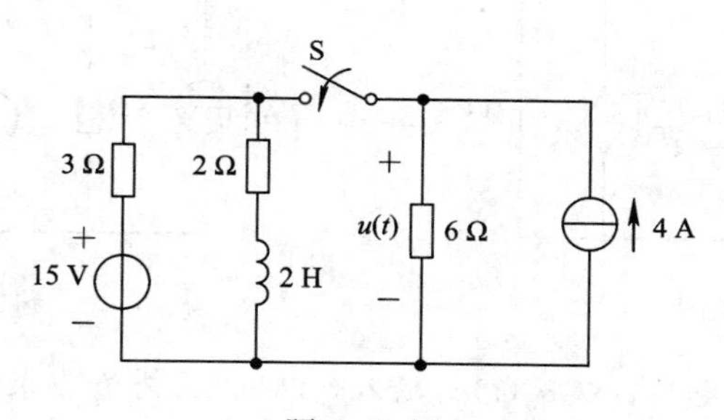

题 3.13 图

3.14　如图所示电路已处于稳态，$t=0$ 时开关 S 闭合，求 $t \geqslant 0$ 时的电容电压 $u_C(t)$和电阻上的电流 $i_R(t)$。

3.15　如图所示电路已处于稳态，$t=0$ 时开关 S 开启，求 $t \geqslant 0$ 时电压 $u(t)$的零输入响应 $u_x(t)$、零状态响应 $u_f(t)$和全响应 $u(t)$，并画出三者的波形。

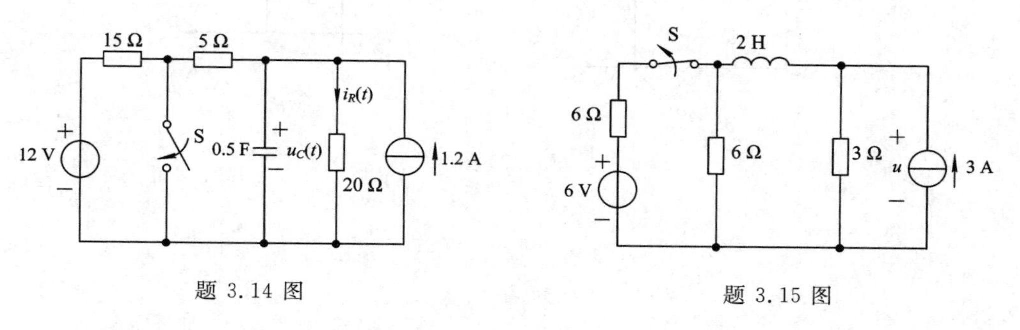

题 3.14 图　　　　　　　　　　题 3.15 图

3.16　如图所示电路已处于稳态，$t=0$ 时开关 S 由 a 切换至 b，求 $t \geqslant 0$ 时电压 $u_L(t)$

的零输入响应 $u_{Lx}(t)$、零状态响应 $u_{Lf}(t)$ 及全响应 $u_L(t)$，并画出三者的波形。

3.17　如图所示电路，已知电感初始储能为零，在 $t=0$ 时开关 S 闭合，求 $t\geqslant 0$ 时的电流 $i_L(t)$。

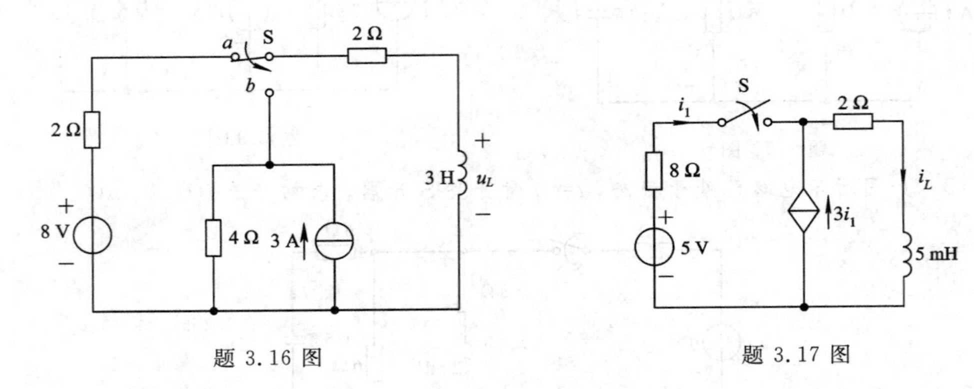

题 3.16 图　　　　题 3.17 图

3.18　如图所示电路已处于稳态，$t=0$ 时开关 S 开启，求 $t\geqslant 0$ 时的电压 $u_1(t)$。

3.19　如图所示电路已处于稳态，$t=0$ 时开关 S 由 a 切换至 b，求 $t\geqslant 0$ 时的电流 $i(t)$ 和电压 $u_R(t)$。

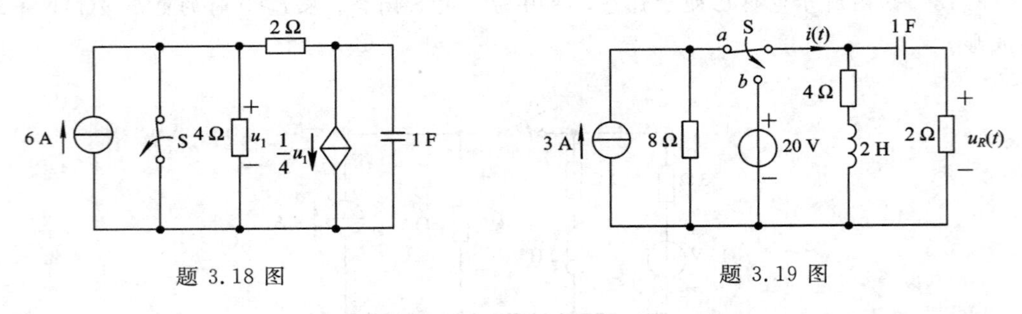

题 3.18 图　　　　题 3.19 图

3.20　如图 (a) 所示电路，以 $u_s(t)$ 为输入，以 $u_C(t)$ 为输出求阶跃响应 $g(t)$。若 $u_s(t)$ 为图 (b) 所示的电压源，求零状态响应 $u_{Cf}(t)$。

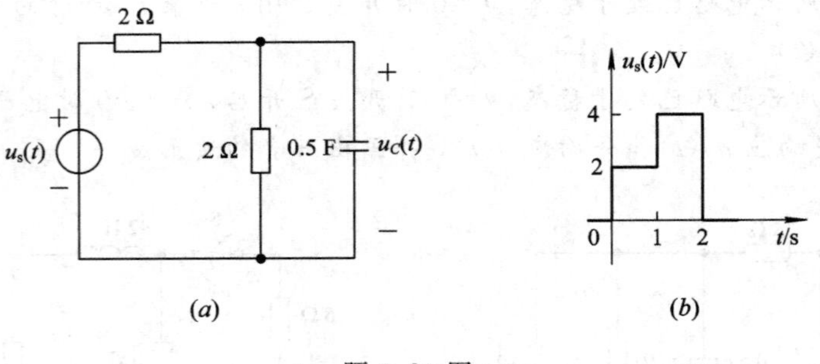

题 3.20 图

第4章　正弦稳态电路分析

在第3章已经说明，若电路的自由响应随时间增长呈现衰减，则相应的电路称为渐近稳定电路。通俗地说，这类电路在直流激励或正弦函数激励下，电路会逐渐稳定下来，或说可以达到稳定状态。正弦函数激励的线性时不变渐近稳定电路达到稳态时，其各处的稳态响应均为与激励源具有相同频率的正弦函数。这一重要结论是本章相量法分析正弦稳态电路的基础。

在许多实际问题中，人们常常更关注稳态响应，特别是正弦稳态响应，所以正弦稳态电路的分析在电工电子技术领域中占有非常重要的地位。从信号分析的角度看，任何实用的变化规律的复杂信号(例如周期矩形脉冲波、周期锯齿波等)都可以分解为按正弦规律变化的各分量相加的形式。因此，研究一个复杂信号激励下线性电路的稳态响应，可以利用叠加定理分别研究每一个正弦分量激励下的电路稳态响应，然后叠加得到复杂信号激励时电路总的稳态响应。另外，正弦信号是一种重要的基本信号，它在实际中的应用十分广泛。例如，电力系统的发电机提供的50 Hz正弦交流电广泛地应用于工农业生产；实验室中的信号源产生的各种频率的正弦信号常常用于不同的实验。

求解电路正弦稳态响应的经典数学方法是求非齐次微分方程的特解，在求解高阶微分方程(对应高阶的复杂电路)特解时，其过程是相当繁复的。本章将引入相量用以代表正弦量，以它作为“工具”分析正弦稳态电路，其过程较时域分析大为简化，这种分析方法常称作正弦稳态电路的相量分析法。

本章先讲述正弦交流电的基本概念并引入相量；然后重点讨论电路基本元件的相量关系，基本定律相量形式，阻抗、导纳及其串并联，正弦稳态电路相量分析法，正弦稳态电路中的功率。

4.1　正弦交流电的基本概念

4.1.1　正弦交流电的三要素

在电子技术、通信系统工程中经常用到周期信号(函数)，并常以电压或电流的形式出现。所谓周期信号，就是每隔一定的时间 T，信号完成一个循环的变化。周期信号可用数学函数式表示为

$$f(t) = f(t + kT) \tag{4.1-1}$$

式中：k 为任意整实数；T 为正实常数。周期信号完成一个循环所需要的时间 T 称为周期，单位为秒(s)。

周期信号在单位时间内完成的循环次数称为频率，用 f 表示。根据上述周期与频率的定义，显然可得频率与周期的关系为

$$f = \frac{1}{T} \tag{4.1-2}$$

频率的单位为赫兹(Hz)。我国及世界大多数国家电力网供给的交流电的频率是 50 Hz，其周期是 0.02 s；美国等少数几个国家供电网使用的交流电频率是 60 Hz。实验室用的音频信号源的频率范围大约为 20 Hz～20×10^3 Hz，相应的周期为 50 ms～0.05 ms。

正弦周期电流、电压是时间的函数，如电流[①]可表示为

$$i(t) = I_m \cos(\omega t + \psi_i) \tag{4.1-3}$$

电压可表示为

$$u(t) = U_m \cos(\omega t + \psi_u) \tag{4.1-4}$$

它们分别称为正弦电流和正弦电压。由以上两式不难看出，不同的时刻，电流、电压的数值不同。所以，函数表达式也称为瞬时值表示式。例如，t_1 时刻的电流值就是将 $t=t_1$ 代入(4.1-3)式求得的函数值

$$i(t_1) = I_m \cos(\omega t_1 + \psi_i)$$

由已知函数表达式可画出函数图形，图 4.1-1(a)就是(4.1-3)式的函数图形，称为电流 i 的波形。由波形图可以看出电流的瞬时值有时为正值，有时为负值。在第 1 章中就

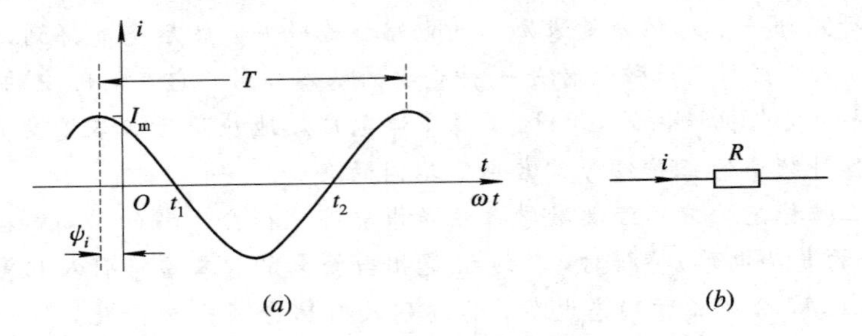

图 4.1-1　正弦电流波形与参考方向

已知道，电流数值的正与负在设定参考方向的条件下才有意义，因此对正弦电流也必须设定参考方向。若设定了正弦电流的参考方向，如图(4.1-1)(b)所示，就可根据正弦电流的表示式或波形图来确定其实际方向。例如图 4.1-1(a)中，在 $t=0\sim t_1$ 时间区间电流值为正值，说明在这段时间区间电流的实际方向与图 4.1-1(b)中所设 i 的参考方向一致；而在 $t=t_1\sim t_2$ 时间区间电流值为负值，说明在该段时间区间电流的实际方向与所设参考方向相反。关于正弦电流设定参考方向的有关概念同样也适用于正弦电压，这里不再赘述。

(4.1-3)式中：I_m 称为电流 i 的振幅，它表示正弦电流 i 在整个变化过程中能达到的最大值；$(\omega t+\psi_i)$ 称为电流 i 的瞬时相位角，单位可用弧度(rad)或度(°)来表示。正弦量变化一周，瞬时相位变化 2π 弧度，于是有

$$\omega(t+T) + \psi_i - (\omega t + \psi_i) = 2\pi$$

由上式可解得

$$\omega = \frac{2\pi}{T} = 2\pi f \tag{4.1-5}$$

① 正弦电压、电流也可用正弦函数表示，本书采用余弦函数表示。无论用正弦函数表示还是用余弦函数表示，均称为正弦电压、电流。

(4.1-5)式表明：ω是单位时间正弦量变化的弧度数，称为角频率，其单位是弧度/秒(rad/s)。$t=0$时的瞬时相位角值ψ_i称为正弦量的初始相位或初相角，简称初相。工程上为了方便，初相角常用度表示。这里须明确指出，正弦量的初相与所选的时间起点有关。如果用余弦函数表示的正弦量的正最大值发生在时间起点($t=0$)之前，如图4.1-1(*a*)所示，则ψ_i为正值；如果正最大值发生在时间起点之后，则ψ_i为负值。习惯规定初相角的绝对值在$0\sim\pi$之间，即$|\psi_i|\leqslant\pi$ rad或$|\psi_i|\leqslant 180°$。

综上所述，如果已知一个正弦信号的振幅、角频率(频率)和初相，那么它的数学表达式或波形图就可以完全确定下来。所以振幅、角频率(频率)和初相称为正弦信号的三要素。

例 4.1-1 图4.1-2(*a*)所示为正弦稳态二端电路，电流$i(t)$的参考方向如图中所标。已知$i(t)=100\cos(2\pi t-\frac{\pi}{4})$mA，试绘出$i(t)$的波形，求出$t=0.5$ s，1.25 s时电流的瞬时值，并说明上述时刻电流的实际方向。

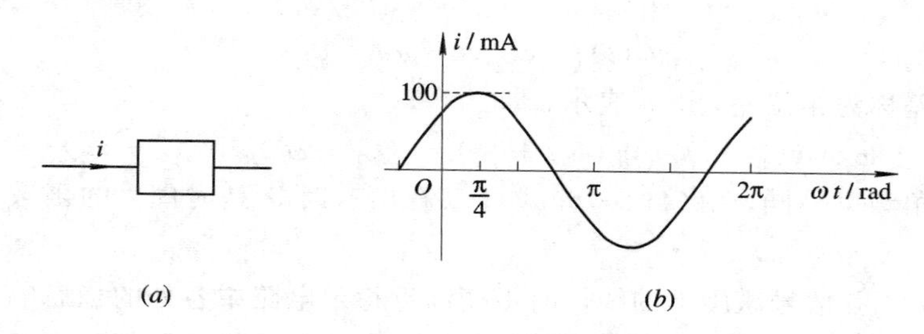

图4.1-2 例4.1-1用图

解 由已知的$i(t)$表达式求得：$I_m=100$ mA，$\omega=2\pi$ rad/s，$\psi_i=-\pi/4$ rad。画$i(t)$波形时，纵坐标是i，横坐标可以是t(单位为秒)，也可以是ωt(单位为弧度)。$i(t)$波形如图4.1-2(*b*)所示。

将$t=0.5$ s，1.25 s分别代入$i(t)$表达式中，求得

$$i(0.5)=100\cos(2\pi\times 0.5-\frac{\pi}{4})=-70.7\text{ mA}$$

$$i(1.25)=100\cos(2\pi\times 1.25-\frac{\pi}{4})=70.7\text{ mA}$$

因$t=0.5$ s时求得的电流值为负值，故该时刻电流的实际方向与图中所标$i(t)$的参考方向相反；在$t=1.25$ s时求得的电流值为正值，显然该时刻电流的实际方向与参考方向相同。

例 4.1-2 已知正弦电压的波形如图4.1-3所示，试写出$u(t)$的函数表达式。

解 由已知的$u(t)$波形图求得三要素。

振幅为

$$U_m=100\text{ V}\qquad(\text{波形峰值})$$

周期为

$$T=17.5-(-2.5)=20\text{ ms}$$

(两峰值之间的时间间隔)

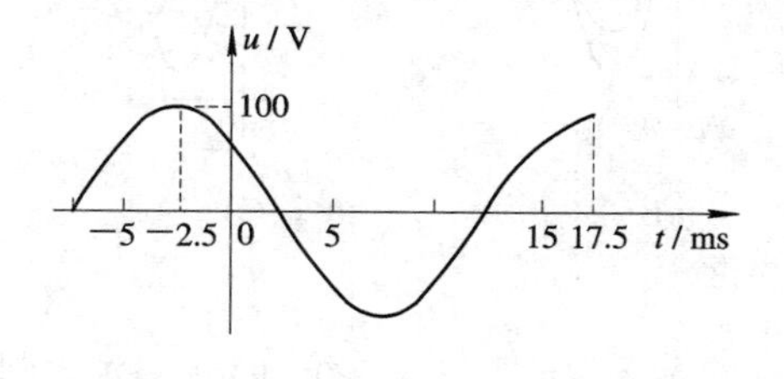

图4.1-3 例4.1-2用图

由(4.1-5)式求得角频率为

$$\omega = \frac{2\pi}{T} = \frac{2\pi}{20\times10^{-3}} = 100\pi\ \text{rad/s}$$

初相 ψ 的绝对值为

$$|\psi| = \omega|t_1| \qquad (t_1\ 为距纵轴最近的最大值对应的时间)$$

$$= 100\pi\times2.5\times10^{-3} = \frac{\pi}{4}\ \text{rad}$$

考虑波形距纵轴最近的最大值在坐标原点的左边，所以初相角为正，即 $\psi=\pi/4$ rad。将求得的振幅、角频率、初相代入(4.1-4)式得

$$u(t) = 100\cos\left(100\pi t+\frac{\pi}{4}\right)\ \text{V}$$

4.1.2 相位差

顾名思义，相位差就是二正弦量相位之差。假设两个正弦电压分别为

$$u_1(t) = U_{1m}\cos(\omega_1 t+\psi_1)$$

$$u_2(t) = U_{2m}\cos(\omega_2 t+\psi_2)$$

它们的相位之差称为相位差，用 φ 表示，即

$$\varphi = (\omega_1 t+\psi_1)-(\omega_2 t+\psi_2) = (\omega_1-\omega_2)t+(\psi_1-\psi_2) \tag{4.1-6}$$

若两个正弦量角频率不同，由(4.1-6)式可以看出这时 φ 是时间 t 的函数，称为瞬时相位差。

前已述及，正弦信号激励下的线性时不变渐近稳定电路中各处的稳态响应都是与激励源具有相同角频率的正弦函数。今后遇到的大量的相位差计算问题都是同频率正弦量相位差的计算。所以，将 $\omega_1=\omega_2=\omega$ 代入(4.1-6)式，得此时的相位差为

$$\varphi = \psi_1-\psi_2 \tag{4.1-7}$$

由(4.1-7)式可见：两个同频率正弦量的相位差等于它们的初相之差。这时的相位差 φ 是与时间 t 无关的常数。

在同频率正弦量相位差计算中还经常遇到下列四种特殊情况：

(1) 若 $\varphi=\psi_1-\psi_2=0$，即 $\psi_1=\psi_2$，则称 $u_1(t)$ 与 $u_2(t)$ 同相，如图 4.1-4(a)所示。这时 $u_1(t)$ 与 $u_2(t)$ 同时到达最大值，同时到达零值，同时到达最小值。

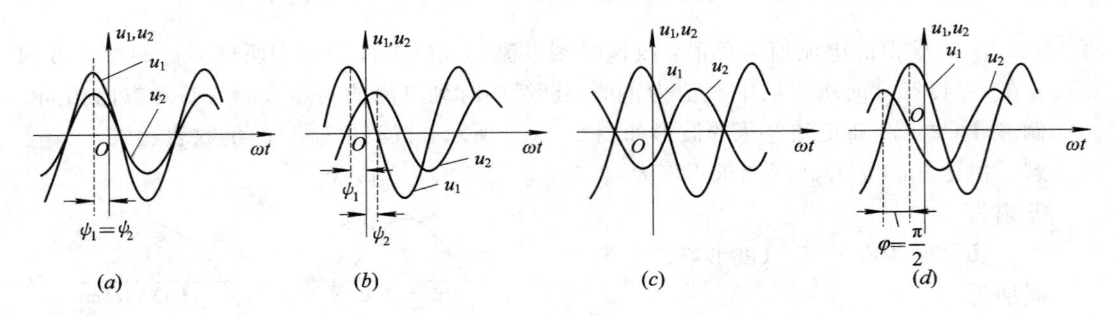

图 4.1-4 相位差

(2) 若 $\varphi=\psi_1-\psi_2>0$，即 $\psi_1>\psi_2$，则称 $u_1(t)$ 超前 $u_2(t)$，或称 $u_2(t)$ 滞后 $u_1(t)$。假设 $\psi_1>0$，$\psi_2<0$，$u_1(t)$，$u_2(t)$ 的波形如图 4.1-4(b)所示。

(3) 若 $\varphi=\psi_1-\psi_2=\pm\pi$，则称 $u_1(t)$ 与 $u_2(t)$ 反相。当 $u_1(t)$ 到达最大值时，$u_2(t)$ 到达最

小值，波形如图 4.1-4(c)所示。

(4) 若 $\varphi=\psi_1-\psi_2=\pm\pi/2$，则称 $u_1(t)$与 $u_2(t)$正交，波形如图 4.1-4(d)所示。图中的波形是取 $\varphi=\psi_1-\psi_2=-\pi/2$ 时画出的。

例 4.1-3 同频率的两个正弦电压分别为

$$u_1(t)=10\cos(\omega t+75^\circ)\ \text{V}$$
$$u_2(t)=8\cos(\omega t-30^\circ)\ \text{V}$$

试求它们的相位差 φ，并说明两电压超前、滞后的情况。

解 由 $u_1(t)$、$u_2(t)$的函数表达式可知：

$$\psi_1=75^\circ,\quad \psi_2=-30^\circ$$

所以相位差

$$\varphi=\psi_1-\psi_2=75^\circ-(-30^\circ)=105^\circ$$

电压 $u_1(t)$超前电压 $u_2(t)$ 105°，或说 $u_2(t)$滞后 $u_1(t)$的角度为 105°。

例 4.1-4 同频率正弦电压、电流分别为

$$u(t)=20\cos\left(\omega t+\frac{\pi}{3}\right)\ \text{V}$$
$$i(t)=5\sin(\omega t+40^\circ)\ \text{mV}$$

试求相位差 φ，并说明两正弦量相位超前、滞后情况。

解 此例欲说明：两正弦量的相位比较时，不仅两电压之间或两电流之间可以进行相位比较，正弦电压与电流之间亦可进行相位比较。对于求相位差，要求两正弦量的函数形式应化为一致(例如统一化为本书选用的余弦函数表示形式)，各正弦量的初相角要用统一的单位。这样，本例中的电流 $i(t)$应改写为

$$i(t)=5\cos(\omega t+40^\circ-90^\circ)=5\cos(\omega t-50^\circ)\ \text{mA}$$

电压 $u(t)$改写为

$$u(t)=20\cos(\omega t+60^\circ)\ \text{V}$$

显然

$$\psi_u=60^\circ,\quad \psi_i=-50^\circ$$

所以相位差

$$\varphi=\psi_u-\psi_i=60^\circ-(-50^\circ)=110^\circ$$

由计算得到的 φ 值可以判定：电压 $u(t)$超前电流 $i(t)$的角度为 110°，或说电流 $i(t)$滞后电压 $u(t)$的角度为 110°。

4.1.3 有效值

在电路分析中，人们不仅需要了解正弦信号各瞬时的数值，而且更关注它们的平均效果。可以用一个称作有效值的物理量来表征这种效果。

正弦信号的有效值是从能量等效的角度定义的。如图 4.1-5(a)、(b)所示，令正弦电流 i 和直流电流 I 分别通过两个阻值相等的电阻 R，如果在相同的时间 T(T 为正弦信号的周期)内，两个电阻消耗的能量相等，那么定义该直流电流的值

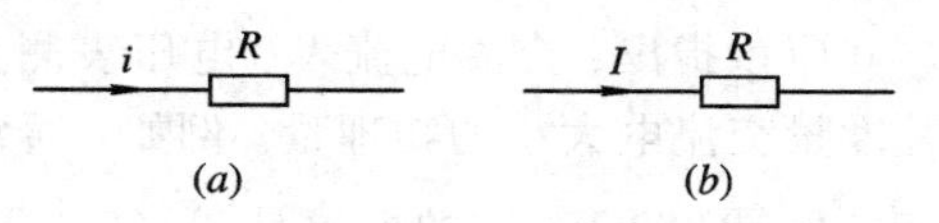

图 4.1-5 定义有效值用图

为正弦电流 i 的有效值，记为 I。

由图 4.1-5(a)可知，电阻 R 消耗的功率为

$$p(t)=Ri^2(t)$$

T 时间内消耗的能量为

$$W=\int_0^T p(t)\mathrm{d}t=\int_0^T Ri^2(t)\mathrm{d}t \tag{4.1-8}$$

由图 4.1-5(b)可知，电阻 R 消耗的功率为

$$P=RI^2$$

T 时间内消耗的能量为

$$W=RI^2T \tag{4.1-9}$$

令(4.1-8)式与(4.1-9)式相等，即

$$RI^2T=\int_0^T Ri^2(t)\mathrm{d}t$$

解得

$$I=\sqrt{\frac{1}{T}\int_0^T i^2(t)\mathrm{d}t} \tag{4.1-10}$$

由(4.1-10)式可以看出：正弦电流的有效值 I 是正弦电流函数 $i(t)$ 的平方在一个周期内的平均值再取平方根，所以有效值也称为方均根值。

类似地，可得正弦电压的有效值为

$$U=\sqrt{\frac{1}{T}\int_0^T u^2(t)\mathrm{d}t} \tag{4.1-11}$$

应当注意：(4.1-10)式和(4.1-11)式不仅适用于正弦信号，而且也适用于任何波形的周期电流和周期电压。

若将正弦电流的表达式

$$i(t)=I_\mathrm{m}\cos(\omega t+\psi_i)$$

代入(4.1-10)式，得正弦电流的有效值为

$$\begin{aligned}I&=\sqrt{\frac{1}{T}\int_0^T I_\mathrm{m}^2\cos^2(\omega t+\psi_i)\mathrm{d}t}\\&=\sqrt{\frac{1}{T}\frac{I_\mathrm{m}^2}{2}\int_0^T[1+\cos 2(\omega t+\psi_i)]\mathrm{d}t}\\&=\frac{1}{\sqrt{2}}I_\mathrm{m}=0.707I_\mathrm{m}\end{aligned} \tag{4.1-12}$$

同理，可得正弦电压的有效值与振幅值的关系为

$$U=\frac{1}{\sqrt{2}}U_\mathrm{m}=0.707U_\mathrm{m} \tag{4.1-13}$$

应该指出：交流电流表、电压表测量指示的电流、电压读数一般都是有效值。有效值是度量交流电大小的物理量。例如，通常所说 220 V 的正弦交流电压就是指该正弦电压的有效值是 220 V，它的振幅是 $\sqrt{2}\times 220\ \mathrm{V}\approx 311\ \mathrm{V}$。(在工程计算中，这种“≈”符号常用“=”号代替。)

引入有效值以后，正弦电流和电压的表达式也可写为

$$i(t) = I_m \cos(\omega t + \psi_i) = \sqrt{2} I \cos(\omega t + \psi_i)$$

$$u(t) = U_m \cos(\omega t + \psi_u) = \sqrt{2} U \cos(\omega t + \psi_u)$$

例 4.1-5 写出下列正弦量的有效值：

(1) $u(t)=100 \cos\left(\omega t+\frac{\pi}{3}\right)$ V；

(2) $i(t)=70.7 \cos(\omega t+45°)$ mV。

解 (1)
$$U=\frac{1}{\sqrt{2}}\times 100\ \text{V}\approx 70.7\ \text{V}$$

(2)
$$I=\frac{1}{\sqrt{2}}\times 70.7\ \text{mA}\approx 50\ \text{mA}$$

∵ 思考题 ∵

4.1-1 正弦量的三个要素与第 3 章讲述的三要素法中的三个要素相比较，截然是不同的，但在应用思想上有没有相同之处呢？请说明理由。

4.1-2 简述周期 T、频率 f、角频率 ω 它们各自的定义，并说明三者之间的关系。

4.1-3 定义周期电的有效值有何意义？任何周期电的有效值与它的最大值之间都有 $1/\sqrt{2}$ 倍的关系吗？

4.2 正弦交流电的相量表示法

在分析线性时不变电路的正弦稳态响应时，经常遇到正弦信号的代数运算和微分、积分运算，利用三角函数关系进行正弦信号的这些运算相当麻烦。为此，借用复数表示正弦信号，从而使正弦稳态电路的分析和计算得到简化。

4.2.1 复数的两种表示形式及四则运算复习

一个复数既能表示成代数型，也能表示成指数型。如复数

$$A = \underset{\text{代数型}}{a_1 + \mathrm{j}a_2} = \underset{\text{指数型}}{|A|\mathrm{e}^{\mathrm{j}\theta}}$$

式中：$\mathrm{j}=\sqrt{-1}$，为虚数单位；a_1 为复数的实部，可为任意实数；a_2 复数的虚部，也可为任意实数；$|A|$ 为复数 A 的模，可为任意正实数；θ 为复数 A 的辐角，可为任意实数角度，其单位为弧度或度。

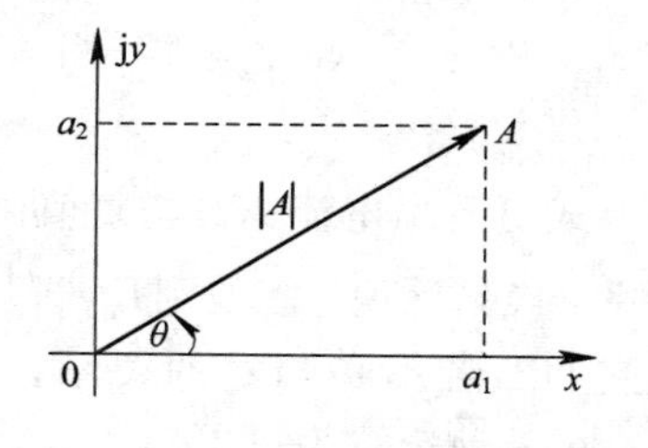

图 4.2-1 复数的几何表示

若把复数 A 表示在复平面上，如图 4.2-1 所示。由图可知

$$\left.\begin{aligned} |A| &= \sqrt{a_1^2 + a_2^2} \\ \theta &= \arctan\frac{a_2}{a_1} \end{aligned}\right\} \qquad (4.2-1)$$

和

第4章 正弦稳态电路分析

$$\left.\begin{aligned} a_1 &= |A| \cos\theta \\ a_2 &= |A| \sin\theta \end{aligned}\right\} \qquad (4.2-2)$$

实部 a_1 和虚部 a_2 也可表示为

$$a_1 = \mathrm{Re}[A], \quad a_2 = \mathrm{Im}[A]$$

式中：Re 表示取复数的实部；Im 表示取复数的虚部。复数 A 的指数型又常简写为 $A = |A|\angle\theta$，称为复数的极型表示。

由复数运算法则可知，对复数进行加、减运算时使用复数的代数型，实部加、减实部，虚部加、减虚部。若遇两指数型表示的复数相加、减，应先用(4.2-2)式将两复数由指数型化为代数型，然后再进行加、减运算。对复数进行乘、除运算时使用复数的指数型，模值相乘、除，辐角相加、减。若遇代数型表示的两复数相乘、除，应先用(4.2-1)式将两复数由代数型化为指数型，然后再进行乘、除运算。

根据欧拉公式

$$e^{j\theta} = \cos\theta + j\sin\theta$$

可知

$$\cos\theta = \mathrm{Re}[e^{j\theta}]$$

式中 θ 是实数，它可以是常数，也可以是变数。

4.2.2 相量代表正弦交流电

若

$$\theta = \omega t + \psi_i$$

其中：t 是实时间变量；ω、ψ_i 是实常数，则复值函数[①] $I_m e^{j(\omega t+\psi_i)}$ 亦可应用欧拉公式展开，即

$$I_m e^{j(\omega t+\psi_i)} = I_m\cos(\omega t+\psi_i) + jI_m\sin(\omega t+\psi_i) \qquad (4.2-3)$$

显然，上式的左端即是复值函数的指数函数形式，右端即是复值函数的代数函数形式。

一个复数可几何表示为复平面上的一个静矢量(不随时间动)，如图 4.2-1 中的复数 A。一个复值函数 $I_m e^{j(\omega t+\psi_i)}$ 在复平面上可以用一个旋转矢量表示，如图 4.2-2 所示。

假设某正弦电流为

$$i(t) = \mathrm{Re}[I_m e^{j(\omega t+\psi_i)}] = I_m\cos(\omega t+\psi_i) \qquad (4.2-4)$$

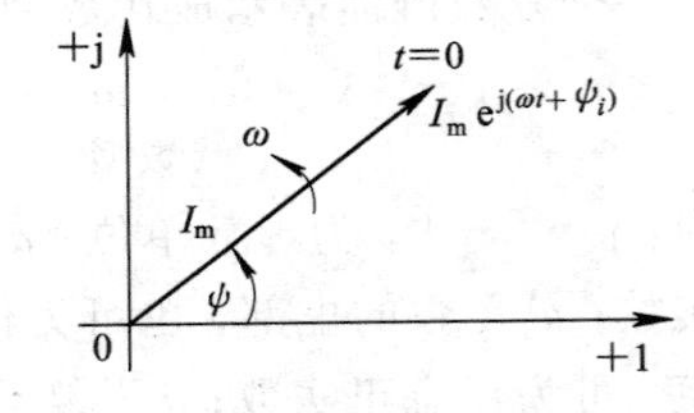

图 4.2-2 复值函数与旋转矢量

由上式可看出电流 $i(t)$ 与复值函数 $I_m e^{j(\omega t+\psi_i)}$ 存在着对应关系，换句话说，能找到 $I_m e^{j(\omega t+\psi_i)}$，取实部就得 $i(t)$。虽然它们二者不是相等的关系，但却有着确定的对应关系，在各种运算中可以用 $I_m e^{j(\omega t+\psi_i)}$ 作为 $i(t)$ 的"全权"代表。考虑同频率的旋转矢量它们逆时针旋转的角速度是一样的，所以无论何时，各旋转矢量的相对位置不变，再联系 3.5 节给出的重要结论，今后我们遇到的大都是同频率正弦电流、电压的计算问题，这种情况可以把"全权代表"简化，即"大家"都不必旋转了，就用各自开始时刻的位置($t=0$)的矢量作为各自的"全权"代表参与各种运算，即

---

① 自变量 t 在实数域里变化，函数值在复数域里变化，称为复值函数。

$$I_m e^{j(\omega t+\psi_i)}\big|_{t=0}=I_m e^{j\psi_i}$$

将(4.2-4)式进一步改写为

$$i(t)=\mathrm{Re}[I_m e^{j(\omega t+\psi_i)}]=\mathrm{Re}[I_m e^{j\psi_i}\cdot e^{j\omega t}]=\mathrm{Re}(\dot{I}_m e^{j\omega t}) \tag{4.2-5}$$

式中

$$\dot{I}_m=I_m e^{j\psi_i}=I_m\angle\psi_i \tag{4.2-6}$$

$\dot{I}_m$ 是复数，它的模正好是正弦电流的振幅，辐角是正弦电流的初相位。这正是我们感兴趣的正弦信号的两个要素。为了把这样一个代表正弦量的复数与一般的复数相区别，将它称作相量，并在符号上方加一点以示区别。$\dot{I}_m$ 称为电流相量，把它几何表示在复平面上，称为相量图，如图 4.2-3 所示。

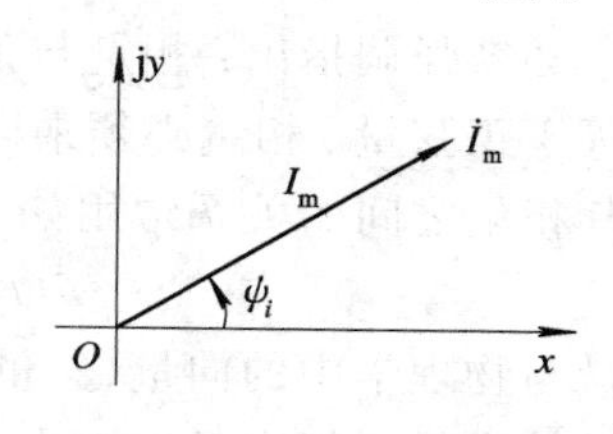

图 4.2-3　相量图

(4.2-5)式中的 $e^{j\omega t}$ 称为旋转因子，它的模值为 1，辐角 ωt 随时间成正比增加。$\dot{I}_m$ 乘以 $e^{j\omega t}$ 表示式 $\dot{I}_m e^{j\omega t}=I_m e^{j(\omega t+\psi_i)}$ 是一个随时间 t 旋转的相量。当 $t=0$ 时，旋转相量在复平面的位置位于相量 $\dot{I}_m$。它在实轴上的投影为 $I_m\cos\psi_i$。其数值正好等于正弦电流 $i(t)$ 在 $t=0$ 时的值。当 $t=t_1$ 时，旋转相量的模不变，辐角变为$(\omega t_1+\psi_i)$。在复平面上，旋转相量由初始位置逆时针旋转 ωt_1 的角度，它在实轴上的投影为 $I_m\cos(\omega t_1+\psi_i)$，其数值正好等于正弦电流在 $t=t_1$ 时刻的值。当时间 t 继续增加时，旋转相量继续逆时针旋转。对于任意时刻 t，旋转相量与实轴的夹角为$(\omega t+\psi_i)$，它在实轴上的投影正好是正弦电流 $i(t)=I_m\cos(\omega t+\psi_i)$在这一瞬间的值。如果把这个旋转相量在实轴上的投影按照时间逐点描绘出来，就得到一条余弦曲线，如图 4.2-4 所示。

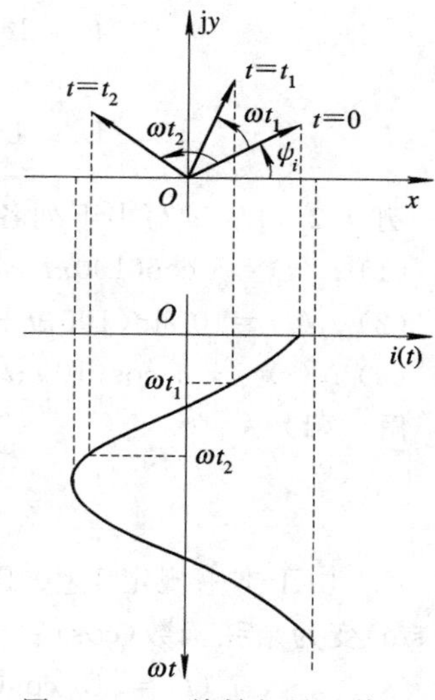

图 4.2-4　旋转相量及其在实轴上的投影

上述几何意义用公式表示，就是取旋转相量的实部得到正弦电流，即

$$i(t)=\mathrm{Re}[\dot{I}_m e^{j\omega t}]$$

当旋转相量旋转一周时，余弦曲线正好变化一周。也就是说，旋转相量逆时针旋转的角速度 ω 就是正弦信号的角频率。用类似方法可以说明旋转相量在虚轴上的投影为正弦曲线。

同样地，正弦电压可表示为

$$\begin{aligned}u&=U_m\cos(\omega t+\psi_u)=\mathrm{Re}[U_m e^{j(\omega t+\psi_u)}]\\&=\mathrm{Re}[U_m e^{j\psi_u}e^{j\omega t}]=\mathrm{Re}[\dot{U}_m e^{j\omega t}]\end{aligned}$$

式中

$$\dot{U}_m=U_m e^{j\psi_u}=U_m\angle\psi_u \tag{4.2-7}$$

称为电压相量。

今后，只要已知正弦信号就可以直接写出它的相量。反之，若已知代表正弦信号的相量，也可直接写出它的时间函数表达式，其中取实部的过程可以省去。例如，已知角频率为 ω 的正弦电流相量 $\dot{I}_m=5e^{j30^\circ}$ A，那么该正弦电流的时间函数表达式为

$$i(t) = 5\cos(\omega t + 30°)\ \text{A}$$

又如，若已知正弦电压

$$u(t) = 10\cos(\omega t - 45°)\ \text{V}$$

则该电压的相量为

$$\dot{U}_{\text{m}} = 10\text{e}^{-\text{j}45°} = 10\angle -45°\ \text{V}$$

必须强调指出：相量与正弦信号之间只能说是存在对应关系，或变换关系，不能说相量等于正弦量。相量必须乘以旋转因子 $\text{e}^{\text{j}\omega t}$ 并取实部后才等于所对应的正弦信号。正弦函数及其相量之间的关系常用如下双向箭头表示：

$$u(t) = U_{\text{m}}\cos(\omega t + \psi_u) \leftrightarrow \dot{U}_{\text{m}} = U_{\text{m}}\angle\psi_u \tag{4.2-8}$$

相量与物理学中的向量(矢量)是两个不同的概念。相量是用来代表时间域中的正弦量，而向量是表示空间内具有大小和方向的物理量(如力、电场强度等)。

相量也可用正弦量有效值与初相构成的复数来表示，即

$$\left.\begin{aligned}\dot{I} &= I\text{e}^{\text{j}\psi_i} = I\angle\psi_i = \frac{1}{\sqrt{2}}I_{\text{m}}\angle\psi_i = \frac{1}{\sqrt{2}}\dot{I}_{\text{m}}\\ \dot{U} &= U\text{e}^{\text{j}\psi_u} = U\angle\psi_u = \frac{1}{\sqrt{2}}U_{\text{m}}\angle\psi_u = \frac{1}{\sqrt{2}}\dot{U}_{\text{m}}\end{aligned}\right\} \tag{4.2-9}$$

例 4.2-1 试写出下列各电流的相量，并画出相量图：

(1) $i_1(t)=5\cos(100\pi t+60°)$ A；

(2) $i_2(t)=10\sin(100\pi t+30°)$ A；

(3) $i_3(t)=-4\cos(100\pi t+45°)$ A。

解 (1)

$$\dot{I}_{1\text{m}}=5\angle 60°\ \text{A}$$

$$\dot{I}_1=\frac{5}{\sqrt{2}}\angle 60°=2.5\sqrt{2}\angle 60°\ \text{A}$$

(2) 由于本书规定 $1\angle 0°$代表 $\cos(\omega t)$作参考相量，所以决定初相角时应先把正弦函数(sin)变为余弦函数(cos)后再确定。故本例 $i_2(t)$应改写为

$$i_2(t) = 10\cos(100\pi t + 30° - 90°) = 10\cos(100\pi t - 60°)\ \text{A}$$

故

$$\dot{I}_{2\text{m}} = 10\angle -60°\ \text{A}$$

$$\dot{I}_2 = \frac{1}{\sqrt{2}}10\angle -60° = 5\sqrt{2}\angle -60°\ \text{A}$$

应当指出，相量也可以代表正弦函数，即用 $1\angle 0°$代表 $\sin(\omega t)$。但在同一个问题中不允许有两个标准，即不能在同一个问题中有两个不同的参考相量，否则将无法表明各相量之间的相位关系。

(3) 与例 4.1-4 同样考虑，先把 $i_3(t)$改写为

$$\begin{aligned}i_3(t) &= 4\cos(100\pi t + 45° - 180°)\\ &= 4\cos(100\pi t - 135°)\ \text{A}\end{aligned}$$

故

$$\dot{I}_{3\text{m}} = 4\angle -135°\ \text{A}$$

$$\dot{I}_3 = \frac{1}{\sqrt{2}}4\angle -135° = 2\sqrt{2}\angle -135°\ \text{A}$$

相量在复平面上的图示称为相量图。画相量图首先应该画出参考坐标系。这个坐标系可以用相互垂直的实轴和虚轴来表示，也可以只画出原点和一个表示参考相量的射线。前者实轴的方向即为参考相量的方向。本例中三个电流的代表相量的相量图如图 4.2-5 所示。

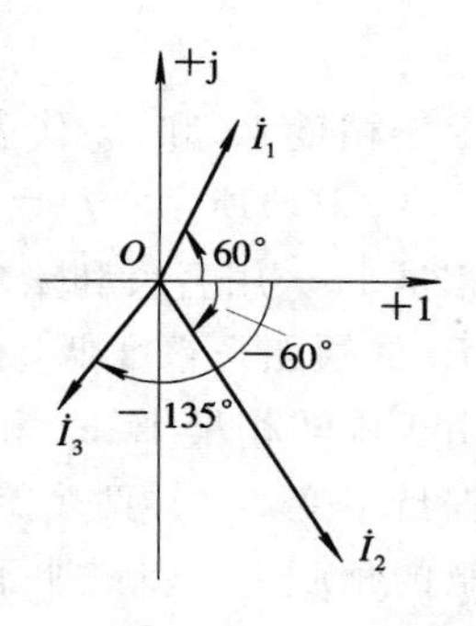

图 4.2-5　例 4.2-1 的相量图

例 4.2-2　求下列各电压相量代表的电压瞬时值表达式(已知 $\omega=10$ rad/s)：

(1) $\dot{U}_{1m}=50\angle-30°$ V；

(2) $\dot{U}_2=100\angle 120°$ V。

解　(1) 因 $\dot{U}_{1m}$ 是振幅相量，故

$$U_{1m}=50\ \text{V},\quad \psi_{u1}=-30°$$

因此

$$u_1(t)=50\cos(10t-30°)\ \text{V}$$

(2) 因 $\dot{U}_2$ 是有效值相量，故

$$U_{2m}=\sqrt{2}U=100\sqrt{2}\ \text{V},\quad \psi_{u2}=120°$$

所以

$$u_2(t)=100\sqrt{2}\cos(10t+120°)\ \text{V}$$

例 4.2-3　正弦稳态电路如图 4.2-6(*a*)所示，已知电流 i_1 和 i_2 分别为

$$i_1(t)=10\sqrt{2}\cos(\omega t+45°)\ \text{A}$$

$$i_2(t)=10\sqrt{2}\cos(\omega t+135°)\ \text{A}$$

求电流 $i(t)$。

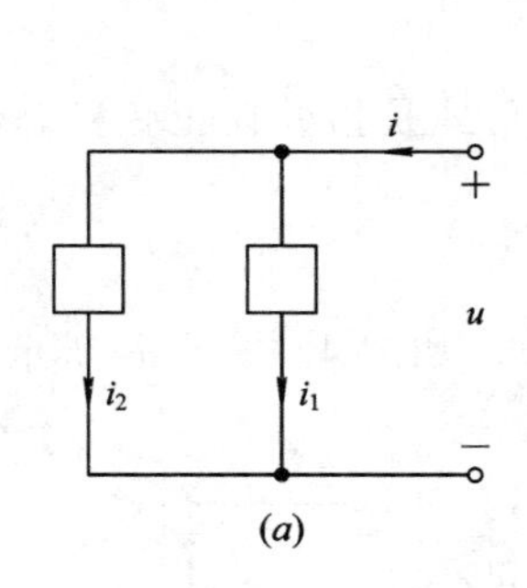

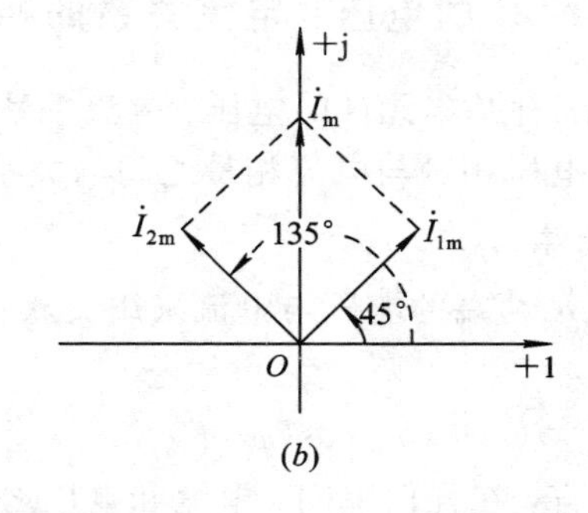

图 4.2-6　例 4.2-3 用图

解　由两电流正弦时间函数表达式分别写出两电流的振幅型代表相量：

$$\dot{I}_{1m}=10\sqrt{2}\angle 45°\ \text{A},\quad \dot{I}_{2m}=10\sqrt{2}\angle 135°\text{A}$$

将两电流应用各自相量分别表示为

$$i_1(t)=\text{Re}[\dot{I}_{1m}e^{j\omega t}],\quad i_2(t)=\text{Re}[\dot{I}_{2m}e^{j\omega t}]$$

根据 KCL，有

$$i(t)=i_1(t)+i_2(t)=\text{Re}[\dot{I}_{1m}e^{j\omega t}]+\text{Re}[\dot{I}_{2m}e^{j\omega t}]=\text{Re}[(\dot{I}_{1m}+\dot{I}_{2m})e^{j\omega t}]=\text{Re}[\dot{I}_m e^{j\omega t}]$$

式中，$\dot{I}_m=\dot{I}_{1m}+\dot{I}_{2m}=10+j10-10+j10=j20=20\angle 90°$ A，故

$$i(t) = 20\cos(\omega t + 90°)\ \mathrm{A}$$

由于相量 $\dot{I}_{1m}$ 和 $\dot{I}_{2m}$ 代表频率相同的正弦电流，因此可以把它们画在同一个复平面上，如图 4.2-6(*b*)所示。$\dot{I}_m = \dot{I}_{1m} + \dot{I}_{2m}$ 是两个复数相加，故在复平面上可按照平行四边形法则求得相量 $\dot{I}_m$。用直尺和量角器从图上可以求得相量 $\dot{I}_m$ 的振幅和辐角。利用作图的方法求相量 $\dot{I}_m$ 的缺点是精度低，但它的优点是各相量之间的相位关系在图上表示得十分清楚。

由于旋转相量 $\dot{I}_{1m}e^{j\omega t}$ 和 $\dot{I}_{2m}e^{j\omega t}$ 均以 ω 的角速度逆时针旋转，因此它们之间的相对位置始终保持不变，这样两个旋转相量合成的旋转相量必然亦以 ω 的角速度逆时针旋转。这就从图解的角度进一步说明了两个频率相同的正弦信号相加，其结果仍是一个同频率的正弦信号。

思考题

4.2-1　简述相量与向量的区别。对正弦量引入相量的意义何在？

4.2-2　有人说：自变量 t 在实数域里变化，函数值在复数域里变化，称这种函数为复值函数。你同意这种观点吗？

4.2-3　有人说：相量是正弦量的代表，正弦量被相量代表，二者是对应关系，不是相等的关系。你同意这种论述吗？

4.3　基本元件 VCR 的相量形式和 KCL、KVL 的相量形式

为了利用相量的概念来简化正弦稳态分析，这里我们先讨论 R、L、C 三种基本元件的电压与电流关系的相量形式和 KCL、KVL 两个定律的相量形式。

4.3.1　R、L、C 的电压、电流关系的相量形式

R、L、C 三种基本元件的电压、电流关系的相量形式是指处在正弦稳态电路中的这三种元件端钮间电压相量与电流相量之间的关系。

1. 电阻元件

假设电阻 R 两端的电压与电流采用关联参考方向，如图 4.3-1(*a*)所示。并设通过电阻的正弦电流

$$i(t) = I_m \cos(\omega t + \psi_i) \qquad (4.3-1)$$

对电阻元件而言，在任何瞬间，电流和电压之间都满足欧姆定律，当然正弦稳态时亦满足，即

$$u(t) = Ri(t) = RI_m \cos(\omega t + \psi_i) = U_m \cos(\omega t + \psi_u) \qquad (4.3-2)$$

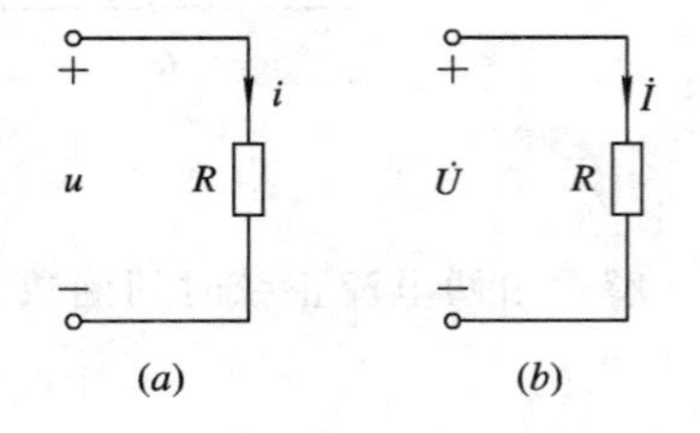

图 4.3-1　电阻元件

上式表明：电阻两端电压 u 和电流 i 的频率相同，电压的振幅 $U_m = RI_m$(或电压有效值 $U = RI$)，而且电压与电流同相位，即

$$\left.\begin{aligned} U_m &= RI_m \\ \psi_u &= \psi_i \end{aligned}\right\} \qquad (4.3-3)$$

由(4.3－1)式写出电流相量为

$$\dot{I}_{\mathrm{m}} = I_{\mathrm{m}}\mathrm{e}^{\mathrm{j}\psi_i} \tag{4.3-4}$$

由(4.3－2)式写出电压相量为

$$\dot{U}_{\mathrm{m}} = U_{\mathrm{m}}\mathrm{e}^{\mathrm{j}\psi_u} \tag{4.3-5}$$

将(4.3－3)式代入(4.3－5)式并考虑(4.3－4)式，得电阻元件电压、电流关系的相量形式为

$$\dot{U}_{\mathrm{m}} = R\dot{I}_{\mathrm{m}} \tag{4.3-6a}$$

或

$$\dot{U} = R\dot{I} \tag{4.3-6b}$$

由(4.3－6)式可画出电阻元件的相量模型，如图4.3－1(b)所示。相量模型中的电流、电压均用它们的相量标注。电阻元件上的电流、电压波形和相量图如图4.3－2(a)和(b)所示。

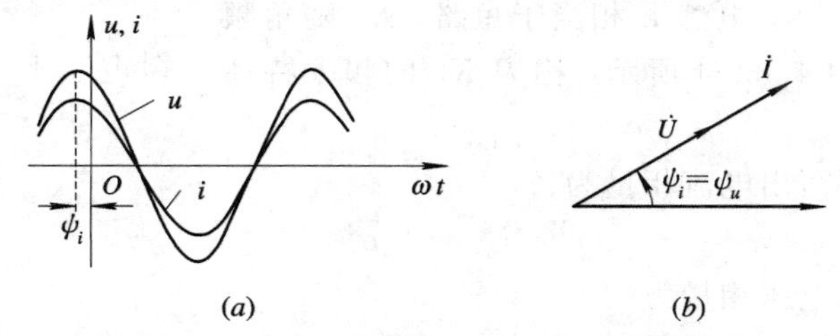

图 4.3－2　电阻元件的电流、电压波形和相量图

2. 电感元件

设图4.3－3(a)中电感元件上电压、电流参考方向关联，则有

$$u(t) = L\frac{\mathrm{d}i(t)}{\mathrm{d}t} \tag{4.3-7}$$

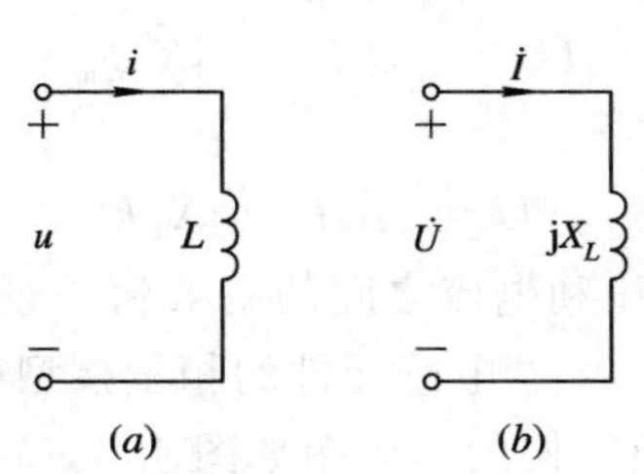

图 4.3－3　电感元件

设正弦稳态时电感电流为

$$i(t) = I_{\mathrm{m}}\cos(\omega t + \psi_i) \tag{4.3-8}$$

将(4.3－8)式代入(4.3－7)式，得

$$\begin{aligned} u(t) &= L\frac{\mathrm{d}}{\mathrm{d}t}[I_{\mathrm{m}}\cos(\omega t + \psi_i)] = -\omega L I_{\mathrm{m}}\sin(\omega t + \psi_i) \\ &= \omega L I_{\mathrm{m}}\cos\left(\omega t + \psi_i + \frac{\pi}{2}\right) = U_{\mathrm{m}}\cos(\omega t + \psi_u) \end{aligned} \tag{4.3-9}$$

式中

$$\left.\begin{aligned} U_{\mathrm{m}} &= \omega L I_{\mathrm{m}} \\ \psi_u &= \psi_i + \frac{\pi}{2} \end{aligned}\right\} \tag{4.3-10}$$

由(4.3－9)式和(4.3－10)式可以看出，正弦稳态电路中，电感元件的电压与电流是同频率的正弦量，但电压的相位超前电流90°，它们的振幅(或有效值)之间的关系为

$$\frac{U_{\mathrm{m}}}{I_{\mathrm{m}}}=\frac{U}{I}=\omega L=X_L \tag{4.3-11}$$

式中，$X_L=\omega L=2\pi fL$ 具有电阻的量纲，称为感抗。当 L 的单位为 H，ω 的单位为 rad/s 时，X_L的单位为 Ω。

由(4.3－11)式可见：感抗与 L 和 ω 成正比。对于一定的电感 L，频率越高，它呈现的感抗就越大；反之越小。换句话说，对于一定的电感 L，它对高频电流呈现的阻力大，对低频电流呈现的阻力小。在实际电路中应用的高频扼流圈就是利用这一原理制成的。在直流情况下，可以看作频率 $f=0$，故 $X_L=0$，电感 L 相当于短路。X_L 随角频率 ω 变化的曲线如图 4.3－4 所示，称为 X_L 的频率特性曲线。

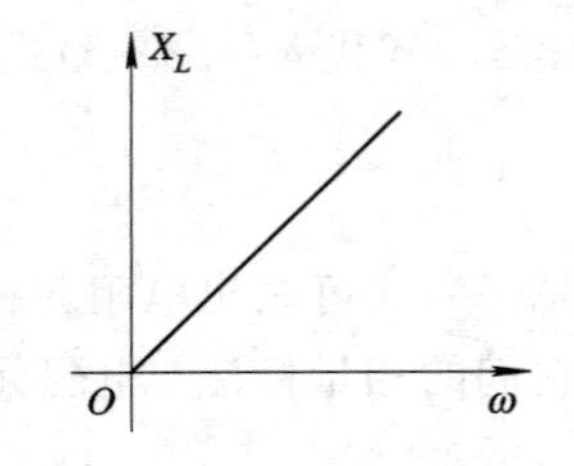

图 4.3－4　X_L 的频率特性曲线

由(4.3－8)式可写出电流相量为

$$\dot{I}_{\mathrm{m}}=I_{\mathrm{m}}\mathrm{e}^{\mathrm{j}\psi_i} \tag{4.3-12}$$

由(4.3－9)式可写出电压相量为

$$\dot{U}_{\mathrm{m}}=U_{\mathrm{m}}\mathrm{e}^{\mathrm{j}\psi_u} \tag{4.3-13}$$

将(4.3－10)式代入(4.3－13)式，得

$$\dot{U}_{\mathrm{m}}=\omega LI_{\mathrm{m}}\mathrm{e}^{\mathrm{j}(\psi_i+\frac{\pi}{2})}=\omega LI_{\mathrm{m}}\mathrm{e}^{\mathrm{j}\psi_i}\cdot\mathrm{e}^{\mathrm{j}\frac{\pi}{2}}$$

再将(4.3－12)式代入上式并考虑 $\mathrm{e}^{\mathrm{j}\frac{\pi}{2}}=\mathrm{j}$，得电感元件电压、电流相量关系式为

$$\dot{U}_{\mathrm{m}}=\mathrm{j}\omega L\dot{I}_{\mathrm{m}}=\mathrm{j}X_L\dot{I}_{\mathrm{m}} \tag{4.3-14}$$

或

$$\dot{U}=\mathrm{j}\omega L\dot{I}=\mathrm{j}X_L\dot{I} \tag{4.3-15}$$

(4.3－15)式不仅表明了电感电压和电流之间的有效值关系：$U=X_LI$，而且也表明了它们之间的相位关系：电压超前电流 90°。电感元件的相量模型如图 4.3－3(*b*)所示。

电感电压和电流的波形图及它们的相量图如图 4.3－5(*a*)和(*b*)所示。

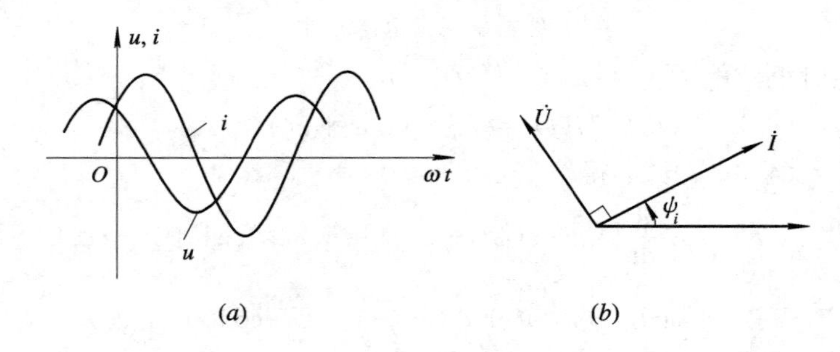

图 4.3－5　电感元件的电压、电流波形图和相量图

3. 电容元件

设图 4.3－6(*a*)中电容元件的电压、电流参考方向关联，则有

$$i(t)=C\frac{\mathrm{d}u(t)}{\mathrm{d}t} \tag{4.3-16}$$

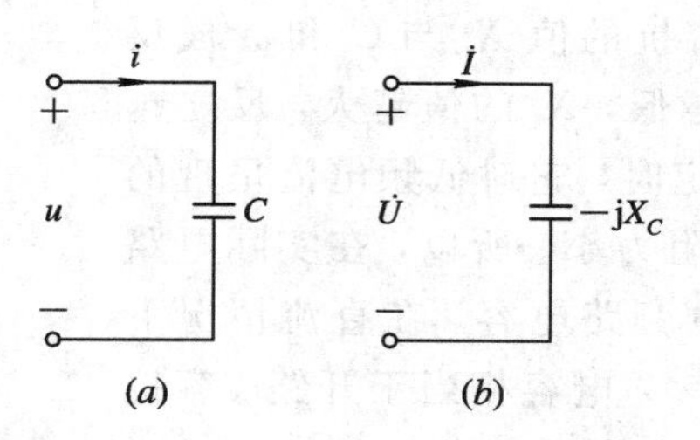

图 4.3-6　电容元件的时域模型和相量模型

设正弦稳态时电容两端电压为

$$u(t)=U_m\cos(\omega t+\psi_u) \tag{4.3-17}$$

将(4.3-17)式代入(4.3-16)式，得

$$\begin{aligned} i(t)&=C\frac{d}{dt}[U_m\cos(\omega t+\psi_u)]=-\omega CU_m\sin(\omega t+\psi_u)\\ &=\omega CU_m\cos\left(\omega t+\psi_u+\frac{\pi}{2}\right)=I_m\cos(\omega t+\psi_i) \end{aligned} \tag{4.3-18}$$

式中

$$\left.\begin{aligned} I_m&=\omega CU_m\\ \psi_i&=\psi_u+\frac{\pi}{2} \end{aligned}\right\} \tag{4.3-19}$$

由(4.3-17)式可写出电压相量为

$$\dot{U}_m=U_m e^{j\psi_u} \tag{4.3-20}$$

由(4.3-18)式得电流相量为

$$\dot{I}_m=I_m e^{j\psi_i} \tag{4.3-21}$$

再将(4.3-19)式代入上式并考虑 $e^{j\frac{\pi}{2}}=j$，得电容元件的电流、电压相量关系为

$$\dot{I}_m=j\omega C\dot{U}_m \tag{4.3-22}$$

也常写为

$$\dot{U}_m=-j\frac{1}{\omega C}\dot{I}_m=-jX_C\dot{I}_m \tag{4.3-23a}$$

或

$$\dot{U}=-j\frac{1}{\omega C}\dot{I}=-jX_C\dot{I} \tag{4.3-23b}$$

(4.3-23)式中

$$X_C=\frac{1}{\omega C} \tag{4.3-24}$$

称为电容的容抗。当 C 的单位为 F，ω 的单位为 rad/s 时，X_C 的单位为 Ω。

由(4.3-22)式可以看出，电容元件的电流相量超前电压相量 90°。它们的振幅(或有效值)之间的关系为

$$\frac{U_m}{I_m}=\frac{U}{I}=\frac{1}{\omega C}=X_C \tag{4.3-25}$$

电容元件的相量模型如图 4.3-6(b)所示。

由(4.3-24)式可见：容抗的值 X_C 与 C 和 ω 成反比。对于一定的电容，频率越低，X_C 的值越大，反之越小。换句话说，当电容 C 一定时，它对低频电流呈现的阻力大，对高频电流呈现的阻力小。所以，在实际电路中常用大容量的电容作高频旁路电容。在直流情况下(看作 $f=0$)，容抗值 $X_C=\infty$，电容相当于开路。容抗 X_C 的频率特性曲线如图 4.3-7 所示。

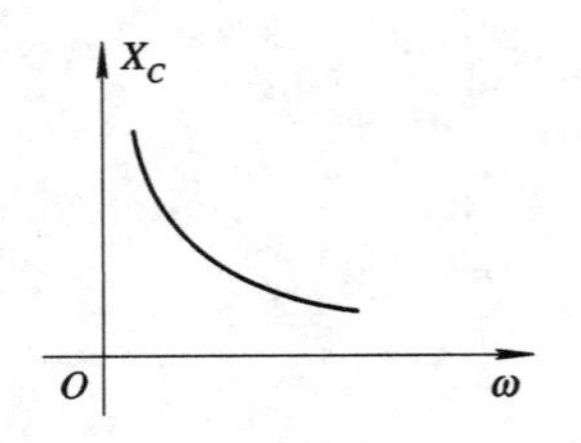

图 4.3-7 X_C 的频率特性曲线

电容元件的正弦电压和电流的波形图及它们的相量图如图 4.3-8(*a*)和(*b*)所示。

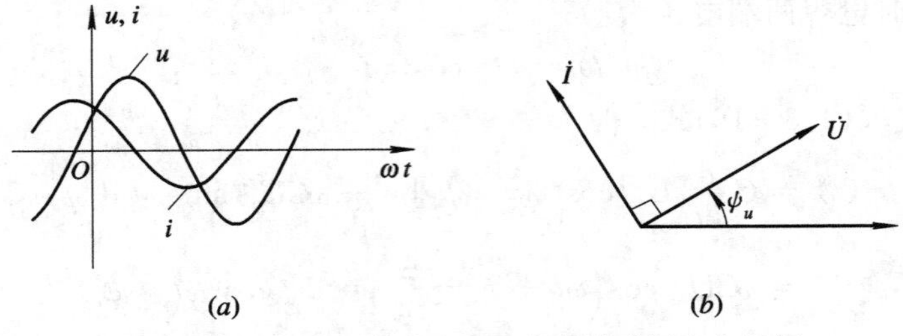

图 4.3-8 电容元件的电压、电流波形图和相量图

4.3.2 KCL、KVL 的相量形式

基尔霍夫定律是分析一切集总参数电路的根本依据之一。对于正弦稳态这类特殊问题的分析，引入了电压、电流的相量后，相应的描述节点电流关系的 KCL 和描述回路电压关系的 KVL 也应有相应的相量形式。

对于任意瞬间，KCL 的时域表达式为

$$\sum i(t)=0$$

例如，对于图 4.3-9 中的节点 A，有

$$i_1(t)-i_2(t)+i_3(t)=0$$

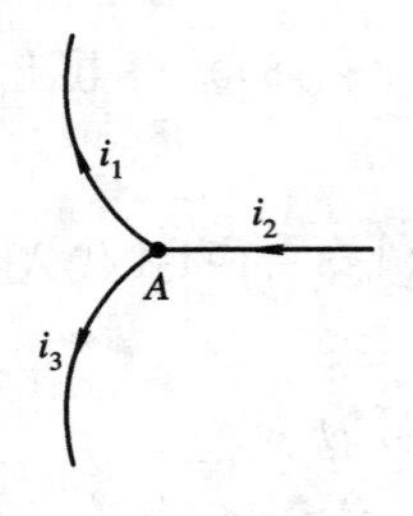

图 4.3-9 节点 A

若与节点 A 相连的三个正弦电流的频率都相同(设为 ω)，只是振幅和初相不同，而正弦电流 $i_1(t)$、$i_2(t)$、$i_3(t)$ 分别为

$$\left.\begin{aligned} i_1(t)&=I_{1\mathrm{m}}\cos(\omega t+\psi_1)\\ i_2(t)&=I_{2\mathrm{m}}\cos(\omega t+\psi_2)\\ i_3(t)&=I_{3\mathrm{m}}\cos(\omega t+\psi_3)\end{aligned}\right\} \tag{4.3-26}$$

则相应的相量分别为

$$\left.\begin{aligned} \dot{I}_{1\mathrm{m}}&=I_{1\mathrm{m}}\mathrm{e}^{\mathrm{j}\psi_1}\\ \dot{I}_{2\mathrm{m}}&=I_{2\mathrm{m}}\mathrm{e}^{\mathrm{j}\psi_2}\\ \dot{I}_{3\mathrm{m}}&=I_{3\mathrm{m}}\mathrm{e}^{\mathrm{j}\psi_3}\end{aligned}\right\} \tag{4.3-27}$$

用相量表示正弦电流并代入 KCL 方程，可得

$$\mathrm{Re}[\dot{I}_{1\mathrm{m}}\mathrm{e}^{\mathrm{j}\omega t}]-\mathrm{Re}[\dot{I}_{2\mathrm{m}}\mathrm{e}^{\mathrm{j}\omega t}]+\mathrm{Re}[\dot{I}_{3\mathrm{m}}\mathrm{e}^{\mathrm{j}\omega t}]=0$$

即

$$\mathrm{Re}[(\dot{I}_{1\mathrm{m}}-\dot{I}_{2\mathrm{m}}+\dot{I}_{3\mathrm{m}})\mathrm{e}^{\mathrm{j}\omega t}]=0$$

上式对任意时间 t 都等于零，所以必有

$$\dot{I}_{1m} - \dot{I}_{2m} + \dot{I}_{3m} = 0$$

上式表明，若图 4.3－9 中的各正弦电流用相量表示，那么流出（或流入）节点 A 的各支路电流相量的代数和恒等于零。

对于任意节点，则有

$$\sum \dot{I}_{m} = 0 \tag{4.3-28a}$$

或

$$\sum \dot{I} = 0 \tag{4.3-28b}$$

（4.3－28）式就是 KCL 的相量形式，它表明：对于正弦稳态电路中的任意节点，流出（或流入）该节点的各支路电流相量的代数和恒等于零。

同理，可得 KVL 的相量形式为

$$\sum \dot{U}_{m} = 0 \tag{4.3-29a}$$

或

$$\sum \dot{U} = 0 \tag{4.3-29b}$$

（4.3－29）式表明：对于正弦稳态电路中的任意回路，沿该回路按顺时针（或逆时针）绕行一周，各段电路电压相量的代数和恒等于零。

例 4.3－1 图 4.3－10（a）所示为 RL 串联正弦稳态电路，已知 $R=50\ \Omega$，$L=50\ \mu\text{H}$，$u_s(t)=10\cos(10^6 t)\text{V}$。求电流 $i(t)$，并画出相量图。

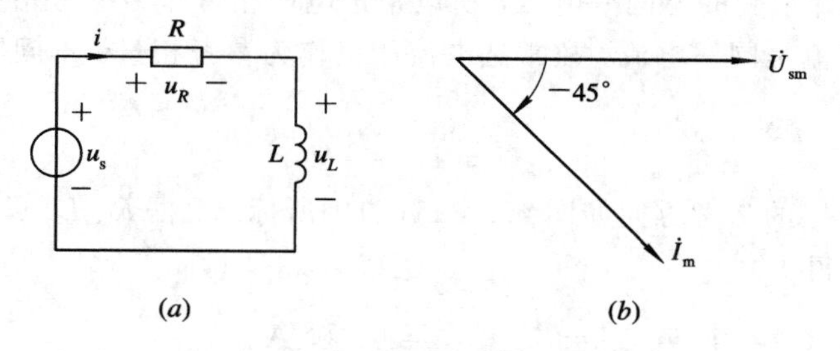

图 4.3－10　例 4.3－1 用图

解　设 $u_s(t)$、$u_R(t)$、$u_L(t)$ 及 $i(t)$ 的相量分别为 $\dot{U}_{sm}$、$\dot{U}_{Rm}$、$\dot{U}_{Lm}$ 及 $\dot{I}_{m}$。激励源 $u_s(t)$ 的相量为

$$\dot{U}_{sm} = 10e^{j0^\circ}\ \text{V}$$

由 KVL，得

$$\dot{U}_{sm} = \dot{U}_{Rm} + \dot{U}_{Lm} = 10e^{j0^\circ}\ \text{V}$$

电阻、电感元件的相量关系分别为

$$\dot{U}_{Rm} = R\dot{I}_{m},\quad \dot{U}_{Lm} = j\omega L\dot{I}_{m}$$

代入上式，得

$$R\dot{I}_{m} + j\omega L\dot{I}_{m} = \dot{U}_{sm}$$

所以

$$\dot{I}_{m} = \frac{\dot{U}_{sm}}{R + j\omega L} = \frac{10\angle 0^\circ}{50 + j10^6 \times 50 \times 10^{-6}}$$

$$= 0.1 \times \sqrt{2}\angle -45^\circ\ \text{A} = 100\sqrt{2}\angle -45^\circ\ \text{mA}$$

故得电流

$$i(t)=100\sqrt{2}\cos(10^6t-45°)\ \text{mA}$$

相量图如图 4.3-10(*b*)所示。

例 4.3-2 图 4.3-11(*a*)所示为 *RLC* 并联正弦稳态电路，图中各电流表视为理想电流表(内阻为零)。已知电流表Ⓐ₁、Ⓐ₂、Ⓐ₃的读数分别为 6 A、3 A、11 A。试求电流表Ⓐ的读数应为多少?

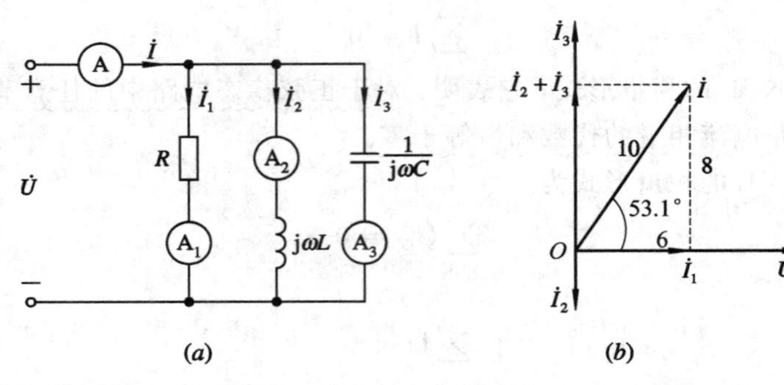

图 4.3-11 例 4.3-2 用图

解 首先明确：正弦稳态交流电路中，电流表(或电压表)的读数一般是有效值。求解这类问题时，选一个参考相量较为方便。所谓参考相量，即假定该相量的初相位为 0°。对于并联电路，各元件承受的是同一电压，所以常选电压相量作为参考相量。对于串联电路，因流经各元件的电流是同一电流，故常选电流相量作为参考相量。本问题选 $\dot{U}$ 作为参考相量，即

$$\dot{U}=U\angle 0°\ \text{V}$$

设电流 $\dot{I}$、$\dot{I}_1$、$\dot{I}_2$、$\dot{I}_3$ 的参考方向如图 4.3-11(*a*)中所标。根据 *R*、*L*、*C* 元件相量关系并代入已知电流数值，得

$$\dot{I}_1=\frac{\dot{U}}{R}=\frac{U}{R}\angle 0°=6\angle 0°\ \text{A}$$

$$\dot{I}_2=\frac{\dot{U}}{\text{j}\omega L}=\frac{U}{\omega L}\angle -90°=3\angle -90°\ \text{A}$$

$$\dot{I}_3=\text{j}\omega C\dot{U}=\omega CU\angle 90°=11\angle 90°\ \text{A}$$

由 KCL 得

$$\dot{I}=\dot{I}_1+\dot{I}_2+\dot{I}_3=(6-\text{j}3+\text{j}11)=10\angle 53.1°\ \text{A}$$

故可知电流表Ⓐ的读数为 10 A。各电流及电压 $\dot{U}$ 的相量图如图 4.3-11(*b*)所示。这类问题的求解亦可根据上述分析，先作出相量图，应用作图求相量代数和(平行四边形法则)得到结果。

∵ 思考题 ∵

4.3-1 甲同学说：正弦稳态电路中，若电感元件上电压、电流参考方向非关联，再说电感上电压超前电流 90°就是错误的。你同意这种观点吗?

4.3-2 乙同学说：对正弦稳态电路中的任意节点，都满足 $\sum\dot{I}=0$，一般不满足

$\sum I=0$，但在"特殊"情况下，也有 $\sum I=0$ 的时候。你知道有哪些特殊情况吗？

4.3-3　丙同学说：正弦函数激励的线性时不变渐近稳定的电路，当电路达到稳态时，电容相当于开路，电感相当于短路。你同意他的结论吗？

4.4 阻抗与导纳

为方便分析正弦稳态电路，前面已引入相量的概念，并讨论了 R、L、C 三种基本元件的电压、电流相量关系及 KCL、KVL 的相量形式。若要把已熟悉的电阻电路的分析方法全面地"借鉴"到正弦稳态电路的分析中，还需要引入正弦稳态电路的阻抗、导纳以及电路相量模型的概念。

4.4.1 阻抗与导纳的概念

图 4.4-1(a)所示为无源二端正弦稳态网络，设端口电压相量和电流相量参考方向关联。

定义端口电压相量与电流相量的比值为阻抗，以符号 Z 表示，即

$$Z \overset{\text{def}}{=\!=} \frac{\dot{U}}{\dot{I}} \tag{4.4-1a}$$

或

$$Z \overset{\text{def}}{=\!=} \frac{\dot{U}_\text{m}}{\dot{I}_\text{m}} \tag{4.4-1b}$$

其模型如图 4.4-1(b)所示。

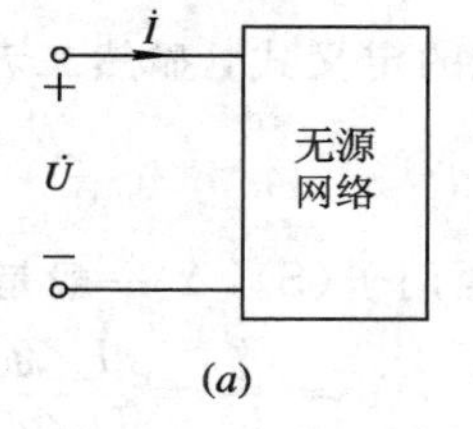

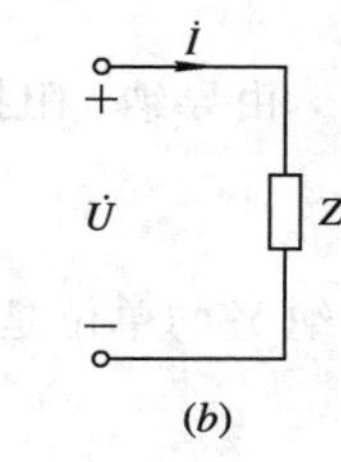

图 4.4-1　无源二端网络及其阻抗

(4.4-1)式也可改写成

$$\dot{U}=Z\dot{I} \tag{4.4-2a}$$

或

$$\dot{U}_\text{m}=Z\dot{I}_\text{m} \tag{4.4-2b}$$

上式与电阻电路中的欧姆定律在形式上相似，只是电流和电压都用相量表示，称为欧姆定律的相量形式。由(4.4-1)式容易看出，阻抗的单位为欧姆，并且它一般是复数。这可将 $\dot{U}=U\angle\psi_u$，$\dot{I}=I\angle\psi_i$ 代入(4.4-1a)式，得

$$Z=\frac{U\angle\psi_u}{I\angle\psi_i}=\frac{U}{I}\angle(\psi_u-\psi_i)=|Z|\angle\varphi_Z \tag{4.4-3}$$

式中

$$|Z|=\frac{U}{I} \tag{4.4-4}$$

$$\varphi_Z=\psi_u-\psi_i \tag{4.4-5}$$

$|Z|$ 称为阻抗 Z 的模值，φ_Z 称为阻抗角。

(4.4-3)式是阻抗 Z 的极坐标表示形式，将(4.4-3)式化为代数形式，有

$$Z=|Z|\angle\varphi_Z=|Z|\cos\varphi_Z+\text{j}|Z|\sin\varphi_Z=R+\text{j}X \tag{4.4-6}$$

式中

$$R=|Z|\cos\varphi_Z \tag{4.4-7}$$

$$X = |Z| \sin\varphi_Z \tag{4.4-8}$$

R 称为阻抗 Z 中的电阻部分，X 称为阻抗 Z 中的电抗部分。当 $X>0$ 时，为感抗；当 $X<0$ 时，为容抗。电抗为感抗的阻抗 Z，称为感性阻抗；电抗为容抗的阻抗 Z，称为容性阻抗。

如果无源二端网络分别为单个元件 R、L、C，设它们相应的阻抗分别为 Z_R、Z_L、Z_C，由这些元件的相量关系式即(4.3-6)式、(4.3-15)式和(4.3-23)式，对照阻抗定义式即(4.4-1a)式或(4.4-1b)式，容易求得

$$Z_R = R \tag{4.4-9}$$

$$Z_L = \mathrm{j}\omega L \tag{4.4-10}$$

$$Z_C = -\mathrm{j}\frac{1}{\omega C} \tag{4.4-11}$$

定义无源二端网络端口的电流相量与电压相量之比为该二端网络的导纳，用符号 Y 表示，即

$$Y \overset{\text{def}}{=\!=} \frac{\dot{I}}{\dot{U}} \tag{4.4-12a}$$

或

$$Y \overset{\text{def}}{=\!=} \frac{\dot{I}_\text{m}}{\dot{U}_\text{m}} \tag{4.4-12b}$$

由导纳、阻抗的定义式，显然二者有互为倒数关系，即

$$Y = \frac{1}{Z} \tag{4.4-13}$$

导纳 Y 的单位是西门子(S)，Y 一般是复数。将 $\dot{I}=I\angle\psi_i$，$\dot{U}=U\angle\psi_u$ 代入(4.4-12)式，得

$$Y = \frac{\dot{I}}{\dot{U}} = \frac{I\angle\psi_i}{U\angle\psi_u} = \frac{I}{U}\angle(\psi_i - \psi_u) = |Y|\angle\varphi_Y \tag{4.4-14}$$

式中

$$|Y| = \frac{I}{U} \tag{4.4-15}$$

$$\varphi_Y = \psi_i - \psi_u \tag{4.4-16}$$

$|Y|$称为导纳 Y 的模值，φ_Y称为导纳 Y 的导纳角。

当无源二端网络分别为单个元件 R、L 和 C 时，设相应的导纳分别为 Y_R、Y_L、Y_C，由(4.4-13)式并考虑(4.4-9)式、(4.4-10)式和(4.4-11)式，求得

$$Y_R = \frac{1}{R} = G \tag{4.4-17}$$

$$Y_L = -\mathrm{j}\frac{1}{\omega L} = -\mathrm{j}B_L \tag{4.4-18}$$

$$Y_C = \mathrm{j}\omega C = \mathrm{j}B_C \tag{4.4-19}$$

由上述各式可知：电阻元件的导纳只有电导部分，无电纳部分。式中，$B_L=1/\omega L$，$B_C=\omega C$，分别称为感纳和容纳，单位均为西门子(S)。有些场合不分感纳和容纳，统称电纳。

(4.4-14)式是导纳 Y 的极坐标表示形式，若化为代数形式，有

$$Y = |Y|\angle\varphi_Y = |Y|\cos\varphi_Y + \mathrm{j}|Y|\sin\varphi_Y = G + \mathrm{j}B \tag{4.4-20}$$

式中

$$G = |Y|\cos\varphi_Y \tag{4.4-21}$$

$$B = |Y|\sin\varphi_Y \tag{4.4-22}$$

G 称为导纳 Y 中的电导部分，B 称为导纳 Y 中的电纳部分。$B>0$ 时，为容纳；$B<0$ 时，为感纳。电纳为容纳的导纳 Y，称为容性导纳；电纳为感纳的导纳 Y，称为感性导纳。

(4.4－12)式也可改写为

$$\dot{I}_{\mathrm{m}} = Y\dot{U}_{\mathrm{m}} \tag{4.4-23a}$$

或

$$\dot{I} = Y\dot{U} \tag{4.4-23b}$$

上式为正弦稳态电路中欧姆定律相量形式的另一种表示式。

4.4.2 阻抗和导纳的串联与并联等效

在引入了相量、阻抗和导纳概念以后，正弦稳态电路的分析方法与电阻电路完全相同。因此，对于正弦稳态电路中阻抗、导纳的串、并联，只列出了重要的结论，其证明的方法与电阻电路相似，这里不再重复。

设有 n 个阻抗串联，各电压、电流参考方向如图 4.4－2 中所标。

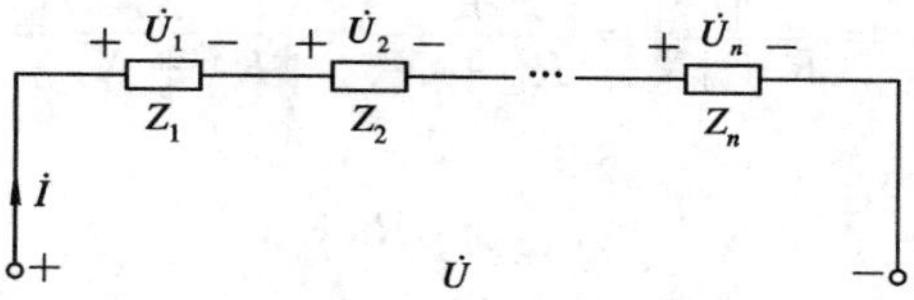

图 4.4－2　阻抗的串联

它的等效阻抗为

$$Z_{\mathrm{eq}} = \sum_{k=1}^{n} Z_k = \sum_{k=1}^{n} R_k + \mathrm{j}\sum_{k=1}^{n} X_k \tag{4.4-24}$$

分压公式为

$$\dot{U}_k = \frac{Z_k}{\sum\limits_{k=1}^{n} Z_k}\dot{U} \tag{4.4-25}$$

式中：$\dot{U}$ 为 n 个阻抗串联的总电压相量；$\dot{U}_k$ 为第 k 个阻抗的电压相量。

(4.4－24)式表明，阻抗串联的等效阻抗等于相串联阻抗的代数和。(4.4－25)式表明，阻抗串联分压与复阻抗成正比。

如图 4.4－3 所示的 n 个导纳并联，各电流、电压参考方向如图中所标，则它的等效导纳为

$$Y_{\mathrm{eq}} = \sum_{k=1}^{n} Y_k = \sum_{k=1}^{n} G_k + \mathrm{j}\sum_{k=1}^{n} B_k \tag{4.4-26}$$

分流公式为

$$\dot{I}_k = \frac{Y_k}{\sum\limits_{k=1}^{n} Y_k}\dot{I} \tag{4.4-27}$$

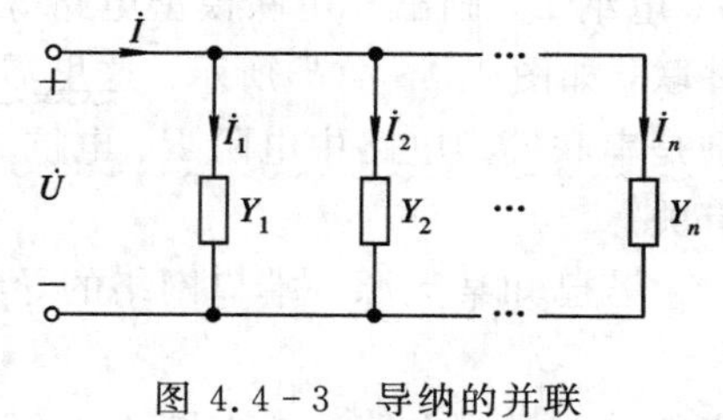

图 4.4－3　导纳的并联

(4.4－26)式表明，导纳并联的等效导纳等于相并联各导纳的代数和。(4.4－27)式表明，导纳并联分流与复导纳成正比。

对于经常使用的两个阻抗 Z_1 和 Z_2 相并联的情况，考虑到阻抗与导纳的互为倒数的关系，由(4.4－26)式容易推导得等效阻抗为

$$Z_{eq}=\frac{Z_1Z_2}{Z_1+Z_2} \tag{4.4-28}$$

由(4.4-27)式可推导得分流公式为

$$\left.\begin{aligned}\dot{I}_1&=\frac{Z_2}{Z_1+Z_2}\dot{I}\\ \dot{I}_2&=\frac{Z_1}{Z_1+Z_2}\dot{I}\end{aligned}\right\} \tag{4.4-29}$$

4.4.3 阻抗串联模型和并联模型的等效互换

在正弦稳态电路中，一个不含独立源的二端网络两个端子间的等效阻抗可表示为

$$Z=R+\mathrm{j}X$$

它的最简形式相当于一个电阻和一个电抗元件相串联，如图4.4-4(*a*)所示，而用导纳表示为

$$Y=\frac{1}{Z}=\frac{1}{R+\mathrm{j}X}=\frac{R}{R^2+X^2}-\mathrm{j}\frac{X}{R^2+X^2}=G+\mathrm{j}B$$

式中

$$G=\frac{R}{R^2+X^2} \tag{4.4-30}$$

$$B=\frac{-X}{R^2+X^2} \tag{4.4-31}$$

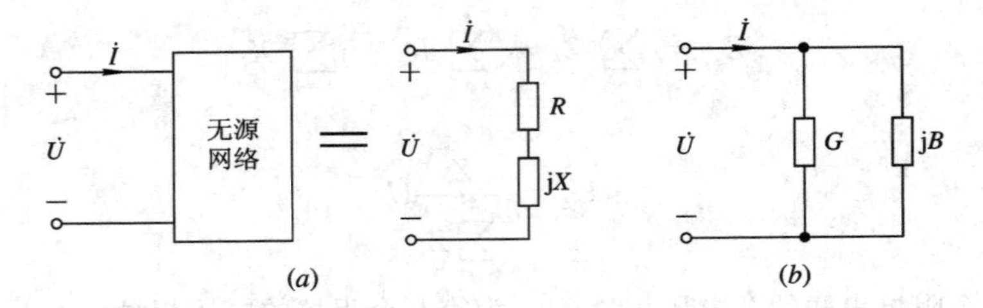

图4.4-4 阻抗串联模型等效互换为导纳并联模型

通过(4.4-30)式和(4.4-31)式就可以由已知阻抗中的电阻R、电抗X分别求得电导G、电纳B，画出与串联模型电路等效的并联模型电路的最简形式，即电导G和电纳$\mathrm{j}B$相并联，如图4.4-4(*b*)所示。这里需要注意：等效并联模型电路中的电导G、电纳B并不分别是串联模型电路中电阻R、电抗X的倒数，它们的数值与R、X均有关，当然也与频率有关。

若已知某无源一端口网络的导纳为

$$Y=G+\mathrm{j}B$$

它的并联模型电路形式如图4.4-5(*a*)所示，而该一端口网络的阻抗为

$$Z=\frac{1}{Y}=\frac{1}{G+\mathrm{j}B}=\frac{G}{G^2+B^2}-\mathrm{j}\frac{B}{G^2+B^2}=R+\mathrm{j}X$$

式中

$$R=\frac{G}{G^2+B^2} \tag{4.4-32}$$

$$X = \frac{-B}{G^2 + B^2} \tag{4.4-33}$$

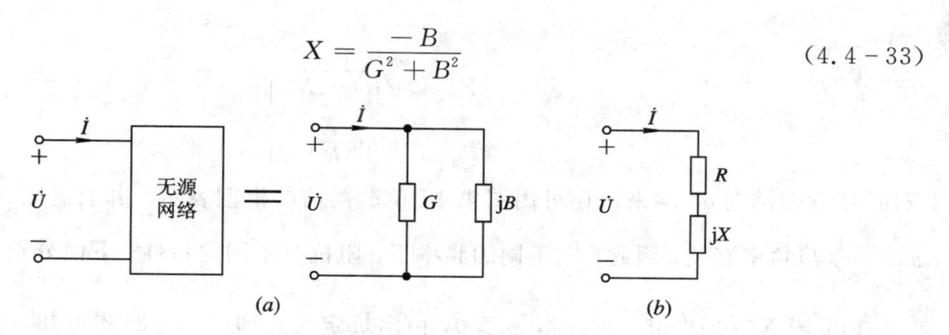

图 4.4-5　导纳并联模型等效互换为阻抗串联模型

通过(4.4-32)式和(4.4-33)式就可以由已知导纳中电导G、电纳B分别算得电阻R、电抗X，画出与并联模型电路等效的串联模型电路的最简形式，即电阻R和电抗$\mathrm{j}X$相串联，如图 4.4-5(b)所示。这里需要注意：等效串联模型电路中的电阻R、电抗X并不分别是并联模型电路中电导G、电纳B的倒数，它们的数值与G、B均有关，当然也与频率有关。

(4.4-30)式～(4.4-33)式中的G、B、R、X都是ω的函数，只有在某一指定频率时才能确定G、R的数值和B、X的数值及其正、负号。等效相量模型只能用来计算在该频率下的正弦稳态响应。

例 4.4-1　图 4.4-6(a)为RLC串联正弦稳态电路，角频率为ω，求ab端的等效阻抗Z。

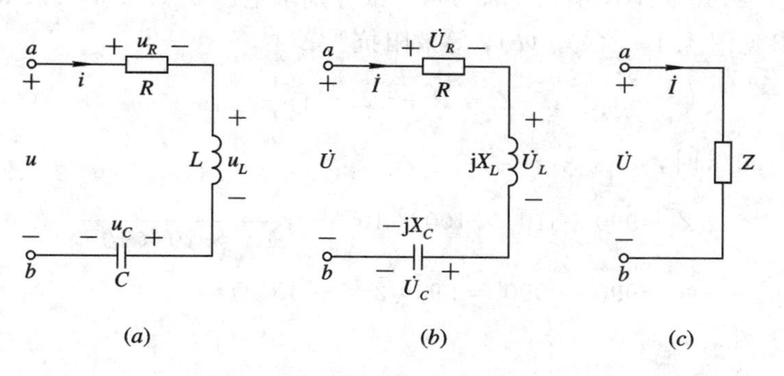

图 4.4-6　RLC 串联电路及其相量模型电路

解　用相量法分析正弦稳态电路时，常常需要画出电路的相量模型。所谓电路的相量模型，就是将时域模型电路中各元件用它们的相量模型表示，标注阻抗值或导纳值，各已知的或未知的电压、电流均用其相量标注，电路结构及各电压、电流参考方向均与时域模型电路相同。图 4.4-6(a)的相量模型电路如图 4.4-6(b)所示。由(4.4-24)式得ab端的等效阻抗

$$Z = R + \mathrm{j}\omega L - \mathrm{j}\frac{1}{\omega C} = R + \mathrm{j}\left(\omega L - \frac{1}{\omega C}\right) = R + \mathrm{j}X \tag{4.4-34}$$

式中，$X = \omega L - \dfrac{1}{\omega C} = X_L - X_C$，称为电抗，它等于相串联的感抗与容抗的代数和。将阻抗Z写为指数形式或极坐标形式：

$$Z = R + \mathrm{j}X = |Z|\mathrm{e}^{\mathrm{j}\varphi_Z} = |Z|\angle\varphi_Z \tag{4.4-35}$$

式中

$$\left.\begin{aligned}|Z| &= \sqrt{R^2+X^2}\\ \varphi_Z &= \arctan\frac{X}{R}\end{aligned}\right\} \tag{4.4-36}$$

RLC 串联电路对 ab 端来说还可用图 4.4-6(c)简洁的模型表示。由于电抗 $X=X_L-X_C=\omega L-\dfrac{1}{\omega C}$与频率有关，因此，在不同的频率下，阻抗有不同的特性。下面分别予以说明。

(1) 当 $X>0$ 即 $\omega L>\dfrac{1}{\omega C}$时，$\varphi_Z>0$，由阻抗定义式即(4.4-3)式可知，电压 $\dot{U}$ 超前电流 $\dot{I}$。这时阻抗 Z 呈电感性，原电路可以等效成电阻与电感相串联的电路。

(2) 当 $X=0$ 即 $\omega L=\dfrac{1}{\omega C}$时，$\varphi_Z=0$，电压 $\dot{U}$ 与电流 $\dot{I}$ 同相。这时阻抗 Z 呈电阻性，原电路可等效成电阻 R。

(3) 当 $X<0$ 即 $\omega L<\dfrac{1}{\omega C}$时，$\varphi_Z<0$，电压 $\dot{U}$ 滞后电流 $\dot{I}$。这时阻抗 Z 呈电容性，原电路可以等效成电阻与电容相串联的电路。

例 4.4-2 图 4.4-6 电路中，已知 $R=990\ \Omega$，$L=100$ mH，$C=10\ \mu$F。

(1) 分别求当角频率 ω 为 10^2 rad/s、10^3 rad/s、10^4 rad/s 时，ab 端的等效阻抗 Z，并说明各种情况的阻抗性质。

(2) 若 $u(t)=140\sqrt{2}\cos(100t+75°)$ V，试分别求电压 $u_R(t)$、$u_L(t)$、$u_C(t)$。

解 (1) 参见图 4.4-6(a)、(b)，等效阻抗为

$$Z=R+\mathrm{j}\omega L-\mathrm{j}\frac{1}{\omega C}$$

当 $\omega=10^2$ rad/s 时，

$$\begin{aligned}Z &= 990+\mathrm{j}10^2\times100\times10^{-3}-\mathrm{j}\frac{1}{10^2\times10\times10^{-6}}\\ &= 990-\mathrm{j}990=990\sqrt{2}\angle-45°\ \Omega\end{aligned}$$

此时阻抗 Z 呈容性。

当 $\omega=10^3$ rad/s 时，

$$Z=990+\mathrm{j}10^3\times100\times10^{-3}-\mathrm{j}\frac{1}{10^3\times10\times10^{-6}}=990\ \Omega$$

此时阻抗 Z 呈阻性。

当 $\omega=10^4$ rad/s 时，

$$\begin{aligned}Z &= 990+\mathrm{j}10^4\times100\times10^{-3}-\mathrm{j}\frac{1}{10^4\times10\times10^{-6}}\\ &= 990+\mathrm{j}990=990\sqrt{2}\angle45°\ \Omega\end{aligned}$$

此时阻抗 Z 呈感性。

(2) 由给出 $u(t)$的函数表达式写出相量为

$$\dot{U}=140\angle75°\ \text{V}$$

当 $\omega=100$ rad/s 时，已经求得 $Z=990\sqrt{2}\angle-45°\ \Omega$，由相量形式的欧姆定律求得电流相

量为

$$\dot{I} = \frac{\dot{U}}{Z} = \frac{140\angle 75^\circ}{990\sqrt{2}\angle -45^\circ} = 0.1\angle 120^\circ\ \text{A}$$

故

$$\dot{U}_R = R\dot{I} = 990 \times 0.1\angle 120^\circ = 99\angle 120^\circ\ \text{V}$$

$$\dot{U}_L = \text{j}\omega L\dot{I} = \text{j} \times 100 \times 100 \times 10^{-3} \times 0.1\angle 120^\circ$$

$$= 1\angle -150^\circ\ \text{V}$$（习惯将大于 180° 的正角度用负角度表示）

$$\dot{U}_C = -\text{j}\,\frac{1}{\omega C}\dot{I} = -\text{j}\,\frac{1}{10^2 \times 10 \times 10^{-6}} \times 0.1\angle 120^\circ = 100\angle 30^\circ\ \text{V}$$

由求得的相量直接写出对应的各时间函数为

$$u_R(t) = 99\sqrt{2}\cos(100t + 120^\circ)\ \text{V}$$

$$u_L(t) = \sqrt{2}\cos(100t - 150^\circ)\ \text{V}$$

$$u_C(t) = 100\sqrt{2}\cos(100t + 30^\circ)\ \text{V}$$

例 4.4-3 图 4.4-7(*a*)为 *GCL* 并联正弦稳态电路，角频率为 ω，求 *ab* 端的等效导纳 Y。

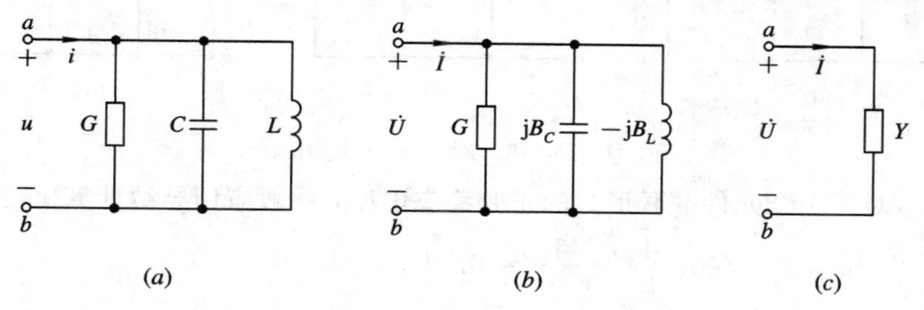

图 4.4-7 GCL 并联电路及其相量模型

解 *GCL* 并联电路的相量模型如图 4.4-7(*b*)所示。图中：

$$B_L = \frac{1}{\omega L},\quad B_C = \omega C$$

由(4.4-26)式得 *ab* 端的等效导纳为

$$Y = G + \text{j}B_C - \text{j}B_L = G + \text{j}\left(\omega C - \frac{1}{\omega L}\right) = G + \text{j}B \tag{4.4-37}$$

式中，$B = B_C - B_L = \omega C - \frac{1}{\omega L}$，称为电纳，它等于相并联的容纳与感纳的代数和。将导纳 Y 写为指数形式或极坐标形式：

$$Y = G + \text{j}B = |Y|\,\text{e}^{\text{j}\varphi_Y} = |Y|\angle\varphi_Y \tag{4.4-38}$$

式中

$$\left.\begin{aligned} |Y| &= \sqrt{G^2 + B^2} \\ \varphi_Y &= \arctan\frac{B}{G} \end{aligned}\right\} \tag{4.4-39}$$

GCL 并联电路对 *ab* 端来说亦可用图 4.4-7(*c*)简洁的模型表示。

由于电纳 $B = B_C - B_L = \omega C - \frac{1}{\omega L}$ 与频率有关，因此，在不同的频率下，导纳有不同的

特性。下面分别予以说明。

(1) 当 $B>0$ 即 $\omega C>\dfrac{1}{\omega L}$ 时，$\varphi_Y>0$，由导纳定义式即(4.4-12)式可知，电流 $\dot{I}$ 超前电压 $\dot{U}$。这时导纳 Y 呈电容性，原电路可以等效成电导 G 与电容相并联的电路。

(2) 当 $B=0$ 即 $\omega C=\dfrac{1}{\omega L}$ 时，$\varphi_Y=0$，电流 $\dot{I}$ 与电压 $\dot{U}$ 同相。这时导纳 Y 呈电导性，原电路可等效成电导 G。

(3) 当 $B<0$ 即 $\omega C<\dfrac{1}{\omega L}$ 时，$\varphi_Y<0$，电流 $\dot{I}$ 滞后电压 $\dot{U}$。这时导纳 Y 呈电感性，原电路可以等效成电导与电感相并联的电路。

例 4.4-4 已知图 5.4-8(a)所示正弦稳态电路的角频率 $\omega=100$ rad/s，求 ab 端等效阻抗 Z。

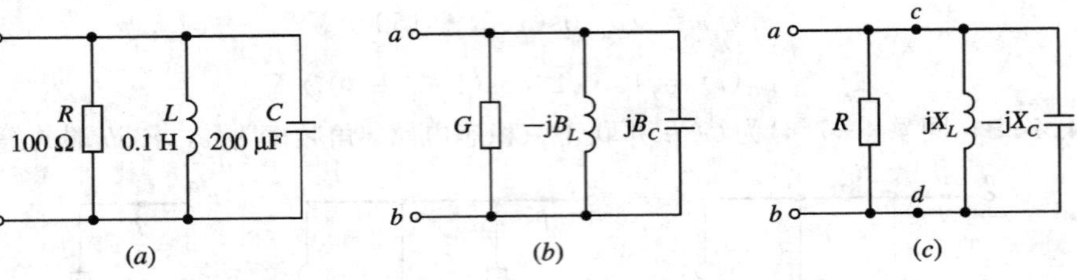
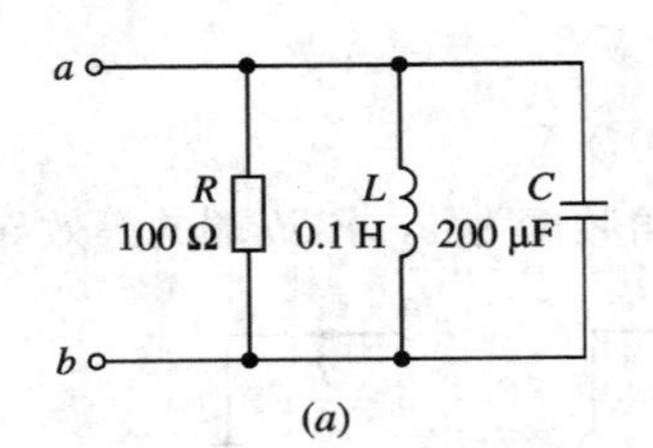

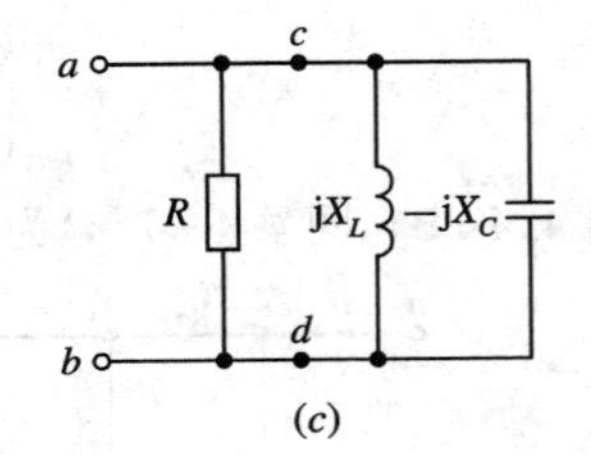

图 4.4-8 例 4.4-4 用图

解法一 对于多个元件并联形式的正弦稳态电路，一般应用导纳计算比较方便。

$$G=\frac{1}{R}=\frac{1}{100}=0.01\ \text{S}$$

$$B_C=\omega C=100\times 200\times 10^{-6}=0.02\ \text{S}$$

$$B_L=\frac{1}{\omega L}=\frac{1}{100\times 1}=0.01\ \text{S}$$

画导纳形式的相量模型电路如图 4.4-8(b)所示。由(4.4-26)式得 ab 端等效导纳为

$$Y=G+\text{j}(B_C-B_L)=0.01+\text{j}(0.02-0.01)=0.01+\text{j}0.01\ \text{S}$$

所以

$$Z=\frac{1}{Y}=\frac{1}{0.01+\text{j}0.01}=50-\text{j}50=50\sqrt{2}\angle-45^\circ\ \Omega$$

解法二 对于多个元件相并联的正弦稳态电路，亦可画出阻抗形式的相量模型，按两个阻抗并联求等效阻抗的方法，最后求得整个电路的等效阻抗。如本例：

$$X_L=\omega L=100\times 1=100\ \Omega$$

$$X_C=\frac{1}{\omega C}=\frac{1}{100\times 200\times 10^{-6}}=50\ \Omega$$

画相量模型电路如图 4.4-8(c)所示，按两个阻抗并联公式计算

$$Z_{cd}=\frac{\text{j}100\times(-\text{j}50)}{\text{j}100-\text{j}50}=-\text{j}100\ \Omega$$

所以

$$Z=\frac{100\times Z_{cd}}{100+Z_{cd}}=\frac{100\times(-\text{j}100)}{100-\text{j}100}=50-\text{j}50=50\sqrt{2}\angle-45^\circ\ \Omega$$

该电路在$\omega=100$ rad/s时，可以等效为一个50 Ω的电阻与一个200 μF的电容相串联的形式，也可以等效为一个100 Ω的电阻与一个100 μF的电容相并联的形式。

例 4.4-5 RL串联电路如图4.4-9(a)所示，若要求在$\omega=10^6$ rad/s时，把它等效成R'与L'之并联电路，求R'和L'的大小。

解 已知串联电路形式，要等效为并联电路形式，一般先对已知的串联电路在一定频率下求得阻抗Z，再由$Y=1/Z$求得Y，由Y中的G与B再换算出R'与L'(或C')。

由图4.4-9(a)得

$$X_L = \omega L = 10^6 \times 60 \times 10^{-6} = 60\ \Omega$$

$$Z = R + \mathrm{j}X_L = 80 + \mathrm{j}60\ \Omega$$

则导纳为

$$Y = \frac{1}{Z} = \frac{1}{80+\mathrm{j}60} = 0.008 - \mathrm{j}0.006\ \mathrm{S}$$

故

$$R' = \frac{1}{0.008} = 125\ \Omega$$

$$\frac{1}{\omega L'} = 0.006\ \mathrm{S}$$

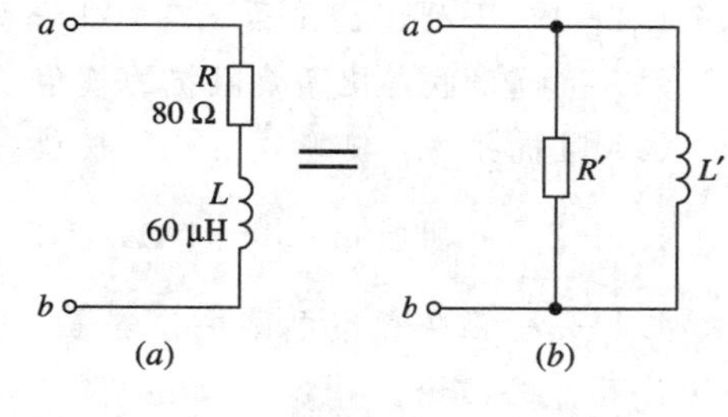

图 4.4-9 例4.4-5用图

解得

$$L' = \frac{1}{0.006\omega} = 166.7\ \mu\mathrm{H}$$

例 4.4-6 图4.4-10(a)所示正弦稳态电路，已知$R_1=50\ \Omega$，$R_2=100\ \Omega$，$C=0.1$ F，$L=1$ mH，$\omega=10^5$ rad/s，求ab端的等效阻抗Z_{ab}。

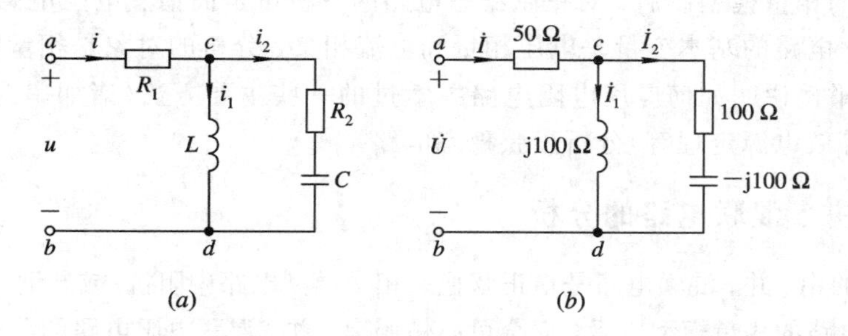

图 4.4-10 例4.4-6用图

解 这是既有串联又有并联的混联电路。对于阻抗串联部分，应用阻抗串联等效公式即(4.4-24)式计算。对于阻抗并联部分，若只有两个阻抗并联，更常用两个阻抗并联等效公式即(4.4-28)式计算；若相并联的阻抗多于两个，一般把各相并联阻抗换算为导纳，应用导纳并联等效公式即(4.4-26)式计算。

首先计算感抗与容抗：

$$X_L = \omega L = 10^5 \times 1 \times 10^{-3} = 100\ \Omega$$

$$X_C = \frac{1}{\omega C} = \frac{1}{10^5 \times 0.1 \times 10^{-6}} = 100\ \Omega$$

设电感支路的阻抗为Z_1，R_2与C串联支路的阻抗为Z_2，即

$$Z_1 = jX_L = j100\ \Omega$$

$$Z_2 = R_2 - jX_C = 100 - j100\ \Omega$$

相量模型电路如图 4.4-10(b)所示。由阻抗串、并联关系得

$$Z_{cd} = Z_1 /\!/ Z_2 = \frac{j100(100-j100)}{j100+100-j100} = 100 + j100\ \Omega$$

故

$$Z_{ab} = R_1 + Z_{cd} = 50 + 100 + j100 = 150 + j100\ \Omega$$

∴ 思考题 ∴

4.4-1 下列论述是否正确，并说明理由。

(1) 阻抗串联，其等效阻抗的模值一定大于相串联的任何一阻抗的模值；

(2) 阻抗并联，其等效阻抗的模值一定小于相并联的任何一阻抗的模值。

4.4-2 一阻抗 $Z=3-j4\ \Omega$，其相应的导纳 $Y=\frac{1}{3}+j\frac{1}{4}$ S 对吗？并解释原因。

4.4-3 正弦稳态电路中分电压、分电流大小一定小于总电压、总电流大小吗？请举一例佐证你的结论。

4.5 正弦稳态电路相量法分析

正弦激励的线性时不变渐近稳定电路处于稳态时，称为正弦稳态电路。若只求正弦稳态电路响应，采用本节讲述的相量法分析比时域方法分析要简便得多。

画出电路的相量模型以后，对正弦稳态电路的分析可全面借鉴电阻电路中的各种分析方法。在这里，电路的基本变量是电压相量和电流相量，分析的对象是相量模型电路。

本节通过举例说明如何应用电阻电路中学过的一些主要方法(诸如串并联等效、网孔法、节点法、等效电源定理等)分析正弦稳态电路。

4.5.1 串、并、混联电路的分析

这里所说的串、并、混联电路是指正弦稳态相量模型电路中阻抗(或导纳)的串、并、混联电路。在作出电路的相量模型以后，完全可以仿照串、并、混联电阻电路的分析方法进行。

例 4.5-1 已知图 4.5-1 所示正弦稳态电路中 $u_s(t)=120\sqrt{2}\cos(10^3 t)$V，求电流$i_{ab}(t)$。

解 图 4.5-1(a)为标准(或规范)的时域模型电路，图中所有元件都用元件参数值标注，所有的电压、电流(包含已知的或未知待求的)均用时间函数标注。

首先计算出电感、电容元件的阻抗(电阻元件的阻抗就是其本身的阻值，不需要另外求)

$$Z_L = j\omega L = j10^3 \times 0.1 = j100\ \Omega$$

$$Z_C = -j\frac{1}{\omega C} = -j\frac{1}{10^3 \times 10 \times 10^{-6}} = -j100\ \Omega$$

由已知的正弦电压源时间函数写得相量

$$\dot{U}_s = 120\angle 0°\ \text{V}$$

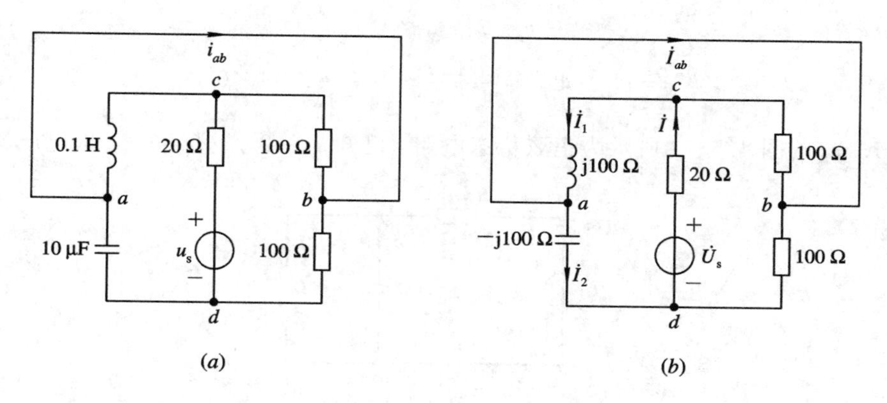

图 4.5-1　例 4.5-1 用图

画相量模型电路如图 4.5-1(*b*)所示。图 4.5-1(*b*)为标准(或规范)的相量模型电路，图中所有元件均用它的阻抗标注，所有电压、电流(包含已知的或未知待求的)均用相量标注。设求解过程中使用到的有关电流(或电压)的参考方向如图 4.5-1(*b*)中所标。由图 4.5-1(*b*)，应用阻抗串、并联等效求得

$$\dot{I}=\frac{\dot{U}_s}{\mathrm{j}100 \mathbin{/\!/} 100+(-\mathrm{j}100) \mathbin{/\!/} 100+20}=\frac{120\angle 0^\circ}{120}=1\angle 0^\circ\ \mathrm{A}$$

由阻抗并联分流关系，得

$$\dot{I}_1=\frac{100}{100+\mathrm{j}100}\dot{I}=\frac{100}{100+\mathrm{j}100}\times 1\angle 0^\circ=0.5-\mathrm{j}0.5\ \mathrm{A}$$

$$\dot{I}_2=\frac{100}{100-\mathrm{j}100}\dot{I}=\frac{100}{100-\mathrm{j}100}\times 1\angle 0^\circ=0.5+\mathrm{j}0.5\ \mathrm{A}$$

由 KCL，得

$$\dot{I}_{ab}=\dot{I}_1-\dot{I}_2=(0.5-\mathrm{j}0.5)-(0.5+\mathrm{j}0.5)=1\angle -90^\circ\ \mathrm{A}$$

所以由求得的响应相量对应写得响应的时间函数(频率即用激励源的频率)

$$i_{ab}(t)=\sqrt{2}\ \cos(10^3 t-90^\circ)\ \mathrm{A}$$

例 4.5-2　图 4.5-2 所示为正弦稳态相量模型电路，已知 $\dot{U}_s=10\angle 0^\circ$ V，求电压相量 $\dot{U}_{ab}$。

解　正弦稳态电路问题分析中，有的给出的就是相量模型电路，所求的也是响应相量。本例就是这样的。

设各电压参考方向如图 4.5-2 中所示。由 *c*、*d* 点看的等效阻抗为

$$Z_{cd}=\frac{(1+\mathrm{j}3)(1-\mathrm{j}3)}{(1+\mathrm{j}3)+(1-\mathrm{j}3)}=5\ \Omega$$

根据阻抗串联分压关系，得

$$\dot{U}=\frac{Z_{cd}}{5+Z_{cd}}\dot{U}_s=\frac{5}{5+5}\times 10\angle 0^\circ=5\angle 0^\circ\ \mathrm{V}$$

$$\dot{U}_1=\frac{\mathrm{j}3}{1+\mathrm{j}3}\dot{U}=\frac{\mathrm{j}3}{1+\mathrm{j}3}\times 5\angle 0^\circ=\frac{\mathrm{j}15}{1+\mathrm{j}3}\ \mathrm{V}$$

$$\dot{U}_2=\frac{1}{1-\mathrm{j}3}\dot{U}=\frac{1}{1-\mathrm{j}3}\times 5\angle 0^\circ=\frac{5}{1-\mathrm{j}3}\ \mathrm{V}$$

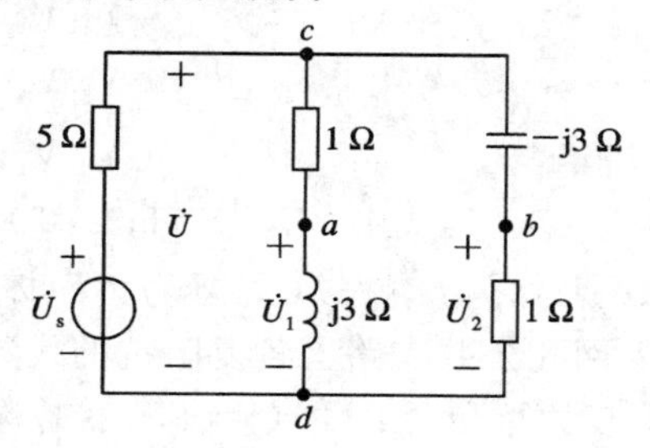

图 4.5-2　例 4.5-2 用图

所以

$$\dot{U}_{ab}=\dot{U}_1-\dot{U}_2=\frac{\mathrm{j}15}{1+\mathrm{j}3}-\frac{5}{1-\mathrm{j}3}=4\angle 0^\circ\ \mathrm{V}$$

例 4.5-3 图 4.5-3 所示为正弦稳态电路，已知 $\dot{I}_2=2\sqrt{2}\angle 45^\circ$ A，求电压源 $\dot{U}_s$。

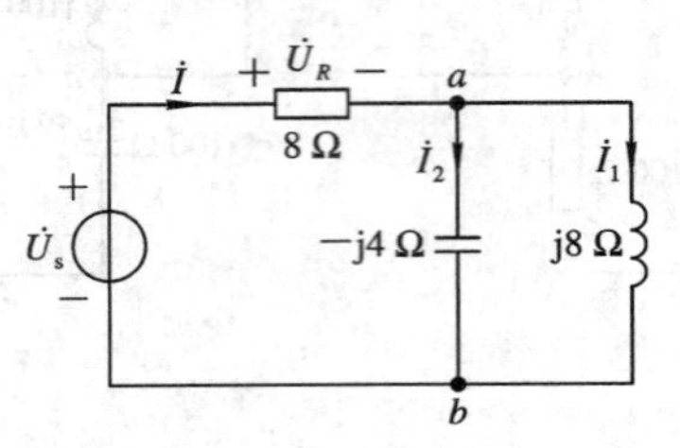

图 4.5-3 例 4.5-3 用图

解 由元件电流、电压关系得

$$\dot{U}_{ab}=(-\mathrm{j}4\Omega)\dot{I}_2=-\mathrm{j}4\times 2\sqrt{2}\angle 45^\circ=8\sqrt{2}\angle -45^\circ\ \mathrm{V}$$

$$\dot{I}_1=\frac{\dot{U}_{ab}}{\mathrm{j}8\Omega}=\frac{8\sqrt{2}\angle -45^\circ}{\mathrm{j}8}=\sqrt{2}\angle -135^\circ\ \mathrm{A}$$

由 KCL 得

$$\begin{aligned}\dot{I}&=\dot{I}_1+\dot{I}_2=\sqrt{2}\angle -135^\circ+2\sqrt{2}\angle 45^\circ\\&=-1-\mathrm{j}1+2+\mathrm{j}2=\sqrt{2}\angle 45^\circ\ \mathrm{A}\end{aligned}$$

由欧姆定律，得

$$\dot{U}_R=R\dot{I}=8\sqrt{2}\angle 45^\circ\ \mathrm{V}$$

所以

$$\dot{U}_s=\dot{U}_R+\dot{U}_{ab}=8\sqrt{2}\angle 45^\circ+8\sqrt{2}\angle -45^\circ=16\angle 0^\circ\ \mathrm{V}$$

4.5.2 网孔、节点分析法用于正弦稳态电路的分析

对于具有三个网孔，三个独立节点的正弦稳态相量模型的电路，可以由分析电阻电路的知识，分别推论出正弦稳态电路的网孔方程与节点方程的一般形式，即

$$\left.\begin{aligned}Z_{11}\dot{I}_1+Z_{12}\dot{I}_2+Z_{13}\dot{I}_3&=\dot{U}_{s11}\\Z_{21}\dot{I}_1+Z_{22}\dot{I}_2+Z_{23}\dot{I}_3&=\dot{U}_{s22}\\Z_{31}\dot{I}_1+Z_{32}\dot{I}_2+Z_{33}\dot{I}_3&=\dot{U}_{s33}\end{aligned}\right\}\qquad(4.5-1)$$

$$\left.\begin{aligned}Y_{11}\dot{V}_1+Y_{12}\dot{V}_2+Y_{13}\dot{V}_3&=\dot{I}_{s11}\\Y_{21}\dot{V}_1+Y_{22}\dot{V}_2+Y_{23}\dot{V}_3&=\dot{I}_{s22}\\Y_{31}\dot{V}_1+Y_{32}\dot{V}_2+Y_{33}\dot{V}_3&=\dot{I}_{s33}\end{aligned}\right\}\qquad(4.5-2)$$

(4.5-1)式中：$Z_{jj}(j=1,2,3)$称为第 j 网孔的自阻抗，它等于第 j 网孔内各复阻抗的代数和；$Z_{jk}(j,k=1,2,3;j\neq k)$称为第 j 网孔与第 k 网孔间的互阻抗，它等于第 j 网孔与第 k 网孔公共支路上各复阻抗的代数和，且当两网孔电流流经公共支路的方向一致时取正号，反之取负号；$\dot{U}_{sjj}(j=1,2,3)$称为第 j 网孔的等效电压源，它等于第 j 网孔内各电压源的代数和，取号法则是绕行中先遇电压源负极性端取正号，反之取负号。

(4.5-2)式中：$Y_{jj}(j=1,2,3)$称为第 j 节点的自导纳，它等于与 j 节点相连各支路复导纳的代数和；$Y_{jk}(j, k=1, 2, 3; j\neq k)$称为第 j 节点与第 k 节点间的互导纳，它等于 j、k 节点之间相连公共支路的复导纳的代数和且取负号；$\dot{I}_{sjj}(j=1, 2, 3)$称为流入节点 j 的等效电流源，它等于流入节点 j 的各电流源的代数和，且流入节点 j 的电流源取正号，反之取负号。

在画出相量模型电路之后，若要应用网孔法或节点法分析，可以观察电路，套用(4.5-1)式或(4.5-2)式列写出方程，然后加以求解。下面举例说明这两种分析法在正弦稳态电路分析中的应用。

例 4.5-4 图 4.5-4(*a*)所示正弦稳态电路中，已知 $C_1=C_2=10\ \mu\text{F}$，$L=0.05$ H，$R=50\ \Omega$，$u_{s1}(t)=100\sqrt{2}\cos(10^3 t)$ V，$u_{s2}(t)=100\sqrt{2}\sin(10^3 t)$ V，求电流 $i(t)$。

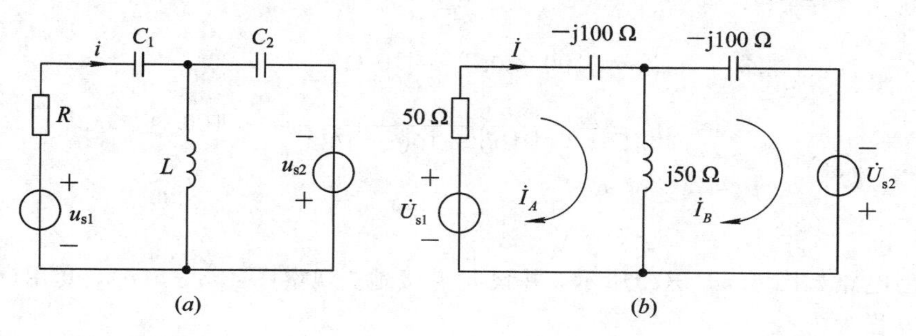

图 4.5-4 例 4.5-4 用图

解

$$Z_L = \text{j}\omega L = \text{j}10^3 \times 0.05 = \text{j}50\ \Omega$$

$$Z_{C1} = -\text{j}\,\frac{1}{\omega C_1} = -\text{j}\,\frac{1}{10^3 \times 10 \times 10^{-6}} = -\text{j}100\ \Omega$$

$$Z_{C2} = -\text{j}\,\frac{1}{\omega C_2} = -\text{j}\,\frac{1}{10^3 \times 10 \times 10^{-6}} = -\text{j}100\ \Omega$$

$$\dot{U}_{s1} = 100\angle 0°\ \text{V}$$

$$\dot{U}_{s2} = 100\angle -90°\ \text{V}$$

画相量模型电路如图 4.5-4(*b*)所示。设网孔电流 $\dot{I}_A$、$\dot{I}_B$ 如图 4.5-4(*b*)中所标。分别求自阻抗、互阻抗、等效电压源，代入(4.5-1)式中，得网孔方程为

$$(50-\text{j}50)\dot{I}_A - \text{j}50\dot{I}_B = 100\angle 0° \tag{4.5-3}$$

$$-\text{j}50\dot{I}_A - \text{j}50\dot{I}_B = 100\angle -90° \tag{4.5-4}$$

解得

$$\dot{I}_A = 2+\text{j}2 = 2\sqrt{2}\angle 45°\ \text{A}$$

由图 4.5-4(*b*)可知

$$\dot{I} = \dot{I}_A = 2\sqrt{2}\angle 45°\ \text{A}$$

故得电流

$$i(t) = \sqrt{2} \times 2\sqrt{2}\cos(10^3 t + 45°) = 4\cos(10^3 t + 45°)\ \text{A}$$

例 4.5-5 已知图 4.5-5(*a*)所示正弦稳态电路中，$i_s(t)=4\sqrt{2}\cos(100t)$ A，$u_s(t)=48\sqrt{2}\cos(100t+90°)$ V，求电压 $u(t)$。

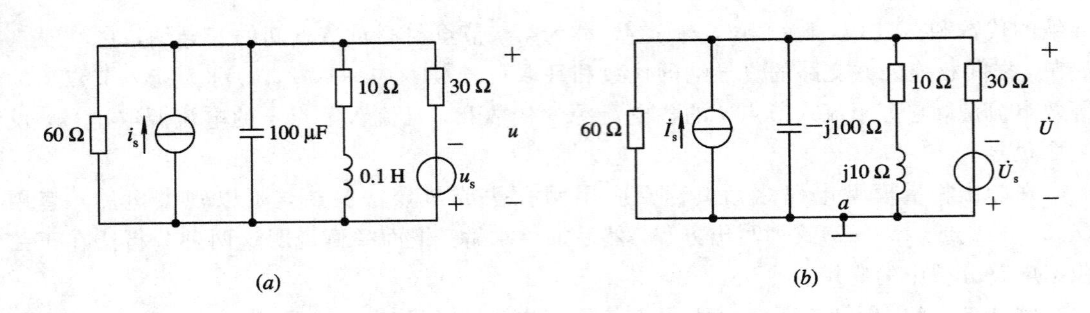

图 4.5-5　例 4.5-5 用图

解

$$Z_L = j\omega L = j100 \times 0.1 = j10\ \Omega$$

$$Z_C = -j\frac{1}{\omega C} = -j\frac{1}{100 \times 100 \times 10^{-6}} = -j100\ \Omega$$

$$\dot{I}_s = 4\angle 0°\ \text{A}$$

$$\dot{U}_s = 48\angle 90°\ \text{V}$$

画相量模型电路如图 4.5-5(b)所示，并设 a 点接地。观察图 4.5-5(b)，套用(4.5-2)式列写节点方程为

$$\left(\frac{1}{60} + \frac{1}{30} + \frac{1}{-j100} + \frac{1}{10 + j10}\right)\dot{U} = 4\angle 0° - \frac{48\angle 90°}{30}$$

解得

$$\dot{U} = \frac{40 - j16}{1 - j0.4} = 40\angle 0°\ \text{V}$$

所以

$$u(t) = 40\sqrt{2}\cos(100t)\ \text{V}$$

4.5.3　等效电源定理用于正弦稳态电路的分析

图 4.5-6(a)所示为正弦稳态相量模型二端含源线性网络 N，类似于电阻电路，可将二端网络 N 等效为戴维宁等效源与诺顿等效源的相量模型形式，如图 4.5-6(b)、(c)所示。下面举例说明如何应用这两个定理分析正弦稳态电路。

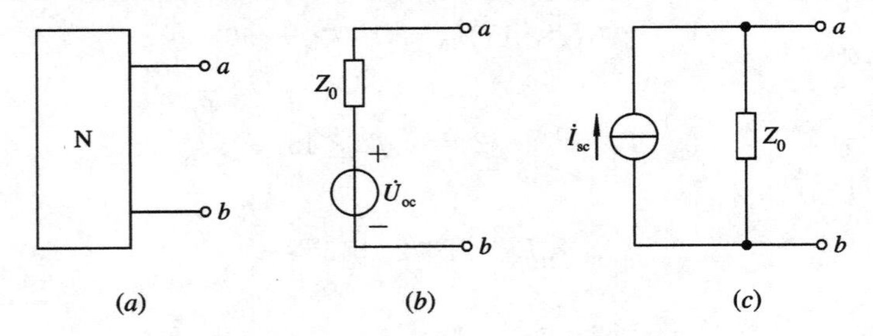

图 4.5-6　等效电源相量模型形式

例 4.5-6　图 4.5-7(a)所示为正弦稳态相量模型电路，求电流 $\dot{I}_C$。

解　(1) 自 a、b 处断开待求支路，设开路电压 $\dot{U}_{oc}$ 如图 4.5-7(b)所示。电流

$$\dot{I}=\frac{\dot{U}_{s1}-\dot{U}_{s2}}{5+\mathrm{j}5+5-\mathrm{j}5}=\frac{10-10\angle 60^\circ}{10}=1\angle -60^\circ\ \mathrm{A}$$

开路电压

$$\begin{aligned}\dot{U}_{oc}&=(5-\mathrm{j}5)\dot{I}+\dot{U}_{s2}=(5-\mathrm{j}5)\times 1\angle -60^\circ+10\angle 60^\circ\\&=3.66\angle 30^\circ\ \mathrm{V}\end{aligned}$$

(2) 将图 4.5-7(b)中各电压源短路变为图 4.5-7(c)，则

$$Z_0=\frac{(5+\mathrm{j}5)(5-\mathrm{j}5)}{5+\mathrm{j}5+5-\mathrm{j}5}=5\ \Omega$$

(3) 画出戴维宁等效电源，接上待求支路，如图 4.5-7(d)所示。由 KVL，得电流

$$\dot{I}_C=\frac{\dot{U}_{oc}}{5-\mathrm{j}5}=\frac{3.66\angle 30^\circ}{7.07\angle -45^\circ}=0.52\angle 75^\circ\ \mathrm{A}$$

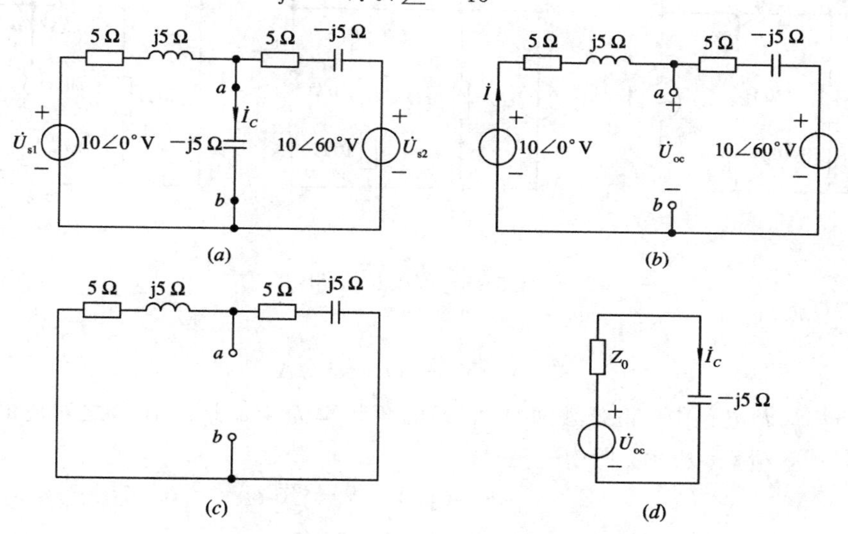

图 4.5-7 例 4.5-6 用图

例 4.5-7 已知图 4.5-8(a)所示稳态电路中直流电源 $U_{s1}=10$ V，正弦电源 $u_{s2}(t)=20\sqrt{2}\times\cos t$ V，$i_{s3}(t)=8\cos(4t-60^\circ)$ A，求电流 $i_1(t)$。

解 本问题是求多个频率激励源作用下线性电路的稳态响应，应用叠加定理，按同一频率激励源分组作分解电路，如图 4.5-8(b)、(c)、(d)所示。

图 4.5-8(b)电路中，因 U_{s1} 是直流电源，电感看作短路，电容看作开路，故得

$$i_1'=-\frac{10}{10}=-1\ \mathrm{A}$$

图 4.5-8(c)电路中，正弦激励源的角频率为 1 rad/s，作与之对应的相量模型电路，如图 4.5-8(e)所示，图中

$$Z_L=\mathrm{j}\omega L=\mathrm{j}\times 1\times 10=\mathrm{j}10\ \Omega$$

$$Z_C=-\mathrm{j}\frac{1}{\omega C}=-\mathrm{j}\frac{1}{1\times 1}=-\mathrm{j}1\ \Omega$$

显然

$$\dot{I}_1''=\frac{\dot{U}_{s2}}{10+\mathrm{j}10}=\frac{20\angle 0^\circ}{10\sqrt{2}\angle 45^\circ}=\sqrt{2}\angle -45^\circ\ \mathrm{A}$$

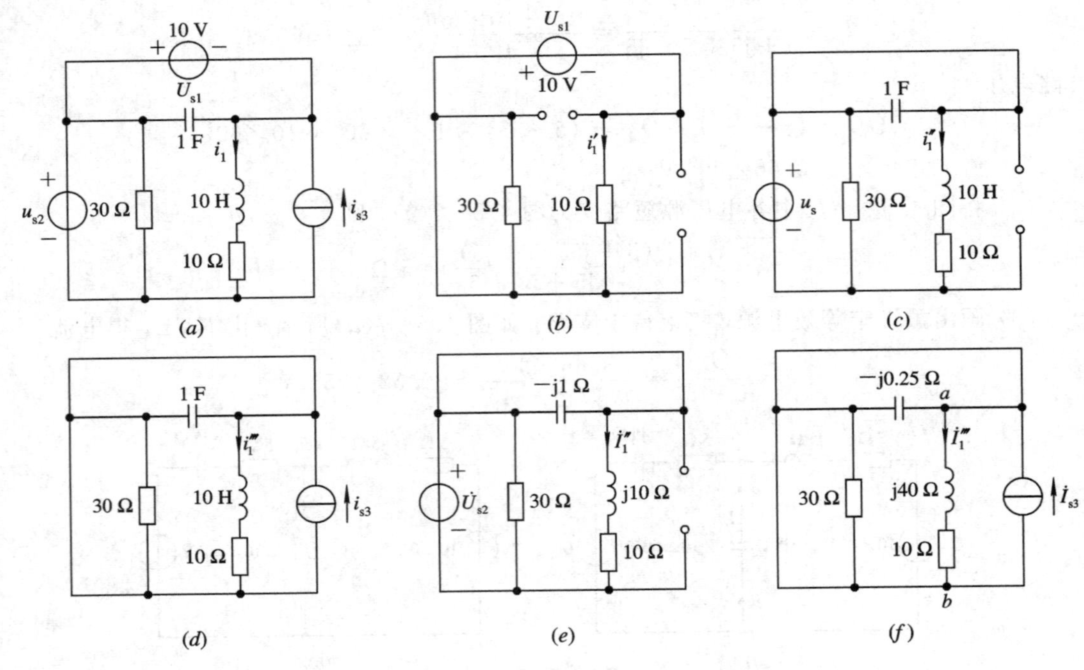

图 4.5－8　例 4.5－7 用图

则

$$i_1''(t) = 2\cos(t-45°)\,\text{A}$$

图 4.5－8(d)电路中，正弦激励源 $i_{s3}(t)$的角频率为 4 rad/s，作与之对应的相量模型电路，如图 4.5－8(f)所示，图中

$$Z_L = j\omega L = \text{j}4\times 10 = \text{j}40\ \Omega$$

$$Z_C = -\text{j}\,\frac{1}{\omega C} = -\text{j}\,\frac{1}{4\times 1} = -\text{j}0.25\ \Omega$$

由图 4.5－8(f)可知，$\dot U_{ab}=0$，所以

$$\dot I_1''' = 0$$

则

$$i_1'''(t) = 0$$

故得图 4.5－8(a)所示电路的稳态响应为

$$i_1(t) = i_1'(t) + i_1''(t) + i_1'''(t) = -1 + 2\cos(t-45°)\ \text{A}$$

∵ 思考题 ∵

4.5－1　何谓正弦稳态电路分析？相量在正弦稳态电路分析中充当什么角色？

4.5－2　正弦函数激励的线性时变电路可以用相量法分析吗？为什么？

4.5－3　甲同学在归纳总结正弦稳态电路分析的小经验中说：虽说在画出相量模型电路以后，可以全面借鉴电阻电路中所讲的各种分析方法来分析正弦稳态电路，但无论是阻抗串并联等效分析或是网孔法、节点法、等效电源定理分析，整个求解过程都是在复数域里进行的，所以同样结构的电路(譬如说同是三个网孔或三个节点)，正弦稳态电路比电阻电路分析求解过程要麻烦得多，需要更加地细心！你同意他的观点吗？

4.6　正弦稳态电路的功率

正弦稳态电路中通常包含有电感、电容储能元件，所以正弦稳态电路中功率和能量的计算要比电阻电路的计算复杂，需要引入一些新的概念。本节重点讨论二端电路的平均功率、功率因数；对于瞬时功率、无功功率、视在功率、复功率这些有关功率的新概念，本节也将作简单的介绍。

4.6.1　基本元件的功率和能量

本着“先易后难，循序渐进”的原则，这里先讨论基本元件 R、L、C 的功率与能量。

1. 电阻元件的功率

如图 4.6-1(a)所示电阻元件 R，两端的电压与通过的电流采用关联参考方向。设

$$u(t)=U_{\mathrm{m}}\cos(\omega t+\psi_u)$$

则由欧姆定律得

$$i(t)=\frac{u(t)}{R}=I_{\mathrm{m}}\cos(\omega t+\psi_u)$$

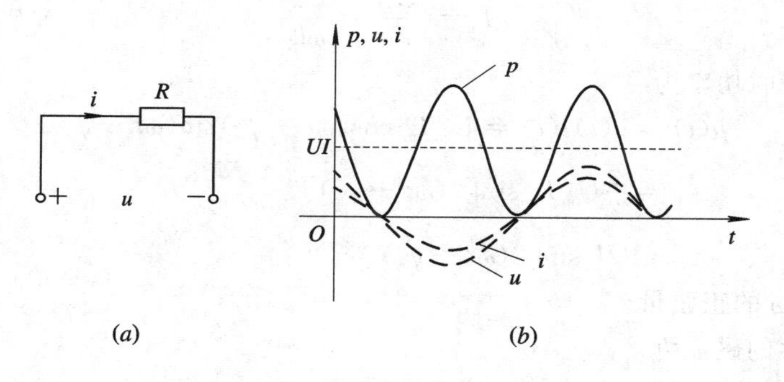

图 4.6-1　电阻元件的瞬时功率波形

上式中 $I_{\mathrm{m}}=U_{\mathrm{m}}/R$。由于电流和电压都随时间变化，电阻在某一瞬间吸收的功率称为瞬时功率，用 $p(t)$表示，即

$$\begin{aligned}p(t)&=u(t)i(t)=U_{\mathrm{m}}I_m\cos^2(\omega t+\psi_u)\\&=\frac{1}{2}U_{\mathrm{m}}I_{\mathrm{m}}\{1+\cos[2(\omega t+\psi_u)]\}\\&=\frac{1}{2}U_{\mathrm{m}}I_{\mathrm{m}}+\frac{1}{2}U_{\mathrm{m}}I_{\mathrm{m}}\cos[2(\omega t+\psi_u)]\\&=UI+UI\cos[2(\omega t+\psi_u)]\end{aligned}\qquad(4.6-1)$$

上式等号右边的第一项为常数项；第二项是角频率为 2ω 的正弦量。也就是说，电流或电压变化一个循环，瞬时功率已经变化了两个循环。u、i 和 p 的波形如图 4.6-1(b)所示。

由于电压 u 和电流 i 同相，当 u 增加时，i 也增加，$p=ui$ 也随之增加。当 $u<0$ 时，$i<0$，而 $p=ui>0$。因此，虽然瞬时功率是随时间变化的，但瞬时功率始终满足 $p\geqslant0$。也就是说，电阻始终是消耗功率的。

瞬时功率在一周期内的平均值，称为平均功率，用 P 表示，即

$$P=\frac{1}{T}\int_0^T p(t)\,\mathrm{d}t \tag{4.6-2}$$

将(4.6-1)式的瞬时功率表达式代入上式，即得

$$P=\frac{1}{2}U_{\mathrm{m}}I_{\mathrm{m}}=\frac{1}{2}\frac{U_{\mathrm{m}}^2}{R}=\frac{1}{2}I_{\mathrm{m}}^2R \tag{4.6-3}$$

或用有效值表示为

$$P=UI=\frac{U^2}{R}=I^2R \tag{4.6-4}$$

平均功率也称为有功功率。通常，人们所说的功率若没有特殊说明，都是指平均功率。例如，60 W 灯泡是指灯泡额定消耗的平均功率为 60 W。

2. 电感元件的功率和能量

图 4.6-2(a)所示电感 L 上的电流与电压采用关联参考方向。设电感电压为

$$u(t)=U_{\mathrm{m}}\cos(\omega t+\psi_u)$$

考虑电感电流滞后于电压 90°，则电流

$$i(t)=I_{\mathrm{m}}\cos(\omega t+\psi_u-90°)=I_{\mathrm{m}}\sin(\omega t+\psi_u)$$

式中

$$I_{\mathrm{m}}=\frac{U_{\mathrm{m}}}{X_L}=\frac{U_{\mathrm{m}}}{\omega L}$$

电感 L 吸收的瞬时功率为

$$\begin{aligned}p(t)&=u(t)i(t)=U_{\mathrm{m}}I_{\mathrm{m}}\cos(\omega t+\psi_u)\sin(\omega t+\psi_u)\\&=\frac{1}{2}U_{\mathrm{m}}I_{\mathrm{m}}\sin[2(\omega t+\psi_u)]\\&=UI\ \sin[2(\omega t+\psi_u)]\end{aligned} \tag{4.6-5}$$

它是角频率为 2ω 的正弦量。

电感 L 储存的磁能为

$$w_L(t)=\frac{1}{2}Li^2(t)=\frac{1}{2}LI_{\mathrm{m}}^2\sin^2(\omega t+\psi_u)$$

利用三角公式 $\sin^2x=[1-\cos(2x)]/2$，上式可改写为

$$\begin{aligned}w_L(t)&=\frac{1}{4}LI_{\mathrm{m}}^2\{1-\cos[2(\omega t+\psi_u)]\}\\&=\frac{1}{4}LI_{\mathrm{m}}^2-\frac{1}{4}LI_{\mathrm{m}}^2\cos[2(\omega t+\psi_u)]\\&=\frac{1}{2}LI^2-\frac{1}{2}LI^2\cos[2(\omega t+\psi_u)]\end{aligned} \tag{4.6-6}$$

上式中的第一项是与时间无关的常数项；第二项是角频率为 2ω 的余弦量。电感 L 的平均储能为

$$W_{L\mathrm{av}}=\frac{1}{T}\int_0^T w_L(t)\,\mathrm{d}t=\frac{1}{2}LI^2 \tag{4.6-7}$$

图 4.6-2(b)中画出了 $u(t)$、$i(t)$、$p(t)$ 和 $w_L(t)$ 的波形曲线。图中假设 $\psi_u=0°$。

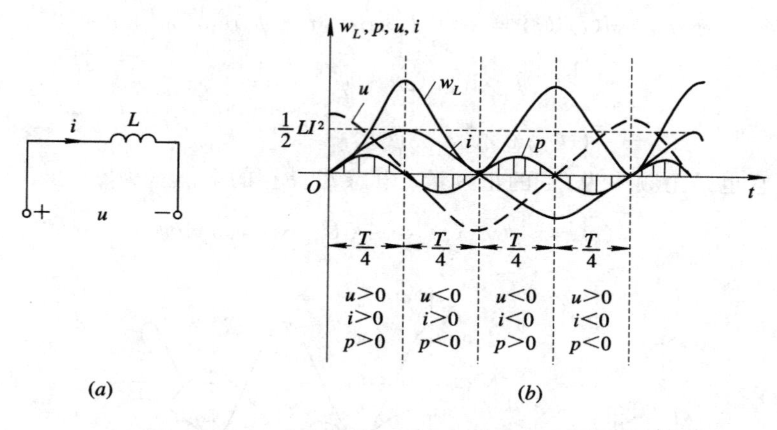

图 4.6-2　电感元件的瞬时功率和能量的波形

下面简要说明电感的瞬时功率和储能的物理过程。观察图 4.6-2(*b*)，可以看出：

在 $0\sim T/4$ 期间：$u>0$，$i>0$，故 $p>0$，电感吸收功率。在此期间，电感电流由零逐渐增大到最大值。这表明电感 L 从外电路或电源吸收能量并储存在磁场中。当 $t=T/4$ 时，电感储能达到最大值

$$w_{L\max}=\frac{1}{2}LI_{\mathrm{m}}^{2}=LI^{2} \tag{4.6-8}$$

在 $T/4\sim T/2$ 期间：$u<0$，$i>0$，故 $p<0$，电感供出功率。在此期间，电流由最大值逐渐下降到零，电感把原储存的磁能逐渐还给外电路或电源。当 $t=T/2$ 时，电感 L 的储能 $w_L\left(\frac{T}{2}\right)=0$。

在 $T/2\sim 3T/4$ 期间：$u<0$，$i<0$，故 $p>0$，电感吸收能量；在 $3T/4\sim T$ 期间：电感供出能量(释放能量)。其过程与上述两个 1/4 周期完全相似，只是 u 和 i 的方向均与前面相反。读者可自行分析，这里不再赘述。

由上述讨论可知：电感不消耗能量，它只是与外电路或电源进行能量交换，故平均功率等于零。将(4.6-5)式代入(4.6-2)式，得

$$P=\frac{1}{T}\int_{0}^{T}p(t)\mathrm{d}t=0 \tag{4.6-9}$$

通常所说电感不消耗功率就是指它吸收的平均功率为零。

3. 电容元件的功率和能量

图 4.6-3(*a*)所示电容 C 上的电流与电压采用关联参考方向。设电容上的电压

$$u(t)=U_{\mathrm{m}}\cos(\omega t+\psi_u)$$

考虑电容上的电流 i 超前电压 u 的角度为 90°，则

$$i(t)=I_{\mathrm{m}}\cos(\omega t+\psi_u+90^\circ)=-I_{\mathrm{m}}\sin(\omega t+\psi_u)$$

式中

$$I_{\mathrm{m}}=\frac{U_{\mathrm{m}}}{X_C}=\omega CU_{\mathrm{m}}$$

电容的瞬时功率为

$$p(t)=u(t)i(t)=-U_{\mathrm{m}}I_{\mathrm{m}}\cos(\omega t+\psi_u)\sin(\omega t+\psi_u)$$

$$=-\frac{1}{2}U_{\mathrm{m}}I_{\mathrm{m}}\sin[2(\omega t+\psi_u)]$$

$$=-UI\sin[2(\omega t+\psi_u)] \tag{4.6-10}$$

与电感相似，它也是角频率为 2ω 的正弦量。电感 C 储存的电能量为

$$w_C(t)=\frac{1}{2}Cu^2(t)=\frac{1}{2}CU_{\mathrm{m}}^2\cos^2(\omega t+\psi_u)$$

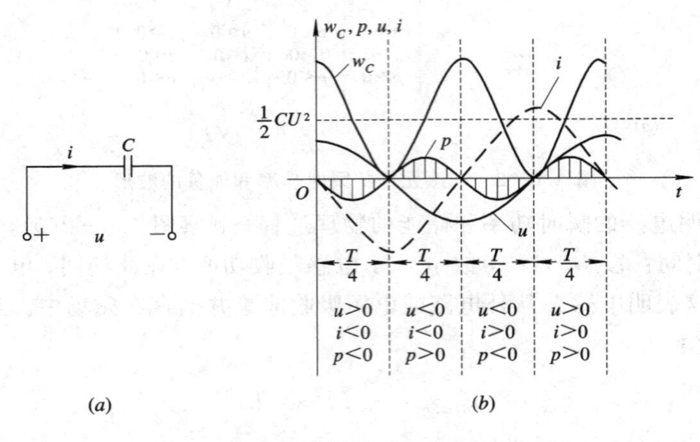

图 4.6-3　电容的瞬时功率和能量波形

利用三角公式 $\cos^2 x=\frac{1+\cos(2x)}{2}$，所以 $w_C(t)$ 可改写为

$$w_C(t)=\frac{1}{4}CU_{\mathrm{m}}^2+\frac{1}{4}CU_{\mathrm{m}}^2\cos[2(\omega t+\psi_u)]$$

$$=\frac{1}{2}CU^2+\frac{1}{2}CU^2\cos[2(\omega t+\psi_u)] \tag{4.6-11}$$

电容的平均储能

$$W_{C\mathrm{av}}=\frac{1}{2}CU^2 \tag{4.6-12}$$

电容的 u、i、p 和 w_C 的波形曲线如图 4.6-3(b)所示。图中假设 $\psi_u=0°$。

下面简要说明电容的瞬时功率和储能的物理过程。观察图 4.6-3(b)，可以看出：

在 $0\sim T/4$ 期间：$u>0$，$i<0$，故 $p<0$，电容供出功率。在此期间，电容电压由最大值逐渐减少到零，电容把储存的电能供给外电路或电源。当 $t=T/4$ 时，电容的储能 $w_C=0$。

在 $T/4\sim T/2$ 期间：$u<0$，$i<0$，故 $p>0$，电容吸收功率。这时，电容被反向充电，电容电压由零逐渐达到负的最大值，电容从外电路或电源获得能量并储存在电场中。当 $t=T/2$ 时，电容存储的能量达到最大值，即

$$w_{C\max}=\frac{1}{2}CU_{\mathrm{m}}^2=CU^2 \tag{4.6-13}$$

在 $T/2\sim 3T/4$ 期间：电容处于放电状态，释放能量。

在 $3T/4\sim T$ 期间：电容被正向充电，储存能量。其过程与前面相似，不再重复。

由上述讨论可知：电容元件也不消耗能量，只是与外电路或电源进行能量交换，故平均功率也等于零。将(4.6-10)式代入(4.6-2)式，得

$$P = \frac{1}{T}\int_0^T p(t)\mathrm{d}t = 0 \tag{4.6-14}$$

通常所说电容不消耗功率也是指它吸收的平均功率为零。

例 4.6-1 如图 4.6-4(a)所示的正弦稳态电路，已知 $u_s(t)=10\sqrt{2}\cos(5t)\,\mathrm{V}$，求电阻 R_1、R_2 消耗的平均功率和电感 L、电容 C 的平均储能。

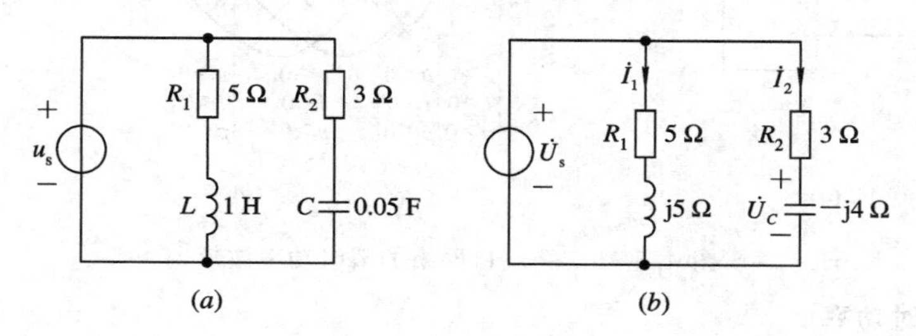

图 4.6-4 例 4.6-1 用图

解 首先求出 X_L 和 X_C：

$$X_L = \omega L = 5\times 1\ \Omega = 5\ \Omega,\quad X_C = \frac{1}{\omega C} = \frac{1}{5\times 0.05} = 4\ \Omega$$

画出电路的相量模型，如图 4.6-4(b)所示。图中：

$$\dot{U}_s = 10\angle 0^\circ\ \mathrm{V}$$

由图可知：

$$\dot{I}_1 = \frac{\dot{U}_s}{5+\mathrm{j}5} = \frac{10\angle 0^\circ}{7.07\angle 45^\circ} = 1.41\angle -45^\circ\ \mathrm{A}$$

$$\dot{I}_2 = \frac{\dot{U}_s}{3-\mathrm{j}4} = \frac{10\angle 0^\circ}{5\angle -53.1^\circ} = 2\angle 53.1^\circ\ \mathrm{A}$$

$$\dot{U}_C = (-\mathrm{j}4)\dot{I}_2 = -\mathrm{j}4\times 2\angle 53.1^\circ = 8\angle -36.9^\circ\ \mathrm{V}$$

所以电阻 R_1、R_2 消耗的功率分别为

$$P_1 = I_1^2 R_1 = 1.41^2\times 5 = 10\ \mathrm{W}$$

$$P_2 = I_2^2 R_2 = 2^2\times 3 = 12\ \mathrm{W}$$

电感的平均储能为

$$W_{L\mathrm{av}} = \frac{1}{2}LI_1^2 = \frac{1}{2}\times 1\times 1.41^2 = 1\ \mathrm{J}$$

电容的平均储能为

$$W_{C\mathrm{av}} = \frac{1}{2}CU_C^2 = \frac{1}{2}\times 0.05\times 8^2 = 1.6\ \mathrm{J}$$

4.6.2 一端口网络的功率

图 4.6-5(a)所示为正弦稳态线性一端口网络 N，设其端口电流 $i(t)$ 和端口电压 $u(t)$ 参考方向关联。这里讨论正弦稳态一端口网络 N 的功率。

设端口电压

$$u(t) = U_\mathrm{m}\cos(\omega t + \psi_u)$$

端口电流 i 是相同频率的正弦量，设

$$i(t) = I_\mathrm{m}\cos(\omega t + \psi_i)$$

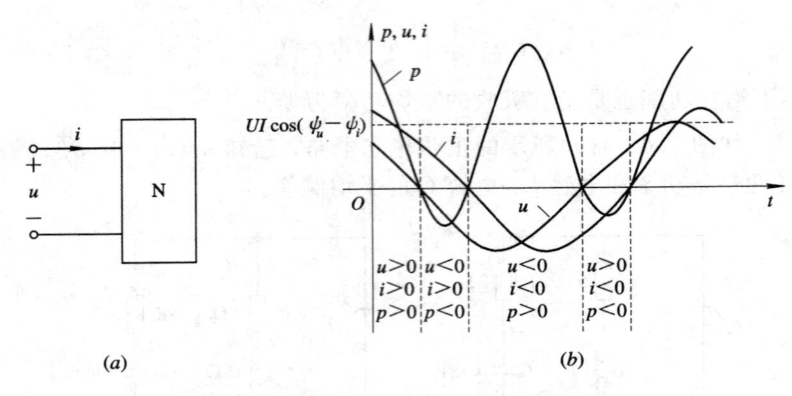

图 4.6-5　一端口网络的瞬时功率波形

1. N 的瞬时功率

$$p(t)=u(t)i(t)=U_{\mathrm{m}}I_{\mathrm{m}}\cos(\omega t+\psi_u)\cos(\omega t+\psi_i)$$

利用三角公式

$$\cos x\cos y=\frac{\cos(x-y)+\cos(x+y)}{2}$$

改写 $p(t)$的表达式为

$$\begin{aligned}p(t)&=\frac{1}{2}U_{\mathrm{m}}I_{\mathrm{m}}\cos(\psi_u-\psi_i)+\frac{1}{2}U_{\mathrm{m}}I_{\mathrm{m}}\cos(2\omega t+\psi_u+\psi_i)\\&=UI\cos(\psi_u-\psi_i)+UI\cos(2\omega t+\psi_u+\psi_i)\end{aligned}\qquad(4.6-15)$$

由 $u(t)$、$i(t)$及 $p(t)$表达式画波形曲线如图 4.6-5(b)所示。从图 4.6-5(b)中可以看出：当 $u>0$、$i>0$ 或 $u<0$、$i<0$ 时，一端口网络吸收功率，这时 $p>0$；当 $u>0$、$i<0$ 或 $u<0$、$i>0$ 时，一端口网络供出功率，这时 $p<0$。这表明一端口网络中的动态元件(L 或 C)与外部电路或电源有能量交换。从图中还可以看出，在一周期内，一端口网络吸收的功率大于供出的功率，因此其平均功率不为零。

2. N 的平均功率

$$P=\frac{1}{T}\int_0^T p(t)\mathrm{d}t$$

将(4.6-15)式代入上式，得

$$\begin{aligned}P&=\frac{1}{T}\int_0^T\frac{1}{2}U_{\mathrm{m}}I_{\mathrm{m}}\cos(\psi_u-\psi_i)\mathrm{d}t+\frac{1}{T}\int_0^T\frac{1}{2}U_{\mathrm{m}}I_{\mathrm{m}}\cos(2\omega t+\psi_u+\psi_i)\mathrm{d}t\\&=\frac{1}{2}U_{\mathrm{m}}I_{\mathrm{m}}\cos(\psi_u-\psi_i)=UI\cos(\psi_u-\psi_i)\end{aligned}\qquad(4.6-16)$$

不论 N 内是否含独立源，均可应用上式计算 N 的平均功率。

如果二端电路 N 内不含独立电源，则可等效为阻抗 Z，如图 4.6-6 所示。电压与电流的相位差等于阻抗角，即

$$\varphi_Z=\psi_u-\psi_i$$

故(4.6-16)式可以改写为

$$P=\frac{1}{2}U_{\mathrm{m}}I_{\mathrm{m}}\cos\varphi_Z=UI\cos\varphi_Z\qquad(4.6-17)$$

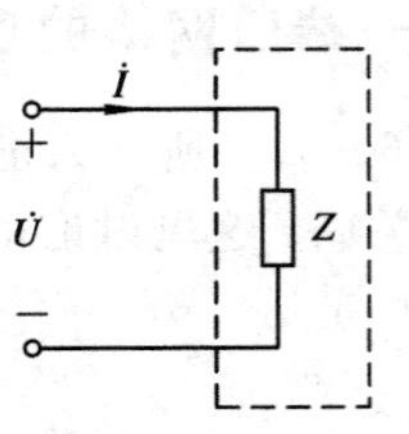

图 4.6-6　无源二端电路等效为阻抗 Z

上式表明：阻抗的平均功率不仅与电流、电压的振幅(或有效值)大小有关，而且与$\cos\varphi_Z$有关。$\cos\varphi_Z$称为功率因数，通常用λ表示，故阻抗角φ_Z也称为功率因数角。

当无源二端电路的等效阻抗为电阻性时，$\varphi_Z=0$，$\cos\varphi_Z=1$，$P=U_m I_m/2=UI$。当等效阻抗为纯电感性或纯电容性时，$\varphi_Z=\pm 90°$，$\cos\varphi_Z=0$，$P=0$。因此，前面讨论的R、L、C元件的功率可以看成是等效阻抗功率的特殊情况。

3. N的视在功率

二端电路N端子上电压、电流振幅乘积之半或电压、电流有效值乘积定义为二端电路N的视在功率，用符号S表示，即

$$S \stackrel{\text{def}}{=\!=\!=} \frac{1}{2}U_m I_m = UI \tag{4.6-18}$$

视在功率的单位为伏安(V·A)。任何实际电器设备出厂时，都规定了额定电压和额定电流，即电气设备正常工作时的电压和电流，因而所定义的视在功率也有一个额定值。对于电阻性电气设备，例如灯泡、电烙铁等，功率因数等于1，视在功率与平均功率在数值上相等。因此，额定功率以平均功率的形式给出。如60 W灯泡、25 W电烙铁等。但对于发电机、变压器这类电气设备，它们输出的功率与负载的性质有关，它们只能给出额定的视在功率，而不能给出平均功率的额定值。例如，某发电机的额定视在功率$S=5000$ V·A，若负载为电阻性负载，$\cos\varphi_Z=1$，则发电机能输出的功率为5000 W；若负载为电动机，假设$\cos\varphi_Z=0.85$，则发电机只能输出5000×0.85 W$=4250$ W的功率。因此，从充分利用设备的观点看，应当尽量提高功率因数。

4. N的无功功率

二端电路N的无功功率Q定义为

$$Q \stackrel{\text{def}}{=\!=\!=} \frac{1}{2}U_m I_m \sin(\psi_u-\psi_i) = UI\sin(\psi_u-\psi_i) \tag{4.6-19}$$

其单位为乏(var)。

设二端电路N的端口电压与电流的相量图如图4.6-7所示。电流相量$\dot{I}$分解为两个分量：一个与电压相量$\dot{U}$同相的分量$\dot{I}_x$；另一个与$\dot{U}$正交的分量$\dot{I}_y$。它们的值分别为

$$\dot{I}_x = I\cos(\psi_u-\psi_i)$$
$$\dot{I}_y = I\sin(\psi_u-\psi_i)$$

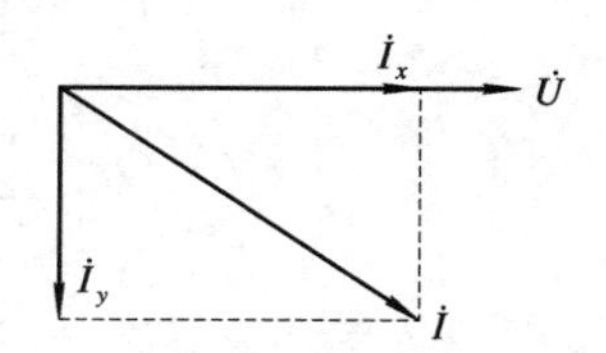

图4.6-7 端口电压、电流相量图

二端电路的有功功率看作是由电流$\dot{I}_x$与电压$\dot{U}$产生的，即

$$P = UI_x = UI\cos(\psi_u-\psi_i)$$

无功功率看作是由电流$\dot{I}_y$与电压$\dot{U}$产生的，即

$$Q = UI_y = UI\sin(\psi_u-\psi_i)$$

也就是说，电压相量$\dot{U}$与电流相量$\dot{I}$的正交分量$\dot{I}_y$的乘积不表示功率的损耗，它仅表示二端电路N与外电路或电源进行能量交换变化率的幅度。

当二端电路不含独立源时，$\psi_u-\psi_i=\varphi_Z$，(4.6-19)式可改写为

$$Q = UI\sin\varphi_Z \tag{4.6-20}$$

当二端电路N是纯电阻时，$\varphi_Z=0$，$Q_R=0$；当N是纯电感时，$\varphi_Z=90°$，$Q_L=UI$；当N

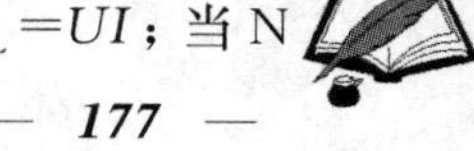

是纯电容时，$\varphi_Z=-90°$，$Q_C=-UI$。负号体现电容元件能量交换的规律和性质与电感元件能量交换的规律和性质相反。

5. N的复功率

工程上为了计算方便，常把有功功率作为实部，无功功率作为虚部，组成复功率，用$\tilde{S}$表示，即

$$\tilde{S}=P+\mathrm{j}Q \tag{4.6-21}$$

将(4.6-16)式和(4.6-19)式代入上式，得

$$\begin{aligned}\tilde{S}&=UI\cos(\psi_u-\psi_i)+\mathrm{j}UI\sin(\psi_u-\psi_i)\\&=UI[\cos(\psi_u-\psi_i)+\mathrm{j}\sin(\psi_u-\psi_i)]\\&=UI\mathrm{e}^{\mathrm{j}(\psi_u-\psi_i)}=U\mathrm{e}^{\mathrm{j}\psi_u}\cdot I\mathrm{e}^{-\mathrm{j}\psi_i}\\&=\dot{U}\dot{I}^*\end{aligned} \tag{4.6-22}$$

(4.6-22)式为复功率$\tilde{S}$与二端电路N的电压相量$\dot{U}$、电流相量$\dot{I}$之间的关系式，其中$\dot{I}^*$是$\dot{I}$的共轭复数。若已知$\dot{U}$和$\dot{I}$，可应用该式求得复功率$\tilde{S}$，其实部为有功功率P，虚部为无功功率Q。

由(4.6-21)式和(4.6-22)式，并考虑(4.6-18)式，不难得到

$$|\tilde{S}|=\sqrt{P^2+Q^2}=UI=S \tag{4.6-23}$$

上式表明了视在功率与有功功率、无功功率间的关系。

若二端电路N不含独立源，有$\psi_u-\psi_i=\varphi_Z$，则

$$\tilde{S}=P+\mathrm{j}Q=S\mathrm{e}^{\mathrm{j}\varphi_Z} \tag{4.6-24}$$

由(4.6-24)式，将P、Q和S之间的关系用图4.6-8表示，该图称为功率三角形。

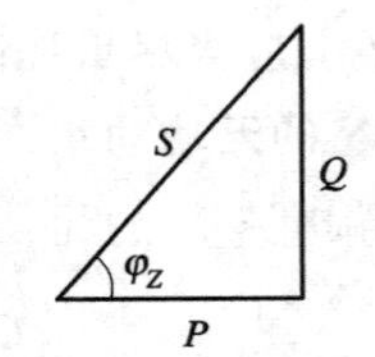

图4.6-8　功率三角形

设二端电路N由m个部分组成，则有

$$\left.\begin{aligned}P&=\sum_{k=1}^{m}P_k\\Q&=\sum_{k=1}^{m}Q_k\\\tilde{S}&=\sum_{k=1}^{m}\tilde{S}_k\end{aligned}\right\} \tag{4.6-25}$$

式中，P_k、Q_k和$\tilde{S}_k$分别为第k部分的有功功率、无功功率和复功率。上式说明二端电路N整体与局部各种功率之间的关系。

例4.6-2　已知图4.6-9所示电路中，$R_1=6\ \Omega$，$R_2=16\ \Omega$，$X_L=8\ \Omega$，$X_C=12\ \Omega$，$\dot{U}=20\angle 0°\ \mathrm{V}$。求该电路的平均功率$P$、无功功率$Q$、视在功率$S$和功率因数$\lambda$。

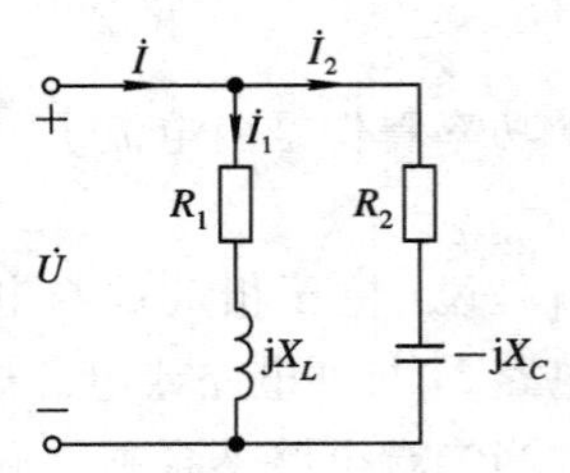

图4.6-9　例4.6-2用图

解　设R_1与L串联支路的阻抗为

$$Z_1=R_1+\mathrm{j}X_L=6+\mathrm{j}8=10\angle 53.1°\ \Omega$$

R_2与C串联支路的阻抗为

$$Z_2=R_2-\mathrm{j}X_C=16-\mathrm{j}12=20\angle -36.9°\ \Omega$$

由复数形式的欧姆定律，得

$$\dot{I}_1=\frac{\dot{U}}{Z_1}=\frac{20\angle 0^\circ}{10\angle 53.1^\circ}=2\angle -53.1^\circ=1.2-\mathrm{j}1.6\ \mathrm{A}$$

$$\dot{I}_2=\frac{\dot{U}}{Z_2}=\frac{20\angle 0^\circ}{20\angle -36.9^\circ}=1\angle 36.9^\circ=0.8+\mathrm{j}0.6\ \mathrm{A}$$

由 KCL 得

$$\dot{I}=\dot{I}_1+\dot{I}_2=1.2-\mathrm{j}1.6+0.8+\mathrm{j}0.6=2-\mathrm{j}1=2.24\angle -26.6^\circ\ \mathrm{A}$$

$$\dot{I}^*=2.24\angle 26.6^\circ\ \mathrm{A}$$

由(4.6-22)式得复功率为

$$\begin{aligned}\tilde{S}&=\dot{U}\dot{I}^*=20\angle 0^\circ\times 2.24\angle 26.6^\circ\\&=44.8\angle 26.6^\circ\\&=40+\mathrm{j}20\ \mathrm{V\cdot A}\end{aligned}$$

所以

$$P=40\ \mathrm{W}$$

$$Q=20\ \mathrm{var}$$

$$S=\sqrt{P^2+Q^2}=\sqrt{40^2+20^2}=44.8\ \mathrm{V\cdot A}$$

功率因数角 $\varphi_Z=26.6^\circ$，所以功率因数为

$$\lambda=\cos\varphi_Z=\cos 26.6^\circ=0.89$$

本问题也可以这样处理：先分别求出支路 1 和支路 2 的平均功率 P_1、P_2 和无功功率 Q_1、Q_2，然后相加求得整个电路的平均功率 P 和无功功率 Q，即

$$P=P_1+P_2$$

$$Q=Q_1+Q_2$$

再由 P、Q 求得视在功率和功率因数为

$$S=\sqrt{P^2+Q^2}$$

$$\lambda=\cos\varphi_Z=\cos\left[\arctan\left(\frac{Q}{P}\right)\right]$$

读者可自行验算。

例 4.6-3 已知图 4.6-10 所示无源二端电路中，$u(t)=20\cos(\omega t+45^\circ)\mathrm{V}$，$i(t)=2\sin(\omega t+75^\circ)\mathrm{A}$，求网络 N 吸收的平均功率 P_N 及无功功率 Q_N 和视在功率 S_N。

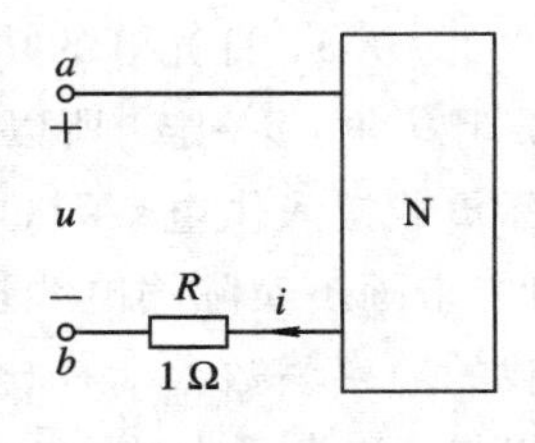

图 4.6-10　例 4.6-3 用图

解

$$\dot{U}=10\sqrt{2}\angle 45^\circ\ \mathrm{V}$$

因

$$\begin{aligned}i(t)&=2\sin(\omega t+75^\circ)=2\cos(\omega t+75^\circ-90^\circ)\\&=2\cos(\omega t-15^\circ)\mathrm{A}\end{aligned}$$

则

$$\dot{I}=\sqrt{2}\angle -15^\circ\ \mathrm{A}$$

a、b 二端电路吸收的平均功率为

$$P_{ab}=UI\cos(\psi_u-\psi_i)=10\sqrt{2}\times\sqrt{2}\cos[45^\circ-(-15^\circ)]=10\ \mathrm{W}$$

电阻 R 吸收的平均功率

$$P_R = I^2 R = \sqrt{2}^2 \times 1 = 2\ \text{W}$$

所以由(4.6－25)式，得

$$P_N = P - P_R = 10 - 2 = 8\ \text{W}$$

因电阻 R 上无功功率等于零，由图可以看出网络 N 的无功功率就等于 a、b 二端电路的无功功率，即

$$Q_N = Q_{ab} = UI\ \sin(\psi_u - \psi_i) = 10\sqrt{2} \times \sqrt{2} \times \sin 60° = 17.3\ \text{var}$$

由(4.6－23)式可得网络 N 的视在功率为

$$S_N = \sqrt{P_N^2 + Q_N^2} = \sqrt{8^2 + 17.3^2} = 19\ \text{V}\cdot\text{A}$$

本问题亦可这样求解：

a、b 端的等效阻抗为

$$Z_{ab} = \frac{\dot{U}}{\dot{I}} = \frac{10\sqrt{2}\angle 45°}{\sqrt{2}\angle -15°} = 5 + \text{j}8.66\ \Omega$$

网络 N 的等效阻抗为

$$Z_N = Z_{ab} - R = 5 + \text{j}8.66 - 1 = 4 + \text{j}8.66\ \Omega$$

网络 N 吸收的平均功率就等于 Z_N 中电阻 R_N 消耗的功率，即

$$P_N = I^2 R_N = (\sqrt{2})^2 \times 4 = 8\ \text{W}$$

网络 N 的无功功率就等于 Z_N 中电抗 X_N 的无功功率，即

$$Q_N = I^2 X_N = (\sqrt{2})^2 \times 8.66 = 17.3\ \text{var}$$

网络 N 的视在功率为

$$S_N = \sqrt{P_N^2 + Q_N^2} = \sqrt{8^2 + 17.3^2} = 19\ \text{V}\cdot\text{A}$$

4.6.3 功率因数的提高

工农业生产和日常家用电器设备绝大多数为电感性负载，而且阻抗角较大，致使实际负载的功率因数较低。例如，异步电动机的功率因数为 0.6～0.9，工频感应炉的功率因数为 0.1～0.3，日光灯的功率因数约为 0.5 等。实际负载(电气设备)的阻抗 $Z_L = R_L + \text{j}X_L$ 一定，阻抗角 φ_L 一定，所以它的功率因数 $\lambda_L = \cos\varphi_L$ 是一定的，不能改变。若将功率因数低的实际负载接入供电系统(电路)，如图 4.6－11(a)所示。图中虚线框内部分为实际的负载(图中未画出实际输电线损耗)，显然，在这种情况下，供电系统的功率因数 λ 就等于实际负载的功率因数 λ_L，也比较低，从而使电源设备利用不充分，并增加了实际输电线路上的电损耗，浪费了电能。

实际中，对于功率因数比较低的电感负载，在其两端并联一个适当的电容来提高功率因数，如图 4.6－11(b)所示。在未并联电容时(如图 4.6－11(a)所示)，负载消耗的功率 $P_L = UI_L \cos\varphi_L$，输电线路上的电流 $\dot{I} = \dot{I}_L$。并联电容之后(参见图 4.6－11(b))，输电线路上的总电流 $\dot{I} = \dot{I}_C + \dot{I}_L$，$\dot{I}$ 与 $\dot{U}$ 的相位差角 $\varphi < \varphi_L$，所以 $\cos\varphi > \cos\varphi_L$，即输电电路的功率因数提高了。并联电容后各电流及电压的相量图如图 4.6－11(c)所示。并联电容后输电电路上的总电流 $\dot{I}$ 比并联电容前输电电路上的电流 $\dot{I}_L$ 小。由于电容器不消耗功率，即 $P_C = 0$，因而并联电容后电路的总功率 P 即是实际负载上的功率 P_L。即满足

$$P = UI\cos\varphi = UI_{\rm L}\cos\varphi_{\rm L} = P_{\rm L} \qquad (4.6-26)$$

式中：$I_{\rm L}$、I 分别为并联电容前、后供电电路上的电流；$\cos\varphi_{\rm L}$、$\cos\varphi$ 分别为并联电容前、后供电电路的功率因数。由(4.6-26)式可以看出：U 相同，若 $\cos\varphi > \cos\varphi_{\rm L}$，则 $I < I_{\rm L}$。

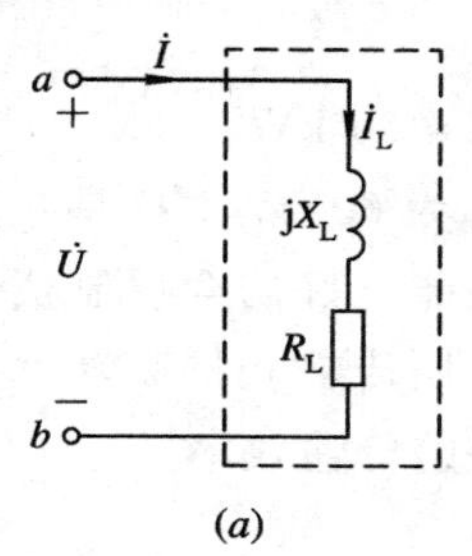

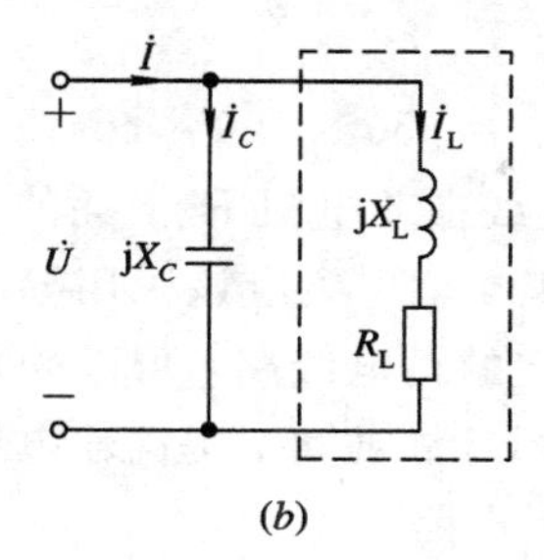

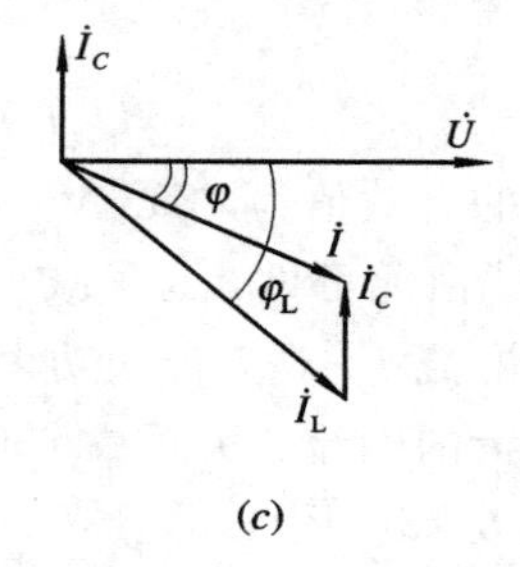

图 4.6-11 负载接入供电系统

这里需要说明，实际电气设备负载限定的电压 U、电流 $I_{\rm L}$ 及有功功率 $P_{\rm L}$ 必须满足，它才能正常运行工作。提高功率因数是在保证对实际负载的工作状态无影响的前提下进行的。

例 4.6-4 某输电线路如图 4.6-12 所示。输电线的损耗电阻 R_1 和等效感抗 X_1 均等于 6 Ω，Z_2 为实际的感性负载，已知它消耗功率 $P_2 = 500$ kW，Z_2 两端的额定电压有效值 $U_2 = 5500$ V，负载 Z_2 的功率因数 $\cos\varphi_2 = 0.91$。求输入电压的有效值 U 和输电线损耗电阻 R_1 上消耗的功率 P_1。

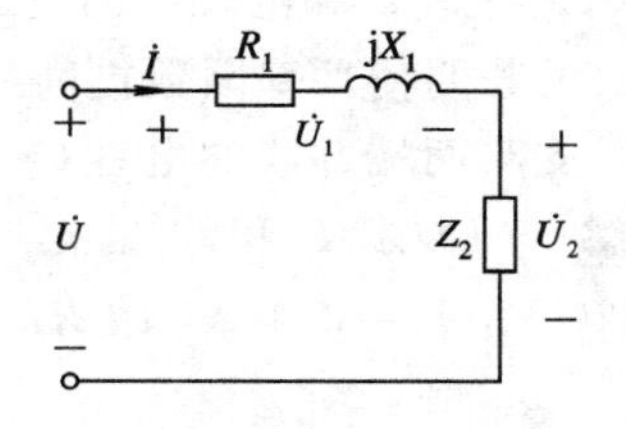

图 4.6-12 例 4.6-4 用图

解 设负载两端电压 $\dot{U}_2$ 初相位为零(作为参考相量)，即

$$\dot{U}_2 = 5500\angle 0^\circ \text{ V}$$

因 $P_2 = U_2 I\cos\varphi_2$，故

$$I = \frac{P_2}{U_2\cos\varphi_2} = \frac{500\times 10^3}{5500\times 0.91} = 100 \text{ A}$$

因为 $\cos\varphi_2 = 0.91$，所以

$$\varphi_2 = \pm 24.5^\circ$$

Z_2 是感性负载，φ_2 取正值，得

$$\varphi_2 = \psi_{u2} - \psi_i = 24.5^\circ$$

故

$$\psi_i = \psi_{u2} - 24.5^\circ = 0^\circ - 24.5^\circ = -24.5^\circ$$

于是

$$\dot{I} = 100\angle -24.5^\circ \text{ A}$$

输电线的等效阻抗为

$$Z_1 = R_1 + jX_1 = 6 + j6 = 8.5\angle 45^\circ\ \Omega$$

Z_1 两端的电压为

$$\dot{U}_1 = Z_1\dot{I} = 8.5\angle 45^\circ \times 100\angle -24.5^\circ = 850\angle 20.5^\circ \text{ V}$$

输入电压为

$$\dot{U} = \dot{U}_1 + \dot{U}_2 = 850\angle 20.5° + 5500\angle 0° = 6295\angle 2.72°\ \text{V}$$

输电线损耗的功率为

$$P_1 = I^2 R_1 = 100^2 \times 6\ \text{W} = 60\ \text{kW}$$

或者

$$P_1 = U_1 I \cos\varphi_1 = 850 \times 100 \times \cos 45°\ \text{W} = 60\ \text{kW}$$

输入电压的有效值为 6295 V，输电线损耗电阻 R_1 消耗的功率为 60 kW，这是数值相当可观的浪费。由此可见，为了减小损耗，输电线应该采用导电性能良好的金属制成并减小输电线上的电流 I。对于传输功率一定的输电线路，可以采用升压传输和提高功率因数来减小输电线上的电流，从而减小输电线上的损耗，提高输电线路的传输效率。

例 4.6-5 图 4.6-13(*a*)所示电路为日光灯电路模型简图。图中 L 为铁芯电感，称为镇流器。已知 $U=220$ V，$f=50$ Hz，日光灯功率为 40 W，额定电流为 0.4 A。试求：

(1) 电感 L 和电感上的电压 U_L；

(2) 若要使功率因数提高到 0.8，需要在 RL 支路两端并联的电容 C 的值。

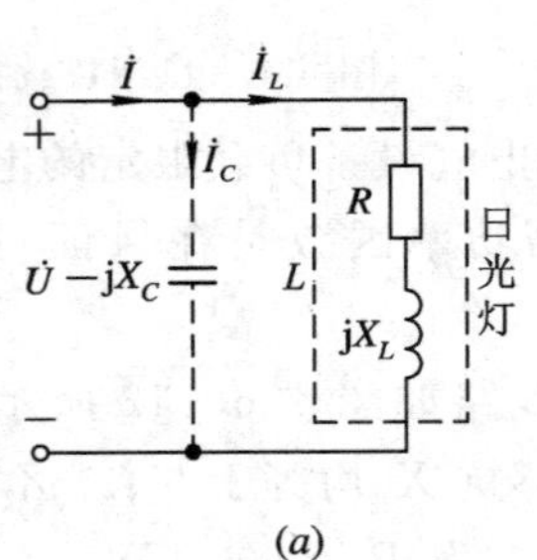

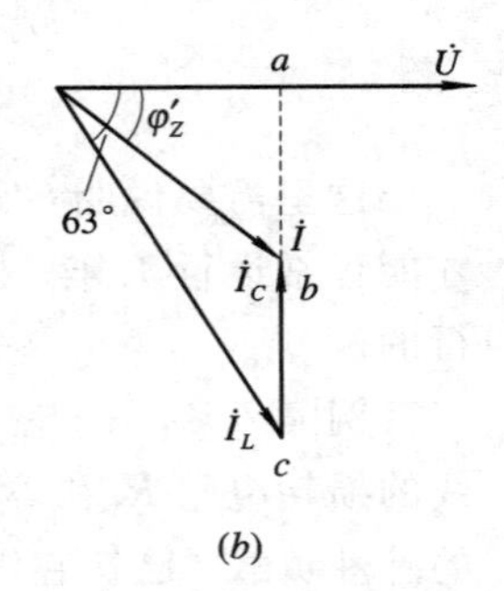

图 4.6-13 例 4.6-5 用图

解 (1) 求 L 和 U_L。根据已知条件，$U=220$ V，$I_L=0.4$ A，故 RL 支路的阻抗模为

$$|Z| = \frac{U}{I_L} = \frac{220}{0.4} = 550\ \Omega$$

功率因数为

$$\cos\varphi_Z = \frac{P}{UI_L} = \frac{40}{220 \times 0.4} = 0.45$$

可知

$$\varphi_Z = \pm 63° \qquad (\text{舍去} -63°)$$

RL 支路的阻抗为

$$Z = |Z|\angle\varphi_Z = 550\angle 63° = 250 + \text{j}490\ \Omega$$

所以

$$R = 250\ \Omega, \quad X_L = 490\ \Omega$$

故得

$$L = \frac{X_L}{2\pi f} = \frac{490}{2 \times 3.14 \times 50} = 1.56\ \text{H}$$

电感电压

$$U_L = X_L I_L = 490 \times 0.4 = 196\ \text{V}$$

(2) 求并联电容的电容量 C。未并联电容 C 时，输电线上的电流与通过 RL 支路的电流相等，即

$$\dot{I} = \dot{I}_L$$

并联了电容 C 以后，通过 RL 支路的电流不变，但输电线上的电流为

$$\dot{I} = \dot{I}_L + \dot{I}_C$$

设电压相量为参考相量，即

$$\dot{U} = 220\angle 0^\circ \text{ V}$$

前面已算得 RL 支路的阻抗角 $\varphi_Z = 63^\circ$，于是得

$$\dot{I}_L = 0.4\angle -63^\circ \text{A}$$

电流 $\dot{I}_C$ 超前电压 $\dot{U}$ 的相位角为 90°，画出如图 4.6－13(b)所示的相量图。图中 φ'_Z 是电路并联电容以后的功率因数角，即

$$\cos\varphi'_Z = 0.8$$

则

$$\varphi'_Z = \pm 36.9^\circ$$

由图 4.6－13(b)可知，电压 $\dot{U}$ 仍超前电流 $\dot{I}$，故电路仍为感性，$\varphi'_Z = 36.9^\circ$。电路并联了电容 C 以后，消耗功率不变，因此，输电线上的电流为

$$I = \frac{P}{U\cos\varphi'_Z} = \frac{40}{220 \times 0.8} = 0.227 \text{ A}$$

从相量图可求出电流 I_C。由图 4.6－13(b)可见，线段

$$\overline{ac} = I_L \sin\varphi_Z = 0.4 \sin 63^\circ = 0.356 \text{ A}$$

$$\overline{ab} = I \sin\varphi'_Z = 0.227 \sin 36.9^\circ = 0.136 \text{ A}$$

于是有

$$I_C = \overline{ac} - \overline{ab} = 0.356 - 0.136 = 0.22 \text{ A}$$

$$X_C = \frac{U}{I_C} = \frac{220}{0.22} = 1000 \text{ }\Omega$$

所以电容

$$C = \frac{1}{\omega X_C} = \frac{1}{2\pi \times 50 \times 1000} \text{F} = 3.2 \text{ }\mu\text{F}$$

加大电容量，亦可以使电路变成容性，电流 $\dot{I}$ 的相位超前于电压 $\dot{U}$ 的相位 36.9°，即 $\varphi'_Z = -36.9^\circ$。利用同样的方法，计算出此时所需的电容量 $C' = 7.12 \text{ }\mu\text{F}$。读者可自行分析。

∵ 思考题 ∵

4.6－1　对于电阻元件吸收功率也可以说成是消耗功率，且无论何时电阻消耗的功率总是≥0，对于电感、电容元件吸收功率、消耗功率二者也同义吗？简明阐述电感、电容元件吸收功率有时为正值，有时为负值的物理意义。

4.6－2　若正弦稳态一端口网络端子上的电压、电流参考方向非关联，计算该一端口网络的平均功率还可用 $P = UI\cos(\psi_u - \psi_i)$ 这个公式吗？为什么？

4.6－3　某同学由(4.6－25)式联想推论出 $S = \sum_{k=1}^{m} S_k$，用文字表述为：一个电路由 m 个部分组成，总的视在功率等于各部分视在功率之和。你认同他的这个公式吗？请说明理由。

4.7　正弦稳态电路中的功率传输

图 4.7－1(a)为一正弦稳态功率传输电路。图中电源 $\dot{U}_s$ 串联内阻抗 Z_s 可以认为是实际电源的电压源模型，也可以认为是线性含源二端电路 N 的戴维宁等效电源，如图 4.7－1(b)

所示。图中 Z_L[①]是实际用电设备或器具的等效阻抗。电源的电能输送给负载 Z_L，再转换为热能、机械能等供人们生产、生活中使用。

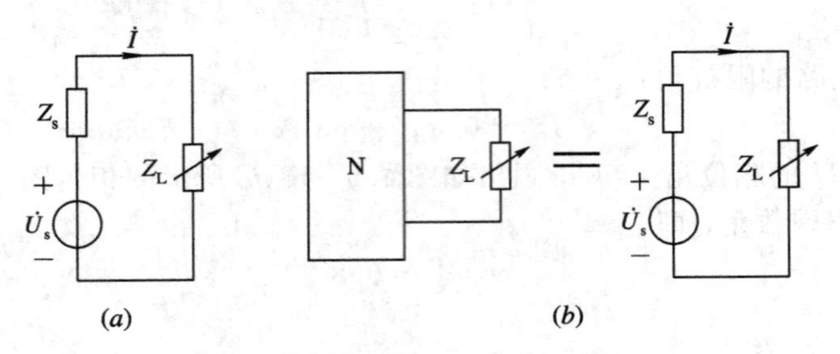

图 4.7-1　正弦稳态功率传输电路

4.7.1　减小损耗和高效传输问题

电源的能量(功率)经传输到达负载，在传输过程中希望能量损耗越小越好。传输线上损耗的功率主要是传输线路自身的电阻损耗。当传输导线选定和传输距离一定时，它的电阻 R_l[②]就是一定的。因此，根据 $P_l = I^2 R_l$ 关系可知，要想使传输线上的损耗功率 P_l 小，就必须设法减小传输线上的电流。电力系统中高压远距离电能传输，上节讨论的功率因数的提高都是基于这样的考虑。当然，提高功率因数还为了充分发挥电源设备潜在的输出功率能力。

因为一般的实际电源都存在有内电阻 R_s，所以功率传输过程中还有内阻的功率损耗，由图4.7-1(*a*)(暂不考虑传输线电阻的功率损耗)可见，负载获得的功率 P_L 将小于电源输出的功率。定义负载获得的功率与电源输出的功率之比作为电源传输功率的传输效率 η，即

$$\eta = \frac{I^2 R_L}{I^2 (R_s + R_L)} = \frac{R_L}{R_s + R_L} \tag{4.7-1}$$

可见，为了提高传输效率，要尽量减小内阻 R_s。如何提高传输效率，是电力工业中一个极其重要的问题。

4.7.2　最大功率传输问题

在电源电压和内阻抗一定，或说在线性有源二端电路一定的情况下，端接负载 Z_L 获得功率的大小将随负载阻抗而变化。在一些弱电系统中，常常要求负载能从给定的信号电源中获得尽可能大的功率，而不过分追求尽可能高的效率。如何使负载从给定的电源中获得最大的功率，称为最大功率传输问题。

设电源内阻抗为

$$Z_s = R_s + \mathrm{j}X_s \tag{4.7-2}$$

负载阻抗为

$$Z_L = R_L + \mathrm{j}X_L \tag{4.7-3}$$

---

① 此处所用下标 L 系负载(load)之意，不要与电感的阻抗 Z_L 相混淆。

② l 表示传输导线线长，R_l 表示传输导线的等效电阻。

由图 4.7-1(a)可求得电流为

$$\dot{I}=\frac{\dot{U}_s}{Z_s+Z_L}=\frac{\dot{U}_s}{(R_s+R_L)+j(X_s+X_L)}$$

故电流有效值为

$$I=\frac{U_s}{\sqrt{(R_s+R_L)^2+(X_s+X_L)^2}}$$

所以负载获得的功率为

$$p_L=I^2R_L=\frac{U_s^2R_L}{(R_s+R_L)^2+(X_s+X_L)^2} \tag{4.7-4}$$

1. 共轭匹配条件

设负载阻抗中的 R_L、X_L 均可独立改变。由(4.7-4)式可见，若先固定 R_L，只改变 X_L，因 $(X_s+X_L)^2$ 是分母中非负值的相加项，显然 $X_s+X_L=0$ 时 p_L 达到最大值，把这种条件下 p_L 的最大值记为 p_L'，则

$$p_L'=\frac{R_LU_s^2}{(R_s+R_L)^2} \tag{4.7-5}$$

再固定 $X_L=-X_s$ 值，改变 R_L，使 p_L' 值达到最大。p_L' 是以 R_L 为变量的一元函数。为此，可求出 p_L' 对 R_L 的导数并令其为零，即

$$\frac{dp_L'}{dR_L}=U_s^2\frac{(R_s+R_L)^2-2R_L(R_s+R_L)}{(R_s+R_L)^4}=0$$

上式分母非零，所以有

$$(R_s+R_L)^2-2R_L(R_s+R_L)=0$$

解得

$$R_L=R_s$$

经判定，$R_L=R_s$ 是 p_L' 的极大值点。至此可归纳：当负载电阻和电抗均可独立改变时，负载获得最大功率的条件为

$$\left.\begin{aligned}X_L&=-X_s\\R_L&=R_s\end{aligned}\right\} \tag{4.7-6}$$

或写为

$$Z_L=Z_s^* \tag{4.7-7}$$

(4.7-6)式或(4.7-7)式称为负载获最大功率的共轭匹配条件。将该条件代入(4.7-4)式，得负载获得的最大功率为

$$p_{L\max}=\frac{U_s^2}{4R_s} \tag{4.7-8}$$

***2. 模值匹配条件**

设等效电源内阻抗 $Z_s=R_s+jX_s=\sqrt{R_s^2+X_s^2}\angle\varphi_s$，负载阻抗 $Z_L=R_L+jX_L=|Z_L|\angle\varphi_L$。若只改变负载阻抗的模值 $|Z_L|$ 而不改变阻抗角 φ_L，可以证明，在这种限制条件下，当负载阻抗的模值等于电源内阻抗的模值时，负载阻抗 Z_L 可以获得最大功率。即

$$|Z_L|=|Z_s|=\sqrt{R_s^2+X_s^2} \tag{4.7-9}$$

(4.7-9)式称为模值匹配条件，但应注意，使用这个条件式时负载阻抗中的电阻部分 R_L 必

须大于零。

在实际应用中，有时会遇到电源内阻抗是一般的复阻抗，而负载是纯电阻的情况。这时，若 R_L 可任意改变，则求负载获得的最大功率可看作模值匹配的特殊情况，当

$$R_L = |Z_s| = \sqrt{R_s^2 + X_s^2} \tag{4.7-10}$$

时，可获得最大功率，此时的最大功率为

$$p'_{L\max} = \frac{|Z_s| U_s^2}{(R_s + |Z_s|)^2 + X_s^2} \tag{4.7-11}$$

比较(4.7-8)式与(4.7-11)式，可以看出，模值匹配条件下的最大功率 $p'_{L\max}$ 比共轭匹配时的最大功率 $p_{L\max}$ 小。

例 4.7-1 图 4.7-2(*a*)所示电路中 R 和 L 为电源内部损耗电阻和电感。已知 $R=5\ \Omega$，$L=50\ \mu\text{H}$，$u_s(t)=10\sqrt{2}\cos(10^5 t)\text{V}$。

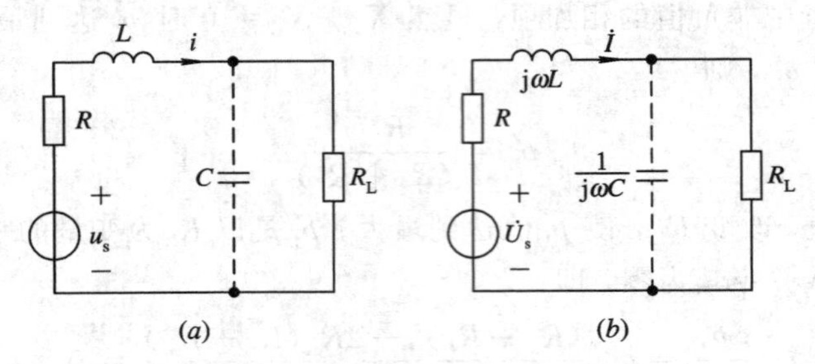

图 4.7-2 例 4.7-1 用图

(1) 试求负载电阻 $R_L=5\ \Omega$ 时，其上所消耗的功率。

(2) 若 R_L 可以任意改变，问 R_L 等于多少时能获得最大功率，最大功率等于多少？

(3) 若 R_L 可以改变，并在 R_L 两端并联一电容 C，问 R_L 和 C 各等于多少时，R_L 能获得最大功率。求出该最大功率 $p_{L\max}$。

解 电源内阻抗为

$$Z_s = R + jX_L = 5 + j10^5 \times 50 \times 10^{-6} = 5 + j5\ \Omega$$

电压源相量

$$\dot{U}_s = 10\angle 0^\circ\ \text{V}$$

画相量模型电路如图 4.7-2(*b*)所示。

(1) 当 $R_L=5\ \Omega$ 时，电路中的电流为

$$\dot{I} = \frac{\dot{U}_s}{Z_s + R_L} = \frac{10\angle 0^\circ}{5 + j5 + 5} = 0.89\angle -26.6^\circ\ \text{A}$$

负载 R_L 消耗的功率为

$$p_L = I^2 R_L = 0.89^2 \times 5 = 4\ \text{W}$$

(2) 当 $R_L = \sqrt{R^2 + X_L^2}$，即 $R_L = \sqrt{5^2 + 5^2} = 7.07\ \Omega$ 时能获得最大功率(模值匹配)。此时电路中的电流为

$$\dot{I} = \frac{\dot{U}_s}{Z_s + R_L} = \frac{10\angle 0^\circ}{5 + j5 + 7.07} = \frac{10\angle 0^\circ}{12.07 + j5}$$

$$= \frac{10\angle 0^\circ}{13.06\angle 22.5^\circ} = 0.766\angle -22.5^\circ\ \text{A}$$

R_L消耗的功率为

$$p_L = R_L I^2 = 7.07 \times 0.766^2 = 4.15\ \text{W}$$

(3) R_L两端并联上电容之后，由R_L与C并联的阻抗看作负载阻抗Z_L，当Z_L与电源的内阻抗共轭匹配时，能获得最大功率。因并联的电容吸收的平均功率为零，故Z_L获得的最大功率就是R_L获得的最大功率。由图可知，负载导纳为

$$Y_L = \frac{1}{R_L} + j\omega C \tag{4.7-12}$$

电源内导纳

$$Y_s = \frac{1}{Z_s} = \frac{1}{5+j5} = 0.1 - j0.1\ \text{S}$$

则

$$Y_s^* = 0.1 + j0.1\ \text{S} \tag{4.7-13}$$

由共轭匹配条件，令(4.7-12)式等于(4.7-13)式，即

$$\frac{1}{R_L} + j\omega C = 0.1 + j0.1\ \text{S}$$

比较上式两端，得

$$R_L = \frac{1}{0.1} = 10\ \Omega$$

$$C = \frac{0.1}{\omega} = 1\ \mu\text{F}$$

由(4.7-8)式可求得此时R_L获得的最大功率为

$$p_{L\max} = \frac{U_s^2}{4R_s} = \frac{10^2}{4 \times 5} = 5\ \text{W}$$

例 4.7-2 在图 4.7-3(*a*)所示电路中，负载阻抗Z_L可任意改变，问Z_L等于多少时可获得最大功率，求出该最大功率$p_{L\max}$。

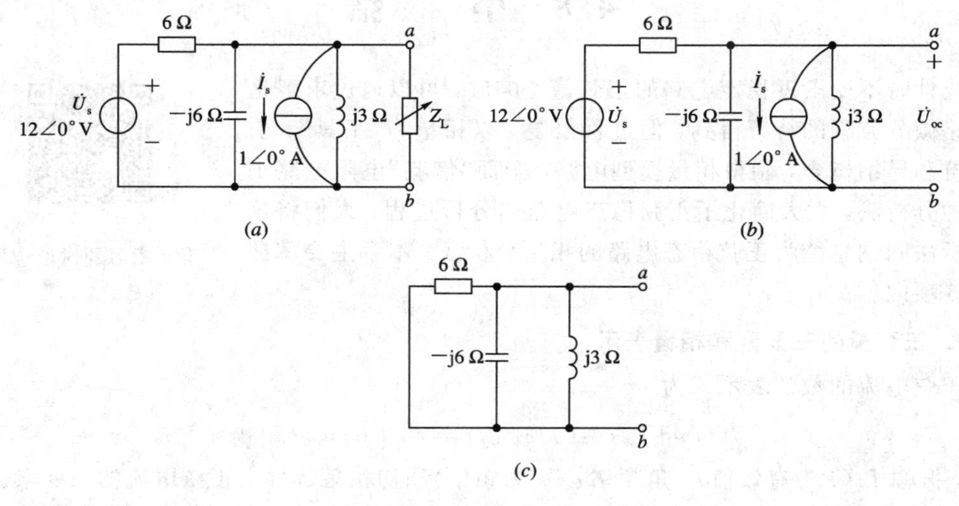

图 4.7-3 例 4.7-2 用图

解 对于最大功率问题，选用戴维宁定理或诺顿定理求解比较方便。

(1) 求开路电压$\dot{U}_{oc}$。自a、b处断开Z_L，设开路电压参考方向如图 4.7-3(*b*)所示。列

写节点方程

$$\left(\frac{1}{6}+\frac{1}{-\mathrm{j}6}+\frac{1}{\mathrm{j}3}\right)\dot{U}_{\mathrm{oc}}=\frac{12}{6}-1=1$$

所以

$$\dot{U}_{\mathrm{oc}}=3\sqrt{2}\angle 45^{\circ}\ \mathrm{V}$$

(2) 求等效电源内阻抗 Z_0。将图 4.7-3(b)中独立电压源短路，独立电流源开路，变为图 4.7-3(c)。应用阻抗串、并联等效，求得内阻抗为

$$Z_0=3\sqrt{2}\angle 45^{\circ}=3+\mathrm{j}3\ \Omega$$

(3) 由共轭匹配条件可知

$$Z_{\mathrm{L}}=Z_0^{*}=3-\mathrm{j}3\ \Omega$$

时，可获得最大功率。此时

$$p_{\mathrm{Lmax}}=\frac{U_{\mathrm{oc}}^2}{4R_0}=\frac{(3\sqrt{2})^2}{4\times 3}=1.5\ \mathrm{W}$$

∵ 思考题 ∵

4.7-1　设一有源线性二端正弦稳态相量模型电路的等效电源内阻抗为 $Z_0=R_0+\mathrm{j}X_0$，其两个端子所接负载阻抗 Z_{L} 可以任意改变，若知二端子间短路电流有效值为 I_{sc}，则负载上获得的最大功率 $p_{\mathrm{Lmax}}=(1/4)R_0I_{\mathrm{sc}}^2$ 正确吗？请说明理由。

4.7-2　设一有源线性二端正弦稳态相量模型电路的等效电源内导纳为 $Y_0=G_0+\mathrm{j}B_0$，其两个端子所接负载阻抗 Z_{L} 可以任意改变，若知二端子间短路电流有效值为 I_{sc}，则负载上获得的最大功率 $p_{\mathrm{Lmax}}=(1/4G_0)I_{\mathrm{sc}}^2$ 正确吗？请解释原因。

4.7-3　在日常生活中使用的电器，有哪些是期望负载上得到最大功率的情况？

4.8 小　　结

线性时不变渐近稳定电路的正弦稳态响应，可以通过求解这类电路微分方程的特解得到，但过程繁复。以相量为“工具”，引入阻抗和导纳概念，画得相量模型电路，全面“借鉴”电阻电路中的各种分析法，大大简化了正弦稳态电路的分析过程，人们将这种分析法归纳总结为正弦稳态电路的相量分析法。本章主要掌握以下 5 项内容。

第 4 章习题讨论 *PPT*

1. 正弦量的三要素和相量表示

正弦电流的数学表示式为

$$i(t)=I_{\mathrm{m}}\cos(\omega t+\psi_i)=\sqrt{2}I\cos(\omega t+\psi_i)$$

式中，振幅 I_{m}(I 为有效值)、角频率 ω(f 为频率)和初相角 ψ_i 称为正弦电流的三要素。设两个频率相同的正弦电流 i_1 和 i_2，它们的初相角分别为 ψ_1 和 ψ_2，那么这两个电流的相位差等于它们的初相之差，即

$$\varphi=\psi_1-\psi_2$$

若 $\varphi>0$，则表示 i_1 的相位超前 i_2；若 $\varphi<0$，则表示 i_1 的相位滞后 i_2。

代表正弦量的相量有两种类型形式，如上述正弦电流的代表相量可写为

$$\dot{I}_{\mathrm{m}} = I_{\mathrm{m}} e^{\mathrm{j}\psi_i} = I_{\mathrm{m}} \angle \psi_i \qquad \text{（振幅型相量）}$$

$$\dot{I} = I e^{\mathrm{j}\psi_i} = I \angle \psi_i \qquad \text{（有效值型相量）}$$

2. *R*、*L*、*C* 元件 VCR 相量形式

R、L、C 元件上电压与电流之间的相量关系归纳如表 4.8-1 所示。这些关系是分析正弦稳态电路的基础，应该很好地理解和掌握(设各元件上电压、电流参考方向关联)。

表 4.8-1　*R*、*L*、*C* 元件上电压与电流之间的相量关系

元件名称	相量关系	有效值关系	相位关系	相量图
电阻 R	$\dot{U}_R = R\dot{I}$	$U_R = RI$	$\psi_u = \psi_i$	$\dot{U}_R$　$\dot{I}$
电感 L	$\dot{U}_L = \mathrm{j}\omega L\dot{I}$	$U_L = \omega LI$	$\psi_u = \psi_i + 90°$	$\dot{U}_L$　$\dot{I}$
电容 C	$\dot{U}_C = -\mathrm{j}\dfrac{1}{\omega C}\dot{I}$	$U_C = \dfrac{1}{\omega C}I$	$\psi_u = \psi_i - 90°$	$\dot{I}$　$\dot{U}_C$

3. 阻抗与导纳及其串、并联

一个无源二端正弦稳态电路可以用阻抗或导纳来表示，设无源二端电路端子上电压、电流参考方向关联，它的阻抗定义为

$$Z = \frac{\dot{U}_{\mathrm{m}}}{\dot{I}_{\mathrm{m}}} = \frac{\dot{U}}{\dot{I}} = |Z| \angle \varphi_Z$$

式中

$$|Z| = \frac{U_{\mathrm{m}}}{I_{\mathrm{m}}} = \frac{U}{I} \qquad \text{（阻抗的模）}$$

$$\varphi_Z = \psi_u - \psi_i \qquad \text{（阻抗角）}$$

若 $\varphi_Z>0$，则表示电压超前电流，阻抗呈电感性；若 $\varphi_Z<0$，则表示电压滞后电流，阻抗呈电容性；若 $\varphi_Z=0$，则表示电压与电流同相，阻抗呈电阻性。阻抗 Z 也可以表示成代数型，即

$$Z = |Z| \angle \varphi_Z = R + \mathrm{j}X$$

阻抗串、并联求等效阻抗、分压关系、分流关系，与电阻串、并联相应公式类同，这里不再重复。

无源二端正弦稳态电路的导纳定义为

$$Y = \frac{\dot{I}_{\mathrm{m}}}{\dot{U}_{\mathrm{m}}} = \frac{\dot{I}}{\dot{U}} = |Y| \angle \varphi_Y$$

式中

$$|Y| = \frac{I_{\mathrm{m}}}{U_{\mathrm{m}}} = \frac{I}{U} \qquad \text{（导纳的模值）}$$

$$\varphi_Y = \psi_i - \psi_u \qquad \text{（导纳角）}$$

若 $\varphi_Y>0$，则表示电流超前电压，导纳呈电容性；若 $\varphi_Y<0$，则表示电流滞后电压，导纳

呈电感性；若 $\varphi_Y=0$，则表示电流与电压同相，导纳呈电导性。导纳 Y 亦可以表示成代数型，即

$$Y=|Y|\angle\varphi_Y=G+\mathrm{j}B$$

由阻抗与导纳的定义式可知，二者互为倒数关系，有

$$\left.\begin{array}{c} Y=\dfrac{1}{Z} \\ |Y|=\dfrac{1}{|Z|} \\ \varphi_Y=-\varphi_Z \end{array}\right\}$$

导纳串、并联求等效导纳、分压关系、分流关系，与电导串、并联相应的公式类同，在此也不再重复。

不过读者应注意：正弦稳态电路的相量法分析中，无论是阻抗串并联计算或是导纳串并联计算或是应用 KCL、KVL 相量形式的计算，一般均在复数域施行加、减、乘、除等运算，这要比同样结构的电阻电路的分析麻烦，所以做这类题时更需要的是细心、耐心。还应熟练使用“计算工具”（如计算器）对复数运算中（即加、减、乘、除运算中）所需要的“代数型”复数与“极型”复数进行相互转换。

4. KCL、KVL 的相量形式和相量分析法

KCL、KVL 的相量形式分别为

$$\sum\dot{I}=0,\quad \sum\dot{U}=0$$

设阻抗 Z 上电压、电流参考方向关联，则广义欧姆定律的相量形式为

$$\dot{U}=Z\dot{I}$$

相量法分析正弦稳态电路的基本过程如下：

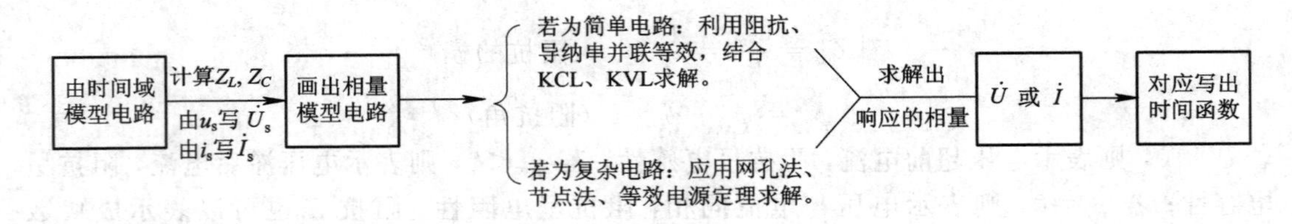

5. 正弦稳态电路的功率

在电压、电流参考方向关联的条件下，任一阻抗 Z 的有功功率 P（平均功率）和无功功率 Q 分别为

$$P=UI\cos\varphi_Z$$
$$Q=UI\sin\varphi_Z$$

式中 $\cos\varphi_Z=\lambda$ 称为功率因数。R、L、C 元件的功率可以看作阻抗功率的特例。

视在功率为

$$S=UI$$

复功率为

$$\tilde{S}=\dot{U}\dot{I}^*=P+\mathrm{j}Q$$

在电源 $\dot{U}_s$ 和内阻抗 Z_s 一定的条件下，负载阻抗可以任意改变时，负载获得最大功率的条件为

$$Z_L = Z_s^*$$

此关系亦称为共轭匹配条件，此时负载获得的最大功率为

$$P_{Lmax} = \frac{U_s^2}{4R_s}$$

在负载 Z_L(电阻部分 $R_L>0$)模值可以任意改变而负载阻抗的阻抗角 φ_Z 不改变时，负载获得最大功率的条件为

$$|Z_L| = |Z_s|$$

此亦称为模值匹配条件。若负载为纯电阻 R_L(阻抗角等于零且始终不改变)，则它可以任意改变时，负载能获得最大功率的条件只是模值匹配的特例。即

$$R_L = |Z_s|$$

时可获得最大功率。计算模值匹配情况下的最大功率，不必套用(4.7-11)式，可以先计算流过负载的电流 I_L，则负载电阻消耗的功率为

$$P'_{Lmax} = I_L^2 R_L$$

模值匹配条件下负载获得的功率 P'_{Lmax} 小于共轭匹配条件下负载获得的功率 P_{Lmax}。

习 题 4

4.1 试求下列正弦量的振幅、角频率和初相角，并画出其波形。

(1) $i(t)=8\sqrt{2}\cos(2t-45°)$A；

(2) $u(t)=-2\sin(100\pi t+120°)$V。

4.2 写出下列正弦电流或电压的瞬时值表达式。

(1) $I_m=5$ A，$\omega=10^3$ rad/s，$\psi_i=30°$；

(2) $I=10$ A，$f=50$ Hz，$\psi_i=-120°$；

(3) $U_m=6$ V，$\omega=10\pi$ rad/s，$\psi_u=45°$。

4.3 计算下列正弦量的相位差。

(1) $i_1(t)=4\cos(10t+10°)$A 和 $i_2(t)=8\cos(10t-30°)$A；

(2) $i_1(t)=5\cos\left(2t+\frac{\pi}{3}\right)$A 和 $u_2(t)=-10\cos(2t-15°)$V。

4.4 将下列复数表示为极型或指数型。

(1) 3+j4；

(2) 3−j4；

(3) −8+j6；

(4) −8−j6。

4.5 将下列复数表示为代数型。

(1) $100\angle-45°$；

(2) $10\sqrt{2}\angle135°$；

(3) $5\sqrt{2}\angle-135°$；

(4) $8\sqrt{2}\angle45°$。

4.6 已知角频率为 ω，试写出下列相量所表示的正弦信号的瞬时值表达式。

(1) $\dot{I}_{1m}=9+j12$ A；

(2) $\dot{I}_2=5\sqrt{2}\angle-45°$；

(3) $\dot{U}_{1m}=-6+j8$ V；

(4) $\dot{U}_2=10\angle-153.1°$ V。

4.7 RL 串联电路如图所示，已知 $u_R(t)=\sqrt{2}\cos(10^6 t)$V，求电压源 $u_s(t)$，并画出电压相量图。

4.8 RC 并联电路如图所示，已知 $i_C(t)=\sqrt{2}\cos(10^3 t+60°)$ mA，求电流源 $i_s(t)$，并画出电流相量图。

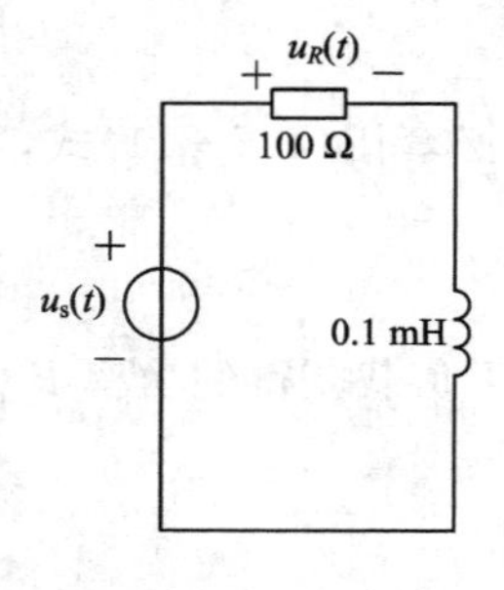

题 4.7 图

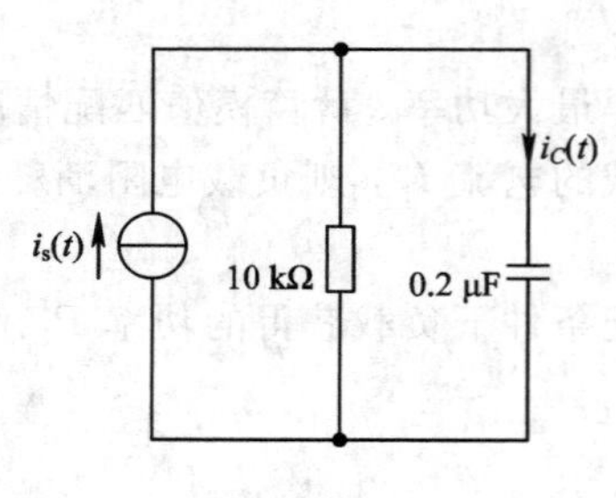

题 4.8 图

4.9 如图所示电路，设伏特计内阻为无限大，安培计内阻为零。图中已标明伏特计和安培计的读数，试求图(a)正弦电压 u 的有效值 U 和图(b)正弦电流 i 的有效值 I。

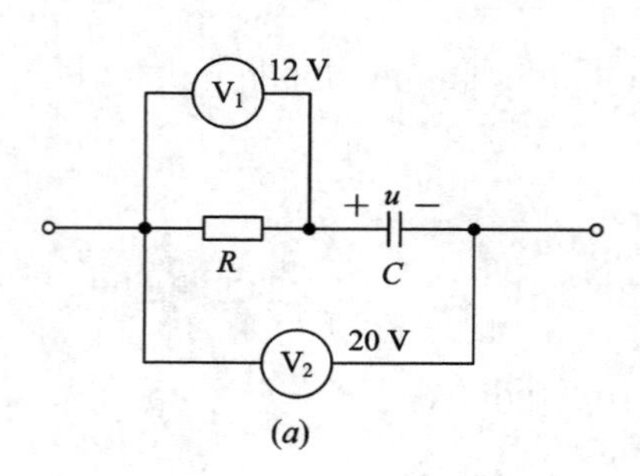

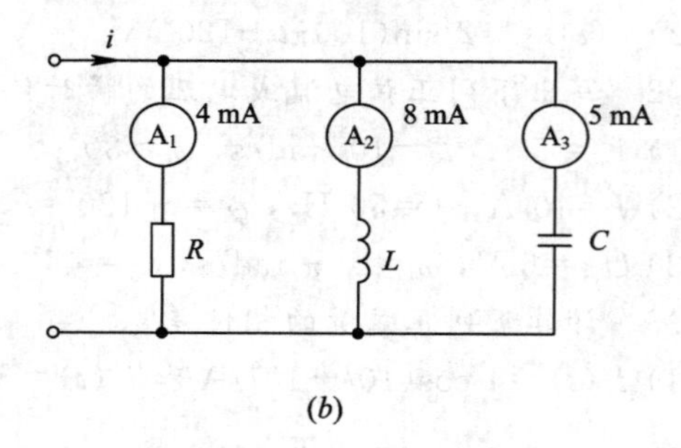

题 4.9 图

4.10 正弦稳态电路如图所示，已知 $\dot{U}_s=200\angle 0°$ V，$\omega=10^3$ rad/s，求 $\dot{I}_C$。

4.11 求图示电路中 ab 端的等效阻抗。

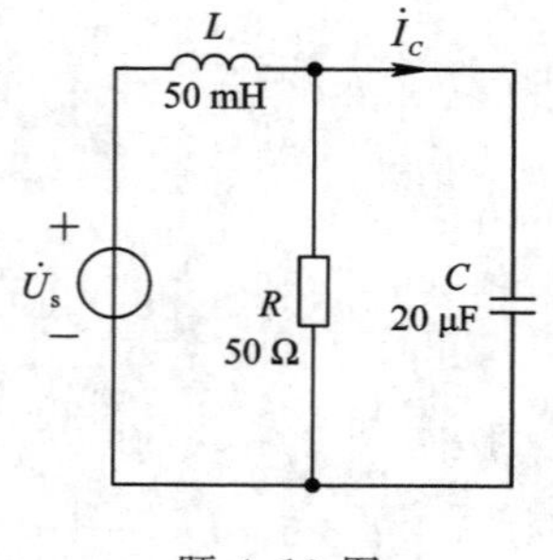

题 4.10 图

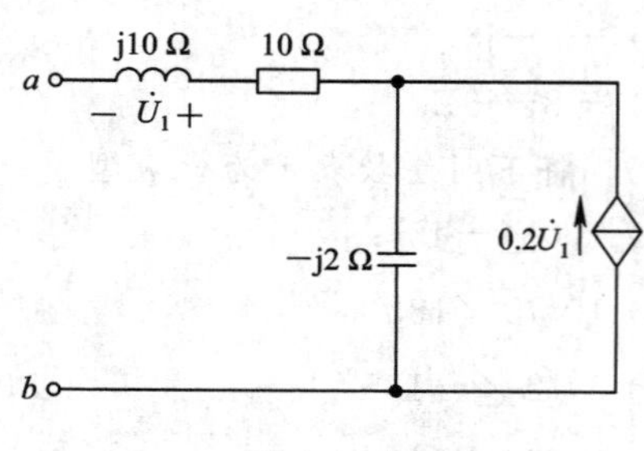

题 4.11 图

4.12 实验室常用图示电路测量电感线圈参数 L 和 r。已知电源频率 $f=50$ Hz，电阻 $R=25\ \Omega$，伏特计Ⓥ₁，Ⓥ₂，Ⓥ₃的读数分别为 50 V、128 V 和 116 V，求 L 和 r。

4.13 正弦稳态相量模型电路如图所示，已知 $\dot{I}_s=10\angle 0°$ A，求电压 $\dot{U}_{ab}$。

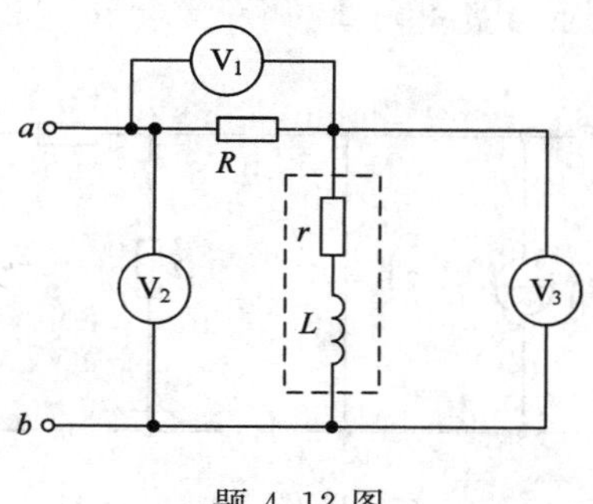

题 4.12 图

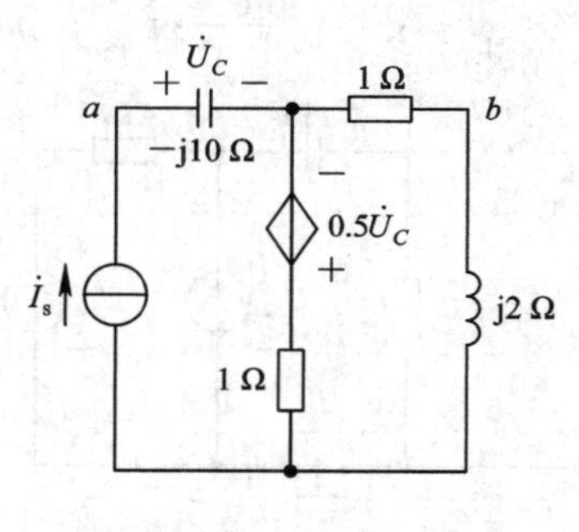

题 4.13 图

4.14 如图所示相量模型电路，已知 $\dot{I}_s=300\angle 0°$ mA。

(1) 求电压 $\dot{U}$ 和 $\dot{U}_{ab}$；

(2) 将 ab 短路，求电流 $\dot{I}_{ab}$ 和此时电流源两端的电压 $\dot{U}$。

4.15 图示电路，已知 $i_L(t)=\sqrt{2}\cos(5t)$ A，电路消耗功率 $P=5$ W，$C=0.02$ F，$L=1$ H，求电阻 R 和电压 $u_C(t)$。

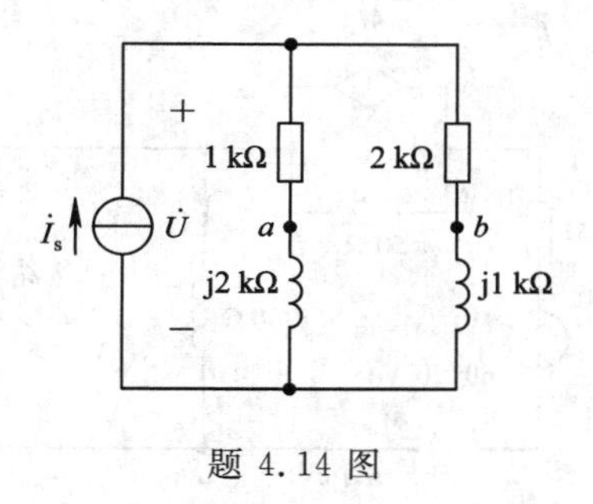

题 4.14 图

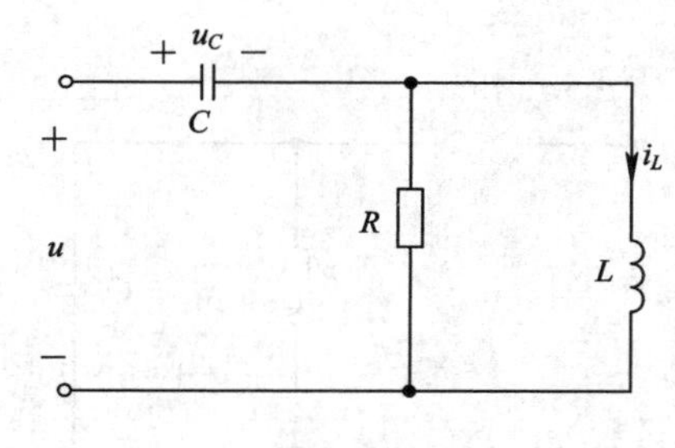

题 4.15 图

4.16 正弦稳态相量模型电路如图所示。当调节电容 C 使得电流 $\dot{I}$ 与电压 $\dot{U}$ 同相位时测得：电压有效值 $U=50$ V，$U_C=200$ V；电流有效值 $I=1$ A。已知 $\omega=10^3$ rad/s，求元件 R、L、C 之值。

4.17 正弦稳态相量模型电路如图所示，已知 $\dot{U}_C=10\angle 0°$ V，$R=3\ \Omega$，$\omega L=\frac{1}{\omega C}=4\ \Omega$，求电路的平均功率 P、无功功率 Q、视在功率 S 和功率因数 λ。

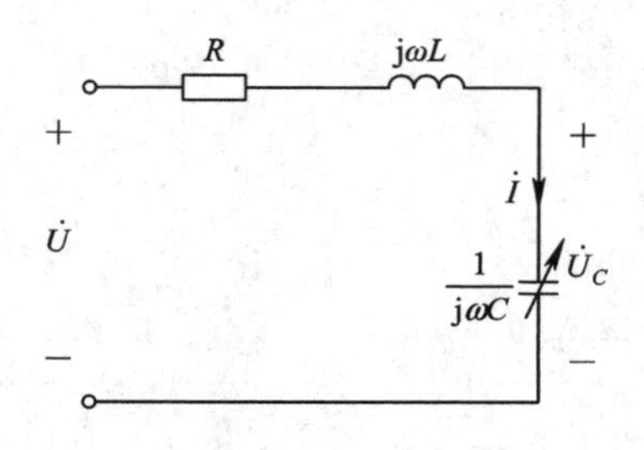

题 4.16 图

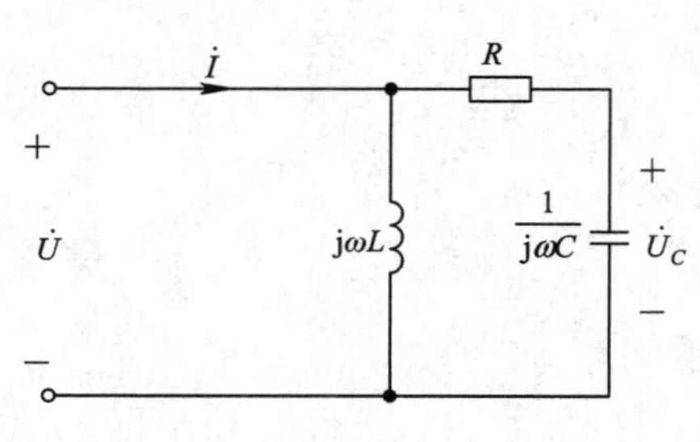

题 4.17 图

4.18　正弦稳态相量模型电路如图所示，已知 $\dot{U}_{s1}=\dot{U}_{s3}=10\angle 0°$ V，$\dot{U}_{s2}=$j10 V，求节点电位 $\dot{V}_1$ 和 $\dot{V}_2$。

4.19　图示正弦稳态电路，已知 $u_s(t)=3\cos t$ V，$i_s(t)=3\cos t$ A。负载 Z_L 可以任意改变，问 Z_L 等于多少时可获得最大功率 P_{Lmax}，并求出该最大功率。

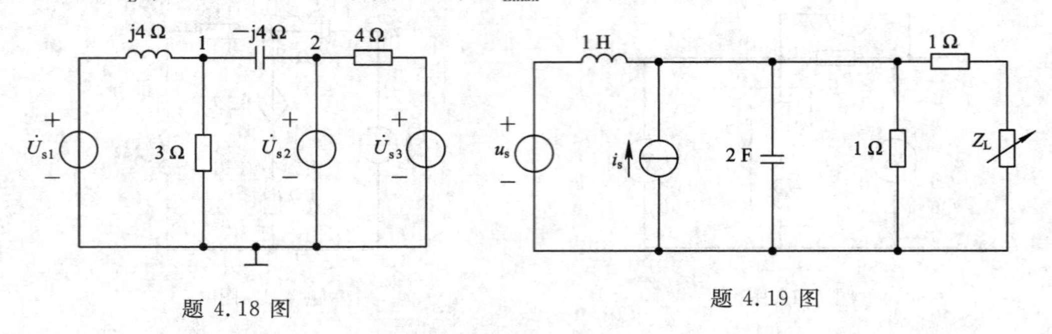

题 4.18 图　　　　题 4.19 图

4.20　如图所示正弦稳态电路，已知 $C=100$ pF，$L=100$ μH，电路消耗功率 $P=100$ mW，电流 $i_C(t)=10\sqrt{2}\cos(10^7 t+60°)$mA，试求电阻 R 和电压 $u(t)$。

4.21　正弦稳态相量模型电路如图所示，已知负载 Z_L 可以任意改变，问 Z_L 等于多少时可获得最大功率 P_{Lmax}，并求出该最大功率。

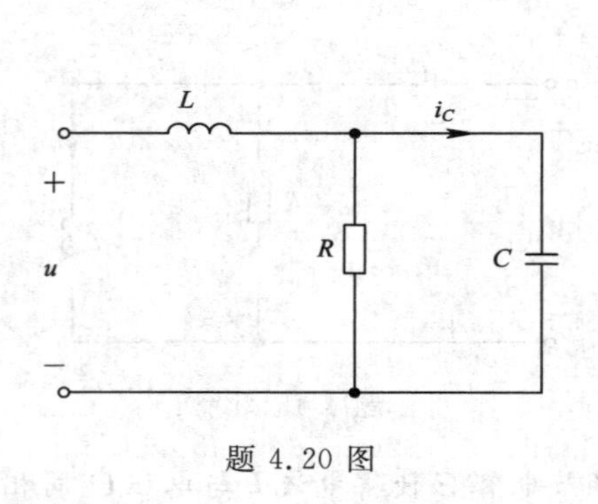

题 4.20 图

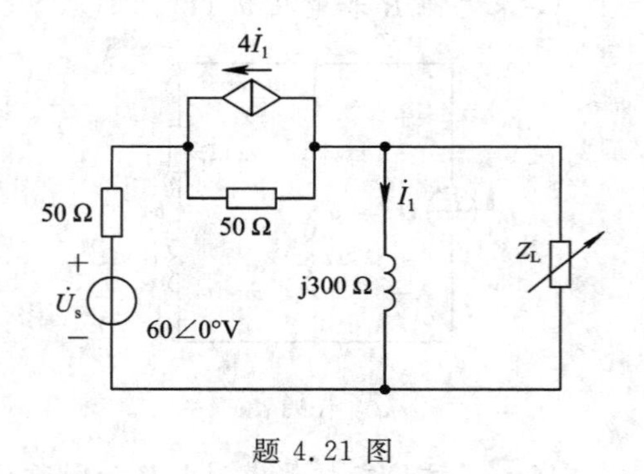

题 4.21 图

第5章　互感与理想变压器

在第1章与第3章里我们分别介绍了电路中3个基本的无源二端元件：电阻、电感和电容。这一章我们要讨论另一类电路元件，即耦合电感（互感）元件与理想变压器元件。在实际电路中，如收音机、电视机中使用的中周（线圈）、振荡线圈；在整流电源里使用的变压器等都是耦合电感元件与变压器元件。因此，作为学习电路分析的基础，熟悉这类多端元件的特性，掌握包含这类多端元件的电路问题的分析方法是非常必要的。

本章先讲述耦合电感的基本概念、去耦等效、含耦合电感电路的正弦稳态分析，重点讨论理想变压器的特性，章末对实际变压器的模型做了介绍。

5.1　耦合电感元件

5.1.1　耦合电感的基本概念

图5.1-1是两个靠得很近的电感线圈，第一个线圈通电流 i_1，它所激发的磁通为 ϕ_{11}（自磁通）。ϕ_{11} 中的一部分磁通 ϕ_{21}，它不但穿过第一个线圈，同时也穿过第二个线圈。同样，若在第二个线圈中通电流 i_2，它激发的磁通为 ϕ_{22}。ϕ_{22} 中的一部分磁通 ϕ_{12}，它不但穿过第二个线圈，也穿过第一个线圈。把另一个线圈中的电流所激发的磁通穿越本线圈的部分称为互磁通。如果把互磁通乘以线圈匝数，就得互磁链，即

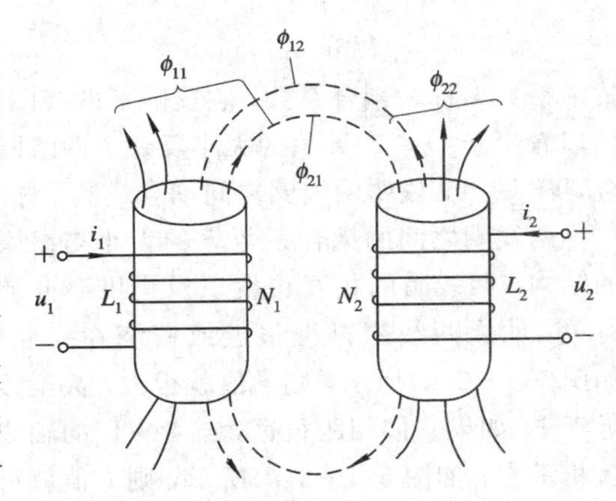

图 5.1-1　耦合电感元件

$$\psi_{12} = N_1\phi_{12} \tag{5.1-1a}$$
$$\psi_{21} = N_2\phi_{21} \tag{5.1-1b}$$

仿照自感系数定义，我们定义互感系数为

$$M_{21} = \frac{\psi_{21}}{i_1} \tag{5.1-2a}$$

$$M_{12} = \frac{\psi_{12}}{i_2} \tag{5.1-2b}$$

(5.1-2a)式表明穿越第二个线圈的互磁链与激发该互磁链的第一个线圈中电流之比，称为线圈1对线圈2的互感系数。(5.1-2b)式表明穿越第一个线圈的互磁链与激发该互磁

链的第二个线圈中电流之比，称为线圈 2 对线圈 1 的互感系数。可以证明①

$$M_{12} = M_{21}$$

所以，后面我们不再区分 M_{12} 与 M_{21}，都用 M 表示。若 M 为常数且不随时间、电流值变化，则称为线性时不变互感，我们只讨论这类互感。互感的单位与自感相同，也是亨利(H)。这里应当明确，两线圈的互感系数一定小于等于两线圈自感系数的几何平均值，即

$$M \leqslant \sqrt{L_1 L_2} \tag{5.1-3}$$

这是因为 $\phi_{12} \leqslant \phi_{22}$，$\phi_{21} \leqslant \phi_{11}$，所以

$$M^2 = M_{12} M_{21} = \frac{\psi_{12}}{i_2} \frac{\psi_{21}}{i_1} = \frac{N_1 \phi_{12}}{i_2} \frac{N_2 \phi_{21}}{i_1}$$

$$\leqslant \frac{N_1 \phi_{11}}{i_1} \frac{N_2 \phi_{22}}{i_2} = L_1 L_2$$

故(5.1-3)式得证。此式仅说明互感 M 比 $\sqrt{L_1 L_2}$ 小(最多相等)，它并不能说明 M 比 $\sqrt{L_1 L_2}$ 小到什么程度，为此我们引入耦合系数 k，把互感 M 与自感 L_1、L_2 的关系写为

$$M = k\sqrt{L_1 L_2}$$

上式也可写为

$$k = \frac{M}{\sqrt{L_1 L_2}} \tag{5.1-4}$$

式中系数 k 称为耦合系数，它反映了两线圈耦合松紧的程度。由(5.1-3)式和(5.1-4)式可以看出 $0 \leqslant k \leqslant 1$，$k$ 值的大小反映了两线圈耦合的强弱。若 $k=0$，说明两线圈之间没有耦合；若 $k=1$，说明两线圈之间耦合最紧，称全耦合。

两线圈之间的耦合系数 k 的大小与线圈的结构、两线圈的相互位置以及周围磁介质有关。如果两线圈靠得很近或密绕在一起，如图 5.1-2(*a*)所示，则 k 值就很大，甚至接近于1；如果它们相距很远，或者它们的轴线互相垂直，如图 5.1-2(*b*)所示，则 k 值就可能很小，甚至接近于零。由此可见，改变或调整两线圈的相互位置可以改变耦合系数的大小；当 L_1、L_2 一定时，也就相应地改变了互感 M 的大小。

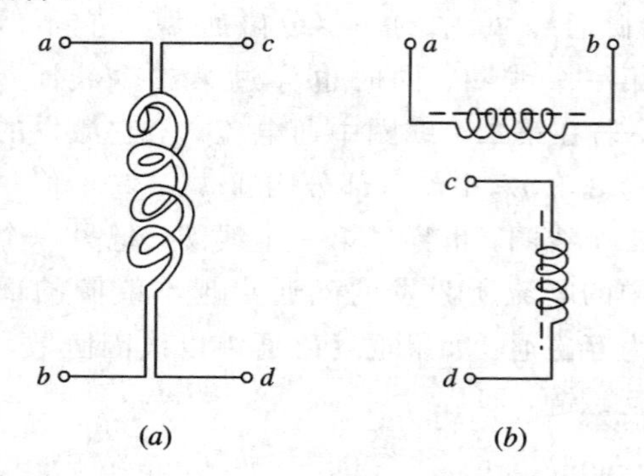

图 5.1-2　耦合系数 k 与线圈相互位置的关系

在电子技术和电力供电系统中所使用的耦合电感或变压器，为了更有效地传输信号或功率，总是采用极紧密的耦合，使 k 值尽可能接近于1，一般采用铁磁性材料制成的芯子可以达到这一目的。

在实际工程中，有时又要尽量减小各元件之间的相互磁影响(尽量降低互感的作用)，以避免线圈之间的相互干扰，这方面除了采用磁屏蔽措施外，一个有效的方法就是合理布置这些线圈的相互位置，这可以大大地减小它们间的耦合作用，使实际的电气设备或系统

---

① 参见俞大光编《电工基础(上册)》第 150 页。

少受或不受干扰影响，能正常地运行工作。

5.1.2 耦合电感线圈上的电压、电流关系

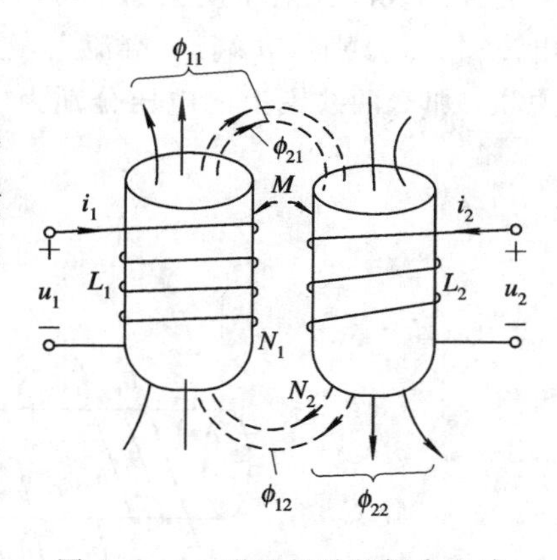

图 5.1-3 磁通相助的耦合电感

当有互感的两线圈上都有电流时，穿越每一线圈的磁链可以看成是自磁链与互磁链之和。当自磁通与互磁通方向一致时，称磁通相助，如图 5.1-3 所示。在这种情况下，交链线圈 1、2 的磁链分别为

$$\psi_1 = \psi_{11} + \psi_{12} = L_1 i_1 + M i_2 \qquad (5.1-5a)$$

$$\psi_2 = \psi_{22} + \psi_{21} = L_2 i_2 + M i_1 \qquad (5.1-5b)$$

式中：ψ_{11}、ψ_{22}分别为线圈 1、2 的自磁链；ψ_{12}、ψ_{21}分别为两线圈的互磁链。

设两线圈上电压、电流参考方向关联，即其方向与各自磁通的方向符合右手螺旋关系，则

$$u_1 = \frac{d\psi_1}{dt} = L_1 \frac{di_1}{dt} + M \frac{di_2}{dt} \qquad (5.1-6a)$$

$$u_2 = \frac{d\psi_2}{dt} = L_2 \frac{di_2}{dt} + M \frac{di_1}{dt} \qquad (5.1-6b)$$

如果自磁通与互磁通方向相反，称磁通相消，如图 5.1-4 所示。这种情况，交链线圈 1、2 的磁链分别为

$$\psi_1 = \psi_{11} - \psi_{12}$$

$$\psi_2 = \psi_{22} - \psi_{21}$$

所以

$$u_1 = \frac{d\psi_1}{dt} = L_1 \frac{di_1}{dt} - M \frac{di_2}{dt} \qquad (5.1-7a)$$

$$u_2 = \frac{d\psi_2}{dt} = L_2 \frac{di_2}{dt} - M \frac{di_1}{dt} \qquad (5.1-7b)$$

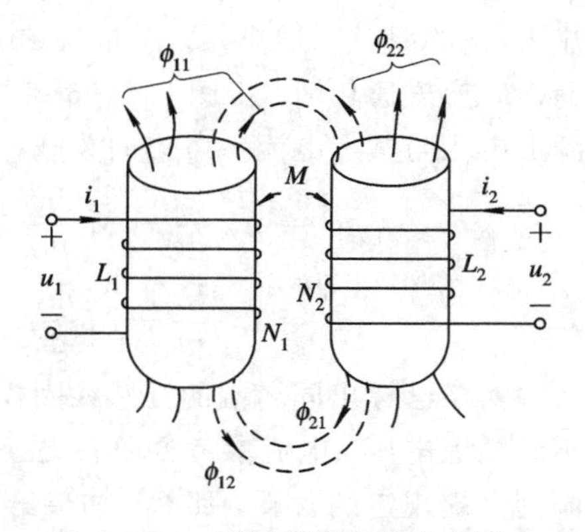

图 5.1-4 磁通相消的耦合电感

由上述分析可见：具有互感的两线圈上的电压，在设其参考方向与线圈上电流参考方向关联的条件下，它等于自感压降与互感压降的代数和，磁通相助取加号，磁通相消取减号。

如何知道磁通相助或相消呢？如果像图 5.1-3 和图 5.1-4 那样知道线圈的位置与各自的绕向，设出线圈上的电流 i_1、i_2，就可根据右手螺旋关系判断出自磁通与互磁通是相助还是相消。但在实际中，互感线圈往往是密封的，看不见线圈及绕向，况且在电路图中真实地绘出线圈绕向也不方便，于是人们规定了一种标志，即同名端。由同名端与电流参考方向就可判定磁通相助或相消。

互感线圈的同名端是这样规定的：当电流分别从两线圈各自的某端同时流入(或流出)时，若两者产生的磁通相助，则这两端称为两互感线圈的同名端，用标志“·”或“*”表示。例如图 5.1-5(*a*)，*a* 端与 *c* 端是同名端(当然 *b* 端与 *d* 端也是同名端)；*b* 端与 *c* 端(或 *a* 端与 *d* 端)则称为非同名端(或称异名端)。这样规定后，如果两电流不是同时从两互感线圈同名端流入(或流出)，则它们各自产生的磁通相消。有了同名端规定后，像图 5.1-5(*a*)所

示的互感线圈在电路模型图中可以用图 5.1-5(*b*)所示模型表示。在图 5.1-5(*b*)中，若设电流 i_1、i_2分别从 *a* 端、*c* 端流入，就认为磁通相助。如果再设线圈上电压、电流参考方向关联，那么两线圈上的电压分别为

$$u_1 = L_1 \frac{di_1}{dt} + M \frac{di_2}{dt} \tag{5.1-8a}$$

$$u_2 = L_2 \frac{di_2}{dt} + M \frac{di_1}{dt} \tag{5.1-8b}$$

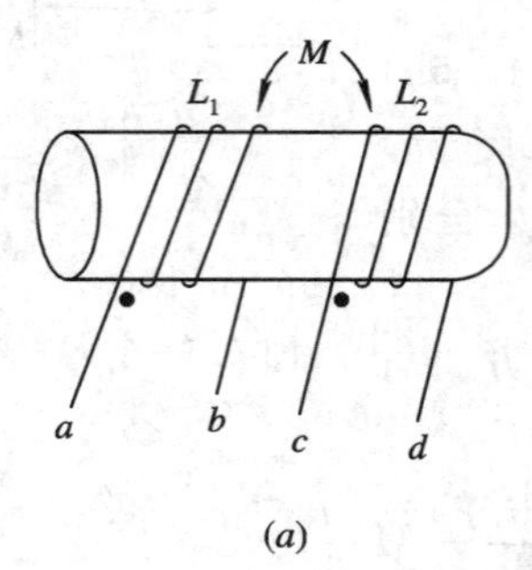

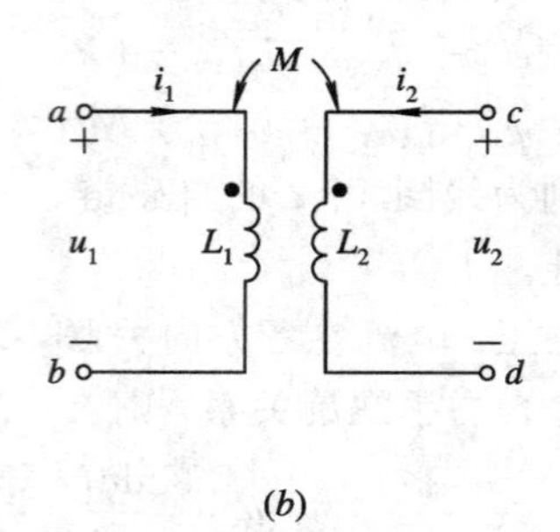

图 5.1-5　互感线圈的同名端

如果像图 5.1-6 所示那样，设 i_1仍是从 *a* 端流入，i_2不是从 *c* 端流入，而是从 *c* 端流出，就认为(判定)磁通相消。由图 5.1-6 可见，两互感线圈上电压与其上电流参考方向关联，所以

$$u_1 = L_1 \frac{di_1}{dt} - M \frac{di_2}{dt} \tag{5.1-9a}$$

$$u_2 = L_2 \frac{di_2}{dt} - M \frac{di_1}{dt} \tag{5.1-9b}$$

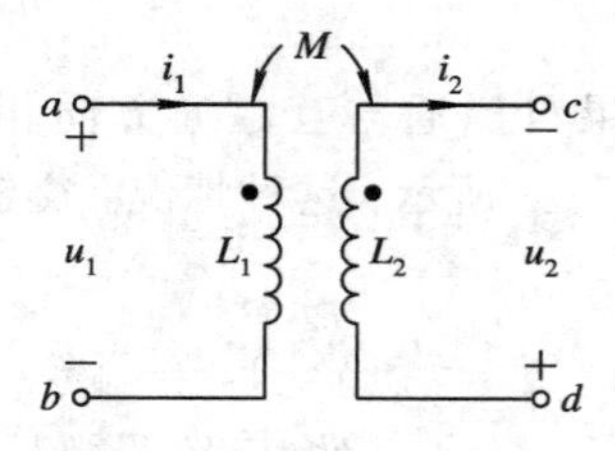

图 5.1-6　磁通相消情况时的互感线圈模型

对于已标出同名端的互感线圈模型(如图 5.1-5(*b*)和图 5.1-6 所示)，可根据所设互感线圈上电压、电流参考方向写出互感线圈上电压、电流关系。上面已讲述了关于互感线圈同名端规定的含义，那么，如果给定一对不知绕向的互感线圈，如何判断出它们的同名端呢？这可采用一些实验手段来加以判定。

图 5.1-7 是测试互感线圈同名端的一种实验线路，把其中一个线圈通过开关 S 接到一个直流电源上，把一个直流电压表接到另一线圈上。当开关迅速闭合时，就有随时间增长的电流 i_1从电源正极流入线圈端钮 1，这时 $di_1(t)/dt$ 大于零，如果电压表指针正向偏转，这说明端钮 2 为实际高电位端(直流电压表的正极接端钮 2)，由此可以判定端钮 1 和端钮 2 是同名端；如果电压表指针反向偏转，这说明端钮 2′为实际高电位端，这种情况就判定端钮 1 与端钮 2′是同名端。

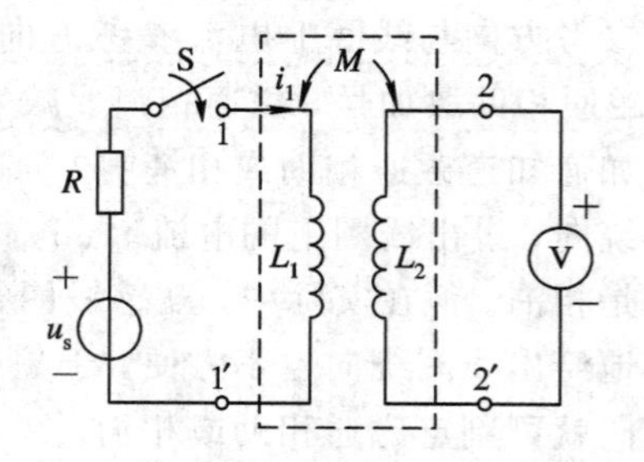

图 5.1-7　互感线圈同名端的测定

关于耦合电感上电压、电流关系这里再强调说明两点：

(1) 耦合电感上电压、电流关系式的形式有多种，它与耦合电感的同名端位置有关，

与两线圈上电压、电流参考方向设的情况有关。若互感两线圈上电压、电流都设成关联参考方向，磁通相助时可套用(5.1-8)式，磁通相消时可套用(5.1-9)式。若非此两种情况，不可乱套用上述两式(切记!)。

(2) 如何正确书写所遇各种情况的耦合电感上的电压、电流关系是至关重要的。通常，将耦合线圈上电压看成由自感压降与互感压降两部分代数和组成。

先写自感压降：若线圈 $j(j=1, 2)$上电压、电流参考方向关联，则其上自感电压取正号，即 $L_j\frac{di_j}{dt}$；反之取负号，即 $-L_j\frac{di_j}{dt}$。

再写互感压降部分：观察互感线圈给定的同名端位置及所设两个线圈中电流的参考方向，若两电流均从同名端流入(或流出)，则磁通相助，互感压降与自感压降同号，即自感压降取正号时互感压降亦取正号，自感压降取负号时互感压降亦取负号；若一个电流从互感线圈的同名端流入，另一个电流从互感线圈的同名端流出，磁通相消，互感压降与自感压降异号，即自感压降取正号时互感压降取负号，自感压降取负号时互感压降取正号。

实际工程应用中部分互感器图片

只要按照上述方法书写，不管互感线圈给出的是什么样的同名端位置，也不管两线圈上的电压、电流参考方向是否关联，都能正确书写出它们电压、电流之间的关系式。

例 5.1-1 图 5.1-8(a)所示电路，已知 $R_1=10\ \Omega$，$L_1=5$ H，$L_2=2$ H，$M=1$ H，$i_1(t)$波形如图 5.1-8(b)所示。试求电流源两端电压 $u_{ac}(t)$及开路电压 $u_{de}(t)$。

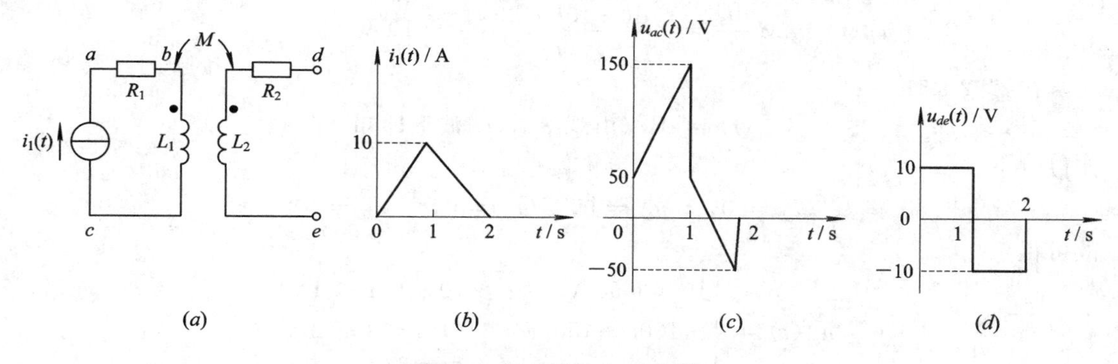

图 5.1-8 例 5.1-1 用图

解 由于第二个线圈开路，其电流为零，所以 R_2上的电压为零，L_2上的自感电压为零，L_2上仅有电流 $i_1(t)$在其上产生的互感电压。这一电压也就是 d，e 开路时的电压。根据 $i_1(t)$的参考方向及同名端位置，可知

$$u_{de}(t)=M\frac{di_1(t)}{dt}$$

由于第二个线圈上的电流为零，所以它对第一个线圈不产生互感电压，L_1上仅有自感电压

$$u_{bc}(t)=L_1\frac{di_1(t)}{dt}$$

电流源两端电压

$$u_{ac}(t)=u_{ab}(t)+u_{bc}(t)=R_1i_1(t)+L_1\frac{\mathrm{d}i_1(t)}{\mathrm{d}t}$$

下面我们来进行具体的计算。

在 0 s$<t\leqslant$1 s 时

$$i_1(t)=10t\ \mathrm{A}\qquad(\text{由给出的 } i_1(t) \text{ 波形写出})$$

所以

$$u_{ab}(t)=R_1i_1(t)=10\cdot 10t=100t\ \mathrm{V}$$

$$u_{bc}(t)=L_1\frac{\mathrm{d}i_1}{\mathrm{d}t}=5\frac{\mathrm{d}}{\mathrm{d}t}(10t)=50\ \mathrm{V}$$

$$u_{ac}(t)=u_{ab}(t)+u_{bc}(t)=100t+50\ \mathrm{V}$$

$$u_{de}(t)=M\frac{\mathrm{d}i_1}{\mathrm{d}t}=1\frac{\mathrm{d}(10t)}{\mathrm{d}t}=10\ \mathrm{V}$$

在 1 s$<t\leqslant$2 s 时

$$i_1(t)=-10t+20\ \mathrm{A}$$

所以

$$u_{ab}(t)=R_1i_1(t)=10\cdot(-10t+20)=-100t+200\ \mathrm{V}$$

$$u_{bc}(t)=L_1\frac{\mathrm{d}i_1}{\mathrm{d}t}=5\frac{\mathrm{d}}{\mathrm{d}t}(-10t+20)=-50\ \mathrm{V}$$

$$u_{ac}(t)=u_{ab}(t)+u_{bc}(t)=-100t+150\ \mathrm{V}$$

$$u_{de}(t)=M\frac{\mathrm{d}i_1}{\mathrm{d}t}=1\frac{\mathrm{d}(-10t+20)}{\mathrm{d}t}=-10\ \mathrm{V}$$

在 $t>$2 s 时

$$i_1(t)=0\quad(\text{由观察 } i_1(t) \text{ 波形即知})$$

所以

$$u_{ab}=0,\quad u_{bc}=0,\quad u_{ac}=0,\quad u_{de}=0$$

故可得

$$u_{ac}(t)=\begin{cases}100t+50\ \mathrm{V} & (0\ \mathrm{s}<t\leqslant 1\ \mathrm{s})\\ -100t+150\ \mathrm{V} & (1\ \mathrm{s}<t\leqslant 2\ \mathrm{s})\\ 0 & (\text{其他})\end{cases}$$

$$u_{\mathrm{de}}(t)=\begin{cases}10\ \mathrm{V} & (0\ \mathrm{s}<t\leqslant 1\ \mathrm{s})\\ -10\ \mathrm{V} & (1\ \mathrm{s}<t\leqslant 2\ \mathrm{s})\\ 0 & (\text{其他})\end{cases}$$

根据 u_{ac}、u_{de} 的表达式，画出其波形如图 5.1-8(c)、(d)所示。

例 5.1-2 图 5.1-9 所示互感线圈模型电路，同名端位置及各线圈电压、电流的参考方向均标示在图上，试列写出该互感线圈的电压、电流微分关系式。

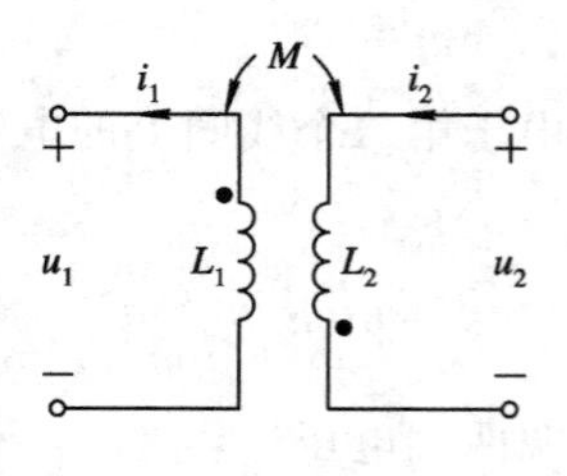

图 5.1-9　例 5.1-2 用图

解　先写第一个线圈 L_1 上的电压 u_1。因 L_1 上的电压 u_1 与 i_1 参考方向非关联，所以 u_1 中的自感压降为

$-L_1\frac{di_1}{dt}$。观察本互感线圈的同名端位置及两电流 i_1、i_2的流向，可知 i_1从同名端流出，i_2亦从同名端流出，属磁通相助情况，u_1中的互感压降部分与它的自感压降部分同号，即为 $-M\frac{di_2}{dt}$。将 L_1上的自感压降部分与互感压降部分代数和相加，即得 L_1上的电压

$$u_1=-L_1\frac{di_1}{dt}-M\frac{di_2}{dt}$$

再写第二个线圈 L_2上的电压 u_2。因 L_2上的电压 u_2与电流 i_2参考方向关联，所以 u_2中的自感压降部分为 $L_2\frac{di_2}{dt}$。考虑磁通相助情况，互感压降部分与自感压降部分同号，所以 u_2中的互感压降部分为 $M\frac{di_1}{dt}$。将 L_2上的自感压降部分与互感压降部分代数和相加，即得 L_2上的电压

$$u_2=L_2\frac{di_2}{dt}+M\frac{di_1}{dt}$$

此例是为了给读者起示范作用，所以列写的过程较详细。以后再遇到写互感线圈上电压、电流微分关系，线圈上电压、电流参考方向是否关联、磁通是相助或是相消的判别过程均不必写出，直接可写出(对本互感线圈)

$$\left.\begin{aligned}u_1&=-L_1\frac{di_1}{dt}-M\frac{di_2}{dt}\\u_2&=L_2\frac{di_2}{dt}+M\frac{di_1}{dt}\end{aligned}\right\}$$

∵ 思考题 ∵

5.1-1　简述互感线圈的同名端是如何规定的。有人说：互感线圈的同名端只与两线圈的绕向及两线圈的相互位置有关，与线圈中电流的参考方向如何假设，与电流的数值大小无关。你同意他的观点吗？为什么？

5.1-2　两线圈之间的互感值 M 大，能不能说两线圈的耦合系数 k 一定大呢？请作简明解释。

5.1-3　某互感线圈被密封在一个黑盒子里，两线圈的端子引出到盒子外，如图所示。有人做这样的测试：ab 端通过开关 S 接一直流电压源 U_s，cd 端接一直流电流表。当开关 S 闭合，电流表正向偏转，于是他判定 a、c 端是同名端。你同意他的结论吗？为什么？

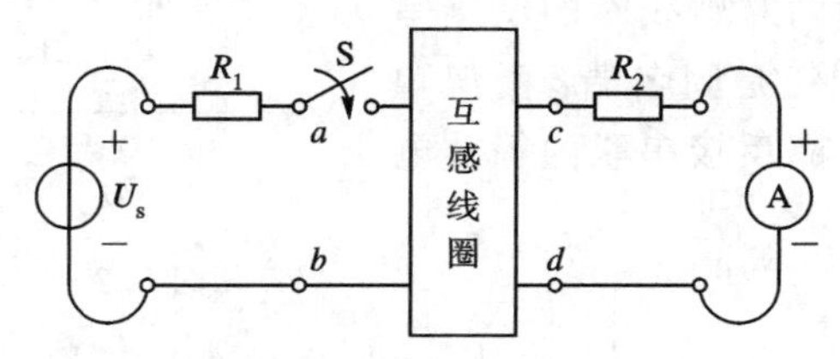

思考题 5.1-3 图

5.2　耦合电感的去耦等效

两线圈间具有互感耦合，每一线圈上的电压不但与本线圈的电流变化率有关，而且与另一线圈上的电流变化率有关，其电压、电流关系式又因同名端位置及所设电压、电流参考方向的不同而有多种表达形式，这对分析含有互感的电路问题来说是非常不方便的。那么能否通过电路等效变换去掉互感耦合呢？本节将讨论这个问题。

5.2.1　耦合电感的串联等效

图 5.2-1(*a*)所示相串联的两互感线圈，它们相连的端钮是异名端，这种形式的串联称为顺接串联。

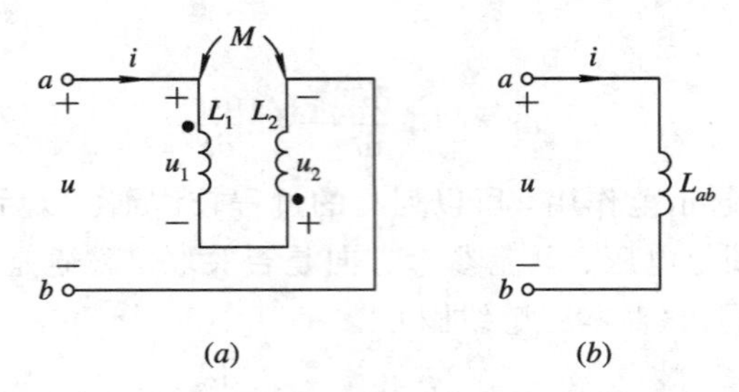

图 5.2-1　互感线圈顺接串联

由所设电压、电流参考方向及互感线圈上电压、电流关系，得

$$
\begin{aligned}
u &= u_1 + u_2 = L_1\frac{\mathrm{d}i}{\mathrm{d}t} + M\frac{\mathrm{d}i}{\mathrm{d}t} + L_2\frac{\mathrm{d}i}{\mathrm{d}t} + M\frac{\mathrm{d}i}{\mathrm{d}t}\\
&= (L_1 + L_2 + 2M)\frac{\mathrm{d}i}{\mathrm{d}t}\\
&= L_{ab}\frac{\mathrm{d}i}{\mathrm{d}t}
\end{aligned}
\tag{5.2-1}
$$

式中

$$L_{ab} = L_1 + L_2 + 2M \tag{5.2-2}$$

称为两互感线圈顺接串联时的等效电感。由(5.2-1)式画出的等效电路如图 5.2-1(*b*)所示。

图 5.2-2(*a*)所示为两互感线圈的反接串联情况。两线圈相连的端钮是同名端，类似顺接情况，可推得两互感线圈反接串联的等效电路如图 5.2-2(*b*)所示。

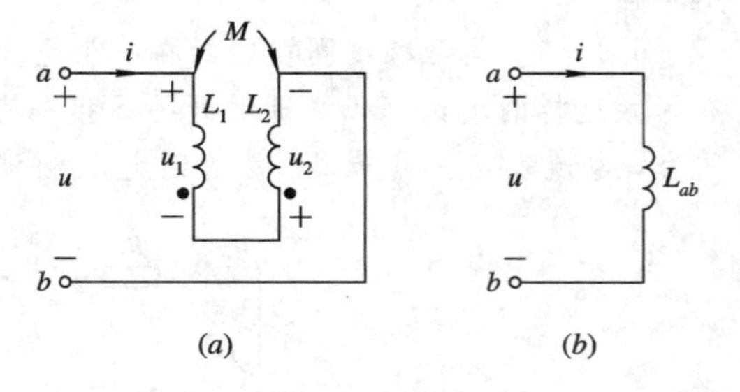

图 5.2-2　互感线圈反接串联

图中

$$L_{ab} = L_1 + L_2 - 2M \tag{5.2-3}$$

5.2.2　耦合电感的 T 形等效

耦合电感的串联去耦等效属于二端电路等效，而耦合电感的 T 形去耦等效属于多端电

路等效，下面我们分两种情况加以讨论。

1. 同名端为共端的T形去耦等效

图5.2-3(*a*)所示为一互感线圈，由图便知L_1的b端与L_2的d端是同名端(L_1的a端与L_2的c端也是同名端，同名端标记只标在两个端子上)，电压、电流的参考方向如图中所标，显然有

$$u_1 = L_1 \frac{di_1}{dt} + M\frac{di_2}{dt} \tag{5.2-4}$$

$$u_2 = L_2 \frac{di_2}{dt} + M\frac{di_1}{dt} \tag{5.2-5}$$

经数学变换，改写(5.2-4)式与(5.2-5)式，得

$$\begin{aligned} u_1 &= L_1 \frac{di_1}{dt} - M\frac{di_1}{dt} + M\frac{di_1}{dt} + M\frac{di_2}{dt} \\ &= (L_1 - M)\frac{di_1}{dt} + M\frac{d(i_1+i_2)}{dt} \end{aligned} \tag{5.2-6}$$

$$\begin{aligned} u_2 &= L_2 \frac{di_2}{dt} - M\frac{di_2}{dt} + M\frac{di_2}{dt} + M\frac{di_1}{dt} \\ &= (L_2 - M)\frac{di_2}{dt} + M\frac{d(i_1+i_2)}{dt} \end{aligned} \tag{5.2-7}$$

由(5.2-6)式和(5.2-7)式画得T形等效电路如图5.2-3(*b*)所示。因图5.2-3(*b*)中三个电感相互间无互感(无耦合)，它们的各自感系数分别为L_1-M、L_2-M、M，又连接成T形结构形式，所以称它为互感线圈的T形(类型之意)去耦等效电路。图5.2-3(*b*)中的b、d为公共端(短路线相连)，而与之等效的图5.2-3(*a*)所示的互感线圈的b、d端是同名端，所以将这种情况的T形去耦等效称为同名端为共端的T形去耦等效。

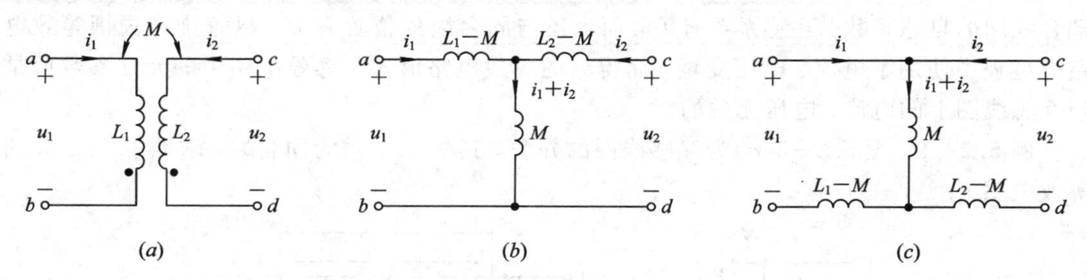

图5.2-3 同名端为共端的T形去耦等效

若把图5.2-3(*a*)中的a、c端看作公共端，图5.2-3(*a*)亦可等效为图5.2-3(*c*)的形式。

2. 异名端为共端的T形去耦等效

图5.2-4(*a*)所示的互感线圈L_1的b端与L_2的d端是异名端，电流、电压参考方向如图中所标，显然有

$$u_1 = L_1 \frac{di_1}{dt} - M\frac{di_2}{dt} \tag{5.2-8}$$

$$u_2 = L_2 \frac{di_2}{dt} - M\frac{di_1}{dt} \tag{5.2-9}$$

经数学变换，改写(5.2-8)式与(5.2-9)式，得

$$u_1 = L_1\frac{\mathrm{d}i_1}{\mathrm{d}t} + M\frac{\mathrm{d}i_1}{\mathrm{d}t} - M\frac{\mathrm{d}i_1}{\mathrm{d}t} - M\frac{\mathrm{d}i_2}{\mathrm{d}t}$$

$$= (L_1 + M)\frac{\mathrm{d}i_1}{\mathrm{d}t} - M\frac{\mathrm{d}(i_1+i_2)}{\mathrm{d}t} \tag{5.2-10}$$

$$u_2 = L_2\frac{\mathrm{d}i_2}{\mathrm{d}t} + M\frac{\mathrm{d}i_2}{\mathrm{d}t} - M\frac{\mathrm{d}i_2}{\mathrm{d}t} - M\frac{\mathrm{d}i_1}{\mathrm{d}t}$$

$$= (L_2 + M)\frac{\mathrm{d}i_2}{\mathrm{d}t} - M\frac{\mathrm{d}(i_1+i_2)}{\mathrm{d}t} \tag{5.2-11}$$

由(5.2-10)式和(5.2-11)式画得 b、d 端为共端的 T 形去耦等效电路如图 5.2-4(b)所示。同样，把 a、c 端看作公共端，图 5.2-4(a)亦可等效为图 5.2-4(c)的形式。这里图 5.2-4(b)或(c)中的 $-M$ 电感为一等效的负电感。

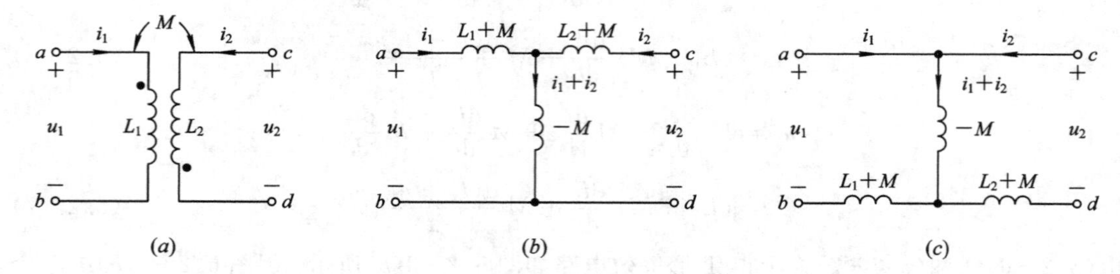

图 5.2-4　异名端为共端的 T 形去耦等效

以上讨论了耦合电感的两种主要的去耦等效方法，它们适用于任何变动电压、电流情况，当然也可用于正弦稳态交流电路。应再次明确，无论是互感串联二端子等效还是 T 形去耦多端子等效，都是对端子以外的电压、电流、功率来说的，其等效电感参数不但与两耦合线圈的自感系数、互感系数有关，而且还与同名端的位置有关。尽管推导去耦等效电路的过程中使用了电流、电压变量，而得到的等效电路形式与等效电路中的元件参数值是与互感线圈上的电流、电压无关的。

例 5.2-1　图 5.2-5(a)为互感线圈的并联，其中 a、c 端为同名端，求端子 1、2 间的等效电感 L_{eq}。

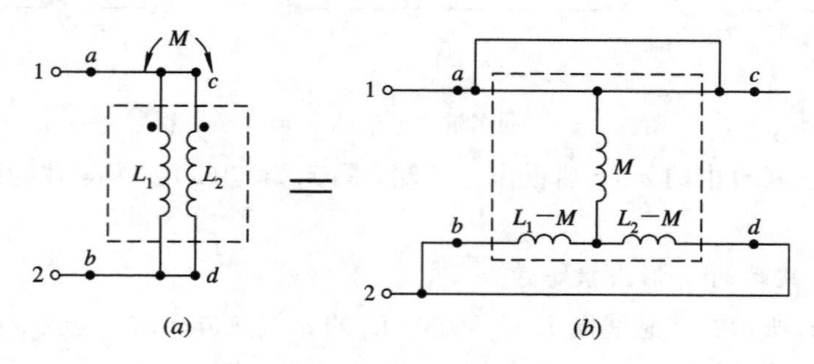

图 5.2-5　互感线圈并联

解　应用互感 T 形去耦等效，将图 5.2-5(a)等效为图 5.2-5(b)(要特别注意等效端子，将图 5.2-5(a)、(b)中相应的端子都标上)。应用无互感的电感串、并联关系，由图 5.2-5(b)可得

$$L_{eq}=M+(L_1-M)\ //\ (L_2-M)$$

$$=M+\frac{(L_1-M)(L_2-M)}{L_1+L_2-2M}=\frac{L_1L_2-M^2}{L_1+L_2-2M} \qquad (5.2-12)$$

(5.2－12)式为图 5.2－5(*a*)所示的同名端相连情况下互感并联时求等效电感的公式。若遇异名端相连情况的互感并联，可采用与上类似的推导过程推得求等效电感的关系式为

$$L_{eq}=\frac{L_1L_2-M^2}{L_1+L_2+2M} \qquad (5.2-13)$$

例 5.2－2 如图 5.2－6(*a*)所示正弦稳态电路中含有互感线圈，已知 $u_s(t)=2\cos(2t+45°)$ V，$L_1=L_2=1.5$ H，$M=0.5$ H，负载电阻 $R_L=1\ \Omega$。求 R_L 上吸收的平均功率 P_L。

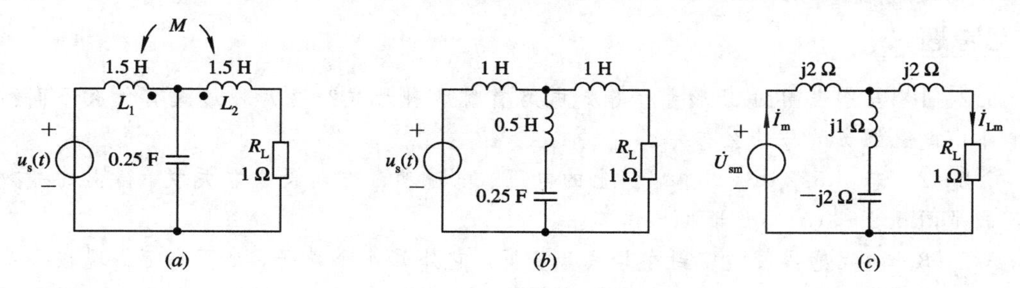

图 5.2－6 含有互感的正弦稳态电路

解 应用 T 形去耦等效将图 5.2－6(*a*)等效为图 5.2－6(*b*)，再画相量模型电路如图 5.2－6(*c*)所示。对图 5.2－6(*c*)，由阻抗串、并联关系求得

$$\dot{I}_m=\frac{\dot{U}_{sm}}{(1+j2)\ //\ [j1+(-j2)]+j2}=\frac{2\angle 45°}{\dfrac{1}{\sqrt{2}}\angle 45°}=2\sqrt{2}\angle 0°\ \text{A}$$

由分流公式，得

$$\dot{I}_{Lm}=\frac{j1-j2}{1+j2+j1-j2}\dot{I}_m=\frac{-j1}{1+j1}\times 2\sqrt{2}\angle 0°=2\angle -135°\ \text{A}$$

所以负载电阻 R_L 上吸收的平均功率

$$P_L=\frac{1}{2}I_{Lm}^2R_L=\frac{1}{2}\times 2^2\times 1=2\ \text{W}$$

对图 5.2－6(*c*)应用戴维宁定理求解也很简便，读者可自行练习。

例 5.2－3 图 5.2－7(*a*)所示正弦稳态电路，已知 $L_1=7$ H，$L_2=4$ H，$M=2$ H，$R=8\ \Omega$，$u_s(t)=20\cos t$ V，求电流 $i_2(t)$。

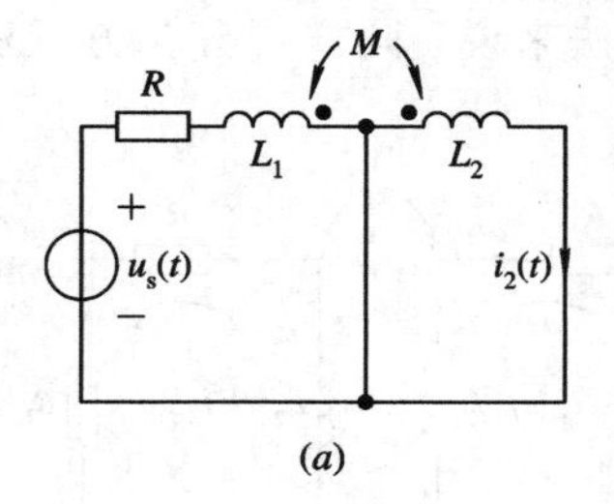

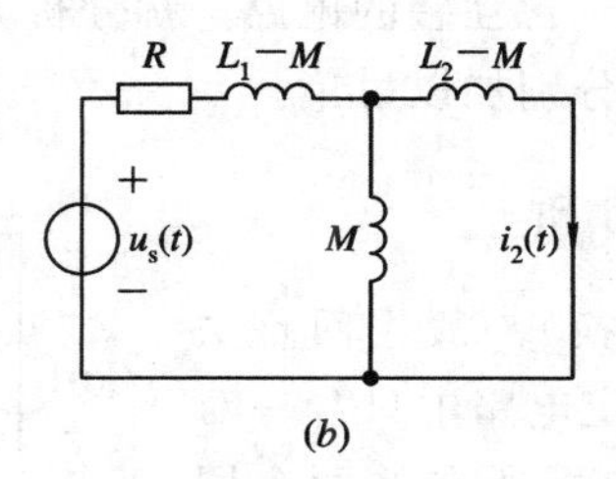

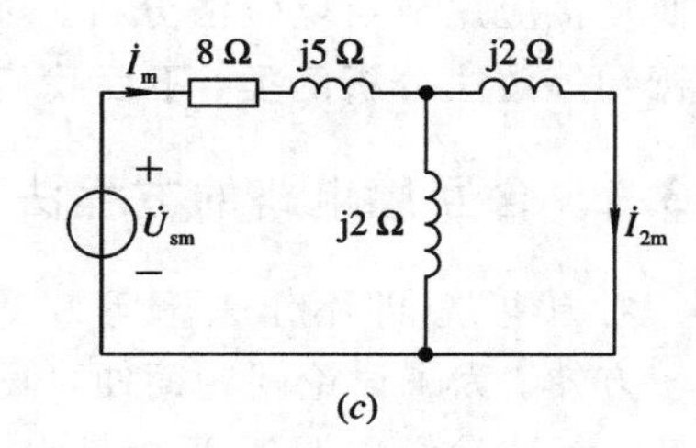

图 5.2－7 例 5.2－3 用图

解 应用耦合电感 T 形去耦等效，将图 5.2－7(*a*)等效为图 5.2－7(*b*)。考虑是正弦稳

态电路，画图 5.2-7(*b*)的相量模型电路如图 5.2-7(*c*)所示。在图 5.2-7(*c*)中，应用阻抗串、并联等效关系，求得电流

$$\dot{I}_{\mathrm{m}}=\frac{\dot{U}_{\mathrm{sm}}}{8+\mathrm{j}5+\mathrm{j}2 \mathbin{/\!/} \mathrm{j}2}=\frac{20\angle 0^{\circ}}{10\angle 36.9^{\circ}}=2\angle -36.9^{\circ}\ \mathrm{A}$$

应用阻抗并联分流关系求得电流

$$\dot{I}_{2\mathrm{m}}=\frac{\mathrm{j}2}{\mathrm{j}2+\mathrm{j}2}\dot{I}_{\mathrm{m}}=\frac{1}{2}\times 2\angle -36.9^{\circ}=1\angle -36.9^{\circ}\ \mathrm{A}$$

故得

$$i_2(t)=\cos(t-36.9^{\circ})\mathrm{A}$$

思考题

5.2-1　互感线圈的 T 形去耦等效电路有哪两种形式？这两种形式有什么不同？等效电路中电感的参数与什么有关？

5.2-2　若图 5.2-3(*a*)中端钮上的电压、电流参考方向设成非关联，得出的等效电路还能是图 5.2-3(*b*)吗？请推导作答。

5.2-3　一互感线圈被密封在某黑盒子里，它外露 4 个端子，如图所示。现在手头只有一台交流信号源及一只万用表，试用实验的方法判别该互感线圈的同名端。(要求：画出实验线路图，写出主要判别步骤。)

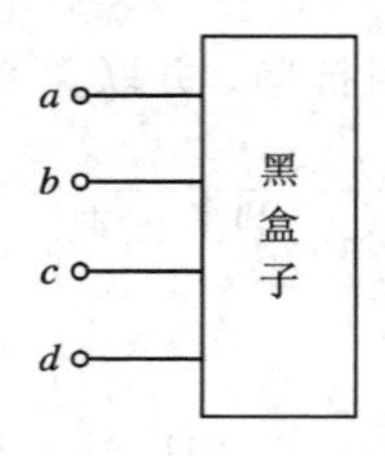

思考题 5.2-3 图

5.3　含互感电路的相量法分析

由于讨论耦合电感上的电压时，不但要考虑自感电压，还应考虑互感电压，所以含耦合电感电路的分析有它一定的特殊性。例如，前面介绍的节点电位法所列写的节点方程实质是节点电流方程，不易考虑互感电压，所以含有耦合电感的电路，如果不作去耦等效，不便直接应用节点电位法分析。对于含互感的电路，就分析方法来说，同样可分为方程法分析和等效法分析两类，下面我们分别加以讨论。

5.3.1　含互感电路的方程法分析

对原电路(即不作去耦等效变换)一般用回路法比较方便。为了讨论问题简便，假定电路中只含一对互感，而且我们着眼于两相耦合电感所在的两个回路，对于不含互感的回路，列写方程的方法如前所述。如图 5.3-1 所示，一般称与激励源相连的线圈

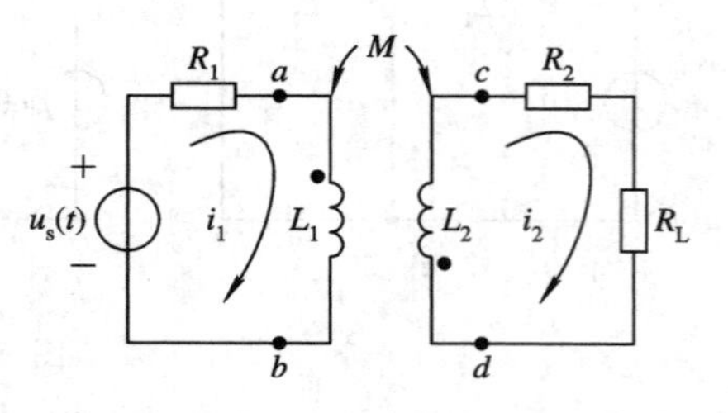

图 5.3-1　两个回路的互感电路

为初级线圈，与负载相连的线圈为次级线圈。对图 5.3-1 所示电路，设出各回路电流参考方向，并认为各元件上的电压与电流参考方向关联，则由 KVL 得

$$\left.\begin{aligned}R_1 i_1 + L_1 \frac{\mathrm{d}i_1}{\mathrm{d}t} + M\frac{\mathrm{d}i_2}{\mathrm{d}t} = u_s \\ (R_L + R_2) i_2 + L_2 \frac{\mathrm{d}i_2}{\mathrm{d}t} + M\frac{\mathrm{d}i_1}{\mathrm{d}t} = 0\end{aligned}\right\} \tag{5.3-1}$$

如果激励是任意的时间函数，那么求解电流 i_1、i_2 就需要在时间域里解(5.3-1)式的联立微分方程组。

含互感的电路大多使用于正弦稳态情况。由(5.3-1)式可得相量代数方程为

$$\left.\begin{aligned}(R_1 + \mathrm{j}\omega L_1)\dot{I}_1 + \mathrm{j}\omega M\dot{I}_2 = \dot{U}_s \\ \mathrm{j}\omega M\dot{I}_1 + (R_2 + R_L + \mathrm{j}\omega L_2)\dot{I}_2 = 0\end{aligned}\right\} \tag{5.3-2}$$

令 $Z_{11}=R_1+\mathrm{j}\omega L_1$，称为初级回路自阻抗；$Z_{22}=R_2+R_L+\mathrm{j}\omega L_2$，称为次级回路自阻抗；$Z_{12}=Z_{21}=\mathrm{j}\omega M$，称为初、次级回路间互阻抗。将 Z_{11}、Z_{22}、Z_{12} 和 Z_{21} 代入(5.3-2)式，则可写出包含一对互感线圈，具有初、次级回路的电路的方程一般形式

$$\left.\begin{aligned}Z_{11}\dot{I}_1 + Z_{12}\dot{I}_2 = \dot{U}_s \\ Z_{21}\dot{I}_1 + Z_{22}\dot{I}_2 = 0\end{aligned}\right\} \tag{5.3-3}$$

解(5.3-3)式得

$$\dot{I}_1 = \frac{\begin{vmatrix}\dot{U}_s & Z_{12} \\ 0 & Z_{22}\end{vmatrix}}{\begin{vmatrix}Z_{11} & Z_{12} \\ Z_{21} & Z_{22}\end{vmatrix}} = \frac{Z_{22}\dot{U}_s}{Z_{11}Z_{22} - Z_{12}Z_{21}} = \frac{Z_{22}\dot{U}_s}{Z_{11}Z_{22} + \omega^2 M^2} \tag{5.3-4}$$

$$\dot{I}_2 = -\frac{Z_{21}}{Z_{22}}\dot{I}_1 = \frac{-Z_{21}\dot{U}_s}{Z_{11}Z_{22} - Z_{12}Z_{21}} = \frac{-\mathrm{j}\omega M\dot{U}_s}{Z_{11}Z_{22} + \omega^2 M^2} \tag{5.3-5}$$

对于图 5.3-1 所示的具体电路，将本电路的 Z_{11}、Z_{22} 代入(5.3-4)式和(5.3-5)式，得

$$\dot{I}_1 = \frac{(R_2 + R_L + \mathrm{j}\omega L_2)\dot{U}_s}{(R_1 + \mathrm{j}\omega L_1)(R_2 + R_L + \mathrm{j}\omega L_2) + \omega^2 M^2} \tag{5.3-6}$$

$$\dot{I}_2 = \frac{-\mathrm{j}\omega M\dot{U}_s}{(R_1 + \mathrm{j}\omega L_1)(R_2 + R_L + \mathrm{j}\omega L_2) + \omega^2 M^2} \tag{5.3-7}$$

有了 $\dot{I}_1$、$\dot{I}_2$ 就容易求解出电路中的电压、功率等。这就是应用回路法分析含互感的原型电路的基本过程。

需要注意的是，(5.3-4)式和(5.3-5)式只是对图 5.3-1 所示电路，且在如该图中所给定同名端及电流参考方向的条件下得到的结果。如果不符合如此一样的条件，当然就不能套用(5.3-4)式和(5.3-5)式来计算电流 $\dot{I}_1$、$\dot{I}_2$。

5.3.2 含互感电路的等效法分析

等效法实质上是在方程法的基础上找出求解的某些规律，把它归纳总结成公式或定理，遇到类似问题灵活套用来求解电路。像串、并联等效，先求得总电压、总电流，然后再分压、分流求解电路的方法就是如此。下面介绍由方程法归纳总结出的初、次级等效电路。

首先讨论分析初级等效电路。

将(5.3-4)式分子、分母同除 Z_{22}，得

$$\dot{I}_1=\frac{\dot{U}_s}{Z_{11}+\dfrac{\omega^2M^2}{Z_{22}}} \tag{5.3-8}$$

令

$$Z_{f1}=\frac{\omega^2M^2}{Z_{22}} \tag{5.3-9}$$

代入(5.3-8)式，得

$$\dot{I}_1=\frac{\dot{U}_s}{Z_{11}+Z_{f1}} \tag{5.3-10}$$

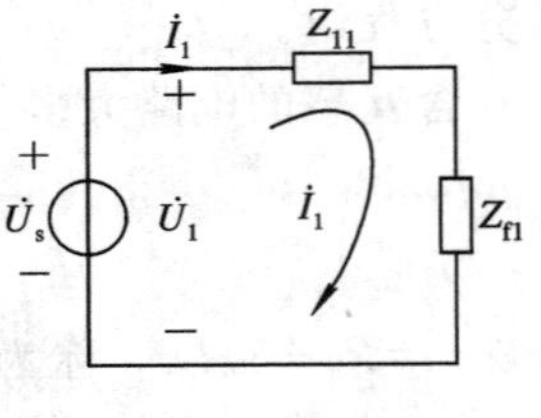

由(5.3-10)式画出初级等效电路如图 5.3-2 所示。如果我们仅求初级电流 $\dot{I}_1$，则无须知道互感线圈的同名端位置。

图 5.3-2　初级等效电路

(5.3-9)式表述的 Z_{f1} 是次级回路对初级回路的反映阻抗，它体现了次级回路的存在对初级电流 $\dot{I}_1$ 的影响。设次级回路自阻抗

$$Z_{22}=R_{22}+\mathrm{j}X_{22}$$

将 Z_{22} 代入(5.3-9)式，得

$$\begin{aligned}Z_{f1}&=\frac{\omega^2M^2}{Z_{22}}=\frac{\omega^2M^2}{R_{22}+\mathrm{j}X_{22}}=\frac{\omega^2M^2R_{22}}{R_{22}^2+X_{22}^2}-\mathrm{j}\frac{\omega^2M^2X_{22}}{R_{22}^2+X_{22}^2}\\&=R_{f1}+\mathrm{j}X_{f1}\end{aligned}$$

上式中

$$R_{f1}=\frac{\omega^2M^2}{R_{22}^2+X_{22}^2}R_2 \tag{5.3-11}$$

$$X_{f1}=-\frac{\omega^2M^2}{R_{22}^2+X_{22}^2}X_{22} \tag{5.3-12}$$

(5.3-11)式说明反映阻抗中的电阻部分 R_{f1}，不但与次级回路中的电阻 R_{22} 有关，而且与次级回路中的电抗 X_{22} 有关，还与频率、互感值有关。R_{f1} 上消耗的功率就是次级回路消耗的功率(不是次级回路中某一个电阻而是全部电阻上消耗的功率)。(5.3-12)式说明反映阻抗中的电抗部分 X_{f1} 与次级回路电抗 X_{22} 具有相反的性质。也就是说，如果次级回路阻抗 Z_{22} 是容性阻抗，那么它反映到初级的反映阻抗 Z_{f1} 就是感性阻抗，反之亦然。当然，从(5.3-12)式还可看出反映电抗 X_{f1} 与次级回路中的电抗 X_{22}、电阻 R_{22} 均有关。

由初级等效电路图 5.3-2 不难得到从初级端看去的输入阻抗

$$Z_{in}=\frac{\dot{U}_1}{\dot{I}_1}=Z_{11}+Z_{f1}=Z_{11}+\frac{\omega^2M^2}{Z_{22}} \tag{5.3-13}$$

其次，再来讨论分析次级等效电路。由(5.3-5)式可知

$$\dot{I}_2=-\frac{Z_{21}}{Z_{22}}\dot{I}_1$$

对于图 5.3-1 所示的互感耦合电路，$Z_{21}=\mathrm{j}\omega M$，代入上式得次级电流

$$\dot{I}_2=\frac{-\mathrm{j}\omega M\dot{I}_1}{Z_{22}} \tag{5.3-14}$$

由(5.3-14)式画出求次级电流 $\dot{I}_2$ 的等效电路(一)，如图 5.3-3 所示。

应当清楚，该等效电路必须在求得了初级电流 $\dot{I}_1$ 的前提下才可应用来求次级电流 $\dot{I}_2$，特别应注意的是，等效源的极性、大小及相位，与耦合电感的同名端，初、次级电流参考方向有关。应根据具体电路情况确定(5.3－14)式中的符号。例如，若图 5.3－1 中耦合线圈的同名端不是 a、d 端，而是 a、c 端，那么图 5.3－3 中的等效电源也就不是 $-\mathrm{j}\omega M\dot{I}_1$，而应是 $\mathrm{j}\omega M\dot{I}_1$。再如，若图 5.3－1 中次级电流的参考方向不是从 d 端流入，那么在图 5.3－3 中的等效电源也不是 $-\mathrm{j}\omega M\dot{I}_1$，而应是 $\mathrm{j}\omega M\dot{I}_1$。

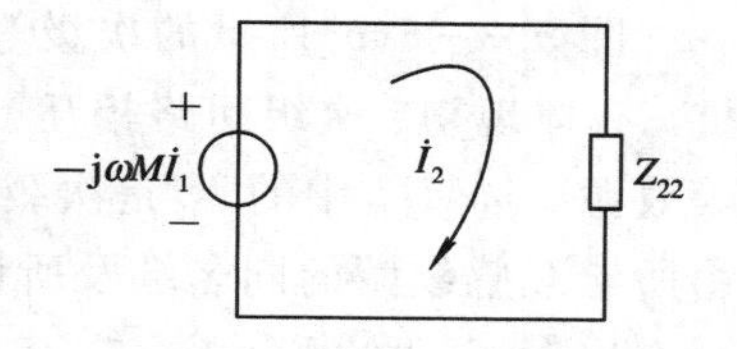

图 5.3－3　次级等效电路(一)

如果直接对含互感的原电路应用戴维宁定理，亦可得到次级另一种等效电路。为了说明问题简便，同时也为便于比较次级等效电路的两种形式，我们仍用图 5.3－1 所示电路，并限定在正弦稳态情况来讨论。根据戴维宁定理分析电路的 3 个步骤，首先自 cd 断开次级电路，设出开路电压 $\dot{U}_{oc}$，如图 5.3－4 所示。

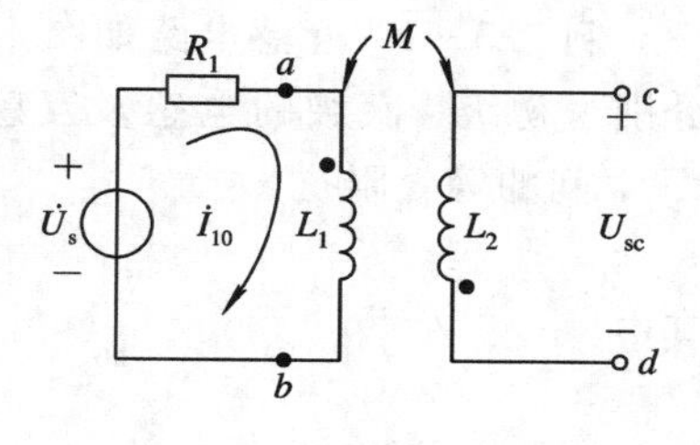

图 5.3－4　求开路电压用图

由图可求得

$$\dot{U}_{oc}=-\mathrm{j}\omega M\dot{I}_{10}$$

式中

$$\dot{I}_{10}=\frac{\dot{U}_s}{R_1+\mathrm{j}\omega L_1}\qquad(5.3-15)$$

是次级开路时的初级电流。然后再求等效内阻抗 Z_0。将图 5.3－1 中的理想电压源 $\dot{U}_s$ 短路，在断开端子 c、d 间外加电源 $\dot{U}$，如图 5.3－5 所示。这相当于将原来的次级当做初级，原来的初级当做次级情况，参照(5.3－13)式得

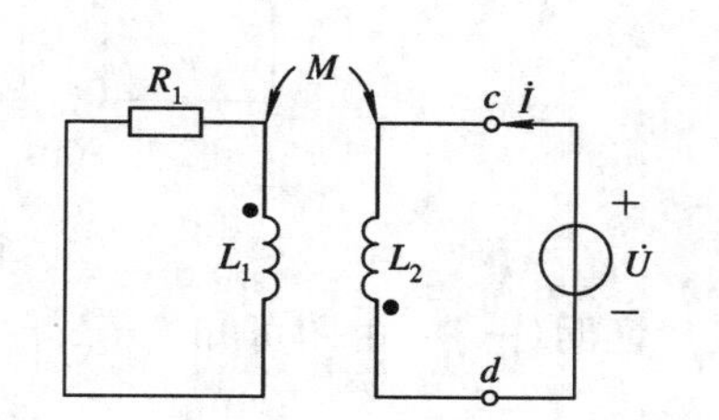

图 5.3－5　求等效内阻抗用图

$$\begin{aligned}Z_0&=Z'_{22}+\frac{\omega^2M^2}{Z_{11}}=\mathrm{j}\omega L_2+\frac{\omega^2M^2}{R_1+\mathrm{j}\omega L_1}\\&=\mathrm{j}\omega L_2+Z_{f2}\end{aligned}\qquad(5.3-16)$$

式中

$$Z_{f2}=\frac{\omega^2M^2}{Z_{11}}\qquad(5.3-17)$$

称为初级回路向次级回路的反映阻抗，它与 Z_{f1} 具有类似的性质。(5.3－16)式中的 $Z'_{22}=\mathrm{j}\omega L_2$，即原次级回路去掉断开部分所剩下次级回路的自阻抗部分。本问题是从 cd 断开，剩下的仅有次级电感 L_2。最后一步，画出戴维宁等效源并接上断开的次级回路部分，如图5.3－6(a)所示，再将 Z_0 中的 $Z'_{22}=\mathrm{j}\omega L_2$ 与 R_2 及 R_L 合并得 Z_{22}，改画为次级等效电路(二)，如图 5.3－6(b)所示。

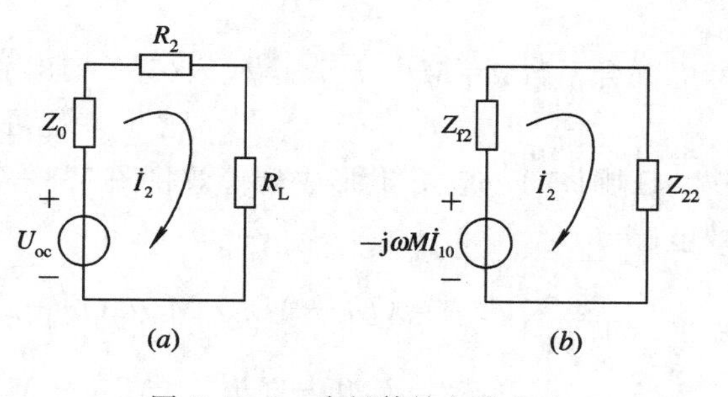

图 5.3－6　次级等效电路(二)

第5章　互感与理想变压器

图 5.3-6(b)所示的次级等效电路(二)与初级等效电路图 5.3-2 相似：有回路的自阻抗，有体现初、次级回路相互影响的反映阻抗。这里再次明确，这种形式的次级等效电路，等效源$-\mathrm{j}\omega M\dot{I}_{10}$中的$\dot{I}_{10}$是次级开路时的初级电流。等效源是取$-\mathrm{j}\omega M\dot{I}_{10}$还是取$\mathrm{j}\omega M\dot{I}_{10}$应由所给互感线圈的同名端及所设初、次级电流的参考方向决定，切记不要乱套用。

以上所讨论的分析含有互感电路的方程法或等效法是在原电路上进行的。如果应用 5.2节中所讲的去耦等效法对含互感的电路先行去耦等效，再从去耦等效后的电路去分析，那么就和第 4 章讲述的无耦合电感电路的分析完全一样，所学的各种方法均可使用，这里不再赘述。

例 5.3-1 互感电路如图 5.3-7(a)所示，使用在正弦稳态电路中，图中L_1、L_2和M分别为初级、次级的电感及互感。将互感电路的次级 2-2′短路，试证明该电路初级端 1-1′间的等效阻抗

$$Z_{11'}=\mathrm{j}\omega(1-k^2)L_1$$

其中

$$k=\frac{M}{\sqrt{L_1L_2}}$$

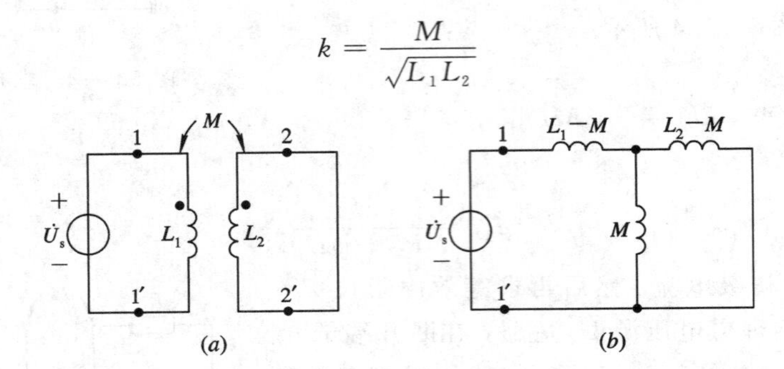

图 5.3-7 例 5.3-1 用图

证明(一) 由图可知

$$Z_{11}=\mathrm{j}\omega L_1,\quad Z_{22}=\mathrm{j}\omega L_2$$

反映阻抗

$$Z_{f1}=\frac{\omega^2M^2}{Z_{22}}=-\mathrm{j}\omega\frac{M^2}{L_2}$$

由(5.3-13)式得初级端 1-1′间的等效阻抗

$$Z_{11'}=Z_{11}+Z_{f1}=\mathrm{j}\omega L_1-\mathrm{j}\omega\frac{M^2}{L_2}=\mathrm{j}\omega L_1\left(1-\frac{M^2}{L_1L_2}\right)\tag{5.3-18}$$

考虑耦合系数$k=M/\sqrt{L_1L_2}$，代入(5.3-18)式，得

$$Z_{11'}=\mathrm{j}\omega(1-k^2)L_1$$

证明(二) 应用 T 形去耦等效将图 5.3-7(a)等效为图 5.3-7(b)，显然 1-1′端的等效电感

$$L_{11'}=(L_1-M)+M\,/\!/\,(L_2-M)=L_1-M+\frac{M(L_2-M)}{L_2-M+M}$$

$$=\frac{L_1L_2-ML_2+ML_2-M^2}{L^2}=\frac{L_1L_2}{L_2}\left(1-\frac{M^2}{L_1L_2}\right)$$

考虑$k=M/\sqrt{L_1L_2}$，所以

$$L_{11'} = (1-k^2)L_1$$

设角频率为 ω，则得 1 - 1′端的等效阻抗

$$Z_{11'} = \mathrm{j}\omega(1-k^2)L_1$$

例 5.3-2 图 5.3-8(*a*)所示互感电路，已知 $R_1=7.5\ \Omega$，$\omega L_1=30\ \Omega$，$\dfrac{1}{\omega C_1}=22.5\ \Omega$，$R_2=60\ \Omega$，$\omega M=30\ \Omega$，$\dot{U}_s=15\angle 0°\ \mathrm{V}$。求电流 $\dot{I}_1$、$\dot{I}_2$ 和 R_2上消耗的平均功率 P_2。

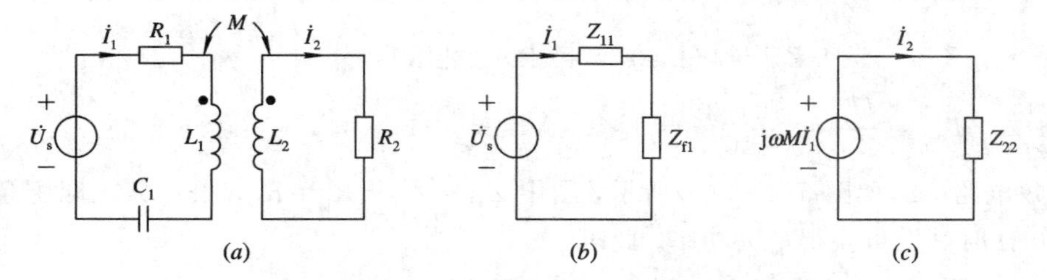

图 5.3-8 例 5.3-2 用图

解

$$Z_{11} = R_1 + \mathrm{j}\omega L_1 - \mathrm{j}\frac{1}{\omega C_1} = 7.5 + \mathrm{j}30 - \mathrm{j}22.5 = 7.5 + \mathrm{j}7.5\ \Omega$$

$$Z_{22} = R_2 + \mathrm{j}\omega L_2 = 60 + \mathrm{j}60\ \Omega$$

$$Z_{f1} = \frac{\omega^2 M^2}{Z_{22}} = \frac{30^2}{60+\mathrm{j}60} = 7.5 - \mathrm{j}7.5\ \Omega$$

画初级等效电路如图 5.3-8(*b*)所示。由图 5.3-8(*b*)得

$$\dot{I}_1 = \frac{\dot{U}_s}{Z_{11}+Z_{f1}} = \frac{15\angle 0°}{7.5+\mathrm{j}7.5+7.5-\mathrm{j}7.5} = 1\angle 0°\ \mathrm{A}$$

根据图 5.3-8(*a*)所给同名端位置及所设电流参考方向，可画次级等效电路(一)如图 5.3-8(*c*)所示(注意图 5.3-8(*c*)中等效源为 $\mathrm{j}\omega M\dot{I}_1$，不带负号，想想看，为什么?)，由图 5.3-8(*c*)求得

$$\dot{I}_2 = \frac{\mathrm{j}\omega M\dot{I}_1}{Z_{22}} = \frac{\mathrm{j}30\times 1\angle 0°}{60+\mathrm{j}60} = 0.25\sqrt{2}\angle 45°\ \mathrm{A}$$

R_2上消耗的功率为

$$P_2 = I_2^2 R_2 = (0.25\sqrt{2})^2 \times 60 = 7.5\ \mathrm{W}$$

例 5.3-3 图 5.3-9(*a*)所示电路，已知 $\dot{U}_s=10\angle 0°\ \mathrm{V}$，$\omega=10^6\ \mathrm{rad/s}$，$L_1=L_2=1\ \mathrm{mH}$，$C_1=C_2=1000\ \mathrm{pF}$，$R_1=10\ \Omega$，$M=20\ \mu\mathrm{H}$。负载电阻 R_L可任意改变，问 R_L等于多大时其上可获得最大功率，并求出此时的最大功率 $P_{L\max}$及电容 C_2上的电压有效值 U_{C2}。

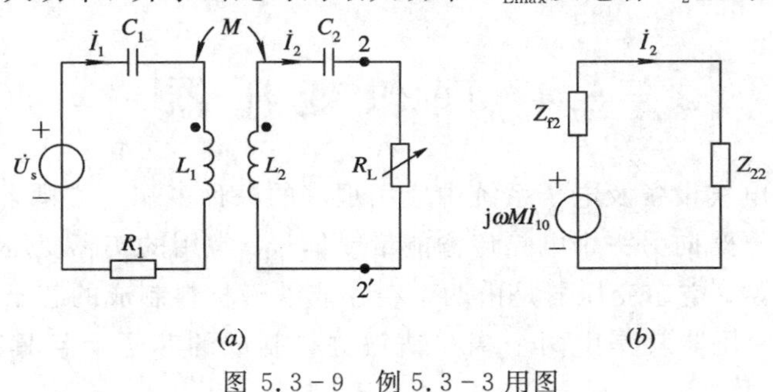

图 5.3-9 例 5.3-3 用图

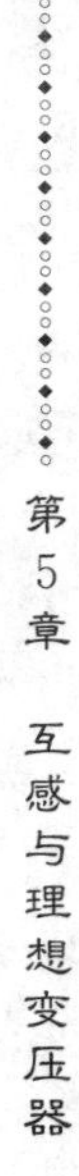

解 自 22′处断开 R_L，所以

$$Z_{11}=R_1+j\omega L_1-j\frac{1}{\omega C_1}=10+j1000-j1000=10\ \Omega$$

$$Z'_{22}=j\omega L_2-j\frac{1}{\omega C_2}=j10^6\times1\times10^{-3}-j\frac{1}{10^6\times1000\times10^{-12}}=0$$

$$Z_{f2}=\frac{\omega^2M^2}{Z_{11}}=\frac{(10^6)^2\times(20\times10^{-6})^2}{10}=40\ \Omega\quad(\text{纯阻})$$

$$Z_0=Z'_{22}+Z_{f2}=0+40=40\ \Omega\quad(\text{纯阻})$$

$$\dot{I}_{10}=\frac{\dot{U}_s}{Z_{11}}=\frac{10\angle0^\circ}{10}=1\angle0^\circ\ \text{A}$$

次级等效电路(二)如图 5.3-9(*b*)所示，图中 $Z_{22}=Z'_{22}+R_L=R_L$。根据共轭匹配条件可知 $R_L=40\ \Omega$ 时其上可获得最大功率。此时

$$\dot{I}_2=\frac{j\omega M\dot{I}_{10}}{Z_0+R_L}=\frac{j10^6\times20\times10^{-6}\times1\angle0^\circ}{40+40}=0.25\angle90^\circ\ \text{A}$$

$$P_{L\max}=I_2^2R_L=(0.25)^2\times40=2.5\ \text{W}$$

$$U_{C2}=\frac{1}{\omega C_2}I_2=\frac{1}{10^6\times1000\times10^{-12}}\times0.25=250\ \text{V}$$

顺便说及一点实际知识，如果要选择元件装配本例题的电路，对于选择 C_2 电容，除使电容量为 1000 pF 外，还应能耐压在 250 V 以上，否则有被击穿的可能，造成电路不能正常工作。

思考题

5.3-1　简述次级回路两种等效形式的相异点，问各在什么情况下选用较方便。

5.3-2　有人说：次级回路中的电流是感应电流，它激发的磁通应与初级回路电流所激发的磁通相抵消，因此，次级回路电流和初级回路电流一定是反相的。这种观点正确吗？为什么？

5.3-3　不管互感线圈同名端如何给定，若只要求初级回路电流 $\dot{I}_1$，某同学总结归纳出这样的解题 4 步骤：① 分别求初、次回路自阻抗 Z_{11}、Z_{22}；② 求反映阻抗 $Z_{f1}=\frac{\omega^2M^2}{Z_{22}}$；③ 画出初级等效电路(参见图 5.3-2)，并设初级电流 $\dot{I}_1$ 的参考方向从电源正极性流出；④ 代公式求初级电流 $\dot{I}_1=\frac{\dot{U}_s}{Z_{11}+Z_{f1}}$。你赞同他的这个 4 步骤解题法吗？你总结归纳出与此不同的方法了吗？

5.4 理想变压器

变压器是各种电气设备及电子系统中应用很广的一种多端子磁耦合基本电路元件。利用它来实现从一个电路向另一个电路传输能量或信号。常用的实际变压器有空芯变压器和铁芯变压器两种类型。空芯变压器是由两个绕在非铁磁材料制成的芯子上并且具有互感的线圈组成的；铁芯变压器就是由两个绕在铁磁材料制成的芯子上且具有互感的线圈组成

的。本节要讨论的理想变压器可看成是实际变压器的理想化模型，它是对互感元件的一种理想科学抽象，即是极限情况下的耦合电感。

5.4.1 理想变压器的三个理想条件

理想变压器多端元件可以看作互感多端元件在满足下述三个理想条件极限演变而来的。

条件1：耦合系数 $k=1$，即全耦合。

条件2：自感系数 L_1、L_2 无穷大且 L_1/L_2 等于常数。由(5.1-4)式并考虑条件1，可知 $M=\sqrt{L_1L_2}$ 也为无穷大。此条件可简说为参数无穷大。

条件3：无损耗。这就意味着绕线圈的金属导线无任何电阻，或者说，绕线圈的金属导线材料的导电率 $\sigma\to\infty$。做芯的铁磁材料的导磁率 $\mu\to\infty$。

由以上三个条件，我们可以看出三个条件一个比一个苛刻，在工程实际中永远不可能满足。可以说，实际中使用的变压器都不是这样定义的理想变压器。但是在实际制造变压器时，从选材到工艺都着眼于这三个条件作为"努力方向"。譬如说，选用良金属导线绕线圈，选用导磁率高的硅钢片并采用叠式结构做成芯，都是为尽可能地减小损耗。再如，采用高绝缘层的漆包线紧绕、密绕、双线绕，并采取对外的磁屏蔽措施，都是为使耦合系数尽可能接近1。又如，理想条件2要求参数无穷大固然难于做到，但在绕制实际铁芯变压器时也常常用足够的匝数(有的达几千匝)为使参数有相当大的数值。

而在一些实际工程概算中，比如说计算变压比、变流比等，又往往在工程误差允许的范围以内，把实际使用的变压器当做理想变压器对待，以使计算过程简化。

抛开实际问题，不去就事论事，而是从理论上讲，完完全全满足上述的三个理想条件的互感线圈，它就发生了由量变到质变的飞跃，由互感线圈多端电路元件演变为另一种新的多端电路元件即理想变压器。在性能上，理想变压器与互感线圈有着质的区别。究竟理想变压器具有哪些主要性能呢？这正是我们下面所要重点讨论的问题。

5.4.2 理想变压器的主要性能

为便于讨论，以图5.4-1(a)所示的示意图来分析理想变压器的主要性能。图中 N_1、N_2 既代表初、次级线圈，又表示它们各自的匝数。由图5.4-1(a)可判定 a、c 端是同名端。设 i_1、i_2 分别从同名端流入(属磁通相助情况)，并设初、次级电压 u_1、u_2 与各自线圈上 i_1、i_2 参考方向关联。若 ϕ_{11}、ϕ_{22} 分别为穿过线圈 N_1 和线圈 N_2 的自磁通；ϕ_{21} 为第一个线圈 N_1 中电流 i_1 在第二个线圈 N_2 中激励的互磁通；ϕ_{12} 为第二个线圈 N_2 中电流 i_2 在第一个线圈 N_1 中激励的互磁通。由图5.4-1(a)可以看出与线圈 N_1、N_2 交链的磁链 ψ_1、ψ_2 分别为

$$\psi_1 = N_1\phi_{11} + N_1\phi_{12} = N_1(\phi_{11} + \phi_{12}) \tag{5.4-1a}$$

$$\psi_2 = N_2\phi_{22} + N_2\phi_{21} = N_2(\phi_{22} + \phi_{21}) \tag{5.4-1b}$$

考虑全耦合($k=1$)的理想条件，所以有 $\phi_{12}=\phi_{22}$，$\phi_{21}=\phi_{11}$，则

$$\phi_{11} + \phi_{12} = \phi_{11} + \phi_{22} = \phi \tag{5.4-2a}$$

$$\phi_{22} + \phi_{21} = \phi_{22} + \phi_{11} = \phi \tag{5.4-2b}$$

将(5.4-2)式代入(5.4-1)式，得

$$\psi_1 = N_1\phi \tag{5.4-3a}$$

$$\psi_2 = N_2 \phi \qquad (5.4-3b)$$

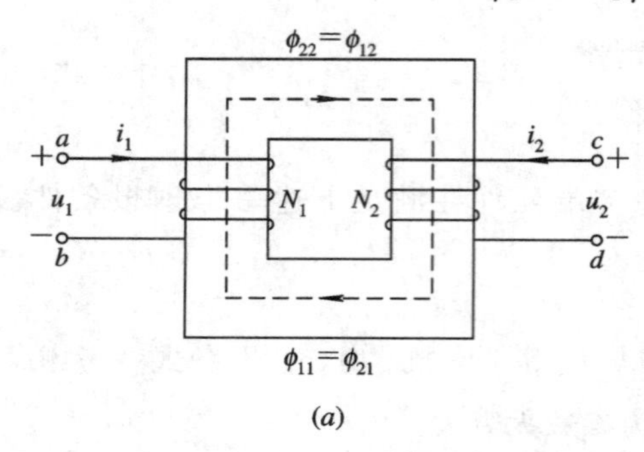

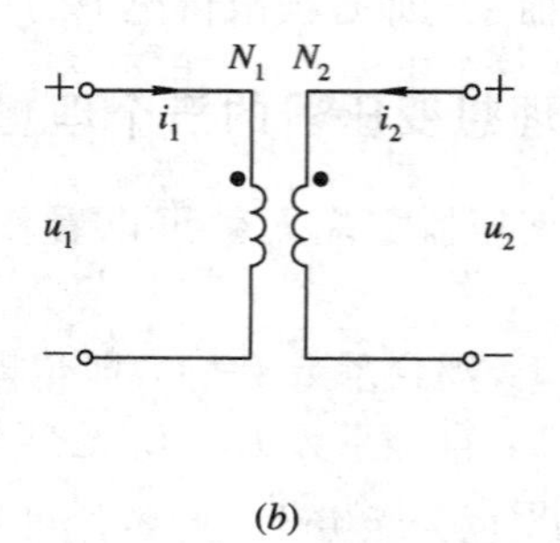

图 5.4-1 变压器示意图及其模型

1. 变压关系

对(5.4-3)式求导，得初、次级电压分别为

$$u_1 = \frac{\mathrm{d}\psi_1}{\mathrm{d}t} = N_1 \frac{\mathrm{d}\phi}{\mathrm{d}t}$$

$$u_2 = \frac{\mathrm{d}\psi_2}{\mathrm{d}t} = N_2 \frac{\mathrm{d}\phi}{\mathrm{d}t}$$

所以有

$$\frac{u_1}{u_2} = \frac{N_1}{N_2} = n \qquad (5.4-4)$$

(5.4-4)式中 n 称为匝比或变比，它等于初级线圈匝数与次级线圈匝数之比。若将图 5.4-1(*a*)画为图 5.4-1(*b*)所示的理想变压器模型图，观察图 5.4-1(*b*)与(5.4-4)式可知：若 u_1、u_2 参考方向的"+"极性端都分别设在同名端，则 u_1 与 u_2 之比等于 N_1 与 N_2 之比。

若 u_1、u_2 参考方向的"+"极性端一个设在同名端，一个设在异名端，如图 5.4-2 所示，则此种情况的 u_1 与 u_2 之比为

$$\frac{u_1}{u_2} = -\frac{N_1}{N_2} = -n \qquad (5.4-5)$$

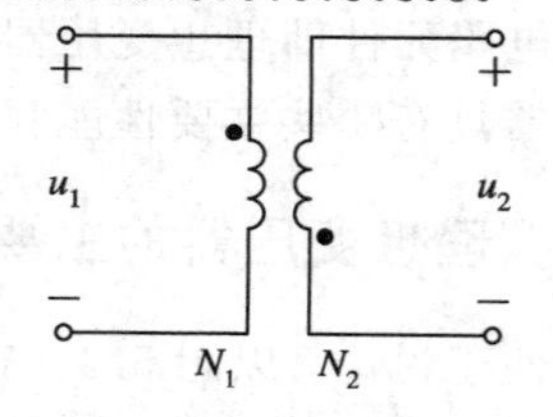

图 5.4-2 变压关系带负号情况的模型

(5.4-4)式与(5.4-5)式都是理想变压器的变压关系式。但应注意：在进行变压关系计算时是选用(5.4-4)式还是选用(5.4-5)式，取决于两电压参考方向的极性与同名端的位置，而与两线圈中电流参考方向如何假设无关。

2. 变流关系

考虑理想变压器是 L_1、L_2 无穷大且 L_1/L_2 为常数，$k=1$ 的无损耗互感线圈，这里我们从互感线圈的电压、电流关系着手，代入理想条件，即得理想变压器的变流关系式。由图 5.4-3 所示的互感线圈模型写得

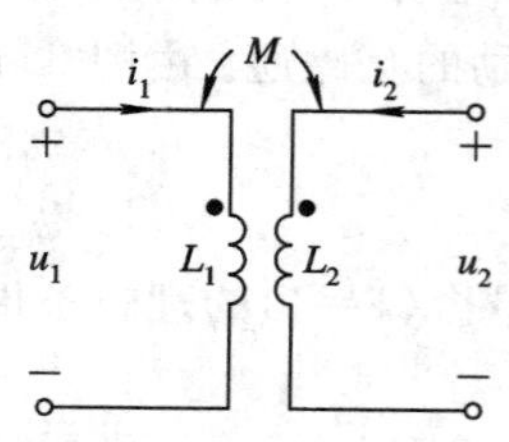

图 5.4-3 变流关系带负号情况的模型

$$u_1 = L_1 \frac{\mathrm{d}i_1}{\mathrm{d}t} + M \frac{\mathrm{d}i_2}{\mathrm{d}t} \qquad (5.4-6)$$

设电流初始值为零并对(5.4－6)式两端作 $0\sim t$ 的积分，得

$$i_1(t)=\frac{1}{L_1}\int_0^t u_1(\xi)\mathrm{d}\xi-\frac{M}{L_1}i_2(t) \tag{5.4-7}$$

参见图 5.4－1(a)，联系 M、L_1定义，并考虑 $k=1$ 条件，所以

$$\frac{M}{L_1}=\frac{\dfrac{N_2\phi_{21}}{i_1}}{\dfrac{N_1\phi_{11}}{i_1}}=\frac{\dfrac{N_2\phi_{11}}{i_1}}{\dfrac{N_1\phi_{11}}{i_1}}=\frac{N_2}{N_1} \tag{5.4-8}$$

将(5.4－8)式代入(5.4－7)式并考虑 $L_1=\infty$，于是得

$$i_1(t)=-\frac{N_2}{N_1}i_2(t)$$

所以有

$$\frac{i_1(t)}{i_2(t)}=-\frac{N_2}{N_1}=-\frac{1}{n} \tag{5.4-9}$$

(5.4－9)式说明，当初、次级电流 i_1、i_2分别从同名端同时流入(或同时流出)时，则 i_1与 i_2之比等于负的 N_2与 N_1之比。

若假设 i_1、i_2参考方向中的一个是从同名端流入，一个是从同名端流出，如图 5.4－4 所示，则这种情况的 i_1与 i_2之比为

$$\frac{i_1(t)}{i_2(t)}=\frac{N_2}{N_1}=\frac{1}{n} \tag{5.4-10}$$

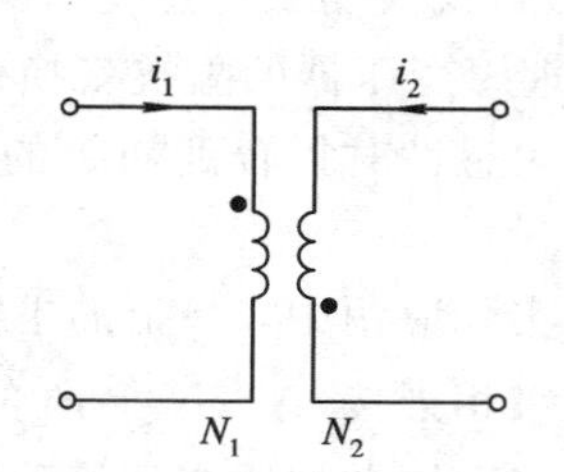

图 5.4－4　变流关系不带负号时的模型

(5.4－9)式与(5.4－10)式都是理想变压器的变流关系式。也需要注意：在进行变流关系计算时是选用(5.4－9)式还是选用(5.4－10)式，取决于两电流参考方向的流向与同名端的位置，而与两线圈上电压参考方向如何假设无关。

由理想变压器的变压关系式(即(5.4－4)式)、变流关系式(即(5.4－9)式)，并考虑(1.2－4)式，得理想变压器从初级端口与次级端口吸收的功率和为

$$\begin{aligned}p(t)&=u_1(t)i_1(t)+u_2(t)i_2(t)\\&=u_1(t)i_1(t)+\frac{1}{n}u_1(t)(-ni_1(t))\\&=0\end{aligned} \tag{5.4-11}$$

(5.4－11)式说明：理想变压器不消耗能量，也不储存能量，所以它是不耗能、不储能的无记忆多端电路元件，这一点与互感线圈有着质的不同，参数有限(L_1、L_2和 M 均为有限值)的互感线圈是具有记忆作用的储能多端电路元件。

3. 变换阻抗关系

理想变压器在正弦稳态电路里还表现出有变换阻抗的特性。如图 5.4－5 所示的理想变压器，次级接负载阻抗 Z_L，由(5.4－4)式和(5.4－9)式代数关系式可知，在正弦稳态电路里，理想变压器的变压、变流关系的相量形式

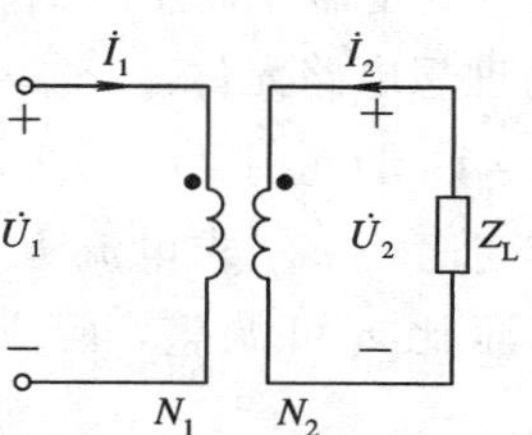
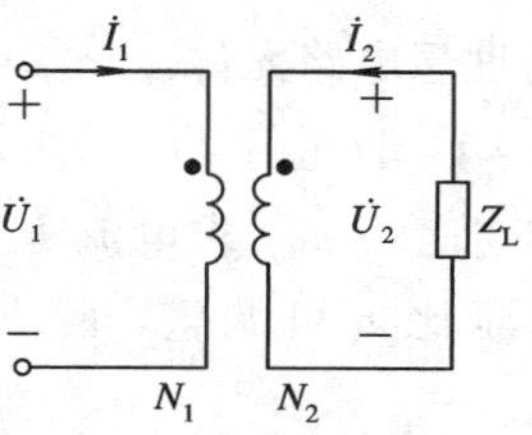

图 5.4－5　推导理想变压器变换阻抗关系用图

也是成立的。对图 5.4-5 所示电路，由设出的电压、电流参考方向及同名端位置可得

$$\dot{U}_1 = \frac{N_1}{N_2}\dot{U}_2 \tag{5.4-12}$$

$$\dot{I}_1 = -\frac{N_2}{N_1}\dot{I}_2 \tag{5.4-13}$$

由初级端看，输入阻抗

$$Z_{in} = \frac{\dot{U}_1}{\dot{I}_1} = \frac{\dfrac{N_1}{N_2}\dot{U}_2}{-\dfrac{N_2}{N_1}\dot{I}_2} = \left(\frac{N_1}{N_2}\right)^2\left(-\frac{\dot{U}_2}{\dot{I}_2}\right)$$

因负载 Z_L 上电压、电流参考方向非关联，有 $Z_L = -\dot{U}_2/\dot{I}_2$，代入上式即得

$$Z_{in} = \left(\frac{N_1}{N_2}\right)^2 Z_L = n^2 Z_L \tag{5.4-14}$$

(5.4-14)式表明了理想变压器的阻抗变换关系。习惯把这里的 Z_{in} 称为次级对初级的折合阻抗。理想变压器的阻抗变换作用只改变阻抗的大小，不改变阻抗的性质。也就是说，负载阻抗为感性时折合到初级的阻抗也为感性，负载阻抗为容性时折合到初级的阻抗也为容性。

在实际应用中，一定的电阻负载 R_L 接在变压器次级，根据(5.4-14)式可和，在变压器的初级相当接 $(N_1/N_2)^2 R_L$ 的电阻。如果 $n=N_1/N_2$ 改变，输入电阻 $n^2 R_L$ 也改变，所以可利用改变变压器的匝数比来改变输入电阻，实现与电源匹配，使负载上获得最大功率。收音机的输出变压器就是为此目的而设计的。

由(5.4-14)式不难得到两种特殊情况下理想变压器的输入阻抗。若 $Z_L=0$，则 $Z_{in}=0$；若 $Z_L\to\infty$，则 $Z_{in}\to\infty$ 。这就是说：理想变压器次级短路相当于初级亦短路；次级开路相当于初级亦开路。

关于理想变压器的概念，可明确概括下列几点：

(1) 理想变压器的三个理想条件：全耦合、参数无穷大、无损耗。

(2) 理想变压器的三个主要性能：变压、变流、变阻抗。

(3) 理想变压器的变压、变流关系适用于一切变动电压、电流的情况，即便是直流电压、电流，理想变压器也存在上述变换关系。但实际的变压器元件，因不能完全满足理想条件，所以在性能上与理想变压器有差异。特别需要说明的是，实际变压器不能变换直流的电压、电流，反而有隔断直流电流的作用，这一点在概念上应清楚。作为正常运行的实际变压器，它的次级不允许随便地短路与开路，否则会造成事故，损坏电气设备。

实际工程应用中部分变压器图片

(4) 理想变压器在任意时刻吸收的功率为零，这说明它是不耗能、不储能、只起能量传输作用的理想电路元件。

例 5.4-1 图 5.4-6(a)所示的正弦稳态电路，已知 $u_s(t)=\sqrt{2}\cdot 8\cos t$ V。

(1) 若变比 $n=2$，求电流 $\dot{I}_1$ 以及 R_L 上消耗的平均功率 P_L；

(2) 若匝比 n 可调整，问 n 为多少 时可使 R_L 上获得最大功率，并求出该最大功率 P_{Lmax}。

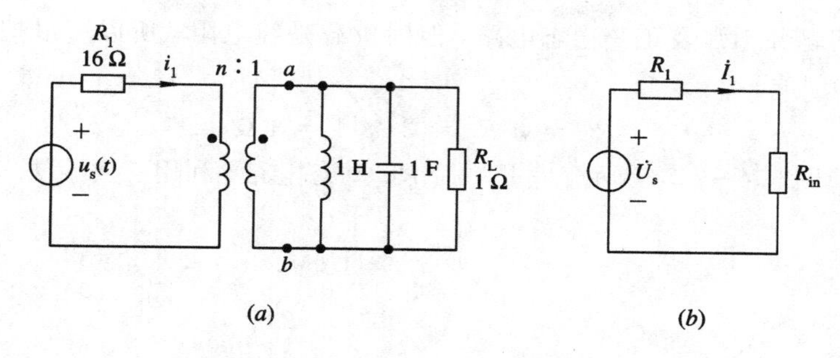

图 5.4-6 例 5.4-1 用图

解 (1)

$$Z_{ab}=\frac{1}{Y_{ab}}=\frac{1}{\frac{1}{R_L}-j\frac{1}{\omega L}+j\omega C}=\frac{1}{\frac{1}{1}-j\frac{1}{1\times 1}+j1\times 1}=1\ \Omega$$

从变压器初级看去的输入阻抗

$$Z_{in}=n^2 Z_{ab}=2^2\times 1=4\ \Omega$$

即

$$R_{in}=Z_{in}=4\ \Omega$$

初级等效电路相量模型如图 5.4-6(b)所示。所以

$$\dot{I}_1=\frac{\dot{U}_s}{R_1+R_{in}}=\frac{8\angle 0^\circ}{16+4}=0.4\angle 0^\circ\ \text{A}$$

因次级回路只有R_L上消耗平均功率，所以初级等效回路中R_{in}上消耗的功率就是R_L上消耗的功率

$$P_L=I_1^2 R_{in}=0.4^2\times 4=0.64\ \text{W}$$

(2) 改变变比 n 以满足最大输出功率条件

$$R_{in}=n^2 R_L=R_1$$

所以

$$n=\sqrt{\frac{R_1}{R_L}}=\sqrt{\frac{16}{1}}=4$$

即当变比 $n=4$ 时负载 R_L上可获得最大功率，此时

$$P_{Lmax}=\frac{U_s^2}{4R_1}=\frac{8^2}{4\times 16}=1\ \text{W}$$

例 5.4-2 图 5.4-7(a)所示电路，理想变压器匝比为 2，开关 S 闭合前电容上无储能，$t=0$ 时开关 S 闭合，求 $t\geqslant 0_+$ 时的电压 $u_2(t)$。

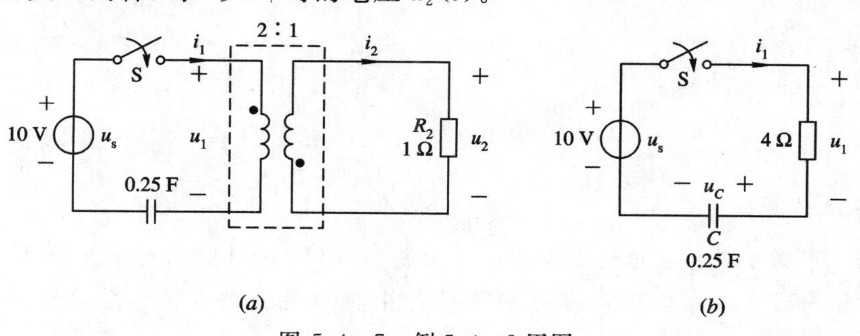

图 5.4-7 例 5.4-2 用图

解　这个问题并不涉及正弦稳态电路，但因负载是纯电阻，所以可以把负载电阻折算到初级，即

$$R_{in} = n^2 R_2 = 2^2 \times 1 = 4\ \Omega$$

初级等效电路如图 5.4－7(b)所示，它是一阶 RC 动态电路，利用三要素法求得三个要素分别为

$$u_C(0_+) = 0, \quad u_C(\infty) = 10\ \text{V}, \quad \tau = 1\ \text{s}$$

利用三要素公式，得

$$u_C(t) = u_C(\infty) + [u_C(0_+) - u_C(\infty)]e^{-\frac{1}{\tau}t} = 10(1 - e^{-t})\ \text{V}$$

所以

$$i_1(t) = C\frac{du_C(t)}{dt} = 0.25 \times 10e^{-t} = 2.5e^{-t}\ \text{A}$$

由变压器变流特性得图 5.4－7(a)中

$$i_2(t) = -ni_1(t) = -2 \times 2.5e^{-t} = -5e^{-t}\ \text{A}$$

再应用欧姆定律，得

$$u_2(t) = R_2 i_2(t) = 1 \times (-5e^{-t}) = -5e^{-t}\ \text{V} \qquad (t \geqslant 0_+)$$

例 5.4－3　如图 5.4－8 所示电路，求 ab 端的等效电阻 R_{ab}。

解　设各电压、电流参考方向如图中所标。由图可知

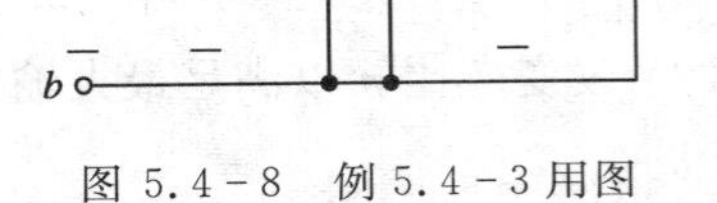

图 5.4－8　例 5.4－3 用图

$$u_1 = u, \quad u_2 = \frac{1}{2}u$$

$$i_3 = \frac{1}{2}u_2 = \frac{1}{4}u$$

由欧姆定理及 KCL，得

$$i_4 = \frac{u_1 - u_2}{3} = \frac{u - \frac{1}{2}u}{3} = \frac{1}{6}u$$

$$i_2 = i_3 - i_4 = \frac{1}{4}u - \frac{1}{6}u = \frac{1}{12}u$$

由变流关系及 KCL，得

$$i_1 = \frac{1}{2}i_2 = \frac{1}{2} \times \frac{1}{12}u = \frac{1}{24}u$$

$$i = i_4 + i_1 = \frac{1}{6}u + \frac{1}{24}u = \frac{5}{24}u$$

所以

$$R_{ab} = \frac{u}{i} = \frac{u}{\frac{5}{24}u} = \frac{24}{5} = 4.8\ \Omega$$

❖ 思考题 ❖

5.4－1　甲同学说：理想变压器的阻抗变换公式(5.4－14)式是在图 5.4－5 所示同名端位置及如图所设电压、电流参考方向的条件下推导得出的，若理想变压器的同名端改

变，或次级电压、电流参考方向改变，就不能应用(5.4-14)式来计算变换的阻抗。

乙同学说：只要理想变压器初级电压 $\dot{U}_1$ 与电流 $\dot{I}_1$ 设成关联参考方向，不管理想变压器同名端的位置如何改变，也不管次级电压 $\dot{U}_2$ 与电流 $\dot{I}_2$ 的参考方向对 Z_L 来说是否设成关联，均可使用(5.4-14)式来计算次级向初级的折算阻抗。

你赞同谁的观点？并说明理由。

5.4-2 丙同学突有这样的奇想：理想的元件都是不可实现的，即是在现实世界找不到这样的人们看得见的“实物”，理想电源是如此，理想变压器也是如此，还有理想的……定义这样的理想元件有什么实际意义呢？通常讲工科大学生在校学习期间就要培养学生有“工程观点”，定义理想元件与培养有“工程观点”是背道而驰的。请各位读者评述丙同学的这一奇想。

5.4-3 互感元件与理想变压器元件在性质上有哪些质的区别？

5.5 实际变压器模型

理想变压器虽然提供了简单的电压、电流、阻抗的线性变换关系，但实际制造变压器元件时，三个理想条件是无论如何也不能严格满足的，所以说实际变压器所表现出的性能与理想变压器的性能相比是有差异的。

这里先简单回顾一下前面各章所讲的用理想元件模型表示实际元件模型的情况。一个实际中的电感器(元件)可以根据所使用的条件，用理想的电感元件模型，或用理想的电感、电阻元件模型组合，或用理想的电感、电阻、电容元件模型组合来构成它的模型；一个实际电源可用理想电压源模型串联内阻，或用理想电流源模型并联内阻构成它的模型。按照类似的思路联想，一个实际变压器也应该可以用理想变压器模型串、并联上适当的理想元件模型构成它的模型。本节就要讨论在不同条件下使用的实际变压器的模型构成问题。

5.5.1 空芯变压器

空芯变压器是高频、超高频电路里经常使用的一种变压器，如电视机、发射机中使用的绕在非铁磁性物质芯上的耦合线圈，有的就以空气为芯。这种变压器在电路中所起的作用，说得贴切一些应是完成信号(变化的电压或电流)的变换与传输。事实上，空芯变压器就是一个耦合线圈。空芯变压器属于非理想变压器，本问题就成了如何用理想变压器模型表示这样的一个互感线圈的问题。为使讨论问题更清晰，我们先讨论全耦合空芯变压器模型，然后再讨论一般的(非全耦合)空芯变压器模型。

1. 全耦合空芯变压器

在对含有空芯变压器实际电路问题的分析中，为了简化，常假定空芯变压器的损耗可忽略，线圈是密绕的，认为耦合系数 $k \approx 1$，只是参数是有限值的，这种互感线圈常称为全耦合空芯变压器。它的互感线圈形式的模型如图5.5-1所示。若与理想变压器三个理想条件对照，全耦合空芯变压器只是不满足参数无限大这个条件，其他两个理

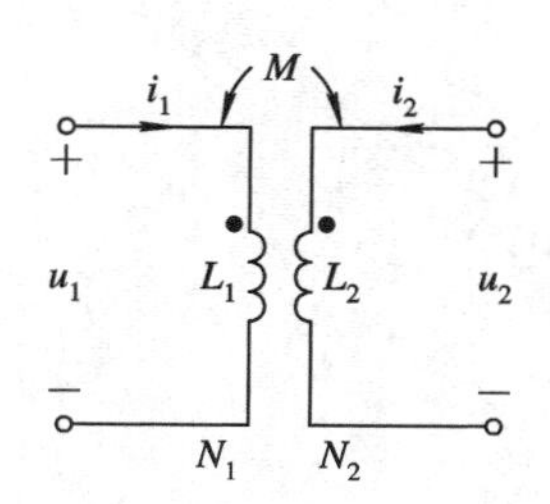

图 5.5-1 互感线圈形式模型

想条件认为都是满足的。由图 5.5－1 中所标示的同名端位置及所设出的电压、电流参考方向并考虑全耦合时 $M=\sqrt{L_1L_2}$ 的条件，写端口电压、电流关系为

$$u_1=L_1\frac{di_1}{dt}+M\frac{di_2}{dt}=L_1\frac{di_1}{dt}+\sqrt{L_1L_2}\frac{di_2}{dt} \tag{5.5-1}$$

$$u_2=L_2\frac{di_2}{dt}+M\frac{di_1}{dt}=L_2\frac{di_2}{dt}+\sqrt{L_1L_2}\frac{di_1}{dt} \tag{5.5-2}$$

改写(5.5－1)式得

$$u_1=\sqrt{\frac{L_1}{L_2}}\left(L_2\frac{di_2}{dt}+\sqrt{L_1L_2}\frac{di_1}{dt}\right) \tag{5.5-3}$$

将(5.5－2)式代入(5.5－3)式得

$$u_1=\sqrt{\frac{L_1}{L_2}}u_2$$

所以

$$\frac{u_1}{u_2}=\sqrt{\frac{L_1}{L_2}} \tag{5.5-4}$$

因耦合系数 $k=1(M=\sqrt{L_1L_2})$，所以有 $\phi_{12}=\phi_{22}$，再联系互感、自感系数定义，$M=N_1\phi_{12}/i_2=N_1\phi_{22}/i_2$，$L_2=N_2\phi_{22}/i_2$，所以有

$$\sqrt{\frac{L_1}{L_2}}=\frac{M}{L_2}=\frac{\dfrac{N_1\phi_{22}}{i_2}}{\dfrac{N_2\phi_{22}}{i_2}}=\frac{N_1}{N_2} \tag{5.5-5}$$

将(5.5－5)式代入(5.5－4)式，得

$$\frac{u_1}{u_2}=\frac{N_1}{N_2} \tag{5.5-6}$$

(5.5－6)式表明：全耦合空芯变压器的变压关系同理想变压器的变压关系是完全一样的。

设电流的初始值为零，对(5.5－1)式两端作从 $0\sim t$ 之积分，得

$$i_1(t)=\frac{1}{L_1}\int_0^t u_1(\xi)d\xi-\sqrt{\frac{L_2}{L_1}}i_2(t)$$

将(5.5－5)式代入上式得

$$\begin{aligned}i_1(t)&=\frac{1}{L_1}\int_0^t u_1(\xi)d\xi-\frac{N_2}{N_1}i_2(t)\\&=i_\phi(t)+\left[-\frac{N_2}{N_1}i_2(t)\right]\\&=i_\phi(t)+i'_1(t)\end{aligned} \tag{5.5-7}$$

式中

$$i_\phi(t)=\frac{1}{L_1}\int_0^t u_1(\xi)d\xi \tag{5.5-8}$$

$$i'_1(t)=-\frac{N_2}{N_1}i_2(t) \tag{5.5-9}$$

(5.5－7)式表明：全耦合空芯变压器初级电流 $i_1(t)$ 由两部分电流组成，其中一部分 $i_\phi(t)$ 称

为激磁电流，它是初始电流值为零、其值等于 L_1 的电感上的电流；另一部分 $i_1'(t)$，它与次级电流 $i_2(t)$ 满足理想变压器的变流关系。由于 $i_\phi(t)$ 的存在，使全耦合空芯变压器就具有了记忆性。由(5.5-6)式～(5.5-9)式可画得从性能上与图 5.5-2(*a*)所示的全耦合空芯变压器等效的模型，如图 5.5-2(*b*)所示。图中虚线框部分为理想变压器模型。该模型由理想变压器模型在其初级并联上电感量为 L_1 的激磁电感所构成。

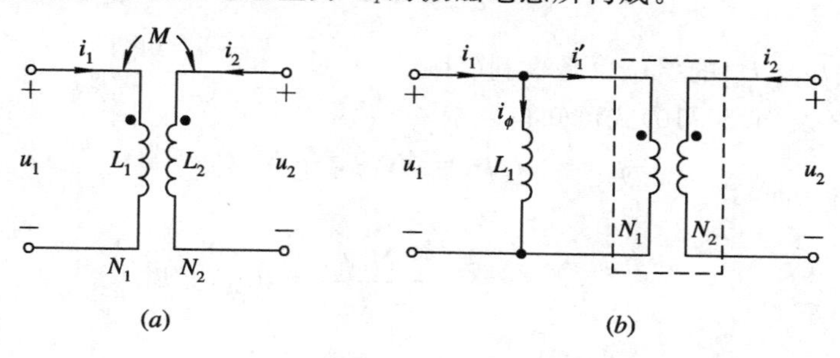

图 5.5-2　全耦合空芯变压器模型

2. 非全耦合空芯变压器

一类空芯变压器两线圈间的耦合并非很紧密，这种情况就不能再按 $k\approx1$ 去分析，否则所建立的模型与实际所表现出的性能差别太大，从而失去了分析的意义。非全耦合空芯变压器仍设定为没有损耗。但是，全耦合、参数无限大这两个理想条件它都不满足，从与理想变压器的三个理想条件对照来看，这类空芯变压器的非理想程度比全耦合空芯变压器(它只有一个理想条件不满足)严重。

为了讨论问题叙述方便，我们画出结构示意图，如图 5.5-3 所示。

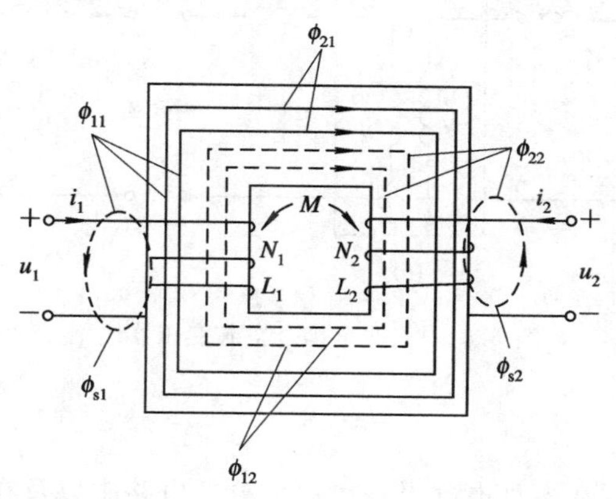

图 5.5-3　非全耦合空芯变压器示意图

图中 ϕ_{s1}、ϕ_{s2} 分别为初、次级的漏磁通。ϕ_{s1} 的含义为线圈 1 中的电流 i_1 所激发磁通 ϕ_{11} 中的未再交链第二个线圈的那部分磁通(漏掉了)。ϕ_{s2} 的含义与 ϕ_{s1} 类似。根据自磁通、互磁通的概念，显然有

$$\phi_{11}=\phi_{21}+\phi_{s1} \tag{5.5-10a}$$

$$\phi_{22}=\phi_{12}+\phi_{s2} \tag{5.5-10b}$$

令初、次级漏磁链为

$$\psi_{s1}=N_1\phi_{s1} \tag{5.5-11a}$$

$$\psi_{s2} = N_2 \phi_{s2} \tag{5.5-11b}$$

类似自感系数，我们这里定义漏感系数

$$L_{s1} = \frac{\psi_{s1}}{i_1} \tag{5.5-12a}$$

$$L_{s2} = \frac{\psi_{s2}}{i_2} \tag{5.5-12b}$$

显然，漏感系数 L_{s1}、L_{s2} 的单位也是亨利(H)。

由图 5.5-3 及(5.5-10)式可知自磁链

$$\psi_{11} = N_1 \phi_{11} = N_1 \phi_{21} + N_1 \phi_{s1}$$

自感系数

$$L_1 = \frac{\psi_{11}}{i_1} = \frac{N_1 \phi_{21}}{i_1} + \frac{N_1 \phi_{s1}}{i_1} = L_{M1} + L_{s1} \tag{5.5-13}$$

同理

$$L_2 = L_{M2} + L_{s2} \tag{5.5-14}$$

(5.5-13)式中的 L_{M1} 及(5.5-14)式中的 L_{M2} 称为等效全耦合电感。即是说本来线圈 L_1 与 L_2 之间耦合不是全耦合，通过上述推导，我们把交链两线圈磁通的部分抽出来作为全耦合，所对应的电感系数，称等效全耦合电感系数。引入漏感与全耦合等效电感后，非全耦合空芯变压器模型可用全耦合空芯变压器模型在其初、次级上分别串联漏感 L_{s1}、L_{s2} 构成。其等效过程如图 5.5-4(a)、(b)、(c)所示。模型图中 L_{M1}、L_{M2}、L_{s1}、L_{s2} 及匝比 n 的确定办法这里从略，需要深究的读者可参阅参考文献[2]。

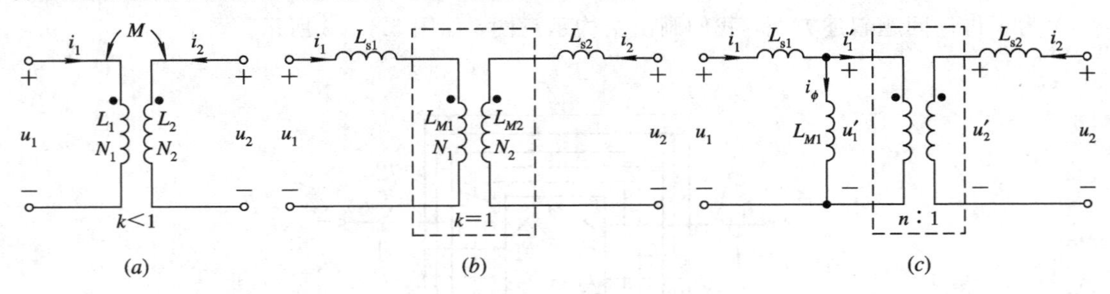

图 5.5-4 非全耦合空芯变压器模型

5.5.2 铁芯变压器

在电力供电系统中，在各种电气设备电源部分的电路中以及在其他一些较低频率的电子电路中使用的变压器大多是铁芯变压器。这类变压器中的铁芯提供了良好的磁通通路，有聚集磁力线的作用，这使漏磁通少，从而使漏感小、耦合度 k 值大(比较接近 1)，并且在足够匝数的条件下，使 L_1、L_2、M 可达非常大的数值。应该说许多实际的铁芯变压器虽然不能严格满足理想变压器的三个理想条件，但从耦合度、参数值、损耗三个方面综合考虑，它们接近理想条件的程度还是较好的。所以在一些低频电子电路工程概算中，把铁芯变压器的变压、变流、变换阻抗关系近似看作理想变压器的变压、变流、变换阻抗关系。但在较高频率的电子电路中，有时需要研究实际铁芯变压器的频率特性及功率损耗，需用铁芯变压器较精确一些的电路模型。这里给出实际铁芯变压器一般的模型，即认为变压器是非全耦合的，参数也非无穷大，并且也是有损耗的，也就是三个理想条件均不满足的实际铁芯变压器模型。

非全耦合空芯变压器已是两个理想条件不满足的非理想变压器，它仅满足无损耗这一个理想条件。若在非全耦合空芯变压器模型的基础上在初、次级上分别再串联体现损耗的初、次级绕线电阻 R_1、R_2(仅考虑绕线电阻损耗)就得到了三个理想条件均不满足的实际铁芯变压器模型，如图 5.5-5 所示。其中：图 5.5-5(*a*)中虚线框部分为三个理想条件均不满足的非理想变压器；图 5.5-5(*b*)中虚线框部分为非全耦合空芯变压器(它不满足参数无限大、全耦合两个理想条件)；图 5.5-5(*c*)中虚线框部分为全耦合空芯变压器(它不满足参数无限大一个理想条件)；图 5.5-5(*d*)中虚线框部分为理想变压器模型。

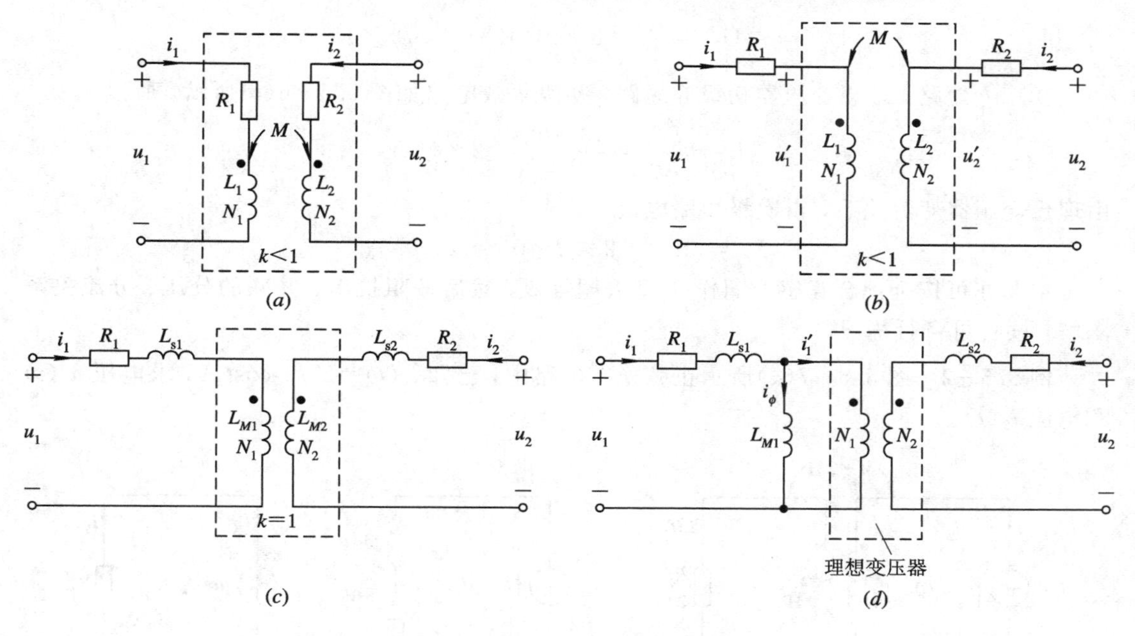

图 5.5-5　实际铁芯变压器模型

例 5.5-1　图 5.5-6(*a*)所示电路包含有全耦合空芯变压器，已知 $\dot{U}_s=16\angle 0°$ V，电源角频率 $\omega=2$ rad/s。

(1) 若 *ab* 端开路，求 $\dot{I}_1$ 及 $\dot{U}_{ab}$；

(2) 如将 *ab* 端短路，求 $\dot{I}_1$ 及 $\dot{I}_{ab}$。

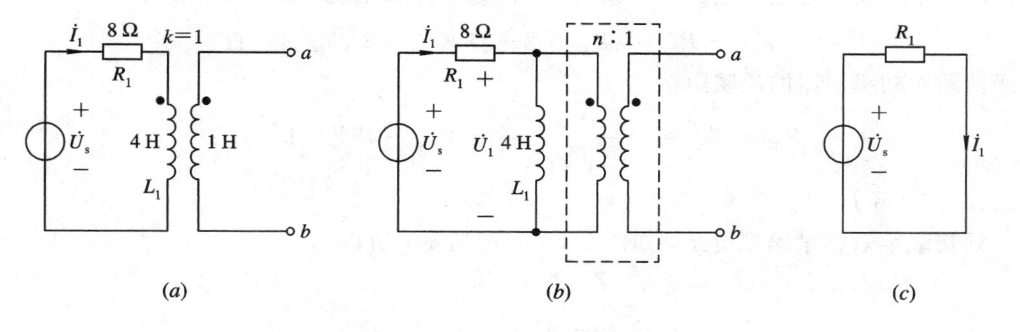

图 5.5-6　例 5.5-1 用图

解 将图 5.5-6(a)中全耦合空芯变压器用理想变压器模型并联激磁电感 L_1 表示，如图 5.5-6(b)所示。在图 5.5-6(b)中，匝比

$$n = \sqrt{\frac{L_1}{L_2}} = \sqrt{\frac{4}{1}} = 2$$

(1) ab 开路，虚线框理想变压器初级亦开路，所以

$$\dot{I}_1 = \frac{\dot{U}_s}{R_1 + j\omega L_1} = \frac{16\angle 0^\circ}{8 + j2 \times 4} = \sqrt{2}\angle -45^\circ \text{ A}$$

$$\dot{U}_1 = j\omega L_1 \dot{I}_1 = j2 \times 4 \times \sqrt{2}\angle -45^\circ = 8\sqrt{2}\angle 45^\circ \text{ V}$$

由理想变压器变压关系，得

$$\dot{U}_{ab} = \frac{1}{n}\dot{U}_1 = \frac{1}{2} \times 8\sqrt{2}\angle 45^\circ = 4\sqrt{2}\angle 45^\circ \text{ V}$$

(2) ab 短路，理想变压器初级亦短路。初级等效电路如图 5.5-6(c)所示，所以

$$\dot{I}_1 = \frac{\dot{U}_s}{R_1} = \frac{16\angle 0^\circ}{8} = 2\angle 0^\circ \text{ A}$$

由理想变压器变流关系，得次级短路电流

$$\dot{I}_{ab} = 2\dot{I}_1 = 2 \times 2\angle 0^\circ = 4\angle 0^\circ \text{ A}$$

本题亦可按全耦合互感线圈作 T 型去耦等效，然后按阻抗串、并联的分压、分流关系求解，读者可自行练习。

例 5.5-2 图 5.5-7(a)所示正弦稳态电路中，已知 $i_s(t) = 2\sqrt{2}\cos t A$，求电压 $u_1(t)$ 和电流 $i_2(t)$。

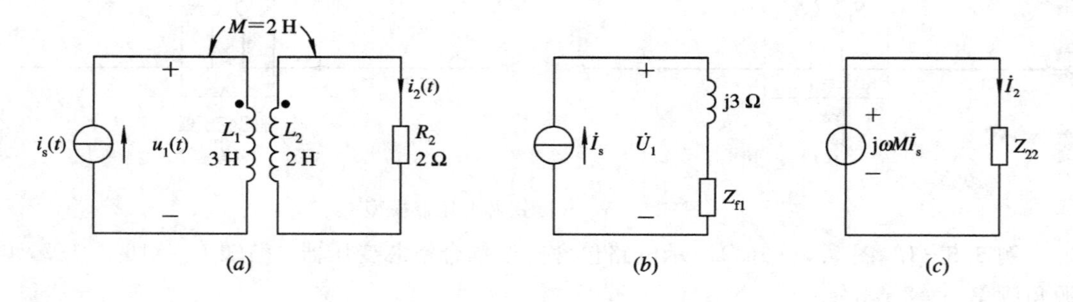

图 5.5-7 例 5.5-2 用图

解 本题就按含互感电路的问题求解。次级回路自阻抗

$$Z_{22} = R_2 + j\omega L_2 = 2 + j1 \times 2 = 2\sqrt{2}\angle 45^\circ \ \Omega$$

次级回路对初级回路的反映阻抗

$$Z_{f1} = \frac{\omega^2 M^2}{Z_{22}} = \frac{1^2 \times 2^2}{2\sqrt{2}\angle 45^\circ} = 2\angle -45^\circ = 1 - j1 \ \Omega$$

由已知 $i_s(t)$ 写 $\dot{I}_s = 2\angle 0^\circ$A。

画初级等效相量模型电路，如图 5.5-7(b)所示，所以

$$\begin{aligned}\dot{U}_1 &= (j3 + Z_{f1})\dot{I}_s = (j3 + 1 - j1) \times 2\angle 0^\circ \\ &= 2\sqrt{5}\angle 63.4^\circ \text{ V}\end{aligned}$$

故得电压

$$u_1(t)=2\sqrt{5}\cdot\sqrt{2}\cos(t+63.4°)$$
$$=2\sqrt{10}\cos(t+63.4°)\ \text{V}$$

画次级等效相量模型电路(一)，如图 5.5-7(c)所示，可得

$$\dot{I}_2=\frac{\text{j}\omega M\dot{I}_s}{Z_{22}}=\frac{\text{j}1\times 2\times 2\angle 0°}{2\sqrt{2}\angle 45°}=\sqrt{2}\angle 45°\ \text{A}$$

所以电流

$$i_2(t)=\sqrt{2}\cdot\sqrt{2}\cos(t+45°)=2\cos(t+45°)\ \text{A}$$

对于全耦合空芯变压器(全耦合互感)的问题，可以按 5.3 节中含互感电路的分析方法求解，亦可按本节介绍的用理想变压器模型初级并接激磁电感 L_1 构成的模型去求解。对于非全耦合空芯变压器(非全耦合互感)我们只给出了用理想变压器、漏感及全耦合等效电感组合构成的模型形式，未给出计算模型中有关参数的公式，所以遇到这类问题(本节例 5.5-2 即如此)，还是要用 5.3 节中讲的方法求解。

∵ 思考题 ∵

5.5-1 有人说：实际变压器非但不能变换直流电压、电流，而恰恰有隔断直流电压、电流的作用。你同意这种观点吗？请说明理由。

5.5-2 严格讲，无论哪种实际变压器都属于多端子动态元件，都或多或少有储藏能量的作用。你同意这样的论述吗？

5.5-3 本节讲述的实际变压器都是非理想变压器。对照理想变压器条件，考虑一个理想条件不满足(参数无限大不满足)，如全耦合空芯变压器，它的模型用理想变压器模型在其初级并上激磁电感构成；考虑两个理想条件不满足(参数无限大、全耦合两个条件不满足)，如非全耦合空芯变压器，它的模型用全耦合空芯变压器模型在初、次级串联上漏感构成；考虑三个理想条件均不满足(参数无限大、全耦合、无损耗三个理想条件均不满足，设只考虑绕线电阻损耗)，如铁芯变压器，它的模型用非全耦合空芯变压器模型在初、次级再串联上损耗电阻构成。你对这种实际变压器模型的构思是如何理解的？受到什么启发？有何联想？

5.6 小 结

(1) 耦合电感是线性电路中一种重要的无源时不变多端元件，在实际电路中有着广泛的应用。它的时域模型、伏安关系和去耦等效形式具有普遍意义，也就是说，对任何变动电压、电流电路都适用，不只局限于正弦稳态电路。耦合电感属于多端动态元件，它仍然具有记忆作用，虽然本章没有专门讨论它的记忆性，但从它的一般伏安微分关系式可推导出它的积分关系式，从而就可以清楚地看出这一点。

第 5 章习题讨论 *PPT*

(2) 耦合电感的同名端在列写其伏安关系中举足轻重，只有知道了同名端，再设出电压、

电流参考方向，才能正确列写电压、电流关系式，也只有知道了同名端，才可进行去耦等效。

(3) 耦合电感在正弦稳态电路中应用较多，因此我们所讲含互感电路的分析是以正弦稳态电路为例的。方程法分析含互感的电路又分两种情况：一种是对电路不作去耦等效而直接列写网孔方程(节点法对这种情况失效)；另一种是对含互感电路先进行去耦等效，然后从去耦等效电路中应用前面所学的各种方程法求解。等效法分析含互感电路亦可分两种情况：一种是对含互感的原形电路应用戴维宁定理(或诺顿定理)作等效求解，这种情况求等效内阻抗，应按含受控源情况的内阻抗求取法；另一种是在方程法分析结果的基础上总结规律，归纳出含互感这类电路的初级等效电路、次级等效电路来求解。在画初级等效电路时应用到反映阻抗的概念，应会求反映阻抗，并理解其意义。至于对含互感电路先进行去耦等效，然后再用前述的各种等效法进行分析当然亦可以。

(4) 理想变压器是在耦合电感基础上，加进无耗、全耦合、参数无限大三个理想条件而抽象出的另一类多端元件。它的初、次级电压、电流关系是代数关系，因而它是不储能、不耗能、只起能量传输作用的电路元件，它不具有记忆作用。理想变压器具有三个重要特性：变压、变流、变阻抗。变压或变流关系式与同名端及所设的电压或电流参考方向有密切关系，应用中只需记忆变压与匝数成正比，变流与匝数成反比，至于变换关系式中应是带负号还是不带负号，要看同名端位置与所设电压、电流参考方向。不要一概而论盲目记住一种变换公式。在正弦稳态电路里，理想变压器变换阻抗时不改变原阻抗的性质，这一点应与互感电路反映阻抗加以区别。

(5) 理论上讲，理想变压器的变压、变流关系在任何时刻，对任意函数形式的电压、电流都是成立的，包括直流电压、电流。但实际变压器因不能严格满足苛刻的三个理想条件，所以在性能上与理想变压器有差异。特别应强调，实际变压器决不能变换直流电压、电流，而人们恰恰利用它来隔断直流。

(6) 实际中使用的变压器常见的有空芯变压器和铁芯变压器两种类型。铁芯变压器一般用在工频及较低频率的输电系统与电子电路中，空芯变压器一般用在高频、甚高频的通信、雷达等电路中。空芯变压器就是互感线圈，或者说耦合线圈。全耦合空芯变压器就是全耦合空芯线圈。本章末讨论了用理想变压器模型串、并上一些适当的元件构成实际变压器的模型。究竟串、并上什么元件，要根据实际变压器的特征、应用条件，确定需要考虑的因素而定。

习　题　5

5.1　图示电路中，已知 $R_1=1\ \Omega$，$L_1=L_2=1\ \text{H}$，$M=0.5\ \text{H}$，$i_1(0_-)=0$，$u_s(t)=10\varepsilon(t)\text{V}$，求 $u_{ab}(t)$。

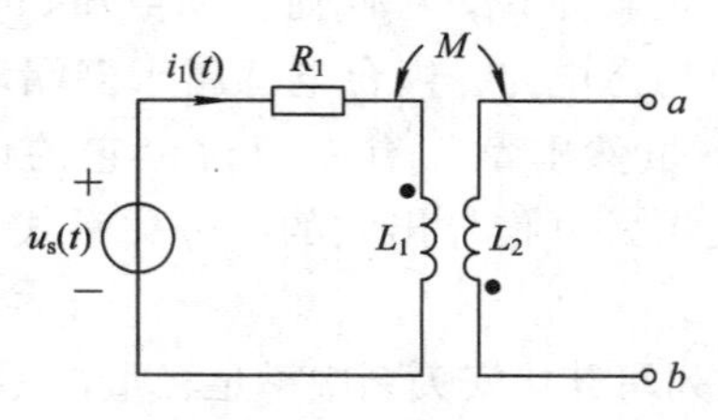

题 5.1 图

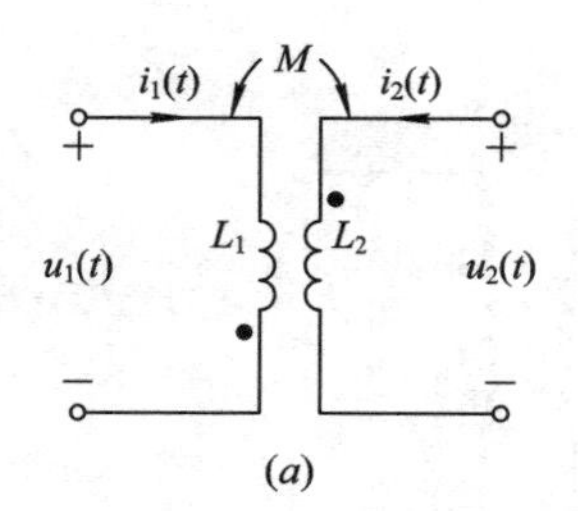

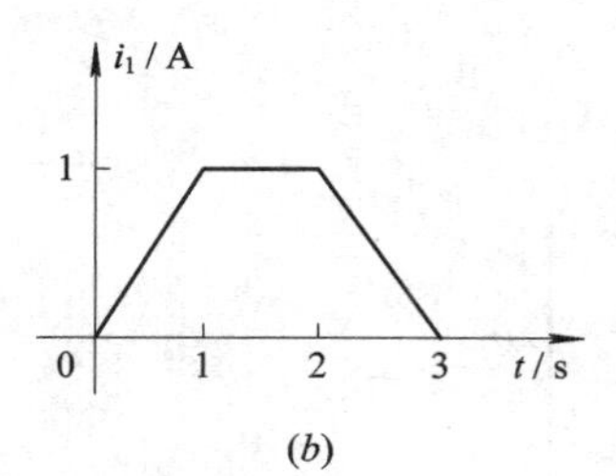

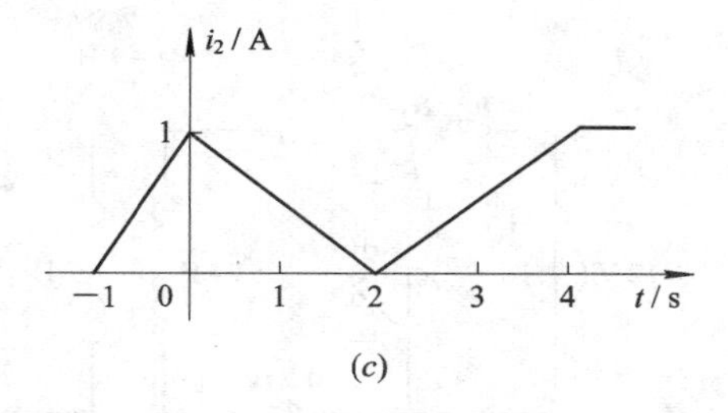

题 5.2 图

5.2　图(a)所示电路中，已知 $L_1=4$ H，$L_2=2$ H，$M=0.5$ H，$i_1(t)$、$i_2(t)$波形如图(b)、(c)所示，试画出 $u_1(t)$、$u_2(t)$的波形。

5.3　图示电路中，b、c 端开路，已知 $i_s(t)=2e^{-t}$ A，求电压 $u_{ac}(t)$、$u_{ab}(t)$和 $u_{bc}(t)$。

5.4　一电路如图所示，该电路中具有的负电感无法制造，拟通过互感电路等效来实现负电感。试画出具有互感的设计电路，标出互感线圈的同名端，并计算出互感线圈的各元件值。

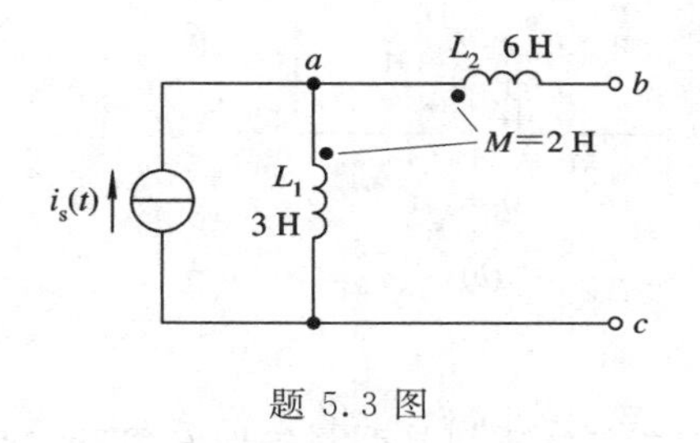

题 5.3 图

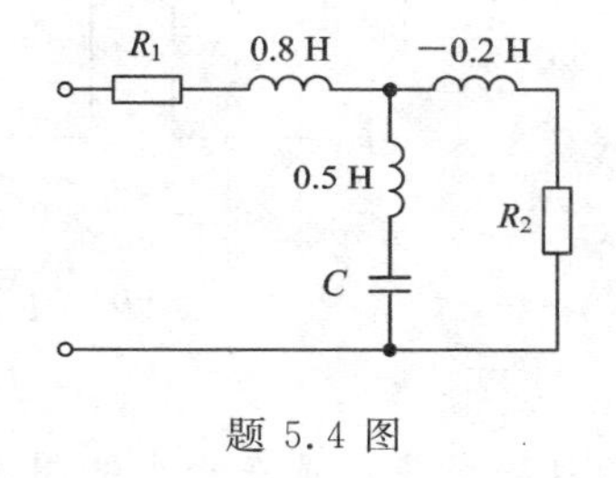

题 5.4 图

5.5　图示两个有损耗的线圈作串联连接，它们之间存在互感，通过测量电流和功率能够确定这两个线圈之间的互感量。现在将频率为 50 Hz、电压有效值为 60 V 的电源，加在串联线圈两端进行实验。当两线圈顺接(即异名端相连)时，如图(a)，测得电流有效值为 2 A，平均功率为 96 W；当两线圈反接(即同名端相连)时，如图(b)，测得电流为 2.4 A。试确定该两线圈间的互感值 M。

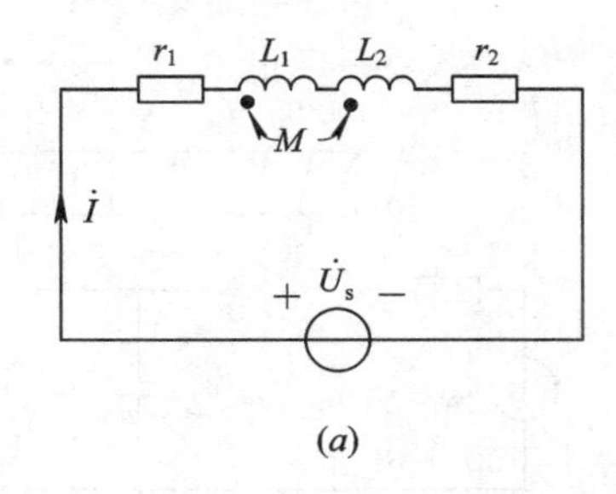

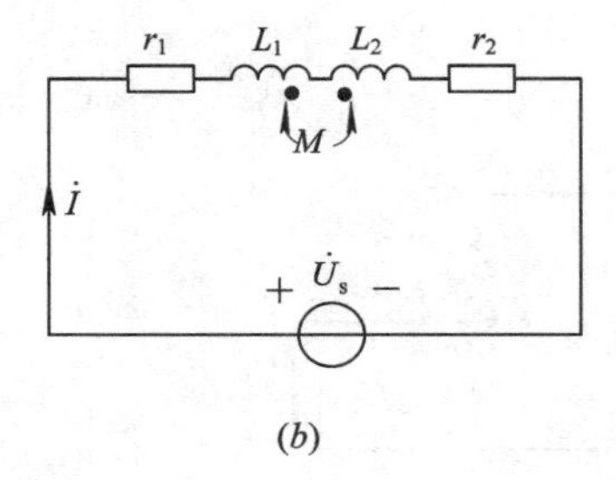

题 5.5 图

5.6　图示电路已处于稳态，$t=0$ 时开关 S 由 a 切换至 b，求 $t\geqslant 0$ 时的电流 $i_2(t)$，并画出波形图。

5.7　图示电路为全耦合空芯变压器，求证：当次级短路时从初级两端看去的输入阻抗 $Z_{in}=0$；当次级开路时从初级两端看去的输入阻抗 $Z_{in}=j\omega L_1$。

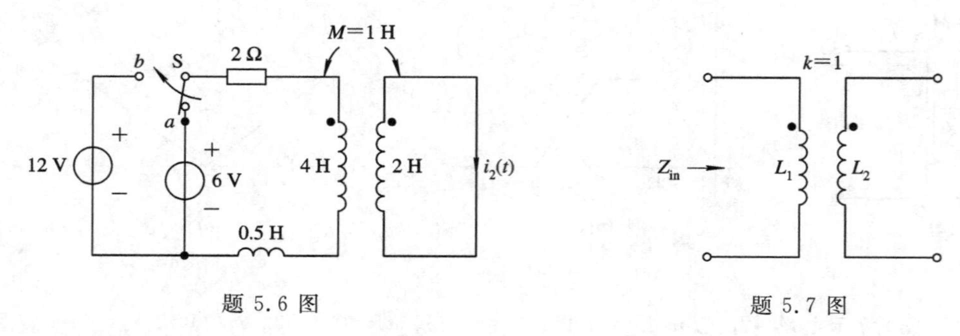

题 5.6 图　　　　　　　　　　　　　题 5.7 图

5.8　求图示两电路从 ab 端看去的等效电感 L_{ab}。

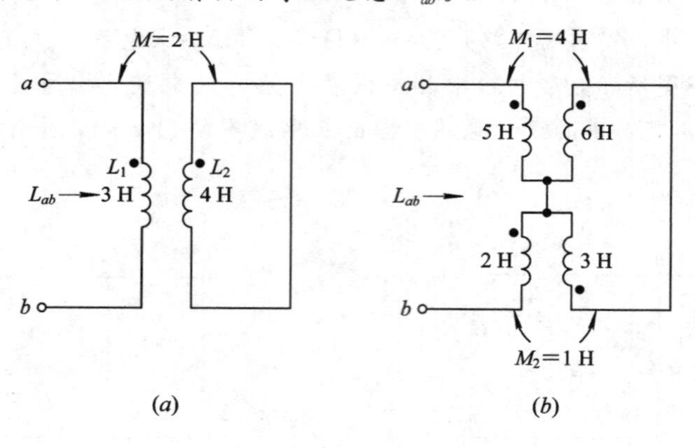

题 5.8 图

5.9　自耦变压器是在一个线圈上中间某处抽一个头达到自相耦合的目的的，自耦变压器的连接公共端一定是异名端。若该自耦变压器可看作理想变压器，并知有效值电压 $U_{ac}=220$ V，$U_{bc}=200$ V，试求流过绕组的电流有效值 I_1、I_3。

5.10　图示电路，已知 $R=100\ \Omega$，$L_1=80\ \mu$H，$L_2=50\ \mu$H，互感 $M=16\ \mu$H，电容 $C=100$ pF，负载阻抗 Z_L 可为不等于无穷大的任意值。欲得到负载中电流 i 等于零，试求正弦电压源 $u_s(t)$ 的角频率 ω。

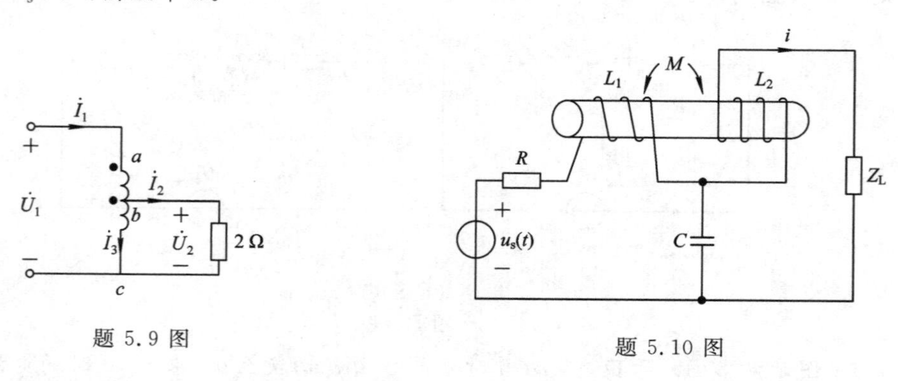

题 5.9 图　　　　　　　　　　　　　题 5.10 图

5.11　图示电路中的变压器有两个额定电压为 110 V 的线圈，次级有两个额定电压为 12 V、额定电流为 1 A 的线圈，同名端标示于图上。若要满足以下要求时，请画出接线图，并简述理由。

(1) 把初级接到 220 V 电源，从次级得到 24 V、1 A 的输出；

(2) 把初级接到 220 V 电源，从次级得到 12 V、2 A 的输出。

5.12　图示为含理想变压器电路，负载阻抗 Z_L 可任意改变。问 Z_L 等于多大时其上可获得最大功率，并求出该最大功率 P_{Lmax}。

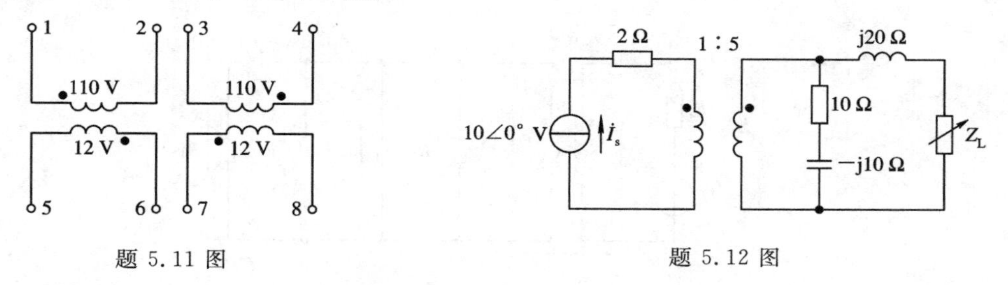

题 5.11 图　　　　题 5.12 图

5.13　图示互感电路已处于稳态，$t=0$ 时开关 S 突然打开，求 $t \geqslant 0_+$ 时的开路电压 $u_2(t)$。

5.14　图示电路中，两个理想变压器初级并联，它们的次级分别接 R_1 和 R_2。已知 $R_1=1\ \Omega$，$R_2=2\ \Omega$，$\dot{U}_s=100\angle 60°\text{V}$，求电流 $\dot{I}$、$\dot{I}_1$、$\dot{I}_2$。

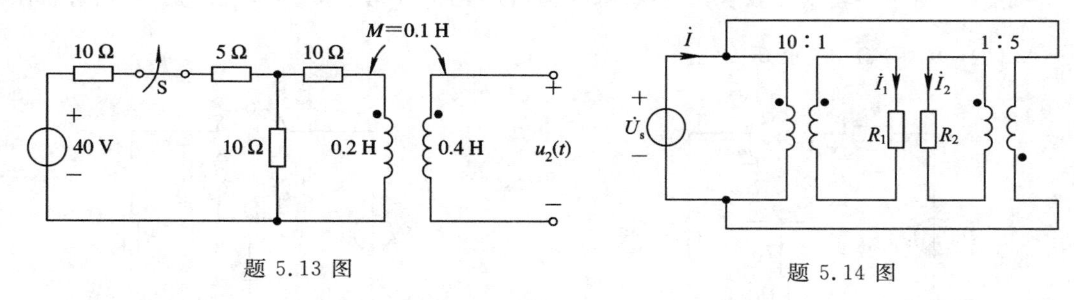

题 5.13 图　　　　题 5.14 图

5.15　图示正弦稳态电路中，两个理想变压器的匝比已标示在图上，已知 $\dot{U}_s=16\angle 75°\ \text{V}$，求 $\dot{I}_1$、$\dot{U}_2$ 和 R_L 上吸收的平均功率 P_L。

5.16　两个理想变压器初、次级线圈都具有相同的匝数，作图示这样的连接。转换开关 S 可顺次接通触点“1”“2”“3”。已知 $R_1=4\ \text{k}\Omega$、$R_2=1\ \text{k}\Omega$。试计算开关 S 处于“1”“2”“3”不同位置时电压的比值 $\dot{U}_2/\dot{U}_1$。

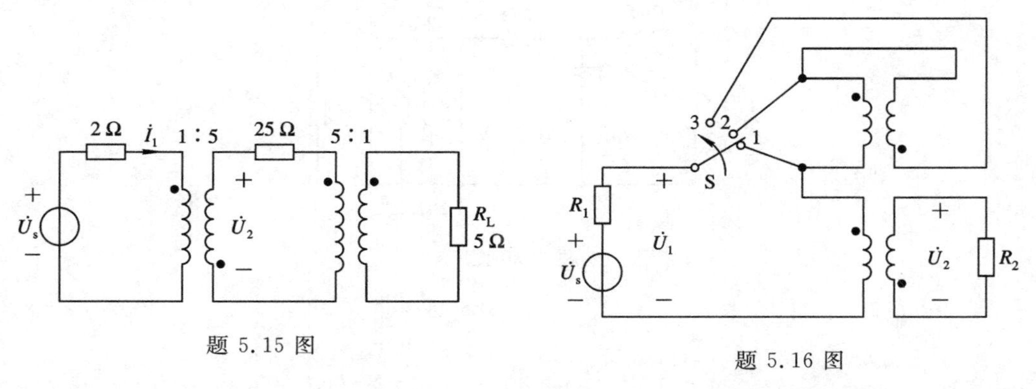

题 5.15 图　　　　题 5.16 图

5.17　图示电路中，输出变压器的次级负载为 4 只并联的扬声器，每只扬声器的电阻是 16 Ω。信号源内阻 $R_s=5\ \text{k}\Omega$，若要扬声器获得最大功率，可利用变压器进行阻抗变换。

(1) 假如变压器可认为是理想变压器，试决定变压器的匝数比 $n=N_1/N_2$；

(2) 假如要求变压器为全耦合空芯变压器,它的初级电感 $L_1=0.1$ H,经实验得知:在某种径粗、某种铁磁材料芯上,绕 100 匝时其电感量为 1 mH。试决定这一实际变压器的匝数 N_1、N_2。

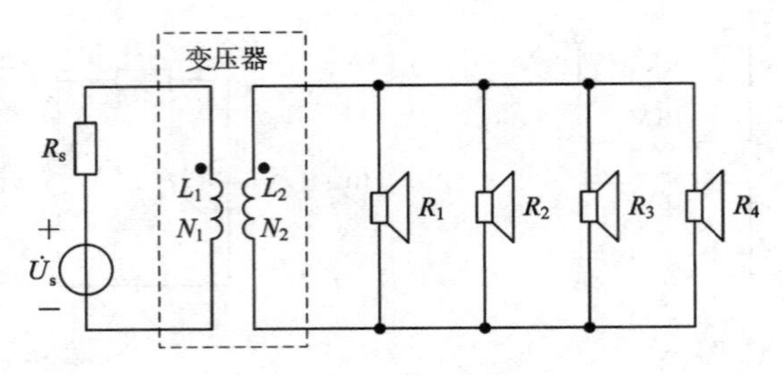

题 5.17 图

5.18　图示正弦稳态电路中,已知理想变压器的匝比$(N_1/N_2)=1/2$,$R_1=R_2=10\ \Omega$,$\dfrac{1}{\omega C}=50\ \Omega$,$\dot{U}_s=50\angle 0°\text{V}$,求电压 $\dot{U}_2$。

5.19　图示含互感正弦稳态电路中,已知 $\dot{U}_s=10\angle 0°\text{V}$,$\omega L_1=4\ \Omega$,$\omega L_2=3\ \Omega$,$\omega M=\dfrac{1}{\omega C}=2\ \Omega$,$R=2\ \Omega$,求电压 $\dot{U}_2$。

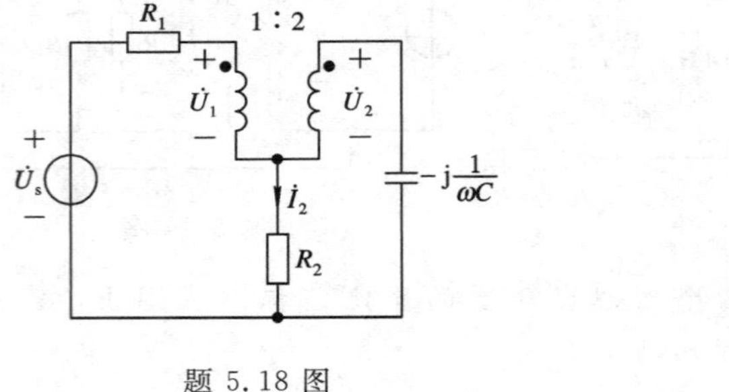

题 5.18 图

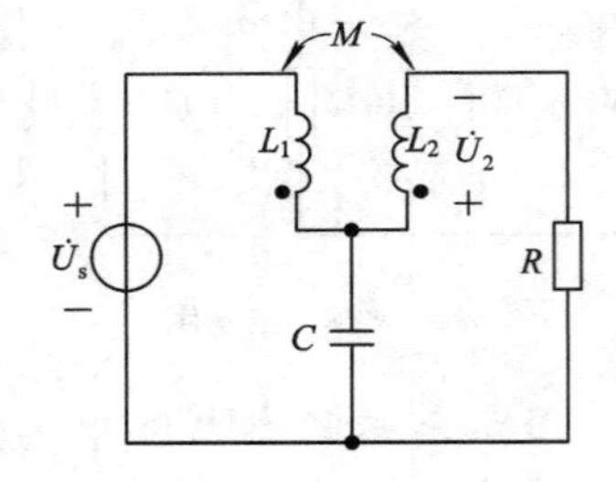

题 5.19 图

5.20　图示正弦稳态电路中,虚线框所围部分为理想变压器,负载阻抗 Z_L 可任意改变,问 Z_L 为何值时其上可获得最大功率,并求出该最大功率 P_{Lmax}。

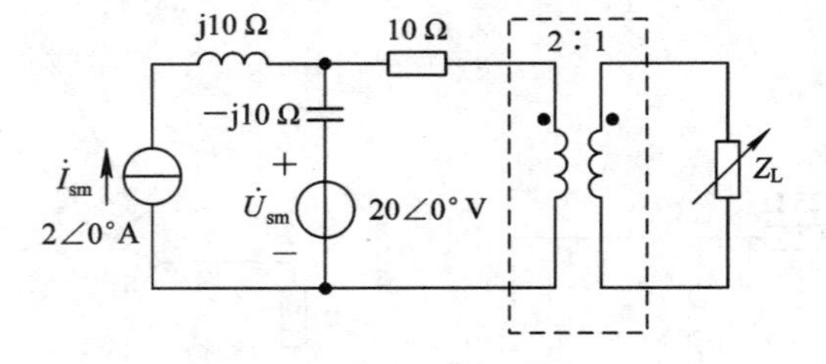

题 5.20 图

第 6 章　电路频率响应

在第 4 章中，我们知道含有电感、电容的正弦稳态电路，其阻抗是频率的函数，致使电路响应随频率变化。本章要研究的电路频率响应，就是讨论电路响应(电流或电压)相量与电路激励(电流或电压)相量的比值函数随频率的变化关系。

本章首先建立网络(电路)函数、频率响应有关的基本概念，然后着重讨论实际中最常用的、典型的一阶、二阶网络的频率特性。

6.1　网络函数与频率响应

研究网络(电路)的频率特性，在无线电技术和电子电路中有着重要的意义。例如，在电话传输电路中，希望能让有用的音频信号顺利通过，而对高于音频的干扰信号能有较强的衰减，从而保证传输话音的清晰。又如，在收音机、电视机接收电路中，希望它们对所需电台的信号有良好的响应，而对其他不需要的电台信号或干扰信号能加以抑制，从而得到良好的收听、收看效果。如何正确地选用或设计网络，使它的频率特性适应人们的需要，这是无线电、电子电路技术应用中的一个重要课题。

6.1.1　网络函数

网络函数定义为电路的响应相量与电路的激励相量之比，以符号 $H(\mathrm{j}\omega)$ 表示。即

$$H(\mathrm{j}\omega) \xlongequal{\text{def}} \frac{\text{响应相量}}{\text{激励相量}} \tag{6.1-1}$$

(6.1-1)式中：响应相量可以是电压相量，也可以是电流相量；激励相量可以是电压相量，也可以是电流相量。响应相量与激励相量可以是同一对端钮上的相量，也可以是不同对端钮上的相量。网络函数可以分为两大类：若响应相量和激励相量为同一对端钮上的相量，所定义的网络函数称为策动网络函数；否则，所定义的网络函数称为传输网络函数(又称转移函数)。就每一类网络函数来说，还可细分为多种。这里以图 6.1-1 为例，对传输网络函数再做进一步的说明。图 6.1-1(*a*)中的 1-1′加的是电压源相量 $\dot{U}_s$；图 6.1-1(*b*)中的 1-1′加的是电流源相量 $\dot{I}_s$；图中，N 为无独立源电路，2-2′为它的输出端。

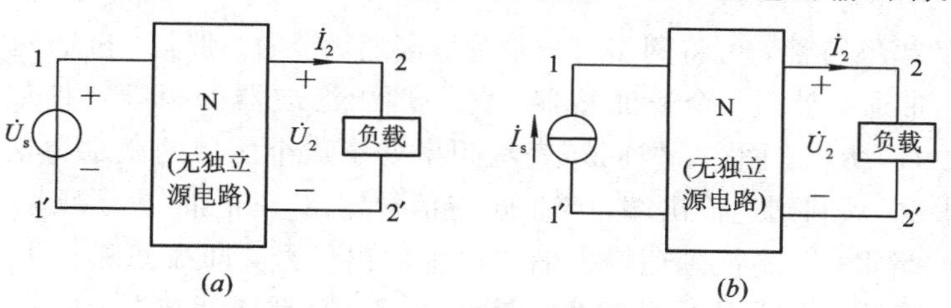

图 6.1-1　定义网络函数使用电路

根据网络函数定义，对于图 6.1-1(*a*)所示电路，若以 $\dot{U}_2$ 为响应相量，则 N 的网络函数为

$$H_1(\mathrm{j}\omega)=\frac{\dot{U}_2}{\dot{U}_s} \tag{6.1-2}$$

若以 $\dot{I}_2$ 为响应相量，则 N 的网络函数为

$$H_2(\mathrm{j}\omega)=\frac{\dot{I}_2}{\dot{U}_s} \tag{6.1-3}$$

对于图 6.1-1(*b*)所示电路，若以 $\dot{U}_2$ 为响应相量，则 N 的网络函数为

$$H_3(\mathrm{j}\omega)=\frac{\dot{U}_2}{\dot{I}_s} \tag{6.1-4}$$

若以 $\dot{I}_2$ 为响应相量，则 N 的网络函数为

$$H_4(\mathrm{j}\omega)=\frac{\dot{I}_2}{\dot{I}_s} \tag{6.1-5}$$

观察(6.1-2)式～(6.1-5)式，显而易见：$H_1(\mathrm{j}\omega)$、$H_4(\mathrm{j}\omega)$为无单位的网络函数；$H_2(\mathrm{j}\omega)$为以西门子(S)为单位的网络函数；$H_3(\mathrm{j}\omega)$是以欧姆(Ω)为单位的网络函数。若网络 N 的结构、元件值一定，当选定激励端与响应端时，$H_1(\mathrm{j}\omega)$～$H_4(\mathrm{j}\omega)$只是频率的函数。因响应相量类型、激励相量类型的不同，对一确定的网络来说，它的传输网络函数形式可能不同，或是 $H_1(\mathrm{j}\omega)$或是 $H_2(\mathrm{j}\omega)$或是 $H_3(\mathrm{j}\omega)$或是 $H_4(\mathrm{j}\omega)$。

这里也应指出，当所讨论的网络一定时，若选的激励端、响应端不同，其网络函数亦是不同的。

6.1.2 网络频率特性

纯阻网络的网络函数是与频率无关的，这类网络的频率特性是不需要研究的。研究含有动态元件的网络频率特性才是有意义的。

一般情况下，含动态元件电路的网络函数 $H(\mathrm{j}\omega)$是频率的复函数，将它写为指数表示形式，有

$$H(\mathrm{j}\omega)=|H(\mathrm{j}\omega)|\mathrm{e}^{\mathrm{j}\varphi(\omega)} \tag{6.1-6}$$

式中：$|H(\mathrm{j}\omega)|$称为网络函数的模；$\varphi(\omega)$称为网络函数的辐角。它们都是频率的函数。

以$|H(\mathrm{j}\omega)|$与 ω 的关系画出的曲线(函数图形)称为网络的幅频特性；以 $\varphi(\omega)$与 ω 的关系画出的曲线称为网络的相频特性。若为特殊情况，网络函数 $H(\mathrm{j}\omega)$是 ω 的实函数，亦可将幅频特性与相频特性合二为一画在一个实平面上：$H(\mathrm{j}\omega)$为纵坐标轴，ω 为横坐标轴。在横轴上面的曲线部分对应各频率的相位均为 0°；在横轴下面的曲线部分对应各频率的相位均为 180°或－180°。

根据网络的幅频特性，可将网络分成低通、高通、带通、带阻、全通网络，也称为相应的低通、高通、带通、带阻、全通滤波器。各种理想滤波器的幅频特性如图 6.1-2(*a*)、(*b*)、(*c*)、(*d*)、(*e*)所示。图中："通带"表示频率处于这个区域的激励源信号(又称输入信号)可以通过网络，顺利到达输出端，产生响应信号输出；"止带"表示频率处于这个区域的激励源信号被网络阻止，不能到达输出端和产生输出信号，即被滤除掉了。滤波器名称的由来就源于此。符号 ω_c 称为截止角频率。图 6.1-2(*a*)(低通滤波器)中的 ω_c 表示角频率高于 ω_c 的输入信号被截止，不产生输出信号，它的通频带宽度为

$$\mathrm{BW} = 0 \sim \omega_c \tag{6.1-7}$$

图 6.1-2(*b*)(高通滤波器)中的 ω_c 表示角频率低于 ω_c 的输入信号被截止，不产生输出信号，它的通频带宽度为

$$\mathrm{BW} = \omega_c \sim \infty \tag{6.1-8}$$

图 6.1-2(*c*)(带通滤波器)中的 ω_{c1}、ω_{c2} 分别称为下、上截止角频率，其意为角频率低于 ω_{c1} 的输入信号和角频率高于 ω_{c2} 的输入信号被截止，不产生输出信号，它的通频带宽度为

$$\mathrm{BW} = \omega_{c1} \sim \omega_{c2} \tag{6.1-9}$$

图 6.1-2(*d*)(带阻滤波器)中的 ω_{c1}、ω_{c2} 亦分别称为下、上截止角频率，其意为角频率高于 ω_{c1} 而低于 ω_{c2} 的输入信号被截止，不产生输出信号，它的带阻宽度为 $\omega_{c1} \sim \omega_{c2}$，它的通带要分作两段表示，即

$$\mathrm{BW} = \begin{cases} 0 \sim \omega_{c1} \\ \omega_{c2} \sim \infty \end{cases} \tag{6.1-10}$$

应该说，对于带阻滤波器来说，人们更关注的是它的带阻宽度。图 6.1-2(*e*)(全通滤波器)中无截止角频率 ω_c，意味着对于所有频率分量的输入信号都能通过网络，到达输出端，产生输出信号。全通滤波器也就由此而得名。

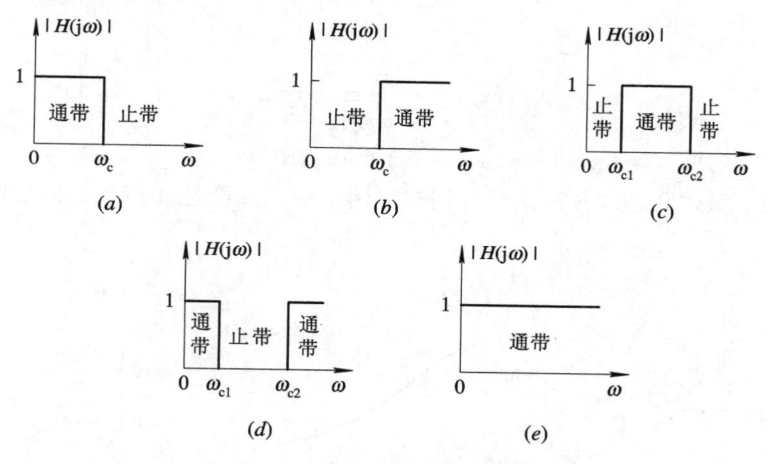

图 6.1-2　理想滤波器的幅频特性

根据网络的相频特性，又可将网络分为超前网络与滞后网络。对于 $\varphi(\omega) > 0°$ $(0 < \omega < \infty)$ 的网络，称为超前网络；对于 $\varphi(\omega) < 0°$ $(0 < \omega < \infty)$ 的网络，称为滞后网络。也必须明确，对于某种网络，它的 $\varphi(\omega)$ 可能有的频段大于零，有的频段小于零。如，在 $0 < \omega < \omega_0$（ω_0 为一具体的角频率值）频段，$\varphi(\omega) > 0°$；而在 $\omega_0 < \omega < \infty$ 频段，$\varphi(\omega) < 0°$。对于这种网络，应分频段看待网络的超前性与滞后性。具体地说，该网络在 $0 < \omega < \omega_0$ 频段属于超前网络，在 $\omega_0 < \omega < \infty$ 频段属于滞后网络。

❖ 思考题 ❖

6.1-1　甲同学说：在工程实际中所做出的各种类型滤波器的幅频特性，永远达不到图 6.1-2 中所示相应类型理想滤波器的幅频特性。只能将理想滤波器的特性当做“努力的方向，奋斗的目标”，在现有的技术条件下尽量逼近它。你同意这一观点吗？

6.1-2　乙同学说：研究网络的频率特性不一定要引入网络函数，因含有动态元件的网络，它的响应随频率是变化的，画网络响应与频率的关系曲线就可作为网络的频率特性。丙同学不同意他的观点。你知道丙同学是如何说的吗？

6.2　常用 RC 一阶电路的频率特性

关于电路(网络)的阶次，在前面就已述及，从时域看，列写的网络输入、输出方程是几阶微分方程，那就是几阶网络；从电路的具体结构看，电路中包含多少个独立的动态元件，那就是多少阶电路。

6.2.1　RC 一阶低通电路的频率特性

在图 6.2-1 所示的电路中，若选 $\dot{U}_1$ 为激励相量，$\dot{U}_2$ 为响应相量，则网络函数为

$$H(\mathrm{j}\omega)=\frac{\dot{U}_2}{\dot{U}_1}=\frac{\dfrac{1}{\mathrm{j}\omega C}}{R+\dfrac{1}{\mathrm{j}\omega C}}=\frac{1}{1+\mathrm{j}\omega RC}=|H(\mathrm{j}\omega)|\,\mathrm{e}^{\mathrm{j}\varphi(\omega)} \tag{6.2-1}$$

式中

$$|H(\mathrm{j}\omega)|=\frac{1}{\sqrt{1+\omega^2R^2C^2}} \tag{6.2-2}$$

$$\varphi(\omega)=-\arctan(\omega RC) \tag{6.2-3}$$

根据(6.2-2)式和(6.2-3)式可分别画得网络的幅频特性和相频特性如图 6.2-2(a)、(b)所示。

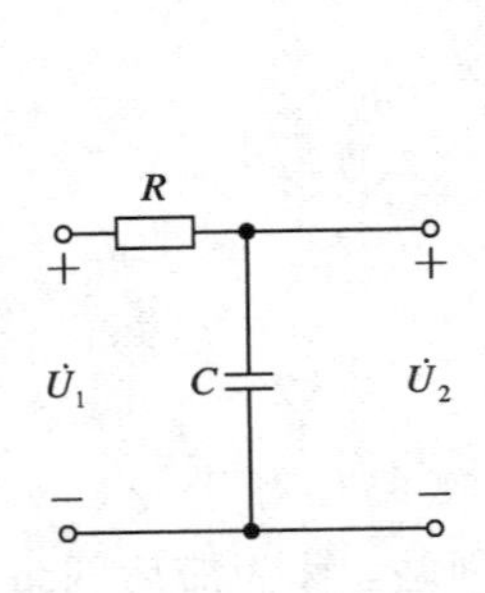

图 6.2-1　RC 一阶低通网络

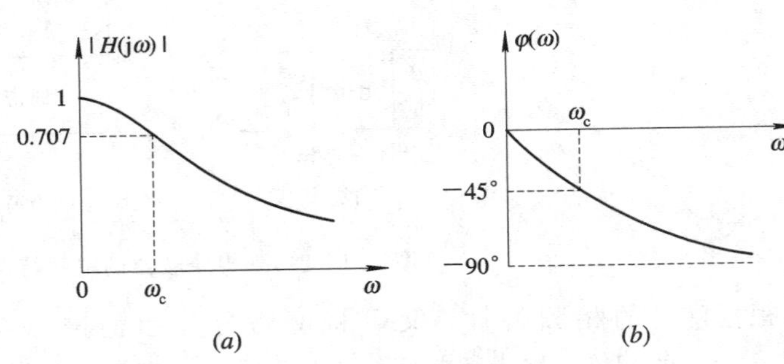

图 6.2-2　RC 一阶低通网络的频率特性

由图 6.2-2(a)、(b)可见：当 $\omega=0$，即输入为直流信号时，$|H(\mathrm{j}0)|=1$，$\varphi(0)=0°$，这说明输出信号电压与输入信号电压大小相等、相位相同；当 $\omega=\infty$时，$|H(\mathrm{j}\infty)|=0$，$\varphi(\infty)=-90°$，这说明输出信号电压大小为 0，而相位滞后输入信号电压 90°。由此可见，对图 6.2-1 所示电路来说，直流和低频信号容易通过，而高频信号受到抑制，所以这样的网络属于低通网络。但从图 6.2-2(a)所示该网络的幅频特性看，它与图 6.1-2(a)所示理想低通的幅频特性相比有明显的差异。图 6.2-2(a)中的$|H(\mathrm{j}\omega)|$与 ω 的关系是单调下降的连续变化曲线，在 $\omega=\omega_c$处不像图 6.1-2(a)所示那样为第一类间断点(突跳点)，而是其数值为 $1/\sqrt{2}\approx0.707$ 的连续点。尽管沿用理想低通网络用的术语亦称 ω_c为截止角频率，但

"截止"的含义已打了折扣，从图 6.2-2(*a*)所示曲线就可以看出，当 $\omega>\omega_c$时，输出信号是减小了，但不是零，并没有明显"截止"的界限。

网络的截止角频率是个重要概念，在滤波网络中经常用到。那么，截止角频率的含义是什么？如何确定它的数值呢？

实际低通网络的截止角频率是指网络函数的幅值$|H(j\omega)|$下降到$|H(j0)|$值的$1/\sqrt{2}$时所对应的角频率，记为ω_c。这样定义的截止角频率具有一般性。对图 6.2-1 所示的 *RC* 一阶低通网络，因$|H(j0)|=1$，所以按$|H(j\omega_c)|=\dfrac{1}{\sqrt{2}}$来定义。由(6.2-2)式，得

$$|H(j\omega_c)|=\frac{1}{\sqrt{1+\omega_c^2R^2C^2}}=\frac{1}{\sqrt{2}}$$

所以，$\omega_c^2R^2C^2=1$，则

$$\omega_c=\frac{1}{RC} \tag{6.2-4}$$

引入截止角频率ω_c以后，可将(6.2-1)式表达的一阶低通网络的网络函数归纳为如下的一般形式：

$$H(j\omega)\xlongequal{\text{def}}|H(j0)|\frac{1}{1+j\dfrac{\omega}{\omega_c}} \tag{6.2-5}$$

式中，$|H(j0)|=|H(j\omega)|_{\omega=0}$，它是与网络的结构及元件参数有关的常数。

由(6.2-5)式或图 6.2-2 可以看出：当$\omega=\omega_c$时，$|H(j\omega_c)|=0.707|H(j0)|$，$\varphi(\omega_c)=-45°$。对于$|H(j0)|=1$的这类低通网络，当$\omega$高于低通截止频率$\omega_c$时，$|H(j\omega)|<0.707$，输出信号的幅值较小，工程实际中常将它忽略不计，认为角频率高于ω_c的输入信号不能通过网络，被滤除了。通常，亦把$0\leqslant\omega\leqslant\omega_c$的角频率范围作为这类实际低通滤波器的通频带宽度。

如果以分贝为单位表示网络的幅频特性，其定义为

$$|H(j\omega)|\xlongequal{\text{def}}20\lg|H(j\omega)|\ \text{dB} \tag{6.2-6}$$

也就是说，对$|H(j\omega)|$取以 10 为底的对数并乘以 20，就得到了网络函数幅值的分贝数。当$\omega=\omega_c$时，有

$$20\lg|H(j\omega_c)|=20\lg0.707=-3\ \text{dB}$$

所以又称ω_c为 3 分贝角频率。在这一角频率上，输出电压与它的最大值相比较正好下降了 3 dB。在电子电路中约定，当输出电压下降到它的最大值的 3 dB 以下时，就认为该频率成分对输出的贡献很小。

从功率的角度看，输出功率与输出电压平方成正比。在图 6.2-1 所示网络中，最大输出电压$U_2=U_1$，所以最大输出功率正比于U_1^2。当$\omega=\omega_c$时，$U_2=U_1/\sqrt{2}$，输出功率正比于U_2^2，即正比于$U_1^2/2$，它只是最大输出功率的一半，因此 3 分贝频率点又称为半功率频率点。

这里还需要说明的是：3 分贝频率点或半功率频率点即前述的截止频率点，它只是人为定义出来的一个相对标准。但为什么要按$1/\sqrt{2}$关系来定义通频带边界频率即截止频率呢？应该说，这样定义ω_c还是有实际背景的，是有"历史"原因的。早期，无线电技术应用于广播与通信，人的耳朵对声音的响应关系呈对数关系，也就是说，人耳对高于截至角频

率 ω_c 以上的频率分量及低于 ω_c 的频率分量，能感觉到它们的显著差异。

由图 6.2-2(*b*)可以看出，随着角频率 ω 的增加，相位角 $\varphi(\omega)$ 将从 0°到 -90°单调下降，说明输出信号电压总是滞后输入信号电压的，滞后的角度介于 0°～90°之间，具体数值取决于输入信号的角频率与网络的元件参数值。因此，图 6.2-1 所示的 *RC* 一阶低通网络属于滞后网络。

今后亦可以从网络函数式判断网络的阶次。观察(6.2-1)式，$H(\mathrm{j}\omega)$的分母中只含有$(\mathrm{j}\omega)$的一阶方次，所以称该网络为一阶网络。据此推论，网络函数 $H(\mathrm{j}\omega)$的分母中包含$(\mathrm{j}\omega)$的方次是几阶的，该网络函数所对应的网络就是几阶网络。

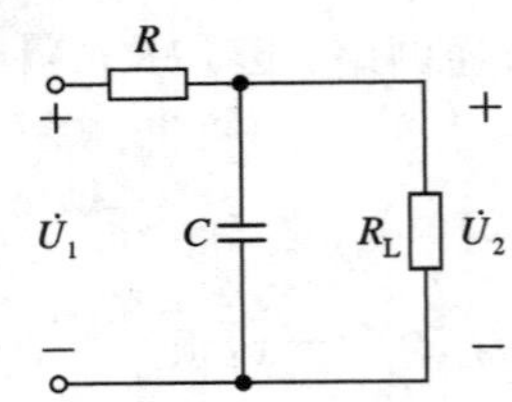

图 6.2-3　例 6.2-1 使用电路

例 6.2-1　如图 6.2-3 所示由电阻、电容构成的一阶低通网络，其输出端接负载电阻 R_L。试分析其频率特性(绘出幅频特性、相频特性)，并求出截止角频率。

解　以 $\dot{U}_1$ 作为输入相量，$\dot{U}_2$ 作为输出相量，则网络函数为

$$H(\mathrm{j}\omega)=\frac{\dot{U}_2}{\dot{U}_1}=\frac{R_L\dfrac{1}{\mathrm{j}\omega C}}{R_L+\dfrac{1}{\mathrm{j}\omega C}}\cdot\left(R+\frac{R_L\dfrac{1}{\mathrm{j}\omega C}}{R_L+\dfrac{1}{\mathrm{j}\omega C}}\right)^{-1}$$

$$=\frac{R_L}{1+\mathrm{j}\omega CR_L}\left(R+\frac{R_L}{1+\mathrm{j}\omega CR_L}\right)^{-1}=\frac{R_L}{(R+R_L)+\mathrm{j}\omega CRR_L}$$

$$=\frac{\dfrac{R_L}{R+R_L}}{1+\dfrac{\mathrm{j}\omega CRR_L}{R+R_L}}=\frac{\dfrac{R_L}{R+R_L}}{\sqrt{1+\omega^2C^2\left(\dfrac{RR_L}{R+R_L}\right)^2}}\mathrm{e}^{-\mathrm{j}\arctan\left(\frac{\omega CRR_L}{R+R_L}\right)}$$

令 $R_e=\dfrac{RR_L}{R+R_L}$，则$\dfrac{R_L}{R+R_L}=\dfrac{R_e}{R}$，代入上式，得

$$H(\mathrm{j}\omega)=\frac{\dfrac{R_e}{R}}{\sqrt{1+\omega^2C^2R_e^2}}\mathrm{e}^{-\mathrm{j}\arctan(\omega CR_e)}\tag{6.2-7}$$

显然

$$|H(\mathrm{j}\omega)|=\frac{\dfrac{R_e}{R}}{\sqrt{1+\omega^2C^2R_e^2}}\tag{6.2-8}$$

$$\varphi(\omega)=-\arctan(\omega CR_e)\tag{6.2-9}$$

将 $\omega=0$ 代入(6.2-8)式，得

$$|H(\mathrm{j}0)|=\frac{R_e}{R}\tag{6.2-10}$$

按 $|H(\mathrm{j}\omega_c)|=|H(\mathrm{j}0)|/\sqrt{2}$ 定义网络的截止角频率，即

$$\frac{R_e/R}{\sqrt{1+\omega_c^2C^2R_e^2}}=\frac{1}{\sqrt{2}}|H(\mathrm{j}0)|=\frac{1}{\sqrt{2}}\frac{R_e}{R}$$

由上式解得

$$\omega_c = \frac{1}{R_e C} = \frac{R + R_L}{RR_L C} \tag{6.2-11}$$

由(6.2－8)式和(6.2－9)式可分别画出幅频特性与相频特性，如图 6.2－4(*a*)、(*b*)所示。

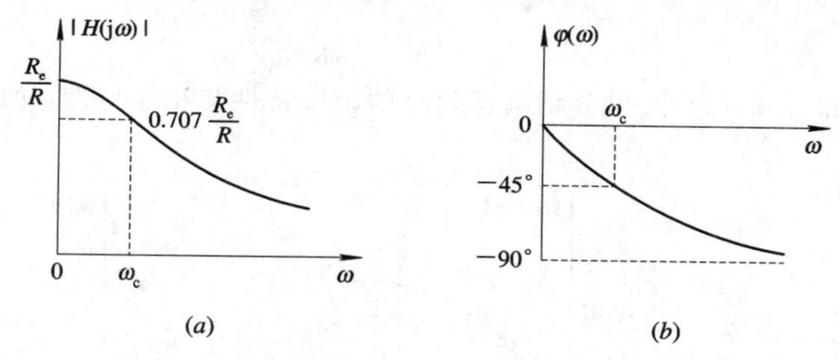

图 6.2－4　图 6.2－3 所示网络的频率特性

由此例可见，加负载以后的 RC 一阶低通网络对输出直流电压的大小及截止角频率都有影响。负载重(负载电阻 R_L 减小)时，输出直流电压明显降低，截止角频率升高，对交流信号的滤除作用也相对减弱。由电阻、电容构成的这类实际的低通网络常用于电子设备的整流电源中，以滤除整流后电源电压中的交流分量。

例 6.2－2　在如图 6.2－5 所示的网络中，已知 $C=0.01\ \mu\text{F}$，在 $f=10$ kHz 时输出电压 $\dot{U}_2$ 滞后输入电压 $\dot{U}_1 30^\circ$，此时电阻 R 应为何值？若输入电压振幅 $U_{1m}=100$ V，此时输出电压振幅 U_{2m} 应是多少伏？

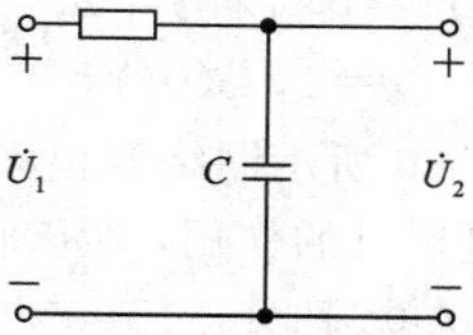

图 6.2－5　例 6.2－2 使用电路

解　由(6.2－3)式可得

$$\varphi = -\arctan(\omega RC) = -30^\circ$$

所以

$$\omega RC = \tan 30^\circ = 0.577$$

则

$$R = \frac{0.577}{\omega C} = \frac{0.577}{2\pi \times 10 \times 10^3 \times 0.01 \times 10^{-6}} = 0.919\ \text{k}\Omega$$

又

$$\frac{U_{2m}}{U_{1m}} = \frac{1}{\sqrt{1+\omega^2 R^2 C^2}} = \frac{1}{\sqrt{1+0.577^2}} = 0.866$$

故

$$U_{2m} = 0.866 U_{1m} = 0.866 \times 100 = 86.6\ \text{V}$$

6.2.2　RC 一阶高通电路的频率特性

图 6.2－6 所示网络是多级放大器中常用的 RC 耦合电路，若选 $\dot{U}_1$ 为输入相量，$\dot{U}_2$ 为输出相量，则网络函数为

$$H(j\omega) = \frac{\dot{U}_2}{\dot{U}_1} = \frac{R}{R - j\dfrac{1}{\omega C}} = \frac{1}{1 - j\dfrac{1}{\omega RC}} = |H(j\omega)| e^{j\varphi(\omega)} \tag{6.2-12}$$

式中

$$|H(\mathrm{j}\omega)|=\frac{1}{\sqrt{1+\frac{1}{\omega^2R^2C^2}}} \tag{6.2-13}$$

$$\varphi(\omega)=\arctan\frac{1}{\omega RC} \tag{6.2-14}$$

由(6.2－13)式和(6.2－14)式可分别画得网络的幅频特性与相频特性，如图 6.2－7(a)、(b)所示。

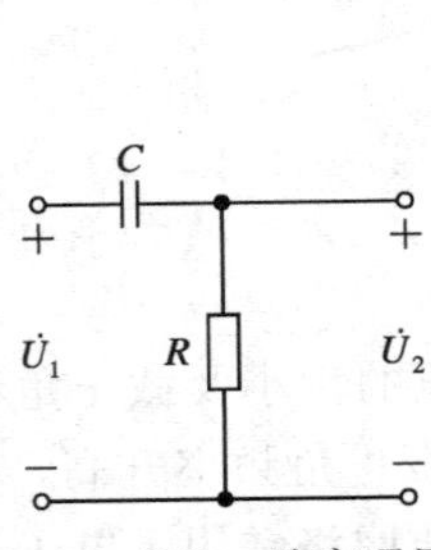

图 6.2－6　RC 一阶高通网络

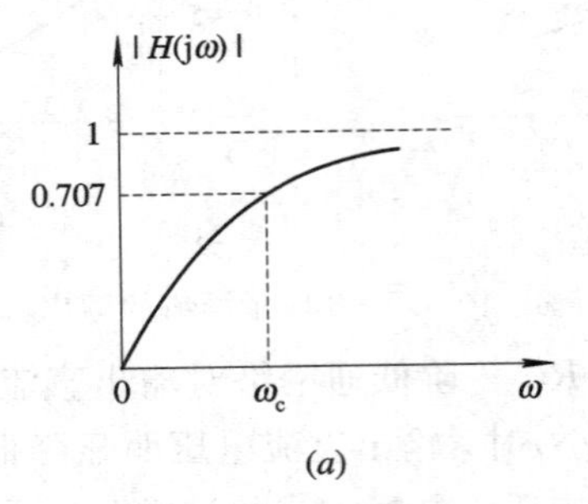

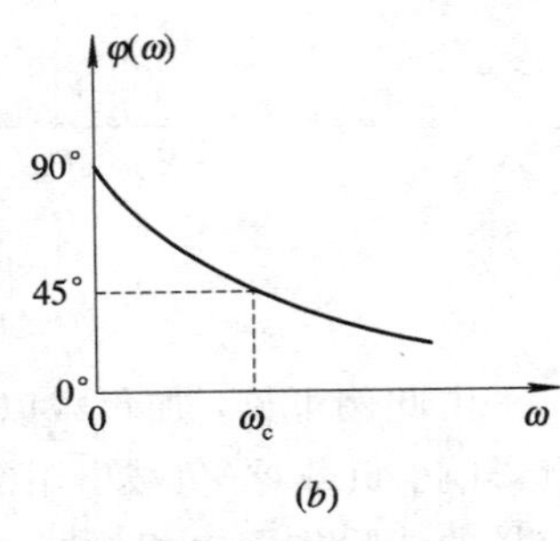

图 6.2－7　图 6.2－6 所示一阶高通网络的频率特性

由(6.2－13)式和(6.2－14)式或由图 6.2－7(a)、(b)可以看出：当 $\omega=0$ 时，$|H(\mathrm{j}0)|=0$，$\varphi(0)=90°$，说明输出电压大小为 0，而相位超前输入电压 90°；当 $\omega=\infty$ 时，$|H(\mathrm{j}\infty)|=1$，$\varphi(\infty)=0°$，说明输入与输出电压相量大小相等、相位相同。由此可以看出，图 6.2－6 所示网络的幅频特性恰与低通网络的幅频特性相反，它起抑制低频分量、易使高频分量通过的作用，所以它属于高通网络。从相位特性看，随着 ω 由 0 向无穷大增高时，相移由 90°单调地趋向于 0°，这说明输出电压总是超前输入电压的，超前的角度介于90°～0° 之间，超前角度的数值取决于输入电压频率 ω 和元件参数值。因此，这类网络属于超前网络。

实际高通网络的截止角频率可按下式定义：

$$|H(\mathrm{j}\omega_c)|\xlongequal{\text{def}}\frac{1}{\sqrt{2}}|H(\mathrm{j}\infty)| \tag{6.2-15}$$

对于图 6.2－6 所示的 RC 一阶高通网络，$|H(\mathrm{j}\infty)|=1$，所以根据(6.2－15)式并联系(6.2－13)式，有

$$\frac{1}{\sqrt{1+\frac{1}{\omega^2R^2C^2}}}=\frac{1}{\sqrt{2}}$$

故解得

$$\omega_c=\frac{1}{RC} \tag{6.2-16}$$

这里提醒读者注意：求得的一阶 RC 低通和高通网络的截止角频率的数值都等于一阶电路时间常数的倒数，但低通、高通网络截止角频率的含义恰恰是相反的。这在 6.1 节中讲述理想低通、高通的截止角频率 ω_c 时就已明确过，这里不再赘述。

与低通网络类似，在引入截止角频率 ω_c 后，对一阶高通网络的网络函数亦可归纳为如下形式：

$$H(\mathrm{j}\omega)\xlongequal{\text{def}}|H(\mathrm{j}\infty)|\frac{1}{1-\mathrm{j}\left(\frac{\omega_c}{\omega}\right)} \tag{6.2-17}$$

式中，$|H(\mathrm{j}\infty)|=|H(\mathrm{j}\omega)|_{\omega=\infty}$，它是与网络的结构和元件参数有关的常数。

例 6.2-3 图 6.2-8 为某晶体管放大器的低频等效电路。图中，$\dot{U}_i$ 为放大器的输入信号电压，已知 $r_{be}=1\ \mathrm{k\Omega}$，$\beta=40$，$R_L=2\ \mathrm{k\Omega}$，$C$ 为输入端耦合电容。试求该放大器的电压放大倍数 A_u 的表达式$\left(A_u=\dfrac{\dot{U}_o}{\dot{U}_i}\right)$。若要求放大器低频截止频率 $f_c=50\ \mathrm{Hz}$，则电容 C 应为多大？

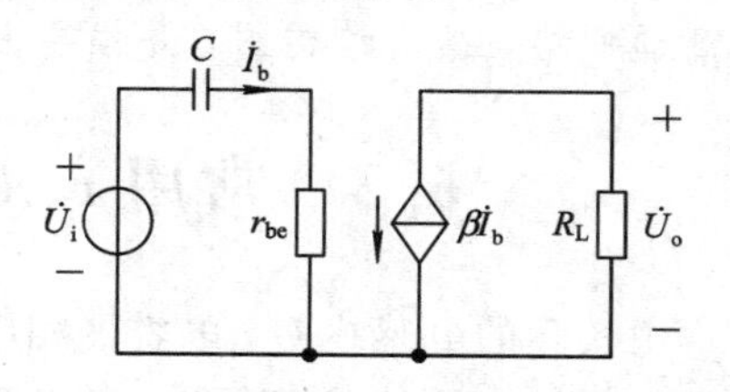

图 6.2-8　某晶体管放大器的等效电路

解　对于这个问题，可先不管晶体管放大器的等效电路是如何得到的，我们只根据图 6.2-8 所示电路来加以计算。先计算放大器的输出电压 $\dot{U}_o$。由图可得电流

$$\dot{I}_b=\frac{\dot{U}_i}{r_{be}-\mathrm{j}\dfrac{1}{\omega C}}=\frac{\dot{U}_i}{r_{be}}\cdot\frac{1}{1-\mathrm{j}\dfrac{1}{\omega C r_{be}}}=\frac{\dot{U}_i}{r_{be}}\cdot\frac{1}{1-\mathrm{j}\dfrac{1}{\omega\tau}}$$

式中，$\tau=r_{be}C$。

输出电压

$$\dot{U}_o=-\beta\dot{I}_bR_L=-\dot{U}_i\frac{\beta R_L}{r_{be}}\cdot\frac{1}{1-\mathrm{j}\dfrac{1}{\omega\tau}}$$

则

$$A_u=\frac{\dot{U}_o}{\dot{U}_i}=-\frac{\beta R_L}{r_{be}}\cdot\frac{1}{1-\mathrm{j}\dfrac{1}{\omega\tau}}\tag{6.2-18}$$

(6.2-18)式与一阶高通网络函数的通式(即(6.2-17)式)是一样的。当 ω 下降时，则 U_o 下降，A_u 亦下降。从物理概念上看，这主要是电容 C 对低频信号的阻止作用造成的。当频率很高时，即 $\omega\tau\gg1$，放大倍数为

$$A_u=-\frac{\beta R_L}{r_{be}}=-\frac{40\times2\times10^3}{10^3}=-80$$

式中，负号说明此时 $\dot{U}_o$ 与 $\dot{U}_i$ 反相。

该放大器低频截止角频率为

$$\omega_c=2\pi f_c=\frac{1}{\tau}=\frac{1}{r_{be}C}$$

若要求低频截止频率 $f_c=50\ \mathrm{Hz}$，则电容为

$$C=\frac{1}{2\pi f_c r_{be}}=\frac{1}{2\times3.14\times50\times10^3}=3.18\ \mu\mathrm{F}$$

实际电路中，可以取 $C\geqslant3.18\ \mu\mathrm{F}$ 的市场上有售的电容即可。C 值取大，放大器的低频截止频率低，低频特性好。当然，事物不能走向极端，C 取得过大会带来其他方面的不利因素，这属于后续课程中电子线路的设计问题，这里不做解释。

∴ 思考题 ∴

6.2-1　一阶低通网络也可以由电阻、电感组成，思考用一个电阻、一个电感如何组成低通网络，画出结构图，并推导出截止角频率的表达式。

6.2-2 一阶高通网络也可以由电阻、电感组成，思考用一个电阻、一个电感如何组成高通网络，画出结构图，并推导出截止角频率的表达式。

6.3 常用 rLC 串联谐振电路的频率特性

由实际的电感线圈、电容器相串联组成的电路，称为串联谐振电路。收音机的输入电路就是采用的这种谐振电路，其模型电路如图 6.3-1 所示。图中，电源 $\dot{U}_s$ 是收音机磁棒天线线圈由空中无线电波感应得到的等效电源，r 是反映实际线圈本身损耗的等效电阻(包含线圈的绕线电阻及高频辐射等效电阻)，一般实际电容器的损耗很小，可忽略不计。当需要考虑电容器的损耗及电源内阻对谐振电路的影响时，相应的电阻也应计入 r 内。从模型电路来看，图 6.3-1 所示电路又常称为 rLC 串联谐振电路。这里提醒读者注意实际电路与模型电路之间的区别。若要实际观察收音机的输入电路，图 6.3-1 中的电源 $\dot{U}_s$ 及电阻 r 是看不到的。

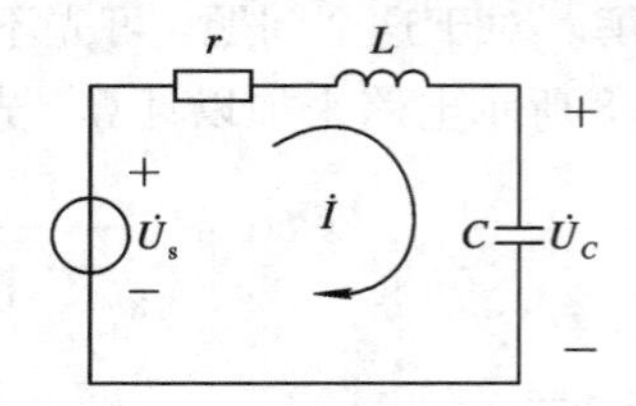

图 6.3-1 串联谐振电路的电路模型

设正弦激励电压源的角频率为 ω，其电压相量为 $\dot{U}_s$，为了讨论问题方便，取 $\dot{U}_s$ 的初始相位为 0°。串联回路的总阻抗为

$$Z = r + j\omega L - j\frac{1}{\omega C} = \sqrt{r^2 + \left(\omega L - \frac{1}{\omega C}\right)^2}\, e^{j\arctan\left(\frac{\omega L - \frac{1}{\omega C}}{r}\right)} \tag{6.3-1}$$

则回路电流为

$$\dot{I} = \frac{\dot{U}_s}{Z} = \frac{U_s}{\sqrt{r^2 + \left(\omega L - \frac{1}{\omega C}\right)^2}}\, e^{-j\arctan\left(\frac{\omega L - \frac{1}{\omega C}}{r}\right)} = I e^{j\varphi_i} \tag{6.3-2}$$

式中

$$I = \frac{U_s}{\sqrt{r^2 + \left(\omega L - \frac{1}{\omega C}\right)^2}} \tag{6.3-3}$$

$$\varphi_i = -\arctan\left(\frac{\omega L - \frac{1}{\omega C}}{r}\right) \tag{6.3-4}$$

电容上的电压为

$$\dot{U}_C = -j\frac{1}{\omega C}\dot{I} = \frac{U_s}{\omega C\sqrt{r^2 + \left(\omega L - \frac{1}{\omega C}\right)^2}}\, e^{-j\left[\frac{\pi}{2} + \arctan\left(\frac{\omega L - \frac{1}{\omega C}}{r}\right)\right]} = U_C e^{j\varphi_u} \tag{6.3-5}$$

式中

$$U_C = \frac{U_s}{\omega C\sqrt{r^2 + \left(\omega L - \frac{1}{\omega C}\right)^2}} \tag{6.3-6}$$

$$\varphi_u = -\left[\frac{\pi}{2} + \arctan\left(\frac{\omega L - 1/(\omega C)}{r}\right)\right] \tag{6.3-7}$$

显然，由(6.3－2)式与(6.3－5)式可以看出：$\dot{I}$、$\dot{U}_C$ 与电路中元件的参数有关，与频率有关，也与激励源 $\dot{U}_s$ 有关，所以直接用响应相量，不管是电压相量或电流相量，均不能客观反映电路本身的频率特性。

6.3.1 串联谐振

设回路中各元件参数保持一定，电源的幅度不变而频率可变，看回路阻抗如何随频率而改变。因感抗 ωL 随频率升高而增大，容抗 $\frac{1}{\omega C}$ 随频率升高而减小，而感抗与容抗又是性质相反的两种电抗，所以当电源频率改变到某值时会使回路中的电抗为0。回路中，感抗 $X_L=\omega L$、容抗 $X_C=\frac{1}{\omega C}$、电抗 $X=\omega L-\frac{1}{\omega C}$ 及阻抗模 $|Z|$ 随 ω 变化的关系曲线如图6.3－2所示。

当串联回路中的电抗等于0时，称回路发生了串联谐振。这时的频率称为串联谐振频率，用 f_0 表示，相应的角频率用 ω_0 表示。由于这时

$$\omega_0 L-\frac{1}{\omega_0 C}=0 \qquad (6.3-8)$$

故得

$$\omega_0=\frac{1}{\sqrt{LC}}\ \text{rad/s} \qquad (6.3-9)$$

或

$$f_0=\frac{1}{2\pi\sqrt{LC}}\ \text{Hz} \qquad (6.3-10)$$

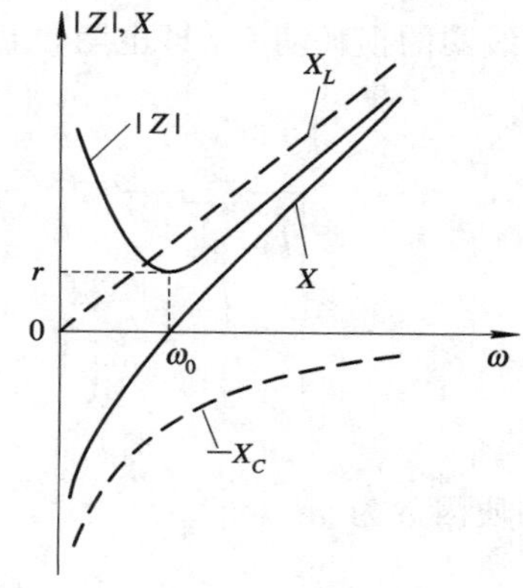

图 6.3－2 串联谐振电路的电抗及阻抗模曲线

常称(6.3－8)式为发生串联谐振的条件。由(6.3－9)式和(6.3－10)式可以看出：回路的谐振频率仅由回路本身的电感、电容的元件参数决定，而与外加电压源的电压、频率无关。它可以作为反映串联谐振网络基本属性的一个重要参数。

发生谐振时的感抗或容抗值，称为电路的特性阻抗，以符号 ρ 表示，即

$$\rho=\omega_0 L=\frac{1}{\omega_0 C} \qquad (6.3-11)$$

考虑 $\omega_0=1/\sqrt{LC}$，代入上式，所以特性阻抗亦可改写为

$$\rho=\omega_0 L=\frac{1}{\sqrt{LC}}L=\sqrt{\frac{L}{C}} \qquad (6.3-12)$$

回路特性阻抗 ρ 与回路中电阻 r 的比值定义为回路的品质因数，用符号 Q 表示，即

$$Q\overset{\text{def}}{=\!=}\frac{\rho}{r} \qquad (6.3-13)$$

考虑(6.3－11)式和(6.3－12)式特性阻抗 ρ 的表达形式，所以品质因数 Q 亦可以改写为

$$Q=\frac{\omega_0 L}{r}=\frac{1}{\omega_0 Cr}=\frac{\sqrt{L/C}}{r} \qquad (6.3-14)$$

由(6.3－12)式和(6.3－14)式可见，特性阻抗、品质因数也只取决于电路元件的参数值，

而与外界因素无关，所以它们也可作为客观反映谐振电路基本属性的重要参数。

这里应明确，电路的品质因数概念是电感、电容元件品质因数概念的扩展。一个理想的电感元件，它应只具有储存磁场能量的作用，而不消耗能量。实际的电感线圈，因绕线电阻的存在，高频应用时的趋肤效应，以及电磁波辐射等原因，使得它不仅有储存磁场能量的作用(这是主要的，人们所期望的)，而且有能量消耗(这是次要的，是人们所不希望的)。为了客观地反映实际线圈储能与耗能的作用，通常以电阻 r 串联上理想电感 L 作为实际线圈的模型，如图 6.3-3(a)所示。作为储能元件应用，人们希望储能与耗能之比要大，把这一比值定义为衡量元件质量好坏的参数，即元件的品质因数。若从功率角度描述，元件的品质因数是元件上无功功率与损耗功率之比，即

$$Q=\frac{\text{无功功率}}{\text{损耗功率}} \tag{6.3-15}$$

考虑线圈的损耗时(参看图 6.3-3(a))，若通过它的电流为 $\dot{I}$，则电感 L 上的无功功率为 ωLI^2；而线圈的损耗功率，即电阻 r 上消耗的功率为 rI^2。所以，由(6.3-15)式得实际电感线圈的品质因数为

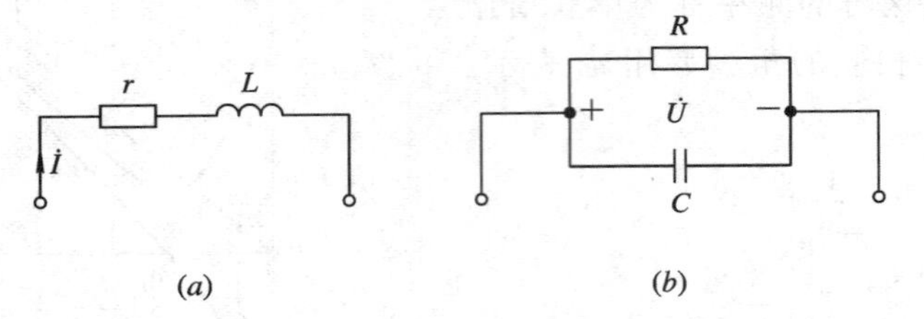

图 6.3-3　有耗电感、电容元件模型

$$Q_L=\frac{\omega LI^2}{rI^2}=\frac{\omega L}{r} \tag{6.3-16}$$

实际电容元件极板间的介质并非理想绝缘，也或多或少有漏电，与之对应，呈现有漏电阻跨接于电容两极板之间，其模型如图 6.3-3(b)所示。若在实际电路元件两端加电压 $\dot{U}$，则电容 C 上的无功功率为 ωCU^2，实际电容器的消耗功率为 U^2/R，所以，实际电容器的品质因数为

$$Q_C=\frac{\omega CU^2}{\dfrac{U^2}{R}}=\omega CR \tag{6.3-17}$$

从(6.3-16)式和(6.3-17)式看，好像元件的品质因数随 ω 升高而升高。事实上，实际电感元件等效串联损耗电阻 r 是随频率升高而升高的，而实际电容元件等效并接漏电阻 R 是随频率升高而减小的。这是因为，当频率升高时实际电感的辐射能量增大，实际电容介质中的位移电流①增大，致使实际电感的 r 增大，实际电容两端跨接的漏电阻 R 减小。所以在一定的频率范围内，工程上可认为元件的品质因数近似不变。

当用实际电感线圈、电容组成谐振电路时，仍用(6.3-15)式来定义回路的品质因数，不过这时“无功功率”应理解为电感中的无功功率或电容中的无功功率，而“损耗功率”应理解为回路中损耗的总功率。由于仅在谐振时，电容中的无功功率数值上才等于电感中的无功功率，因此确切地说，回路的品质因数仅在谐振时有意义，而在失谐情况下(6.3-15)式

① 位移电流不是电荷作规则定向运动形成的，而是电场、磁场交替变化在介质中形成的。

就不再适用于回路。这就是说，计算回路 Q 值时应该用谐振频率。一般实际电容元件的耗能比实际电感线圈的耗能小得多，从工程角度看，常常将此部分耗能忽略不计，也就是说，把实际电容元件当做理想电容元件看待。这样便可认为，由实际电感元件、电容元件组成的谐振电路的 Q 值近似决定于所使用实际电感线圈的 Q 值。注意，这样说是未计入电源内阻及负载电阻的影响，如果需要计入电源内阻和负载电阻的影响，电路的 Q 值与电感线圈的 Q 值并不是一回事。

无论是实际电感、电容元件，还是实际电感、电容元件组成的谐振回路，其损耗电阻不易直接测得，而且它的数值又是随频率变化的。不过，在一定的频率范围内，品质因数却近似不随频率改变，而且它也便于测量，所以定义品质因数 Q 给分析谐振电路带来很大方便。

电路发生谐振有两种情况。一种是电路元件参数一定，改变电源频率使之等于电路的谐振频率，电路达到了谐振。在实验室里观察确定电路的谐振状态，或测试它的频率特性时遇到的就是这种情况。另一种是电源频率一定，改变电路的参数(调电容 C 或电感 L)，即改变电路的谐振频率，使 $f_0=f$，同样也可使电路处于谐振状态。用收音机收听广播电台的节目就是这样的。例如，中央人民广播电台的频率是 560 kHz(载波频率)，它是固定的，调整收音机的波段开关处于中波段(这是调整电感)，再调整收音机的调台旋钮，其实就是改变电容量，当改变到电路谐振频率正好是 560 kHz 时，电路与中央人民广播电台的信号发生谐振，于是就选听到中央人民广播电台的节目。调节 C 或 L，使回路与某一特定频率信号发生谐振的过程称为调谐。现代的许多电子设备，都采用电调谐。电调谐速度快、谐振点更精确。

电路发生谐振时($f=f_0$)具有以下特点：

(1) 由(6.3-1)式可得谐振时的回路阻抗为

$$Z_0=r+\mathrm{j}\left(\omega_0 L-\frac{1}{\omega_0 C}\right)=r \tag{6.3-18}$$

此为纯电阻，且数值最小。

(2) 由(6.3-2)式可得谐振时的回路电流为

$$\dot{I}_0=\frac{\dot{U}_s}{Z_0}=\frac{\dot{U}_s}{r} \tag{6.3-19}$$

其值最大，且与激励源 $\dot{U}_s$ 同相位。

(3) 谐振时电阻 r 上的电压为

$$\dot{U}_{r0}=r\dot{I}_0=r\cdot\frac{\dot{U}_s}{r}=\dot{U}_s \tag{6.3-20}$$

它与激励源 $\dot{U}_s$ 大小相等、相位相同。

(4) 谐振时电容 C 上的电压为

$$\dot{U}_{C0}=-\mathrm{j}\,\frac{1}{\omega_0 C}\dot{I}_0=-\mathrm{j}\,\frac{1}{\omega_0 C}\cdot\frac{\dot{U}_s}{r}=-\mathrm{j}Q\dot{U}_s \tag{6.3-21}$$

谐振时电感 L 上的电压

$$\dot{U}_{L0}=\mathrm{j}\omega_0 L\dot{I}_0=\mathrm{j}\omega_0 L\cdot\frac{\dot{U}_s}{r}=\mathrm{j}Q\dot{U}_s \tag{6.3-22}$$

比较(6.3-21)式与(6.3-22)式可见：电路在谐振时，电容 C 上的电压与电感 L 上的电压大小相等、相位相反。两者电压大小都等于电源电压的 Q 倍。在一般情况下，实际串联谐

振电路的品质因数 Q 都有几十、几百的数值，这就意味着，谐振时电容(或电感)上的电压可以比输入电压大几十、几百倍。正由于串联谐振电路具有这样的特点，因此这种串联谐振电路又称为电压谐振电路。

例 6.3-1 在图 6.3-4 所示的串联谐振电路中，已知回路品质因数 $Q=50$，电源电压有效值 $U_s=1$ mV。试求：电路的谐振频率 f_0、谐振时回路中电流的有效值 I_0、电容上电压的有效值 U_{C0}。

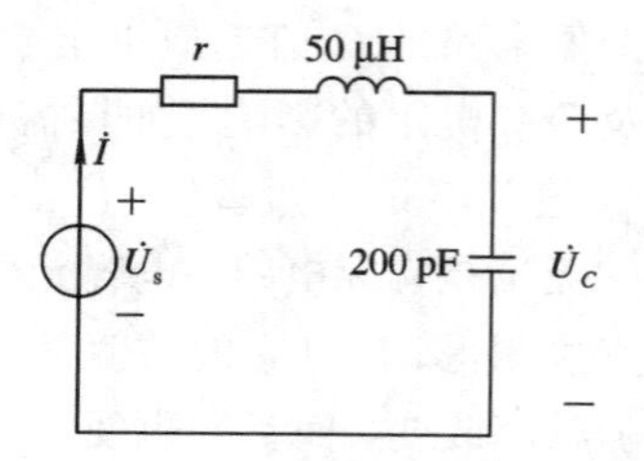

图 6.3-4 例 6.3-1 使用电路

解 由(6.3-10)式可算得电路的谐振频率为

$$f_0=\frac{1}{2\pi\sqrt{LC}}=\frac{1}{2\times 3.14\sqrt{50\times 10^{-6}\times 200\times 10^{-12}}}$$
$$=1.59\times 10^6\ \text{Hz}=1.59\ \text{MHz}$$

为求谐振时的电流，须先求得回路中的电阻，由(6.3-14)式稍作改写，可得

$$r=\frac{\sqrt{L/C}}{Q}=\frac{1}{50}\sqrt{\frac{50\times 10^{-6}}{200\times 10^{-12}}}=10\ \Omega$$

所以谐振时的电流有效值为

$$I_0=\frac{U_s}{r}=\frac{1}{10}=0.1\ \text{mA}$$

由(6.3-21)式可算得电容上电压的有效值为

$$U_{C0}=QU_s=50\times 1=50\ \text{mV}$$

例 6.3-2 图 6.3-5(*a*)所示串联谐振电路由 $L=1$ mH、$Q_L=200$ 的电感线圈及 $C=160$ pF 的电容器组成，接到有效值 $U_s=10$ mV 的信号源上，信号源的内阻为 R_s，信号源的频率等于回路的谐振频率。

(1) 若信号源内阻 $R_s=0$，求信号源的角频率及电容两端的电压有效值 U_{C0}；

(2) 若信号源内阻 $R_s=10\ \Omega$，求 U_{C0}；

(3) 若 $R_s=0$，测量 U_{C0} 的电压表内阻 $R_V=125$ kΩ，如图 6.3-5(*b*)所示，求电压表测得的 U_{C0} 值。

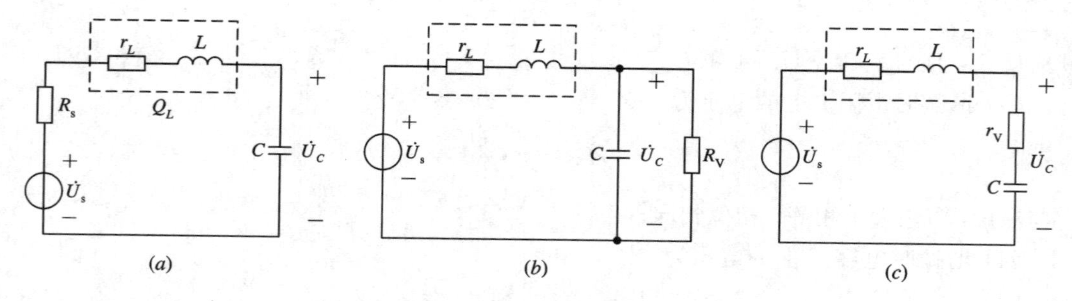

图 6.3-5 例 6.3-2 使用电路

解 (1) 由(6.3-9)式算得

$$\omega=\omega_0=\frac{1}{\sqrt{LC}}=\frac{1}{\sqrt{1\times 10^{-3}\times 160\times 10^{-12}}}=2.5\times 10^6\ \text{rad/s}$$

因回路谐振，又 $R_s=0$，此时电路 Q 值等于 Q_L，所以

$$U_{C0}=QU_s=200\times 10\times 10^{-3}=2\ \text{V}$$

(2) 电源内阻 $R_s=10\ \Omega$，回路总损耗电阻为 $r=r_L+R_s$。此种情况下的回路品质因数 Q 不等于电感线圈的品质因数 Q_L，根据(6.3-16)式，求得

$$r_L=\frac{\omega_0 L}{Q_L}=\frac{2.5\times10^6\times1\times10^{-3}}{200}=12.5\ \Omega$$

$$Q=\frac{\omega_0 L}{r}=\frac{\omega_0 L}{r_L+R_s}=\frac{2.5\times10^6\times1\times10^{-3}}{12.5+10}=111$$

此时电容上电压的有效值为

$$U_{C0}=QU_s=111\times10\times10^{-3}=1.11\ \text{V}$$

从这一结果可以看到，电源内阻对谐振回路的影响是相当大的，在本题条件下，它使电容器上的谐振电压由原来的 2 V 降低了近一半。

(3) 实际电压表都有一定的内阻，若用电压表测量电容电压，相当于在电容器两端并接了一个电阻 R_V。这里 $R_V=125\ \text{k}\Omega$，应用正弦稳态电路阻抗并联化为串联的等效，可将图 6.3-5(b)等效为图 6.3-5(c)。考虑到 $R_V\gg1/(\omega_0 C)$，所以有

$$r_V\approx\frac{\left(\dfrac{1}{\omega_0 C}\right)^2}{R_V}=\frac{\left(\dfrac{1}{2.5\times10^6\times160\times10^{-2}}\right)^2}{125\times10^3}=50\ \Omega$$

由图 6.3-5(c)可见，这时回路总的损耗电阻为

$$r=r_L+r_V=12.5+50=62.5\ \Omega$$

所以，在这种情况下的品质因数为

$$Q=\frac{\omega_0 L}{r}=\frac{2.5\times10^6\times1\times10^{-3}}{62.5}=40$$

电容上电压的有效值(忽略图 6.3-5(c)中 r_V上的电压)为

$$U_{C0}\approx QU_s=40\times10\times10^{-3}=0.4\ \text{V}$$

这就是用电压表测量的数值。从这一结果可以看到，若用电压表测量电抗元件上的谐振电压，电压表必须具有很高的内阻，一般的电工用的电压表是不能胜任的，必须用晶体管或集成电路制成的高输入电阻的伏特计。在此例中，用内阻为 125 kΩ 的电压表测量电容上的谐振电压仍有十分严重的影响，以致使电容上的电压由原来的 2 V 降为 0.4 V，测量值与理论值相差这么大就失去了测量的意义。

6.3.2 频率特性

以上讨论了串联谐振电路及其特点，这里进一步研究串联谐振电路的频率特性，由此也就可以搞清楚收音机输入电路采用这种串联谐振电路能够“选台”的原因。

参看图 6.3-1 所示电路，若以 $\dot{U}_s$ 为激励相量，以电流 $\dot{I}$ 为响应相量，则网络函数为

$$H(j\omega)=\frac{\dot{I}}{\dot{U}_s}=\frac{1}{r+j\left(\omega L-\dfrac{1}{\omega C}\right)}=\frac{1/r}{1+j\dfrac{\omega L-\dfrac{1}{\omega C}}{r}}=\frac{1/r}{1+j\dfrac{\omega_0 L\left(\dfrac{\omega}{\omega_0}-\dfrac{1}{\omega\omega_0 LC}\right)}{r}}$$

考虑 $Q=\omega_0 L/r$，$\omega_0^2=1/(LC)$，代入上式，得

$$H(j\omega)=\frac{\dfrac{1}{r}}{1+jQ\left(\dfrac{\omega}{\omega_0}-\dfrac{\omega_0}{\omega}\right)}\tag{6.3-23}$$

这里所定义的网络函数就是导纳函数，单位为S。令

$$\xi=\frac{\omega}{\omega_0}-\frac{\omega_0}{\omega}=\frac{f}{f_0}-\frac{f_0}{f} \tag{6.3-24}$$

称为相对失谐。$\xi=0$ 表示无失谐(处于谐振状态)，ξ 数值大表示失谐严重。当失谐较小时，例如 $|f-f_0|/f_0<0.1$ 时，$f+f_0\approx 2f_0$，于是相对失谐 ξ 可近似地表示为

$$\xi=\frac{f}{f_0}-\frac{f_0}{f}=\frac{(f+f_0)(f-f_0)}{f_0 f}\approx\frac{2f_0(f-f_0)}{f_0\cdot f_0}=\frac{2\Delta f}{f_0} \tag{6.3-25}$$

式中，$\Delta f=f-f_0$ 是相对于谐振频率 f_0 的失谐量。将(6.3-24)式代入(6.3-23)式，得

$$H(\mathrm{j}\omega)=\frac{\frac{1}{r}}{1+\mathrm{j}Q\xi}=\frac{\frac{1}{r}}{\sqrt{1+Q^2\xi^2}}\mathrm{e}^{-\mathrm{j}\arctan(Q\xi)}=|H(\mathrm{j}\omega)|\mathrm{e}^{\mathrm{j}\varphi(\omega)} \tag{6.3-26}$$

式中

$$|H(\mathrm{j}\omega)|=\frac{\frac{1}{r}}{\sqrt{1+Q^2\xi^2}} \tag{6.3-27}$$

$$\varphi(\omega)=-\arctan(Q\xi) \tag{6.3-28}$$

由(6.3-27)式和(6.3-28)式可画出该网络的幅频特性与相频特性。

为了通用性和分析问题的方便，一般对 $H(\mathrm{j}\omega)$ 采用归一化处理，定义谐振函数

$$N(\mathrm{j}\omega)\xlongequal{\text{def}}\frac{H(\mathrm{j}\omega)}{H(\mathrm{j}\omega_0)} \tag{6.3-29}$$

由(6.3-23)式，得

$$H(\mathrm{j}\omega_0)=\frac{1}{r} \tag{6.3-30}$$

将(6.3-26)式和(6.3-30)式代入(6.3-29)式，得

$$N(\mathrm{j}\omega)=\frac{1}{1+\mathrm{j}Q\xi}=\frac{1}{\sqrt{1+Q^2\xi^2}}\mathrm{e}^{-\mathrm{j}\arctan(Q\xi)}=|N(\mathrm{j}\omega)|\mathrm{e}^{\mathrm{j}\varphi_n(\omega)} \tag{6.3-31}$$

式中

$$|N(\mathrm{j}\omega)|=\frac{1}{\sqrt{1+Q^2\xi^2}} \tag{6.3-32}$$

$$\varphi_n(\omega)=-\arctan(Q\xi) \tag{6.3-33}$$

若以 Q 为参变量，由(6.3-32)式和(6.3-33)式可画得归一化的幅频特性与相频特性，如图6.3-6(*a*)、(*b*)所示。由图6.3-6(*a*)所示的幅频特性(又称为谐振曲线)可见，回路 Q 值愈高，曲线愈尖锐。就是说，在谐振频率 ω_0 附近($\xi=0$ 附近)$|N(\mathrm{j}\omega)|$ 数值大，$|H(\mathrm{j}\omega)|=|N(\mathrm{j}\omega)|\cdot|H(\mathrm{j}\omega_0)|$ 数值亦大，即回路导纳值大，因而回路中的电流大；而在远离谐振频率处($|\xi|$ 大)，回路导纳值小，因而回路中的电流小；而且，回路 Q 值愈高，二者差得愈多。由此可以清楚地知道，收音机的输入电路采用串联谐振电路，通过调谐使收音机输入电路的谐振频率与欲接收电台信号的载波频率相等，使之发生串联谐振，从而实现"选台"收听。谐振电路的这种性质，称为选择性。可见，回路 Q 值愈高，选择性能愈好。由图6.3-6(*b*)所示的相频特性也可看出，当 $\xi<0(f<f_0)$ 时，$\varphi_n>0$，也就是说，导纳角大于0，此时电路呈容性，电流 $\dot{I}$ 超前电压源 $\dot{U}_s$；当 $\xi=0$(谐振)时，$\varphi_n=0$，$\dot{I}$ 与 $\dot{U}_s$ 同相位；

当$\xi>0(f>f_0)$时，$\varphi_n<0$，也就是说，导纳角小于0，此时电路呈感性，电流$\dot{I}$滞后电压源$\dot{U}_s$。还可看到，回路品质因数Q愈高，在$\xi=0$附近(即f_0附近)，相位特性的斜率愈大。

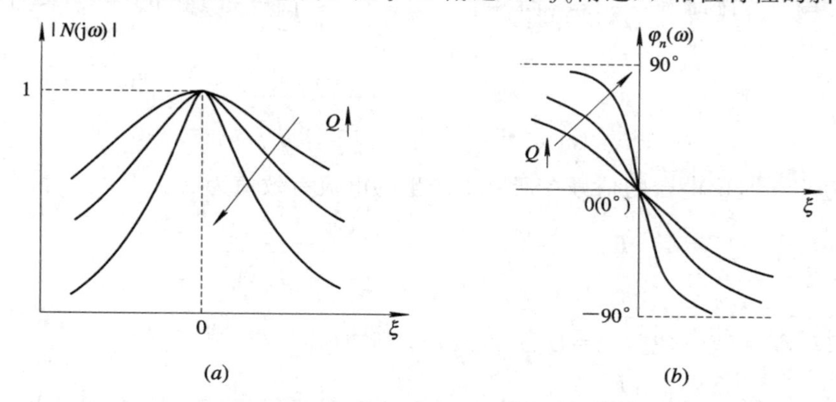

图 6.3-6　串联谐振电路的归一化频率特性

顺便指出，由以ξ为自变量的(6.3-32)式和(6.3-33)式画出的幅频特性与相频特性(参看图6.3-6(a)、(b))是严格对称于$\xi=0$点的。若用(6.3-24)式将(6.3-32)式和(6.3-33)式中的ξ换算为f，再以f为自变量画出的幅频特性与相频特性并不对称于f_0点。不过，在小失谐的情况下，若用(6.3-25)式将(6.3-32)式和(6.3-33)式中的ξ换算为f，即得

$$|N(j\omega)|\approx\frac{1}{\sqrt{1+Q^2\left(\frac{2\Delta f}{f_0}\right)^2}} \tag{6.3-34}$$

$$\varphi_n(\omega)\approx-\arctan\left(\frac{2Q\Delta f}{f_0}\right) \tag{6.3-35}$$

在这种近似条件下，幅频特性与相频特性可以看作对称于中心频率f_0。工程应用中，对许多实际问题的分析就是这样做的。

例 6.3-3　某晶体管收音机输入回路的电感$L=310\ \mu\text{H}$，今欲收听载波频率为540 kHz的电台信号，问这时调谐电容应是多大。若回路的品质因数$Q=50$，频率为540 kHz的电台信号在天线线圈上的感应电压有效值$U_{s1}=1\text{ mV}$，同时有另一频率为600 kHz的电台信号在天线线圈上的感应电压有效值$U_{s2}=1\text{ mV}$，试求两者在回路中产生的电流。

解　为能收听到频率为540 kHz的电台节目，应调节电容C，使回路谐振频率等于540 kHz，因回路谐振频率$f_0=1/(2\pi\sqrt{LC})$，所以

$$C=\frac{1}{(2\pi f_0)^2L}=\frac{1}{(2\pi\times540\times10^3)^2\times310\times10^{-6}}=280\text{ pF}$$

回路对频率540 kHz电台的信号谐振，此时回路电流有效值为

$$I_{10}=\frac{U_{s1}}{r}$$

因$Q=\omega_0L/r$，所以$r=\omega_0L/Q$，将r代入上式，可得

$$I_{10}=\frac{U_{s1}}{\frac{\omega_0L}{Q}}=\frac{QU_{s1}}{\omega_0L}=\frac{1}{2\pi\times540\times10^3\times310\times10^{-6}}=47.5\times10^{-6}\text{ A}=47.5\ \mu\text{A}$$

回路对频率为 600 kHz 电台的信号失谐，此时回路阻抗

$$Z = r + \mathrm{j}\left(\omega L - \frac{1}{\omega C}\right) = r\left[1 + \mathrm{j}\,\frac{\omega_0 L}{r}\left(\frac{\omega}{\omega_0} - \frac{\omega_0}{\omega}\right)\right] = r\left[1 + \mathrm{j}Q\left(\frac{f}{f_0} - \frac{f_0}{f}\right)\right]$$

所以

$$|Z| = r\sqrt{1 + Q^2\left(\frac{f}{f_0} - \frac{f_0}{f}\right)^2}$$

那么频率为 600 kHz 电台的信号在回路中产生的电流有效值为

$$I_2 = \frac{U_{s2}}{|Z|} = \frac{U_{s2}}{r\sqrt{1 + Q^2\left(\frac{f}{f_0} - \frac{f_0}{f}\right)^2}}$$

而 $U_{s2}/r = U_{s1}/r = I_{10}$（本题 $U_{s2} = U_{s1} = 1$ mV），所以

$$I_2 = \frac{I_{10}}{\sqrt{1 + Q^2\left(\frac{f}{f_0} - \frac{f_0}{f}\right)^2}} = \frac{47.5}{\sqrt{1 + 50^2\left(\frac{600}{540} - \frac{540}{600}\right)^2}} = 4.48\ \mu\mathrm{A}$$

由此例具体的计算结果可见，回路对频率有选择性。虽然两电台信号都在天线线圈上感应 1 mV 的电压，但是由于回路对频率为 540 kHz 的电台信号谐振，对频率为 600 kHz 的电台信号失谐，所以两个信号在回路中产生的电流数值相差 10 倍以上。

6.3.3 通频带

通过对 rLC 串联谐振电路的频率特性的讨论可见，谐振电路对于频率有一定的选择性，而且从图 6.3-6 所示的谐振曲线可看出，回路 Q 值愈高，谐振曲线愈尖锐，选择能力就愈强。也就是说，选用 Q 值较高的电路，有利于从众多的各种单一频率信号中选择出所需要的信号，而抑制其他的干扰。可是，实际信号都占有一定的频带宽度，就是说，实际信号是由若干频率分量所组成的多频率信号，我们不能只选择出需要实际信号中的某一频率分量而把实际信号中其余有用的频率分量抑制掉，那样就会引起严重的失真，这是不能允许的。人们期望谐振电路能够把实际信号中的各有用频率分量都能选择出来，而且对各有用的频率分量能“一视同仁”地进行传输，对于不需要的频率分量(统称为干扰)能最大限度地加以抑制。为了衡量回路选择频率的能力与传输有一定带宽的实际信号的能力，下面定义串联谐振电路的通频带。

在中心频率 f_0 两侧，当 $|N(\mathrm{j}\omega)| = 1/\sqrt{2}$ 时，对应的频率 f_{c1}、f_{c2}，如图 6.3-7 所示。其中，高于 f_0 的 f_{c2} 称为上截止频率，低于 f_0 的 f_{c1} 称为下截止频率。对应于 f_{c1}、f_{c2} 之间的频率范围称为电路的通频带宽度，即

$$\mathrm{BW} = f_{c2} - f_{c1}\ \mathrm{Hz}$$

或

$$\mathrm{BW} = \omega_{c2} - \omega_{c1}\ \mathrm{rad/s}$$

所以说，rLC 串联谐振电路属于带通电路。

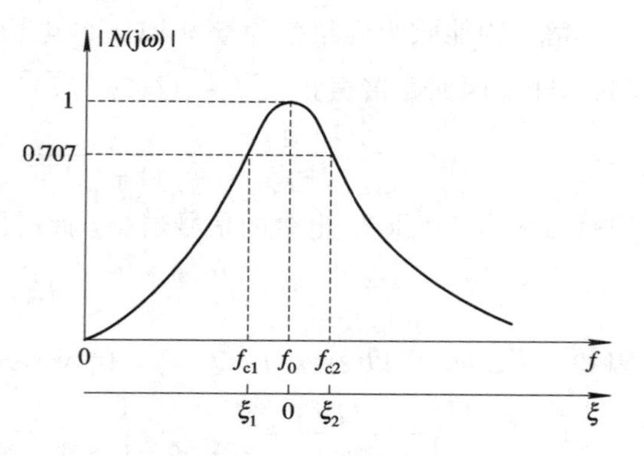

图 6.3-7 通频带示意图

下面讨论电路通频带宽度 BW 与电路的

谐振频率 f_0、品质因数 Q 之间的关系。根据通频带定义，有

$$|N(\mathrm{j}\omega)|=\frac{1}{\sqrt{1+Q^2\left(\frac{f}{f_0}-\frac{f_0}{f}\right)^2}}=\frac{1}{\sqrt{2}}$$

则

$$Q\left(\frac{f}{f_0}-\frac{f_0}{f}\right)=\pm 1$$

整理上式，得

$$f^2\mp\frac{1}{Q}f_0 f-f_0^2=0$$

解以上两个二次方程，舍去无意义的负根，得

$$f_{c2}=f_0\left[\sqrt{1+\left(\frac{1}{2Q}\right)^2}+\frac{1}{2Q}\right]$$

$$f_{c1}=f_0\left[\sqrt{1+\left(\frac{1}{2Q}\right)^2}-\frac{1}{2Q}\right]$$

所以电路通频带宽度

$$\mathrm{BW}=f_{c2}-f_{c1}=\frac{f_0}{Q}\ \mathrm{Hz} \tag{6.3-36}$$

或

$$\mathrm{BW}=\omega_{c2}-\omega_{c1}=\frac{\omega_0}{Q}\ \mathrm{rad/s} \tag{6.3-37}$$

(6.3-36)式表明：网络的通频带与网络的谐振频率成正比，与网络的品质因数成反比。

电路的 Q 值越高，电路的选择性能越好，但电路的通频带就越窄。从某种意义上说，“选择性”与“带宽”是一对矛盾。实际中如何处理好这一对矛盾是很重要的。通常，在满足电路带宽等于或略大于欲传输信号带宽的前提下，应尽量使电路的 Q 值高，以利于“选择性”。从另一个方面看，为了减小所要传输信号的失真，不但要使信号的各频率分量都处于电路带宽之内，而且电路对它们要“平等对待”地传输，这就要求在通频带内的那部分电路谐振曲线最好是平坦的(由此联想到为什么各种理想滤波器通频带内的曲线是平坦直线的原因)。电路的 Q 值越低，带内曲线平坦度就越好，相对来说引起带内信号幅度失真就越小。

由以上的分析讨论可见，电路 Q 值究竟是高好，还是低好，不能一概而论，要针对具体情况具体分析。若主要矛盾方面是“选择性”，那就使用 Q 值高些的电路；相反，若主要矛盾方面是“带宽”，那就可适当地降低电路的 Q 值。

例 6.3-4 在图 6.3-8 所示的 rLC 串联谐振电路中，已知 $u_s(t)=100\cos\omega_0 t$ mV，ω_0 为电路谐振角频率，$C=400$ pF，r 上消耗的功率为 5 mW，电路通频带 $\mathrm{BW}=4\times10^4$ rad/s，试求 L、ω_0、U_{Cm}。

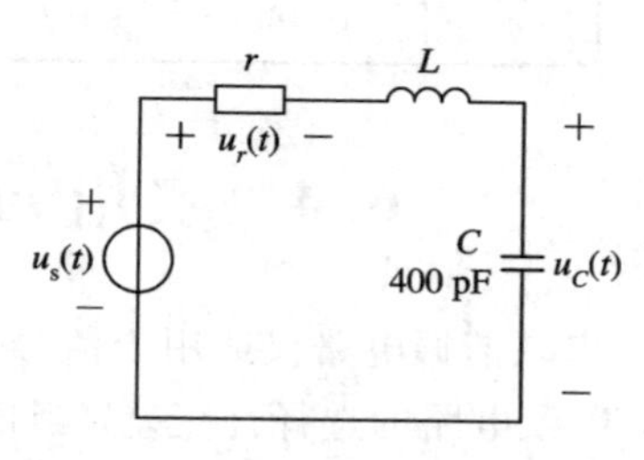

图 6.3-8　例 6.3-4 使用电路

解　因电路处于谐振状态，所以电阻 r 上的电压与电源电压相等。因为

$$P_r=\frac{1}{2}\frac{U_{rm}^2}{r}=\frac{1}{2}\frac{U_{sm}^2}{r}$$

所以

$$r=\frac{U_{sm}^2}{2P_r}=\frac{(100\times10^{-3})^2}{2\times5\times10^{-3}}=1\ \Omega$$

又

$$Q=\frac{\omega_0 L}{r},\quad \mathrm{BW}=\frac{\omega_0}{Q}$$

所以

$$\mathrm{BW}=\frac{\omega_0}{\omega_0 L/r}=\frac{r}{L}=4\times10^4\ \mathrm{rad/s}$$

故

$$L=\frac{r}{\mathrm{BW}}=\frac{1}{4\times10^4}=25\ \mu\mathrm{H}$$

$$\omega_0=\frac{1}{\sqrt{LC}}=\frac{1}{\sqrt{25\times10^{-6}\times400\times10^{-12}}}=10^7\ \mathrm{rad/s}$$

因

$$Q=\frac{\omega_0 L}{r}=\frac{10^7\times25\times10^{-6}}{1}=250$$

所以

$$U_{Cm}=QU_{sm}=250\times100\times10^{-3}=25\ \mathrm{V}$$

思考题

6.3-1 有位读者这样理解信号“幅度失真”：若网络输出信号中各频率分量的振幅相对比例关系与网络输入信号中对应各频率分量的振幅相对比例关系相比较，发生了变化，则说明网络产生了信号“幅度失真”。你同意他的观点吗？

6.3-2 为了熟练应用串联谐振电路的公式，试根据下表所列已知条件求出未知的各参数，并填入表中空格处。

编号	f_0/MHz	BW/kHz	Q	L/μH	C/pF	r/Ω
1				100	100	10
2			80	60	120	
3	30		50		15	
4	0.465	12.5			200	

6.4 实用 rLC 并联谐振电路的频率特性

串联谐振电路仅适用于信号源内阻小的情况，若信号源内阻较大，将使回路 Q 值降低，以致电路的选择性变差。当信号源内阻较大时，为了获得较好的选择特性，常采用并联谐振电路。

由实际的电感线圈、电容器相并联组成的电路，称为实用的并联谐振电路。收音机中的中频放大器的负载就是使用的这种并联谐振电路。图 6.4－1 是它的电路模型形式。图中，电流源 $\dot{I}_s$ 是晶体管放大器的等效电流源，r 是反映实际线圈本身损耗的等效电阻，实际电容器的损耗很小，可忽略不计。

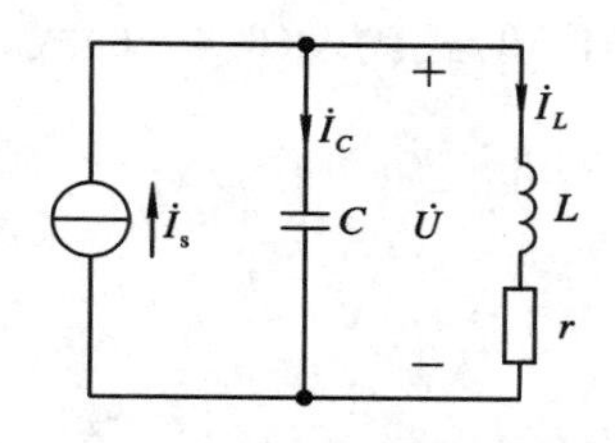

图 6.4－1　实用并联谐振电路模型

设正弦激励电流源的频率为 f，相量为 $\dot{I}_s$，为了讨论问题方便，取 $\dot{I}_s$ 的初始相位为 0°。并联回路两端的导纳为

$$
\begin{aligned}
Y &= \mathrm{j}\omega C + \frac{1}{r + \mathrm{j}\omega L} = \frac{r}{r^2 + \omega^2 L^2} + \mathrm{j}\left(\omega C - \frac{\omega L}{r^2 + \omega^2 L^2}\right) \\
&= G + \mathrm{j}B
\end{aligned}
\tag{6.4-1}
$$

式中

$$G = \frac{r}{r^2 + \omega^2 L^2} \tag{6.4-2}$$

$$B = \omega C - \frac{\omega L}{r^2 + \omega^2 L^2} \tag{6.4-3}$$

6.4.1　并联谐振

满足(6.4－3)式为 0 的角频率，称为并联谐振回路的谐振角频率，以符号 ω_0 表示，即有

$$\omega_0 C - \frac{\omega_0 L}{r^2 + \omega_0^2 L^2} = 0 \tag{6.4-4}$$

(6.4－4)式称为并联谐振回路的谐振条件。由(6.4－4)式得

$$r^2 + \omega_0^2 L^2 = \frac{L}{C} \tag{6.4-5}$$

解上式，得

$$\omega_0 = \sqrt{\frac{1}{LC} - \frac{r^2}{L^2}} \tag{6.4-6}$$

(6.4－6)式表明，对于图 6.4－1 所示的并联谐振电路，其谐振角频率不但与回路中的电抗元件参数有关，而且与回路中的损耗电阻 r 有关。

在并联谐振电路中，回路品质因数 Q 的物理含义，同串联谐振电路时是一样的，也是谐振时电感(或电容元件)上无功功率与电路中有功功率(对图 6.4－1 所示的并联谐振电路，即是 r 上消耗的功率)之比。因流经 r 与 L 的电流同是 $\dot{I}_L$，所以

$$Q = \frac{\omega_0 L}{r} = \frac{1}{\omega_0 C r} \tag{6.4-7}$$

由(6.4－7)式，可有

$$Q^2 = \frac{\omega_0 L}{r} \cdot \frac{1}{\omega_0 C r} = \frac{L/C}{r^2} \tag{6.4-8}$$

所以

$$Q = \frac{\sqrt{L/C}}{r} \tag{6.4-9}$$

将(6.4-9)式代入(6.4-6)式，则并联谐振回路的谐振角频率又可表示为

$$\omega_0 = \frac{1}{\sqrt{LC}}\sqrt{1-\frac{1}{Q^2}}\ \text{rad/s} \tag{6.4-10}$$

或

$$f_0 = \frac{1}{2\pi\sqrt{LC}}\sqrt{1-\frac{1}{Q^2}}\ \text{Hz} \tag{6.4-11}$$

实际应用的并联谐振电路一般满足$Q \gg 1$(称高Q条件)，所以(6.4-10)式和(6.4-11)式在工程计算中常近似为

$$\omega_0 \approx \frac{1}{\sqrt{LC}} \tag{6.4-12}$$

$$f_0 \approx \frac{1}{2\pi\sqrt{LC}} \tag{6.4-13}$$

从形式上看，在满足高$Q(Q \geqslant 10)$条件下，并联谐振电路谐振频率的计算公式同串联谐振电路计算谐振频率的公式是一样的。今后若无特殊说明，所给出的并联谐振电路即按(6.4-12)式或(6.4-13)式计算它的谐振角频率或频率。

关于并联谐振电路调谐的两种情况，同串联谐振电路时类似，这里不再赘述。

并联谐振电路在发生谐振时，即激励源$\dot{I}_s$的角频率ω等于电路的谐振角频率ω_0时，具有以下特点：

(1) 联系(6.4-4)式谐振条件，由(6.4-1)式并考虑在高Q条件下，当发生谐振时，并联回路两端的导纳

$$Y_0 = \frac{r}{r^2+\omega_0^2 L^2} \approx \frac{r}{\omega_0^2 L^2} = \frac{Cr}{L} = G_0 \tag{6.4-14}$$

其值最小，且为纯电导。若换算为阻抗，即

$$Z_0 = \frac{1}{Y_0} = \frac{L}{Cr} = R_0 \tag{6.4-15}$$

其值最大，且为纯电阻。顺便指出，在分析计算实际并联谐振电路的问题时，经常要计算R_0。除了用(6.4-15)式计算R_0外，联系回路的Q值、特性阻抗ρ，还可诱导出其他形式的R_0常用计算式。如

$$R_0 = \frac{L}{Cr} = \frac{L/C}{r^2}\cdot r = Q^2 r \tag{6.4-16}$$

$$R_0 = \frac{\sqrt{L/C}}{r}\cdot\sqrt{\frac{L}{C}} = Q\rho \tag{6.4-17}$$

(2) 由图6.4-1，得谐振时回路两端电压

$$\dot{U}_0 = \frac{\dot{I}_s}{G_0} = R_0\dot{I}_s \tag{6.4-18}$$

其数值为最大值，且与激励源$\dot{I}_s$同相位。实验室中观察并联谐振电路的谐振状态，常用电压表并接到回路两端，以电压表指示最大作为回路处于谐振状态的标志。

(3) 并联回路谐振时，电容支路的电流为

$$\dot{I}_{C0} = \mathrm{j}\omega_0 C\dot{U}_0 = \mathrm{j}\omega_0 CR_0\dot{I}_s = \mathrm{j}\omega_0 C\frac{L}{Cr}\dot{I}_s$$

将 $Q=\omega_0 L/r$ 代入上式，可得

$$\dot{I}_{C0} = \mathrm{j}Q\dot{I}_s \tag{6.4-19}$$

谐振时，电感支路的电流为

$$\dot{I}_{L0} = \dot{I}_s - \dot{I}_{C0} = (1-\mathrm{j}Q)\dot{I}_s$$

考虑高 Q 条件，所以

$$\dot{I}_{L0} \approx -\mathrm{j}Q\dot{I}_s \tag{6.4-20}$$

比较(6.4－19)式和(6.4－20)式可看出，回路谐振时的电容支路电流与电感支路电流几乎大小相等、相位相反，二者的大小都近似等于电源电流 $\dot{I}_s$ 的 Q 倍。因为谐振时相并联两支路的电流近似大小相等、相位相反，这犹如一个电流在并联回路里闭合流动，所以又常把谐振时回路中的电流称作环流。

例 6.4－1 在图 6.4－2 所示的并联谐振电路中，已知 $L=100\ \mu\text{H}$，$C=100\ \text{pF}$，虚线框所围的空载回路 $Q_0=50$，信号源电压有效值 $U_s=150\ \text{V}$，内阻 $R_s=25\ \text{k}\Omega$。若欲使回路谐振，电源的角频率应是多少？求谐振时的总电流 I_0、环流 I_l、回路两端电压 U_0 及回路消耗的功率 P。

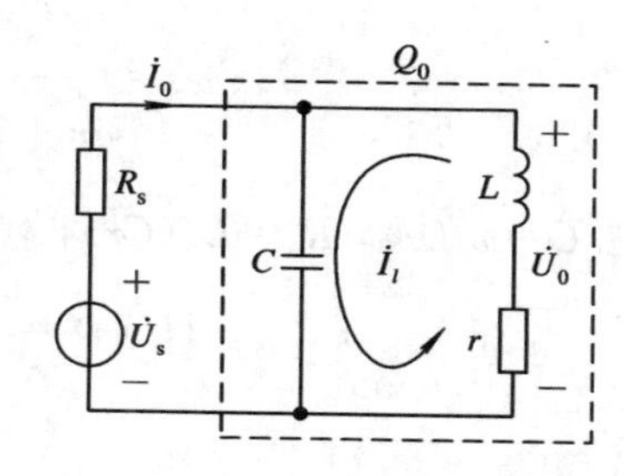

图 6.4－2 例 6.4－1 使用电路

解 电源频率等于回路谐振频率时回路谐振，所以电源角频率为

$$\omega = \omega_0 = \frac{1}{\sqrt{LC}} = \frac{1}{\sqrt{100\times10^{-6}\times100\times10^{-12}}} = 10^7\ \text{rad/s}$$

由 (6.4－17)式算得回路谐振电阻为

$$R_0 = Q_0\rho = 50\omega_0 L = 50\times10^7\times100\times10^{-6} = 50\ \text{k}\Omega$$

所以电流为

$$I_0 = \frac{U_s}{R_s+R_0} = \frac{150}{25+50} = 2\ \text{mA}$$

环流为

$$I_l = Q_0 I_0 = 50\times2 = 100\ \text{mA} = 0.1\ \text{A}$$

回路两端电压为

$$U_0 = R_0 I_0 = 50\times2 = 100\ \text{V}$$

回路消耗功率可用两种方法计算。因为回路中只有电阻 r 消耗的功率，所以回路消耗的功率就是电阻 r 上消耗的功率，故有

$$P = P_r = I_l^2 r = I_l^2\frac{\rho}{Q_0} = 0.1^2\times\frac{\sqrt{\dfrac{100\times10^{-6}}{100\times10^{-12}}}}{50} = 0.2\ \text{W}$$

又

$$P = P_r = I_l^2 r = Q_0^2 I_0^2 r = Q_0^2 r I_0^2$$

考虑(6.4－16)式，回路消耗的功率 P 也可看作 I_0 流过 R_0 所消耗的功率，故有

$$P = R_0 I_0^2 = 50\times10^3\times(2\times10^{-3})^2 = 0.2\ \text{W}$$

今后遇此类求回路功率的问题，可直接应用回路谐振时的等效电阻 R_0 来求解，这往往更为简便。

6.4.2 频率特性

并联谐振回路通常用作高频、中频放大器的负载。参看图 6.4-1 所示电路，若以 $\dot{I}_s$ 为激励相量，以回路两端电压 $\dot{U}$ 为响应相量，则网络函数

$$H(j\omega)=\frac{\dot{U}}{\dot{I}_s}=\frac{\frac{1}{j\omega C}(r+j\omega L)}{r+j\left(\omega L-\frac{1}{\omega C}\right)}$$

假设满足高 Q 条件，且 ω 为靠近谐振角频率 ω_0 附近的角频率，则有 $\omega L\approx\omega_0 L\gg r$，所以上式可近似写为

$$H(j\omega)\approx\frac{\frac{L}{C}}{r+j\omega_0 L\left(\frac{\omega}{\omega_0}-\frac{\omega_0}{\omega}\right)}=\frac{\frac{L}{rC}}{1+j\frac{\omega_0 L}{r}\left(\frac{\omega}{\omega_0}-\frac{\omega_0}{\omega}\right)}$$

考虑 $Q=\omega_0 L/r$，$R_0=L/(Cr)$，代入上式，得

$$H(j\omega)=\frac{R_0}{r+jQ\left(\frac{\omega}{\omega_0}-\frac{\omega_0}{\omega}\right)}=|H(j\omega)|e^{j\varphi(\omega)} \tag{6.4-21}$$

式中

$$|H(j\omega)|=\frac{R_0}{\sqrt{1+Q^2\left(\frac{\omega}{\omega_0}-\frac{\omega_0}{\omega}\right)^2}} \tag{6.4-22}$$

$$\varphi(\omega)=-\arctan\left[Q\left(\frac{\omega}{\omega_0}-\frac{\omega_0}{\omega}\right)\right] \tag{6.4-23}$$

这里定义的网络函数其实就是并联谐振回路两端的阻抗函数。用相对失谐 ξ 代替(6.4-22)式和(6.4-23)式中的 $\omega/\omega_0-\omega_0/\omega$，可得

$$|H(j\omega)|=\frac{R_0}{\sqrt{1+Q^2\xi^2}} \tag{6.4-24}$$

$$\varphi(\omega)=-\arctan(Q\xi) \tag{6.4-25}$$

如同讨论串联谐振电路时一样，对 $H(j\omega)$ 作归一化处理，定义谐振函数

$$N(j\omega)\overset{\text{def}}{=\!=}\frac{H(j\omega)}{H(j\omega_0)} \tag{6.4-26}$$

将 $\omega=\omega_0$ 代入(6.4-21)式，得

$$H(j\omega_0)=R_0 \tag{6.4-27}$$

再将(6.4-21)式和(6.4-27)式代入(6.4-26)式，得

$$N(j\omega)=\frac{1}{1+jQ\left(\frac{\omega}{\omega_0}-\frac{\omega_0}{\omega}\right)}=|N(j\omega)|e^{j\varphi_n(\omega)} \tag{6.4-28}$$

式中

$$|N(j\omega)|=\frac{1}{\sqrt{1+Q^2\left(\frac{\omega}{\omega_0}-\frac{\omega_0}{\omega}\right)^2}} \tag{6.4-29}$$

$$\varphi_n(\omega) = -\arctan\left[Q\left(\frac{\omega}{\omega_0} - \frac{\omega_0}{\omega}\right)\right] \tag{6.4-30}$$

考虑到$\xi=\omega/\omega_0-\omega_0/\omega$，代入(6.4－29)式和(6.4－30)式，则可得

$$|N(\mathrm{j}\omega)| = \frac{1}{\sqrt{1+Q^2\xi^2}} \tag{6.4-31}$$

$$\varphi_n(\omega) = -\arctan(Q\xi) \tag{6.4-32}$$

若以Q为参变量，ξ为自变量，由(6.4－31)式和(6.4－32)式可画出幅频特性曲线与相频特性曲线，与图6.3－6(*a*)、(*b*)所示的一样。比较(6.4－31)式和(6.3－32)式，可知并联谐振电路的归一化频率特性与串联谐振电路的归一化频率特性相同，故不再重复画出频率特性图。由图6.3－6(*a*)可见，回路Q值愈高，谐振曲线愈尖锐。就是说，在谐振频率附近($\xi=0$点附近)，回路阻抗值大，在I_s一定的情况下，回路两端的电压值也大；而在远离谐振频率处($|\xi|$很大)，回路阻抗值小，因而回路两端电压也小；而且回路Q值愈高，二者相差得愈多。并联谐振电路有着这样的谐振曲线，就决定着它有“选频”作用。由图6.3－6(*b*)可知，当$\xi<0(f<f_0)$时，$\varphi_n(\omega)>0$，也就是说，阻抗角大于0，此时电路呈感性，电压$\dot{U}$超前电流$\dot{I}_s$；当$\xi=0$(谐振)时，$\varphi_n(\omega)=0$，$\dot{U}_0$与$\dot{I}_s$同相位；当$\xi>0$(即$f>f_0$)时，$\varphi_n(\omega)<0$，也就是说，阻抗角小于0，此时电路呈容性，电压$\dot{U}$滞后电流$\dot{I}_s$。还可看到，回路品质因数愈高，在$\xi=0$附近(即f_0附近)，相位特性的斜率愈大。

例 6.4－2 图6.4－3所示为某晶体管高频放大器的等效电路，并联回路(虚线框所围部分)的Q_0值为100，$L=100\ \mu\mathrm{H}$，$C=100\ \mathrm{pF}$，又知放大器输出电流(集电极电流)中有两个频率分量，即

$$i_{s1}(t) = \sqrt{2}\ \cos 10^7 t\ \mathrm{mA}$$

$$i_{s2}(t) = \sqrt{2}\ \cos 2\times 10^7 t\ \mathrm{mA}$$

试求两电流在回路两端产生的电压有效值。

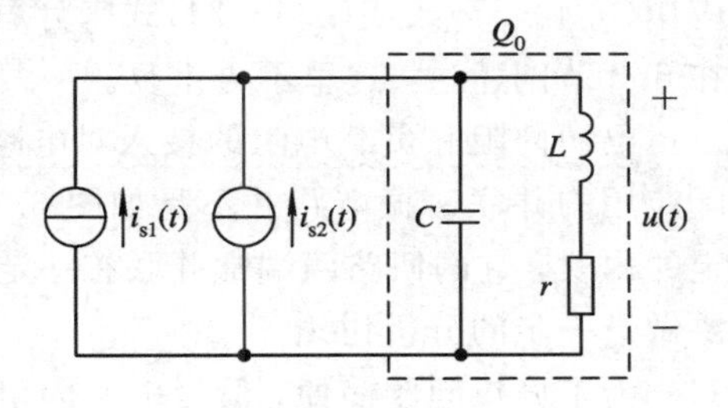

图 6.4－3　例 6.4－2 使用电路

解　回路谐振角频率为

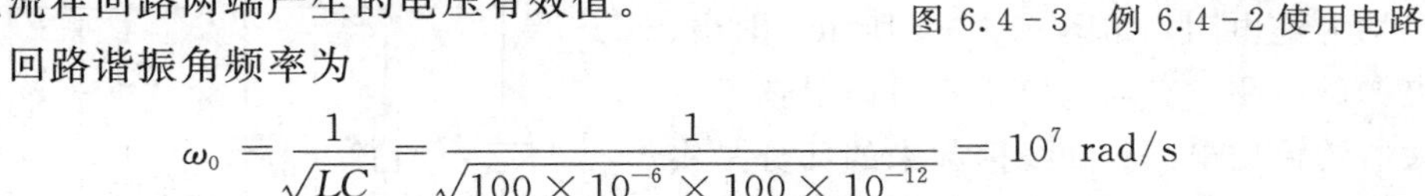

$$\omega_0 = \frac{1}{\sqrt{LC}} = \frac{1}{\sqrt{100\times10^{-6}\times100\times10^{-12}}} = 10^7\ \mathrm{rad/s}$$

由给出的两个电流源的表达式可知，回路对电流源$i_{s1}(t)$谐振，对电流源$i_{s2}(t)$严重失谐，所以

$$|H(\mathrm{j}\omega_0)| = R_0 = Q\rho = 100\sqrt{\frac{L}{C}} = 100\times\sqrt{\frac{100\times10^{-6}}{100\times10^{-12}}} = 100\ \mathrm{k\Omega}$$

电流源$i_{s1}(t)$在回路两端产生的电压有效值为

$$U_1 = U_0 = R_0 I_{s1} = 100\times1 = 100\ \mathrm{V}$$

而

$$|H(\mathrm{j}2\omega_0)| = \frac{R_0}{\sqrt{1+Q^2\left(\dfrac{\omega}{\omega_0}-\dfrac{\omega_0}{\omega}\right)^2}} = \frac{100}{\sqrt{1+100^2\left(\dfrac{2\omega_0}{\omega_0}-\dfrac{\omega_0}{2\omega_0}\right)^2}} = 0.67\ \mathrm{k\Omega}$$

所以，电流源$i_{s2}(t)$在回路两端产生的电压有效值为

$$U_2 = |H(\mathrm{j}2\omega_0)| I_{s2} = 0.67\times1 = 0.67\ \mathrm{V}$$

由此例可看出，回路对频率不同而大小一样的两个电流源，分别处于谐振状态和严重失谐状态。由于回路的选频作用，它们在回路两端所产生的电压相差了100多倍（对此例），从工程观点看，就认为回路两端电压只有U_1，而U_2可以忽略不计。这样，并联谐振回路就把与之谐振的信号$i_{s1}(t)$选择出来了。

6.4.3　通频带

比较并联谐振电路的谐振函数式（即(6.4-31)式）与串联谐振电路的谐振函数式（即(6.3-32)式）可知，由两式分别画得的谐振曲线（参看图6.3-6）是相同的。因此，并联谐振电路若采用与串联谐振电路一样的通频带定义，便可用同样的推导过程求得并联谐振电路通频带与电路谐振频率、品质因数之间的关系，因而有

$$\mathrm{BW}=\frac{\omega_0}{Q}\ \mathrm{rad/s} \tag{6.4-33}$$

或

$$\mathrm{BW}=\frac{f_0}{Q}\ \mathrm{Hz} \tag{6.4-34}$$

这里必须说明一点，(6.4-33)式和(6.4-34)式是在假设满足高Q条件下导出的，或者说两式带有一定的近似性。不过，实际应用的并联谐振电路一般都满足高Q条件，因而可以应用(6.4-33)式或(6.4-34)式来计算并联谐振电路的通频带。关于通频带的物理含义已在6.2节阐述过，这里不再重复。

电源内阻和负载电阻的接入对电路的Q值和通频带的影响是必须考虑的。这是因为实际应用的并联谐振电路并不是如图6.4-1所示的理想电路模型，它的输入激励源常有一定的内阻，它的回路两端常并联有一定的负载电阻，它们对电路的Q值与通频带的影响需要做进一步的分析讨论。

为了分析问题简便，假设电源内阻抗与负载阻抗均为纯电阻，如图6.4-4所示。图中，R_s是电源的内阻，实际电路中它可能是前面一级放大器的输出电阻；虚线框起来的部分是实际电感线圈和电容器并联的电路模型，常称为空载回路。关于品质因数，在6.3节中提到过元件Q值和回路Q值，这里为了叙述问题方便，对回路Q值再区分为空载回路Q值和有载回路Q值。参看图6.4-4，虚线框起来的空载回路的Q值记为Q_0；若计及电源内阻和负载电阻的影响，则算出的Q值为有载回路Q值，又称整个电路的Q值，常记为Q_e。下面介绍计算Q_e的方法。

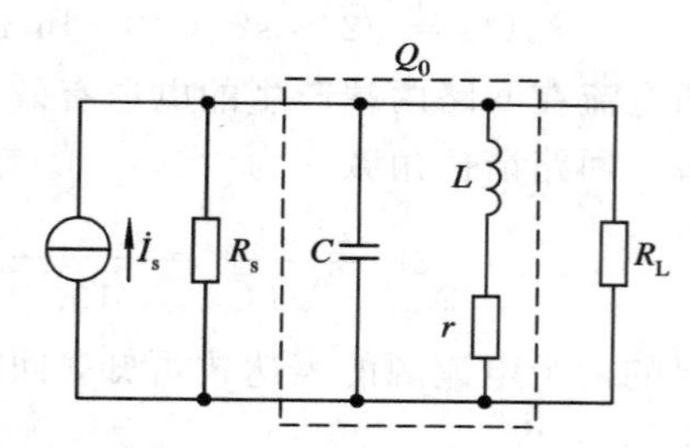

图6.4-4　考虑R_s、R_L影响的并联谐振电路

因仅有内阻R_s、负载电阻R_L并到空载回路两端，并假设考虑R_s、R_L影响的电路仍属于高Q电路。其特性阻抗$\rho=\sqrt{L/C}$不变，则空载回路谐振电阻为

$$R_0=Q_0\rho \tag{6.4-35}$$

将图6.4-4在谐振频率上等效为图6.4-5，显然等效电阻

$$R_e=R_s\,/\!/\,R_0\,/\!/\,R_L \tag{6.4-36}$$

将这一等效电阻看作等效 Q 值与特性阻抗相乘，即

$$R_e = Q_e\rho \qquad (6.4-37)$$

(6.4－37)式与(6.4－35)式相比，得

$$\frac{R_e}{R_0} = \frac{Q_e\rho}{Q_0\rho} = \frac{Q_e}{Q_0}$$

解上式，得

$$Q_e = \frac{R_e}{R_0}Q_0 \qquad (6.4-38)$$

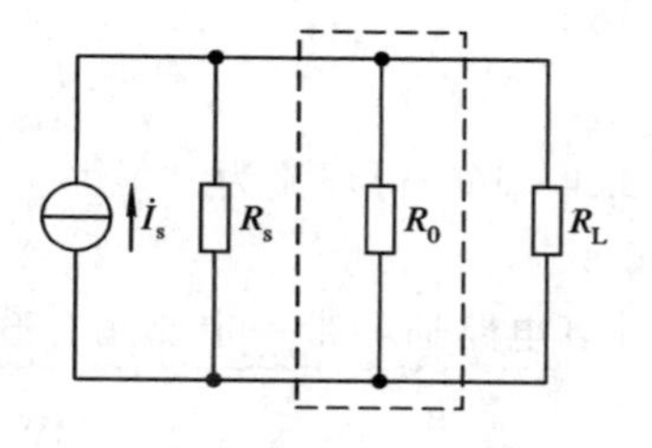

图 6.4－5　图 6.4－4 的等效电路

由(6.4－36)式可知 $R_e < R_0$，由(6.4－38)式可知 $Q_e < Q_0$。所以，R_s、R_L 的接入会使电路 Q 值下降，从而使电路的选择性变差，通频带变宽。

例 6.4－3　图 6.4－6 所示并联谐振电路处于谐振状态。已知空载回路品质因数 $Q_0 = 105$，$L = 586\ \mu\text{H}$，$C = 200\ \text{pF}$，电源内阻 $R_s = 180\ \text{k}\Omega$，负载电阻 $R_L = 180\ \text{k}\Omega$，$\dot{I}_s = 3\angle 0°\text{mA}$。试求回路两端电压 U_0、环流 I_l 以及电路通频带 BW。

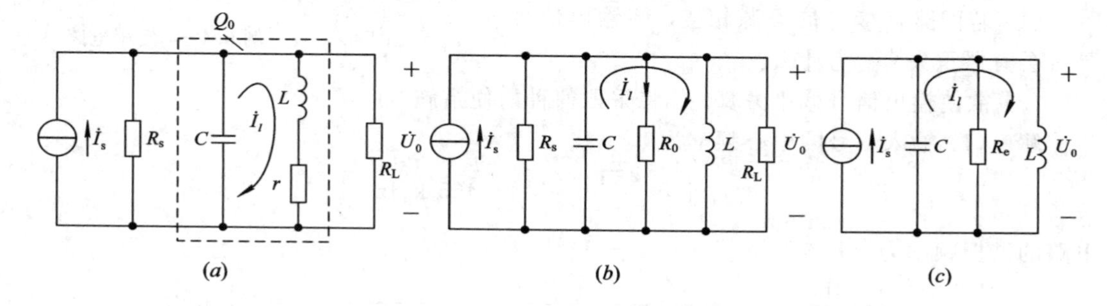

图 6.4－6　例 6.4－3 使用电路

解　电路谐振频率为

$$f_0 = \frac{1}{2\pi\sqrt{LC}} = \frac{1}{2\times 3.14\sqrt{586\times 10^{-6}\times 200\times 10^{-12}}} = 465\ \text{kHz}$$

空载回路谐振电阻为

$$R_0 = Q_0\rho = 105\sqrt{\frac{L}{C}} = 105\sqrt{\frac{586\times 10^{-6}}{200\times 10^{-12}}} = 180\ \text{k}\Omega$$

将图 6.4－6(a)等效为图 6.4－6(b)，考虑到 R_s、R_L 的影响，总的等效电阻为

$$R_e = R_s \mathbin{/\!/} R_0 \mathbin{/\!/} R_L = 180 \mathbin{/\!/} 180 \mathbin{/\!/} 180 = 60\ \text{k}\Omega$$

再将图 6.4－6(b)等效为图 6.4－6(c)，则有载 Q 值为

$$Q_e = \frac{R_e}{R_0}Q_0 = \frac{60}{180}\times 105 = 35$$

回路两端电压为

$$U_0 = R_e I_s = 60\times 3 = 180\ \text{V}$$

求环流可以用两种方法。一种方法是用有载品质因数 Q_e 乘电流源 I_s，由图 6.4－6(c)得环流为

$$I_l = Q_e I_s = 35\times 3 = 105\ \text{mA}$$

另一种方法是先应用分流关系求得流经 R_0 的电流 I_0，因 R_s、R_0、R_L 三电阻相等，所以

$$I_0 = \frac{1}{3} I_s = \frac{1}{3} \times 3 = 1 \text{ mA}$$

由图 6.4-6(b)得环流为

$$I_l = Q_0 I_0 = 105 \times 1 = 105 \text{ mA}$$

计算电路通频带一定要用有载品质因数 Q_e，即

$$\text{BW} = \frac{f_0}{Q_e} = \frac{465}{35} = 13.3 \text{ kHz}$$

例 6.4-4 图 6.4-7 所示电路为收音机中频放大器的等效电路。信号电流源 $i_s(t)$ 含有多个频率分量，其最低频率为 455 kHz，最高频率为 475 kHz，信号源内阻为 90 kΩ，并联谐振回路作为该放大器的负载，并知 $L=293\ \mu$H，$C=400$ pF，空载回路品质因数 $Q_0=105$。

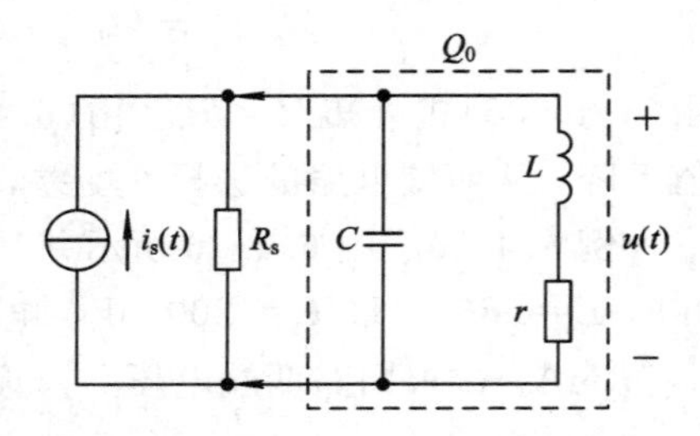

图 6.4-7　例 6.4-4 使用电路

(1) 若回路直接与信号源相接，问输出信号 $u(t)$ 是否会有严重失真，为什么？

(2) 欲使输出信号减小失真，你将采取何种简便措施？

解　(1) 输入信号的中心频率为

$$f_{信中} = \frac{455+475}{2} = 465 \text{ kHz}$$

电路的谐振频率为

$$f_0 = \frac{1}{2\pi\sqrt{LC}} = \frac{1}{2\times 3.14\sqrt{293\times 10^{-6}\times 400\times 10^{-12}}} = 465 \text{ kHz}$$

空载回路谐振电阻为

$$R_0 = Q_0 \rho = 105\sqrt{\frac{L}{C}} = 105\sqrt{\frac{293\times 10^{-6}}{400\times 10^{-12}}} = 90 \text{ k}\Omega$$

考虑到电源内阻 R_s 的影响，等效电阻为

$$R_e = R_s \mathbin{/\!/} R_0 = 90 \mathbin{/\!/} 90 = 45 \text{ k}\Omega$$

等效品质因数为

$$Q_e = \frac{R_e}{R_0} Q_0 = \frac{45}{90} \times 105 = 52.5$$

回路直接与信号源相接时，电路通频带为

$$\text{BW} = \frac{f_0}{Q_e} = \frac{465}{52.5} = 8.857 \text{ kHz}$$

而信号带宽为

$$\text{BW}_{信} = f_{\max} - f_{\min} = 475 - 455 = 20 \text{ kHz}$$

中心频率相同，由于 $\text{BW} < \text{BW}_{信}$，所以致使信号中一些有用的频率分量处于电路通频带之外，即信号中 $f=455$ kHz～460.57 kHz 与 460.43 kHz～475 kHz 的分量均在电路通频带之外，所以回路直接与信号源相接，输出信号 $u(t)$会有严重失真。

(2) 采取简单易行之措施。可在回路两端并联一大电阻，使电路 Q 值下降，展宽频带，使电路频带至少与信号频带相等，使信号中所有的有用频率分量能全部通过电路。设并联

大电阻后的电路带宽为 BW′，品质因数为 Q_e'，等效电阻为 R_e'，则具体计算如下：

$$\mathrm{BW}' = \frac{f_0}{Q_e'} = 20\ \mathrm{kHz}$$

$$Q_e' = \frac{f_0}{\mathrm{BW}'} = \frac{465}{20} = 23.25$$

$$R_e' = \frac{Q_e' R_e}{Q_e} = \frac{23.25 \times 45}{52.5} = 19.9\ \mathrm{k\Omega}$$

而

$$R_e' = R_e \ /\!/\ R = \frac{RR_e}{R + R_e} = \frac{R \times 45}{R + 45} = 19.9\ \mathrm{k\Omega}$$

所以

$$R = 35.7\ \mathrm{k\Omega}$$

在回路两端并联上略小于或等于 35.7 kΩ 的电阻即可使展宽的电路频带略大于或等于 20 kHz，满足传输该信号的频带要求，品质因数降低、展宽频带的同时使频带内曲线平坦度也得到了改善，有效地减小了输出信号失真。

∵ 思考题 ∵

6.4－1　参见图 6.4－7，某同学说：如果电源内阻抗、负载阻抗是一般的复阻抗，那么，它们的接入不但要影响电路的 Q 值，而且要影响回路的谐振频率。这一观点正确吗？为什么？

6.4－2　如何理解"选择性"与"带宽"这一对矛盾？以后遇到这类矛盾问题时打算如何处理？

6.5　小　　结

第 6 章习题讨论 *PPT*

(1) 响应相量与激励相量之比定义为网络函数，它的幅值、相位随频率的变化关系称为网络(电路)的频率特性。

(2) 一阶 RC 低通、高通网络是简单而常用的网络，它们的截止角频率 $\omega_c = 1/(RC)$，虽然二者截止角频率的形式相同，但电路含义是相反的。对于低通网络，其通频带为 $\omega = 0 \sim \omega_c$ 的频率范围；对于高通网络，其通频带为 $\omega = \omega_c \sim \infty$ 的频率范围。ω_c 还有"半功率频率""3 分贝频率"的称谓，应理解其含义。

引入截止角频率 ω_c，可把简单的一阶低、高通网络的网络函数归纳为如下一般形式：

一阶低通

$$H(\mathrm{j}\omega) = |H(\mathrm{j}0)| \frac{1}{1 + \mathrm{j}\dfrac{\omega}{\omega_c}}$$

一阶高通

$$H(\mathrm{j}\omega) = |H(\mathrm{j}\infty)| \frac{1}{1 - \mathrm{j}\dfrac{\omega_c}{\omega}}$$

(3) rLC 串联谐振电路、实用的 rLC 并联谐振电路的属性参数(ρ、ω_0、Q、BW)计算公式、谐振时的特点、频率特性一并归纳于表 6.5－1。

表 6.5－1　串、并联谐振电路性能对照表

		串联	并联
电路形式			
谐振频率		$\omega_0=\dfrac{1}{\sqrt{LC}}$ rad/s $f_0=\dfrac{1}{2\pi\sqrt{LC}}$ Hz	$\omega_0\approx\dfrac{1}{\sqrt{LC}}$ rad/s(满足高 Q 条件) $f_0\approx\dfrac{1}{2\pi\sqrt{LC}}$ Hz(满足高 Q 条件)
特性阻抗		$\rho=\omega_0 L=\dfrac{1}{\omega_0 C}=\sqrt{\dfrac{L}{C}}$ Ω	$\rho=\omega_0 L=\dfrac{1}{\omega_0 C}=\sqrt{\dfrac{L}{C}}$ Ω
品质因数		$Q=\dfrac{\omega_0 L}{r}=\dfrac{1}{r\omega_0 C}=\dfrac{\sqrt{\dfrac{L}{C}}}{r}$	$Q=\dfrac{\omega_0 L}{r}=\dfrac{1}{r\omega_0 C}=\dfrac{\sqrt{\dfrac{L}{C}}}{r}$
谐振特点		$Z_0=r$ $I_0=\dfrac{U_s}{r}$ $U_{r0}=U_s$ $U_{L0}=U_{C0}=QU_s$	$Z_0=\dfrac{L}{rC}=Q\rho=Q^2 r=R_0$ $U_0=R_0 I_s$ $I_{L0}\approx I_{C0}=QI_s$
频率响应	谐振函数	$N(\mathrm{j}\omega)=\dfrac{\dot{I}}{\dot{I}_0}=\dfrac{1}{1+\mathrm{j}Q\xi}$	$N(\mathrm{j}\omega)=\dfrac{\dot{U}}{\dot{U}_0}=\dfrac{1}{1+\mathrm{j}Q\xi}$
	幅频与相频特性		
	通频带	$\mathrm{BW}=\dfrac{\omega_0}{Q}$ rad/s $\mathrm{BW}=\dfrac{f_0}{Q}$ Hz	$\mathrm{BW}=\dfrac{\omega_0}{Q}$ rad/s $\mathrm{BW}=\dfrac{f_0}{Q}$ Hz

习　题　6

6.1　如图所示的简单 RC 并联电路在电子线路中常用来产生晶体管放大器的自给偏压。图中，电流 $\dot{I}$ 看作激励，电压 $\dot{U}$ 看作响应。试求该一阶网络的网络函数 $H(\mathrm{j}\omega)$、截止角

频率 ω_c，并绘出它的幅频特性和相频特性。

6.2　如图所示的简单 RC 串联电路常用作放大器的 RC 耦合电路。前级放大器输出的信号电压通过它输送到下一级放大器，C 称为耦合电容。下一级放大器的输入电阻并接到 R 两端，作为它的负载电阻 R_L。试分析该耦合电路的频率特性（求出截止角频率 ω_c，画出幅频和相频特性的草图），并讨论负载 R_L 的大小对频率特性的影响。

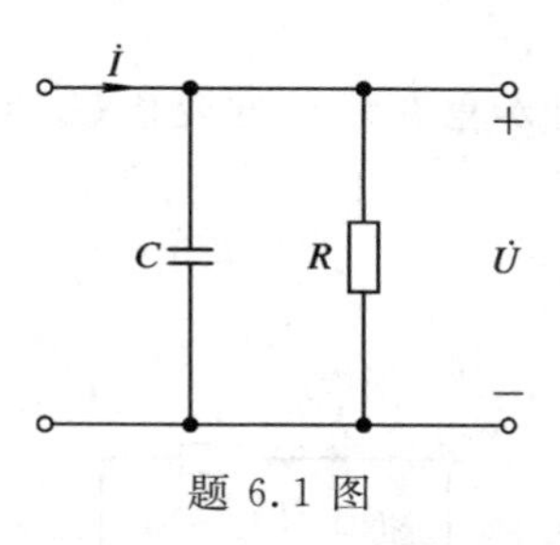

题 6.1 图

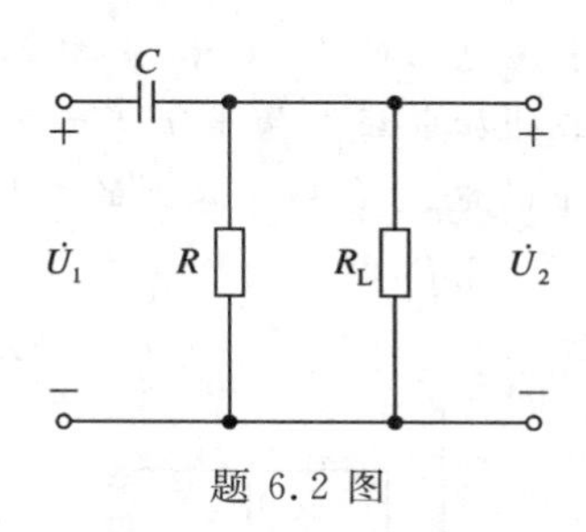

题 6.2 图

6.3　如图所示电路为含有受控源的一阶 RC 网络。若以 $\dot{I}_1$ 为激励，$\dot{I}_2$ 为响应，求网络函数 $H(j\omega)$，说明它是高通网络还是低通网络。若设 $G_1G_2<(G_1+G_2+g_m)g_m/\sqrt{2}$，求出截止角频率 ω_c。

6.4　在如图所示的一阶网络中，若以 $\dot{U}_1$ 为激励，$\dot{U}_2$ 为响应，求网络函数 $H(j\omega)$。若设 $R_1>(\sqrt{2}-1)R_2$，试草绘出幅频特性，并求出截止角频率 ω_c。

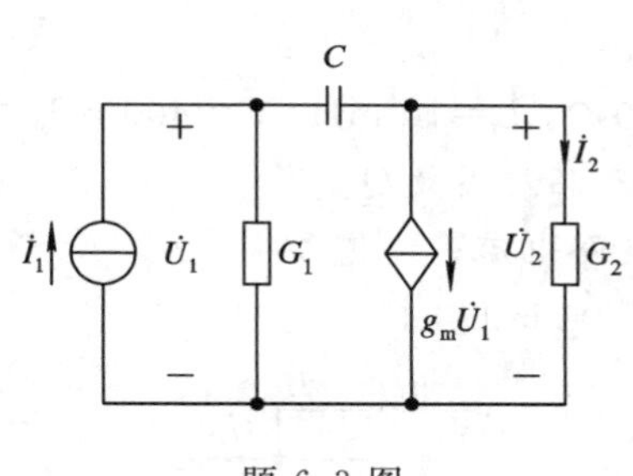

题 6.3 图

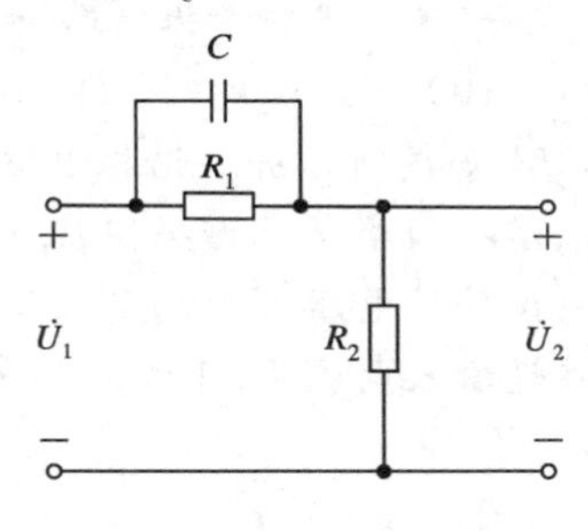

题 6.4 图

6.5　如图所示 rLC 串联谐振电路。已知信号源电压有效值 $U_s=1$ V，频率 $f=1$ MHz，现调节 C 使回路达谐振，这时回路电流 $I_0=100$ mA，电容器两端电压 $U_{C0}=100$ V。试求电路参数 r、L、C 及回路的品质因数 Q 与通频带 BW。

6.6　如图所示 rLC 串联谐振电路。电源频率为 1 MHz，电源有效值 $U_s=0.1$ V，当可变电容器调到 $C=80$ pF 时，电路达谐振。此时 a、b 两端的电压有效值 $U_C=10$ V。然后，在 a、b 两端接一未知导纳 Y_x，并重新调节 C 使电路谐振，此时电容值为 60 pF，且 $U_C=8$ V。试求所并 Y_x 中的电导 G_x、电容 C_x、电路中的电感 L 和并接 Y_x 前、后的电路通频带 BW。

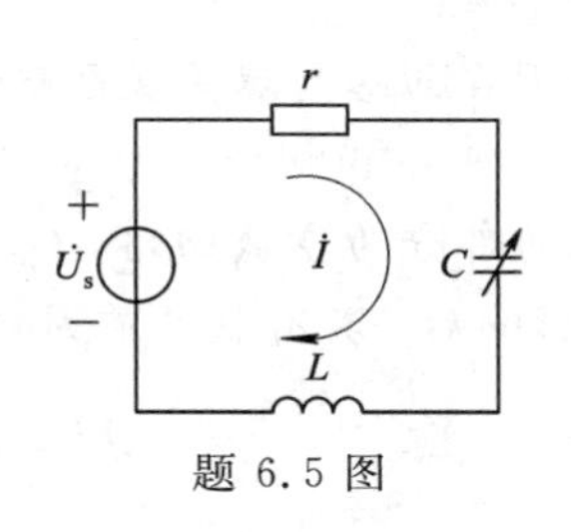

题 6.5 图

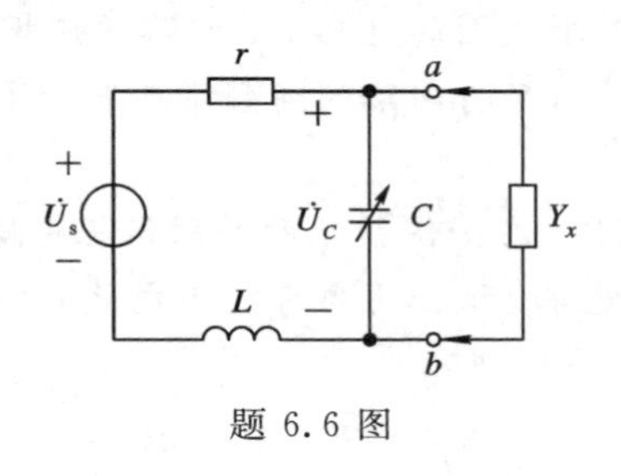

题 6.6 图

6.7　广播收音机的输入电路如图所示。调谐可变电容 C 的容量为 30 pF～305 pF，欲使最低谐振频率为 530 kHz，问线圈的电感量应是多少。接入上述线圈后，该输入电路的调谐频率范围是多少？

6.8　在如图所示的 rLC 串联谐振电路中，已知 $r=10\ \Omega$，回路的品质因数 $Q=100$，谐振频率 $f_0=1000$ kHz。

(1) 求该电路的 L、C 和通频带 BW；

(2) 若外加电压源频率 f 等于电路谐振频率 f_0，外加电压源的有效值 $U_s=100\ \mu$V，求此时回路中的电流 I_0 和电容上的电压 U_{C0}。

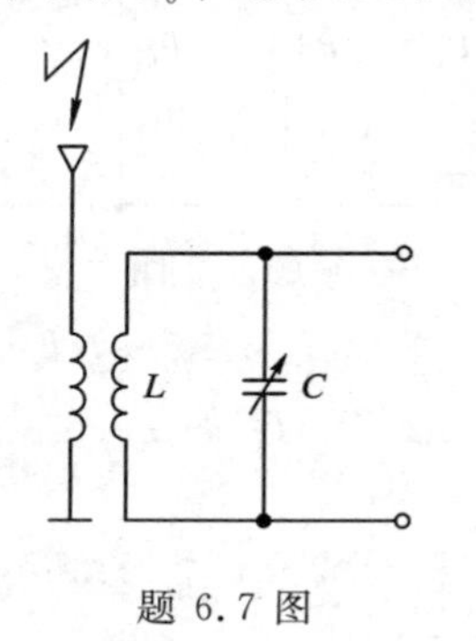

题 6.7 图

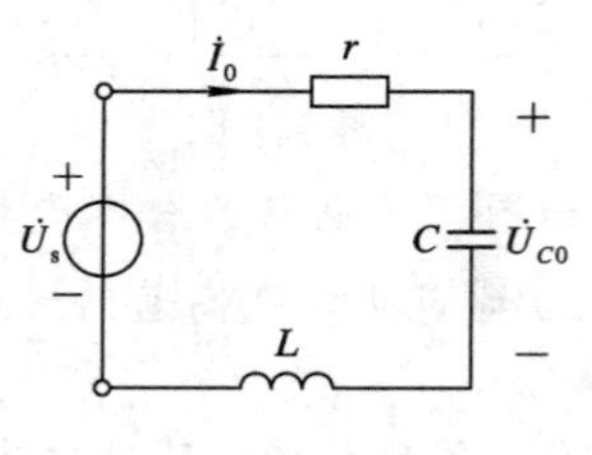

题 6.8 图

6.9　某一 rLC 串联谐振电路如图所示，已知该电路的谐振角频率 $\omega_0=10\ 000$ rad/s，通频带 BW=100 rad/s，$r=10\ \Omega$，求 L 和 C 的数值。

6.10　在如图所示并联谐振电路中，已知 $r=40\ \Omega$，$L=10$ mH，$C=400$ pF。

(1) 求谐振频率 f_0、谐振阻抗 R_0、特性阻抗 ρ 及品质因数 Q；

(2) 假设外接电压 $\dot{U}=10\angle 0°$ V，求谐振时各支路电流；

(3) 假设输入电流 $\dot{I}=10\angle 0°\ \mu$A，求谐振时电容电压 U_{C0}。

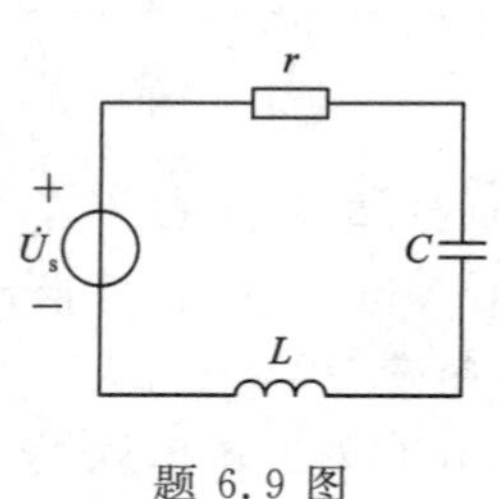

题 6.9 图

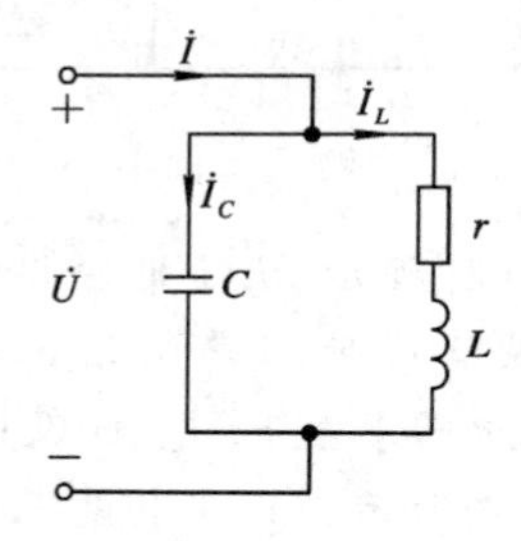

题 6.10 图

6.11　某电视接收机输入电路的次级为并联谐振电路，如图所示。已知电容 $C=10$ pF，回路的谐振频率 $f_0=80$ MHz，线圈的品质因数 $Q=100$。

(1) 求线圈的电感 L、回路的谐振阻抗 R_0 及通频带 BW；

(2) 为了将回路的通频带展宽为 $\text{BW}'=3.5$ MHz，需在回路两端并联电阻 R'，R' 应为多大？

6.12　在如图所示的并联谐振电路中，虚线框起来的部分为空载回路，G_0 为空载回路的谐振电导。试证明当考虑内电导 G_s 和负载电导 G_L 的影响后，其有载品质因数

$$Q_e=\frac{G_0}{G_s+G_0+G_L}Q_0$$

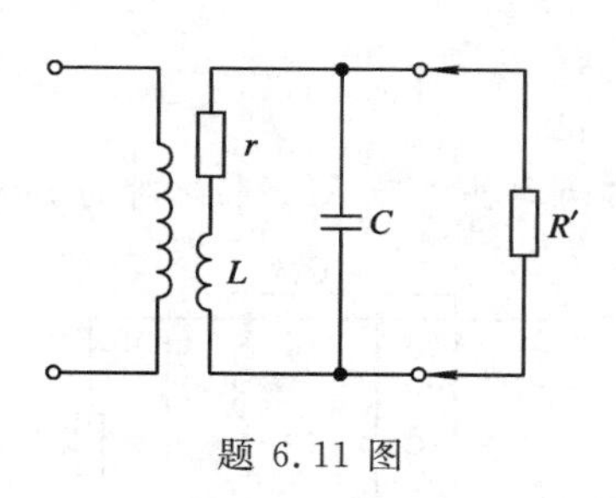

题 6.11 图

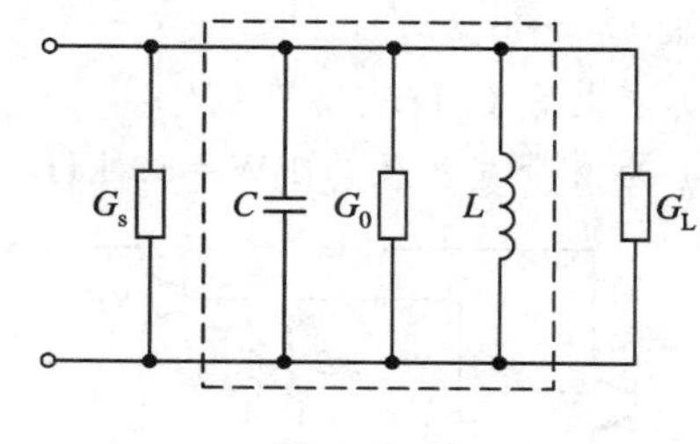

题 6.12 图

6.13　在如图所示的并联谐振电路中，已知 $L=500\ \mu\text{H}$，空载回路品质因数 $Q_0=100$，$\dot{U}_s=50\angle 0°\ \text{V}$，$R_s=50\ \text{k}\Omega$，电源角频率 $\omega=10^6\ \text{rad/s}$，并假设电路已对电源频率谐振。

(1) 求电路的通频带 BW 和回路两端电压 U；

(2) 如果在回路上并联 $R_L=30\ \text{k}\Omega$ 的电阻，这时通频带又为多少？

6.14　在如图所示的并联谐振电路中，已知 $r=10\ \Omega$，$L=1\ \text{mH}$，$C=1000\ \text{pF}$，信号源内阻 $R_s=150\ \text{k}\Omega$。

(1) 求电路的通频带 BW；

(2) 欲使回路阻抗 $|Z|>50\ \text{k}\Omega$，求满足要求的频率范围。

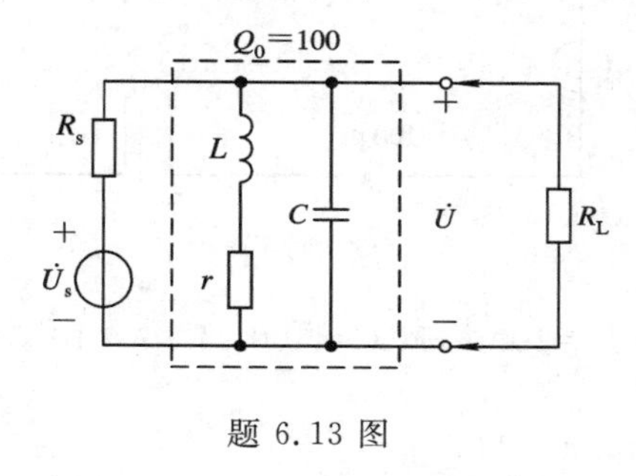

题 6.13 图

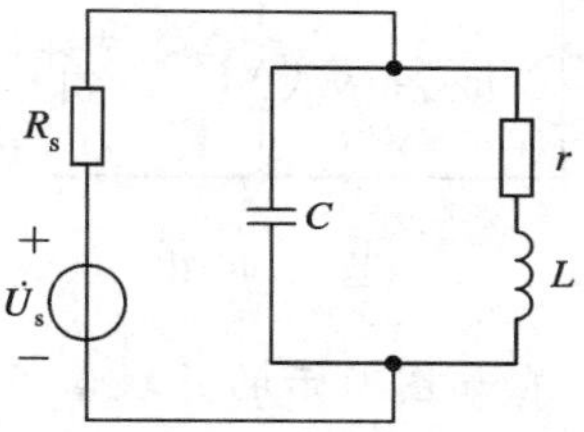

题 6.14 图

6.15　在如图所示的并联谐振电路中，虚线框起来的部分为空载电路，其回路谐振角频率 $\omega_0=10^6\ \text{rad/s}$，$Q_0=100$，电源内阻 $R_s=25\ \text{k}\Omega$。求电感 L、电阻 r 和回路中的环流 I_l。

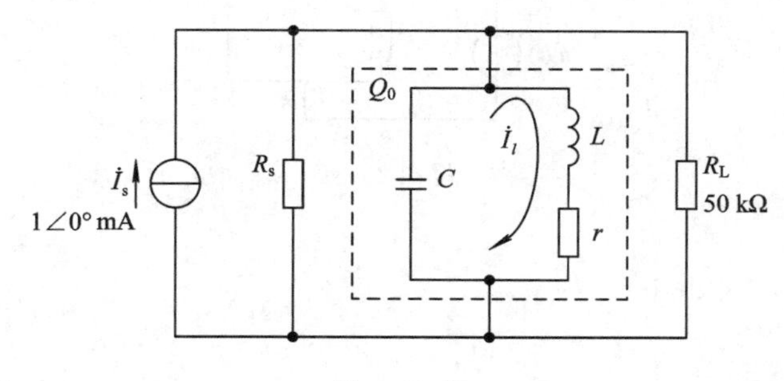

题 6.15 图

6.16　如图所示并联谐振电路为某晶体管中频放大器的负载。

(1) 若放大器的中频 $f_0=465\ \text{kHz}$，回路电容 $C=200\ \text{pF}$，则回路电感 L 是多少？

(2) 要求该回路的选择性在失谐 $\pm 10\ \text{kHz}$ 时，电压下降不小于谐振时的 26.6%，则回路的 Q 值应是多少？（以上两问计算时忽略前、后级晶体管放大器的影响。）

6.17　在如图所示的并联谐振电路中，已知 $L=200\ \mu\text{H}$，回路谐振频率 $f_0=1\ \text{MHz}$，

品质因数 $Q_0=50$。

(1) 求电容 C 和通频带 BW；

(2) 为使带宽扩展为 BW=50 kHz，需要在回路两端并电阻 R'，求此时的 R' 值。

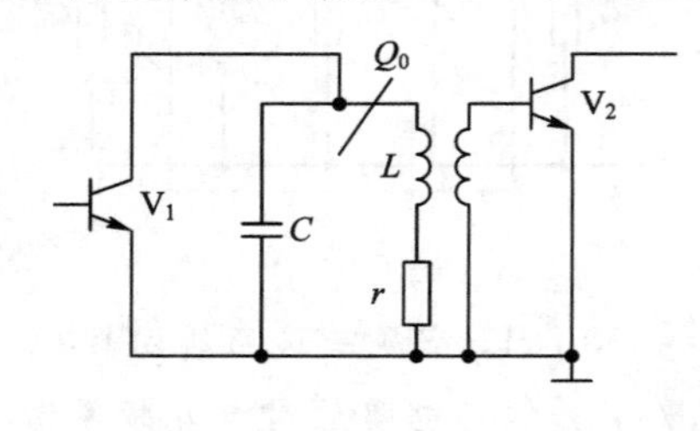

题 6.16 图

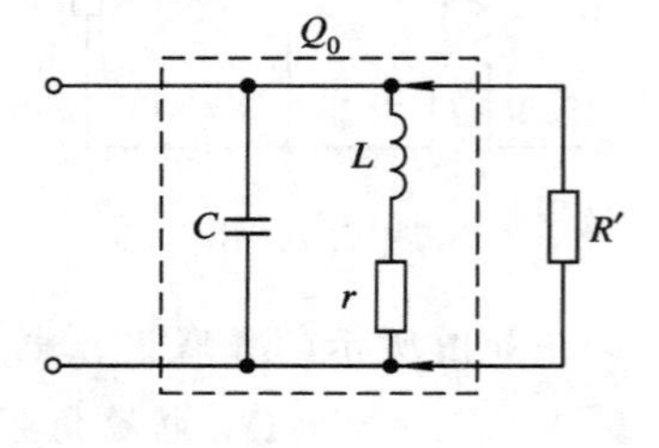

题 6.17 图

6.18　在如图所示的并联谐振电路中，当发生并联谐振时电流表Ⓐ的读数应为多少？

6.19　如图所示电路，电源的大小不变而其角频率可以改变，当电流表读数最大时，电源 $u_s(t)$ 的角频率等于多少？

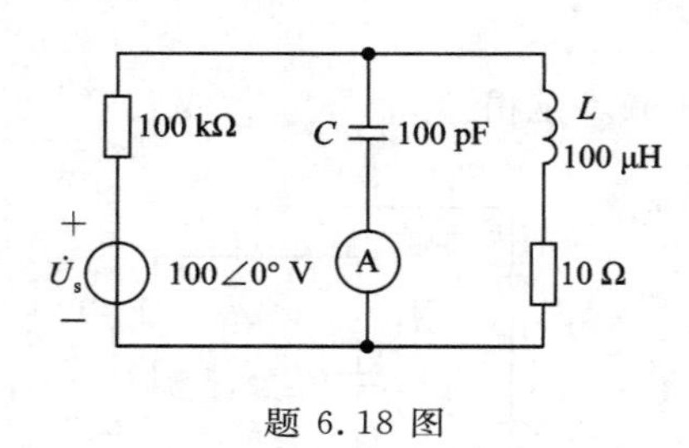

题 6.18 图

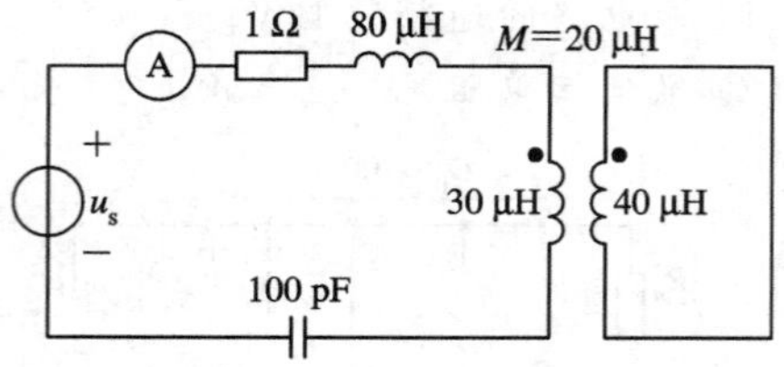

1 Ω　80 μH　M=20 μH

A

+ u_s −

30 μH　40 μH

100 pF

题 6.19 图

6.20　在如图所示的并联谐振电路中，已知 $L=100\ \mu\text{H}$，$C=100\ \text{pF}$，$r=10\ \Omega$，$R_s=100\ \text{k}\Omega$。求该电路的通频带 BW。

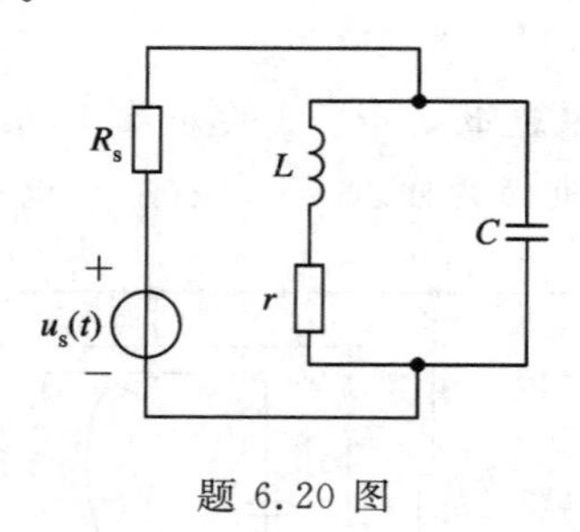

题 6.20 图

第7章　二端口网络

随着集成电路技术的发展，越来越多的实用电路被集成在很小的芯片上，经封装、外露若干引脚制成专用集成电路块使用在电器、电子设备中，这犹如将整个网络装在“黑盒”内，只引出若干端子与其他网络或电源或负载相连接。对于这样的网络，人们往往只关注它的外部特性，而对其内部情况并不感兴趣。所以，学习、研究网络外特性的二端口网络(又称双口网络)，在电子科技飞速发展的今天就更有意义。

本章只讨论内部不含独立源的线性二端口网络的方程、参数、网络函数、特性阻抗及匹配等基本概念。为了方便读者对二端口网络互易、非互易概念的理解，本章开始先介绍互易定理。

7.1　互易定理

互易定理描述一类特殊的线性电路(网络)的互易性质，它广泛应用于研究网络的灵敏度分析、测量技术等方面。

7.1.1　互易性

为便于理解互易性，首先看两个具体例子。图7.1-1(a)是由一个独立电压源和线性电阻组成的简单电路，6 Ω支路中串联接入一个电流表，若考虑电流表是理想的，内阻为零，不难求出6 Ω支路的电流为

$$I_2=\frac{12}{2+\dfrac{3\times 6}{3+6}}\times\frac{3}{3+6}=1\ \text{A}$$

即电流表的读数为1 A。

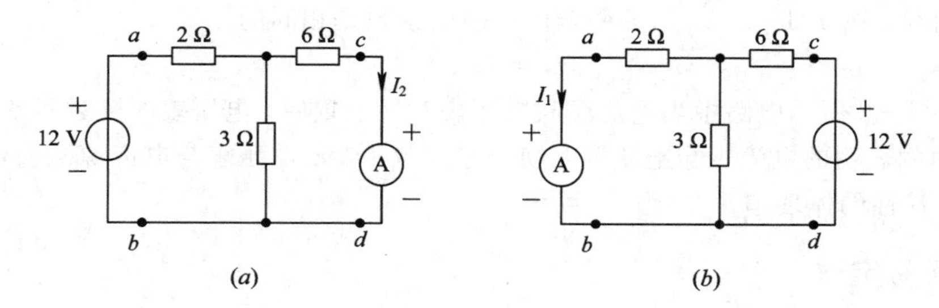

图7.1-1　互易性的第一种形式

现在将12 V电压源和电流表的位置互换，如图7.1-1(b)所示。由图7.1-1(b)可求得2 Ω支路的电流为

$$I_1 = \frac{12}{\frac{2\times 3}{2+3}+6} \times \frac{3}{2+3} = 1\ \text{A}$$

即图 7.1－1(b)中电流表的读数为 1 A。

由此可见，图 7.1－1(a)、(b)中两电流表的读数是相同的，即

$$I_2 = I_1 = 1\ \text{A}$$

这说明图 7.1－1 所示电路中当电压源和电流表互换位置后，电流表读数不变。

再如图 7.1－2(a)是由一个独立电流源与线性电阻组成的另一简单电路，电压表是理想的，认为内阻无限大，显然，可求得电流为

$$I_2 = \frac{1}{1+2+3} \times 6 = 1\ \text{A}$$

电压为

$$U_2 = 3 \times 1 = 3\ \text{V}$$

即电压表的读数为 3 V。

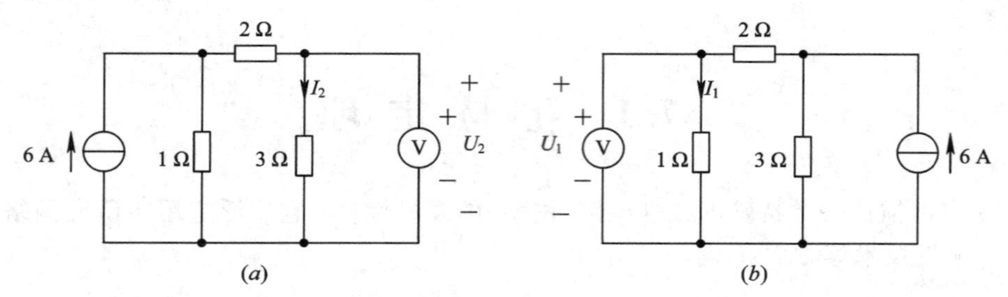

图 7.1－2　互易性的第二种形式

现将 6 A 电流源与电压表的位置互换，如图 7.1－2(b)所示。由图 7.1－2(b)可求得电流为

$$I_1 = \frac{3}{1+2+3} \times 6 = 3\ \text{A}$$

电压为

$$U_1 = 1 \times 3 = 3\ \text{V}$$

即图 7.1－2(b)中电压表的读数为 3 V。

由此可见，图 7.1－2(a)、(b)中两电压表的读数是相同的，即

$$U_2 = U_1 = 3\ \text{V}$$

这说明图 7.1－2 所示电路中当电流源与电压表互换位置后，电压表的读数不变。

上述两例表明的电流表与电压源互换位置读数不变、电压表与电流源互换位置读数不变，就是互易性的体现。

7.1.2　互易定理

图 7.1－1 和图 7.1－2 所示两个具体电路说明的互易性是否为一般的规律呢？什么样的线性网络才具有互易性？互易性还有没有其他形式呢？互易定理明确回答了这些问题。

1. 互易定理的表述

对一个仅含线性电阻的二端口网络，其中，一个端口加激励源，一个端口作响应端口

(所求响应在该端口上)。在只有一个激励源的情况下，当激励端口与响应端口互换位置时，互换前后响应与激励的比值不变，这就是互易定理。

现在分下列 3 种情况给予具体说明。

(1) 互易前后激励均为电压源、响应均为短路电流的情况。

在图 7.1-3(a)(互易前网络)中，电压源激励 u_{s1} 加在网络 N_R 的 1-1′端，以网络 N_R 的 2-2′端的短路电流 i_2 作响应。在图 7.1-3(b)(互易后网络)中，电压源激励 u_{s2} 加在网络 N_R 的 2-2′端，以网络 N_R 的 1-1′端的短路电流 i_1 作响应，则根据互易前后响应与激励比值不变性，应有

$$\frac{i_2}{u_{s1}} = \frac{i_1}{u_{s2}} \tag{7.1-1}$$

(7.1-1)式表明：对于互易网络，互易前响应 i_2 与激励 u_{s1} 的比值等于互易后网络响应 i_1 与激励 u_{s2} 的比值。

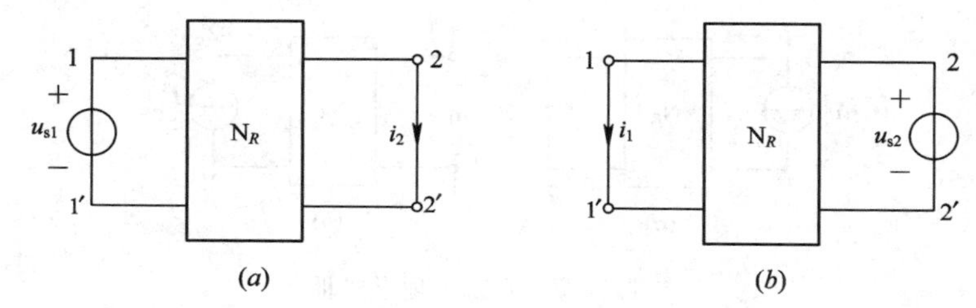

图 7.1-3 互易定理形式Ⅰ

若特殊情况，令 $u_{s2} = u_{s1}$(相当于激励源 u_{s1} 从 N_R 的 1-1′端移到 N_R 的 2-2′端)，由(7.1-1)式不难看出，此时有

$$i_1 = i_2 \tag{7.1-2}$$

这说明：对于互易网络，若将激励端口与响应端口互换位置，同一激励所产生的响应相同。

(2) 互易前后激励均为电流源、响应均为开路电压的情况。

在图 7.1-4(a)(互易前网络)中，电流源激励 i_{s1} 加在 N_R 的 1-1′端，以 N_R 的 2-2′端开路电压 u_2 作响应；在图 7.1-4(b)(互易后网络)中，电流激励源 i_{s2} 加在 N_R 的 2-2′端，以 N_R 的 1-1′端的开路电压 u_1 作响应，则根据互易前后响应与激励比值不变性，应有

$$\frac{u_2}{i_{s1}} = \frac{u_1}{i_{s2}} \tag{7.1-3}$$

(7.1-3)式表明：对于互易网络，互易前响应 u_2 与激励 i_{s1} 的比值等于互易后网络响应 u_1 与激励 i_{s2} 的比值。

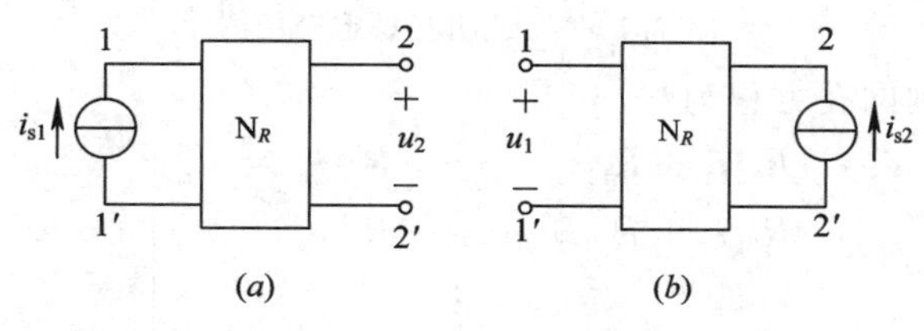

图 7.1-4 互易定理形式Ⅱ

若特殊情况，令 $i_{s2} = i_{s1}$(相当于激励源 i_{s1} 从 N_R 的 1-1′端移动到 N_R 的 2-2′端)，由(7.1-3)式不难看出，此时有

$$u_1 = u_2 \tag{7.1-4}$$

这里再次说明：对于互易网络，若将激励端口与响应端口互换位置，同一激励源所产生的响应相同。

(3) 互易前激励为电流源、响应为短路电流，而互易后激励为电压源、响应为开路电压的情况。

在图 7.1-5(a)(互易前网络)中，激励源 i_{s1} 加在 N_R 的 1-1′端，以 N_R 的 2-2′端的短路电流 i_2 作响应；在图 7.1-5(b)(互易后网络)中，激励源 u_{s2} 加在 N_R 的 2-2′端，以 N_R 的 1-1′端的开路电压 u_1 作响应(请注意：互易前后激励类型的变化和响应类型的变化)，则有

$$\frac{i_2}{i_{s1}} = \frac{u_1}{u_{s2}} \tag{7.1-5}$$

(7.1-5)式表明：对于互易网络，互易前网络响应 i_2 与激励 i_{s1} 的比值等于互易后网络响应 u_1 与激励 u_{s2} 的比值。

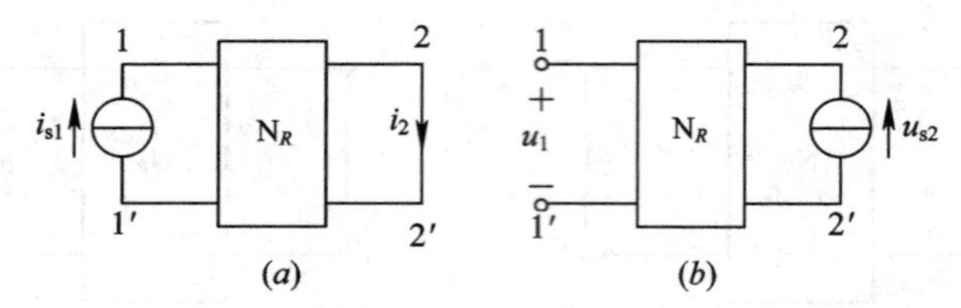

图 7.1-5 互易定理形式Ⅲ

若特殊情况，令 $u_{s2}=i_{s1}$(同一单位制下，在数值上相等)，则有

$$u_1 = i_2 \quad (\text{在数值上相等}) \tag{7.1-6}$$

2. 互易定理的证明

这里证明以(7.1-1)式形式描述的互易定理。

设网络一共有 m 个网孔，互易前网络所有网孔电流的参考方向为顺时针方向，如图 7.1-6(a)所示。互易后网络所有网孔电流的参考方向均为逆时针方向，如图 7.1-6(b)所示。

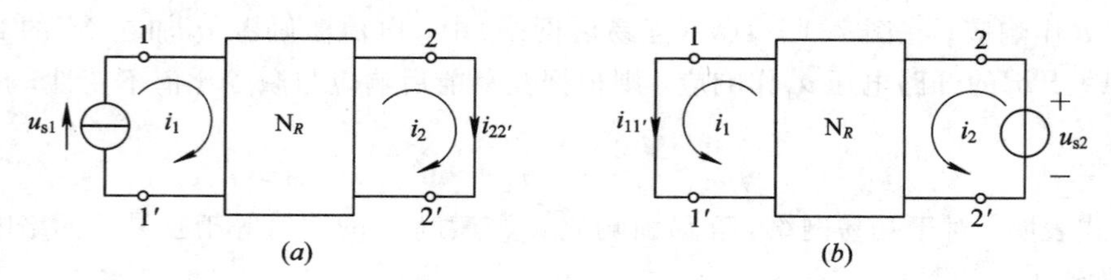

图 7.1-6 证明互易定理用图

对图 7.1-6(a)列网孔方程为

$$\left.\begin{aligned} R_{11}i_1 + R_{12}i_2 + \cdots + R_{1m}i_m &= u_{s1} \\ R_{21}i_1 + R_{22}i_2 + \cdots + R_{2m}i_m &= 0 \\ &\vdots \\ R_{m1}i_1 + R_{m2}i_2 + \cdots + R_{mm}i_m &= 0 \end{aligned}\right\} \tag{7.1-7}$$

解(7.1-7)式，得支路电流为

$$i_{22'} = i_2 = \frac{\Delta_{12}}{\Delta} u_{s1} \tag{7.1-8}$$

式中

$$\Delta = \begin{vmatrix} R_{11} & R_{12} & \cdots & R_{1m} \\ R_{21} & R_{22} & \cdots & R_{2m} \\ \vdots & \vdots & & \vdots \\ R_{m1} & R_{m2} & \cdots & R_{mm} \end{vmatrix}, \quad \Delta_{12} = -\begin{vmatrix} R_{21} & R_{23} & \cdots & R_{2m} \\ R_{31} & R_{32} & \cdots & R_{3m} \\ \vdots & \vdots & & \vdots \\ R_{m1} & R_{m2} & \cdots & R_{mm} \end{vmatrix}$$

在图 7.1-6(b)中，因互易后网络拓扑结构没有变化，所以选择各网孔的序号与互易前的图 7.1-6(a)相同，而网孔电流的方向均与图 7.1-6(a)中网孔电流的方向相反。列写图 7.1-6(b)的网孔方程为

$$\left.\begin{aligned} R_{11}i_1 + R_{12}i_2 + \cdots + R_{1m}i_m &= 0 \\ R_{21}i_1 + R_{22}i_2 + \cdots + R_{2m}i_m &= u_{s2} \\ &\vdots \\ R_{m1}i_1 + R_{m2}i_2 + \cdots + R_{mm}i_m &= 0 \end{aligned}\right\} \tag{7.1-9}$$

解(7.1-9)式，得支路电流为

$$i_{11'} = i_1 = \frac{\Delta_{21}}{\Delta} u_{s2} \tag{7.1-10}$$

式中

$$\Delta = \begin{vmatrix} R_{11} & R_{12} & \cdots & R_{1m} \\ R_{21} & R_{22} & \cdots & R_{2m} \\ \vdots & \vdots & & \vdots \\ R_{m1} & R_{m2} & \cdots & R_{mm} \end{vmatrix}, \quad \Delta_{21} = -\begin{vmatrix} R_{12} & R_{13} & \cdots & R_{1m} \\ R_{32} & R_{33} & \cdots & R_{3m} \\ \vdots & \vdots & & \vdots \\ R_{m2} & R_{m3} & \cdots & R_{mm} \end{vmatrix}$$

因互易前图 7.1-6(a)与互易后图 7.1-6(b)中的网孔个数及序号均相同，仅网孔电流参考方向相反，所以有：图 7.1-6(a)中的 R_{jj} 等于图 7.1-6(b)中的 R_{jj}($j=1, 2, \cdots, m$)；图 7.1-6(a)中的 R_{jk} 等于图 7.1-6(b)中的 R_{jk}($j, k=1, 2, \cdots, m$，且 $j \neq k$)，所以，图 7.1-6(a)中的 Δ 等于图 7.1-6(b)中的 Δ。又 N_R 内不含受控源，所以有 $R_{jk}=R_{kj}$($j, k=1, 2, \cdots, m$，且 $j \neq k$)，因此行列式 Δ 中各元素对称于主对角线，从而使代数余因式

$$\Delta_{jk} = \Delta_{kj}$$

当然

$$\Delta_{12} = \Delta_{21}$$

于是证得互易定理(7.1-1)式所示的形式。类似地，可以证明(7.1-3)式和(7.1-5)式所描述的互易定理形式。请读者自行练习。

应用互易定理分析电阻电路时应注意以下几点：

(1) 网络必须是线性电阻网络。

(2) 互易前后网络的拓扑结构不能发生变化，仅理想电压源(或理想电流源)搬移，理想电压源所在支路中电阻仍保留在原支路中。

(3) 互易前后电压源极性与 1-1′、2-2′支路电流的参考方向保持一致。

例 7.1-1 试求如图 7.1-7(a)所示电路中的电流 i_2。

解 本题是不平衡电桥电路，不能直接应用电阻串并联等效计算。如果应用互易定理，

将1-1′支路的18 V电压源搬移到2-2′支路，如图7.1-7(*b*)所示，那么只要求出1-1′支路电流i_1，就可得到图7.1-7(*a*)中的电流i_2。各支路电流参考方向已在图7.1-7(*b*)中标出，应用电阻串并联等效及分流关系可得

$$i'_2=\frac{18}{2+\frac{3\times 6}{3+6}+\frac{4\times 4}{4+4}}=3\ \text{A}$$

由分流关系求得

$$i_3=\frac{4}{4+4}\times i'_2=\frac{1}{2}\times 3=1.5\ \text{A}$$

$$i_4=\frac{6}{3+6}\times i'_2=\frac{2}{3}\times 3=2\ \text{A}$$

由KCL，得

$$i_1=i_4-i_3=2-1.5=0.5\ \text{A}$$

所以图7.1-7(*a*)中的电流i_2等于图7.1-7(*b*)中的电流i_1，即为0.5 A。

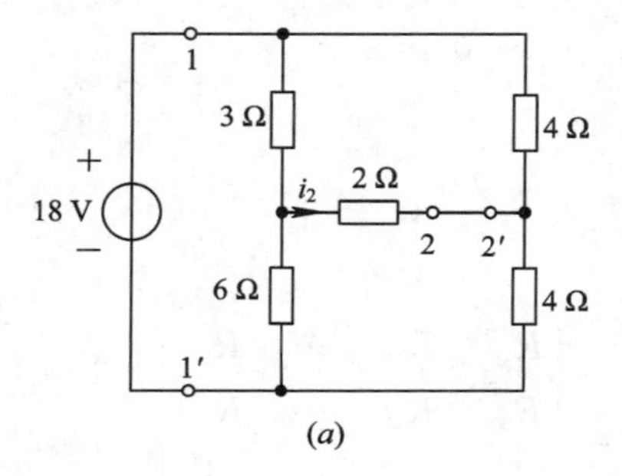

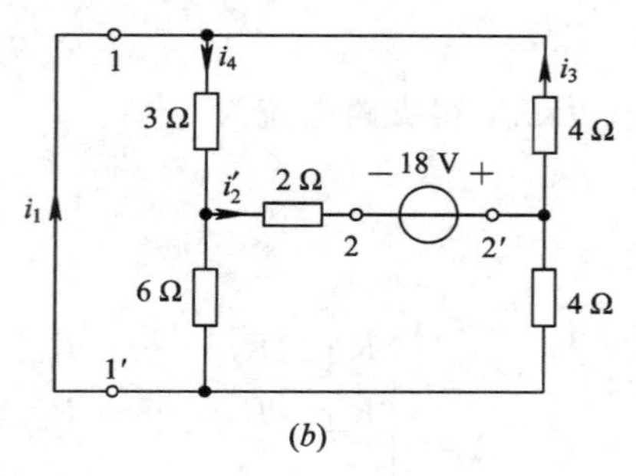

图7.1-7　例7.1-1用图

例7.1-2　有一线性无源电阻网络N_R，从N_R中引出两对端子供连接电源和测量用。当输入端1-1′接以2 A电流源时，测得输入端电压u_1为10 V，输出端2-2′的开路电压u_2为5 V，如图7.1-8(*a*)所示。若把电流源接在输出端，同时在输入端跨接一个5 Ω的电阻，如图7.1-8(*b*)所示，求流过5 Ω电阻的电流i。

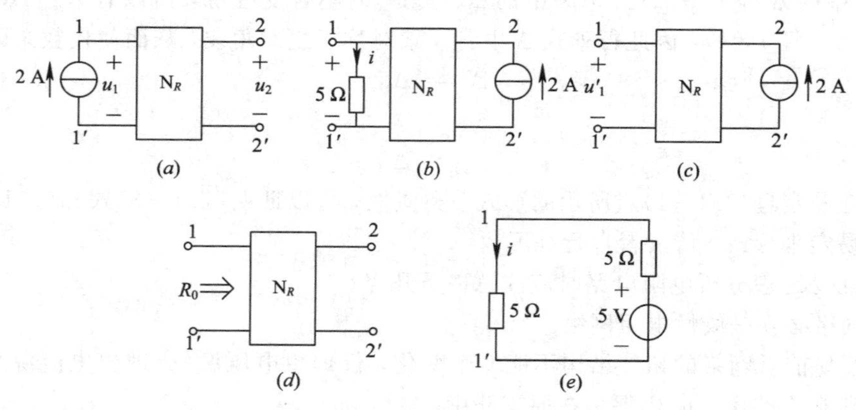

图7.1-8　例7.1-2用图

解　对这个问题，电流源互换位置后，输入端又跨接了一个5 Ω的电阻，所以电路的拓扑结构发生了变化，不能直接用互易定理求解。但根据已知条件可建立电路模型。当电

流源移到输出端2-2′时，若不接5 Ω的跨接电阻，根据互易定理形式Ⅱ，1-1′端开路电压$u_1'=5$ V，如图7.1-8(c)所示。u_1'就是1-1′端戴维宁等效电路的开路电压，即$u_{oc}=u_1'=5$ V。再求对1-1′端戴维宁等效电路的等效内阻R_0。因电流源搬移至2-2′端，求等效内阻时电流源开路，如图7.1-8(d)所示。这种情况即是求输出端2-2′开路时从N_R的1-1′端看去的等效电阻。由已知条件可求得(参看图7.1-8(a))

$$R_0=\frac{u_1}{2}=\frac{10}{2}=5\ \Omega$$

画出戴维宁等效电源，如图7.1-8(e)所示，并接上5 Ω电阻，即求得电流

$$i=\frac{5}{5+5}=0.5\ \text{A}$$

∴ 思考题 ∴

7.1-1　有人说：具有互易性的电路一定是线性电路，凡是线性电路一定具有互易性。你同意这一观点吗？并说明理由。

7.1-2　有人说：不含受控源的线性电阻网络一定是互易网络，含有受控源的线性电阻网络一定不具有互易性。你认可他的观点吗？为什么？

7.2　二端口网络的方程与参数

由于电路通常具有网络状结构，因此也称电路为网络。也可通俗地说为，复杂一些的电路称网络，简单一些的网络称电路。其实“电路”“网络”没有本质的区别，二者可混用。

若如图7.2-1(a)所示的网络N外部露有n个端子，则称N为n端子网络，简称n端网络。若网络的外部端子中，两两成对构成端口，则称N为n端口网络，简称n口网络。这里构成端口的一对端子满足端口条件，即对于所有时间t，其中由一个端子流入网络N的电流等于N经另一端子流出的电流。例如图7.2-1(b)所示的网络中，有$i_1=i_1'$，…，$i_n=i_n'$。

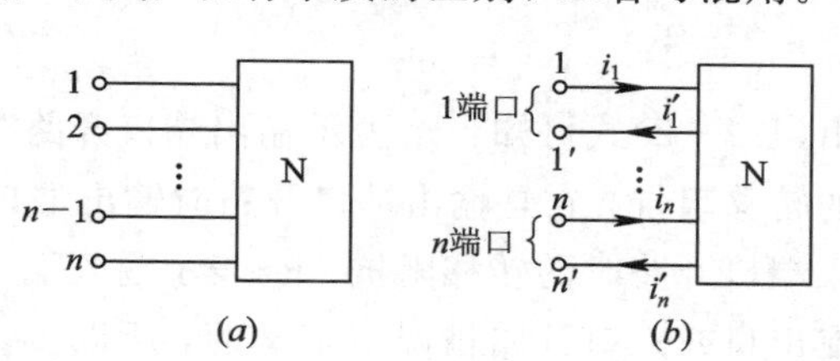

图7.2-1　n端网络与n口网络

$n=2$的n口网络即是二端口网络，又常称为双口网络。在具体讨论二端口网络之前，对所涉及的二端口网络进行以下几点约定：

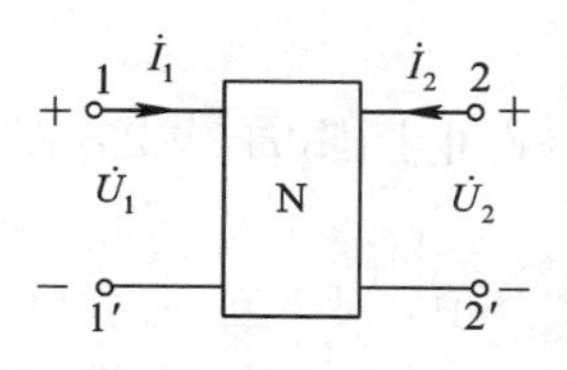

图7.2-2　二端口网络

(1) 二端口网络的一个端口施加激励信号(称输入口)，另一端口接负载(称输出口)。输入口变量及参数用下标“1”表示，输出口变量及参数用下标“2”表示。两个端口之间的网络用方框表示，如图7.2-2所示。

(2) 为了方便，二端口网络采用正弦稳态相量模型，其端口相量电流、电压参考方向关联。

(3) 二端口网络N仅含线性时不变电路元件，如有动态元件，其初始状态设为零；且

假设N内不含独立源。

二端口网络共有四个端口相量，即$\dot{I}_1$、$\dot{U}_1$、$\dot{I}_2$、$\dot{U}_2$。若其中任意两个作自变量，另外两个作因变量，可组成六种不同形式的方程，与此相应有六种不同的网络参数。本书只讨论比较常用的Z方程、z参数，Y方程、y参数，A方程、a参数，H方程、h参数。

7.2.1 Z方程与z参数

如果以电流$\dot{I}_1$、$\dot{I}_2$作等效电流源对二端口网络激励，其响应为$\dot{U}_1$、$\dot{U}_2$，如图7.2-3所示。由叠加定理可得

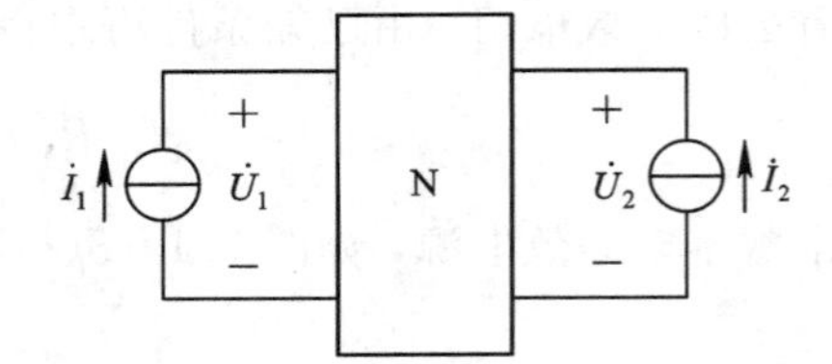

图7.2-3　推导二端口网络Z方程用图

$$\dot{U}_1 = z_{11}\dot{I}_1 + z_{12}\dot{I}_2 \qquad (7.2-1a)$$

$$\dot{U}_2 = z_{21}\dot{I}_1 + z_{22}\dot{I}_2 \qquad (7.2-1b)$$

(7.2-1)式中，$\dot{I}_1$、$\dot{I}_2$前面的系数$z_{kj}(k, j=1, 2)$称为二端口网络的z参数，它们具有阻抗的量纲。该方程称为z参数方程，或简称为Z方程。由Z方程(即(7.2-1)式)可知z参数可分别在令$\dot{I}_2=0$、$\dot{I}_1=0$的条件下求得，即

$$z_{11} = \left.\frac{\dot{U}_1}{\dot{I}_1}\right|_{\dot{I}_2=0} \qquad (7.2-2a)$$

$$z_{21} = \left.\frac{\dot{U}_2}{\dot{I}_1}\right|_{\dot{I}_2=0} \qquad (7.2-2b)$$

$$z_{12} = \left.\frac{\dot{U}_1}{\dot{I}_2}\right|_{\dot{I}_1=0} \qquad (7.2-2c)$$

$$z_{22} = \left.\frac{\dot{U}_2}{\dot{I}_2}\right|_{\dot{I}_1=0} \qquad (7.2-2d)$$

由(7.2-2)式可知：z_{11}表示输出端口开路时输入端口的输入阻抗；z_{21}表示输出端口开路时的转移阻抗，它是输出端口开路时输出端口电压相量与输入端口电流相量之比；z_{12}表示输入端口开路时的转移阻抗；z_{22}表示输入端口开路时输出端口的输出阻抗。四个z参数都是在出口或入口开路情况下定义的，所以z参数又称为开路阻抗参数。这组参数便于用实验方法测得，如果知道网络的内部结构，也可根据(7.2-2)式计算求得。

不含独立源、受控源的无源线性网络遵守互易特性，即满足

$$\left.\frac{\dot{U}_1}{\dot{I}_2}\right|_{\dot{I}_1=0} = \left.\frac{\dot{U}_2}{\dot{I}_1}\right|_{\dot{I}_2=0} \qquad (7.2-3)$$

由上式并考虑(7.2-2b)式和(7.2-2c)式，可知

$$z_{12} = z_{21} \qquad (7.2-4)$$

这就是说，对于互易网络(又称可逆网络)，四个z参数中只有三个参数是相互独立的。

如果将二端口网络的输入端口与输出端口对调，其各端口电流、电压均不变，则称为对称二端口网络(电气上对称)。顺便说及，结构上对称的二端口网络(即连接方式、元件性质及其参数大小均具对称性的二端口网络)显然一定是对称二端口网络，但是电气上对称的网络不一定结构上都是对称的。对于电气上对称的二端口网络，有

$$\left.\begin{aligned} z_{12} &= z_{21} \\ z_{11} &= z_{22} \end{aligned}\right\} \qquad (7.2-5)$$

根据对称二端口网络的含义，联系(7.2－1)式，容易理解(7.2－5)式，此时四个 z 参数中只有两个是相互独立的。

将(7.2－1)式写为矩阵形式，即

$$\begin{bmatrix}\dot{U}_1\\ \dot{U}_2\end{bmatrix}=\begin{bmatrix}z_{11} & z_{12}\\ z_{21} & z_{22}\end{bmatrix}\begin{bmatrix}\dot{I}_1\\ \dot{I}_2\end{bmatrix}$$

上式可简记为

$$\dot{\boldsymbol{U}}=\boldsymbol{Z}\dot{\boldsymbol{I}} \tag{7.2-6}$$

式中：$\dot{\boldsymbol{U}}$、$\dot{\boldsymbol{I}}$ 分别为二端口网络端口电压、电流的列向量；$\boldsymbol{Z}$ 称为 z 参数矩阵，即

$$\boldsymbol{Z}=\begin{bmatrix}z_{11} & z_{12}\\ z_{21} & z_{22}\end{bmatrix} \tag{7.2-7}$$

例 7.2－1 求图 7.2－4 所示二端口网络的 z 参数。

解 求二端口网络的参数有两种基本方法。一种是由二端口网络列写方程，消去中间变量，化成二端口网络某种参数表示的方程，对照某种参数表示方程的标准形式，即可得某种参数。除非网络简单，此法并不常用。另一种由参数定义式求各参数。

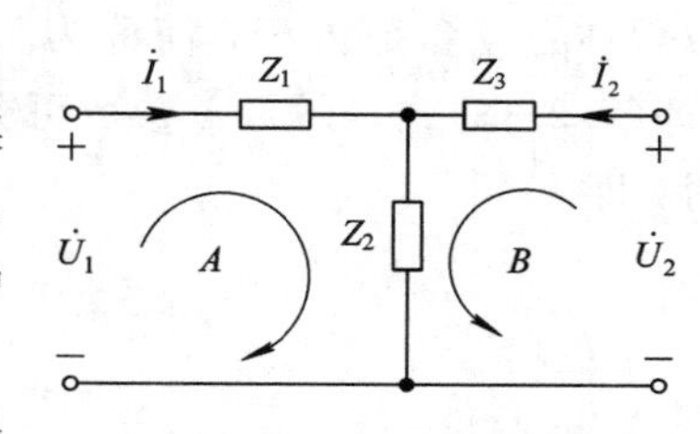

图 7.2－4 T 形二端口网络

对图 7.2－4 分别列出 A、B 网孔方程，即可得该网络的 Z 方程

$$\left.\begin{aligned}\dot{U}_1 &= (Z_1+Z_2)\dot{I}_1+Z_2\dot{I}_2\\ \dot{U}_2 &= Z_2\dot{I}_1+(Z_2+Z_3)\dot{I}_2\end{aligned}\right\}$$

因这个问题是简单的 T 形二端口网络，列写出的方程即是 Z 方程的标准形式，不存在再消除中间变量的问题。所以，对照(7.2－1)式，可求得各 z 参数分别为

$$z_{11}=Z_1+Z_2,\qquad z_{12}=Z_2$$

$$z_{21}=Z_2,\qquad z_{22}=Z_2+Z_3$$

例 7.2－2 求图 7.2－5 所示 Π 形二端口网络的 z 参数。

解 本题亦可采用列写方程求 z 参数的方法，但需列写三个网孔方程，还需要消去中间网孔电流变量，将其整理成 Z 方程的标准形式，这样做比较麻烦，不如直接应用参数定义式求简单。

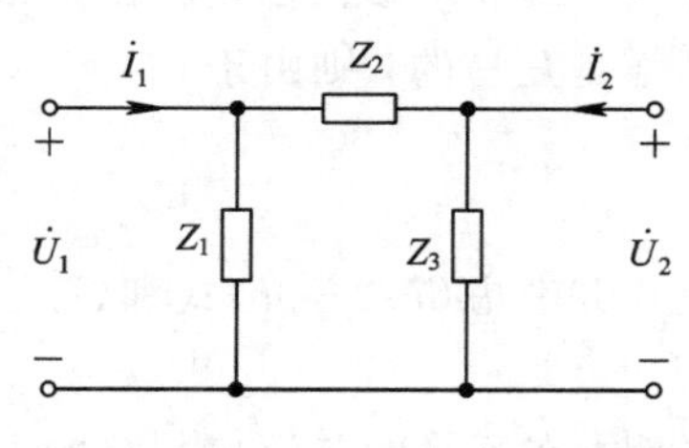

图 7.2－5 Π 形二端口网络

由(7.2－2)式，得

$$z_{11}=\frac{\dot{U}_1}{\dot{I}_1}\bigg|_{\dot{I}_2=0}=\frac{[Z_1\,/\!/\,(Z_2+Z_3)]\dot{I}_1}{\dot{I}_1}=\frac{Z_1(Z_2+Z_3)}{Z_1+Z_2+Z_3}$$

$$z_{21}=\frac{\dot{U}_2}{\dot{I}_1}\bigg|_{\dot{I}_2=0}=\frac{\dfrac{Z_1}{Z_1+Z_2+Z_3}\dot{I}_1\times Z_3}{\dot{I}_1}=\frac{Z_1Z_3}{Z_1+Z_2+Z_3}$$

由图可知该网络是不含受控源的无源网络，所以

$$z_{12}=z_{21}=\frac{Z_1Z_3}{Z_1+Z_2+Z_3}$$

$$z_{22}=\frac{\dot{U}_2}{\dot{I}_2}\bigg|_{\dot{I}_1=0}=\frac{[Z_3 \,/\!/\, (Z_1+Z_2)]\dot{I}_2}{\dot{I}_2}=\frac{Z_3(Z_1+Z_2)}{Z_1+Z_2+Z_3}$$

7.2.2 Y 方程与 y 参数

在图 7.2-6 所示二端口网络中，若 $\dot{U}_1$、$\dot{U}_2$ 作为等效电压源激励(看作自变量)，$\dot{I}_1$、$\dot{I}_2$ 作为响应相量(看作因变量)，它们的参考方向如图上所标。由叠加定理写得方程：

$$\dot{I}_1 = y_{11}\dot{U}_1 + y_{12}\dot{U}_2 \qquad (7.2-8a)$$

$$\dot{I}_2 = y_{21}\dot{U}_1 + y_{22}\dot{U}_2 \qquad (7.2-8b)$$

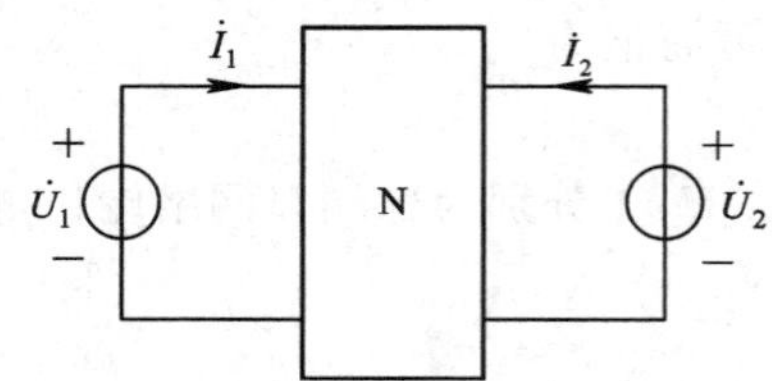

图 7.2-6　推导二端口网络 Y 方程用图

(7.2-8)式中，$\dot{U}_1$、$\dot{U}_2$ 前面的系数 $y_{kj}(k, j=1, 2)$ 称为二端口网络的 y 参数，具有导纳的量纲。该组方程称为 y 参数方程，简称为 Y 方程。由 Y 方程(即(7.2-8)式)可知，y 参数可分别令 $\dot{U}_1=0$(输入端口短路)、$\dot{U}_2=0$(输出端口短路)求得，即

$$y_{11}=\frac{\dot{I}_1}{\dot{U}_1}\bigg|_{\dot{U}_2=0} \qquad (7.2-9a)$$

$$y_{21}=\frac{\dot{I}_2}{\dot{U}_1}\bigg|_{\dot{U}_2=0} \qquad (7.2-9b)$$

$$y_{12}=\frac{\dot{I}_1}{\dot{U}_2}\bigg|_{\dot{U}_1=0} \qquad (7.2-9c)$$

$$y_{22}=\frac{\dot{I}_2}{\dot{U}_2}\bigg|_{\dot{U}_1=0} \qquad (7.2-9d)$$

由(7.2-9)式可知：y_{11} 表示输出端口短路时输入端口的输入导纳；y_{21} 表示输出端口短路时的转移导纳；y_{12} 表示输入端口短路时的转移导纳；y_{22} 表示输入端口短路时输出端口的输出导纳。四个 y 参数都是在出口或入口短路时定义的，所以 y 参数又称为短路导纳参数。若网络是互易的，则由于

$$\frac{\dot{I}_1}{\dot{U}_2}\bigg|_{\dot{U}_1=0}=\frac{\dot{I}_2}{\dot{U}_1}\bigg|_{\dot{U}_2=0} \qquad (7.2-10)$$

由上式并考虑(7.2-9b)式和(7.2-9c)式，可知

$$y_{12}=y_{21} \qquad (7.2-11)$$

这说明，在互易的二端口网络的 y 参数中，也只有三个参数是相互独立的。同样，由对称二端口网络的含义，对照(7.2-8)式，不难得到

$$\left.\begin{array}{l} y_{12}=y_{21} \\ y_{11}=y_{22} \end{array}\right\} \qquad (7.2-12)$$

所以，对称二端口网络的 y 参数中也只有两个是相互独立的。

将(7.2-8)式写成矩阵形式，即

$$\begin{bmatrix}\dot{I}_1\\ \dot{I}_2\end{bmatrix}=\begin{bmatrix}y_{11} & y_{12}\\ y_{21} & y_{22}\end{bmatrix}\begin{bmatrix}\dot{U}_1\\ \dot{U}_2\end{bmatrix}$$

上式可简记为

$$\dot{\boldsymbol{I}} = \boldsymbol{Y}\dot{\boldsymbol{U}} \tag{7.2-13}$$

式中：$\dot{\boldsymbol{U}}$、$\dot{\boldsymbol{I}}$ 分别为端口电压、电流构成的列向量；$\boldsymbol{Y}$ 称为 y 参数矩阵，即

$$\boldsymbol{Y} = \begin{bmatrix} y_{11} & y_{12} \\ y_{21} & y_{22} \end{bmatrix} \tag{7.2-14}$$

例 7.2-3 求图 7.2-7 所示二端口网络的 y 参数，并判断该网络是否为互易网路(图中 $g=\frac{1}{20}$ S)。

解 观察图 7.2-7，其节点方程为

$$\left.\begin{aligned} \left(\frac{1}{10}+\frac{1}{10}\right)\dot{U}_1 - \frac{1}{10}\dot{U}_2 &= \dot{I}_1 - \frac{1}{20}\dot{U}_2 \\ -\frac{1}{10}\dot{U}_1 + \left(\frac{1}{10}+\frac{1}{10}\right)\dot{U}_2 &= \dot{I}_2 \end{aligned}\right\}$$

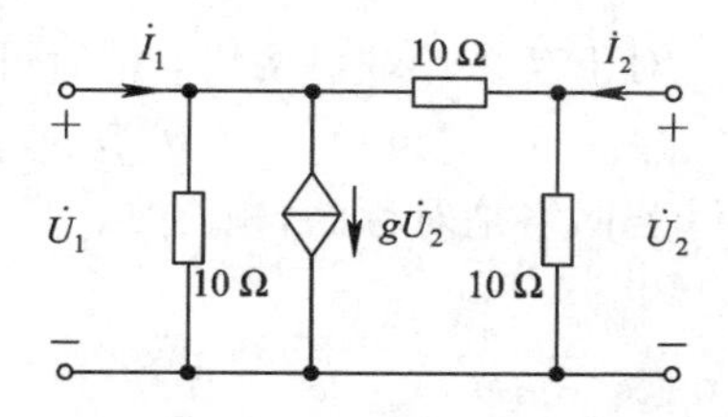

图 7.2-7 含受控源的二端口网络

将上方程整理为 Y 方程的标准形式，即

$$\left.\begin{aligned} \dot{I}_1 &= 0.2\dot{U}_1 - 0.05\dot{U}_2 \\ \dot{I}_2 &= -0.1\dot{U}_1 + 0.2\dot{U}_2 \end{aligned}\right\}$$

可求得各 y 参数为

$$y_{11} = 0.2\ \text{S},\ y_{12} = -0.05\ \text{S},\ y_{21} = -0.1\ \text{S},\ y_{22} = 0.2\ \text{S}$$

因 $y_{12} \neq y_{21}$，所以该网络为非互易网络。

7.2.3 A 方程与 a 参数

在信号传输中，二端口网络方程是将输入端口相量 $\dot{U}_1$、$\dot{I}_1$ 与输出端口相量 $\dot{U}_2$、$\dot{I}_2$ 相联系的。

按照一般习惯，接于输出端口的负载电流应由网络流出，但为了不改变前面的约定，这里仍设电流 $\dot{I}_2$ 流入网络，如图 7.2-8 所示。由叠加定理可得

$$\dot{U}_1 = a_{11}\dot{U}_2 + a_{12}(-\dot{I}_2) \tag{7.2-15a}$$

$$\dot{I}_1 = a_{21}\dot{U}_2 + a_{22}(-\dot{I}_2) \tag{7.2-15b}$$

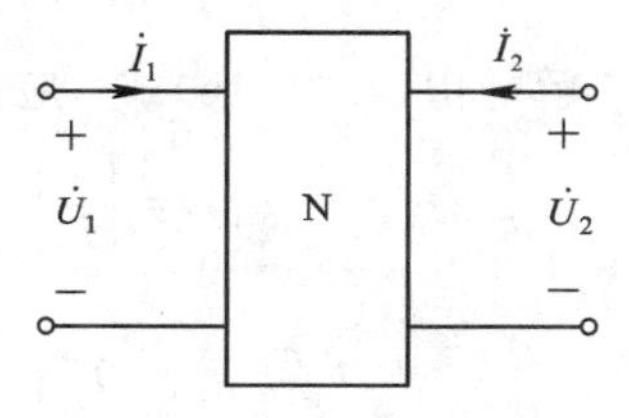

图 7.2-8 推导二端口电路 A 方程用图

(7.2-15)式中，$\dot{U}_2$、$\dot{I}_2$ 前面的系数 a_{kj} (k, j=1, 2) 称为二端口网络的 a 参数。该组方程称为 a 参数方程，简称为 A 方程。四个 a 参数的物理含义可根据下列定义式理解，即

$$a_{11} = \left.\frac{\dot{U}_1}{\dot{U}_2}\right|_{(-\dot{I}_2)=0} \tag{7.2-16a}$$

$$a_{21} = \left.\frac{\dot{I}_1}{\dot{U}_2}\right|_{(-\dot{I}_2)=0} \tag{7.2-16b}$$

$$a_{12} = \left.\frac{\dot{U}_1}{(-\dot{I}_2)}\right|_{\dot{U}_2=0} \tag{7.2-16c}$$

$$a_{22} = \left.\frac{\dot{I}_1}{(-\dot{I}_2)}\right|_{\dot{U}_2=0} \tag{7.2-16d}$$

(7.2-16)式中：a_{11} 是输出端口开路时的转移电压比，无量纲；a_{21} 是输出端口开路时的转移导纳，单位为 S(西门子)；a_{12} 是输出端口短路时的转移阻抗，单位为 Ω(欧姆)；a_{22} 是输

出端口短路时的转移电流比，无量纲。

将 A 方程写成矩阵形式，有

$$\begin{bmatrix}\dot{U}_1\\ \dot{I}_1\end{bmatrix}=\begin{bmatrix}a_{11} & a_{12}\\ a_{21} & a_{22}\end{bmatrix}\begin{bmatrix}\dot{U}_2\\ -\dot{I}_2\end{bmatrix}$$

由上式可得 a 参数矩阵为

$$\mathbf{A}=\begin{bmatrix}a_{11} & a_{12}\\ a_{21} & a_{22}\end{bmatrix} \tag{7.2-17}$$

对于互易二端口网络，稍后可证明 $|\mathbf{A}|=1$，即

$$a_{11}a_{22}-a_{12}a_{21}=1 \tag{7.2-18}$$

若网络是对称的，则有

$$\left.\begin{aligned}a_{11}a_{22}-a_{12}a_{21}&=1\\ a_{11}&=a_{22}\end{aligned}\right\} \tag{7.2-19}$$

由(7.2-18)式和(7.2-19)式可知，互易二端口网络的 a 参数中有三个是相互独立的，对称二端口网络的 a 参数中有两个是相互独立的。

例 7.2-4 求图 7.2-9 所示二端口网络的 a 参数。

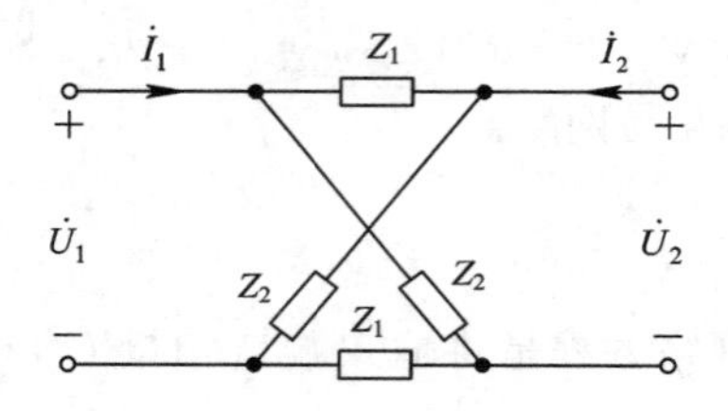

图 7.2-9 X 形二端口网络

解 由(7.2-16)式，应用分压、分流等基本概念，得

$$a_{11}=\left.\frac{\dot{U}_1}{\dot{U}_2}\right|_{(-\dot{I}_2)=0}=\frac{\dot{U}_1}{\dfrac{Z_2}{Z_1+Z_2}\dot{U}_1-\dfrac{Z_1}{Z_1+Z_2}\dot{U}_1}=\frac{Z_1+Z_2}{Z_2-Z_1}$$

$$a_{21}=\left.\frac{\dot{I}_1}{\dot{U}_2}\right|_{(-\dot{I}_2)=0}=\frac{\dot{I}_1}{\dfrac{\dot{I}_1}{2}Z_2-\dfrac{\dot{I}_1}{2}Z_1}=\frac{2}{Z_2-Z_1}$$

$$a_{12}=\left.\frac{\dot{U}_1}{(-\dot{I}_2)}\right|_{\dot{U}_2=0}=\frac{\dfrac{2Z_1Z_2}{Z_1+Z_2}\dot{I}_1}{\dfrac{Z_2}{Z_1+Z_2}\dot{I}_1-\dfrac{Z_1}{Z_1+Z_2}\dot{I}_1}=\frac{2Z_1Z_2}{Z_2-Z_1}$$

$$a_{22}=\left.\frac{\dot{I}_1}{(-\dot{I}_2)}\right|_{\dot{U}_2=0}=\frac{\dot{I}_1}{\dfrac{Z_2}{Z_1+Z_2}\dot{I}_1-\dfrac{Z_1}{Z_1+Z_2}\dot{I}_1}=\frac{Z_1+Z_2}{Z_2-Z_1}$$

本题的 X 形二端口网络是对称网络，因而有 $a_{11}=a_{22}$，故在求出 a_{11} 之后就不必再由定义式求 a_{22}。至于求得 a_{11}、a_{22}、a_{21}（或 a_{12}）之后，还可应用 $|\mathbf{A}|=1$ 的关系式，求出 a_{12}（或 a_{21}）。

7.2.4 H 方程与 h 参数

在分析晶体管放大电路时，常以 $\dot{I}_1$、$\dot{U}_2$ 为自变量，而以 $\dot{U}_1$、$\dot{I}_2$ 为因变量。参见图 7.2-8，这时二端口网络的方程可写为

$$\dot{U}_1 = h_{11}\dot{I}_1 + h_{12}\dot{U}_2 \tag{7.2-20a}$$

$$\dot{I}_2 = h_{21}\dot{I}_1 + h_{22}\dot{U}_2 \tag{7.2-20b}$$

式中，$h_{kj}(k, j=1, 2)$称为二端口网络的 h 参数(又称混合参数)。该组方程称为 h 参数方程，简称 H 方程。分别令 $\dot{U}_2=0$、$\dot{I}_1=0$ 代入(7.2-20)式便可求得各 h 参数，即

$$h_{11} = \left.\frac{\dot{U}_1}{\dot{I}_1}\right|_{\dot{U}_2=0} \tag{7.2-21a}$$

$$h_{21} = \left.\frac{\dot{I}_2}{\dot{I}_1}\right|_{\dot{U}_2=0} \tag{7.2-21b}$$

$$h_{12} = \left.\frac{\dot{U}_1}{\dot{U}_2}\right|_{\dot{I}_1=0} \tag{7.2-21c}$$

$$h_{22} = \left.\frac{\dot{I}_2}{\dot{U}_2}\right|_{\dot{I}_1=0} \tag{7.2-21d}$$

由(7.2-21)式可理解各 h 参数的物理意义：h_{11}是输出端口短路时的输入阻抗，单位为 Ω；h_{21}是输出端口短路时的转移电流比，无量纲；h_{12}是输入端口开路时的转移电压比，无量纲；h_{22}是输入端口开路时的输出导纳，单位为 S。

H 方程也可写成矩阵形式，即

$$\begin{bmatrix}\dot{U}_1 \\ \dot{I}_2\end{bmatrix} = \begin{bmatrix}h_{11} & h_{12} \\ h_{21} & h_{22}\end{bmatrix}\begin{bmatrix}\dot{I}_1 \\ \dot{U}_2\end{bmatrix} \tag{7.2-22}$$

由上式可得 h 参数矩阵为

$$\boldsymbol{H} = \begin{bmatrix}h_{11} & h_{12} \\ h_{21} & h_{22}\end{bmatrix}$$

若网络是互易的，可以证明

$$h_{12} = -h_{21} \tag{7.2-23}$$

这说明 h 参数中只有三个参数是相互独立的。

若网络是对称的，则有

$$\left.\begin{aligned} h_{12} &= -h_{21} \\ |\boldsymbol{H}| &= 1 \end{aligned}\right\} \tag{7.2-24}$$

这说明 h 参数中只有两个参数是相互独立的。

例 7.2-5 图 7.2-10(a)所示是一晶体管放大器的等效电路，试求它的各 h 参数。

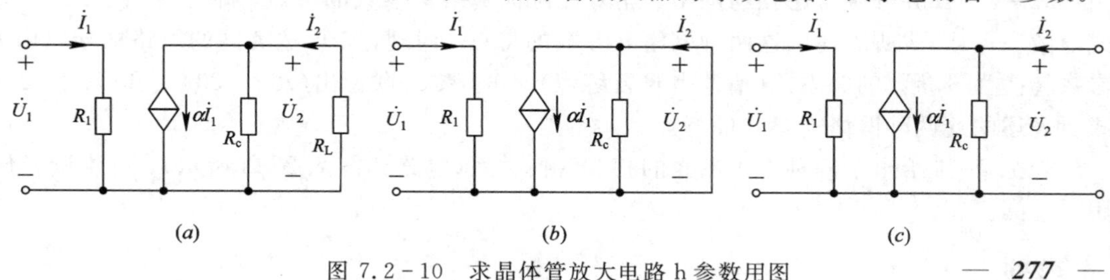

图 7.2-10 求晶体管放大电路 h 参数用图

解 将图 7.2-10(a)输出端口短路，如图 7.2-10(b)所示。由图 7.2-10(b)求得

$$h_{11}=\left.\frac{\dot{U}_1}{\dot{I}_1}\right|_{\dot{U}_2=0}=R_1$$

$$h_{21}=\left.\frac{\dot{I}_2}{\dot{I}_1}\right|_{\dot{U}_2=0}=\alpha$$

再将图 7.2-10(a)输入端口开路，如图 7.2-10(c)所示。由图 7.2-10(c)求得

$$h_{12}=\left.\frac{\dot{U}_1}{\dot{U}_2}\right|_{\dot{I}_1=0}=0$$

$$h_{22}=\left.\frac{\dot{I}_2}{\dot{U}_2}\right|_{\dot{I}_1=0}=\frac{1}{R_c}$$

以上介绍了二端口网络常用的四种方程与参数，它们都可以用来描述同一个二端口网络的特性。不同类型的参数只是因对输入、输出端口四个相量选用不同的自变量及因变量造成的。但无论哪一组参数，它们都是仅决定于网络本身的内部结构、元件参数值及信号源频率的量，它们与信号源的幅度大小、负载情况无关。既然各组网络参数都可以客观地描述同一个二端口网络的特性，那么对同一个二端口网络来说，只要它的各组参数有定义(四个参数中任何一个呈无限大，该组参数就是无定义的)，它们之间一定可以相互转换。

推导参数间相互转换关系的基本思路是：由已知参数方程，解出用已知参数表示的所要转换的参数方程，对照、比较要转换参数标准形式方程的相应系数，即可得参数间相互转换关系。例如，由 a 参数转换为 z 参数的关系式可作如下推导：由式(7.2-15b)得

$$\dot{U}_2=\frac{1}{a_{21}}\dot{I}_1+\frac{a_{22}}{a_{21}}\dot{I}_2 \tag{7.2-25}$$

将(7.2-25)式代入(7.2-15a)式，即得

$$\dot{U}_1=\frac{a_{11}}{a_{21}}\dot{I}_1+\frac{a_{11}a_{22}-a_{12}a_{21}}{a_{21}}\dot{I}_2 \tag{7.2-26}$$

(7.2-25)式与(7.2-26)式就是用 a 参数表示的 Z 方程，将(7.2-26)式、(7.2-25)式与(7.2-1a)式、(7.2-1b)式对照比较，即得 a 参数转换为 z 参数的关系式

$$\left.\begin{aligned} z_{11}&=\frac{a_{11}}{a_{21}}\\ z_{12}&=\frac{a_{11}a_{22}-a_{12}a_{21}}{a_{21}}\\ z_{21}&=\frac{1}{a_{21}}\\ z_{22}&=\frac{a_{22}}{a_{21}} \end{aligned}\right\} \tag{7.2-27}$$

由(7.2-27)式并分别考虑互易网络、互易且对称网络 z 参数的特点，即可得出(7.2-18)式与(7.2-19)式所表述的这两种网络 a 参数的特点。同理，亦可按类同的思路推导出由 h 参数转换为 z 参数的关系式(请读者自行练习)，亦可推理联想出(7.2-23)式和(7.2-24)式所表述的这两种网络 h 参数的特点。

表 7.2-1 给出了四种常用参数的相互转换关系(电路如图 7.2-8 所示)，可供读者使用时查阅。

表 7.2-1　二端口网络 4 种方程和参数关系

方程名称	方程	互易网络参数间关系	对称网络参数间关系	用 z 参数表示	用 y 参数表示	用 a 参数表示	用 h 参数表示
Z 方程	$\dot{U}_1=z_{11}\dot{I}_1+z_{12}\dot{I}_2$ $\dot{U}_2=z_{21}\dot{I}_1+z_{22}\dot{I}_2$	$z_{12}=z_{21}$	$z_{12}=z_{21}$ $z_{11}=z_{22}$	$z_{11}\ z_{12}$ $z_{21}\ z_{22}$	$y_{22}/\|\boldsymbol{Y}\|\ \ -y_{12}/\|\boldsymbol{Y}\|$ $-y_{21}/\|\boldsymbol{Y}\|\ \ y_{11}/\|\boldsymbol{Y}\|$	$a_{11}/a_{21}\ \ \|\boldsymbol{A}\|/a_{21}$ $1/a_{21}\ \ a_{22}/a_{21}$	$\|\boldsymbol{H}\|/h_{22}\ \ h_{12}/h_{22}$ $-h_{21}/h_{22}\ \ 1/h_{22}$
Y 方程	$\dot{I}_1=y_{11}\dot{U}_1+y_{12}\dot{U}_2$ $\dot{I}_2=y_{21}\dot{U}_1+y_{22}\dot{U}_2$	$y_{12}=y_{21}$	$y_{12}=y_{21}$ $y_{11}=y_{22}$	$z_{22}/\|\boldsymbol{Z}\|\ \ -z_{12}/\|\boldsymbol{Z}\|$ $-z_{21}/\|\boldsymbol{Z}\|\ \ z_{11}/\|\boldsymbol{Z}\|$	$y_{11}\ y_{12}$ $y_{21}\ y_{22}$	$a_{22}/a_{12}\ \ -\|\boldsymbol{A}\|/a_{12}$ $-1/a_{12}\ \ a_{11}/a_{12}$	$1/h_{11}\ \ -h_{12}/h_{11}$ $h_{21}/h_{11}\ \ \|\boldsymbol{H}\|/h_{11}$
A 方程	$\dot{U}_1=a_{11}\dot{U}_2+a_{12}(-\dot{I}_2)$ $\dot{I}_1=a_{21}\dot{U}_2+a_{22}(-\dot{I}_2)$	$\|\boldsymbol{A}\|=1$	$\|\boldsymbol{A}\|=1$ $a_{11}=a_{22}$	$z_{11}/z_{21}\ \ \|\boldsymbol{Z}\|/z_{21}$ $1/z_{21}\ \ z_{22}/z_{21}$	$-y_{22}/y_{21}\ \ -1/y_{21}$ $-\|\boldsymbol{Y}\|/y_{21}\ \ -y_{11}/y_{21}$	$a_{11}\ \ a_{12}$ $a_{21}\ \ a_{22}$	$\|\boldsymbol{H}\|/h_{21}\ \ +h_{11}/h_{21}$ $h_{22}/h_{21}\ \ +1/h_{21}$
H 方程	$\dot{U}_1=h_{11}\dot{I}_1+h_{12}\dot{U}_2$ $\dot{I}_2=h_{21}\dot{I}_1+h_{22}\dot{U}_2$	$h_{12}=-h_{21}$	$h_{12}=-h_{21}$ $\|\boldsymbol{H}\|=1$	$\|\boldsymbol{Z}\|/z_{22}\ \ z_{12}/z_{22}$ $-z_{21}/z_{22}\ \ 1/z_{22}$	$1/y_{11}\ \ -y_{12}/y_{11}$ $y_{21}/y_{11}\ \ \|\boldsymbol{Y}\|/y_{11}$	$a_{12}/a_{22}\ \ \|\boldsymbol{A}\|/a_{22}$ $-1/a_{22}\ \ a_{21}/a_{22}$	$h_{11}\ \ h_{12}$ $h_{21}\ \ h_{22}$

注：(1) 表中$|\boldsymbol{Z}|=z_{11}z_{22}-z_{12}z_{21}$，$|\boldsymbol{Y}|$、$|\boldsymbol{A}|$、$|\boldsymbol{H}|$的表达式与$|\boldsymbol{Z}|$类似。

(2) 本表所列参数约定电流 $\dot{I}_2$ 的参考方向为流入网络，有的教材中规定流出网络的 $\dot{I}_2$ 为参考方向，这时表中的与 $\dot{I}_2$ 有关的参数均相差一负号。

❖ 思考题 ❖

7.2-1　某同学认为：双口网络某种参数有定义，即是说该种参数的四个参数中任何一个不会出现无穷大。如图所示双口网络，它的 z 参数就无定义。你同意他的观点吗？讲一讲你的理由。

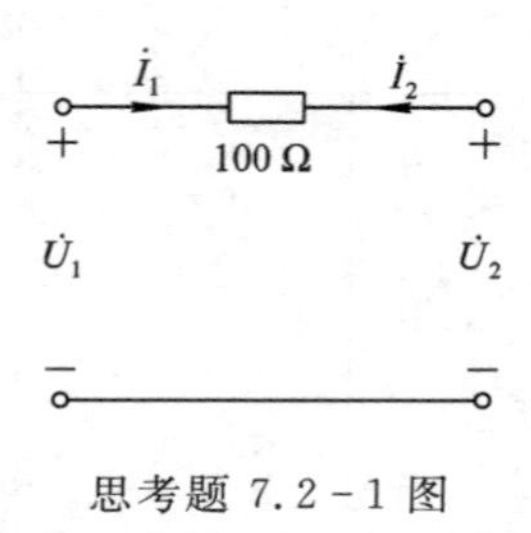

思考题 7.2-1 图

7.2-2　有人说：若双口网络 z、y、a、h 四种参数均有定义，则有 $z_{11}=\dfrac{1}{y_{11}}$，$h_{11}=z_{11}$，$h_{22}=y_{22}$。你同意他所讲的吗？为什么？

7.3　二端口网络的连接

如前所述，为了简化分析，常常先把一个复杂的二端口网络划分成若干个具有一定连接关系的简单二端口网路，然后分别求解这些简单网络，并由这些求解的结果进而求得原复杂二端口网络的解。把这些通过划分产生的简单二端口网络称为子网络，把划分前复杂的二端口网络称为复合网络或复合二端口网络。

二端口网络的连接要比单口网络的连接复杂，除串联、并联外，还有串并联、并串联、级联等多种形式。本节仅介绍常用二端口网络的连接形式，即串联、并联与级联。在具体讨论之前，应先明确二端口网络连接有效性概念。若干个子双口网络互相连接组成复合网络，若连接后各子二端口网络及复合二端口网络仍能满足端口定义，就称这样的连接是有效的。下面对双口网络各种连接的讨论都是在认定有效性连接条件下进行的。本节最后介绍有关二端口网络连接有效性的检验方法。

7.3.1　串联

两个或两个以上二端口电路的对应端口分别作串联连接称为二端口网络的串联，如图 7.3-1 所示。对于二端口网络的串联，采用 z 参数分析比较方便。图 7.3-1 中，$\boldsymbol{Z}_a$、$\boldsymbol{Z}_b$ 分别表示相串联的两个子二端口网络的 z 参数矩阵，虚线框内为两个子二端口网络串联后构成的复合二端口网络。各端口的电压、电流相量的参考方向如图中所标。

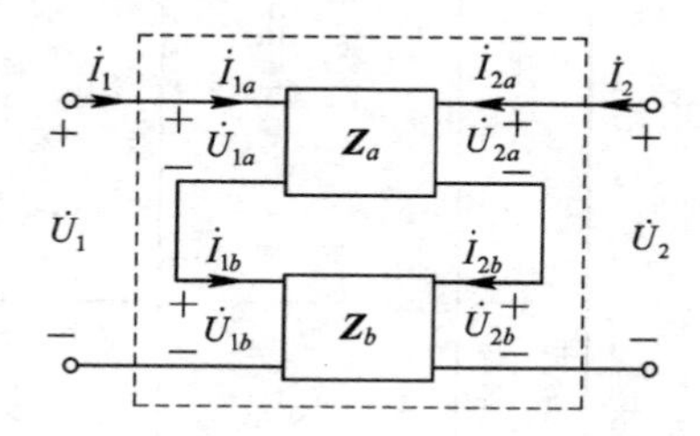

图 7.3-1　二端口网络的串联

由图 7.3-1 可见，端口电流关系满足

$$\begin{bmatrix}\dot{I}_1\\\dot{I}_2\end{bmatrix}=\begin{bmatrix}\dot{I}_{1a}\\\dot{I}_{2a}\end{bmatrix}=\begin{bmatrix}\dot{I}_{1b}\\\dot{I}_{2b}\end{bmatrix}$$

即

$$\dot{\boldsymbol{I}}=\dot{\boldsymbol{I}}_a=\dot{\boldsymbol{I}}_b \tag{7.3-1}$$

而端口电压关系满足

$$\begin{bmatrix}\dot{U}_1\\\dot{U}_2\end{bmatrix}=\begin{bmatrix}\dot{U}_{1a}\\\dot{U}_{2a}\end{bmatrix}+\begin{bmatrix}\dot{U}_{1b}\\\dot{U}_{2b}\end{bmatrix}$$

即

$$\dot{\boldsymbol{U}}=\dot{\boldsymbol{U}}_a+\dot{\boldsymbol{U}}_b \tag{7.3-2}$$

由二端口网络 Z 方程，可知

$$\dot{\boldsymbol{U}}_a=\boldsymbol{Z}_a\dot{\boldsymbol{I}}_a \tag{7.3-3a}$$

$$\dot{\boldsymbol{U}}_b=\boldsymbol{Z}_b\dot{\boldsymbol{I}}_b \tag{7.3-3b}$$

将以上两式代入(7.3-2)式，并考虑(7.3-1)式，得

$$\dot{\boldsymbol{U}}=(\boldsymbol{Z}_a+\boldsymbol{Z}_b)\dot{\boldsymbol{I}} \tag{7.3-4}$$

设复合二端口网络可以用一个等效二端口网络代替，并设其阻抗参数矩阵为 $\boldsymbol{Z}$，则应有

$$\dot{\boldsymbol{U}}=\boldsymbol{Z}\dot{\boldsymbol{I}} \tag{7.3-5}$$

比较(7.3-4)式与(7.3-5)式，得

$$\boldsymbol{Z}=\boldsymbol{Z}_a+\boldsymbol{Z}_b \tag{7.3-6}$$

(7.3-6)式表明：由两个子二端口网络串联而成的复合二端口网络的 z 参数等于相串联的两个子二端口网络的 z 参数之和。

7.3.2 并联

若两个二端口网络的输入口、输出口分别并联，则称两个二端口网络并联，如图 7.3-2 所示。对于二端口网络的并联，采用 y 参数分析比较方便。图 7.3-2 中，$\boldsymbol{Y}_a$、$\boldsymbol{Y}_b$分别表示相并联的两个子二端口网络的 y 参数矩阵，虚线框内为两子二端口网络并联后构成的复合二端口网络。各端口的电压、电流相量的参考方向如图中所标。

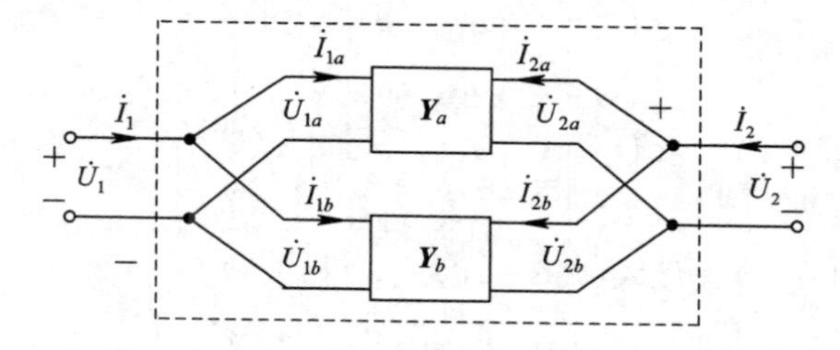

图 7.3-2 二端口网络的并联

由图 7.3-2 可以看出，端口电压、电流关系满足

$$\dot{\boldsymbol{U}}=\dot{\boldsymbol{U}}_a=\dot{\boldsymbol{U}}_b \tag{7.3-7}$$

$$\dot{\boldsymbol{I}}=\dot{\boldsymbol{I}}_a+\dot{\boldsymbol{I}}_b \tag{7.3-8}$$

由二端口网络的 Y 方程可知

$$\dot{\boldsymbol{I}}_a = \boldsymbol{Y}_a \dot{\boldsymbol{U}}_a \tag{7.3-9a}$$

$$\dot{\boldsymbol{I}}_b = \boldsymbol{Y}_b \dot{\boldsymbol{U}}_b \tag{7.3-9b}$$

将(7.3－9)式代入(7.3－8)式，并考虑(7.3－7)式，得

$$\dot{\boldsymbol{I}} = (\boldsymbol{Y}_a + \boldsymbol{Y}_b)\dot{\boldsymbol{U}} \tag{7.3-10}$$

设连接后复合二端口网络的 y 参数矩阵为 $\boldsymbol{Y}$，则应有

$$\boldsymbol{Y} = \boldsymbol{Y}_a + \boldsymbol{Y}_b \tag{7.3-11}$$

(7.3－11)式表明：由两个子二端口网络并联而成的复合二端口网络的 y 参数等于相并联的两个子二端口网络的 y 参数之和。

7.3.3 级联

图 7.3－3 所示为两个子二端口网络的级联形式。级联时，第一个子二端口网络的输出口与第二个子二端口网络的输入口相连。图中，$\boldsymbol{A}_a$、$\boldsymbol{A}_b$分别为相级联的两个子二端口网络的 a 参数矩阵，虚线框内为两个子二端口网络级联后构成的复合二端口网络。各端口电压、电流相量的参考方向如图中所标。

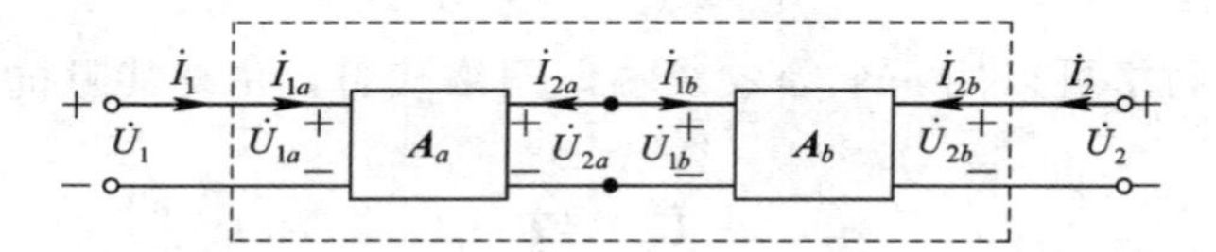

图 7.3－3　二端口网络的级联

二端口网络级联时，采用 a 参数分析比较方便。观察图 7.3－3，显然有

$$\begin{bmatrix} \dot{U}_1 \\ \dot{I}_1 \end{bmatrix} = \begin{bmatrix} \dot{U}_{1a} \\ \dot{I}_{1a} \end{bmatrix} \tag{7.3-12}$$

$$\begin{bmatrix} \dot{U}_{2b} \\ -\dot{I}_{2b} \end{bmatrix} = \begin{bmatrix} \dot{U}_2 \\ -\dot{I}_2 \end{bmatrix} \tag{7.3-13}$$

$$\begin{bmatrix} \dot{U}_{2a} \\ -\dot{I}_{2a} \end{bmatrix} = \begin{bmatrix} \dot{U}_{1b} \\ \dot{I}_{1b} \end{bmatrix} \tag{7.3-14}$$

再由二端口网络 A 方程可知

$$\begin{bmatrix} \dot{U}_{1b} \\ \dot{I}_{1b} \end{bmatrix} = \begin{bmatrix} a_{11b} & a_{12b} \\ a_{21b} & a_{22b} \end{bmatrix} \begin{bmatrix} \dot{U}_{2b} \\ -\dot{I}_{2b} \end{bmatrix} \tag{7.3-15}$$

$$\begin{bmatrix} \dot{U}_{1a} \\ \dot{I}_{1a} \end{bmatrix} = \begin{bmatrix} a_{11a} & a_{12a} \\ a_{21a} & a_{22a} \end{bmatrix} \begin{bmatrix} \dot{U}_{2a} \\ -\dot{I}_{2a} \end{bmatrix} \tag{7.3-16}$$

将(7.3－14)式、(7.3－15)式代入(7.3－16)式，得

$$\begin{bmatrix} \dot{U}_{1a} \\ \dot{I}_{1a} \end{bmatrix} = \begin{bmatrix} a_{11a} & a_{12a} \\ a_{21a} & a_{22a} \end{bmatrix} \begin{bmatrix} a_{11b} & a_{12b} \\ a_{21b} & a_{22b} \end{bmatrix} \begin{bmatrix} \dot{U}_{2b} \\ -\dot{I}_{2b} \end{bmatrix} \tag{7.3-17}$$

考虑(7.3－12)式、(7.3－13)式，得

$$\begin{bmatrix} \dot{U}_1 \\ \dot{I}_1 \end{bmatrix} = \begin{bmatrix} a_{11a} & a_{12a} \\ a_{21a} & a_{22a} \end{bmatrix} \begin{bmatrix} a_{11b} & a_{12b} \\ a_{21b} & a_{22b} \end{bmatrix} \begin{bmatrix} \dot{U}_2 \\ -\dot{I}_2 \end{bmatrix} \tag{7.3-18}$$

在(7.3－15)式～(7.3－18)式中

$$\begin{bmatrix} a_{11a} & a_{12a} \\ a_{21a} & a_{22a} \end{bmatrix} = \boldsymbol{A}_a, \begin{bmatrix} a_{11b} & a_{12b} \\ a_{21b} & a_{22b} \end{bmatrix} = \boldsymbol{A}_b$$

观察(7.3－18)式，并联系$\boldsymbol{A}_a$、$\boldsymbol{A}_b$参数矩阵可见：由两个子二端口网络级联构成的复合二端口网络的a参数矩阵等于相级联两个子二端口网络a参数矩阵之乘积，即

$$\boldsymbol{A} = \boldsymbol{A}_a \boldsymbol{A}_b \tag{7.3-19}$$

以上讨论了在满足连接有效性条件下，二端口网络的串联、并联和级联连接，分别得到了复合二端口网络与子二端口网络参数之间的重要关系。这些关系是简化复杂双口网络分析的理论依据。对于复杂二端口网络分析问题，可先将网络分解为若干个简单二端口网络的串联、并联或者级联，在判定连接的有效性后，就可分别应用(7.3－6)式、(7.3－11)式、(7.3－19)式求复杂二端口网络的z、y、a参数了。

7.3.4 二端口网络连接有效性检验

为了保证子网络连接后满足端口条件，应该进行连接有效性检验。

由二端口网络级联的连接形式(见图7.3－3)，应用KCL可以判定：对于级联连接的二端口网络，端口条件总是满足的，故此种连接无须再作有效性检验。然而对于二端口网络串联、并联情况就需要作检验才能判定连接是否满足有效性。

图7.3－4所示是二端口网络串联时进行有效性检验的原理图，图中$\dot{I}_s$是电流源。先对输入口串联作有效性检验。

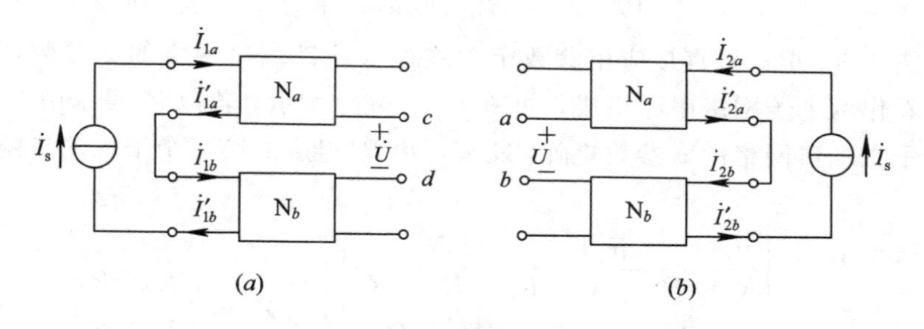

图7.3－4 二端口网络串联有效性检验

图7.3－4(a)中，令子网络N_a、N_b的输出口开路(因为串联时使用开路阻抗参数)，此时有$\dot{I}_{1a}=\dot{I}'_{1a}$，$\dot{I}_{1b}=\dot{I}'_{1b}$。如果$c$、$d$两点间的电压$\dot{U}=0$(可以测量或者计算求得)，那么$c$、$d$短接后，由戴维宁定理可知$cd$短路线上的电流为零，子网络输入口电流仍然保持$\dot{I}_{1a}=\dot{I}'_{1a}$，$\dot{I}_{1b}=\dot{I}'_{1b}$，满足端口条件，因而两输入口串联连接是有效的。同理，可采用图7.3－4(b)对两输出口串联作有效性检验。经检验，如果输入口、输出口均满足端口条件，那么两个子网络串联是有效的，可以应用(7.3－6)式计算复合二端口网络的z参数。

图7.3－5所示是二端口网络并联时进行有效性检验的原理图，图中$\dot{U}_s$是电压源。图7.3－5(a)中，令子网络N_a、N_b的输出口短路(因并联时使用短路导纳参数)，此时有$\dot{I}_{1a}=\dot{I}'_{1a}$，$\dot{I}_{1b}=\dot{I}'_{1b}$。根据KCL可知，$\dot{I}_1=\dot{I}'_1$。如果$c$、$d$端电压$\dot{U}=0$，那么$cd$短接后，其上电流也为零，输入口电流保持不变，保证了输入口并联连接有效。同理，可采用图7.3－5(b)对输出口并联作有效性检验。通过检验，如果输入口、输出口并联连接均有效时，可以应用(7.3－11)式来计算复合二端口网络的y参数。

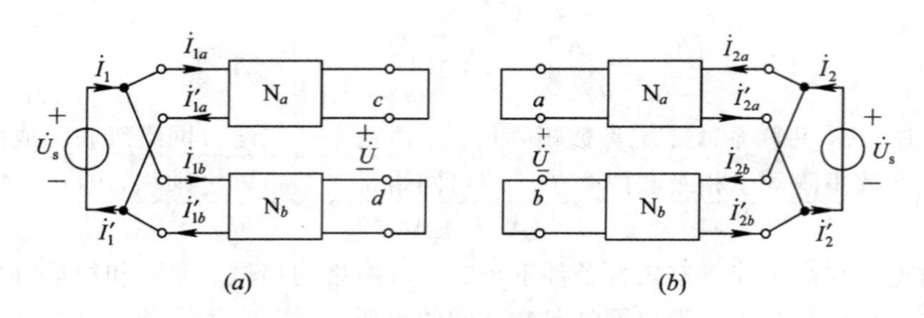

图 7.3-5　二端口网络并联有效性检验

例 7.3-1　图 7.3-6(a)所示为桥 T 形衰减器，$R_1=R_3=100\ \Omega$，$R_2=25\ \Omega$，$R_4=200\ \Omega$，求 z 参数矩阵 $\boldsymbol{Z}$。

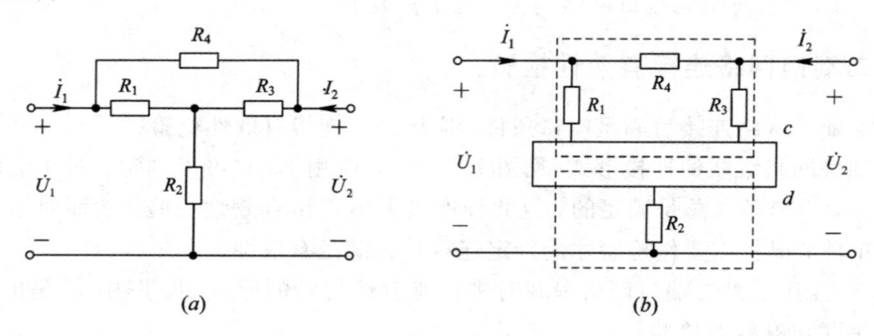

图 7.3-6　桥 T 形衰减器网络

解　由图 7.3-6(a)，直接应用参数定义式来求该二端口网络的 z 参数比较麻烦。现在将原网络看作两个子网络串联组成，如图 7.3-6(b)所示。若以 $\boldsymbol{Z}_a$ 表示由 R_1、R_3、R_4 组成的第一个子二端口网络的 z 参数矩阵，$\boldsymbol{Z}_b$ 表示由 R_2 组成的第二个子二端口网络的 z 参数矩阵，则有

$$\boldsymbol{Z}_a=\begin{bmatrix}\dfrac{R_1(R_3+R_4)}{R_1+R_3+R_4} & \dfrac{R_1R_3}{R_1+R_3+R_4}\\ \dfrac{R_1R_3}{R_1+R_3+R_4} & \dfrac{R_3(R_4+R_1)}{R_1+R_3+R_4}\end{bmatrix},\quad \boldsymbol{Z}_b=\begin{bmatrix}R_2 & R_2\\ R_2 & R_2\end{bmatrix}$$

代入已知的元件数值，得

$$\boldsymbol{Z}_a=\begin{bmatrix}75 & 25\\ 25 & 75\end{bmatrix}\Omega,\quad \boldsymbol{Z}_b=\begin{bmatrix}25 & 25\\ 25 & 25\end{bmatrix}\Omega$$

由图 7.3-6(b)可知，在进行串联连接有效性检验时，其测试点 c、d 是等电位点，故连接是有效的。因此，图 7.3-6(a)所示的二端口网络的 z 参数矩阵为

$$\boldsymbol{Z}=\boldsymbol{Z}_a+\boldsymbol{Z}_b=\begin{bmatrix}100 & 50\\ 50 & 100\end{bmatrix}\Omega$$

例 7.3-2　图 7.3-7(a)所示为正弦稳态二端口网络，图中各电导均为 1 S，各电容均为 1 F，$\omega=1$ rad/s，试求该二端口网络的 y 参数矩阵 $\boldsymbol{Y}$。

解　图 7.3-7(a)所示的二端口网络可看作图 7.3-7(b)和图 7.3-7(c)所示两个子二端口网络的并联，容易验证该并联连接是有效的。应用(7.2-9)式求得两个子二端口网络的 y 参数矩阵为

$$\boldsymbol{Y}_a=\begin{bmatrix} \mathrm{j}2\omega C & -\mathrm{j}\omega C \\ -\mathrm{j}\omega C & \mathrm{j}2\omega C \end{bmatrix},\quad \boldsymbol{Y}_b=\begin{bmatrix} 2G & -G \\ -G & 2G \end{bmatrix}$$

代入元件数值，得

$$\boldsymbol{Y}_a=\begin{bmatrix} \mathrm{j}2 & -\mathrm{j}1 \\ -\mathrm{j}1 & \mathrm{j}2 \end{bmatrix}\mathrm{S},\quad \boldsymbol{Y}_b=\begin{bmatrix} 2 & -1 \\ -1 & 2 \end{bmatrix}\mathrm{S}$$

由(7.3-11)式求得图 7.3-7(a)所示二端口网络的 y 参数矩阵为

$$\boldsymbol{Y}=\boldsymbol{Y}_a+\boldsymbol{Y}_b=\begin{bmatrix} 2+\mathrm{j}2 & -(1+\mathrm{j}1) \\ -(1+\mathrm{j}1) & 2+\mathrm{j}2 \end{bmatrix}\mathrm{S}$$

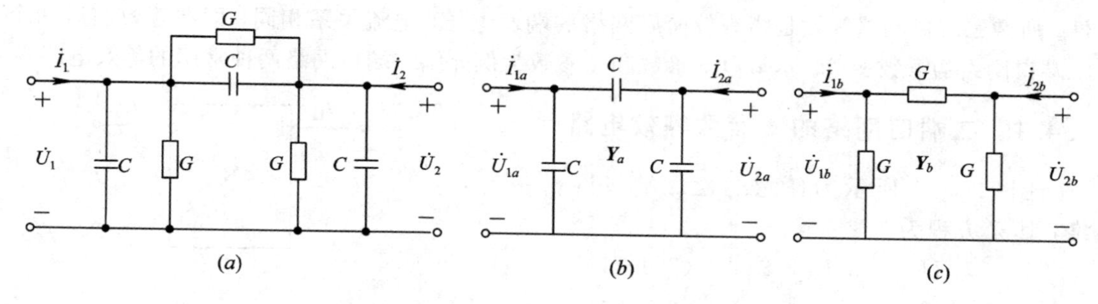

图 7.3-7　例 7.3-2 使用网络

例 7.3-3　求图 7.3-8 所示二端口网络的 a 参数矩阵 $\mathbf{A}$。

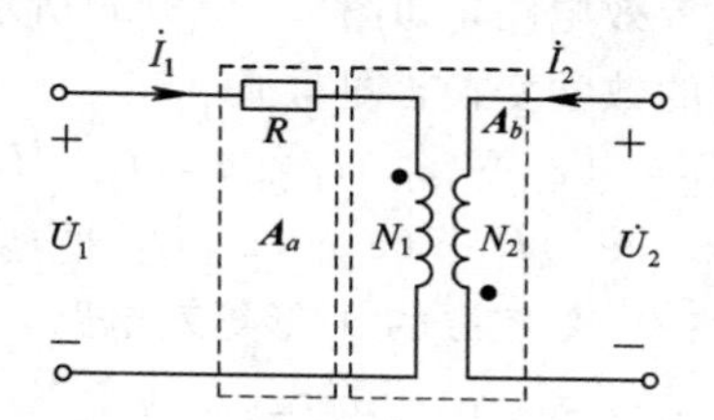

图 7.3-8　例 7.3-3 使用网络

解　将图中二端口网络看作两个子二端口网络(如虚线所示)的级联。应用(7.2-16)式求得

$$\boldsymbol{A}_a=\begin{bmatrix} 1 & R \\ 0 & 1 \end{bmatrix},\quad \boldsymbol{A}_b=\begin{bmatrix} -\dfrac{N_1}{N_2} & 0 \\ 0 & -\dfrac{N_2}{N_1} \end{bmatrix}$$

因此复合网络的 a 参数矩阵为

$$\boldsymbol{A}=\boldsymbol{A}_a\boldsymbol{A}_b=\begin{bmatrix} 1 & R \\ 0 & 1 \end{bmatrix}\begin{bmatrix} -\dfrac{N_1}{N_2} & 0 \\ 0 & -\dfrac{N_2}{N_1} \end{bmatrix}=\begin{bmatrix} -\dfrac{N_1}{N_2} & -\dfrac{N_2R}{N_1} \\ 0 & -\dfrac{N_2}{N_1} \end{bmatrix}$$

❖ 思考题 ❖

7.3-1　某同学在学习中提出这样一个疑惑：讲述二端口网络的串联、并联、级联有何使用价值？你能给这位同学作个解答吗？

7.3-2　某同学在研究二端口网络的串联、并联的问题时，总结出这样一条规律：凡是两个子二端口网络为三端子二端网络的，不管是作串联还是作并联连接，总是满足连接有效性的，以后从结构上一看是这种情况的串联与并联就可以“免检”。你对他的总结有何看法?

7.4　二端口网络的等效

“等效”概念在电路问题分析中已多次应用，对二端口网络也有等效问题。对二端口网络分析时，正确运用等效可简化计算；对二端口网络综合时，等效可减少设计所用的网络元件。所谓二端口网络等效是指等效前后网络的端口电压、电流关系相同，即在等效前后两个二端口网络的参数相等。本节以 z 参数和 y 参数为例介绍二端口网络两种常用的等效电路。

7.4.1　二端口网络的 z 参数等效电路

图 7.4-1 所示为任意线性二端口网络，其 Z 方程为

$$\dot{U}_1 = z_{11}\dot{I}_1 + z_{12}\dot{I}_2 \quad (7.4-1a)$$

$$\dot{U}_2 = z_{21}\dot{I}_1 + z_{22}\dot{I}_2 \quad (7.4-1b)$$

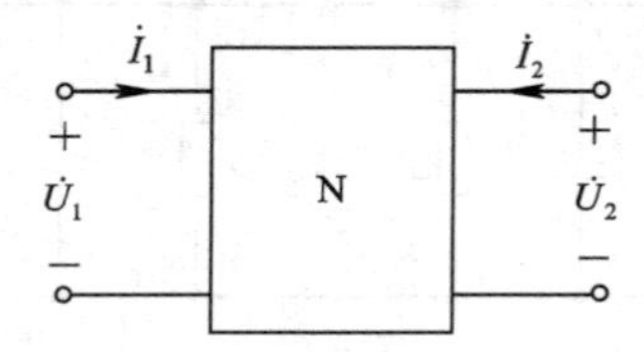

图 7.4-1　线性二端口网络

(7.4-1)式实质上是一组 KVL 方程，由此可画出含有双受控源的 z 参数等效电路，如图 7.4-2(a)所示。

若将(7.4-1)式进行适当的数学变换，即写成

$$\dot{U}_1 = (z_{11} - z_{12})\dot{I}_1 + z_{12}(\dot{I}_1 + \dot{I}_2) \quad (7.4-2a)$$

$$\dot{U}_2 = (z_{21} - z_{12})\dot{I}_1 + (z_{22} - z_{12})\dot{I}_2 + z_{12}(\dot{I}_1 + \dot{I}_2) \quad (7.4-2b)$$

则可根据(7.4-2)式画出只含一个受控源的 T 形等效电路，如图 7.4-2(b)所示。

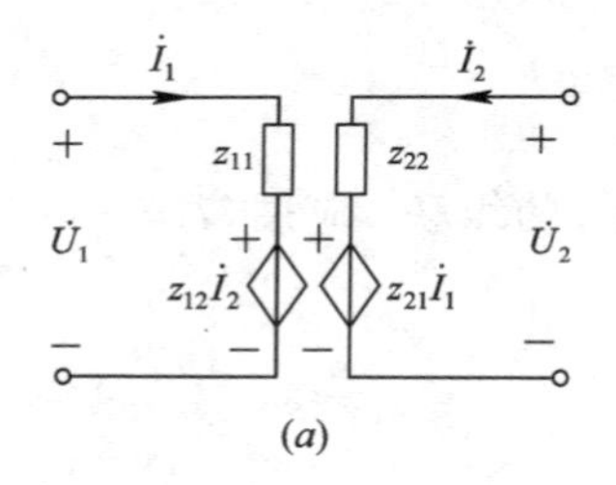

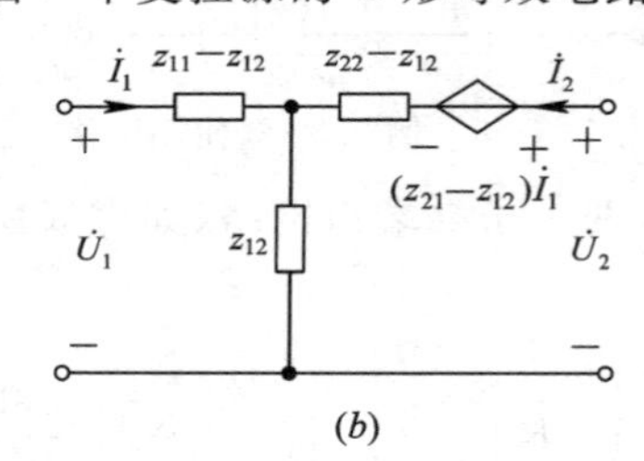

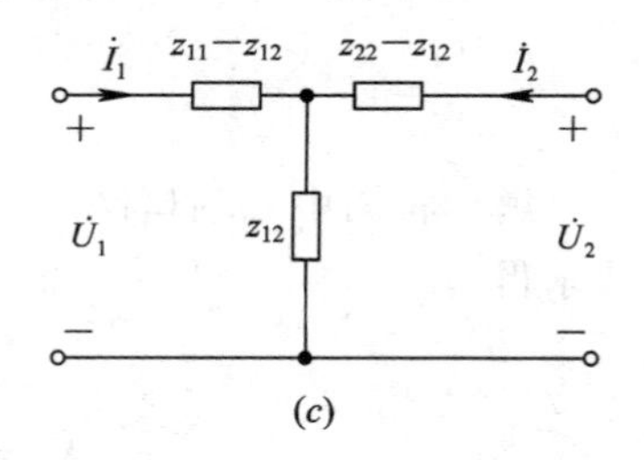

图 7.4-2　z 参数等效电路

如果二端口网络是互易网络，则有 $z_{12}=z_{21}$，那么图 7.4-2(b)中受控电压源短路，变为如图 7.4-2(c)所示的简单形式。

图 7.4-2 所示的等效电路都是用 z 参数表示的，所以统称为二端口网络的 z 参数等效电路。

例 7.4-1　对某无源线性对称二端口电阻网络 N_R 作如图 7.4-3(a)、(b)所示的两种测试：当输出口开路，输入口接 16 V 电压源时，测得输入口电流为 64 mA，如图 7.4-3(a)所示；当输出口短路，输入口接同样的电压源时，测得输入口电流为 100 mA，如图 7.4-3(b)所示。若如图 7.4-3(c)所示，在输入口接 18 V 电压源，输出口接 200 Ω 的电阻负载，求此时负载上的电流 I_L。

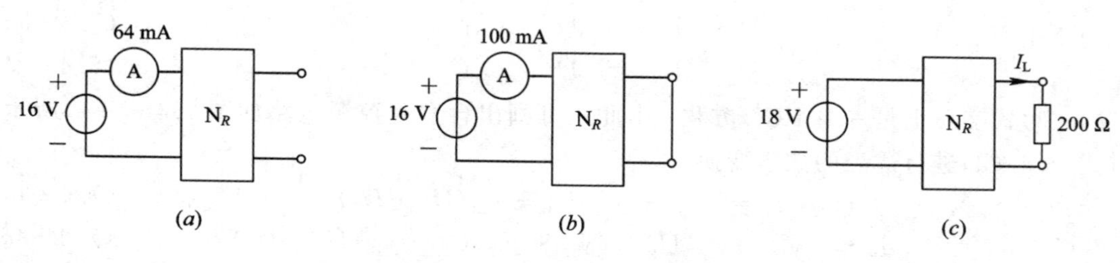

图 7.4-3　例 7.4-1 使用电路

解　采用二端口网络 z 参数等效电路方法求解。由图 7.4-3(a)所示的测试电路可求得

$$z_{11}=\frac{\dot{U}_1}{\dot{I}_1}\bigg|_{I_2=0}=\frac{16}{64\times10^{-3}}=250\ \Omega$$

由题意知该二端口网络是无源对称电阻网络，所以有

$$z_{22}=z_{11}=250\ \Omega,\quad z_{12}=z_{21}$$

对该二端口网络先画出 z 参数 T 形等效电路，如图 7.4-4(a)所示。图中 z_{11}、z_{22} 已求出，又知 $z_{12}=z_{21}$，所以未知参数只有一个。

再应用图 7.4-3(b)，求出输出短路时的输入阻抗，即

$$Z_{\text{in}}=\frac{16}{100\times10^{-3}}=160\ \Omega$$

将图 7.4-4(a)所示的 T 形电路输出口短路，如图 7.4-4(b)所示。应用阻抗串并联等效求得其输入阻抗为

$$Z_{\text{in}}=250-z_{12}+\frac{(250-z_{12})z_{12}}{250-z_{12}+z_{12}}=\frac{250^2-z_{12}^2}{250}=160\ \Omega$$

解得

$$z_{12}=\sqrt{250^2-250\times160}=150\ \Omega\quad(\text{负根无意义，舍去})$$

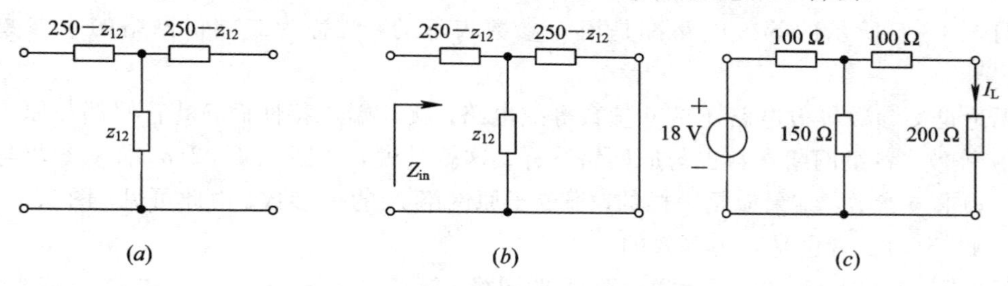

图 7.4-4　例 7.4-1 使用的等效电路

将 $z_{12}=150\ \Omega$ 代入图 7.4-4(a)所示的 T 形等效电路中，并在输入口接 18 V 的电压源，输出口接 200 Ω 的电阻负载，如图 7.4-4(c)所示。再应用电阻串并联等效及分流关系，求得电流为

$$I_{\text{L}}=\frac{18}{100+150\ /\!/\ (100+200)}\times\frac{150}{100+200+150}=30\ \text{mA}$$

7.4.2　二端口网络的 y 参数等效电路

图 7.4-1 所示的线性二端口网络的 Y 方程为

$$\dot{I}_1 = y_{11}\dot{U}_1 + y_{12}\dot{U}_2 \qquad (7.4-3a)$$

$$\dot{I}_2 = y_{21}\dot{U}_1 + y_{22}\dot{U}_2 \qquad (7.4-3b)$$

(7.4－3)式实质上是一组 KCL 方程，由此式可画出含双受控源电路如图 7.4－5(a)所示。对式(7.4－3)进行适当的数学变换，即

$$\dot{I}_1 = (y_{11} + y_{12})\dot{U}_1 - y_{12}(\dot{U}_1 - \dot{U}_2) \qquad (7.4-4a)$$

$$\dot{I}_2 = (y_{21} - y_{12})\dot{U}_1 + (y_{22} + y_{12})\dot{U}_2 - y_{12}(\dot{U}_2 - \dot{U}_1) \qquad (7.4-4b)$$

由(7.4－4)式可画出单受控源的等效电路如图 7.4－5(b)所示，经电源互换可得图 7.4－5(c)。由此可见，任何一个线性二端口网络，都可用图 7.4－5(c)所示的 Π 形电路等效。

如果网络是互易网络，则 $y_{12}=y_{21}$，图 7.4－5(c)中的受控电压源短路，等效电路变为如图 7.4－5(d)所示的简单形式。

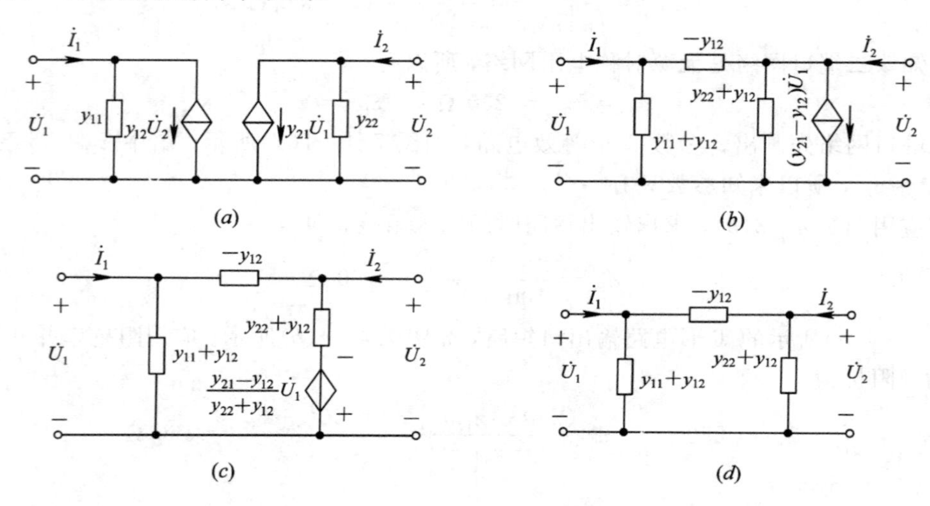

图 7.4－5　y 参数等效电路

图 7.4－5 所示的等效电路都是用 y 参数表示的，统称为二端口网络的 y 参数等效电路。

无论是 z 参数等效电路还是 y 参数等效电路，就其端口特性而言，它们都与原二端口网络 N 等效、各组网络参数也与原网络一样。这就是说，从图 7.4－2(b)求 y 参数与从图 7.4－5(c)求 y 参数，结果应是一样的，都等于原网络 N 的 y 参数。由此可见，图 7.4－2(b)与图 7.4－5(c)二者也是互为等效的。

例 7.4－2　图 7.4－6 所示为一双 T 形网络，试求该二端口网络的 y 参数矩阵 $\boldsymbol{Y}$，并画出 Π 形等效电路。

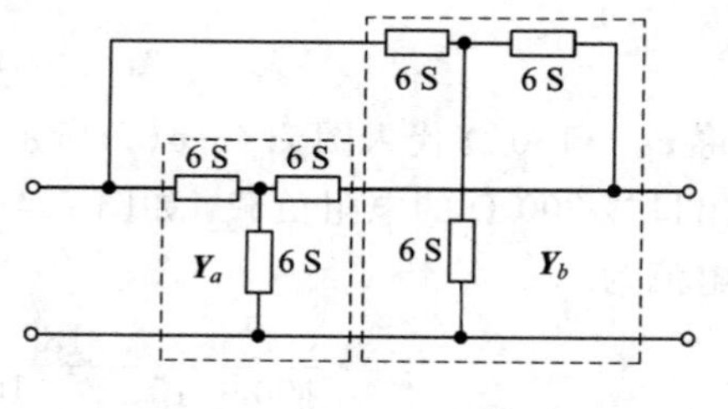

图 7.4－6　双 T 形网络

解　把双 T 形网络看作两个 T 形三端子二端口网络的并联，先分别求出两个子二端口网络的 y 参数矩阵，然后二矩阵相加即得复合二端口网络的 y 参数矩阵。因两个子二端口网络完全相同，故由图 7.4－6 可求得

$$\boldsymbol{Y}_a=\boldsymbol{Y}_b=\begin{bmatrix}4 & -2\\ -2 & 4\end{bmatrix}\text{S}$$

则

$$\boldsymbol{Y}=\boldsymbol{Y}_a+\boldsymbol{Y}_b=\begin{bmatrix}8 & -4\\ -4 & 8\end{bmatrix}\text{S}$$

由双T形网络的 y 参数画出Ⅱ形等效电路，如图7.4-7所示。

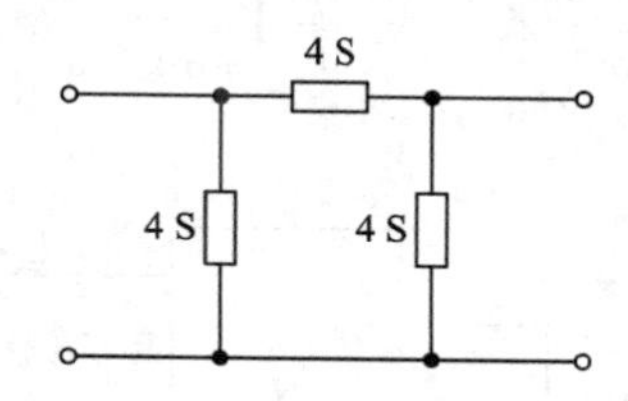

图7.4-7 图7.4-6所示双 T 形网络的 Π 形等效电路

∵ 思考题 ∵

7.4-1 你打算如何运用二端口网络的等效电路来分析求解复杂的二端口网络的问题呢？

7.4-2 对于例7.4-1，若不用二端口网络的等效电路，你有没有其他的方法能求出负载电流 I_L？

7.4-3 除二端口网络的 z 参数T形等效电路及 y 参数Ⅱ形等效电路之外，还有其他参数的等效电路吗？若有，请举出一个例证。

7.5 二端口网络函数与特性阻抗

7.2节中讨论的网络参数是表征网络本身性质的基本参数，它们与负载及激励源无关。在实际使用二端口网络时，输入端总是接有信号源，输出端也总是接有负载的，因此还应研究网络接有信号源和负载时的一些特性。

在正弦稳态电路中，网络函数定义为响应相量与激励相量之比，以 $H(\mathrm{j}\omega)$ 表示，即

$$H(\mathrm{j}\omega)\xlongequal{\text{def}}\frac{\text{响应相量}}{\text{激励相量}}\tag{7.5-1}$$

若响应相量与激励相量处于同一对端钮，则称为策动点网络函数，简称为策动函数，显然，它可以是策动点阻抗，也可以是策动点导纳。若响应相量与激励相量处于不同对端钮，则称为转移网络函数，简称转移函数(或传输函数)，显然，转移函数可以是转移阻抗、转移导纳、转移电压比或转移电流比。

网络函数不但与网络本身的特性有关，也与激励源内阻抗及负载有关。本节主要讨论二端口网络的网络函数与网络 a 参数及电源内阻抗 Z_s、负载阻抗 Z_L 之间的关系，在输入阻抗、输出阻抗网络函数的基础上定义二端口网络的特性阻抗，最后介绍二端口网络匹配的重要概念。

7.5.1 策动函数

策动函数可分为策动点阻抗和策动点导纳，但由于同一端口的策动点阻抗与策动点导

纳互为倒数，所以仅需研究其中之一。这里讨论二端口网络的策动点阻抗，即输入阻抗与输出阻抗。

1. 输入阻抗

如图 7.5-1 所示，当二端口网络的输出端口接以负载阻抗 Z_L时，输入端口的电压相量 $\dot{U}_1$ 与电流相量 $\dot{I}_1$ 之比称为网络的输入阻抗，即

$$Z_{in} \xlongequal{\text{def}} \frac{\dot{U}_1}{\dot{I}_1}\bigg|_{出口接Z_L} \tag{7.5-2}$$

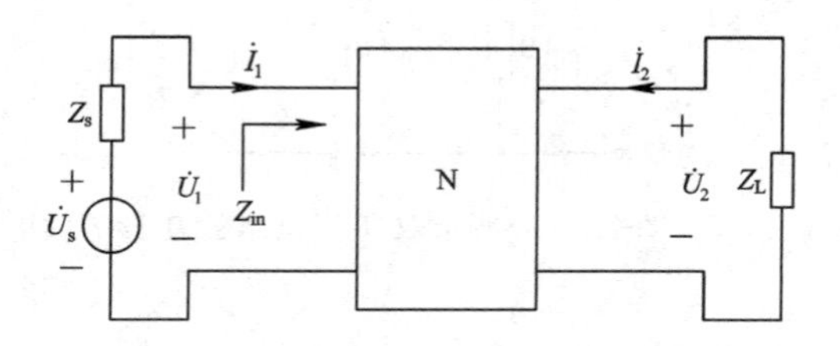

图 7.5-1 定义二端口网络输入阻抗用图

这样定义输入阻抗是不难理解的。现在的问题是，假若已经知道了网络的 a 参数及负载 Z_L，如何找出输入阻抗 Z_{in}与 a 参数、负载阻抗 Z_L之间的关系。由 A 方程：

$$\dot{U}_1 = a_{11}\dot{U}_2 + a_{12}(-\dot{I}_2) \tag{7.5-3a}$$

$$\dot{I}_1 = a_{21}\dot{U}_2 + a_{22}(-\dot{I}_2) \tag{7.5-3b}$$

并考虑(7.5-2)式，得

$$Z_{in} = \frac{\dot{U}_1}{\dot{I}_1} = \frac{a_{11}\dot{U}_2 + a_{12}(-\dot{I}_2)}{a_{21}\dot{U}_2 + a_{22}(-\dot{I}_2)} = \frac{a_{11}\dfrac{\dot{U}_2}{-\dot{I}_2} + a_{12}}{a_{21}\dfrac{\dot{U}_2}{-\dot{I}_2} + a_{22}}$$

因负载阻抗 Z_L上的电压、电流参考方向非关联，故 $\dot{U}_2/(-\dot{I}_2)=Z_L$，代入上式得

$$Z_{in} = \frac{a_{11}Z_L + a_{12}}{a_{21}Z_L + a_{22}} \tag{7.5-4}$$

(7.5-4)式说明：二端口网络的输入阻抗与网络参数、负载、电源频率有关，而与电源大小及内阻抗无关。若将 $Z_L=0$ 和 $Z_L=\infty$分别代入(7.5-4)式，不难得到这两种特殊情况下的输入阻抗。即输出端口短路时输入端口的输入阻抗

$$Z_{in0} = \frac{a_{12}}{a_{22}} \tag{7.5-5}$$

输出端口开路时输入端口的输入阻抗

$$Z_{in\infty} = \frac{a_{11}}{a_{21}} \tag{7.5-6}$$

2. 输出阻抗

二端口网络的输出阻抗就是当输入端口接具有内阻抗 Z_s的信号源时，从输出端口向网络看去的戴维宁等效源的内阻抗，可用图 7.5-2 求得。原输入端口的理想电压源短路，内阻抗保留，在输出端口加电流源 $\dot{I}_2$，求电压 $\dot{U}_2$，则输出阻抗定义为

$$Z_{out} \xlongequal{\text{def}} \frac{\dot{U}_2}{\dot{I}_2}\bigg|_{入口接Z_s} \tag{7.5-7}$$

这犹如将网络进行反向传输时的输入阻抗。当然，与对输入阻抗的分析一样，问题的着眼点是找出输出阻抗与网络参数及内阻抗 Z_s 之间的关系。网络两端口的电压、电流关系遵从任何一种二端口网络方程约束，这里仍用 a 参数描述。

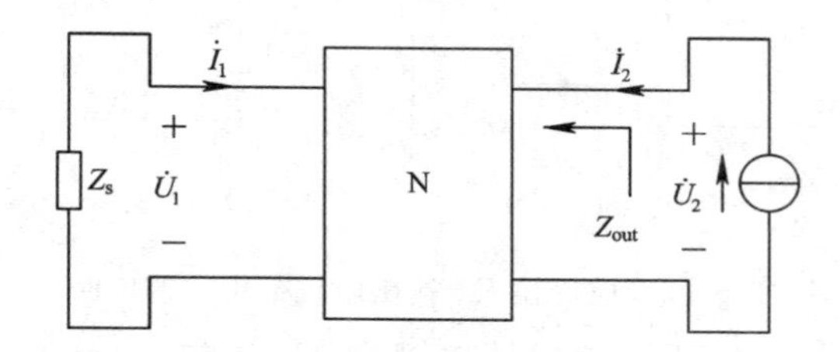

图 7.5-2　定义二端口网络输出阻抗用图

对图 7.5-2 所示的二端口网络，它的 A 方程仍是

$$\left.\begin{aligned}\dot{U}_1 &= a_{11}\dot{U}_2 + a_{12}(-\dot{I}_2)\\ \dot{I}_1 &= a_{21}\dot{U}_2 + a_{22}(-\dot{I}_2)\end{aligned}\right\}\tag{7.5-8}$$

解(7.5-8)式，得

$$\left.\begin{aligned}\dot{U}_2 &= \frac{a_{22}}{|\mathbf{A}|}\dot{U}_1 + \frac{a_{12}}{|\mathbf{A}|}(-\dot{I}_1)\\ \dot{I}_2 &= \frac{a_{21}}{|\mathbf{A}|}\dot{U}_1 + \frac{a_{11}}{|\mathbf{A}|}(-\dot{I}_1)\end{aligned}\right\}\tag{7.5-9}$$

式中

$$|\mathbf{A}| = a_{11}a_{22} - a_{12}a_{21}$$

将(7.5-9)式代入(7.5-7)式，得

$$Z_{out} = \frac{\dot{U}_2}{\dot{I}_2} = \frac{a_{22}\dot{U}_1 + a_{12}(-\dot{I}_1)}{a_{21}\dot{U}_1 + a_{11}(-\dot{I}_1)}$$

考虑 $Z_s = \dfrac{\dot{U}_1}{-\dot{I}_1}$，并代入上式，则有

$$Z_{out} = \frac{a_{22}Z_s + a_{12}}{a_{21}Z_s + a_{11}}\tag{7.5-10}$$

(7.5-10)式说明：二端口网络的输出阻抗只与网络参数、电源内阻抗及频率有关，而与负载无关。若将 $Z_s=0$ 和 $Z_s=\infty$ 分别代入(7.5-10)式，容易得到这两种特殊情况下的输出阻抗。即输入端口短路时输出端口的输出阻抗

$$Z_{out0} = \frac{a_{12}}{a_{11}}\tag{7.5-11}$$

输出端口开路时输入端口的输入阻抗

$$Z_{out\infty} = \frac{a_{22}}{a_{21}}\tag{7.5-12}$$

引入输入、输出阻抗概念，将有利于分析二端口网络的问题。例如在图 7.5-3(a)中，输出端口接任意负载阻抗 Z_L，输入端口接内阻抗为 Z_s 的电压源，若求输入端口电压、电流，可用图 7.5-3(b)，若求输出端口电压、电流，可用图 7.5-3(c)。

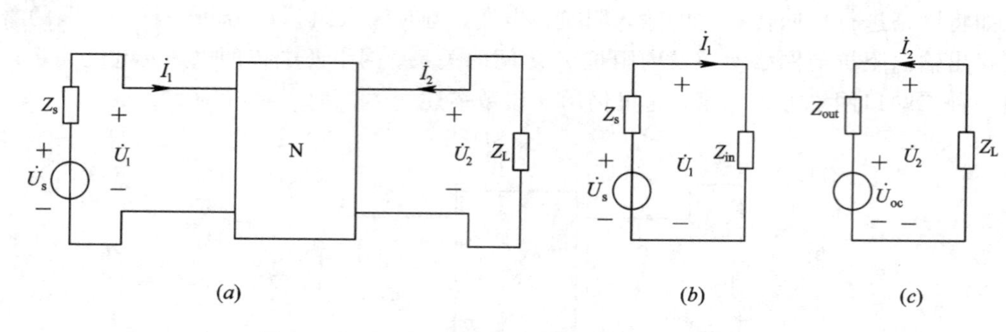

图 7.5-3　应用输入、输出阻抗分析二端口网络

例 7.5-1　图 7.5-4(*a*)所示为二端口网络 N，已知 $a_{11}=a_{22}=4$，$a_{12}=75\ \Omega$，$a_{21}=0.2\ \text{S}$，输出端口接负载 $R_L=30\ \Omega$，输入端口接电压源 $\dot{U}_s=60\angle 0°\ \text{V}$，$R_s=10.5\ \Omega$，求输入端口的电流 $\dot{I}_1$。

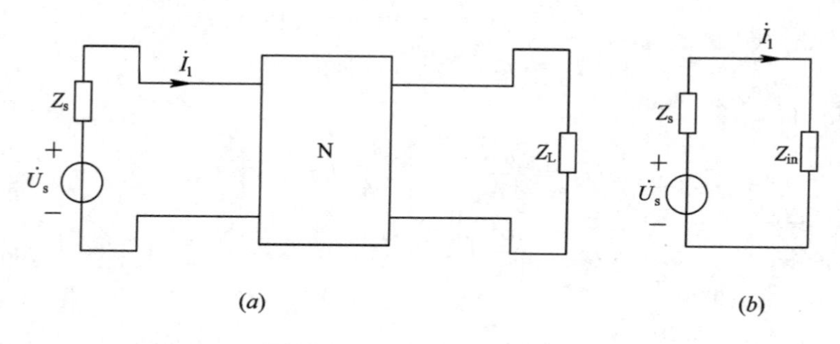

图 7.5-4　例 7.5-1 用图

解　由(7.5-4)式得

$$R_{in}=\frac{a_{11}R_L+a_{12}}{a_{21}R_L+a_{22}}=\frac{4\times 30+75}{0.2\times 30+4}=19.5\ \Omega$$

输入端口等效电路如图 7.5-4(*b*)所示，所以

$$\dot{I}_1=\frac{\dot{U}_s}{R_s+R_{in}}=\frac{60\angle 0°}{10.5+19.5}=2\angle 0°\ \text{A}$$

例 7.5-2　已知某线性电阻二端口网络 N_R，当输入端口加 9 V 直流电压源时，测得输出端口开路时的电压为 5.4 V，如图 7.5-5(*a*)所示，并知 N_R 的一个 *a* 参数为 $a_{12}=800/3\ \Omega$。若输入端口加18 V 直流电压源、输出端口接 200 Ω 负载电阻，如图 7.5-5(*b*)所示，试求流过负载的电流 I_L。

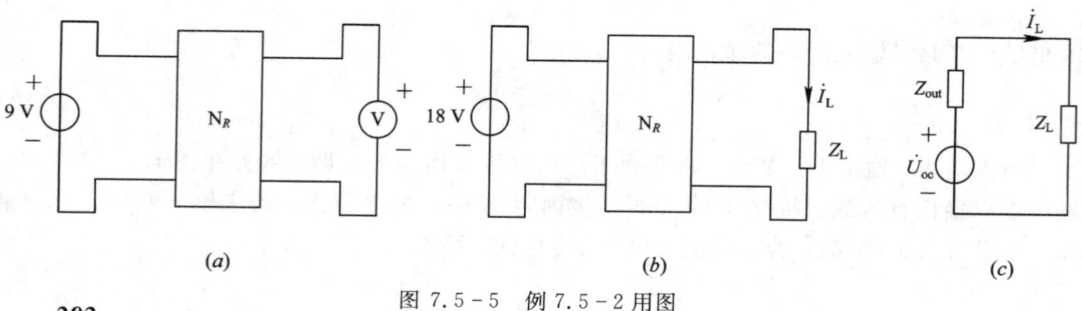

图 7.5-5　例 7.5-2 用图

解　因 N_R是线性网络，当输入端口加 18 V 电压源时，可由齐次性(定理)算得此时输出端口的开路电压为

$$U_{oc}=5.4\times\frac{18}{9}=10.8\ \text{V}$$

将 $U_1=9$ V，$U_2=5.4$ V，$I_2=0$ 代入(7.2-15a)式，得

$$9=a_{11}\times 5.4$$

解得

$$a_{11}=\frac{9}{5.4}=\frac{5}{3}$$

再将 $Z_s=0$ 代入(7.5-10)式，得输出阻抗为

$$Z_{out0}=\frac{a_{12}}{a_{11}}=160\ \Omega=R_{out0}$$

戴维宁等效电路如图 7.5-5(c)所示，可求得

$$I_L=\frac{U_{oc}}{R_{out0}+R_L}=\frac{10.8}{160+200}\ \text{A}=33.75\ \text{mA}$$

7.5.2　转移函数

在输出端口接负载 Z_L，输入端口接具有内阻抗 Z_s的电源的实际应用条件下(如图 7.5-6 所示)，可定义二端口网络的转移函数。

各端口电压、电流相量的参考方向如图 7.5-6 中所标。

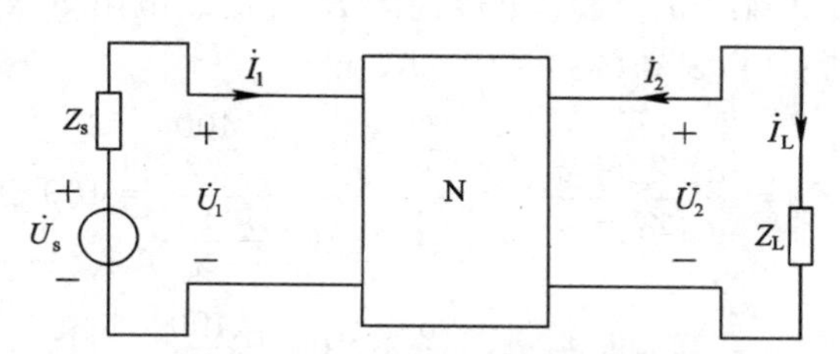

图 7.5-6　定义二端口网络的转移函数用图

1. 电压转移函数

电压转移函数为

$$K_u \xlongequal{\text{def}} \frac{\dot{U}_2}{\dot{U}_1} \tag{7.5-13}$$

把二端口网络 A 方程中的电压等式 $\dot{U}_1=a_{11}\dot{U}_2+a_{12}(-\dot{I}_2)$代入(7.5-13)式，得

$$K_u=\frac{\dot{U}_2}{\dot{U}_1}=\frac{\dot{U}_2}{a_{11}\dot{U}_2+a_{12}(-\dot{I}_2)}=\frac{Z_L}{a_{11}Z_L+a_{12}} \tag{7.5-14}$$

若将 $Z_L=\infty$代入(7.5-14)式，可得输出端口开路时的电压转移函数

$$K_{u\infty}=\frac{1}{a_{11}} \tag{7.5-15}$$

2. 电流转移函数

电流转移函数为

$$K_i \xlongequal{\text{def}} \frac{\dot{I}_2}{\dot{I}_1} \tag{7.5-16}$$

把二端口网络 A 方程中的电流等式 $\dot{I}_1=a_{21}\dot{U}_2+a_{22}(-\dot{I}_2)$ 代入(7.5－16)式，得

$$K_i=\frac{\dot{I}_2}{\dot{I}_1}=\frac{\dot{I}_2}{a_{21}\dot{U}_2+a_{22}(-\dot{I}_2)}=\frac{-1}{a_{21}Z_{\mathrm{L}}+a_{22}} \tag{7.5-17}$$

若将 $Z_{\mathrm{L}}=0$ 代入(7.5－17)式，则可得输出端口短路时的电流转移函数

$$K_{i0}=\frac{-1}{a_{22}} \tag{7.5-18}$$

(7.5－17)式与(7.5－18)式中的负号是因所设输出端口电流是流入网络而引起的。

例 7.5－3　图 7.5－7(a)所示二端口网络中，已知 a 参数为 $a_{11}=a_{22}=5/3$，$a_{12}=(400/3)\ \Omega$，$a_{21}=(1/75)\mathrm{S}$，信号源内阻 $R_{\mathrm{s}}=100\ \Omega$，电压源 $\dot{U}_{\mathrm{s}}=3\angle 0^\circ\ \mathrm{V}$，负载电阻 $R_{\mathrm{L}}=100\ \Omega$，试求输入阻抗 Z_{in}、输出阻抗 Z_{out}、电压转移函数 K_u、电流转移函数 K_i 以及输入端口电流 $\dot{I}_1$ 和输出端口电流 $\dot{I}_2$。

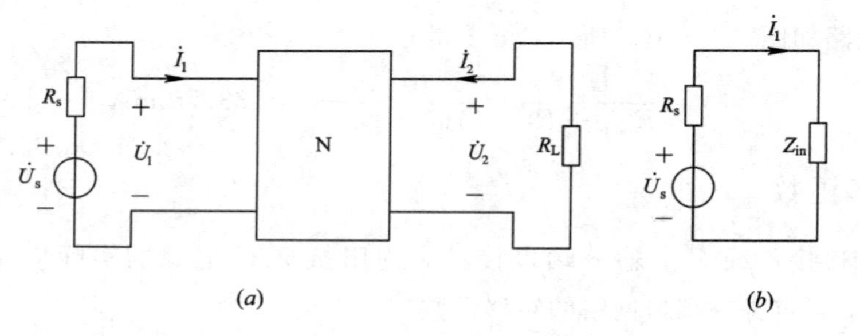

图 7.5－7　例 7.5－3 用图

解　将已知的二端口网络 a 参数、电源内阻 R_{s} 及负载电阻 R_{L} 数值分别代入(7.5－4)式、(7.5－10)式、(7.5－14)式和(7.5－17)式，得

$$Z_{\mathrm{in}}=\frac{a_{11}Z_{\mathrm{L}}+a_{12}}{a_{21}Z_{\mathrm{L}}+a_{22}}=\frac{\frac{5}{3}\times 100+\frac{400}{3}}{\frac{1}{75}\times 100+\frac{5}{3}}=100\ \Omega$$

$$Z_{\mathrm{out}}=\frac{a_{22}Z_{\mathrm{s}}+a_{12}}{a_{21}Z_{\mathrm{s}}+a_{11}}=\frac{\frac{5}{3}\times 100+\frac{400}{3}}{\frac{1}{75}\times 100+\frac{5}{3}}=100\ \Omega$$

$$K_u=\frac{Z_{\mathrm{L}}}{a_{11}Z_{\mathrm{L}}+a_{12}}=\frac{100}{\frac{5}{3}\times 100+\frac{400}{3}}=\frac{1}{3}$$

$$K_i=\frac{-1}{a_{21}Z_{\mathrm{L}}+a_{22}}=\frac{-1}{\frac{1}{75}\times 100+\frac{5}{3}}=-\frac{1}{3}$$

在求输入端口电流 $\dot{I}_1$ 时，对于输入端口，可将图 7.5－7(a)等效为图 7.5－7(b)所示的电路，由此求得输入端口电流为

$$\dot{I}_1=\frac{\dot{U}_{\mathrm{s}}}{R_{\mathrm{s}}+Z_{\mathrm{in}}}=\frac{3\angle 0^\circ}{100+100}\mathrm{A}=15\angle 0^\circ\ \mathrm{mA}$$

输出端口电流为

$$\dot{I}_2=K_i\dot{I}_1=-\frac{1}{3}\times 15\angle 0^\circ\mathrm{mA}=-5\ \mathrm{mA}$$

例 7.5－4　图 7.5－8(a)所示二端口网络，输入端口处接并联内阻 R_s为 1000 Ω、幅值为 100 μA 的正弦交流电流源，输出端口接负载电阻 $R_L=10\ \text{k}\Omega$。已知该二端口网络的 a 参数分别为 $a_{11}=5\times10^{-4}$，$a_{12}=-10\ \Omega$，$a_{21}=-10^{-6}$ S，$a_{22}=-10^{-2}$。

(1) 求负载获得的功率 P_L；

(2) 若欲使负载获得最大功率，R_L应为多少？求出此时的最大功率 $P_{L\max}$。

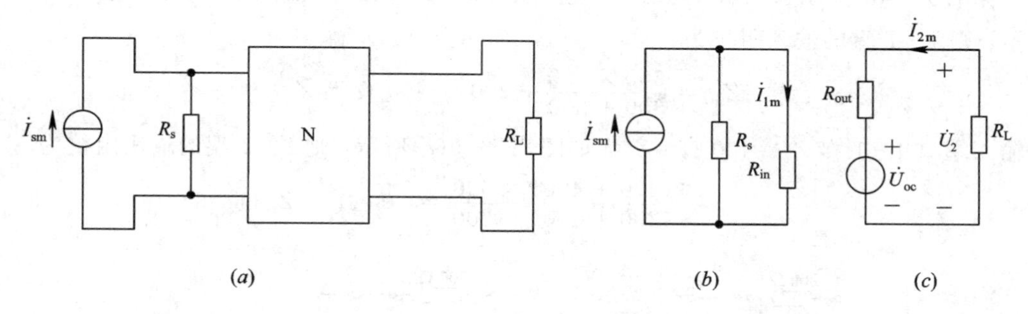

图 7.5－8　例 7.5－4 用图

解　设电流源相量 $\dot{I}_{sm}=100\angle0°\ \mu\text{A}$。

(1) 当 $Z_L=R_L=10\ \text{k}\Omega$ 时，输入阻抗为

$$Z_{in}=\frac{a_{11}Z_L+a_{12}}{a_{21}Z_L+a_{22}}=\frac{5\times10^{-4}\times10^4-10}{-10^{-6}\times10^4-10^{-2}}=250\ \Omega=R_{in}$$

画出输入端口等效电路，如图 7.5－8(b)所示，则

$$\dot{I}_{1m}=\frac{R_s}{R_s+R_{in}}\dot{I}_{sm}=\frac{1000}{1000+250}\times100\angle0°\ \mu\text{A}=80\angle0°\ \mu\text{A}$$

电流转移函数为

$$K_i=\frac{-1}{a_{21}Z_L+a_{22}}=\frac{-1}{-10^{-6}\times10^4-10^{-2}}=50$$

所以

$$\dot{I}_{2m}=K_i\dot{I}_{1m}=50\times80\angle0°\ \mu\text{A}=4\angle0°\ \text{mA}$$

负载电阻 R_L获得的功率为

$$P_L=\frac{1}{2}I_{2m}^2\times R_L=\frac{1}{2}(4\times10^{-3})^2\times10^4\ \text{W}=80\ \text{mW}$$

(2) 当 $R_s=1000\ \Omega$ 时，输出阻抗为

$$Z_{out}=\frac{a_{22}Z_s+a_{12}}{a_{21}Z_s+a_{11}}=\frac{-10^{-2}\times1000-10}{-10^{-6}\times1000+5\times10^{-4}}=40\ \text{k}\Omega=R_{out}$$

画出输出端口等效电路，如图 7.5－8(c)所示。由(1)中结果可知 $R_L=10\ \text{k}\Omega$ 时，$I_{2m}=4\ \text{mA}$，即

$$I_{2m}=\frac{U_{ocm}}{R_{out}+R_L}=\frac{U_{ocm}}{40+10}=4\ \text{mA}$$

所以

$$U_{ocm}=200\ \text{V}$$

由最大功率传输定理知，若

$$R_L=R_{out}=40\ \text{k}\Omega$$

则可获得最大功率。此时

$$P_{\text{Lmax}} = \frac{U_{\text{ocm}}^2}{8R_{\text{out}}} = \frac{200^2}{8\times 40\times 10^3}\text{W} = 125\ \text{mW}$$

7.5.3　特性阻抗

图 7.5-9(a)所示为二端口网络，若输出端口 2-2′ 端接 $Z_L=300\ \Omega=Z_{c2}$，如图 7.5-9(b)所示，则 1-1′端的输入阻抗为

$$Z_{\text{in}} = \frac{600\times 300}{600+300}+200 = 400\ \Omega = Z_{c1}$$

若输入端口 1-1′接 $Z_s=400\ \Omega=Z_{c1}$，如图 7.5-9(c)所示，则 2-2′端的输出阻抗为

$$Z_{\text{out}} = \frac{(200+400)\times 600}{(200+400)+600} = 300\ \Omega = Z_{c2}$$

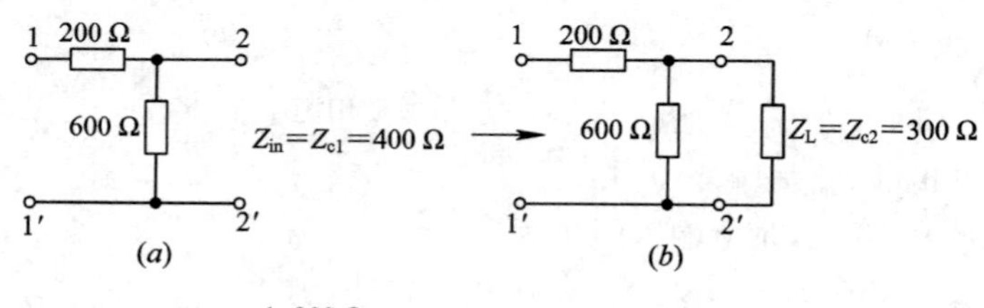

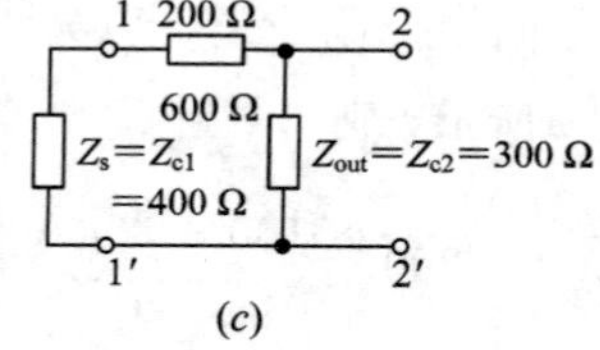

图 7.5-9　二端口网络

一般而言，若输出端口所接负载 $Z_L=Z_{c2}$ 时，输入阻抗等于 Z_{c1}，而当输入端口所接阻抗 $Z_s=Z_{c1}$ 时，输出阻抗恰等于 Z_{c2}，如图 7.5-10(a)、(b)所示，则阻抗 Z_{c1}、Z_{c2} 分别称为二端口网络输入端口和输出端口的特性阻抗。

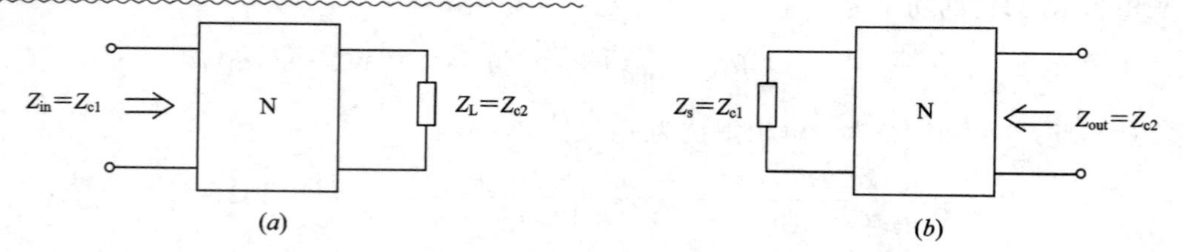

图 7.5-10　定义二端口网络特性阻抗用图

将以上关于特性阻抗的叙述性定义应用于(7.5-4)式和(7.5-10)式，即

$$\left.\begin{aligned} Z_{\text{in}} &= \frac{a_{11}Z_L+a_{12}}{a_{21}Z_L+a_{22}} = \frac{a_{11}Z_{c2}+a_{12}}{a_{21}Z_{c2}+a_{22}} \xlongequal{\text{def}} Z_{c1} \\ Z_{\text{out}} &= \frac{a_{22}Z_s+a_{12}}{a_{21}Z_s+a_{11}} = \frac{a_{22}Z_{c1}+a_{12}}{a_{21}Z_{c1}+a_{11}} \xlongequal{\text{def}} Z_{c2} \end{aligned}\right\} \qquad (7.5-19)$$

解(7.5-19)式，得

$$Z_{c1} = \sqrt{\frac{a_{11}a_{12}}{a_{21}a_{22}}} \tag{7.5-20}$$

$$Z_{c2} = \sqrt{\frac{a_{22}a_{12}}{a_{21}a_{11}}} \tag{7.5-21}$$

(7.5-20)式和(7.5-21)式是用 a 参数表示二端口网络特性阻抗的关系式。此两式说明网络的特性阻抗只与网络本身的参数有关，与负载阻抗、信号源内阻抗无关。所以 Z_{c1}、Z_{c2} 能客观地表征网络本身的特性，称之为网络的特性阻抗。因为 Z_{c1}、Z_{c2} 定义本身采用输入、输出阻抗影像制约关系，所以又称为网络的影像阻抗。

将(7.5-5)式、(7.5-6)式代入(7.5-20)式，(7.5-11)式、(7.5-12)式代入(7.5-21)式，得

$$Z_{c1} = \sqrt{Z_{in0}Z_{in\infty}} \tag{7.5-22}$$

$$Z_{c2} = \sqrt{Z_{out0}Z_{out\infty}} \tag{7.5-23}$$

若网络对称，则由对称网络 a 参数特点，并联系(7.5-20)式和(7.5-21)式，不难得到

$$Z_{c1} = Z_{c2} = Z_c = \sqrt{\frac{a_{12}}{a_{21}}} = \sqrt{Z_0 Z_\infty} \tag{7.5-24}$$

式中：Z_0 为对称二端口网络短路输入阻抗或短路输出阻抗；Z_∞ 为对称二端口网络开路输入阻抗或开路输出阻抗。

若 $Z_L = Z_{c2}$，则称为网络输出端口匹配；若 $Z_s = Z_{c1}$，则称网络输入端口匹配；若输入端口和输出端口均匹配，则称网络全匹配。

需要指出，这里定义的二端口网络匹配与正弦稳态电路的最大功率匹配并非完全一致。如果负载是纯电阻，内阻抗也是纯电阻，最大功率匹配与这里讲的匹配概念是一致的。而负载与内阻抗一般是复阻抗，那么这里定义的匹配并不是最大功率匹配。这里定义的匹配“追求”的是，信号经网络传输时无反射波，波形失真小，当然也希望负载上能获得大的功率。

例 7.5-5 求图 7.5-11 所示二端口网络的特性阻抗。

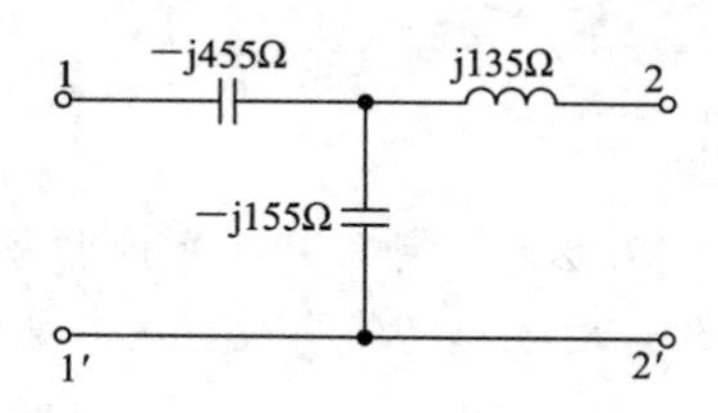

图 7.5-11 例 7.5-5 用图

解 由图可求得

$$Z_{in\infty} = -\mathrm{j}445 - \mathrm{j}155 = -\mathrm{j}600\ \Omega$$

$$Z_{in0} = -\mathrm{j}445 + \frac{\mathrm{j}135 \times (-\mathrm{j}155)}{\mathrm{j}135 - \mathrm{j}155} \approx \mathrm{j}601\ \Omega$$

所以，由(7.5-22)式，得

$$Z_{c1} = \sqrt{Z_{in0}Z_{in\infty}} = \sqrt{-\mathrm{j}600 \times \mathrm{j}601} \approx 600\ \Omega$$

又

$$Z_{\text{out}\infty} = -\text{j}155 + \text{j}135 = -\text{j}20\ \Omega$$

$$Z_{\text{out}0} = \text{j}135 + \frac{(-\text{j}445)(-\text{j}155)}{-\text{j}445 - \text{j}155} \approx \text{j}20\ \Omega$$

所以，由(7.5－23)式，得

$$Z_{c2} = \sqrt{Z_{\text{out}0} Z_{\text{out}\infty}} = \sqrt{\text{j}20 \times (-\text{j}20)} = 20\ \Omega$$

这个例子所示的二端口网络由电感、电容组成(或称电抗二端口网络)，组成元件的阻抗为虚数，而特性阻抗却为实数。这种二端口网络可用作阻抗匹配，使负载获得最大功率。例如，在一个如图 7.5－12(*a*)所示内阻为 600 Ω、负载为 20 Ω 的电路中，负载电阻直接接于电源，因不满足最大功率匹配条件，负载获得的功率很小。如将本例的二端口网络接入电源与负载之间，如图 7.5－12(*b*)所示，则在负载端和电源端都可满足最大功率匹配条件，二端口网络可由电源获得最大功率，由于二端口网络本身是由电抗元件组成而不消耗功率，所以，这一最大功率又全部传输给负载。起着这种作用的二端口网络称为阻抗匹配网络。

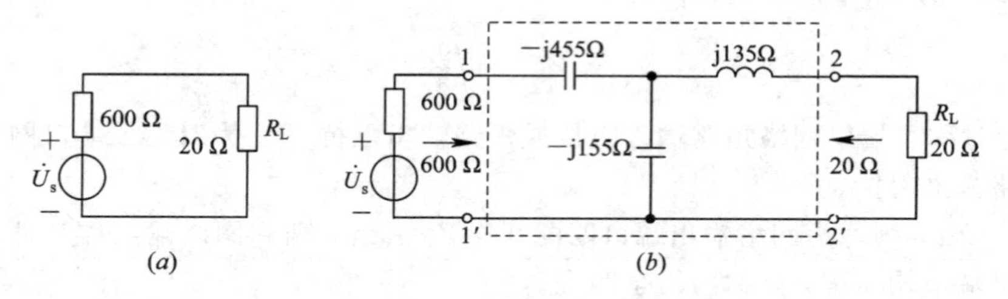

图 7.5－12　二端口网络用作阻抗匹配

∵ 思考题 ∵

7.5－1　某同学说：网络的策动阻抗与策动导纳互为倒数关系，即

$$Y_{\text{in}} = \frac{1}{Z_{\text{in}}},\ Y_{\text{out}} = \frac{1}{Z_{\text{out}}}$$

同样，传输阻抗 $Z_T = \left.\frac{\dot{U}_2}{\dot{I}_1}\right|_{\text{出口接}Z_L}$ 和传输导纳 $Y_T = \left.\frac{\dot{I}_2}{\dot{U}_1}\right|_{\text{出口接}Z_L}$ 之间也有五为倒数关系。这些关系都正确吗？为什么？

7.5－2　因为二端口网络特性阻抗的定义涉及外接电源的内阻抗和负载阻抗，所以特性阻抗除与网络本身特性有关外，还与外电路有关。这个结论正确吗？请说明理由。

7.6　小　　结

(1) 互易定理是为表述一类特殊的线性电路的互易性，人们归纳总结出的一个电路定理，它主要应用于二端口网络的互易性分析及网络的灵敏度分析。互易定理的三种形式均可简述为：激励端与响应端互易前、互易后，响应与激励的比值不变。但必须清楚互易定理三种形式各自所要求的激励、响应的类型，不能混淆。

第 7 章习题讨论 *PPT*

(2) 从端口相量关系引入二端口网络特性的四组常用的 Z、Y、A、H 方程及相应的 z、y、a、h 参数，这些都是二端口网络的基本概念。在不知道网络内部的具体结构及元件参数的情况下，通过实验手段测试出网络的参数，就可分析出网络的各种传输性能及端口的电流、电压响应。网络参数只与网络本身的结构、元件参数及频率有关，而与负载大小、输入信号的大小及信号源内阻抗无关。网络的各种参数是从不同角度引入描述网络特性的参数。就某一网络来说，如果它的各组参数存在(有定义)，则各组参数间是一定可以相互转换的。

(3) 应熟悉二端口网络的基本连接，即串联、并联及级联形式，掌握子二端口网络与复合二端口网络参数之间的关系。这对分析复杂二端口网络具有重要意义。在满足连接有效性条件下，有

二端口网络串联：$\boldsymbol{Z}=\boldsymbol{Z}_a+\boldsymbol{Z}_b$

二端口网络并联：$\boldsymbol{Y}=\boldsymbol{Y}_a+\boldsymbol{Y}_b$

二端口网络级联：$\boldsymbol{A}=\boldsymbol{A}_a\cdot\boldsymbol{A}_b$

(4) 任一线性二端口网络，可以等效成 T 形二端口网络，也可以等效成 Π 形二端口网络，二者之间还可以相互转换。就二端口网络等效而言，T 形等效常用 z 参数，Π 形等效常用 y 参数。特别是在不知网络内部结构及元件参数的条件下，若已知网络的参数就可画出 T 形或 Π 形等效电路，然后可方便地求得网络的入口或出口的电压、电流响应及功率。

(5) 网络函数是二端口网络理论中的重要概念，它是在网络入口接信号源、出口接负载的条件下定义，并用来描述网络传输特性的函数。网络函数分策动函数与转移函数(又称传输函数)。同一对端钮上的相量之比称策动函数；非同对端钮上的相量之比称转移函数。用 a 参数表示如下：

策动函数：

输入阻抗 $$Z_{\text{in}}=\frac{a_{11}Z_{\text{L}}+a_{12}}{a_{21}Z_{\text{L}}+a_{22}}$$

输出阻抗 $$Z_{\text{out}}=\frac{a_{22}Z_{\text{s}}+a_{12}}{a_{21}Z_{\text{s}}+a_{11}}$$

转移函数：

电压转移函数 $$K_u=\frac{Z_{\text{L}}}{a_{11}Z_{\text{L}}+a_{12}}$$

电流转移函数 $$K_i=\frac{-1}{a_{21}Z_{\text{L}}+a_{22}}$$

特殊情况(开路、短路)下的各网函数可由上述相应诸式容易得到。

(6) 在实际问题分析中经常使用特殊情况下的输入、输出阻抗，即

输出端口开路时网络的输入阻抗 $Z_{\text{in}\infty}=\dfrac{a_{11}}{a_{21}}$

输出端口短路时网络的输入阻抗 $Z_{\text{in}0}=\dfrac{a_{12}}{a_{22}}$

输入端口开路时网络的输出阻抗 $Z_{\text{out}\infty}=\dfrac{a_{22}}{a_{11}}$

输入端口短路时网络的输出阻抗　$Z_{\text{out0}}=\dfrac{a_{12}}{a_{11}}$

这些特殊情况下的输入、输出阻抗容易测量得到，所以又常称为二端口网络的实验参数。

(7) 特性阻抗是二端口网络的一个重要的影像参数。它是采用输入、输出阻抗影像制约关系来定义的。应用特性阻抗讨论二端口网络匹配级联非常有意义。

用 a 参数表示的输入端口、输出端口特性阻抗分别为

$$Z_{c1}=\sqrt{\frac{a_{11}a_{12}}{a_{21}a_{22}}},\quad Z_{c2}=\sqrt{\frac{a_{22}a_{12}}{a_{21}a_{11}}}$$

用特殊情况的输入、输出阻抗(即网络的实验参数)表示的特性阻抗分别为

$$Z_{c1}=\sqrt{Z_{\text{in0}}Z_{\text{in}\infty}},\quad Z_{c2}=\sqrt{Z_{\text{out0}}Z_{\text{out}\infty}}$$

若网络输出端口所接负载阻抗 Z_L 等于网络输出端口特性阻抗 Z_{c2}，则称网络输出端口匹配；若网络输入端口所接激励源内阻抗 Z_s 等于网络输入端口特性阻抗 Z_{c1}，则称网络输入端口匹配；若输入端口、输出端口均匹配，称为二端口网络全匹配。这里的匹配意味着信号在网络中传输时无反射波。

习　题　7

7.1　图(a)所示为无源线性电阻网络。测量知：当 $u_{s1}=20$ V 时，$i_1=5$ A，$i_2=2$ A；若 $u_{s2}=30$ V 接于 2－2′端子上，1－1′端接 $R=2$ Ω 的电阻，则电路变为图(b)所示。求电流 i_R。

7.2　求如图所示二端口网络的 z 参数矩阵，并说明它是否是互易网络。

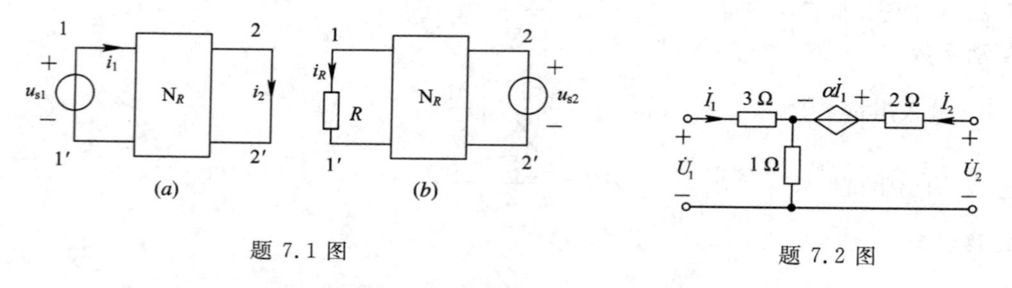

题 7.1 图　　　　题 7.2 图

7.3　求如图所示二端口网络的 y 参数矩阵，并说明它们是否是互易网络。

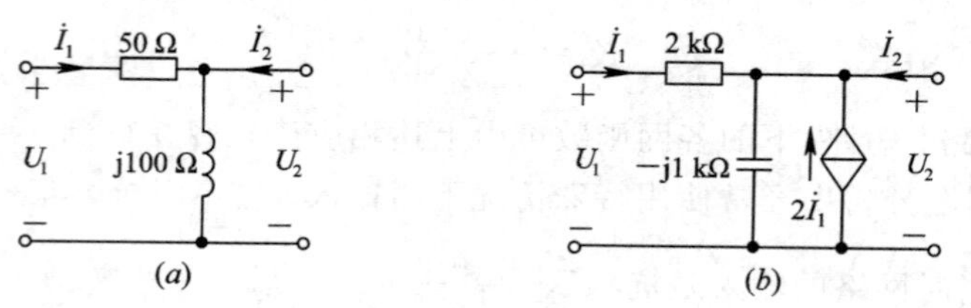

题 7.3 图

7.4　求如图所示二端口网络的 a 参数矩阵。

7.5　求如图所示二端口网络的 h 参数矩阵。

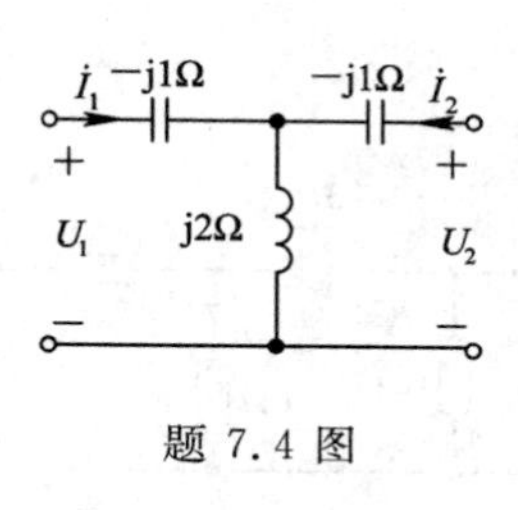

题 7.4 图

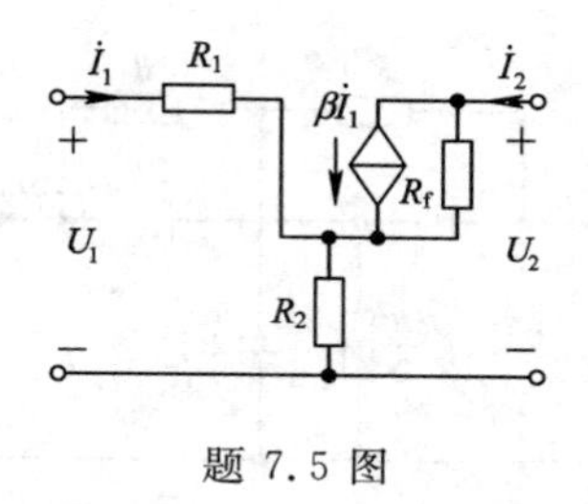

题 7.5 图

7.6　已知如图所示二端口网络中受控源的控制常数 $g=\dfrac{1}{60}$ S，求该网络的 z 参数矩阵，并说明它是否是互易网络。

7.7　试推导如图所示二端口网络的 y 参数矩阵为

$$\boldsymbol{Y}=\begin{bmatrix} 2 & -1-\mathrm{j}1 \\ -1-\mathrm{j}1 & 2 \end{bmatrix}\mathrm{S}$$

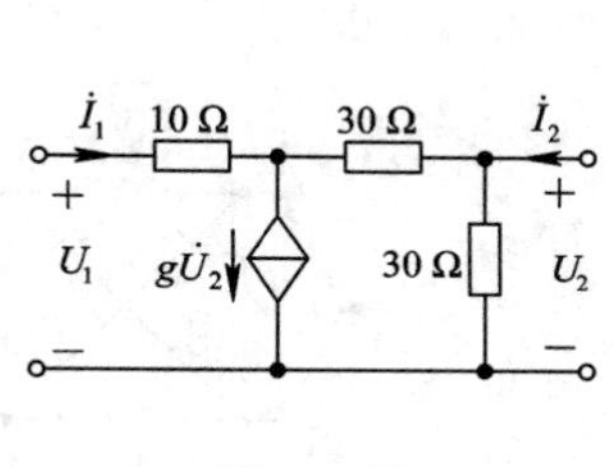

题 7.6 图

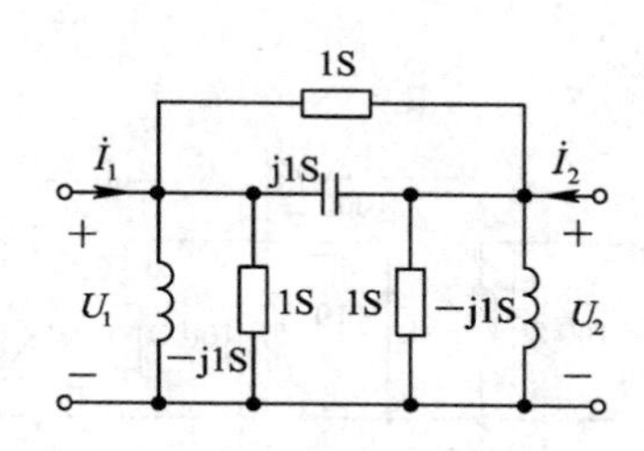

题 7.7 图

7.8　在如图所示二端口网络中，虚线所围部分为理想运算放大器的一种等效电路，它相当于一个理想受控电压源，其中 μ 为放大倍数。试求该网络的 a 参数矩阵。

7.9　求如图所示复合二端口网络的 z 参数矩阵。

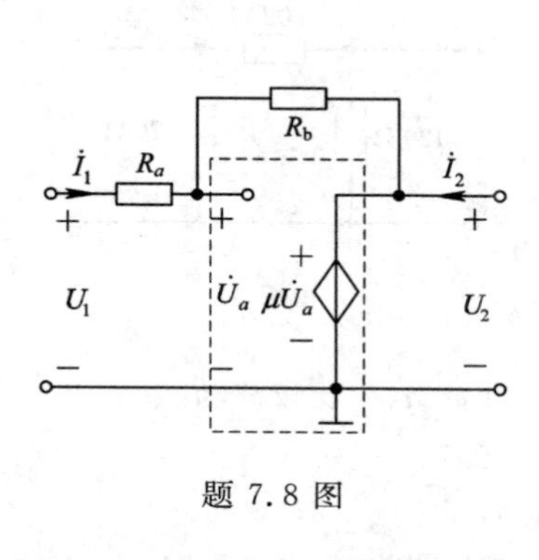

题 7.8 图

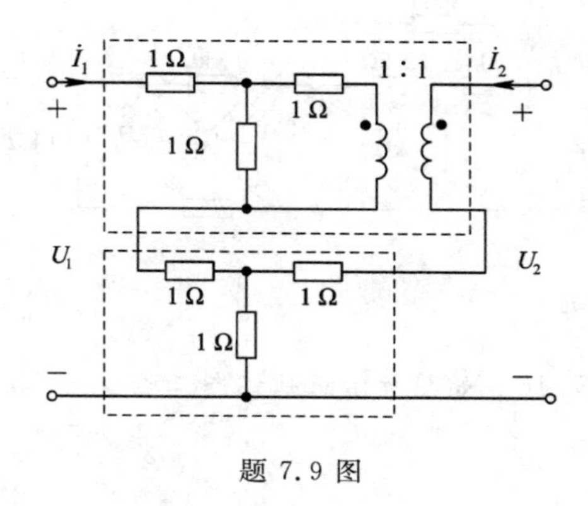

题 7.9 图

7.10　如图所示的双 T 网络可视为两个 T 形网络的并联，已知 $R=1\ \Omega$，$C=1$ F，$\omega=1$ rad/s，试求该复合二端口网络的 y 参数矩阵。

7.11　求如图所示二端口网络的 z 参数矩阵、y 参数矩阵，并画出 z 参数 T 形和 y 参数 Π 形等效电路。

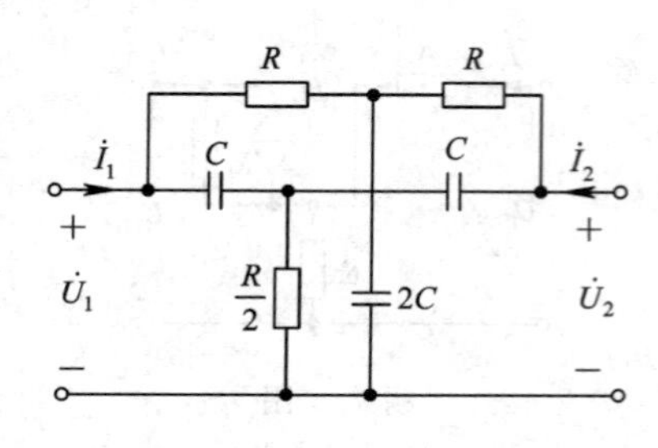

题 7.10 图

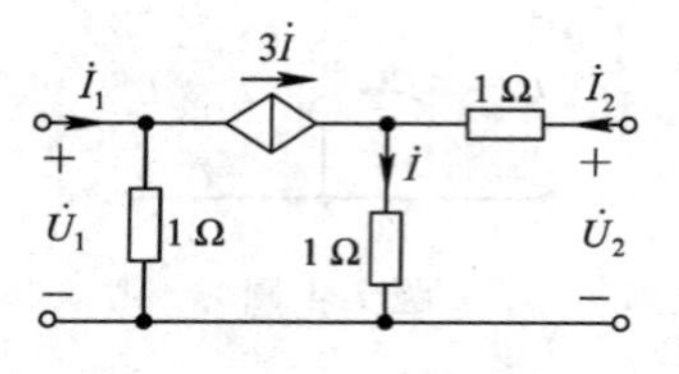

题 7.11 图

7.12 如图所示二端口网络可看作两个子二端口网络的级联。

(1) 求该复合二端口网络的 a 参数矩阵；

(2) 若 $R_L=100\ \Omega$，求该网络的输入阻抗 Z_{in}、电压转移函数 K_u和电流转移函数 K_i。

7.13 若如图所示二端口网络中的 $L/C=R^2$，输出端口接负载 $R_L=R$，试求该网络的输入阻抗 Z_{in}。

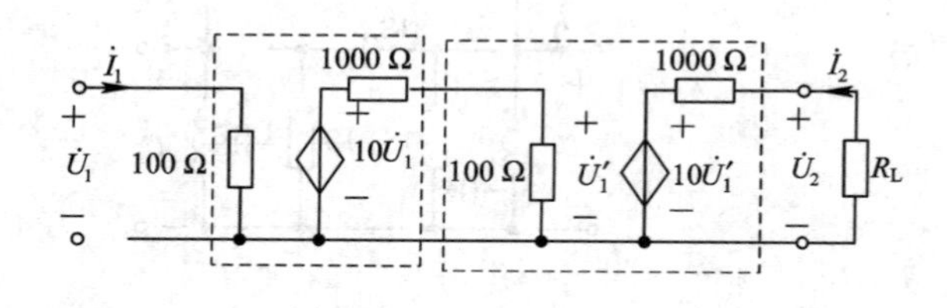

题 7.12 图

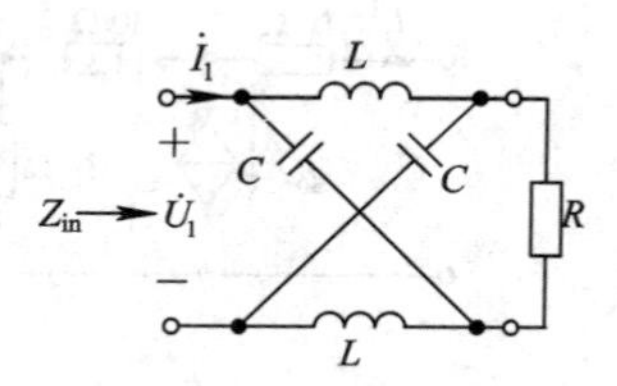

题 7.13 图

7.14 在如图所示二端口网络中，已知 $\dot{U}_1=100$ V，试求 $\dot{U}_2$、$\dot{I}_2$、$\dot{U}_{ab}$。

7.15 求如图所示二端口网络的特性阻抗。

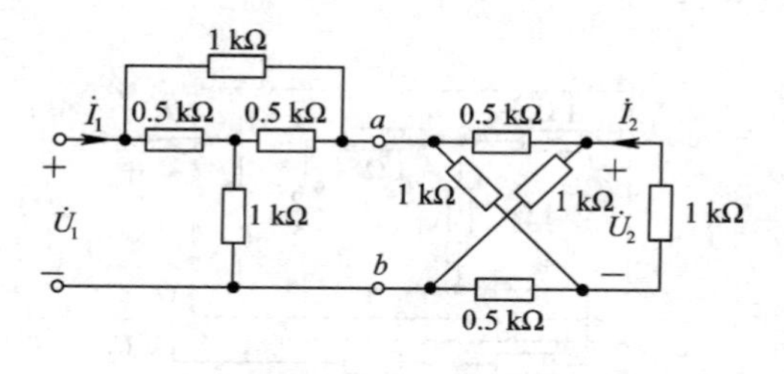

题 7.14 图

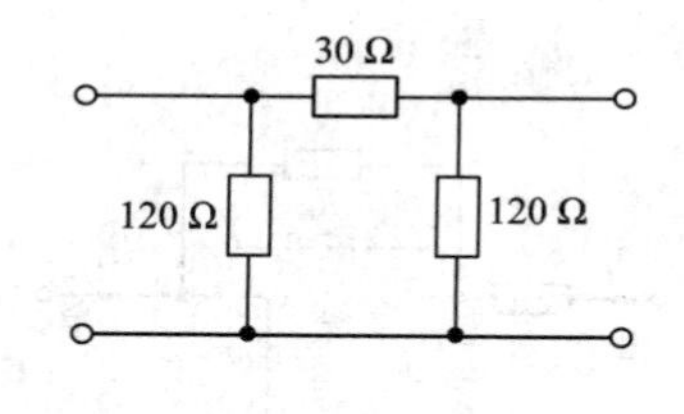

题 7.15 图

7.16 如图所示正弦稳态二端口网络，已知网络 N 的 a 参数矩阵为

$$\boldsymbol{A}=\begin{bmatrix}1.6 & \mathrm{j}3.6\ \Omega\\ -\mathrm{j}0.1\ \mathrm{S} & 0.4\end{bmatrix}$$

负载电阻 $R_L=3\ \Omega$，电压源 $\dot{U}_s=12\angle0^\circ$ V，电源内阻 $R_s=12\ \Omega$，求 Z_{in}、Z_{out}、K_u和 K_i。

7.17 已知如图所示二端口网络的 h 参数矩阵为 $\boldsymbol{H}=\begin{bmatrix}1\ \mathrm{k\Omega} & -2\\ 3 & 2\ \mathrm{mS}\end{bmatrix}$，$\dot{U}_s=10\angle0^\circ$ V，求输入阻抗 Z_{in}及输入端口电流 $\dot{I}_1$。

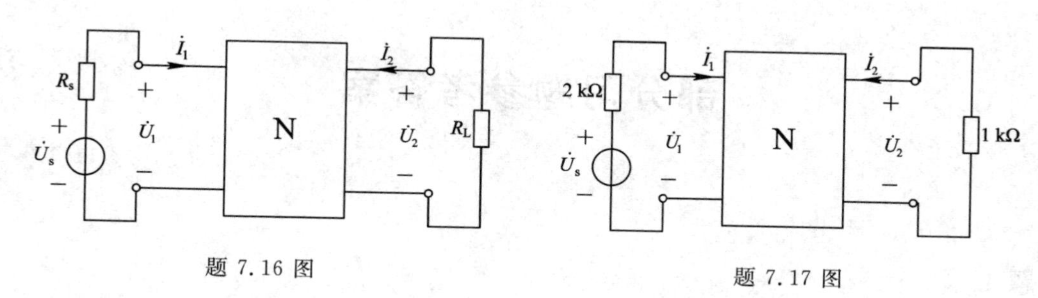

题 7.16 图　　　　　　　　　　题 7.17 图

7.18　如图所示二端口网络，求分别工作于角频率 $\omega_1=10^3$ rad/s 和 $\omega_2=10^6$ rad/s 时网络的特性阻抗。

7.19　在如图所示的二端口网络中，已知 $Z_L=20\angle-60°\ \Omega$，电流转移函数 $K_i=5\angle120°$，输入阻抗 $Z_{in}=10\angle53.1°\ \text{k}\Omega$，电源内阻 $R_s=2\ \text{k}\Omega$，电压源 $\dot{U}_s=80\sqrt{2}\angle30°\ \text{V}$，求输出电压 $\dot{U}_2$。

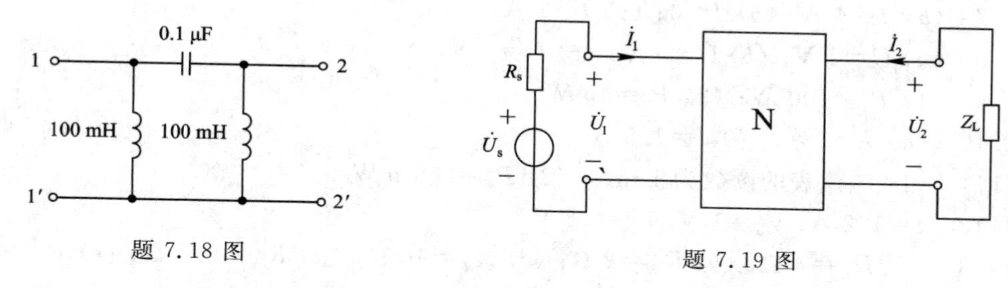

题 7.18 图　　　　　　　　　　题 7.19 图

7.20　如图所示二端口网络，已知电流源 $\dot{I}_s=24\angle0°$ mA，$R_s=3\ \Omega$，输出端口接负载电阻 $R_L=24\ \Omega$，对于电源角频率 ω 网络 N 的 a 参数矩阵为 $\mathbf{A}=\begin{bmatrix}0.4 & \text{j}3.6\ \Omega\\ \text{j}0.1\ \text{S} & 1.6\end{bmatrix}$。

(1) 求负载 R_L 吸收的平均功率 P_L；

(2) 为使负载获得最大功率，试问负载电阻应为多大，并计算此时的最大功率 P_{Lmax}。

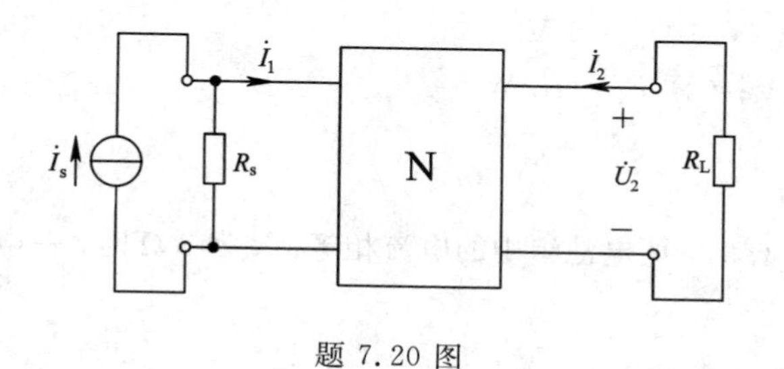

题 7.20 图

部分习题参考答案

习题 1

1.1 (1) $P_N(t_1)=3$ W; (2) $P_N(t_2)=8$ W

1.2 (3) $P_1=-24$ W, $P_3=6$ W, $P_5=12$ W

1.3 (*a*) $P_s=18$ W; (*b*) $P_s=15$ W; (*c*) $P_s=-30$ W

1.4 (*a*) $P_s=18$ W; (*b*) $P_s=6$ W; (*c*) $P_s=-12$ W

1.5 $I=1$ A, $U_s=90$ V, $R=1.5$ Ω

1.6 $U_{ab}=3$ V

1.7 (*a*) $I=4$ A; (*b*) $I=0$; (*c*) $I=1$ A

1.8 (*a*) $U=1$ V; (*b*) $U=4$ V; (*c*) $U=2$ V

1.9 (1) $P_s=100$ W; (2) $P_s=45$ W

1.10 (*a*) $I=2$ A; (*b*) $I=1.5$ A

1.11 (1) 电流表的读数为 1 mA; (2) $P_s=200$ mW

1.12 $I=1.2$ A, $V_a=1$ V, $U_s=12$ V

1.13 (*a*) $R_{ab}=4$ Ω; (*b*) $R_{ab}=2$ Ω; (*c*) $R_{ab}=10$ Ω; (*d*) $R_{ab}=0.5$ Ω; (*e*) $R_{ab}=1$ Ω; (*f*) $R_{ab}=5$ Ω

1.14 (*a*) $I_s=1$ A, $R_s=5$ Ω; $U_s=5$ V, $R_s=5$ Ω;
(*b*) $U_s=15$ V, $R_s=5$ Ω; $I_s=3$ A, $R_s=5$ Ω;
(*c*) $U_s=66$ V, $R_s=10$ Ω; $I_s=6.6$ A, $R_s=10$ Ω;
(*d*) $I_s=8$ A, $R_s=5$ Ω; $U_s=40$ V, $R_s=5$ Ω

1.15 (1) $i_3=5$ A; (2) $P_s=6$ mW

1.16 (1) $i=1$A; (2) $U_{oc}=5$ V

1.17 (1) $u=8$ V; (2) $P_R=18$ W

1.18 $R=2$ kΩ

1.19 $P_s=90$ W

1.20 R 为 0.25 Ω 时，两电池组中的电流相等；R 为 3 Ω 时，一电池组中的电流为零

习题 2

2.1 $I_1=6$ A, $I_2=-2$ A, $I_3=4$ A

2.2 $R=3$ Ω

2.3 $u_{bc}=-10$ V, $R=5$ Ω, $u_s=6$ V

2.4 $v_a=3$ V, $v_b=2$ V

2.5 (1) $i_1=10$ A, $P_L=900$ W，蓄电池组放电；

(2) $i_1=-10$ A，$P_L=68$ W，蓄电池组充电

2.6 $P_L=1$ mW

2.7 $u=15$ V，$i=-1$ A

2.8 $u=20$ V

2.9 (*a*) $u=6$ V；(*b*) $I=2$ A

2.10 $I=3$ A，$U=-5$ V

2.11 $U=30$ V

2.12 $R=15\ \Omega$

2.13 $u_x=15$ V

2.14 (*a*) $P_L=0.64$ W；(*b*) $I=1$ A

2.15 $i=1$ A

2.16 $R_L=1\ \Omega$

2.17 $R_L=3\ \Omega$，$p_{Lmax}=48$ W

2.18 $R_L=2\ \Omega$，$p_{Lmax}=18$ W

2.20 $R_L=10\ \Omega$，$p_{Lmax}=40$ W

2.21 $I_2=6.3$ A

习题 3

3.1 (1) $u(t)=\begin{cases}2t\ \text{V} & (0\ \text{s}\leqslant t<1\ \text{s})\\ 2\ \text{V} & (1\ \text{s}\leqslant t<3\ \text{s})\\ t-1\ \text{V} & (3\ \text{s}\leqslant t<4\ \text{s})\\ 3\ \text{V} & (t\geqslant 4\ \text{s})\end{cases}$；

(2) $p(2)=0$ W；

(3) $w(2)=8$ J

3.2 (1) $i(t)=\begin{cases}2t^2\ \text{A} & (0\ \text{s}\leqslant t<2\ \text{s})\\ -4t^2+24t-24\ \text{A} & (2\ \text{s}\leqslant t<3\ \text{s})\\ 12\ \text{A} & (t\geqslant 3\ \text{s})\\ 0\ \text{A} & (\text{其他})\end{cases}$；

(2) $p(2)=32$ W；

(3) $w(2)=16$ J

3.3 $i(t)=\begin{cases}5t+2\ \text{mA} & (0\ \text{s}\leqslant t<1\ \text{s})\\ 5\ \text{mA} & (1\ \text{s}\leqslant t<2\ \text{s})\\ 9-2.5t\ \text{mA} & (2\ \text{s}\leqslant t<4\ \text{s})\\ 0\ \text{mA} & (\text{其他})\end{cases}$

3.4 (1) $L_{ab}=3$ H；(2) $C_{ab}=3$ F

3.5 $u(t)=23\text{e}^{-2t}$ V

3.6 (1) $u_R=\begin{cases}t\ \text{V} & (0\ \text{s}\leqslant t<1\ \text{s})\\ 2-t\ \text{V} & (1\ \text{s}\leqslant t<2\ \text{s})\\ 0\ \text{V} & (\text{其他})\end{cases}$，$u_L=\begin{cases}2\ \text{V} & (0\ \text{s}\leqslant t<1\ \text{s})\\ -2\ \text{V} & (1\ \text{s}\leqslant t<2\ \text{s})\\ 0\ \text{V} & (\text{其他})\end{cases}$，

$$u_C=\begin{cases}0\ \text{V} & (t<0\ \text{s})\\ t^2\ \text{V} & (0\ \text{s}\leqslant t<1\ \text{s})\\ -t^2+4t-2\ \text{V} & (1\ \text{s}\leqslant t<2\ \text{s})\\ 2\ \text{V} & (t\geqslant 2\ \text{s})\end{cases};$$

(2) $p_R(0.5)=0.25$ W，$p_L(0.5)=1$ W，$p_C(0.5)=0.125$ W；

(3) $w_L(0.5)=0.25$ J，$w_C(0.5)=0.0156$ J

3.7 (1) $u''_C(t)+2u'_C(t)+2u_C(t)=u_s(t)$；(2) $2i''_L(t)+2i'_L(t)+i_L(t)=i_s(t)$

3.8 开关S开启瞬间电压表两端的电压值为1000 V

3.9 $u_C(0_+)=25$ V，$i(0_+)=5$ A

3.10 $i_C(0_+)=-2.25$ A，$i_R(0_+)=2.5$ A

3.11 $i(0_+)=4$ A，$u(0_+)=4$ V

3.12 $i(0_+)=1.5$ A，$u(0_+)=-3$ V

3.13 $u(t)=9+3e^{-2t}$V $(t\geqslant 0)$

3.14 $u_C(t)=4.8+13.2e^{-0.5t}$V $(t\geqslant 0)$，$i_R(t)=0.24+0.66e^{-2t}$ A

3.15 $u_x(t)=-3e^{-4.5t}$V $(t\geqslant 0)$，$u_f(t)=6+3e^{-4.5t}$V $(t\geqslant 0)$，$u(t)=6$ V

3.16 $u_{Lx}(t)=-12e^{-2t}$V，$u_{Lf}(t)=12e^{-2t}$V，$u_L(t)=0$

3.17 $i_L(t)=1.25(1-e^{-800t})$A

3.18 $u_1(t)=(12-4e^{-\frac{1}{3}t})$V $(t\geqslant 0)$

3.19 $i(t)=(5-3e^{-2t}+6e^{-\frac{1}{2}t})$A $(t\geqslant 0)$；$u_R(t)=12e^{-\frac{1}{2}t}$V $(t\geqslant 0)$

3.20 $g(t)=0.5(1-e^{-2t})\varepsilon(t)$ V

$u_{Cf}(t)=(1-e^{-2t})\varepsilon(t)+(1-e^{-2(t-1)})\varepsilon(t-1)-2(1-e^{-2(t-2)})\varepsilon(t-2)$V

习题 4

4.1 (1) $I_m=8\sqrt{2}$A，$\omega=2$ rad/s，$\psi_i=-45°$(波形图略)；

(2) $U_m=2$ V，$\omega=100\ \pi$ rad/s，$\psi_u=-150°$(波形图略)

4.2 (1) $i(t)=5\cos(10^3t+30°)$A；(2) $i(t)=10\sqrt{2}\cos(100\pi t-120°)$A；

(3) $u(t)=6\cos(10\pi t+45°)$V

4.3 (1) $\varphi=40°$；(2) $\varphi=-105°$

4.4 (1) $5\angle 53.1°$；(2) $5\angle -53.1°$；(3) $10\angle 143.1°$；(4) $10\angle -143.1°$

4.5 (1) $50\sqrt{2}-j50\sqrt{2}$；(2) $-10+j10$；(3) $-5-j5$；(4) $8+j8$

4.6 (1) $i_1(t)=15\cos(\omega t+53.1°)$A；(2) $i_2(t)=10\cos(\omega t-45°)$A；

(3) $u_1(t)=10\cos(\omega t+126.9°)$V；(4) $u_2(t)=10\sqrt{2}\cos(\omega t-153.1°)$V

4.7 $u_s(t)=2\cos(10^6t+45°)$V(相量图略)

4.8 $i_s(t)=1.12\sqrt{2}\cos(10^3t+33.4°)$ mA(相量图略)

4.9 $U=16$ V，$I=5$ mA

4.10 $\dot{I}_C=4\angle 0°$ A

4.11 $Z_{ab}=10\angle 53.1°\ \Omega$

4.12 $L=0.18$ H，$r=2.14$ Ω

4.13 $\dot{U}_{ab}=15-j90=91.24\angle 80.54°$ V

4.14 (1) $\dot{U}=250\sqrt{2}\angle 45°$ V，$\dot{U}_{ab}=150\sqrt{2}\angle 135°$ V；

(2) $\dot{I}_{ab}=100\angle 0°$ mA，$\dot{U}=200\sqrt{2}\angle 45°$ V

4.15 $R=5$ Ω，$u_C(t)=20\cos(5t-45°)$V

4.16 $R=50$ Ω，$L=0.2$ H，$C=5$ μF

4.17 $P=18.8$ W，$Q=14.1$ var，$S=23.5$ V·A，$\lambda=0.8$

4.18 $\dot{V}_1=10.6\angle -135°$ V，$\dot{V}_2=10\angle 90°$ V

4.19 $Z_L=1.5+j0.5$ Ω，$P_{Lmax}=0.75$ W

4.20 $R=1$ kΩ，$u(t)=14.14\cos(10^7t+60.35°)$ V

4.21 $Z_L=5-j5$ Ω，$P_{Lmax}=90$ W

习题 5

5.1 $u_{ab}(t)=-5e^{-t}$ V ($t\geqslant 0$ s)

5.2 $u_1(t)=\begin{cases}-0.5\text{ V} & (-1\text{ s}\leqslant t<0\text{ s})\\ 4.25\text{ V} & (0\text{ s}\leqslant t<1\text{ s})\\ 0.25\text{ V} & (1\text{ s}\leqslant t<2\text{ s})\\ -4.25\text{ V} & (2\text{ s}\leqslant t<3\text{ s})\\ -0.25\text{ V} & (3\text{ s}\leqslant t<4\text{ s})\\ 0\text{ V} & (\text{其他})\end{cases}$，$u_2(t)=\begin{cases}2\text{ V} & (-1\text{ s}\leqslant t<0\text{ s})\\ -1.5\text{ V} & (0\text{ s}\leqslant t<1\text{ s})\\ -1\text{ V} & (1\text{ s}\leqslant t<2\text{ s})\\ 1.5\text{ V} & (2\text{ s}\leqslant t<3\text{ s})\\ 1\text{ V} & (3\text{ s}\leqslant t<4\text{ s})\\ 0\text{ V} & (\text{其他})\end{cases}$

5.3 $u_{ac}(t)=-6e^{-t}$ V，$u_{ab}(t)=-4e^{-t}$ V，$u_{bc}(t)=-2e^{-t}$ V

5.4 $L_1=0.6$ H，$L_2=0.3$ H，$M=0.2$ H(请读者完成互感线圈的连接图)

5.5 $M=8.75$ mH

5.6 $i_2(t)=3-1.5e^{-0.5t}$ A ($t\geqslant 0$)

5.8 (a) $L_{ab}=2$ H；(b) $L_{ab}=6$ H

5.9 $I_1=90.9$ A，$I_3=9.1$ A

5.10 $\omega=25\times 10^6$ rad/s

5.11 (1) 2 与 4 端相接，1、3 两端接 220 V 电源；5 与 7 端相接，6、8 两端接负载。

(2) 2 与 4 端相接，1、3 两端接 220 V 电源；6 与 7 端相接，5、8 两端相接，负载接 6、7 连接端与 5、8 连接端之间。

5.12 $Z_L=10-j10$ Ω，$P_{Lmax}=20$ W

5.13 $u_2(t)=-10e^{-100t}$ V ($t\geqslant 0$)

5.14 $\dot{I}=3\angle 60°$ A，$\dot{I}_1=10\angle 60°$ A，$\dot{I}_2=10\angle -120°$ A

5.15 $\dot{I}_1=2\angle 75°$ A，$\dot{U}_2=60\angle -105°$ V，$P_L=20$ W

5.16 S 处于“1”时，$\frac{\dot{U}_2}{\dot{U}_1}=-1$；S 处于“2”时，$\frac{\dot{U}_2}{\dot{U}_1}=-\frac{1}{2}$；S 处于“3”时，$\frac{\dot{U}_2}{\dot{U}_1}=-\frac{1}{3}$

5.17 (1) $n=35$；(2) $N_1=10\,000$ 匝，$N_2=286$ 匝

5.18 $\dot{U}_2=72\angle 56.3°$ V

5.19 $\dot{U}_2=10\angle-180°$ V

5.20 $Z_L=2.5+j2.5\ \Omega$，$P_{Lmax}=10$ W

习题 6

6.1 $H(j\omega)=\dfrac{R}{1+j\left(\dfrac{\omega}{\omega_c}\right)}$，$\omega_c=\dfrac{1}{RC}$

6.2 $H(j\omega)=\dfrac{1}{1-j\left(\dfrac{\omega_c}{\omega}\right)}$，$\omega_c=\dfrac{R+R_L}{RR_LC}$

6.3 $H(j\omega)=-\dfrac{G_2(g_m-j\omega_c)}{G_1G_2+j\omega_c(G_1+G_2+g_m)}$，低通 $\omega_c=\dfrac{G_1G_2g_m}{C\sqrt{g_m^2(G_1+G_2+g_m)^2-2G_1^2G_2^2}}$

6.4 $H(j\omega)=\dfrac{R_2+j\omega R_1R_2C}{R_1+R_2+j\omega R_1R_2C}$，$\omega_c=\dfrac{\sqrt{R_1^2-R_2^2+2R_1R_2}}{R_1R_2C}$

6.5 $r=10\ \Omega$，$L=159\ \mu$H，$C=159.5$ pF，$Q=100$，BW$=10^4$ Hz

6.6 $G_x=1.28\times10^{-6}$ S，$C_x=20$ pF，$L=317\ \mu$H；

并 Y_x 前：$Q=100$，BW$=10^4$ Hz；

并 Y_x 后：$Q=80$，BW$=1.25\times10^4$ Hz

6.7 $L=295\ \mu$H，$f=1692$ kHz～530 kHz

6.8 (1) $L=159\ \mu$H，$C=159$ pF，BW$=10^4$ Hz；　(2) $I_0=10\ \mu$A，$U_{C0}=10$ mV

6.9 $L=0.1$ H，$C=0.1\ \mu$F

6.10 (1) $f_0=79.5$ kHz，$R_0=625$ kΩ，$\rho=5$ kΩ，$Q=125$；

(2) $I_0=16\ \mu$A，$I_{L0}=I_{C0}=2$ mA；

(3) $U_{C0}=6.25$ V

6.11 (1) $L=0.39\ \mu$H，$R_0=20$ kΩ，BW$=0.8$ MHz；　(2) $R'=5.9$ kΩ

6.13 (1) BW$=2\times10^4$ rad/s，$U=25$ V；

(2) BW$=3.68\times10^4$ rad/s

6.14 (1) BW$=1.67\times10^4$ rad/s；

(2) $|Z|>50$ kΩ，$\omega=0.991\times10^6$ rad/s～1.009×10^6 rad/s

6.15 $L=500\ \mu$H，$r=5\ \Omega$，$I_l=25$ mA

6.16 (1) $L=586\ \mu$H；(2) $Q=84.25$

6.17 (1) $C=126.8$ pF，BW$=20$ kHz；　(2) $R'=41.87$ kΩ

6.18 Ⓐ读数为 50 mA

6.19 $\omega=10^7$ rad/s

6.20 BW$=2\times10^5$ rad/s

习题 7

7.1 $i_R=2$ A

7.2 $\boldsymbol{Z}=\begin{bmatrix}4 & 1\\ 1+\alpha & 3\end{bmatrix}\Omega$，不可逆

7.3 (a) $\boldsymbol{Y}=\begin{bmatrix} \frac{1}{50} & -\frac{1}{50} \\ -\frac{1}{50} & \left(\frac{1}{50}\right)-\frac{\mathrm{j}1}{100} \end{bmatrix}$S，可逆；

(b) $\boldsymbol{Y}=\begin{bmatrix} \frac{1}{2000} & -\frac{1}{2000} \\ -\frac{3}{2000} & \left(\frac{3}{2000}\right)+\frac{\mathrm{j}1}{1000} \end{bmatrix}$S，不可逆

7.4 $\boldsymbol{A}=\begin{bmatrix} 0.5 & -\mathrm{j}1.5\ \mathrm{k\Omega} \\ -\mathrm{j}0.5\ \mathrm{mS} & 0.5 \end{bmatrix}$

7.5 $\boldsymbol{H}=\begin{bmatrix} \frac{R_1R_2+R_1R_f+(1+\beta)R_2R_f}{R_2+R_f} & \frac{R_2}{R_2+R_f} \\ \frac{\beta R_f-R_2}{R_2+R_f} & \frac{1}{R_2+R_f} \end{bmatrix}$

7.6 $\boldsymbol{Z}=\begin{bmatrix} 50 & 10 \\ 20 & 20 \end{bmatrix}\ \Omega$

7.8 $\boldsymbol{A}=\begin{bmatrix} \frac{(1-\mu)R_a+R_b}{\mu R_b} & 0 \\ \frac{1-\mu}{\mu R_b} & 0 \end{bmatrix}$

7.9 $\boldsymbol{Z}=\begin{bmatrix} 4 & 2 \\ 2 & 4 \end{bmatrix}\ \Omega$

7.10 $\boldsymbol{Y}=\begin{bmatrix} \sqrt{2}\angle 45^\circ & 0 \\ 0 & \sqrt{2}\angle 45^\circ \end{bmatrix}$S

7.11 $\boldsymbol{Z}=\begin{bmatrix} 1 & 1.5 \\ 0 & 0.5 \end{bmatrix}\ \Omega$，$Y=\begin{bmatrix} 1 & -3 \\ 0 & 2 \end{bmatrix}$ S

7.12 (1) $\boldsymbol{A}=\begin{bmatrix} 0.11 & 110\ \Omega \\ 0.0011\mathrm{S} & 1.1 \end{bmatrix}$；　　(2) $Z_{\mathrm{in}}=100\ \Omega$，$K_u=0.826$，$K_i=-0.826$

7.13 $Z_{\mathrm{in}}=R$

7.14 $\dot{U}_2=10$ V，$\dot{I}_2=0.01$ A，$\dot{U}_{ab}=50$ V

7.15 $Z_{c1}=Z_{c2}=40\ \Omega$

7.16 $Z_{\mathrm{in}}=12\ \Omega$，$Z_{\mathrm{out}}=3\ \Omega$，$K_u=6\angle-36.9^\circ$，$K_i=2\angle 143.1^\circ$

7.17 $Z_{\mathrm{in}}=3\ \mathrm{k\Omega}$，$\dot{I}_1=2$ mA

7.18 $\omega_1=10^3$ rad/s 时，$Z_c=-\mathrm{j}101\Omega$；$\omega_2=10^6$ rad/s 时，$Z_c=707\ \Omega$

7.19 $\dot{U}_2=1000\angle-135^\circ$mV

7.20 (1) $P_L=0.384$ mW；　　(2) $R_L=12\ \Omega$，$P_{\mathrm{Lmax}}=0.432$ mW

参考文献

[1] 邱关源，罗先觉. 电路[M]. 5 版. 北京：高等教育出版社，2006.
[2] 李瀚荪. 电路分析基础[M]. 4 版. 北京：高等教育出版社，2006.
[3] 吴大正，王松林，王玉华. 电路基础[M]. 2 版. 西安：西安电子科技大学出版社，2000.
[4] 燕庆明. 电路分析教程[M]. 2 版. 北京：高等教育出版社，2007.
[5] 吴锡龙. 电路分析[M]. 北京：高等教育出版社，2004.
[6] 刘陈，周井泉，于舒娟. 电路分析基础[M]. 北京：人民邮电出版社，2017.
[7] 刘岚，叶庆云. 电路分析基础[M]. 北京：高等教育出版社，2010.
[8] 陈希有. 电路理论基础[M]. 3 版. 北京：高等教育出版社，2004.
[9] 周守昌. 电路原理[M]. 2 版. 北京：高等教育出版社，2004.
[10] 彭扬烈. 电路原理(第 2 版)教学指导书[M]. 北京：高等教育出版社，2004.
[11] 赵录怀，刘正兴，杨育霞. 工程电路分析[M]. 北京：高等教育出版社，2007.
[12] 陈娟. 电路分析基础[M]. 北京：高等教育出版社，2010.
[13] 徐光藻，陈洪亮. 电路分析理论[M]. 合肥：中国科学技术大学出版社，1990.
[14] 许庆山，李秀人，常丽东等. 电路、信号与系统[M]. 北京：航空工业出版社，2002.
[15] 林争辉. 电路理论：第一卷[M]. 北京：高等教育出版社，1998.
[16] 江缉光. 电路原理[M]. 北京：清华大学出版社，1996.
[17] JAMES W N, SUSAN A R. Electric Circuit[M]. 6th ed. Upper Saddle River：Prentice Hall, Inc., 2001.
[18] ALLAN H R, WILHELM C M. Circuit Analysis：Theory and Pratice(影印本)[M]. 北京：科学出版社，2003.
[19] 张永瑞，陈生潭，高建宁，等. 电路分析基础[M]. 3 版. 北京：电子工业出版社，2014.
[20] 张永瑞，王松林. 电路基础教程[M]. 北京：科学出版社，2005.
[21] 张永瑞，王松林，李小平. 电路分析[M]. 北京：高等教育出版社，2004.
[22] 张永瑞，高建宁. 电路、信号与系统[M]. 北京：机械工业出版社，2010.
[23] 张永瑞，朱可斌. 电路分析基础全真试题详解[M]. 西安：西安电子科技大学出版社，2004.
[24] 张永瑞，王松林，李小平. 电路基础典型题解析及自测试题[M]. 西安：西北工业大学出版社，2002.
[25] 张永瑞. 电路、信号与系统考试辅导[M]. 2 版. 西安：西安电子科技大学出版社，2006.
[26] 张永瑞. 电路分析基础[M]. 4 版. 西安：西安电子科技大学出版社，2013.